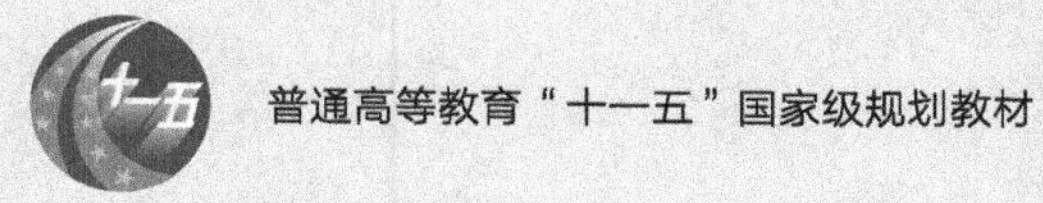

普通高等教育"十一五"国家级规划教材

高等教育"十四五"农林规划新形态教材

兽医微生物学

VETERINARY MICROBIOLOGY

第2版

主　编　李一经　唐丽杰

副主编　朱瑞良　魏战勇

编　者　（以姓氏笔画为序）

王　印（四川农业大学）　　朱瑞良（山东农业大学）

乔薪瑗（东北农业大学）　　任慧英（青岛农业大学）

刘大程（内蒙古农业大学）　　许信刚（西北农林科技大学）

孙东波（黑龙江八一农垦大学）　　李一经（东北农业大学）

李春秋（黑龙江八一农垦大学）　　肖书奇（西北农林科技大学）

陈　叶（福建农林大学）　　陈　灰（内蒙古农业大学）

陈芳芳（安徽农业大学）　　范京惠（河北农业大学）

闻晓波（海南大学）　　唐丽杰（东北农业大学）

蒋大伟（河南农业大学）　　魏战勇（河南农业大学）

中国教育出版传媒集团

高等教育出版社·北京

内容提要

本书共有3篇19章，第一篇以细菌、病毒、真菌等的基本特征为主线，并与其他微生物的主要特性进行比较，内容包括形态与结构、生理生化、培养与繁殖、遗传与变异、分类与命名、感染与疾病以及微生物学检查程序与方法等；第二篇和第三篇重点阐述感染动物的不同病原性细菌、病毒以及重要人兽共患病原微生物的形态特征、培养特性、理化特性、病原性与致病机理、抗原性与免疫性以及微生物学诊断及鉴别诊断的方法和免疫防治等。全书章末（或节末）附有复习思考题和开放式讨论题，供学生课前预习及课后复习使用；另附该章节内容的英文摘要，可供双语教学和拓展学生的专业英语知识提供参考。同时，为扩大学生的专业知识面，本书附有数字资源，供教师教学和学生自学参考。

本书既可作为动物医学及相关专业本科生教材，也是病原微生物相关专业研究生和教师的参考用书。

图书在版编目（CIP）数据

兽医微生物学 / 李一经，唐丽杰主编 . --2 版 . -- 北京：高等教育出版社，2023.7

ISBN 978-7-04-060807-6

Ⅰ. ①兽… Ⅱ. ①李… ②唐… Ⅲ. ①兽医学－微生物学－高等学校－教材 Ⅳ. ① S852.6

中国国家版本馆 CIP 数据核字（2023）第 122561 号

SHOUYI WEISHENGWUXUE

策划编辑 张 磊　　责任编辑 田 红　　封面设计 张雨微　　责任印制 高 峰

出版发行	高等教育出版社	网　　址	http://www.hep.edu.cn
社　　址	北京市西城区德外大街4号		http://www.hep.com.cn
邮政编码	100120	网上订购	http://www.hepmall.com.cn
印　　刷	固安县铭成印刷有限公司		http://www.hepmall.com
开　　本	889mm×1194mm　1/16		http://www.hepmall.cn
印　　张	22.5	版　　次	2011年1月第1版
字　　数	730千字		2023年7月第2版
购书热线	010-58581118	印　　次	2023年7月第1次印刷
咨询电话	400-810-0598	定　　价	62.00元

物 料 号　60807-00

数字课程（基础版）

兽医微生物学

（第 2 版）

主　编　李一经　唐丽杰

登录方法：

1. 电脑访问 http://abooks.hep.com.cn/60807，或手机微信扫描下方二维码以打开新形态教材小程序。
2. 注册并登录，进入“个人中心”。
3. 刮开封底数字课程账号涂层，手动输入 20 位密码或通过小程序扫描二维码，完成防伪码绑定。
4. 绑定成功后，即可开始本数字课程的学习。

绑定后一年为数字课程使用有效期。如有使用问题，请点击页面下方的“答疑”按钮。

关于我们 | 联系我们　登录/注册

兽医微生物学（第2版）

李一经　唐丽杰

开始学习　收藏

本课程与纸质教材相配套，提供了与纸质教材知识点相对应的拓展阅读资源及主要参考文献，为教师教学和学生自学提供参考。

http://abooks.hep.com.cn/60807

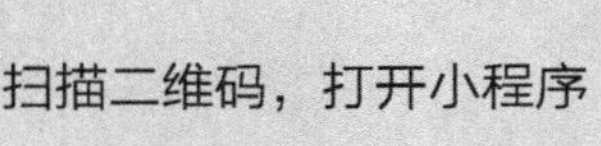

第二版前言

本书第一版于2011年出版至今，已经过10余次印制。这十余年来，一些新的微生物被发现，微生物学技术及相关学科领域技术有了新的发展，有些微生物的分类属性发生了很大的改变，加之教情学情也发生了很多变化，因此我们于2021年启动本教材的修订。本次修订，在完善更新各微生物的分类属性基础上，对所有的章节知识点内容进行了系统性更新，均补充了章末(节末)复习思考题和开放式讨论题，供学生课前预习及课后复习用；保留了每一章的英文摘要，可供双语教学和拓展学生的专业英语知识。同时，对扩大学生专业知识面的数字资源，更新为利用二维码的形式呈现，可以方便快捷地使用电子设备进行扫码阅读。

第二版参编单位在第一版基础上，增加了西北农林科技大学、福建农林大学、四川农业大学、海南大学等高等学校，编写修订人员及具体分工如下：

李一经(东北农业大学)：修订绪论和第一章的第五、六、八节，全书审定；

唐丽杰(东北农业大学)：修订第二章的第一、二、三、四节和第十三章，全书统稿；

陈灰、刘大程(内蒙古农业大学)：修订第一章的第一、二、七节；

朱瑞良(山东农业大学)：修订第一章的第三、四节和第十九章；

肖书奇(西北农林科技大学)：修订第二章的第五、六、七、八节；

孙东波(黑龙江八一农垦大学)：修订第三章和第十二章的三、四、五节；

陈叶(福建农林大学)：修订第四章；

许信刚(西北农林科技大学)：修订第五章和第十四章的第一节；

蒋大伟(河南农业大学)：修订第六章和第十四章的第二节；

李春秋(黑龙江八一农垦大学)：修订第七章；

乔薪瑗(东北农业大学)：修订第八章；

范京惠(河北农业大学)：修订第九章和第十二章的二节；

闻晓波(海南大学)：修订第十章；

陈芳芳(安徽农业大学)：修订第十一章；

王印(四川农业大学)：修订第十二章的第一节和第十六章；

魏战勇(河南农业大学)：修订第十五章和第十八章；

任慧英(青岛农业大学)：修订第十七章。

本书在修订中，更新增加了部分参考文献，更新了部分图片，在此一并向有关作者表示由衷谢意！同时感谢高等教育出版社和参编院校的大力支持！感谢王晓娜老师在全书统稿过程中对表格和图片的整理校对！

虽然审定修改及编写本教材的各位编者都是从事本专业教学和科研的第一线教师，但因时间和学识有限，教材中如有错误和欠妥之处，恳请读者批评指正。

编　者

2022年10月

第一版前言

按照国家高等学校创新性人才培养战略，贯彻落实科学发展观，切实提高高等教育质量的要求，我们编写了普通高等教育“十一五”国家级规划教材《兽医微生物学》。教材立项后，各位编者对教材从编排形式到编写内容几经讨论，反复修改，力图体现本科教材的科学性、系统性、新颖性和实用性。

在编排形式上，本书分为纸质教材和电子资源两部分，前者是兽医本科专业最基本、最重要的专业基础知识，后者是增加专业知识、扩大知识面部分，供不同层次学生和不同学校专业选择。同时，纸质教材与电子资源相配合，突出了教学的主线，减少了纸质教材的篇幅，降低了纸质教材的价格，切实地使学生受益。

在编写内容上，本教材根据学科的基本要求和教学规律，把兽医微生物学基本知识安排在第一篇，以细菌、病毒、真菌为基本知识，并与其他微生物主要特性进行比较，这部分对不同学制或不同学时学习本门课程的本科学生都有相同的要求，是重点学习的内容。在学生掌握了微生物共性和研究方法的基础之后，分别介绍各类微生物的特点，有利于学生前后联系、重点学习或自学。鉴于兽医微生物学发展日新月异及兽医免疫学内容从传统微生物学中剥离的特点，教材对病原微生物的致病机制、毒力基因，特别是病毒学中重要病毒的基因结构及其编码，免疫检测和免疫保护相关的抗原进行了介绍。在各论部分，我们特别注重对人畜共患病病原的介绍。病原微生物学诊断是各论学习的核心内容，也是微生物学教学中的难点部分，为使学生掌握不同微生物之间的联系和区别，在编写中特别注重了针对不同微生物的诊断程序、诊断要点和相似病原微生物的鉴别要点，同时对近年发展起来的以分子生物学手段为基础的快速检测方法也进行了概略介绍，以扩大学生的知识面。

本教材在每章后附有英文摘要，对该章主要内容进行了高度概括。这部分内容旨在促进双语教学，强化学生对微生物学相关英文专业词汇的掌握，拓宽视野，为阅读英文专业文献打下良好的基础。

微生物学中不同微生物的形态学内容占有很大的篇幅，尽管形态不是鉴定细菌、病毒的唯一方法，但对在形态上有特殊诊断意义的病原性细菌、病毒、真菌，本教材配合相应的图片以加深学生的印象，其中有许多引自国内外的优秀图书，在此向这些图书的作者表示感谢。

非常感谢山东农业大学崔治中教授对全书的认真审阅。虽然编写本教材的各位编者都是从事本专业教学和科研的第一线教师，但因时间和学术水平有限，教材中定有错误和妥欠之处，恳请读者批评指正。

编　者

2010 年 10 月

目　录

第三篇 病毒学各论

绪　论

微生物(microorganism)属生物的一部分,生物所具有的共同特点,如生长繁殖、新陈代谢、遗传变异、对所处环境作出反应等特性,微生物同样具备。微生物小到不能用肉眼直接观察,必须借助于显微镜将其放大几百倍、上千倍甚至数万倍才能观察到,因此微生物是一类形体微小、结构简单的显微生物。

一、微生物的分类

生物进行生命活动的基本单位是细胞,根据细胞有无基本结构、分化程度、化学组成等特点,将微生物分为真核型、原核型和非细胞型,具体如下:

1. 真核型微生物(eukaryotic microbe)

细胞核的分化程度较高,有核膜、核仁和染色体;胞质内有完整的细胞器,如内质网、核糖体及线粒体等,真菌属此类微生物。

2. 原核微生物(prokaryotic microbe)

细胞核分化程度低,仅有原始核质,没有核膜与核仁;细胞器不完善。属于此类的微生物包括细菌、螺旋体、支原体、立克次体、衣原体和放线菌。

3. 非细胞型微生物(acellular microbe)

无细胞结构,无产生能量的酶系统,由单一类型核酸(DNA 或 RNA)和蛋白质组成,必须在活细胞内增殖,病毒属此类微生物。

二、微生物的特点

上述 3 种细胞型、8 大类微生物在生物分类系统中涉及 3 个界,即真核界、原核生物界、病毒界。之所以把这 3 个界的 8 大类微生物放在一起作为一门科学——微生物学进行研究,是因为这些微生物有其共同特点,表现在以下方面:

1. 体积小,比表面积大

微生物的个体极其微小,以大肠埃希菌为代表,若将 1 500 个细菌细胞的长径相连,仅等于一颗芝麻的长度(约 3 mm);如果 120 个细菌横向紧密排在一起,其总宽度接近于一根头发的粗细(约 60 μm)。因此必须借助显微镜放大几百倍、上千倍才能看清。

把一定体积的物体分割得越小,它的总表面积就越大,物理学上将物体的表面积与体积之比,称为比表面积。如果把人的比表面积值定为 1,则大肠埃希菌(又称大肠杆菌)的比表面积值竟高达 30 万以上。这样一个小体积、大比表面积特性是微生物与一切大型生物相区别的关键所在是微生物不同于其他生物的首要特征。微生物的吸收多、转化快,以及生长快和繁殖旺盛等特性都与这一基本特点密切相关。

2. 吸收多,转化快

由于微生物的比表面积大,所以与外界环境的接触面特别大,这非常有利于微生物通过体表吸收营养和排泄废物,使它们的“胃口”十分庞大。如消耗自身质量 2 000 倍的糖所需的时间,大肠埃希菌在合适条件下,只需 1 h;而体重 80 kg 的成年人如按照每年消耗 400 kg 糖计算,则需要 40 年之久。我们可以利用微生物这个特性,发挥“微生物工厂”的作用,使大量基质在短时间内转化为大量有用的化工、医药产品或食品,为人类服务。

3. 生长快,繁殖旺盛

普通的高等动植物繁殖一代需要几个月或几个季度,甚至一年。微生物却以惊人的速度生长和繁殖。例如大肠埃希菌在合适的生长条件下,12.5 ~ 20 min 即可繁殖一代,理论上,每小时可分裂 3 次,由 1 个变成 8 个;每 24 h 可繁殖 72 代,经 48 h 后,则可产生 2.2×10^{43} 个后代;如此多的细菌其质量约等于 4 000 个地球之重。但这在实践中是完全不可能的,由于各种条件的限制,微生物不可能无限制地繁殖,细菌以几何级数的繁殖只能维持几个小时，因而在培养液中繁殖细菌，它们的数量一般仅能达到每毫升 $10^8 \sim 10^{10}$ 个。尽管如此，它的繁殖速度仍比高等动植物高出千万倍。

微生物的这一特性在发酵工业上具有重要意义，可以提高生产效率，缩短发酵周期；同时利用微生物繁殖快、数量多的特点，进行遗传物质的操作，观察后代遗传特性的变化；利用微生物菌体蛋白作为动物饲料的单细胞蛋白等均具有重要意义。

4. 分布广，种类多

微生物的广泛分布是其重要特性之一。通常可以说人和动物是生活在微生物的汪洋大海之中。微生物在地球上几乎无处不有，无孔不入。人和动物的体表皮肤、被毛、口腔、胃肠道、呼吸道、泌尿生殖道等都有不同种类的微生物存在。在 85 000 m 的高空、11 000 m 的海底、2 000 m 深的地下、近 100℃的温泉、-250℃的极地等人和动物不能生存的极端环境中，均有微生物的存在。至于人们正常生产生活的环境，以及土壤、空气、各种水域等都有种类各异及数量不同的微生物。由于微生物的广泛分布，使我们难以找到一个自然情况下不存在微生物的环境，所以要研究特定微生物时，一定要采取无菌操作措施避免不必要的微生物污染。

微生物种类繁多，可能是地球上物种最多的一类。目前，已知的微生物约有 10 万种，据估计这只占地球上实际存在微生物总数的 20%，而在人类生产和生活中仅开发利用了已发现微生物种数的 1%。因此微生物资源极其丰富，利用微生物为人类服务的空间广阔。

5. 适应性强，变异频率高

微生物对环境条件尤其是恶劣的极端环境具有惊人的适应力，这是高等生物无法比拟的。例如，多数细菌能耐 0 ~ -196℃的低温；在海洋深处的某些硫细菌可在 250 ~ 300℃的高温条件下正常生长；一些嗜盐细菌甚至能在饱和盐水中正常生殖；产芽胞细菌和真菌孢子在干燥条件下能存活几十年、几百年甚至上千年。耐酸碱、耐缺氧、耐毒物、抗辐射、抗静水压等特性在微生物中极为常见。而且，微生物能够利用的营养物质也非常广泛，凡是动植物能利用的营养，微生物都能利用，大量的动植物不能利用的物质，甚至剧毒的物质，微生物也可以利用。

微生物个体微小，但与外界环境的接触面积大，容易受到环境条件的影响而发生性状变异，尽管变异发生的概率只有百万分之一到百亿分之一，但由于微生物繁殖快，短时间就能产生庞大的后代群体，因此，可在短时间内产生大量变异的后代。正是由于这个特性，人们才能够按照自己的要求不断改良在生产上应用的微生物。

6. 多数对人类有益，只有少数有害

微生物与人和动物的关系可形象地比喻为一把锋利的“双刃剑”，它们给人类带来巨大利益的同时也带来“残忍”的破坏作用。在有益方面，它给人类带来的利益不仅是享受，而且涉及人类的生存。日常生活中，人类在许多方面从微生物获得益处，如面包、奶酪、啤酒、抗生素、疫苗、维生素、酶和许多重要产品的生产都需要微生物。微生物也是生态系统中不可缺少的成员，使陆地和水生系统中的碳、氧、氮和硫的循环成为可能。微生物也是所有生态系统食物链和食物网的基本营养来源，否则地球上的所有生命将无法繁衍下去。可以说，微生物与人类关系的重要性，再怎么强调都不过分。

然而，这把双刃剑的另一面是微生物给人类带来的灾难，有时甚至是毁灭性的。1347 年的一场由鼠疫耶尔森菌（*Yersinia pestis*）引起的瘟疫几乎摧毁了整个欧洲，有 1/3 的人（约 2 500 万）死于这场灾难；在此后的 80 年间，这种疾病一再肆虐，实际上消灭了大约 75% 的欧洲人口，一些历史学家认为这场灾难甚至改变了欧洲文化。我国在中华人民共和国成立前也曾多次流行鼠疫，死亡率极高。目前影响人类的重要传染病——艾滋病（AIDS）还在全球蔓延；许多已被征服的疫病，如肺结核、疟疾、霍乱等也有“卷土重来”之势。尤其是近年来一些人类和动物的新发疾病，如动物的高致病性禽流感、口蹄疫、非洲猪瘟等，以及同时感染动物和人类的埃博拉病毒、牛海绵状脑病朊病毒、SARS 冠状病毒及新冠病毒等又给人类带来了新的威胁。因此，正确地使用这把双刃剑，利用有益的微生物，控制和消灭有害微生物是学习和应用微生物学的主要目的。

正是由于微生物上述的这些共同特点，加之对其研究方法、应用方面都十分相似，所以通称为微生物来对其进行研究和开发利用。

三、微生物学的发展

微生物学(microbiology)是生物科学的一个重要分支,是一门年轻而不断丰富、发展速度较快的科学。微生物学成为一门独立学科不过300多年的历史。但是之前的漫长时间里,人们已经将微生物学的知识应用于生产实践。相关知识见**数字资源**。

○ 微生物学早期实践

微生物学的发展可被分为三个主要时期。

(一)微生物形态学时期

由于航海业的需要,发明了望远镜,望远镜的放大倍数逐渐增大,就形成了最初的显微镜。16世纪发明的显微镜只能放大32倍,以后逐渐改进。1674年荷兰人列文虎克(Antonie van Leeuwenhoek)(图绪-1a)用自己制造的显微镜(图绪-1b)观察到了被他称为"小动物"的微生物。他给英国皇家学会写了许多信,介绍了他的观察结果,表明他实实在在看到并规范记录了一类以前从没有人看到过的微小生命。因此,列文虎克是全世界观察到球形、杆状和螺旋形细菌(图绪-1c)的第一人,且第一次描绘了细菌的运动。也是因为这个伟大的发现,他成为英国皇家学会的会员。所以今天我们把列文虎克看成是微生物学的开山祖。

列文虎克先后制作了400多台显微镜,最高的放大倍数达到200~300倍。用这些显微镜,他观察过雨水、污水、血液、辣椒水、腐败物质、酒、黄油、头发、精液、肌肉和牙垢等许多物质。但从17世纪末到19世纪中叶,近200年的时间,微生物学一直停留在形态学阶段,这些微生物究竟在自然界起什么作用,它与人类的关系如何,并没有做进一步的探索研究,这主要受当时"自然发生论"观点的束缚:如果生物可以无中生有,那么破布中可以生出老鼠来,无论微生物有什么作用,都是人不能控制的。"自然发生论"对生物科学的影响严重制约了人们对微生物特性的探索。今天当我们在用效率更高的显微镜重新观察列文虎克描述的形形色色的"小动物",并知道它们会引起人类严重疾病和产生许多有用物质时,才真正认识到列文虎克对人类认识世界所作出的伟大贡献。

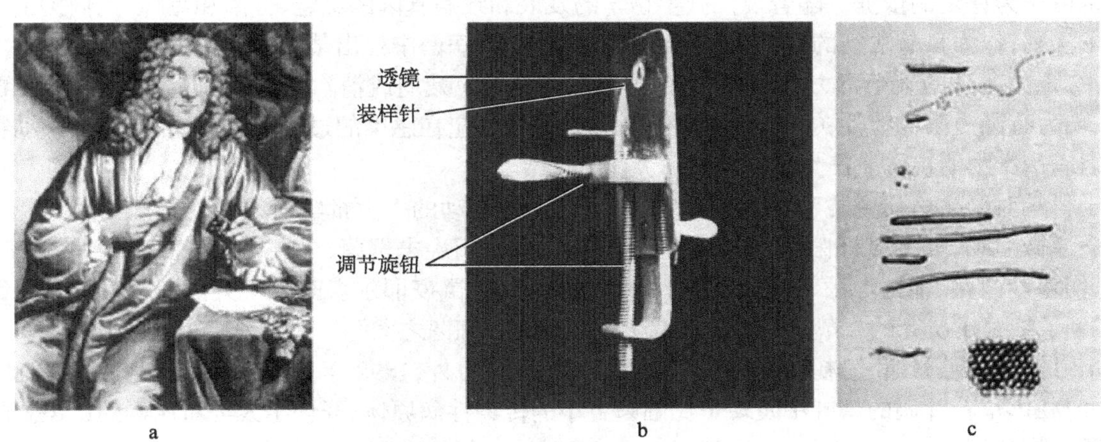

图绪-1　列文虎克和他发明的显微镜及其绘制的细菌形态

a. 列文虎克手持自制的显微镜;b. 发明的显微镜模型图;c. 绘制的来自人口腔的细菌

(二)微生物生理学时期

微生物学发展的生理学时期,是从19世纪中叶开始的。在这个时期,随着科学技术的发展,微生物学也有了长足的进步。通过许多科学家的努力,特别是法国伟大的科学家巴斯德(Louis Pasteur)的一系列创造性研究工作,使人们认识到微生物与人类有着十分密切的关系。巴斯德是公认的微生物学和免疫学奠基人。虽然他学的是化学,不到30岁成为有名的化学家,但他在微生物学领域的工作奠定了微生物学主要的科学原理和基本方法,突出的贡献有:①推翻了"自然发生论"。他用著名的曲颈瓶实验证明了使肉汤浑浊的微生物来自微生物的"种子"。②发现有机物的发酵与腐败现象都是由微生物引起,不同形态的微生物,其代谢产物也不尽相同,开创了研究细菌代谢产物的生理学阶段。19 世纪 60 年代,欧洲葡萄酒工业普遍存在酒类变质的危机,经济损失严重。法国里尔城酒厂老板希望巴斯德能在酒中加化学药品来防止酒类变酸。巴斯德与众不同的是他善于利用显微镜观察,这使他获得前人没有的重要发现。正常的葡萄酒中只能看到一种又圆又大的酵母菌,变酸的酒中则还有另外一种又小又长的细菌,把这种细菌接种到正常的葡萄酒中,葡萄酒则变酸。证实了有机物的发酵是因酵母菌的作用,酒味变酸是污染了酵母菌以外的其他杂菌所致。为了防止酒类变质,他将待发酵的基质液预先经 62℃处理 30 min,再加入酵母菌,成功解决了杂菌污染的难题。后人把这种采用不太高的温度加热杀死微生物的方法称为巴氏消毒法,一直沿用至今。③提出了传染病是由微生物引起,发明了多种预防动物疾病的弱毒疫苗,奠定了免疫学基础。19 世纪 70 年代,巴斯德开始研究炭疽病。他分离到炭疽杆菌并把该菌在不适宜的条件(45℃高温)下连续培养,制备了炭疽弱毒疫苗,从而拯救了无数的生命;利用类似的方法,发明了禽霍乱、狂犬病等弱毒疫苗,奠定了今天已经成为重要科学领域的免疫学的基础。巴斯德在弱毒疫苗领域的制备工艺和方法同样为之后其他疫苗的研制提供了科学借鉴,如猪瘟兔化弱毒疫、牛瘟兔化弱毒疫苗、卡介苗等。1873 年,巴斯德当选为法国医学科学院院士,虽然他不是医生,连行医的资格都没有,但历史证明,巴斯德是最伟大的"医生"。他的研究成果直到今天仍然给人类带来巨大的幸福。

在这一时期另一个不能忘记的微生物学奠基人是德国医生科赫(Robert Koch),可以说科赫是微生物学方法的奠基人,在确认引起传染病的病原菌方面做了大量工作。他创用了固体培养基,借此可使不同细菌获得单个菌落,利于对各种纯培养细菌分别研究;建立了细菌染色方法,使得细菌在镜下观察的形态特征更清晰;提出了确定细菌致病性的实验动物感染法,即著名的科赫法则(Koch's rule)。该法则的主要内容是:①病原微生物一定存在于患病动物个体中,而在健康动物不存在;②一定能分离和纯培养所怀疑的病原微生物;③当分离的病原微生物接种健康的宿主时,一定导致相同的疾病;④相同的病原微生物一定可以再从这种发病的宿主中分离到。该法则在鉴定一种微生物是否具有致病性时确有重要的意义,但现在看来也不是十分完善的,如有些病原菌无适合易感的动物模型,有的病原体迄今尚未能在体外人工培养。随着科学技术的发展,科赫法则也在不断充实和完善。例如能在被感染的动物血清中检测到特异性抗体等也可作为评定的依据。随着现代微生物学的发展和致病基因的鉴定、分离和克隆,人们提出了新的科赫分子法则,作为科赫法则的补充,其主要内容是:①在致病菌中检出某些基因或其产物,而无毒力菌株中则无;②毒力菌株的某个毒力基因被损害,则毒株的毒力应减弱或消除,或者将此基因插入到无毒力菌株中,表现为有毒力菌株特性;③将细菌接种动物时,该基因应在感染的过程得到表达;④在接种动物检测到该基因表达产物的抗体或产生免疫保护。

由于科赫对微生物研究方法的改进和完善,由他和他带动的一大批学者在短时间内相继发现并分离了多种病原微生物,如结核杆菌、霍乱弧菌、脑膜炎奈瑟菌、痢疾志贺菌、白喉棒状杆菌、归回热螺旋体、麻风杆菌、伤寒沙门菌、葡萄球菌、破伤风梭菌、产气荚膜梭菌、鼠疫耶尔森菌等一大批病原菌被确定和分离获得,开创了细菌学研究的"黄金时代"。科赫被后人誉为"细菌之父"。

在 18 世纪末到 19 世纪初,除发现大量的病原性细菌外,1898 年荷兰科学家贝杰林克(Martinus Beijerinck)在烟草花叶病的烟叶中发现了比细菌更小的传染性病原体,开创了人类对病毒的认识。同时德国兽医微生物学家 Friedrich Loeffler 和 Paul Frosch 于 1898 年报道了口蹄疫病毒,发现了动物和人类的第一个病毒。在 20 世纪早期,很多植物病毒、动物病毒、细菌病毒等相继被发现并分离出来。

在探索病原微生物的防治方面,继巴斯德研制成炭疽疫苗、狂犬病疫苗之后,德国学者 Behring 在 1891 年利用白喉抗毒素治疗白喉患儿,推动了预防医学和抗感染免疫的发展。德国化学家欧立希(Ehrlich)经过 605 次失败后合成的化学治疗剂"606",即用于治疗梅毒的砷制剂,开创了微生物传染性疾病的化学治疗途径。此后一系列的磺胺类药物被合成并得到广泛应用。1921 年英国细菌学家 Alexander Fleming 发现了青霉素,为抗生素治疗细菌性疾病及为多种抗生素的研究和生产翻开了新的一页。

(三) 现代微生物学时期

进入到 20 世纪中期,随着生物化学、遗传学、细胞生物学和分子生物学等科学的快速发展,以及电子显微镜、气相色谱、液相色谱、免疫学技术、超速离心技术、细胞培养技术、分子生物学技术的进步,微生物学取得了极大的发展。近年来,一大批快速、特异、重复性强、敏感性高的微生物学诊断方法相继建立,不但为微生物检测和疾病诊断提供了方法和手段,也为人类对微生物的研究提供了极大的帮助,促进了对病原微生物结构与功能的认识和深化,使微生物学研究从细胞水平深入到分子水平,在探索病原微生物基因组结构、基因表达、致病的物质基础和机理以及疾病的诊断、预防、治疗等方面取得了巨大成就。突出表现在:①对病原微生物基因组的研究取得了重要成果。细菌全基因组从 20 世纪 90 年代初陆续报道以来,到 2000 年以后,每年获得微生物全基因组序列的数量成倍增加。实际上人类基因组的研究工作,是基于早期病毒全基因组研究基础之上得以发展的。对于病原微生物相关基因调控、致病物质基础及其与宿主细胞之间的相互作用等发病机理,取得了重要成果,这对开发疫苗、研制抗微生物药物具有重要指导作用。②新型疫苗的研制工作快速发展。从最早的全菌体灭活疫苗,经历了减毒活疫苗、亚单位疫苗、基因工程活载体疫苗、核酸疫苗等,这些疫苗在一定程度上克服传统疫苗明显不足,如免疫原性弱、毒力返强、需要进行病原操作易造成病原排散等,但也有在技术上需要进一步完善的方面。同时为了增强疫苗的免疫原性,新的疫苗佐剂也在不断开发。如霍乱毒素 B 亚单位、大肠杆菌不耐热肠毒素等。③新的病原微生物及传染病病原不断被发现和确定。20 世纪 70 年代以后,先后发现新的病原微生物达 40 多种,如军团菌、霍乱弧菌 O139、空肠弯曲菌、金黄色葡萄球菌产毒株(TSST-1)、埃博拉病毒、人免疫缺陷病毒、大肠杆菌 O157、肺炎衣原体、SARS、SARS-Cov-2、猪圆环病毒、猪繁殖与呼吸综合征病毒等。从发现疾病到证实其病原体现在最快可能只用 1~2 周的时间,这在过去是无法想象的。④微生物学诊断技术有了新突破。建立起如免疫荧光技术、酶联免疫吸附实验、聚合酶链反应、基因探针杂交、免疫胶体金等技术,微生物检验在快速、敏感、特异的基础上,向着微量化、批量化和自动化方向发展。⑤新的抗细菌和抗病毒药物研制有了突破性进展,对传染性疾病的防治起到了极大的作用。

虽然现代微生物学取得了巨大成就,但距离控制和消灭传染病的目的相差甚远,旧的病原被消灭,新的病原还在出现。SARS 病毒和新型冠状病毒给全球带来的危害,造成了重大的公共卫生事件;禽流感是古老的传染性疾病,过去认为高致病性禽流感只是禽类的一种烈性传染病,但 1997 年发生香港人感染禽流感并致死亡的报道后,到 2013 年初已有 15 个国家和地区发生了人感染禽流感的报道。这些病原的出现给人们敲响了警钟,也得到了启发。人类与病原微生物的斗争是永远不会结束的,但依靠科学技术手段把病原引起的传染病控制在一定水平,把损失减少到最低程度是学习和掌握微生物学的重要任务之一。

四、兽医微生物学的任务

兽医微生物学(veterinary microbiology)是微生物学的一个分支,与医学微生物学(medical microbiology)的关系最为密切。它所涉及的微生物范围更为广泛,包括了家畜(禽)、野生动物、观赏动物、水产动物和人畜共患传染病的病原微生物及其在机体内所引起的反应。

兽医微生物学的主要任务是在兽医工作实践中应用微生物学的基本理论进行传染性病原的检测、检验和微生物的鉴定工作;兽医微生物学也是兽医及相关专业的专业基础课,为后期课程,如家畜传染病学、兽医公共卫生学、兽医卫生检验、兽医临床诊断学、外科学等课程学习打下坚实的基础,为传染病的诊断、预防和治疗以及消灭动物传染病和人兽共患传染病提供重要的技术手段,以保证农业和畜牧业的健康、快速发展;兽医微生物学也肩负着保障公共卫生安全和人类健康的重要职责。事实证明,许多人类疾病的病原或是动物源性或属人畜共患,如 SARS 冠状病毒、流感病毒、汉坦病毒、布鲁菌、结核分枝杆菌、沙门菌、耶尔森菌等,因此,人类传染病的控制和消灭直接依赖于动物传染病控制的程度。一些重要的动物源性疫病,如非洲猪瘟、口蹄疫、禽流感、疯牛病的流行,震惊全球,对其病原的研究和疾病的控制受到了全社会的广泛关注。可以说,兽医微生物学是一门理论意义重大、实践性较强、蓬勃发展的科学,随着时间的推移,该学科将对人类的健康与文明,社会的安定与进步发挥愈来愈大的作用。

复习思考题

1. 试述微生物有哪些类别。

2. 简述微生物的主要特点。
3. 简述微生物学的发展历程。
4. 巴斯德在微生物学领域的突出贡献有哪些?
5. 什么是科赫法则,其具体内容是什么? 新的科赫分子法则的主要内容是什么?
6. 现代微生物学时期的突出成就表现在哪些方面?
7. 兽医微生物学的任务是什么?
8. 科赫是微生物学方法的奠基人,除了科赫法则外,他还有哪些重要的贡献?

开放式讨论题

在微生物学的发展历程中,其生理学时期(1870—1920)也被誉为微生物学发展的“黄金时代”,在这一时期,除了巴斯德和科赫两位伟大的科学家之外,还有哪些重要的科学家的相关发现或发明在预防感染和疾病方面作出了重要贡献?

第一篇

兽医微生物学基础

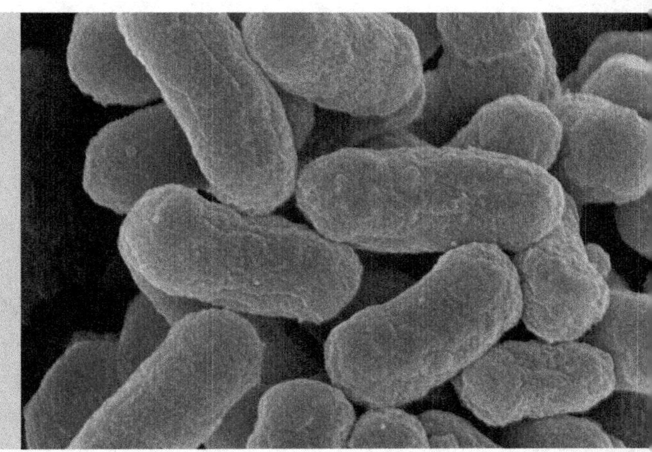

第一章　细菌的基本特征

细菌是微生物中数量多、分布广、与人类关系密切的一类单细胞原核微生物。细菌虽然形体微小，但有其独特的结构，这些结构与其功能密切相关，掌握细菌形态与结构对实践中细菌的鉴定具有重要的意义；所有其他生物具有的生长繁殖、新陈代谢、遗传变异、对环境的应激性等共同特点，细菌也具有。细菌中绝大多数对人类有益，只有极少数对人和动物具有致病性，这部分病原性细菌通过其产生的不同致病物质引起相应的传染性疾病。了解细菌的基本特征，病原性细菌致病特性，对利用有益细菌和控制、消灭有害细菌具有重要的实践意义。

第一节　细菌的形态与结构

细菌（bacteria）是一类具有细胞壁的单细胞原核微生物，其主要特性是个体微小，形态简单，结构略有分化，具有 DNA 和 RNA，以二分裂法（binary fission）繁殖，并可在人工培养基上生长。细菌种类繁多，与人和动物的关系密切，是微生物研究的重点内容之一。

一、细菌的大小

细菌个体微小，通常以微米（micrometer，μm）为测量单位，必须借助光学显微镜放大数百倍至上千倍才能看到，可用测微尺在显微镜下测定。各种细菌的大小有一定的差别，常见的畜禽病原菌大小多为几微米。球菌的大小一般以其直径表示，多数球菌的直径约为 1.0 μm；杆菌和螺旋状菌的大小一般以其长度和宽度表示，常见杆菌的大小为（2 ~ 5）μm ×（0.5 ~ 1.0）μm。

不同种类的细菌由于遗传和生态学的差别而大小不一。细菌的大小以生长在适宜的温度和培养基中的幼龄培养物为标准。同种细菌在不同的生长环境（如动物体内外）和不同的培养条件下，其大小会有变化；即使在相同的培养条件下，同种菌的不同生长时期的个体，其大小也不完全相同。但在正常情况下，各种细菌的大小、外形和排列方式相对稳定，而且具有明显种的特征，可以作为细菌分类与鉴定的一个重要依据。实际测量时，制片方法和染色方法也会有影响和差异，因此，测定和比较细菌大小时，各种因素、条件和技术操作等均应一致。

二、细菌的外形与排列

细菌的基本形态主要有球状、杆状和螺旋状 3 种，分别称为球菌、杆菌和螺旋状菌（图 1–1）。细菌以简单的二分裂法进行繁殖。有些细菌分裂后单个存在，有些细菌分裂后仍彼此相连。

1. 球菌

多数球菌（coccus）呈球形或近似球形。球菌根据繁殖时的细胞分裂平面以及分裂后的黏附方式可分为以下几种：

（1）双球菌（*Diplococcus*）：球菌在一个平面上分裂，分裂后两个菌体成对排列，如肺炎双球菌（*Diplococcus pneumoniae*）（图 1–2a）。

（2）链球菌（*Streptococcus*）：球菌在一个平面连续分裂，分裂后多个菌体黏附成链状，如猪链球菌（*Streptococcus suis*）（图 1–2a）。

（3）四联球菌（*Tetracoccus*）：球菌在两个相互垂直的平面分裂，分裂后 4 个球菌连在一起，排成“田”字形，如四联微球菌（*Tetracoccus tetragenus*）（图 1–2b）。

（4）八叠球菌（*Sarcina*）：球菌在 3 个相互垂直的平面分裂，分裂后 8 个球菌细胞分两层排列在一起，成为一个立方形的包裹状，如尿素八叠球菌（*Sarcina ureae*）、盐渍食品中的八叠球菌（图 1–2c）。

（5）葡萄球菌（*Staphylococcus*）：沿多个不规则的平面分裂，分裂后若干球菌无规则地聚集在一起，形

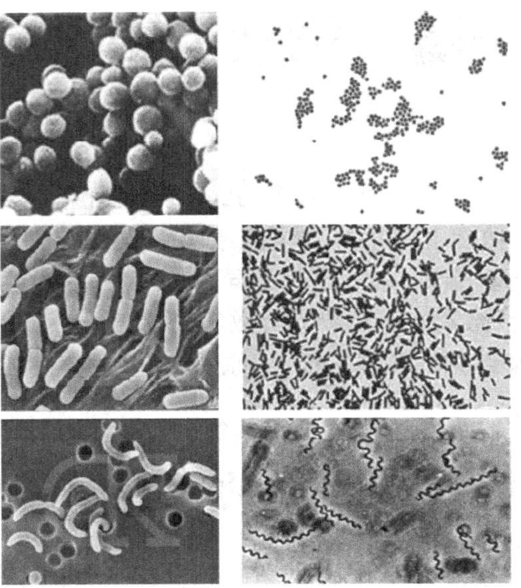

图 1-1　细菌的 3 种基本形态

左侧为扫描电镜下细菌形态，右侧为光学显微镜下细菌形态。从上至下依次为球菌、杆菌、螺旋状菌

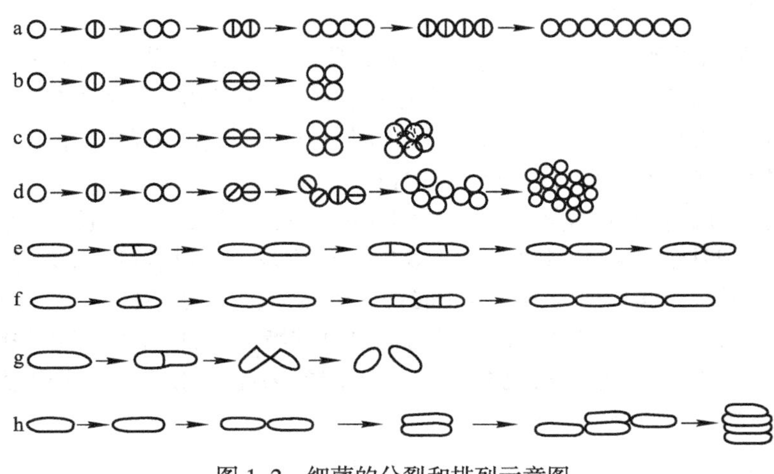

图 1-2　细菌的分裂和排列示意图

状似葡萄串状，如金黄色葡萄球菌（*Staphylococcus aureus*）（图 1-2 d）。

致病性球菌大多数形态、排列方式及染色性比较典型，这对一些球菌的初步鉴别很有意义。此外，在细菌镜检制片时，因取材不同，细菌的排列方式会有所不同。在液体中生长的葡萄球菌较少成堆，大多数为分散或呈短链状，而液体中的链球菌则连在一起形成长链。在固体培养基中，链球菌则以短链聚集成堆，似葡萄球菌状。

2. 杆菌

杆菌（bacillus）一般呈正圆柱形，也有近似卵圆形的。菌体多数平直，亦有稍弯曲的，如败毒梭菌（*Clostridium septicum*）；菌体两端多为钝圆，少数是平齐的，如炭疽杆菌（*Bacillus anthracis*），或呈尖突状，如尖端梭杆菌（*Fusobacterium oxysporum*）；菌体短小近似球形的，称为球杆菌（coccobacillus），如多杀性巴氏杆菌（*Pasteurella multocide*）；菌体形成侧枝或分枝的，称为分枝杆菌（*Mycobacterium*），如结核分枝杆菌（*Mycobacterium tuberculosis*）；菌体一端膨大呈棒球状，称为棒状杆菌（*Corynebacterium*），如膀胱炎棒状杆菌（*Corynebacterium cystitis*）；有时个别杆菌会变成长丝状，如猪丹毒丝菌（*Erysipelothrix rhuriopathiae*）。这些形态特征常作为鉴别菌种的依据。

杆菌的分裂方向为横分裂，分裂面与菌体长轴相互垂直。按其分裂和排列方式的不同，可以分为以下几种：单杆菌，分裂后彼此分离，单独散开，无特殊排列，大多数杆菌以此方式排列，如大肠埃希菌(*Escheichia coli*)；双杆菌(*Diplobacilli*)(图 1–2e)，在一条直线上分裂，分裂后两两相连，成对存在，如乳杆菌(*Lactobacillus*)；链杆菌(*Streptobacilli*)(图 1–2f)，在一个平面上连续分裂，菌端相连成链状，如炭疽杆菌。少数杆菌分裂后呈铰链样粘连，形成八字形或栅栏样排列(图 1–2g 和图 1–2h)。

3. 螺旋状菌

菌体呈弯曲状，按其弯曲程度不同可分为 3 类。

(1) 弧菌(*Vibrio*)：菌体只有一个弯曲，呈弧形或逗点状，如霍乱弧菌(*Vibrio cholera*)。

(2) 螺菌(*Spirillum*)：菌体有几个弯曲，较僵硬，如小螺菌(*Spirillum minus*)。

(3) 螺杆菌(*Helicobacter*)：菌体细长弯曲呈弧形或螺旋形，如幽门螺杆菌(*Helicobacterium pylori*)。

细菌的形态受环境因素影响很大。改变环境条件如培养温度、培养时间、培养基成分、pH 等，均可引起细菌形态的变化。通常在适宜生长条件下，对数繁殖期的细菌具有典型的形态，但在老龄培养物或不良环境时，就会出现形态改变，称为衰老型或退化型。重新处于正常的培养环境中，可以恢复正常形状。但有些细菌，在正常环境中，其形状也很不一致，这种现象称为多形性，如嗜血杆菌(*Haemophilus*)和坏死梭杆菌(*Fusobacterium necrophorum*)。

三、细菌的群体形态特征

大多数细菌在液体培养基中生长繁殖时多呈浮游状态，少数链状的细菌呈沉淀生长；在固体培养基中生长时以菌落形式呈现。将标本或培养物划线接种在固体培养基的表面，因划线的分散作用，使许多原本混杂的细菌在固体培养基表面散开，称为分离培养。一般经过 18 ~ 24 h 培养后，单个细菌分裂繁殖成一堆肉眼可见的细菌集团，称为菌落(colony)。若菌落彼此相接，形成连片的培养物，称为菌苔(lawn)。

各种细菌在固体培养基上形成的菌落，在大小、形状、颜色、气味、透明度、隆起度、表面光滑或粗糙、湿润或干燥、边缘整齐与否等特性上，以及在血琼脂平板上的溶血情况等均有不同表现，这些均有助于识别和鉴定细菌。

四、细菌的结构

细菌细胞虽小，但其构造复杂(图 1–3)，包括细胞壁、细胞膜、间体、细胞质、核体、核糖体、质粒和内含物等细菌生命活动的基本构造。有些细菌还有荚膜、鞭毛、纤毛、芽胞等特殊构造，这些结构并不是细菌生命活动所必需的，而且有些特殊构造必须在一些特定的条件或环境下才能形成。

(一) 基本构造

1. 细胞壁

细胞壁(cell wall)在细菌细胞的外层，是一层无色透明、坚韧而具弹性的结构，可占细菌干重的 10% ~ 40%。细胞壁在光学显微镜下很难辨认，经特殊染色或使用电子显微镜或细菌在高渗溶液中发生质壁分离等条件下才可看见。细胞壁上有许多小孔，孔径为 1 ~ 10 nm，可允许 1 nm 左右的可溶性物质通过。

由于细胞壁的结构和化学组成不同，用革兰氏染色法染色可将细菌分为两大类，即革兰氏阳性菌(G^+)和革兰氏阴性菌(G^-)。图 1–4 及图 1–5 描述了这两种类型细菌的细胞壁在结构和组成上的主要差异。

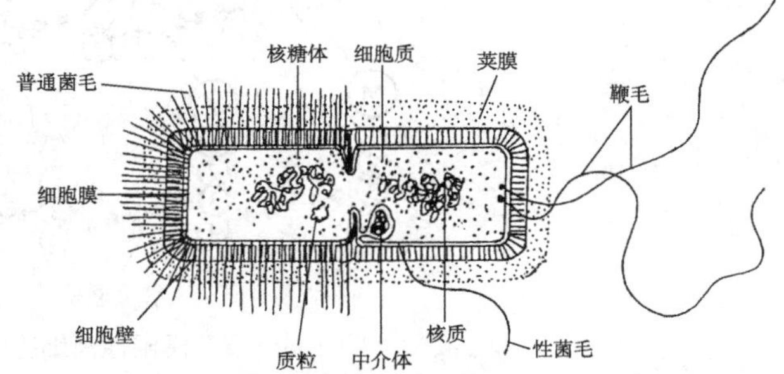

图 1–3　细菌细胞结构模式图(纵切面)

G^+ 菌和 G^- 菌的细胞壁组成不同，肽聚糖是它们共有的成分，除此之外，G^+ 菌还有磷壁酸，而 G^- 菌在肽聚糖的外层有外膜包围。

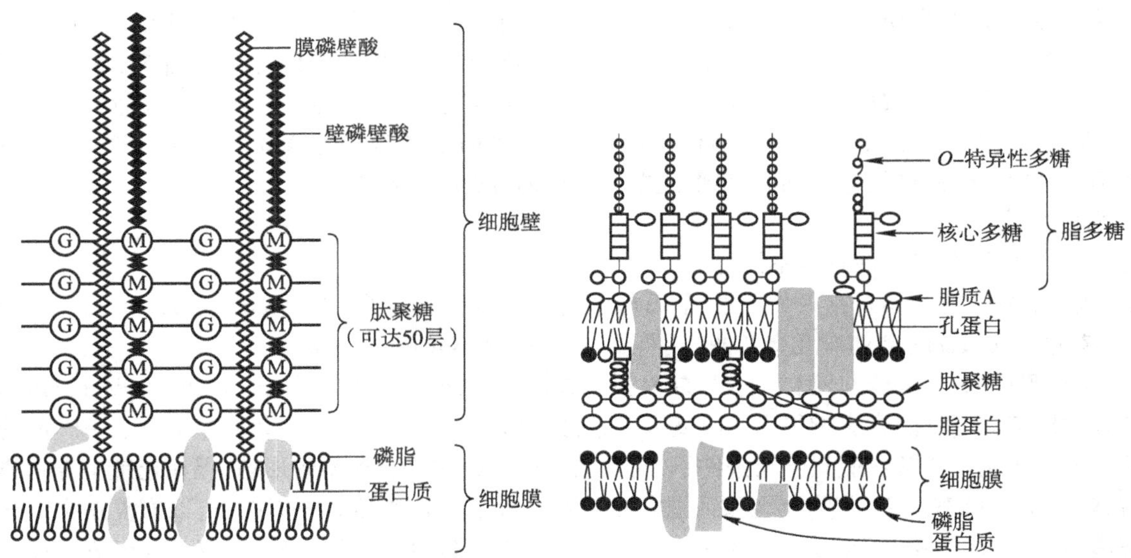

图 1-4　革兰氏阳性菌细胞壁结构模式图　　图 1-5　革兰氏阴性菌细胞壁结构模式图

(1) G^+ 菌和 G^- 菌细胞壁共有成分——肽聚糖(peptidoglycan)：又称黏肽(mucopeptide)，是构成细菌细胞壁的主要物质，为原核生物细胞所特有。G^+ 菌细胞壁的肽聚糖有 15～50 层，是由聚糖骨架、四肽侧链和五肽交联桥 3 部分组成的复杂聚合物(图 1-6)。G^- 菌的肽聚糖仅有 1～3 层，由聚糖骨架和四肽侧链两部分组成，缺乏五肽交联桥(图 1-7)。

G^+ 菌的聚糖骨架是由 *N*- 乙酰葡糖胺(*N*-acetyl glucosamine)和 *N*- 乙酰胞壁酸(*N*-acetyl muramic acid)两种糖衍生物交替间隔排列，通过 β-1,4 糖苷键连接而成。四肽侧链依次由 L- 丙氨酸、D- 谷氨酸、L- 赖氨酸、D- 丙氨酸所组成，并联结于 *N*- 乙酰胞壁酸上。五肽交联桥是一条含有 5 个甘氨酸的肽链，交联于相邻两条聚糖链支架的四肽侧链上第 1 条第 3 位 L- 赖氨酸及第 2 条第 4 位 D- 丙氨酸之间，从而构成十分坚韧的三维空间网格结构(图 1-6)。G^- 菌的肽聚糖单体结构与 G^+ 菌有差异，聚糖链支架相同，但四肽侧链中第 3 位氨基酸是二氨基庚二酸(diaminopimelic acid，DAP)，四肽侧链通过 DAP 与相邻四肽侧链末端的 D- 丙氨酸直接连接，细胞壁肽聚糖没有五肽交联桥，形成二维平面网状结构，所以其结构比 G^+ 菌的疏松(图 1-7)。

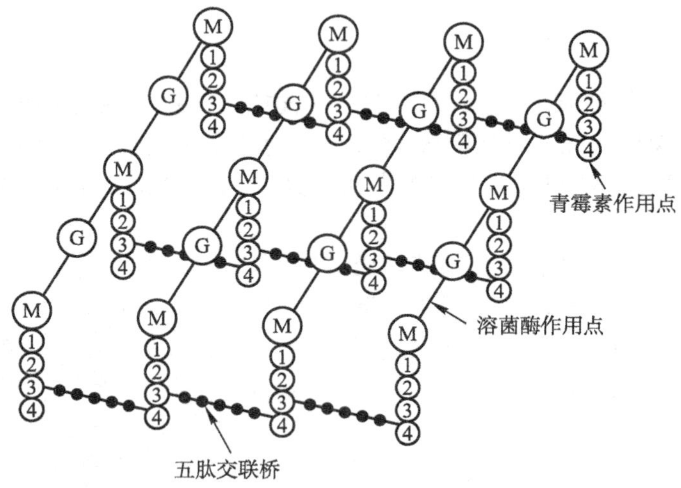

图 1-6　革兰氏阳性菌细胞壁肽聚糖结构(金黄色葡萄球菌)

M：*N*- 乙酰胞壁酸；G：*N*- 乙酰葡萄糖胺；1：L- 丙氨酸；2：D- 谷氨酸；3：L- 赖氨酸；4：D- 丙氨酸；●：甘氨酸

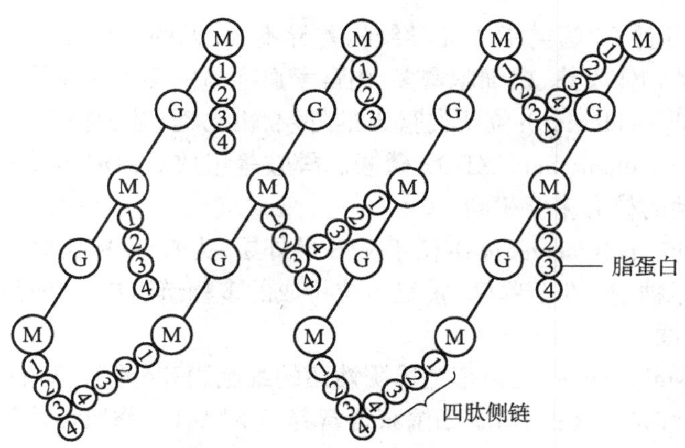

图 1-7 革兰氏阴性菌细胞壁肽聚糖结构(大肠埃希菌)
1:L- 丙氨酸;2:D- 谷氨酸;3:二氨基庚二酸;4:D- 丙氨酸

凡能破坏肽聚糖结构或抑制其合成的物质,都能损伤细菌细胞壁而使细菌变形或死亡。如青霉素能抑制四肽侧链上 D- 丙氨酸与五肽交联桥之间的连接,使细菌不能合成完整的细胞壁而导致细菌死亡。溶菌酶能水解肽聚糖链骨架中的 β-1,4 糖苷键,破坏肽聚糖骨架,引起细菌裂解,因此溶菌酶对 G^+ 菌的作用比对 G^- 菌的作用强。而真核生物,如人和动物的细胞,因无细胞壁结构,亦无肽聚糖,故青霉素和溶菌酶对人和动物的细胞均无毒性作用。

(2) G^+ 菌细胞壁的特殊成分——磷壁酸(teichoic acid):G^+ 菌的细胞壁较厚,为 15 ~ 80 nm,除含有 15 ~ 50 层肽聚糖结构外,还有大量特殊成分——磷壁酸,少数细菌是磷壁醛酸,约占细胞壁干重的 50%。磷壁酸是由核糖醇(ribitol)或甘油(glycerol)残基经磷酸二酯键相互连接而成的多聚物,其结构中少数基团被氨基酸或糖所取代,多个磷壁酸分子组成长链穿插于肽聚糖层中(图 1-4)。按其结合部位不同将磷壁酸分为两种:结合在细胞壁上的称壁磷壁酸(wall teichoic acid),其长链一端与肽聚糖上的胞壁酸以共价键连接,另一端则游离于细胞壁外;结合在细胞膜上的磷壁酸则称为膜磷壁酸(membrane teichoic acid)或脂磷壁酸(lipoteichoic acid,LTA),其长链一端与细胞膜外层的糖脂以共价键相连,另一端穿过肽聚糖层到达细胞壁表面。

磷壁酸是 G^+ 菌特有的成分,表面暴露的磷壁酸是 G^+ 菌的表面抗原。不同种类 G^+ 菌其表面磷壁酸含量及排列顺序不同,决定了其表面抗原的不同。磷壁酸带有负电荷,能与镁离子结合,以维持细胞膜上一些酶的活性。此外,某些细菌(如 A 群链球菌)的磷壁酸对宿主细胞具有黏附作用,可能与致病性有关或者是噬菌体的特异性吸附受体。

(3) G^- 菌细胞壁的特殊成分——外膜(outer membrane):G^- 菌的细胞壁除含有 1 ~ 3 层肽聚糖结构外,外膜是其主要的成分,约占细胞干重的 80%,外膜又可分为内、中、外 3 层,由内向外分别是脂蛋白层、脂质双层和脂多糖层。脂蛋白位于肽聚糖和脂质双层之间。脂蛋白的蛋白质部分与肽聚糖侧链的 DAP 相连,脂蛋白的脂质成分与外膜非共价结合,使外膜和肽聚糖层构成一个整体。

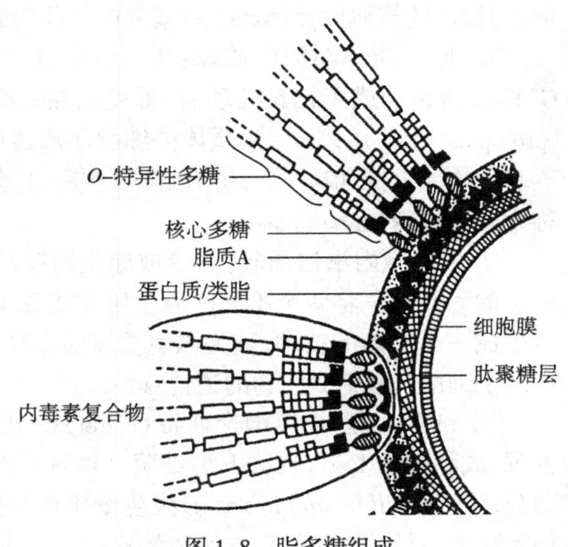

图 1-8 脂多糖组成

脂多糖(lipopolysaccharide,LPS):为 G^- 菌细胞壁特有成分,位于外膜的最表面,借疏水键与外膜相连,是 G^- 菌的内毒素。LPS 由类脂 A、核心多糖和特异性多糖 3 部分组成(图 1-8)。另外,LPS 还具有吸附 Mg^{2+}、Ca^{2+} 等阳离子的作用,也是噬菌体在细菌表面的特异性吸附受体。

① 类脂 A(lipid A):是 G^- 菌具有内毒素毒性和生物活性的主要成分,细菌死亡后类脂 A 才能释放出来,所以

称为内毒素(endotoxin)。各种 G^- 菌类脂 A 化学结构差异不大,无种属特异性,所以内毒素引起的毒性作用都大致相同,主要引起动物体发热、白细胞增多、内毒素血症与内毒素休克等。

② 核心多糖(core polysaccharide):位于类脂 A 的外层,由己糖(葡萄糖、半乳糖等)、庚糖、2-酮基-3-脱氧辛糖酸(2-keto-3-deoxyoctonic acid,KDO)、磷酸乙醇胺等组成。KDO 与类脂 A 共价连接。核心多糖具有属特异性,同一属细菌的核心多糖相同。

③ 特异性多糖(specific polysaccharide):位于 LPS 最外层,为 G^- 菌的菌体抗原(即 O 抗原),有种的特异性,由数个至数十个低聚糖(3～5 个单糖)重复单位构成的多糖链组成。单糖的种类、排列顺序、空间构型决定了菌体抗原的特异性。

(4) 周质间隙(periplasmic space)是指革兰氏阴性菌的细胞膜和外膜之间的空隙。该间隙含有多种蛋白酶、核酸酶、解毒酶和特殊结合蛋白,对于细菌获得营养和解除有害物质毒性等方面有重要作用。

G^+ 菌与 G^- 菌的细胞壁结构不同,导致这两类细菌在染色特性、抗原性、毒性、对药物的敏感性等方面存在很大差异(表 1-1)。

表 1-1　革兰氏阳性菌与革兰氏阴性菌细胞壁结构的比较

细胞壁	革兰氏阳性菌	革兰氏阴性菌
强度	较坚韧	较疏松
厚度	厚,20～80 nm	薄,10～15 nm
结构	三维空间(立体结构)	二维空间(平面结构)
肽聚糖组成	聚糖骨架、四肽侧链和五肽交联桥	聚糖骨架和四肽侧链
肽聚糖层数	多,可达 50 层	少,1～3 层
肽聚糖含量	多,占胞壁干重 50%～80%	少,占 10%～20%
糖类含量	多,约占 45%	少,占 15%～20%
脂类含量	少,占 1%～4%	多,占 11%～22%
磷壁酸	+	-
外膜	-	+

(5) 细胞壁的功能:主要是维持细菌外形,保护细菌耐受低渗环境和有害物质的损害。它具有相对通透性,对外源物质的进入和菌体内物质的逸出,起着选择性分子筛的屏障作用。细胞壁的结构及其化学组成,与细菌的抗原性、致病性、对噬菌体与药物的敏感性以及革兰氏染色特性有关。

(6) 原生质体与原生质球:在一定条件下,除去细菌的细胞壁或细胞壁缺损并不损害细菌的生命。G^+ 菌经溶菌酶或青霉素处理后,可完全除去细胞壁,形成仅由细胞膜包裹细胞质的菌体,称为原生质体(protoplast)(图 1-9)。原生质体内细胞质渗透压高,在等渗的普通培养基中极易胀裂死亡,必须在高渗培养基中才能维持和再生。用溶菌酶等作用 G^- 菌,仅能去除细胞壁的肽聚糖,形成仍有外膜层包裹的菌体,称为原生质球(spheroplast)。

G^- 菌细胞内渗透压较低,形成原生质球后对低渗仍有一定的耐受力。将两个不同的原生质体或原生质球融合并再生成一个细菌的技术,称为原生质体融合技术,该技术可应用于细菌及其他微生物的遗传育种。

(7) 细菌 L 型:由英国李斯特(Lister)研究所于 1935 年发现,故称细菌 L 型,也称 L 型细菌。当时发现念珠状链杆菌(*Streptobacillus moniliformis*)发生细胞壁缺损突变,呈现细胞膨大、对渗透压敏感、在固体培养基上形成“煎蛋”似的

图 1-9　原生质体示意图
a. 杆菌;b. 杆菌失去细胞壁变为球状的原生质体(或原生质球)

小菌落。通常将细胞壁缺陷的细菌，包括原生质体及原生质球，统称为细菌 L 型。但是严格意义的细菌 L 型是指细菌自发或经诱导剂诱导形成的遗传稳定的细胞壁缺陷菌株。而原生质体和原生质球是细菌经人工处理形成，不能分裂。

人工诱导或自然情况下，细菌 L 型在体内或体外均能产生，其诱发因素较多，如溶菌酶、抗体、补体、青霉素及胆汁等。去除诱发因素后，有些细菌 L 型可恢复为原菌。当细菌细胞壁中的肽聚糖结构受到理化或生物因素的破坏或合成被抑制时，这种细胞壁受损的细菌一般在普通环境中不能耐受菌体内部的高渗透压而破裂死亡，但若在高渗环境下，它们仍可存活。

细菌 L 型的形态因细胞壁的缺失而呈高度多形性，有球状、杆状和丝状等。其大小不一，着色不均，不论原细菌是革兰氏染色阳性还是阴性菌，形成 L 型后大多成为革兰氏染色阴性菌。其生长繁殖时的基本要求与细菌相似，但必须补充 3% ~ 5% 的 NaCl、10% ~ 20% 蔗糖或 7% 聚乙烯吡咯烷酮（PVP）等稳定剂，以提高培养基的渗透压。同时还需加入 10% ~ 20% 的马血清。细菌 L 型在低渗环境中很容易胀裂死亡，但在高渗、低琼脂含血清的培养基中能缓慢生长，一般培养 2 ~ 7 d，长出中间厚、四周较薄的“煎蛋”样细小菌落。此外，尚有颗粒型和丝状型两种类型菌落。在液体培养基中，细菌 L 型生长后呈较疏松的絮状颗粒，沉于管底，上部培养液保持澄清。

2. 细胞膜

细菌的细胞膜（cell membrane）位于细胞壁内侧，是包围细胞质的一层柔软而富有弹性的半透膜。用高渗溶液处理细菌，细胞膜与细胞质一起收缩，造成质壁分离（图 1-10）。

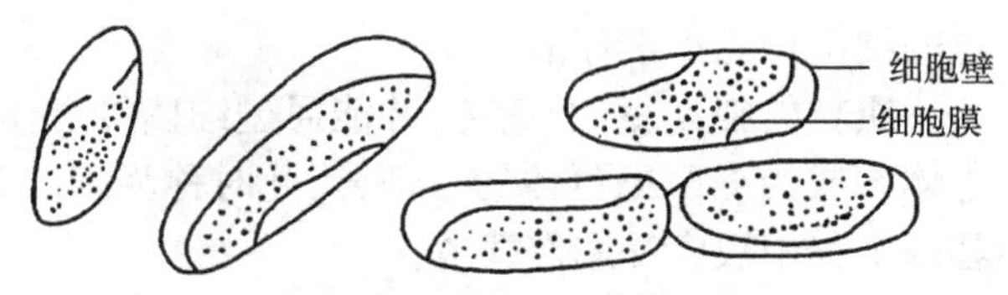

图 1-10　细菌的质壁分离

细胞膜厚为 5 ~ 10 nm，占菌体干重的 10% 左右，其主要成分是磷脂和蛋白质，也有少量的糖类和其他物质。磷脂占细胞膜干重的 20% ~ 30%，蛋白质占 55% ~ 75%，糖类占 2% 左右。细胞膜的结构是一种液态镶嵌结构单位膜，是由磷脂双分子层构成骨架，每个磷脂分子的亲水基团向外，疏水基团向膜中央，蛋白质结合于磷脂双分子层表面或镶嵌贯穿于磷脂双分子层。

细胞膜能够进行细胞内外的物质转运与交换，维持细胞内正常渗透压。细胞膜含有与营养、呼吸和生物合成有关的多种酶类，是分解和吸收营养物质、产生能量、排出代谢产物的场所。此外，细胞膜还有传递信息的功能，膜上的某些特殊蛋白质能接受一定的信号刺激，引起细胞内一系列代谢变化和产生相应的反应。细胞膜还参与细胞壁的生物合成。

3. 间体

间体（mesosome）又称中间体，是细菌的细胞膜凹入细胞质内形成的一种囊状、管状或层状的结构（图 1-11）。G^+ 菌较为常见。其中酶系统发达，是呼吸酶所在位置，也是能量代谢的场所，与细菌呼吸有关。此外，它还与细菌 DNA 的复制、分配和细菌细胞分裂密切相关。

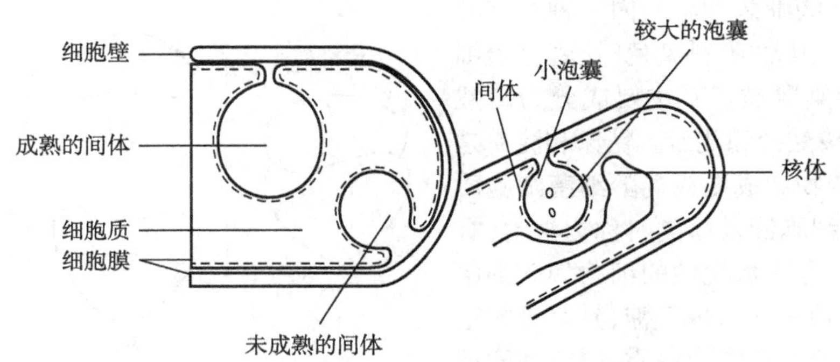

图 1-11　细菌间体及核体结构示意图

4. 细胞质

细胞质(cytoplasm)通常指细菌细胞膜内除核体以外的所有物质,是一种无色透明、均质的黏稠胶体。幼龄细菌的细胞质稠密且均匀,易染色,而在老龄细菌中,可见细胞质中存在空泡,数目多时,呈多孔形外观。主要成分为水、蛋白质、脂类、多糖、核糖核酸和少量无机盐等,具有明显的胶体性质。细胞质是细菌进行营养物代谢以及合成核酸和蛋白质的场所,在细胞质内含有各种酶系统,还有核糖体、异染颗粒、脂肪滴、糖原、淀粉粒、空泡等内含物。

5. 核体

细菌为原核生物,其遗传物质位于细胞质中,称为核体(karyo plast)或拟核(nucleoid)。核体无核膜包围,分布于细胞质内,也无组蛋白包绕。电子显微镜下,呈明显的区域存在。核体在细胞质中心或边缘区,呈球状、哑铃状、带状、网状等形态(图 1–11)。

细菌核体是由单一、环状双链 DNA 分子反复盘绕、卷曲而成的松散网状结构。核体仅在复制的短时间内为双倍体,一般均是单倍体。细菌核体 DNA 分子含有多种基因,控制细菌生长繁殖和遗传变异。如果细菌核体 DNA 发生突变、缺失或损伤,细菌就会发生变异甚至死亡。

质粒(plasmid)是染色体以外的遗传物质,是一小段游离的双股 DNA 分子。多为环状,也有线状。其大小范围从 1 kb 至 200 kb 以上不等。质粒可控制细菌某些特定遗传性状的形成,如形成耐药性、产生致病性、形成新的代谢能力或赋予它们一些其他特性。但质粒对宿主细菌的生长繁殖并不是必需的,失去质粒的细菌仍能正常存活。

质粒能独立复制、遗传,并能通过细菌接合作用传递给另一个菌体。质粒可游离存在,也可插入到染色体中成为细菌染色体的一部分,此时称为附加体(episome)。质粒具有与外源 DNA 重组的功能,因此在基因工程中被广泛用作载体。

6. 核糖体

核糖体(ribosome)又称核蛋白体,是主要集中在细胞质中的一种核糖核酸蛋白质小颗粒,每个细菌体内可达数万个。核糖体呈小球形或不对称形,约由 2/3 的核糖核酸 rRNA 和 1/3 蛋白质所组成,结构非常复杂。rRNA 有 5S、16S 及 23S 3 种,蛋白质有 55 种之多。核糖体是细菌蛋白质合成的场所,细胞质中核糖体所合成的蛋白质会留在细胞内,而结合在细胞膜上的核糖体所合成的蛋白质则运输到细胞外。核糖体长 10 ~ 20 nm,沉降系数约为 70S,由 50S 和 30S 两个亚基构成(图 1–12)。核糖体数目随生长阶段而异,生长旺盛时最多,生长静止时减少。链霉素能与细菌核糖体的 30S 亚基结合,红霉素能与 50S 亚基结合,从而干扰细菌蛋白质的合成而导致细菌死亡。真核细胞核糖体为 80S,由 60S 和 40S 两个亚基组成,因此这些药物对人和动物细胞的核糖体无影响。

7. 内含物

细菌细胞内有一些贮藏营养物质或其他物质的颗粒样结构,称为包含物或内含物(inclusion)。它们或者是细菌贮存的营养物,如异染颗粒、脂质(含脂肪滴)、肝糖原、淀粉、空泡等;或者是细菌的代谢产物,如硫黄粒、碳酸钙、草酸盐、伴孢晶体(一种多肽)和铁盐的结晶等。脂质一般以 β– 羟基丁酸的多聚体或脂肪小滴形式存在,是细菌特有的碳源和能源的贮存形式。异染颗粒是某些细菌细胞质内一种特有的酸性小颗粒,用碱性或中性染料染色时,着色较细胞质深,因此称为异染颗粒。其主要成分为磷酸盐,功能主要是贮存磷酸盐和能量。糖原和淀粉是细菌贮存的碳源营养物。成熟或老龄细菌细胞质内有空泡,空泡内有细胞液及盐类时称为液泡,有调节渗透压的功能。有些水生性的细菌如蓝细菌(*Cyanobacteria*)在胞质中能形成气泡,具有吸收空气,固定空气中的分子氮合成蛋白质,调节密度帮助细菌浮起等作用。

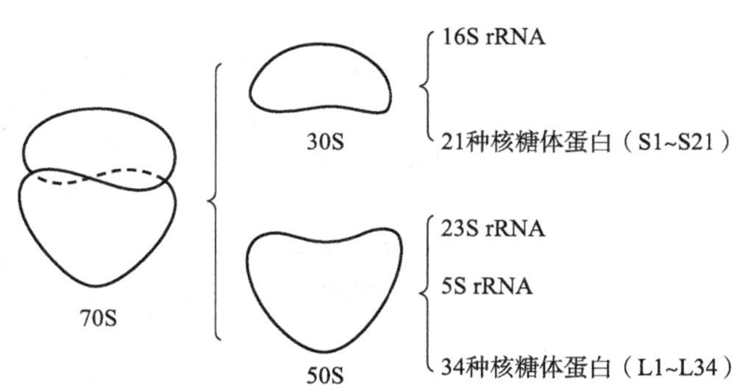

图 1–12 细菌核糖体结构模式图

(二) 特殊构造

1. 荚膜

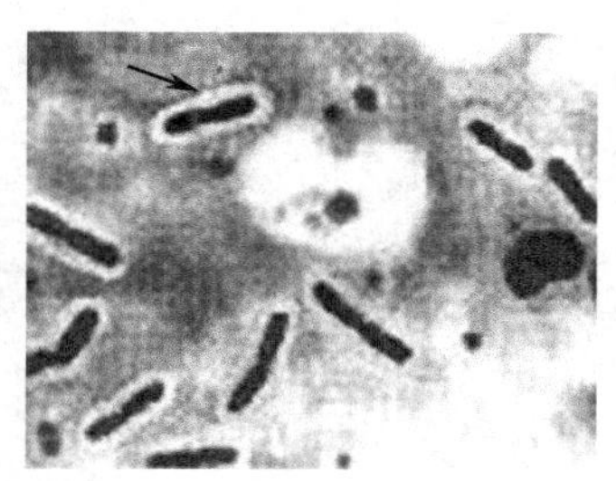

图 1-13 细菌荚膜
细菌普通染色，荚膜不着色，在菌体周围可见一层无色透明圈（箭头所示）

有些细菌在生命活动过程中，可在细胞壁外周分泌一层黏液样物质包围整个菌体，称为荚膜（capsule）。当多个细菌的荚膜融合形成一个大的胶状物，内含多个细菌细胞时，则称为菌胶团（zoogloea）。

荚膜紧附于细胞壁外，有一定的形状和轮廓，能与周围环境明显区分，有较一致的密度，是细菌构造的一部分。荚膜的折光性低且不易用普通染色方法着色，因此，在光学显微镜下观察时，只可见菌体周围存在着一层无色透明圈（图 1-13）。如用特殊的荚膜染色法，可清楚地看见荚膜的存在（一般用负染色法，使背景和菌体着色，而荚膜不着色，从而衬托出荚膜）。很多细菌虽无明显荚膜，但其外周却有一薄层荚膜样物质，厚度在 200 nm 以下，在光学显微镜下难以辨识，在电子显微镜下可见，称为微荚膜（microcapsule）。还有一些细菌能分泌一层很疏松且与周围边界不明显，易与菌体脱离的黏液样物质，称为黏液层（slime layer），黏液层产生后可自细菌游离于外界。

荚膜的化学组成因菌种而异。多数细菌荚膜由多糖组成，如肺炎球菌；少数细菌荚膜由多肽组成，如炭疽杆菌；也有极少数细菌两者兼有的，如巨大芽胞杆菌（*Bacillus megaterium*）。荚膜和微荚膜成分具有抗原性，称为荚膜抗原或 K 抗原。其具体组成，各种细菌都是不同的，因而具有种和型特异性，可用于细菌的鉴定。

荚膜的产生有种的特征，也与环境条件密切相关。能产生荚膜的病原菌（如炭疽杆菌），常需在动物组织中才能形成荚膜，而在人工培养基中，一般多不形成或荚膜不明显。一些腐生性的有荚膜细菌，也只有在特定种类的含糖培养基中，才能产生荚膜。细菌产生荚膜或黏液层，可使液体培养基具有黏性；有荚膜的细菌在固体培养基上则形成表面湿润、有光泽的光滑（S）型或黏液（M）型菌落。失去荚膜后的菌落则变为粗糙（R）型。荚膜并非细菌生存所必需的结构，如荚膜丢失，细菌仍可存活，且并不影响细菌的生长繁殖。

荚膜具有保护细菌的功能，保护病原菌抵抗动物细胞的吞噬和消除抗体的作用，使其能充分发挥致病性，这与细菌的毒力有关。腐生性细菌在外界产生荚膜，有保护细菌免受干燥和其他有害环境因素影响的作用。荚膜多糖可使细菌彼此相连，在黏膜细胞表面形成生物被膜，是引起感染的重要因素。此外，荚膜也常是营养物质的贮藏场所和废物排出的部位。

2. 芽胞

某些细菌在发育的某个阶段，在环境因素的作用下，可在菌体内形成一个圆形或卵圆形的休眠体，称为芽胞（spore），又称芽孢，内芽胞（endospore）。带有芽胞的菌体称为芽胞体，未形成芽胞的菌体称为繁殖体（propagule）或营养体（trophoroite）。

芽胞一般呈圆球形、椭圆形或短圆柱形，其大小有的小于菌体横径（图 1-14a，b 和 c），也有的大于菌体横径（图 1-14d，e 和 f），致使菌体从杆状变为梭形。根据芽胞形成的位置不同，将芽胞分为 3 种类型：位于菌体中央的称为中央芽胞，如炭疽杆菌的芽胞；芽胞位于偏端或近端的，称为偏端芽胞，如肉毒梭菌芽胞，呈网球拍状；芽胞位于菌体末端的称为末端芽胞，如破伤风梭菌的芽胞呈正圆形，比菌体横径大，形似鼓槌状。老龄芽胞最后脱离芽胞体而独立存在，称为游离芽胞，此时，不能辨认原来的位置。由于芽胞的形状、大小和位置各有不同，各种芽胞细菌在形成芽胞时就会出现多种特殊的形态，这有助于鉴别细菌。

成熟的芽胞为多层膜结构层层包裹的坚实球体（图 1-15）。在芽胞的各层结构中，共同点是含水量低，酶活性差，代谢处于停滞状态。芽胞膜由细菌原来的细胞膜形成；芽胞壁含有肽聚糖，发芽后成为细菌的细胞壁；皮质层是芽胞包膜中最厚的一层，由一种特殊的肽聚糖组成；芽胞壳由一种类似角蛋白的蛋白质组成，很致密，无通透性。

芽胞对外界不良理化条件有极强的抵抗力，特别能耐受高温、干燥和渗透压的作用，一般的化学药品，也不易渗透。芽胞抵抗力强与其结构、组成等有关。芽胞含水量少（繁殖体含水约 80%，芽胞仅含 40%），

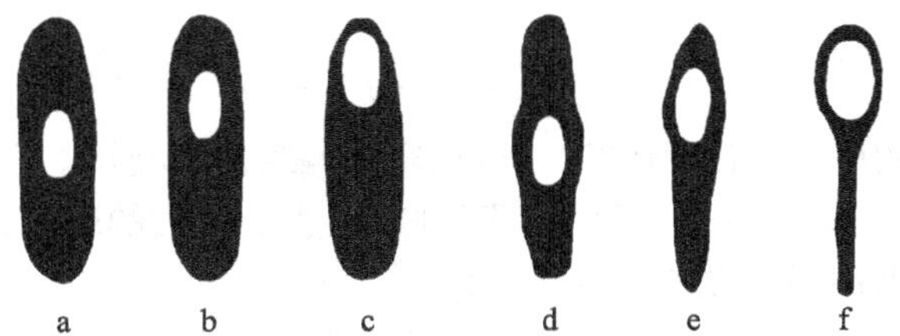

图 1–14 细菌芽胞的形态、大小和位置

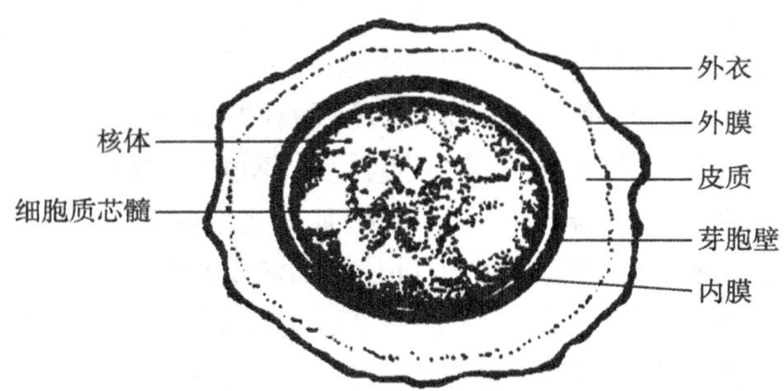

图 1–15 细菌芽胞构造示意图（横切）

蛋白质受热不易变性；芽胞核心和皮质层中含有大量的吡啶二羧酸（dipicolinic acid，DPA），是芽胞所特有的成分，与钙结合形成的复合物能提高芽胞的耐热性和抗氧化能力。一般的细菌繁殖体经 100℃煮沸 30 min 可杀死，但形成芽胞后，可耐受煮沸数小时。某些细菌如炭疽芽胞杆菌，污染土壤、草地后，传染性可持续 20～30 年。芽胞并不直接引起疾病，但当发芽转化为繁殖体后，就能迅速繁殖而引起疾病。如外伤深部创口被土壤中常有的破伤风梭菌的芽胞污染后，芽胞可发芽成繁殖体，产生毒素而致病。杀灭芽胞的可靠方法是高压蒸汽灭菌或干热灭菌。由于芽胞的抵抗力强，评价消毒灭菌的效果一般以能否杀灭芽胞为标准。

使用普通的染色方法，染料不易渗透进芽胞内，不能使芽胞着色，未经着色的芽胞，因其本身折光性强，在普通显微镜下，呈现为无色的空洞状。应用特殊的染色方法可使芽胞着色，一经着色则不易脱色。

细菌芽胞的形成是由其遗传性决定的，但也需要一定的环境条件。大多数芽胞细菌是在营养缺乏、温度较高或代谢产物积累等不良条件下，在衰老的细胞内形成芽胞。在适宜条件下，芽胞又能萌发而形成繁殖体。芽胞一般在动物体外形成，其形成条件因菌种而异。如炭疽杆菌的芽胞在有氧条件下形成，而破伤风梭菌则相反。芽胞带有完整的核质、酶系统及合成菌体组分的结构，能保存细菌全部生命活动所必需的物质。但芽胞代谢过程减慢，对营养物质的需求较少，停止分裂繁殖。通常一个细菌繁殖体只能产生一个芽胞，一个芽胞萌发后也只能产生一个繁殖体，所以芽胞不是细菌的繁殖方式，而是保存生命的一种休眠状态。有关芽胞萌发形成繁殖体的相关知识见**数字资源**。

○ 芽胞萌发形成繁殖体

3. 鞭毛

鞭毛（flagellum）是存在于大多数弧菌、螺菌、许多杆菌和个别球菌菌体表面的细长丝状物。鞭毛的长度可因细菌种类不同而异，一般都长于菌体本身若干倍。在电镜下可看到细菌的鞭毛（图 1–16）。用特殊染色法，使染料沉积在鞭毛上，增大直径，在光学显微镜下也可看到鞭毛。

鞭毛自菌体的细胞膜长出，游离于菌体外。鞭毛的结构由基础小体、钩状体和丝状体 3 部分组成（图 1–17）。基体（basal body）位于鞭毛根部，埋在细胞壁中。G^- 菌鞭毛的基础小体由一根圆柱和两对同心环所组成，一对是 M 环和 S 环，附着在细胞膜上；另一对是 P 环与 L 环，连在细胞壁的肽聚糖和外膜上。M、S、P 和 L 分别代表细胞膜、膜上、肽聚糖和外膜中的脂多糖。G^+ 菌的细胞壁无外膜，其鞭毛只有 M 环和 S 环而无 P 环与 L 环。鞭毛运动需要能量，细胞膜中的呼吸链可供其所需。钩状体（hook）位于鞭毛伸出菌体之处，呈钩状弯曲，鞭毛由此转弯向外伸出，成为丝状体（filament）。丝状体呈纤丝状，伸出菌体外，是由

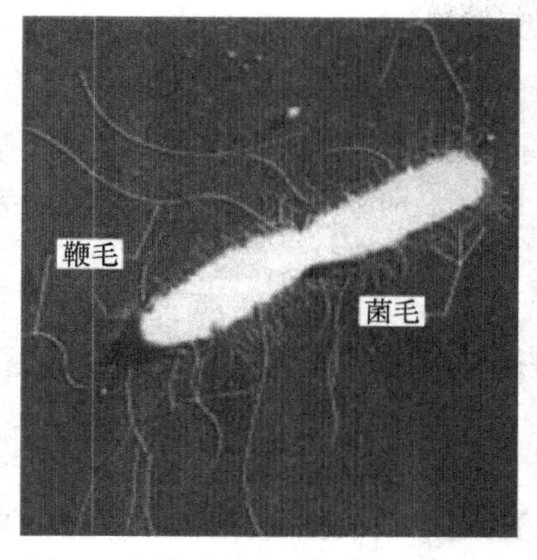

图 1–16 伤寒沙门菌的鞭毛与菌毛

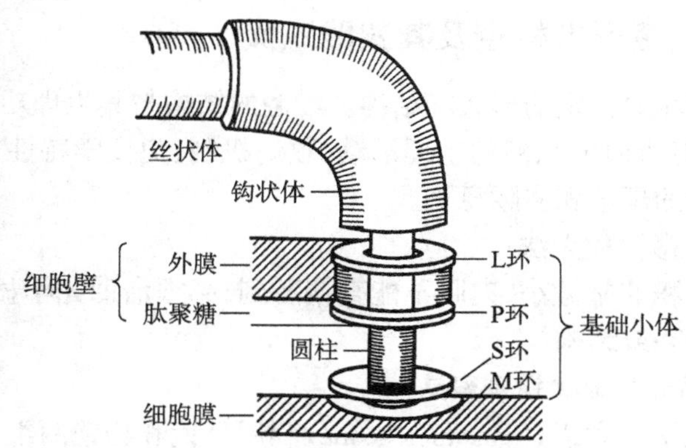

图 1–17 大肠埃希菌鞭毛根部结构模式图

鞭毛蛋白(flagellin)紧密排列并缠绕而成的中空管状结构,为细菌的动力装置。

鞭毛蛋白是一种纤维蛋白,其氨基酸组成与骨骼肌中的肌动蛋白相似,具有收缩性能。鞭毛具有抗原性,称为鞭毛抗原或 H 抗原。不同细菌的 H 抗原具有型特异性,可通过血清学反应,进行细菌分类鉴定。

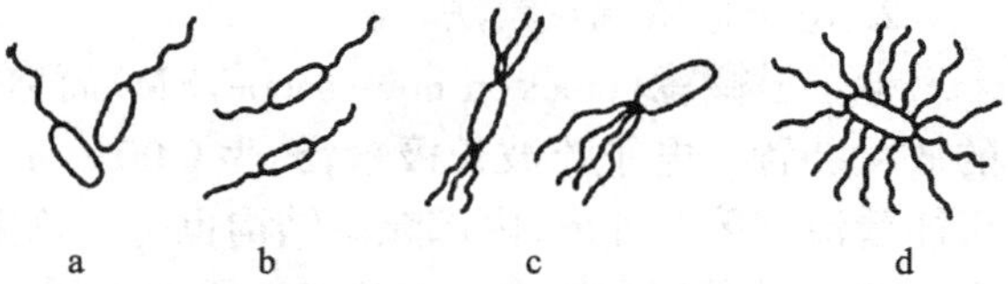

a　b　c　d

图 1–18 细菌的鞭毛示意图

a. 一端单毛菌;b. 两端单毛菌;c. 丛毛菌;d. 周毛菌

根据鞭毛的数量、排列方式和位置不同,可以将细菌分为 4 类(图 1–18):一端单毛菌(monotrichate):菌体只在一端有一条鞭毛,如霍乱弧菌(*Vibrio cholerae*);两端单毛菌(amphitrichate):菌体两端各有一条鞭毛,如大肠弧菌(*Vibrio coli*);丛毛菌(lophotrichate):菌体一端或两端各有一丛鞭毛,如荧光假单胞菌(*Pseudomonas fluorescens*)和红色螺菌(*Spirillum rubrum*);周毛菌(peritrichate):菌体周身都有鞭毛,如大肠埃希菌。

鞭毛是细菌的运动器官,可进行规律地收缩活动。鞭毛的运动有利于细菌对营养物质的吸收和避开有害的物质,同时,鞭毛的存在亦与细菌的致病性有关,如霍乱弧菌等通过鞭毛运动可穿过小肠黏膜表面的黏液层,黏附于肠黏膜上皮细胞,进而产生毒素而致病。鞭毛的运动方式与鞭毛的排列有关,单鞭毛菌和单端丛鞭毛菌一般呈直线快速运动,周毛菌则呈无规律的缓慢运动或滚动。

4. 菌毛

菌毛(pilus 或 fimbrium,复数 pili 或 fimbria)又称纤毛或伞毛,是存在于菌体表面比鞭毛更细、更短、数量更多的丝状物。大多数 G^- 菌和少数 G^+ 菌存在菌毛。菌毛远远小于光镜所能够看到的范围,所以只有在电镜下才能被观察到(图 1–16)。

菌毛是一种空心的蛋白质管,直径为 3 ~ 10 nm,长度可达数微米,其化学成分是菌毛蛋白(pilin)。菌毛蛋白具有抗原性,编码菌毛的基因位于细菌染色体或质粒上。菌毛具有不同类型,按照功能的不同,菌毛可分为普通菌毛和性菌毛两种。

普通菌毛较纤细、较短,数量较多,周身排列,每个细菌可有 50 ~ 400 根,其功能是使致病性细菌牢固地附着于动物消化道、呼吸道和泌尿生殖道等黏膜上皮细胞表面,生长繁殖,发挥致病作用,是一种毒力因子。这些菌毛也具有良好的免疫原性。

性菌毛(sex pilus)仅见于少数的 G^- 菌,数量少,每个细菌只有 1 ~ 4 根。比普通菌毛粗长、略弯曲,中空呈管状,其特点是顶端有一膨大部。性菌毛由质粒携带的致育因子(F 因子)编码产生,故又称 F 菌毛。有性菌毛的细菌又称雄性菌(F^+),没有性菌毛的细菌又称雌性菌(F^-)。性菌毛在雄性菌和雌性菌结合时成为供体细菌向受体细菌传递质粒等遗传物质的通道。另外,性菌毛也是某些噬菌体吸附于细菌表面的受体。

五、细菌形态检查及其实践意义

细菌有相对恒定的形态和结构。细菌的结构与其生理功能、致病性、免疫等特性有关。了解细菌的形态和结构，对于研究细菌的生理活动、致病机制、免疫学特性，以及鉴别细菌、诊断疾病和防治细菌性感染等均有重要的理论和实际意义。

（一）显微镜放大法

细菌体积非常微小，肉眼不能直接看到，必须借助光学显微镜或电子显微镜将细菌放大后，才能观察到细菌的形态或结构。

1. 普通光学显微镜观察法

普通光学显微镜（light microscope）利用目镜和物镜两组透视系统来放大成像，以可见光（自然光或灯光）为光源，波长为 0.4～0.7 μm，平均约为 0.5 μm。其分辨距离为光波波长的一半，即 0.25 μm。0.25 μm 的微粒经油镜放大 1 000 倍后达到 0.25 mm，人眼便能看清。一般细菌都大于 0.25 μm，故可用普通光学显微镜进行观察。

2. 电子显微镜观察法

电子显微镜（electron microscope，EM）简称电镜，是利用电子流代替可见光波，以电磁圈代替放大透镜的放大装置。电子流波长极短，约为 0.005 nm，其放大倍数可高达数十万倍，能观察直径 1 nm 的微粒，不仅能看清细菌的外形，内部超微结构也可一览无余。电子显微镜显示的图像可投射到电脑荧光屏上，可以方便地进行照相和拍摄。按其工作原理不同，电镜分为透射电镜（transmission electron microscope）和扫描电镜（scanning electron microscope）。细菌的超薄切片，经负染、冰冻蚀刻等处理后，在透射电镜中可清晰观察到细菌内部的超微结构。经金属喷涂的细菌标本，在扫描电镜中，则能清楚地显示细菌表面的立体形象（见图 1-1）。电镜观察的细菌标本必须干燥，并在高度真空的装置中接受电子流的作用，所以电镜不能观察活的细菌。

此外，还有暗视野显微镜、相差显微镜、荧光显微镜等，分别适用于观察不同状态的细菌形态和结构。日常工作中最常用的是明视野显微镜。

（二）染色标本检查法

细菌细胞微小，无色半透明，经染色后才能观察较清楚。细菌的染色是染料分子与细菌成分相结合的化学过程。细菌蛋白质是两性电解质，在不同 pH 时可带不同电荷，在等电点时所带正电荷与负电荷相等。细菌的等电点较低，在 pH 2～5 之间，故在近于中性的环境中，细菌多带负电荷，易与带正电荷的碱性染料结合而着色。因此，细菌染色多用碱性苯胺染料如亚甲蓝（methylene blue）、碱性复红（basic fuchsin）、结晶紫（crystal violet）等。

单用一种染料染色，如亚甲蓝或复红，染色后可以观察细菌的大小、形态和排列方式，但各种细菌均染成同一颜色，不能鉴别。用两种以上的染料染色，可将不同细菌染成不同颜色，除可观察细菌形态外，在细菌鉴别上也有重要意义。常用革兰氏染色法、抗酸染色法，以及荚膜、鞭毛、芽胞的特殊染色法等。

1. 革兰氏染色法

革兰氏染色法（Gram staining）是最常用最重要的染色法。这种方法由丹麦细菌学家革兰（Christian Gram）于 1884 年创建，至今已过百余年，仍在广泛使用。标本固定后，先用结晶紫初染，再加碘液媒染，使之生成结晶紫－碘复合物，此时各种细菌均被染成深紫色，然后用 95% 乙醇脱色，再用稀释复红或沙黄复染。此法可将细菌分成两大类：不被乙醇脱色仍保留紫色者为革兰氏阳性（G^+）菌，被乙醇脱色后复染成红色者为革兰氏阴性（G^-）菌。

革兰氏染色的机制与以下两个因素有关：①细菌经初染和媒染后，细胞壁染上了不溶于水的结晶紫与碘的复合物，G^- 菌的细胞壁含脂类较多，当以 95% 乙醇脱色时，脂类易被溶解，而肽聚糖少，且交联疏松，不易收缩，在细胞壁中形成的孔隙较大，使结晶紫与碘的复合物容易被溶解脱出，最后被红色的染料复染成红色。G^+ 菌的细胞壁含脂类少，肽聚糖多且交联紧密，95% 乙醇作用后肽聚糖收缩，细胞壁的孔隙缩小而使结晶紫与碘的复合物不能脱出，经红色染料复染后仍为紫色。② G^+ 菌等电点（pH 2～3）比 G^- 菌

(pH 4～5)低,在相同 pH 条件下,G^+ 菌所带负电荷比 G^- 菌多,故与带正电荷的结晶紫染料结合较牢,不易脱色。这两种因素中,前者更为重要。当 G^+ 菌细胞壁有破损时,或加入青霉素共同培养来干扰其细胞壁的合成时,则细菌的染色性由 G^+ 转变为 G^-。另外,细胞壁缺损的细菌 L 型,无论其以前是 G^+ 或 G^-,染色后均成 G^-,这些均证明革兰氏染色反应的决定因素在于细胞壁结构的差异。

G^+ 菌与 G^- 菌的染色反应差异受多种因素的影响,如菌龄、染色和脱色时间、pH 等。如延长脱色时间,G^+ 菌也可变为 G^-;另外,衰老或死亡的 G^+ 菌常可被染成 G^-。

革兰氏染色法具有重要的实际意义:

① 鉴别细菌:用革兰氏染色法可将所有细菌分成 G^+ 菌和 G^- 菌两大类,便于初步识别细菌,缩小范围,再做进一步鉴定。

② 选择药物:G^+ 菌和 G^- 菌对化学治疗剂和抗生素的敏感性不同,大多数 G^+ 菌对青霉素、红霉素、头孢菌素等敏感,大多数 G^- 菌对这几种药物不敏感,但对链霉素、氯霉素、庆大霉素、卡那霉素等敏感。临床上可根据病原菌的革兰氏染色特性,选择有效的药物用于治疗。

③ 与致病性有关:有些 G^+ 菌能产生外毒素,而 G^- 菌则主要产生内毒素,二者致病作用不同。

2. 抗酸染色法

分枝杆菌属(*Mycobacterium*)的细菌,包括结核分枝杆菌、副结核分枝杆菌等,为抗酸性细菌,一般染色法不易着色,须用抗酸染色法(acid-fast staining method)。此法是用强染色剂(5% 苯酚复红溶液)加温或延长时间进行,以促使菌体着色;然后用 3% 盐酸乙醇脱色,再用亚甲蓝复染。抗酸性细菌一旦着色后,能抵抗盐酸乙醇的脱色,故保持红色;非抗酸性细菌则被脱色而复染成蓝色。所以,抗酸染色法也能将细菌分成两大类,即抗酸性细菌和非抗酸性细菌。但抗酸性细菌种类较少,大多数细菌均为非抗酸性,故此方法一般仅在有目的地检查抗酸性细菌时用,不作为常规检查。抗酸性染色可能与菌体中含有的分枝菌酸(mycolic acid)有关,因其能与苯酚复红牢固结合,不易被脱色;另一方面也与细胞壁的完整性有关,当分枝杆菌细胞壁的完整性受到破坏时,其抗酸性亦随之失去。

3. 特殊染色法

细菌的某些结构由于组织过于致密或过于纤细或对染料的亲和力弱而不易着色,需要用特殊染色法才能着色。特殊染色法主要有荚膜染色法、鞭毛染色法、芽胞染色法、核质染色法、细胞壁染色法以及异染颗粒染色法等。

另外还有负染色法,此法是将标本片的背景染色,而菌体不着色。染料常用墨汁或酸性染料如刚果红(Congo red)、苯胺黑(nigrosin)等。将染料与细菌混合推片,干后再用亚甲蓝或复红作简单染色。因酸性染料带负电荷,不能使菌体着色,只能将背景染成黑色,菌体则被染成蓝色或红色,而荚膜不着色,包围在菌体周围成为一层透明的空圈。

复习思考题

1. 试述细菌基本结构和特殊结构的分类、特点及其功能。
2. 如何根据革兰氏染色法将细菌进行分类?其染色机制如何?有何实际意义?
3. 试述细菌的脂多糖及外膜蛋白的组成及功能。
4. 什么是 L 型细菌?细菌细胞壁的缺陷型还有哪些,其产生机制如何?
5. 试述革兰氏阳性菌和阴性菌细胞壁结构的异同点。

开放式讨论题

1. 细菌的哪些结构可以作为实验室鉴定的依据,如何鉴定?
2. 细菌的哪些结构与其致病性相关?可能的机制是什么?

第二节　细菌生理

细菌生理研究的是细菌的生命活动。了解细菌生命活动，为分离培养细菌、制造生物制品、控制细菌污染、研究病原菌的致病原理、细菌的检验、传染病的诊断和防治等奠定理论基础。

一、细菌的化学组成与物理性状

（一）细菌的化学组成

细菌和其他生物细胞相似，按照元素组成，主要包括碳、氢、氮、氧、磷和硫等。还有少数无机离子，如钾、钠、铁、镁、钙和氯等，用以构成细菌细胞的各种成分及维持酶的活性和跨膜化学梯度。在细菌体内这些元素主要以化合物形式存在，包括水、无机盐、蛋白质、糖类、脂类和核酸等。在细菌化合物组成中，水是细菌细胞最重要的组成成分，可占菌体质量的75%～90%。细菌尚含有一些原核细胞型微生物所特有的化学组成，如肽聚糖、胞壁酸、磷壁酸、D型氨基酸、二氨基庚二酸、吡啶二羧酸等。这些物质在真核细胞中还未发现。

（二）细菌的物理性状

1. 光学性质

细菌为半透明体。当光线照射至细菌，部分被吸收，部分被折射，故细菌悬液呈浑浊状态。细菌数量越多浊度越大，使用比浊法或分光光度计可以粗略地估计细菌的数量。由于细菌具有这种光学性质，可用相差显微镜观察其形态和结构。

2. 比表面积

细菌体积微小，相对表面积大，有利于同外界进行物质交换。这是因为体积是半径立方的函数（$V=\frac{4}{3}\pi r^3$），而面积是半径平方的函数（$A=4\pi r^2$）。表面积和体积之比可以表示成$3/r$。因此，细菌半径越小，表面积与体积之比就越大，故小细胞比大细胞会更有效地与外界进行交换。所以，细胞代谢和生长速率与细胞大小成反比。细菌的体积小，如葡萄球菌直径约1 μm，则1 cm^3体积的比表面积可达60 000；直径为1 cm的生物体，1 cm^3体积的比表面积仅为6，两者相差1万倍。因此细菌的代谢旺盛，繁殖迅速。

3. 带电现象

细菌固体成分的50%～80%是蛋白质，蛋白质由两性氨基酸组成。在一定pH溶液内，氨基酸电离的阳离子和阴离子数相等，此时的pH即称为细菌的等电点（pI）。革兰氏阳性菌pI较低，在pH 2～3；革兰氏阴性菌pI较高，在pH 4～5。故在生理条件（中性或弱碱性）下，溶液的pH比细菌等电点高，氨基的电离受到抑制，羧基电离，所以细菌均带负电荷。而革兰氏阳性菌所带负电荷更多。细菌的带电现象与细菌的染色反应、凝集反应及抑菌和杀菌作用等都有密切关系。

4. 半透性

细菌的细胞壁和细胞膜都有半透性，允许水及部分小分子物质通过，有利于吸收营养和排出代谢产物。

5. 渗透压

细菌体内含有高浓度的营养物质和无机盐，一般G^+菌的渗透压高达2.03×10^6～2.53×10^6 Pa，G^-菌的渗透压为5.07×10^5～6.08×10^5 Pa。细菌所处环境一般相对低渗，但因有坚韧细胞壁的保护而不致崩裂。若处于比菌内渗透压更高的环境中，菌体内水分逸出，胞质浓缩，细菌则不能生长繁殖。

二、细菌的营养

（一）细菌的营养类型

各类细菌的酶系统不同，代谢活性各异，因而对营养物质的需要也不同。根据细菌所利用的能源和碳源的不同，将细菌分为两大营养类型。

1. 自养菌(autotroph)

以简单的无机物为原料,如利用 CO_2、CO_3^{2-} 作为碳源,利用 N_2、NH_3、NO_2^-、NO_3^- 等作为氮源,合成菌体成分。这类细菌所需要能量来自无机物氧化的被称为化能自养菌(chemotroph);通过光合作用获得能量的被称为光能自养菌(phototroph)。

2. 异养菌(heterotroph)

必须以多种有机物为原料,如蛋白质、糖类等,才能合成菌体成分并获得能量。异养菌包括腐生菌(saprophyte)和寄生菌(parasite)。腐生菌以动植物尸体、腐败食物等作为营养物;寄生菌寄生于活体内,从宿主的有机物获得营养。所有的病原菌都是异养菌,大部分属寄生菌。

(二)细菌的营养物质

对细菌进行人工培养时,必须供给其生长所必需的各种成分,一般包括水、碳源、氮源、无机盐和生长因子等。

1. 水

细菌所需的营养物质必须先溶于水,营养的吸收与代谢均需有水才能进行。

2. 碳源

各种碳的无机或有机物都能被细菌吸收和利用,合成菌体组分和作为获得能量的主要来源。病原菌主要从糖类获得碳。

3. 氮源

细菌对氮源的需要量仅次于碳源,其主要功能是作为合成菌体成分的原料。很多细菌可以利用有机氮化物,病原微生物主要从氨基酸、蛋白胨等有机氮化物中获得氮。少数病原菌如克雷伯菌亦可利用硝酸盐甚至氮气,但利用率较低。

4. 无机盐

细菌需要各种无机盐以提供其生长的各种元素,一般浓度在 10^{-3} ~ 10^{-4} mol/L 的元素为常量元素,浓度在 10^{-6} ~ 10^{-8} mol/L 的元素为微量元素;前者如磷、硫、钾、钠、镁、钙、铁等,后者如钴、锌、锰、铜、钼等。各类无机盐的功用如下:①构成有机化合物,成为菌体的成分;②作为酶的组成部分,维持酶的活性;③参与能量的储存和转运;④调节菌体内的渗透压;⑤某些元素与细菌的生长繁殖和致病作用密切相关。例如白喉棒状杆菌在含铁 0.14 mg/L 的培养基中产毒素量最高,铁的浓度达到 0.6 mg/L 时则完全不产毒。在人体内,大部分铁均结合在铁蛋白、乳铁蛋白或转铁蛋白中,细菌必须与人体细胞竞争得到铁才能生长繁殖。具有铁载体(siderophore)的细菌则有此竞争力,它可与铁螯合和溶解铁,并带入菌体内以供代谢之需。如结核分枝杆菌的有毒株和无毒株的一个主要区别就是前者有一种称为分枝菌素(mycobactin)的载铁体,而后者则无。一些微量元素并非所有细菌都需要,不同细菌只需其中的一种或数种。

5. 生长因子

生长因子(growth factor)是细菌生长需要,但需要量不大,菌体自身又不能合成的一类特殊营养物质。细菌的生长因子通常为有机化合物,包括维生素、某些氨基酸、嘌呤、嘧啶等。少数细菌还需特殊的生长因子,如流感嗜血杆菌需要 X、V 两种因子,X 因子是高铁血红素,V 因子是辅酶Ⅰ或辅酶Ⅱ,两者为细菌呼吸所必需。

(三)细菌摄取营养物质的机制

水和水溶性物质可以通过具有半透膜性质的细胞壁和细胞膜进入菌体细胞内,蛋白质、多糖等大分子营养物须经细菌分泌的胞外酶的作用分解成小分子物质才能被吸收。

○ 细菌摄取营养的机制

营养物质进入菌体内主要通过被动扩散和主动转运系统两种方式。相关知识见数字资源。

(四)细菌生长繁殖的条件

营养物质、能量和适宜的环境是细菌生长繁殖的必备条件。

1. 营养物质

充足的营养物质可以为细菌的新陈代谢及生长繁殖提供必要的原料和充足的能量。

2. 氢离子浓度(pH)

每种细菌都有一个可生长的 pH 范围，以及最适生长 pH。多数病原菌最适 pH 为 7.2 ~ 7.6，在宿主体内极易生存。大多数嗜中性细菌生长的 pH 范围是 6.0 ~ 8.0，嗜酸性细菌最适生长 pH 可低至 3.0，嗜碱性细菌最适生长 pH 可高达 10.5。个别细菌如霍乱弧菌在 pH 8.4 ~ 9.2 生长最好，结核分枝杆菌的最适生长 pH 为 6.5 ~ 6.8。细菌依靠细胞膜上质子转运系统调节菌体内的 pH，使其保持稳定，包括 ATP 驱使的质子泵，Na^+–H^+ 和 K^+–H^+ 交换系统。

3. 温度

各类细菌依据对温度的生长要求，分为嗜冷菌(psychrophile)，生长温度范围为 –5 ~ 30℃，最适生长温度为 10 ~ 20℃；嗜温菌(mesophile)，生长温度范围为 10 ~ 45℃，最适生长温度为 20 ~ 40℃；嗜热菌(thermophile)，生长温度范围为 25 ~ 95℃。病原菌在长期进化过程中适应了人和动物体内环境，均为嗜温菌，最适生长温度为 37℃。

4. 气体

根据细菌代谢时对分子氧的需要与否，可以分为以下 4 类。

(1) 专性需氧菌(obligate aerobe)：具有完善的呼吸酶系统，需要分子氧作为受氢体以完成需氧呼吸，仅能在有氧环境下生长。如结核分枝杆菌、霍乱弧菌。

(2) 微需氧菌(microaerophilic bacterium)：在低氧压(5% ~ 6%)条件下生长状态最好，氧浓度 > 10% 对其有抑制作用。如空肠弯曲菌、幽门螺杆菌。

(3) 兼性厌氧菌(facultative anaerobe)：兼有需氧呼吸和无氧发酵两种功能，不论在有氧或无氧环境中都能生长，但以有氧时生长较好。大多数病原菌属于此类。

○ 细菌厌氧的机制

(4) 专性厌氧菌(obligate anaerobe)：缺乏完善的呼吸酶系统，利用氧以外的其他物质作为受氢体，只能在无氧环境中进行发酵。有游离氧存在时，不但不能利用分子氧，且还将受其毒害，甚至死亡。如破伤风梭菌、脆弱类杆菌。有关厌氧机制的相关知识见**数字资源**。

5. 渗透压

一般培养基的盐浓度和渗透压均满足大多数细菌的生长要求，少数细菌如嗜盐菌(halophilic bacterium)需要在较高浓度 NaCl(如 3% NaCl)的环境中才能生长良好。

三、细菌的生长与繁殖

1. 细菌个体的生长繁殖

细菌一般以简单的二分裂方式(binary fission)进行无性繁殖。在适宜条件下，多数细菌繁殖速度很快。细菌分裂数量倍增需要的时间称为代时(generation time)，多数细菌的代时为 20 ~ 30 min。个别细菌繁殖速度较慢，如结核分枝杆菌的代时达 18 ~ 20 h。

2. 细菌群体的生长繁殖

细菌生长速度很快，一般细菌约 20 min 分裂一次。若按此速度计算，细菌群体将庞大到难以想象的程度。但事实上由于细菌繁殖中营养物质的逐渐耗竭，有害代谢产物的逐渐积累，细菌不可能始终保持高速度的无限繁殖。经过一段时间后，细菌繁殖速度渐减，死亡菌数增多，活菌增长率随之下降并趋于停滞。

将一定数量的细菌接种于适宜的液体培养基中，连续定时取样检查活菌数，可发现细菌在体外生长过程的规律性。以培养时间为横坐标，培养物中活菌数的对数为纵坐标，可绘制出一条生长曲线(growth curve)(图 1–19)。

根据生长曲线，细菌群体的生长繁殖可分为 4 期。

(1) 迟缓期(lag phase)：细菌进入新环境后的短暂适应阶段。该期菌体增大，代谢活跃，为细菌的分裂繁殖合成并积累充足的酶、辅酶和中间代谢产物；但分裂迟缓，繁殖极少。迟缓期长短不一，因菌种、接种菌的菌龄和菌量以及营养等不同，一般为1～4 h。如果把对数生长期培养物转种至相同的培养基，并在相同条件下生长，则不会出现迟缓期，立即开始对数生长。如果转种的是衰老的培养菌（稳定期），即使细菌都是活的，接入相同的培养基也会出现延迟现象。

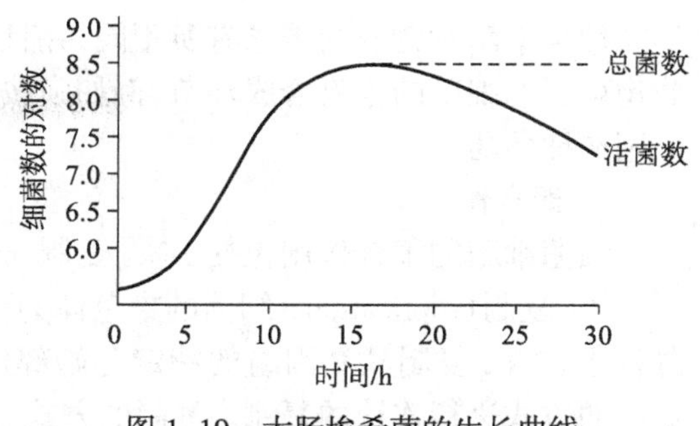

图 1-19 大肠埃希菌的生长曲线

（2）对数期（logarithmic phase）：又称指数期（exponential phase）。细菌在该期生长迅速，活菌数以恒定的几何级数增长，生长曲线图上细菌数的对数呈直线上升，达到顶峰状态。此期细菌的形态、染色性、生理活性等都较典型，对外界环境因素的作用敏感。因此，研究细菌的生物学性状（形态染色、生化反应、药物敏感实验等）应选用此期的细菌。对数生长速度受环境条件（温度、培养基组成）及微生物自身遗传特征的影响，一般细菌对数期在培养后的8～18 h。

（3）稳定期（stationary phase）：由于培养基中营养物质消耗，有害代谢产物积聚，该期细菌繁殖速度渐减，死亡数逐渐增加，但仍有菌体生长，其菌数没有净增加或净减少。此期细菌形态、染色性和生理性状常有改变。一些细菌的芽胞、外毒素和抗生素等代谢产物大多在稳定期产生。

（4）衰亡期（decline phase）：稳定期后细菌繁殖越来越慢，死亡数越来越多，并超过活菌数。该期细菌形态显著改变，出现衰退型或菌体自溶现象，难以辨认；生理代谢活动也趋于停滞。因此，陈旧培养的细菌难以鉴定。

细菌生长曲线只有在体外人工培养的条件下才能观察到。在自然界或人类、动物体内繁殖时，细菌生长受环境因素和机体免疫因素的多方面影响，不可能出现在培养基中的那种典型的生长曲线。

细菌的生长曲线反映体外群体细胞的生长规律，对研究工作和生产实践都有指导意义。掌握细菌生长规律，可以人为地改变培养条件，调整细菌的生长繁殖阶段，更为有效地利用对人类有益的细菌。例如在培养过程中，不断地更新培养液和对需氧菌进行通气，使细菌长时间地处于生长旺盛的对数期，这种培养称为连续培养（continuous culture）。

四、细菌的新陈代谢

细菌的新陈代谢是指细菌细胞内分解代谢与合成代谢的总和，其显著特点是代谢旺盛和代谢类型的多样化。

细菌的代谢过程以胞外酶水解外环境中的营养物质开始，经主动或被动转运机制进入细胞质内。这些分子在一系列酶的催化作用下，经过一种或多种途径转变为共同通用的中间产物——丙酮酸；再从丙酮酸进一步分解产生能量或合成新的糖类、氨基酸、脂类和核酸。在上述过程中，将底物分解和转化为能量的过程称为分解代谢；所产生的能量用于细胞组分的合成称为合成代谢；将两者紧密结合在一起称为中间代谢。伴随代谢过程细菌还将产生许多在医学和兽医学上具有重要意义的代谢产物。

（一）细菌细胞的代谢过程

对细菌新陈代谢的了解主要是从大肠杆菌的研究获得的。与动物等真核生物新陈代谢相比，细菌生长繁殖速度较快，利用各种化合物作为能源的能力更强，对营养的需求更为多种多样，可利用超常流水线式生产的方式生成大分子物质，产生诸如肽聚糖、脂多糖、磷壁酸等特殊物质。细菌的新陈代谢过程包括物质摄取、细胞的生物合成、聚合作用及组装四个步骤。

1. 物质摄取

细菌细胞膜是一层双脂膜，具有高度的选择通透性，从周围环境中获得营养。细菌摄取营养物质的机制如前文所述。

2. 生物合成

细菌细胞摄取的各种前体代谢物通过代谢途径网络，合成多种氨基酸、葡萄糖、脂肪酸、核苷酸及其他合成大分子所需物质。这些前体物质的合成与其他生物相似，但因细菌无法自身合成，必须从环境中获得。

不同种类细菌对营养的需求有所不同，并且其合成途径也有差异，据此可作为鉴别细菌的重要依据。某些药物可影响细菌的生物合成环节，例如磺胺类药物干扰细菌生长繁殖所必需的叶酸的生物合成，因此被广泛用作抑菌药。

3. 聚合作用

细菌细胞的聚合作用包括 DNA 复制、mRNA 转录和蛋白翻译等过程。

(1) 复制(replication)：细菌的染色体为环形的双链 DNA 分子，其聚合作用称为复制。在细菌细胞生长过程中，DNA 复制从基因组的特定起始部位开始，而后沿复制叉(replication fork)部位，从 5′ 端到 3′ 端以双向的方式进行连续的复制。复制的方式是半保留复制(semiconservative replication)，亲代 DNA 双链解离，形成的两条单链均可作为模板合成互补链，最后经过一系列酶(DNA 聚合酶、解旋酶、连接酶等)的作用生成两个新的 DNA 分子。某些抗生素以不同途径干扰细菌 DNA 的复制，例如新生霉素等抑制细菌 DNA 复制过程中所需的促旋酶的活性。

(2) 转录(transcription)：细菌的转录与真核生物在某些方面具有一定的不同点。其一，细菌 mRNA、tRNA 及 rRNA 是由同一个 RNA 聚合酶催化合成的。其二，细菌 mRNA 不需要通过核膜转运到细胞质，因此不需要聚 A 帽状结构和特异的转运方式，在 mRNA 合成早期直接与核糖体蛋白结合形成多聚体。细菌 RNA 聚合酶一般具有若干个(一个以上)可与特异 DNA 序列启动子(promoter)结合的 σ 亚单位，能够识别不同的启动子，从而激活相关基因，完成芽胞形成、氮获得、热休克反应及适应非生长条件等过程。细菌 RNA 聚合酶是利福平类药物的靶分子，该类药物可阻断转录的起始。

(3) 翻译(translation)：翻译即蛋白质合成的过程，该过程在原核细胞和真核细胞基本一致，但存在一些差别。其一，细菌的 mRNA 不需要经过加工和转运，为大的顺反子，包含多个基因，可指导多个多肽链的合成。其二，细菌中 mRNA 的翻译与 DNA 的转录不仅同时进行，而且两者速率也相等，即核糖体在 mRNA 链上移动速率与 RNA 聚合酶合成 mRNA 的速率相等。这些翻译特性决定了细菌高效合成过程。多种抗生素对细菌翻译过程有抑制作用，如红霉素、氯霉素和林可霉素等抑制核糖体大亚基，链霉素、四环素和壮观霉素等抑制小亚基。

4. 组装(assembly)：细菌细胞结构的组装主要包括自我组装(self-assembly)和指导组装(guided assembly)两种方式。核糖体和鞭毛的合成采用自我组装的方式，而细菌表面膜结构则只能依赖指导组装来完成。有些抗生素可影响细菌的组装过程，如多黏菌素可影响细胞膜的组装，杆菌肽或万古霉素可干扰细菌细胞成分组装所需载体的功能。

(二) 细菌的能量代谢

相关知识见*数字资源*。

○ 细菌的能量代谢

(三) 细菌的代谢产物

1. 分解代谢产物和细菌的生化反应

各种细菌所具有的酶不完全相同，对营养物质的分解能力亦不一致，因而其代谢产物有别。根据此特点，利用生物化学方法来鉴别不同细菌称为细菌的生化反应实验。常见的有以下几种。

(1) 糖发酵实验：不同细菌分解糖类的能力和代谢产物不同。例如大肠埃希菌能发酵葡萄糖和乳糖；而伤寒沙门菌可发酵葡萄糖，但不能发酵乳糖。即使两种细菌均可发酵同一糖类，其结果也不尽相同，如大肠埃希菌有甲酸脱氢酶，能将葡萄糖发酵生成的甲酸进一步分解为 CO_2 和 H_2，故产酸并产气；而伤寒沙门菌缺乏该酶，发酵葡萄糖仅产酸不产气。

(2) V-P(Voges-Proskauer)实验：大肠埃希菌和产气杆菌均能发酵葡萄糖，产酸产气，两者不能通过糖发酵实验进行区别。但产气杆菌能使丙酮酸脱羧生成中性的乙酰甲基甲醇，后者在碱性溶液中被氧化生成二乙酰，二乙酰与含胍基化合物反应生成红色化合物，是为 V-P 实验阳性。大肠埃希菌不能生成乙酰甲基甲醇，故 V-P 实验阴性。

(3) 甲基红(methyl red，MR)实验：产气杆菌分解葡萄糖产生丙酮酸，后者经脱羧后生成中性的乙酰甲基甲醇，故培养液 $pH > 5.4$，甲基红指示剂呈橘黄色，是为甲基红实验阴性。大肠埃希菌分解葡萄糖产生丙酮酸，培养液 pH≤4.5，甲基红指示剂呈红色，则为甲基红实验阳性。

(4) 枸橼酸盐利用(citrate utilization)实验：当某些细菌(如产气杆菌)利用铵盐作为唯一氮源，并利用枸橼酸盐作为唯一碳源时，可在枸橼酸盐培养基上生长，分解枸橼酸盐生成碳酸盐，并分解铵盐生成氨，使培养基变为碱性，是为枸橼酸盐利用实验阳性。大肠埃希菌不能利用枸橼酸盐为唯一碳源，故在该培养基上不能生长，为枸橼酸盐利用实验阴性。

(5) 吲哚(indol)实验：有些细菌如大肠埃希菌、变形杆菌、霍乱弧菌等能分解培养基中的色氨酸生成吲哚(靛基质)，经与试剂中的对二甲基氨基苯甲醛作用，生成玫瑰吲哚而呈红色，是为吲哚实验阳性。

(6) 硫化氢产生(hydrogen sulfide production)实验：有些细菌如沙门菌、变形杆菌等分解培养基中的含硫氨基酸(如胱氨酸、甲硫氨酸)生成硫化氢，硫化氢遇铅或铁离子生成黑色的硫化物，为硫化氢实验阳性。

(7) 尿素酶(urease)实验：某些细菌有尿素酶，能分解培养基中的尿素产生氨，使培养基变碱，以酚红为指示剂检测为红色，为尿素酶实验阳性。

细菌的生化反应用于鉴别细菌，尤其对形态、革兰氏染色反应和培养特性相同或相似的细菌更为重要。吲哚(I)、甲基红(M)、V-P(V_i)、枸橼酸盐利用(C)4 种实验常用于鉴定肠道杆菌，合称为 IMV_iC 实验。例如大肠埃希菌这 4 种实验的结果是“++--”，产气杆菌则为“--++”。

2. 合成代谢产物及其医学上的意义

细菌利用分解代谢中的产物和能量不断合成菌体自身成分，如细胞壁、多糖、蛋白质、脂肪酸、核酸等，同时还合成一些在医学上具有重要意义的代谢产物。

(1) 热原质：或称致热原，是细菌合成的一种物质，注入人体或动物体内能引起发热反应，称为热原质(pyrogen)。产生热原质的细菌大多是革兰氏阴性菌，热原质即其细胞壁的脂多糖。

热原质耐高温，经高压蒸汽灭菌(121℃、20 min)亦不被破坏，250℃高温干烤才能破坏热原质。用吸附剂和特殊石棉滤板可除去液体中大部分热原质，蒸馏法效果最好。因此，在制备和使用注射药品过程中应严格遵守无菌操作，防止细菌污染。

(2) 毒素与侵袭性酶：细菌产生外毒素和内毒素两类毒素，在细菌致病作用中尤为重要。外毒素(exotoxin)是多数革兰氏阳性菌和少数革兰氏阴性菌在生长繁殖过程中释放到菌体外的毒性蛋白质；内毒素(endotoxin)是革兰氏阴性菌细胞壁的脂多糖，当菌体死亡崩解后游离出来，外毒素毒性强于内毒素。

某些细菌可产生具有侵袭性的酶，能损伤机体组织，促使细菌的侵袭和毒素扩散，是细菌重要的致病物质。如产气荚膜梭菌的卵磷脂酶，链球菌的透明质酸酶等。

(3) 色素：某些细菌能产生不同颜色的色素(pigment)，有助于鉴别细菌。细菌的色素有两类，一类为水溶性，能弥散到培养基或周围组织，如铜绿假单胞菌产生的色素使培养基或感染的脓汁呈绿色。另一类为脂溶性，不溶于水，只存在于菌体，使菌落显色而培养基颜色不变，如金黄色葡萄球菌的色素。细菌色素产生需要一定的条件，如营养丰富、氧气充足、温度适宜。细菌色素不能进行光合作用，其功能尚不清楚。

(4) 抗生素：某些微生物代谢过程中产生的一类能抑制或杀死某些其他微生物或肿瘤细胞的物质，称为抗生素(antibiotics)。抗生素大多由放线菌和真菌产生，细菌产生的少，只有多黏菌素(polymyxin)、杆菌肽(bacitracin)等。

(5) 细菌素：某些菌株产生的一类具有抗菌作用的蛋白质称为细菌素(bacteriocin)。细菌素与抗生素不同的是作用范围狭窄，仅对与产生菌有亲缘关系的细菌有杀伤作用。例如大肠埃希菌产生的细菌素被称为大肠菌素(colicin)，其编码基因位于 Col 质粒上。细菌素在治疗上的应用价值已不被重视，但可用于细菌分型和流行病学调查。

(6) 维生素：细菌能合成某些维生素(vitamin)，除供自身需要外，还能分泌至周围环境中。例如人体肠道内的大肠埃希菌，合成的 B 族维生素和维生素 K 也可被人体吸收利用。

五、细菌的人工培养

了解细菌的生理需要，掌握细菌生长繁殖的规律，可用人工方法提供细菌所需要的条件来培养细菌，以满足传染病的病原学诊断、科学研究及工农业生产等诸多领域的不同需求。

(一) 培养细菌的方法

人工培养细菌,根据不同标本及不同培养目的,可选用不同的接种和培养方法。常用细菌培养方法有分离培养和纯培养两种。已接种标本或细菌的培养基置于合适的气体环境,需氧菌和兼性厌氧菌置于空气中即可,专性厌氧菌须在无游离氧的环境中培养。

病原菌的人工培养一般采用35~37℃,培养时间多数为18~24 h,但有时需根据菌种及培养目的做最佳选择,如细菌的药物敏感实验则应选用对数期的培养物。

培养基(culture medium)是按照细菌的营养要求将各种营养成分合理地配合在一起所构成的人工养料,是专供微生物生长繁殖使用的混合营养物制品。培养基的pH一般为7.2~7.6,少数的细菌按生长要求调整pH偏酸或偏碱。许多细菌在代谢过程中分解糖类产酸,故常在培养基中加入缓冲剂,以保持pH的稳定。培养基制成后必须经灭菌处理。

根据细菌的种类和培养目的不同,可制成不同种类的培养基。培养基按物理形态可分为固体培养基、半固体培养基和液体培养基。在液体培养基中加入1.5%的琼脂粉,即凝固成固体培养基;琼脂粉含量在0.3%~0.5%时,则为半固体培养基。琼脂在培养基中起赋形剂作用,不具营养意义。液体培养基可用于大量繁殖细菌,但必须种入纯种细菌;固体培养基常用于细菌的分离和纯化;半固体培养基则用于观察细菌的动力和短期保存细菌。

按组成成分可分为非合成培养基、合成培养基和半合成培养基;按其营养组成和用途可分为基础培养基、增菌培养基、鉴别培养基、选择培养基、厌氧培养基等。相关知识见**数字资源**。

○ 培养基的分类

(二) 细菌的培养特征

在细菌学的研究及实际应用中,都要对细菌进行人工培养,来观察和研究细菌的各种特性,如流行病学调查、传染病的诊断、生物制品生产、食品卫生检验、工业生产等,所以掌握细菌培养特性在实际工作中具有重要意义。

1. 在液体培养基中的生长情况

大多数细菌在液体培养基中生长繁殖后呈现均匀浑浊状态;少数链状的细菌则呈沉淀生长;枯草芽胞杆菌、结核分枝杆菌等专性需氧菌呈表面生长,常形成菌膜。在液体培养基中,由于细菌的生物学特性不同,也有不同的生长表现,观察时首先看有无菌膜或菌环及菌膜的厚薄;再观察浑浊度,有澄清、轻度浑浊、均匀浑浊、极度浑浊,还有颗粒状和絮状浑浊等;检查管底有无沉淀物,如细粉状沉淀、絮片状沉淀(轻摇时呈云雾状或絮片状升起等现象)等;还要观察有无色素产生,能产生色素的细菌培养液或沉淀物带有相应的颜色,如绿脓杆菌培养液,呈蓝绿色;最后再闻气味,不同的细菌产生的气味不同,有的很臭,特别难闻,如魏氏梭菌。厌氧肉汤中除观察沉淀、浑浊外,还要看碎肉的颜色和被消化情况。

2. 在固体培养基中的生长情况

将标本或培养物划线接种在固体培养基的表面,可形成菌落或菌苔。当进行样品活菌计数时,以在平板培养基上形成的菌落数来间接确定其活菌数,以菌落形成单位(colony forming unit,CFU)来表示。这种菌落计数法常用于检测自来水、饮料、污水和临床标本的活菌含量。挑取一个菌落,移种到另一培养基中,生长出来的细菌均为纯种,称为纯培养(pure culture)。这是从临床标本中检查鉴定细菌的第一步。各种细菌在固体培养基上形成的菌落及其特征助于识别和鉴定细菌。

一般来说,细菌的菌落呈胶冻状,表面比较光滑、湿润,与培养基结合不紧,容易被针挑起。不同菌种的细菌所形成的菌落特征也各不相同,同一种细菌常因生活条件,如培养基成分、表面湿度、培养时间、培养温度等不同,其菌落形态也有变化。同一种细菌在特定培养基上形成的菌落一般表现为相同的菌落特征,且具有一定的稳定性和专一性,所以菌落特征是观察菌种的纯度和鉴定菌种的重要标志之一。例如,葡萄球菌在血液平板上,形成不同颜色的圆形而隆起的菌落;巴氏杆菌和猪丹毒杆菌形成细小的露珠状菌落;炭疽杆菌形成扁平、干燥、边缘不整齐的波纹状菌落,用低倍显微镜观察时,菌落边缘呈卷发状。有些细菌在生长过程中能产生脂溶性或水溶性色素,前者如金黄色葡萄球菌产生的色素使菌落呈现金黄色,后者如铜绿假单胞菌产生的绿色色素,可使培养基着色。细菌的培养特性就是指在培养基上所表现的群体形态和生长情况。

菌落的大小以其直径（毫米）表示，不足 1 mm 的为小菌落或针尖状菌落，2 ~ 4 mm 为中等大菌落，4 ~ 6 mm 的为大菌落，更大者为巨大菌落。菌落的边缘有整齐、波状、锯齿状、裂纹状、不规则状；菌落的隆起度，表现为圆突、扁平、脐状、乳突状等；菌落表面有光滑、皱褶、颗粒、龟裂、同心圆等性状；菌落的颜色有无色和白、黄、橙、红等色；菌落的湿润度可分为湿润或干燥；菌落的质地可分为坚硬、柔软或黏稠；菌落透明度可分为透明、半透明和不透明 3 种。在鲜血琼脂培养基上还需观察溶血程度，如链球菌在菌落周围呈现透明的溶血环者，称为 β 溶血；菌落周围呈现很小的半透明带绿色溶血者，称 α 溶血；菌落周围不溶血者，称为 γ 溶血。

细菌的菌落形态是细菌细胞的表面状况、排列、代谢产物、好氧性、运动性等性状的反映，受培养条件（尤其是培养基的成分）影响较大，而培养时间的长短也影响菌落固有的特征。一般的细菌培养时间是 1 ~ 2 d，个别生长繁殖慢的细菌培养时间可长达 7 ~ 10 d。观察菌落形态特征，要选择单个菌落。

细菌在斜面培养基上常因接种量大而生长成菌苔，对此主要观察菌苔的厚薄、湿润度、边缘形状、生长状态（丰盛或贫瘠）、颜色、有无荧光性等。

细菌的菌落一般分为 3 型。

（1）光滑型菌落（smooth colony，S 型菌落）：新分离的细菌大多呈光滑型菌落，表面光滑、湿润、边缘整齐。

（2）粗糙型菌落（rough colony，R 型菌落）：菌落表面粗糙、干燥、呈皱纹或颗粒状，边缘大多不整齐。R 型细菌多由 S 型细菌变异失去菌体表面多糖或蛋白质形成。R 型细菌抗原不完整，毒力和抗吞噬能力都比 S 型细菌弱。但也有少数细菌新分离的毒力株菌落为 R 型，如炭疽芽胞杆菌、结核分枝杆菌等。

（3）黏液型菌落（mucoid colony，M 型菌落）：黏稠、有光泽，似水珠样。多见于有厚荚膜或丰富黏液层的细菌，如肺炎克雷伯菌等。

3. 在半固体培养基中的生长情况

半固体培养基黏度低，有鞭毛的细菌在其中仍可自由游动，沿穿刺线呈羽毛状或云雾状浑浊生长。无鞭毛细菌只能沿穿刺线呈明显的线状生长。

复习思考题

1. 细菌生长繁殖的必备条件有哪些？

2. 细菌生长曲线如何测定？根据生长曲线，细菌群体的生长繁殖可分为哪几个时期？各个时期特点如何？

3. 试述如何利用细菌的生理特性（生长繁殖条件、新陈代谢特征、代谢产物特点和培养特征等方面）对其进行鉴别。

开放式讨论题

测定细菌的生长曲线有何实践意义？在哪些研究中会需要测定细菌的生长曲线？

第三节　细菌遗传与变异

尽管细菌是单细胞生命体，但也和其他生物一样，具有遗传性和变异性。遗传和变异是所有生物的重要生命特征之一。所谓遗传（heredity）是指细菌的性状保持相对稳定，且代代相传，使其种属保持相对稳定性；而变异（variation）则是指在一定条件下，子代和亲代之间以及子代和子代之间存在的性状上的差异性。变异可以使细菌产生变种与新种，有利于细菌的生存及进化，更好地适应环境。

一、细菌的遗传物质

细菌的遗传物质包括细菌的染色体和染色体以外的遗传物质。一般细菌的染色体控制细菌的主要性状,而染色体之外的遗传物质控制着细菌的次要性状。

(一) 细菌的染色体

细菌是原核型微生物,其基因组位于核体之中,是细菌遗传的物质基础。细菌染色体(bacterial chromosome)DNA 由互补的双链核苷酸组成,每条 DNA 单链都以磷酸和脱氧核糖为骨架,DNA 分子中的碱基主要由腺嘌呤(A)、鸟嘌呤(G)、胸腺嘧啶(T)、胞嘧啶(C)四种碱基组成。但细菌的染色体与其他生物染色体比较有其自身特点。细菌染色体主要由核蛋白和 DNA 组成,呈环状双螺旋,是 1 条按一定构型反复回旋卷的松散网状结构;细菌基因组中约有 1% 的碱基被甲基化,其中腺嘌呤被甲基化的数量最多,其次为胞嘧啶,细菌核酸碱基的甲基化对防止菌体内核酸酶破坏细菌遗传物质,保持遗传的稳定性具有重要作用;细菌基因组中,不编码的 DNA 序列很少,只有少数基因具有重复序列,功能相关的基因高度集中,组合成操纵子;细菌遗传物质具有连续的基因结构,无内含子。细菌基因组的这些特点,对于细菌有效利用其遗传物质,避免浪费细菌基因物质具有重要意义。细菌 DNA 染色体以半保留方式进行复制,新形成的 DNA 双链分子所携带的遗传信息与亲代的完全相同,故子代与亲代细菌的性状相同。

(二) 其他遗传物质

1. 质粒

质粒是指存在于细菌染色体之外的遗传物质,绝大多数的细菌质粒都是闭合环状 DNA 分子。根据质粒分子量大小,可以把质粒分成大小两类:较大一类的分子量在 4.0×10^6 以上,较小一类的分子量在 1.0×10^6 以下,极少数质粒的分子量介于两者之间。

按照质粒的复制性质,可以把质粒分为两类:一类是严紧型质粒,当细菌染色体复制一次时,质粒也复制一次,每个细胞内只有 1 ~ 2 个质粒;另一类是松弛型质粒,当染色体复制停止后仍然能继续复制,每一个细胞内一般有 20 个左右质粒。一般分子量较大的质粒属严紧型,分子量较小的质粒属松弛型。

不同细菌所含质粒的种类和数目可能不同。质粒作为染色体外的遗传物质,所带有的基因与细菌染色体上的基因在功能上是不同的,维持细菌生命活动所必需的基因位于染色体上,因此正常的生活环境下,质粒的有无对宿主细菌并无影响。但在逆境条件下,质粒对细菌的生存有可能起决定作用。如抗药性质粒,使宿主细菌在这些药物存在的条件下仍能生存,而不含抗药质粒的细菌就会死亡。特别重要的是,由于质粒种类的多样性以及他们在同一宿主细菌内共存,宿主细菌被赋予了许多新的遗传性状。如已发现的抗药质粒、抗金属离子质粒、乳糖发酵质粒等,它们都会带给宿主细菌相应的特性,使宿主细菌具有更大的变异性和适应能力,并与细菌种系的进化和发展密切相关。

质粒可编码多种重要的生物学性状,如编码性菌毛的质粒称致育质粒或 F 质粒(fertility plasmid),带 F 因子的细菌能产生性菌毛。编码细菌各种毒力因子的质粒统称毒力质粒或 Vi 质粒,如致病性大肠杆菌在黏膜上定居及产生毒素的能力可由不同质粒编码,其中 K 质粒编码对黏膜具有黏附活性的菌毛,ST 质粒与 LT 质粒分别编码耐热肠毒素和不耐热肠毒素。R 质粒,又称 R 因子,是耐药性因子,细菌对抗菌药物或重金属盐类的抗性即由 R 质粒所决定。

细菌质粒带有遗传信息,决定细菌的一些独特的生物学特性,具体如下:

(1) 质粒的遗传物质不是细菌生存所必需的。细菌失去质粒后仍能生存,而细菌如失去染色体,则不能生存,这是由于染色体 DNA 携带的基因所编码的产物,在细菌新陈代谢中是生存所必需的,而质粒携带的基因所编码的产物并非细菌的生存所必需的。

(2) 质粒具有独立复制的能力。质粒的复制可不依赖于染色体而在细菌细胞质内进行。这一特性在基因工程中很有用处,可使细菌停止繁殖而质粒仍可继续复制,从而可获得大量的质粒。

(3) 质粒可失去或消失。质粒可以自行丢失(概率 $10^{-2} \sim 10^{-8}$),或经人工处理而消除,质粒消除后,它的特性也将消失。细菌在培养和传代的过程中,用紫外线、吖啶类染料处理后,可以使一部分质粒消失,这种丢失发生率较高。

(4) 质粒可以传递或转移。质粒的转移既可以发生在同种、同属的细菌之间，也可以在不同种属细菌间进行。质粒可以通过接合、转导、转化三种方式在细菌间转移（见细菌变异机制）。有些质粒本身即具有转移装置，如耐药性质粒（R 质粒），而有些质粒本身无转移装置，需要通过媒介（如噬菌体）转移。获得质粒的细菌可随之获得一些生物学特性，如耐药性等。

(5) 在一个细菌内可同时共存几种质粒。因质粒可独立复制，又能转移入细菌和自然失去，因此就有机会出现几种质粒的共存。但是并非任何质粒均可共存，在有些情况下，两种以上的质粒能稳定地共存于一个菌体内，而有些质粒则不能共存。

目前质粒已经成为遗传工程的理想载体，为遗传工程的应用开辟了广阔的前景。一个质粒就是一个能独立复制的单位，如果把特定的 DNA 片段和某一质粒连接起来，并引入到宿主细菌内，该 DNA 片段上的基因便随着质粒的复制而复制，随细菌的分裂繁殖而大量繁殖。这些基因在细菌中表达后，最终就产生了大量的基因产物，遗传工程技术正是利用质粒的这一特性进行目的基因转移和表达的。

○ 细菌转座因子和毒力岛等其他遗传物质

2. 细菌转座因子和毒力岛等其他遗传物质

相关知识见***数字资源***。

二、细菌的变异

细菌可以自发地发生变异或人为地使之变异。在细菌的生长繁殖过程中变异现象常常出现。

(一) 细菌变异的类型

细菌变异表现的类型很多，常见有以下几种：

1. 形态结构变异

细菌在生长过程中受外界环境条件的影响而导致的细菌的大小和形态发生变异。有的细菌大小可发生变异，有的细菌可失去荚膜、芽胞或鞭毛；有的细菌出现了细胞壁缺陷的 L 型细菌。

2. 菌落形态变异

细菌的菌落主要有光滑（S）型菌落与粗糙（R）型菌落两种类型。在一定的条件下，光滑型菌落可变为粗糙型菌落，称为 S–R 型变异。光滑型菌落与粗糙型菌落的性状比较见表 1–2。S–R 变异常见于肠道杆菌，该型变异是由于失去 LPS 的特异性寡糖重复单位而引起的。变异时不仅菌落的特征发生改变，而且细菌的理化性状、抗原性、代谢酶活性及毒力等也发生改变。S–R 型变异经常伴随着 S 型抗原的丧失和病原菌毒力的变化等性状的改变。

表 1–2　S 型与 R 型菌落的理化性状的比较

理化性状比较项目	光滑型（S 型）菌落	粗糙型（R 型）菌落
菌落形态	光滑、湿润、边缘整齐	粗糙、枯干、边缘不整齐
细菌形态	正常、一致	可异常而不一致
对吞噬作用的抵抗力	较强	较弱
荚膜细菌的荚膜形成	可形成	不形成
生化反应特性	强	弱
在生理盐水中的悬浮性	均匀混悬	自身凝集
肉汤培养基生长状况	均匀浑浊	颗粒状生长，易于沉淀
对正常血清杀菌作用的敏感性	不敏感	敏感
对噬菌体的敏感性	敏感	不敏感
表面抗原	具有特异性表面多糖抗原	丢失特异性表面多糖抗原
毒力大小（炭疽杆菌例外）	强	弱或完全丧失

例如某些革兰氏阴性菌的菌落从 S 型变为 R 型时，其细胞壁脂多糖侧链丢失，同时也丧失致病力。一些革兰氏阳性菌例如肺炎链球菌编码多糖荚膜的基因发生突变后，菌落也由 S 型变为 R 型，并丧失荚膜形成能力和毒力。

3. 抗原变异

当编码细菌的基因突变时，可能引起抗原结构发生突变。如菌体抗原、鞭毛抗原、荚膜抗原等的基因发生突变时，细菌形成相应抗原结构的能力丧失，引起细菌抗原性变异。变异后，细菌的抗原性消失或发生改变，从而不能被特异的抗体所凝集。肠道杆菌中如沙门菌属、志贺菌属中常发生鞭毛抗原以及菌体抗原的变异。

4. 耐药性变异

由于抗生素的广泛应用，细菌对抗生素耐药性越来越普遍，耐药性变异给临床治疗带来很大的困难，并成为当今医学上的重要问题。细菌对某种抗菌药物由敏感变成耐药的变异称耐药性变异。如金黄色葡萄球菌耐青霉素的菌株已从 1946 年的 14% 上升至目前的 80% 以上。

5. 毒力变异

细菌的毒力可以通过一定途径增强或减弱。如广泛用于人工接种以预防结核病的卡介苗，既是卡介二氏将有毒力的结核分枝杆菌在含有胆汁的甘油马铃薯培养基上连续传代，经 13 年 230 代获得的减毒但保持免疫原性的菌株。

6. 抗性变异

细菌菌株某些基因发生突变后，可能会发生对某种化学药物或致死因子抗性的变异。它和化学药物的存在并无关系，细菌获得抗性以后，即使在没有药物的条件下生长繁殖数代，一般也不会丧失抗性。但细菌对于青霉素、氯霉素、四环素、红霉素等抗生素可出现由于诱变而产生的耐药性，它并非起源于遗传因子的改变，而是类似于诱变酶的产生，系基因所携带的遗传信息在表达过程中发生的诱变现象，例如培养枯草芽胞杆菌或蜡样芽胞杆菌于含少量青霉素 G 的培养基时，可诱导这些细菌产生青霉素酶以破坏青霉素。

7. 营养型变异

即某一菌株由于发生基因突变而丧失合成一种或几种生长因子的能力，因而无法在基本培养基上正常生长繁殖的变异类型，也称代谢变异。营养型变异菌株可作为杂交、转化、转导和原生质融合等研究中的标记菌种。如变异株丧失对某种糖类、维生素、氨基酸或其他生长因子的合成能力，在补充这些营养物质的培养基上才能生长。这种突变对研究细菌代谢产物的生物合成途径很有用处。

8. 条件致死突变型

在特定条件下，某菌株经基因突变后可正常生长、繁殖并实现其表型，而在另一条件下却无法生长、繁殖的突变类型。温度敏感（temperature sensitive，Ts）突变株是一类典型的条件致死突变株。产生 Ts 突变的原因是突变引起了某些重要蛋白质的结构和功能改变，以致在特定的温度下能发挥其功能，而在另一温度（一般为较高温度）下则该功能丧失。例如 *E.coli* 的某些菌株可在 37℃时正常生长，却不能在 42℃时生长。某些 T4 噬菌体突变株在 25℃时有感染力，而在 37℃时则失去感染力等。

细菌的变异现象可能属遗传性变异，也可能属表型变异。判断究竟是何种型别的变异，必须通过对遗传物质的分析以及传代以后才能区别。一般如果属表型变异，则随培养环境条件的改变变异也会发生改变；如果属基因型 变异则不易随环境条件变化而变化。基因型变异与表型变异的比较见表 1–3。

（二）细菌变异的机制

细菌的遗传性变异机制包括基因突变和基因转移与重组两个方面。

1. 基因突变

细菌与其他生物细胞一样可发生突变，突变按其发生改变范围的大小分为点突变和染色体畸变两类。点突变是由于 DNA 链上的一对或少数几对碱基发生改变而引起的；染色体畸变则是 DNA 的大段变化（损伤）现象，表现为染色体的插入、缺失、重复、易位和倒位。点突变的产生，是在一定的外界环境条件或内部因素作用下，DNA 在复制过程中发生偶然差错，使个别碱基发生缺失、增添、代换，因而改变遗传信息，形成基因突变。基因突变的原因是多种多样的，它可以是自发的或诱发的。由于自然界中诱变剂的作用

表 1-3　细菌遗传型变异与细菌表型变异的比较

鉴别项目	细菌遗传型变异	细菌表型变异
基因结构	变异	不变
可逆性	否	是
环境影响	小	大
稳定性	稳定	不稳定
变异范围	个别菌体	所有菌体

或由于偶然复制、转录、修复时的碱基配对错误所产生的突变称为自发突变，自发突变一般经常发生，但突变概率低，一般在 10^{-9} ~ 10^{-6} 范围内；人工诱变是利用物理因素或化学药剂诱发的突变，其突变率常高于自然突变，如 X 射线、紫外线、亚硝酸、吖啶橙类染料、烷化剂和碱基结构类似物等均可诱发细菌的突变。基因突变是细菌变异的主要原因，是生物进化的主要因素。在生产上人工诱变是产生生物新品种的重要方法。

2. 基因的转移与重组

细菌以二分裂方式进行无性繁殖，子代只能从亲代获得遗传物质。在某种情况下，两个不同性状细菌的基因可以转移到一起，经过基因间的重组，形成新的遗传型个体。细菌基因的转移和重组的主要形式有转化、转导、接合、原生质体融合。

(1) 转化(transformation)：是指受体菌直接摄取供体菌游离的 DNA 片段，通过与染色体重组，获得了供体菌的部分遗传性状。转化的发生过程，首先是供体的 DNA 片段吸附于受体细菌的细胞膜上。这种吸附最初是可逆的，后来则变为不可逆。细胞膜上的双链 DNA 分解成单链，与一种特异的蛋白结合，穿入受体菌细胞内，与其 DNA 发生整合，取代一部分原来的 DNA，受体菌由于获得外源的 DNA 而改变了遗传性状。转化的 DNA 可以是细菌溶解后释放的，也可用人工方法抽提而获得。

转化最早在 1928 年由 Griffith 在肺炎链球菌中发现，以后在葡萄球菌、嗜血杆菌等也先后被发现具有转化现象。肺炎链球菌的转化是经典范例，其方法是将致死小鼠的 S 型肺炎链球菌杀灭后，加入非致死小鼠的 R 型肺炎链球菌培养物中，二者通过转化作用能够使 R 型菌变为致死小鼠的 S 型肺炎链球菌。

转化现象在革兰氏阴性和阳性菌都有发生，但并不是所有细菌都有转化现象。大多数细菌不能接受外源性 DNA，不能将它整合到染色体中去。另外，细菌还能产生内切酶，能识别并破坏进入细胞的外源性 DNA。能否发生转化与菌株在进化过程中的亲缘关系有着密切的联系。同时，受体菌必须处于感受态(competence)才能转化。另外，用于转化 DNA 的浓度、纯度和构型，转化细胞的生理状态，以及转化的环境条件，如温度、pH、离子浓度等，均影响转化的发生。

(2) 转导(transduction)：以噬菌体为媒介，把供体菌的基因转移到受体菌内，通过交换与整合，使受体菌获得供体菌的部分遗传性状，导致受体菌基因改变的过程称为转导。细菌的转导分普遍性转导(general transduction)和局限性转导(restricted transduction)。局限性转导则与温和性噬菌体的溶原期有关。

普遍性转导指噬菌体能转导供体细菌的任何基因，毒性噬菌体和温和噬菌体都能介导普遍性转导。如鼠伤寒沙门菌的 P22 噬菌体、大肠杆菌的 P1 噬菌体，枯草芽胞杆菌的 PBS1 噬菌体等都为普遍性转导噬菌体，在噬菌体成熟装配过程中，其已大量复制的 DNA 与外壳蛋白装配成新的噬菌体时，将细菌 DNA 的裂解片段装入噬菌体外壳蛋白中，成为一个完全缺陷的转导噬菌体(transducing phage)。每 10^5 ~ 10^7 装配中会发生一次错误，且包装是随机的，供体菌染色体上的任何部分 DNA 片段都有可能被误装入噬菌体内，因此，称为普遍性转导。由普遍性转导产生的转导子(即接受了噬菌体传递的供体细胞基因的受体细胞)不具溶源性，说明转导噬菌体中不带有完整的噬菌体染色体，却带有噬菌体在繁殖过程中错误包装的供体细菌的基因。根据噬菌体转导的供体细胞 DNA 是否整合到受体细胞染色体上，又可将普遍性转导分为完全转导(complete transduction)和流产转导(abortive transduction)。转导的 DNA 整合到受体细胞染色体上，并能产生稳定的转导子的称为完全转导；转导的 DNA 不整合到受体细胞的染色体上，而本身不能独立复制，随着细胞分裂，则供体 DNA 片段只能沿着单个细胞传递下去，这种形式被称为流产转导，这是一种单线遗传的方式。在同一次转导中，流产转导的细胞往往多于完全转导的细胞。

局限性转导由温和噬菌体介导。指噬菌体只能转导供体菌染色体 DNA 上的原噬菌体整合位置附近的某些特定基因，也称特异性转导（specialized transduction）。产生这种现象的原因是由于在溶源化过程中噬菌体总是整合在供体细胞染色体的特定位置上，当溶源性细菌受紫外线等因素诱导后原噬菌体便脱离细菌染色体而进行复制，一部分原噬菌体脱离寄主染色体时带有邻近的染色体基因（在其脱离时约有 $1/10^6$ 的概率可能发生偏差），则称为转导噬菌体。λ 噬菌体和 ϕ80 噬菌体是大肠杆菌 K-12 的局限性转导噬菌体。λ 噬菌体只能转导大肠杆菌 K-12 染色体半乳糖苷酶基因（gal）和生物素基因（bio）等少数基因。ϕ80 噬菌体只能转导色氨酸基因（trp）、胸腺嘧啶激酶基因（tdk）等少数基因。

（3）接合（conjugation）：是两个完整的细菌细胞通过性菌毛直接接触，由供体菌将质粒 DNA 转移给受体菌的过程。接合中，有性菌毛的细菌相当于雄性菌，因此接合看作是细菌的有性生殖过程，又称为细菌杂交。能通过接合方式转移的质粒称为接合性质粒，包括 F 质粒、R 质粒、Col 质粒等。

F 质粒的接合：是指 F 质粒通过性菌毛从雄性菌（F^+）转移给雌性菌（F^-）的过程。当 F^+ 菌与 F^- 菌接触时，F^+ 菌的性菌毛末端可与 F^- 菌表面上的受体结合，结合后性菌毛渐渐缩短，使两菌紧靠在一起，F^+ 菌中 F 质粒的一股 DNA 链断开，逐渐由细胞连接处伸入 F^- 菌，继而以滚环模式进行复制。所以在受体菌获得 F 质粒时，供体菌并不失去 F 质粒。受体菌在获得 F 质粒后变为 F^+ 菌，也长出性菌毛。细菌的接合过程复杂，需要多种基因编码产物参与，但速度较快，整个过程仅需 1 min。通过接合转移 F 质粒概率可达 70%。

F 质粒进入受体菌后，能单独存在和自行复制，但有小部分 F 质粒可插入整合到受体菌的染色体中，与染色体一起复制。整合后的细菌与 F^- 菌接合时，F 质粒起始转移位点的一段 DNA 链断开，引导染色体 DNA 通过性菌毛接合桥进入 F^- 菌细胞，F 质粒的其他部分最后进入受体菌，整个转移过程约需要 100 min。因此，将整合 F 质粒到染色上的细菌称为高频重组菌（high frequency recombinant，Hfr），是指其能高效地转移染色体上的基因。

R 质粒的接合：R 质粒由功能不同的两部分组成，一是耐药性转移因子（RTF），其作用类似 F 因子；另一部分是耐药性因子（RF），它决定耐药性。RTF 和 RF 均能自主复制，但只有二者同时存在时，细菌才能进行耐药性转移。R 质粒的接合方式类似 F 因子的转移方式，先由 RTF 控制，耐药菌（R^+）长出 R 菌毛，和敏感菌（R^-）相接触，RF 即由 R^+ 菌转移至 R^- 菌内。当 RF 与 F 因子一起共存于某个细菌细胞时，有些 RF 可以阻止 F 因子的转移，称为 fi^+ 因子，常见于大肠杆菌和痢疾杆菌；而另一些不阻止 F 因子转移的 RF，称为 fi^- 因子，常见于沙门菌。R 质粒不能整合到宿主染色体基因组上，所以它不是附加体，而是一种稳定的质粒。

Col 质粒的接合：Col 质粒控制细菌素的合成，这类质粒很多，有的可以产生性菌毛，在细菌间进行接合转移，称为转移性质粒；有的不能在细菌间进行接合转移，称为非转移性质粒；但当细菌细胞同时具有可转移的质粒如 F 因子时，则两者可同时发生接合转移。

（4）原生质体融合：通过人为的方法，使遗传性状不同的两细菌细胞的原生质体发生融合，并进而发生遗传重组，以产生同时带有双亲性状的、遗传稳定的融合子的过程，称为原生质体融合。原生质体融合技术是继转化、转导和接合之后一种更加有效的转移遗传物质的手段。

三、细菌遗传变异的应用

细菌的形态结构、生理代谢、致病性、耐药性、抗原性等性状都是由细菌的遗传物质所决定。应用细菌进行的一系列遗传学实验，不仅揭示了细菌本身许多遗传变异的规律，而且推动整个分子遗传学的迅速发展。在微生物学领域内，细菌遗传变异的研究也有助于对其他有关问题的了解，例如帮助了解微生物的起源和进化，微生物结构与功能的关系，原核生物性状的调节控制，以及推动微生物分类学的深入发展。在畜牧兽医实践方面，细菌遗传变异的研究在疾病的诊断、治疗和预防等方面发挥着重要作用。

(一) 在疫病诊断中的应用

在临床细菌学检查中不仅要熟悉细菌的典型特性，还要了解细菌的变异规律，只有这样才能去伪存真作出正确的诊断。如炭疽杆菌在猪的咽喉部位多不呈典型的竹节状，而是菌体弯曲且粗细不匀；猪丹毒杆菌在慢性病猪的心脏病变内呈长丝形。有鞭毛的细菌也容易发生失去鞭毛的遗传性变异或非遗传性变异。当将变形杆菌培养于普通琼脂培养基表面时，可形成鞭毛而呈弥漫性薄膜状生长，称为 H 型细菌；将它培养于含 0.1% 石炭酸的琼脂培养基表面时，则不形成鞭毛而生成局限性的孤立菌落，称为 O 型细菌，从这一现象出发，后来将有鞭毛能运动的细菌丧失其鞭毛形成能力的变异，称为 H–O 变异。新分离的肠道菌株菌落通常为 S 型，经人工培养后菌落则变为 R 型（S–R 变异），也有极少数细菌例如炭疽杆菌、结核分枝杆菌，其新分离菌的菌落正常为 R 型，在一定条件下则变为 S 型（R–S 变异）。又如金黄色葡萄球菌随着耐药性菌株的增加，绝大多数菌株所产生的色素也由金黄色变为灰白色，许多血浆凝固酶阴性的葡萄球菌也成为致病菌，这不仅给诊断和治疗带来困难，而且对以往判断葡萄球菌致病性的指标也产生了怀疑。这就提醒我们在诊断传染病时要注意了解细菌的变异规律，避免在临床分离菌的鉴定与疾病诊断时造成误诊。

(二) 在疫病治疗中的应用

由于抗生素的不规范使用，临床分离的细菌中耐药菌株日益增多，还发现有对多种抗生素多重耐药的菌株；而且有些耐药质粒同时带有编码毒力的基因，使其致病性增强，这些变异的后果给疾病的治疗带来很大的困难，因此对于临床分离的致病菌必须通过药物敏感实验正确选择合适的抗生素或药物进行应用。

(三) 在疫病预防中的应用

用遗传变异的原理使其诱变成保留原有免疫原性的减毒株或无毒株，制备成预防疾病的各种疫苗，有较好的免疫效果。目前菌苗的研究，更应该采用遗传变异的原理，通过基因的转移和重组或基因的突变获得的病原微生物减毒活疫苗是理想的预防接种制剂。应用 DNA 生物技术，将能编码结构性抗原决定簇基因结合在质粒或噬菌体载体上，通过载体将目的基因移入受体菌中表达、纯化制成基因工程疫苗或研制 DNA 疫苗，为提供更加高效、无毒副作用的免疫制剂创造了理想的途径。

(四) 在流行病学调查中的应用

分子生物学分析方法已被用于流行病学调查。如用质粒指纹图谱（plasmid fingerprinting，PFP）的方法来检测不同来源细菌所带质粒的大小，比较质粒的各种酶切图谱，其产生片段的数目、大小、位置，引起某一疾病暴发的流行菌株与非流行菌株，也可用于调查实际生产中所感染的各种细菌中某种耐药质粒的传播扩散情况。另外，通过对噬菌体敏感性及溶原性、对细菌素的敏感性的分析，进而研究流行菌株的同源性。

(五) 在基因工程中的应用

基因工程是用人工方法将所需要的某一供体生物 DNA 大分子提取出来，在离体的条件下用限制性的内切酶和 DNA 连接酶，把它与作为载体的 DNA 分子连接起来，然后与载体一起导入某种特定的受体细胞中，让外源 DNA 进行复制和表达，从而获得新的基因表达产物或改变生物原来的性状。基因工程的基础是需要制备核酸，获取限制性内切酶，进行分子杂交，寻求合适的载体和宿主细胞。例如，将胰岛素 A，B 两链的人工合成基因组整合到大肠杆菌的不同质粒上，然后再转移至菌体内，生产出胰岛素。近年来，应用微生物的基因工程获得的脑啡肽、卵清蛋白、干扰素等，极大地改进了这些生物制剂的生产工艺。此外，应用基因工程技术来使细菌表达病毒的抗原成分，以制备新型诊断试剂或疫苗，或用一种细菌表达出二种细菌的抗原，制备多价菌苗等，均取得实质性进展。根据微生物遗传变异机制，通过 DNA 重组技术生产胰岛素、干扰素、凝血因子等生物制剂，为传染病的防治提供了物质保障。

复习思考题

1. 什么是质粒？质粒有哪些生物学特性？
2. 细菌常见的变异类型有哪些种类？

3. 细菌遗传物质转移与重组的方式有几种？其机制如何？

开放式讨论题

试介绍细菌遗传变异在动物疫病诊断、治疗及预防中的具体应用实例。

第四节 细菌生态学

一、微生物生态学概述

微生物生态学（microbial ecology）是研究微生物群体－微生物区系（microflora）或正常菌群（normal flora）与其周围环境的生物和非生物因素的相互关系的科学。主要研究微生物的分布、种群组成、数量和活力等与环境的关系，以及微生物之间及其与宿主之间的相互关系。

自然界中，微生物几乎都是以群体的形式存在。由于微生物种类多、特异性强、分布广、世代时间短和比表面积大等特点，使之可以与环境因子充分作用，能更好地适应环境和修饰环境，因此，微生物群体结构的特征具有指示某种特定环境的意义，以及具有人为修饰某种环境的可能性。所以在微生物生态学中，研究微生物群体与环境的相互关系尤为重要。

二、生态环境中的细菌

微生物是自然界中分布最广泛、数量最庞大的生物群体。无论是水域、空气、陆地、动植物的表面和内部，甚至在一些极端环境中都有微生物存在，不同生态环境中微生物在分布、种类及数量上也是千差万别。

（一）水生环境中的细菌

相关知识见**数字资源**。

（二）大气环境中的细菌

相关知识见**数字资源**。

（三）陆地环境中的细菌

相关知识见**数字资源**。

○ 水生环境中的细菌
○ 大气环境中的细菌
○ 陆地环境中的细菌

（四）动物体中的细菌

动物机体的内部器官在正常情况下是无菌的。但是，动物的体表皮肤以及与外界相通的孔道，如口腔、鼻咽腔、消化道、泌尿生殖道等，由于与外界相通，都有微生物存在。在这些微生物中，有的是长期在动物体表或体内共生或寄生的微生物，构成机体特定部位的正常微生物群（normal microbiota，commensal microbiota），也称常驻菌，包括细菌、古菌、真菌和病毒等；有的是从动物所接触的自然环境或食物中污染的，称为过路菌。常驻菌是与宿主在长期进化过程中形成的，在宿主体内某一特定部位长期适应和选择，定居繁殖，形成的微生物区系。在正常情况下常驻菌在生物区系的种类和数量基本上保持稳定，处于平衡状态，对宿主生长和健康有益。过路菌一般不能在动物体表或体内定植，如果致病性的过路菌发生定植、繁殖，则可能对机体产生致病作用。

1. 体表微生物

动物皮肤和皮毛上的微生物，多数是从土壤和空气中污染的，不洁的畜体还常沾染着大量粪便中的微生物。皮毛上常见的微生物以球菌为主，如葡萄球菌。链球菌、双球菌、四联球菌、八叠球菌，杆菌中主要有大肠埃希菌、绿脓杆菌、棒状杆菌及枯草芽胞杆菌等。

在皮肤表层，汗腺和皮脂腺内，常发现有葡萄球菌和化脓链球菌等，它们是引起外伤化脓的主要原因。某些患有传染病的家畜皮毛上，还常带有该种疾病的病原，如炭疽杆菌芽胞、布鲁菌、结核分枝杆菌和口蹄疫病毒、痘病毒等，这些病原微生物常可通过皮毛传播，在处理皮革和皮毛时应加注意。

2. 消化道微生物

正常畜禽胚胎及初生幼畜的消化道是无菌的，数小时后随着吮乳、采食等过程，在消化道内即出现了微生物，其中如大肠埃希菌，便从此在动物肠道内与寄主共处终生。消化道微生物的组成是很复杂的，它们的数量和种类随畜禽种类、年龄和饲料的差异而改变，在同一动物消化道的不同部位也有着不同的微生物群。消化道中的微生物有的来自食物、饮水，但它们进入消化道后不一定都能生存，大多只是暂时性的。另外还有一些微生物由于长期演化适应的结果，能在肠胃道内定居成为土著消化道微生物。

由于动物口腔内有大量食物残屑、脱落的上皮细胞等及适宜的温度、水分，故微生物种类多，主要有葡萄球菌、链球菌、乳酸杆菌、棒状杆菌、螺旋体等。食道中没有食物停留，因此微生物很少。胃肠道微生物组成复杂，单胃动物的胃因受胃酸的影响，除乳酸杆菌、幽门螺杆菌和胃八叠球菌等少量耐酸细菌外，一般无其他类细菌，但反刍动物的胃例外。小肠部位，特别是十二指肠，由于各种消化液的杀菌作用，细菌较少；进入大肠后，消化液的杀菌作用减弱或消失，还有大量残余食物的滞留，营养丰富，条件适宜，故菌数显著增加，多数为土著菌，普通动物肠道内大约200种常驻菌，如拟杆菌、真杆菌、双歧杆菌等，其次为肠球菌、大肠埃希菌、乳杆菌和其他菌等，极少数是过路菌，也有某些致病菌或病毒。

禽类嗉囊中的微生物主要是乳杆菌，其代谢产生的乳酸和短链挥发性脂肪酸使嗉囊内的酸度达到pH 4.5，起抑制病原微生物的作用。小肠中主要是兼性厌氧菌，如链球菌、大肠埃希菌、葡萄球菌和芽胞杆菌等，其中前段较少，后段较多，应激状态下，大肠埃希菌、链球菌可大量增殖，使小肠消化出现异常状态。大肠和盲肠中主要是厌氧菌如各种杆菌、双歧杆菌、乳杆菌等，其次是大肠埃希菌。肠道正常菌群的种类和数量可随禽类的日龄、饲料的种类、抗菌药物、疫病、天气等因素而变化。禽类的肠道较短，饲料在肠道中停留时间不长，微生物的发酵比单胃杂食动物弱。禽类肠道后部细菌能合成B族维生素，但不能被充分利用，因此鸡饲料中仍需添加足量的B族维生素。

畜禽粪便中含有大量的有机物，是各种微生物生长繁殖的良好场所。粪便中微生物的数量相当高，每克大约含百亿个以上的活细菌。粪便中的微生物有的是宿主肠道排出来的，有的是后来接触环境污染的。主要有腐败菌、嗜热菌、引起各种发酵的细菌和霉菌、酵母菌、放线菌等，粪便中有时还含有病原菌。

3. 其他器官微生物

上呼吸道特别是鼻黏膜上，存在随空气进入葡萄球菌等。除葡萄球菌外，绿色链球菌、肺炎球菌、巴氏杆菌等微生物能在上呼吸道黏膜，特别是在扁桃体黏膜上长期寄居，当动物抵抗力降低时，它们就可成为原发、并发或继发感染的病原体。

泌尿生殖系统中的肾脏、输尿管、睾丸、卵巢、子宫及输精管是无菌的。阴道中主要有乳杆菌、葡萄球菌、链球菌、大肠杆菌等，也有抗酸杆菌，它们所产生的酸可使阴道保持酸性环境，从而抑制其他微生物生长，因而对动物是有利的。尿道口易被粪便、土壤和皮垢污染，因此存在大肠杆菌、葡萄球菌等细菌。有些情况下某些细菌可逆行而上，进入膀胱、肾等引起泌尿生殖道内部感染，这是因为如大肠杆菌等上行性感染。

动物的组织器官在特殊情况下也可能有菌，如某些传染病的隐性感染过程，或康复后一定时期内，可能带菌。有的细菌能从肠道经门静脉进入肝脏，或由淋巴管进入淋巴结。在动物临死前，抵抗力极度降低时，某些非病原菌或条件性致病菌，都可由以上这些途径进入组织器官内，则会造成细菌学检查的误诊。也有一些病毒，如白血病病毒、疱疹病毒、慢病毒等，可潜伏在正常动物的组织细胞中，在某些理化因素或其他应激因素的作用下，使这些病毒激化，复制出完全病毒，从而引起病理过程。

4. 悉生动物

悉生生物学是用无菌技术研究微生物与其宿主相互关系的生命科学，它是在科学研究与临床医学中应用的科学。悉生动物（gnotobiotic animal，GN）也称已知菌动物或已知菌丛动物，据此将实验动物根据微生物等级分成5类。

(1) 无菌动物（germ-free animal，GF）：是指不含有任何微生物或寄生虫的动物，即无外源菌动物。无菌动物必须经无菌剖宫产，并在绝对无菌的隔离器内培育饲养。实际上某些内源性病毒很难除去，因此无菌动物是一个相对概念。无菌动物可用于研究消化道微生物与动物营养的关系、免疫、肿瘤、病理及传染病等方面的问题。

(2) 悉生动物：狭义的悉生动物是指无菌动物，广义也指有目的地带有某种或某些已知微生物的动物。无菌动物中带有或接种一种微生物的动物称单联悉生动物，带两种微生物者称双联悉生动物，依次类推，称三联或多联悉生动物。

(3) 无特定病原动物（specific pathogen free animal，SPF）：是指没有某些特定的病原微生物及其抗体或寄生虫的动物（或禽胚胎）。是在无菌动物的基础上，可携带非病原性微生物，但不携带某些已知的特定微生物。各个国家根据控制疫病的规定标准，SPF 动物有不同的要求。必须饲养在屏障环境中，实行严格的微生物控制，是目前国际标准级别的实验动物。利用 SPF 动物可培养无传染病的畜（禽）群，也可探讨病原微生物对机体致病作用和免疫发生的机理，提出疫病防控措施等。

(4) 清洁动物（clean animal）：是指动物来源于剖宫产，饲养于半屏障系统，其体内不能携带人畜共患病和动物主要传染病的病原体以及对科学研究干扰大的病原。

(5) 普通动物（conventional animal）：是指在开放条件下饲养，其体内存在多种微生物和寄生虫，但不能携带人畜共患病病和动物烈性传染病病原的动物。不可用于实验研究。

(五) 微生物种群内与种群间的关系

在自然界，任何微生物个体都极少单独存在，它们几乎都是以种群的形式聚集成群相处在一定的空间内，它们的数量变化和空间分布规律与人类、动物、植物有着密切的关系，尤其与动物流行病学及动物微生态学关系更为密切。

种群是指具有相似特性和生活在一定空间内的同种个体群。

种群内个体之间存在协同和竞争关系，这些关系是有机联系的，受到种群密度的影响。在种群密度极低时，不存在任何相互关系，只有在种群密度增加时，协同关系和竞争关系可能存在，而且低密度时协同关系占优势，高密度时竞争关系占优势。因此，微生物种群内个体，各自以最大生长率而达到最适种群密度状态。

种群间关系是指不同物种之间的相互作用，这些关系有相互依存、相互制约和相互补偿的关系。如中立、偏利、偏害、互生、协同、竞争和寄生关系以及捕食关系等。相关知识见数字资源。

○ 微生物种群内与种群间的关系

三、动物体的正常菌群、菌群失调及微生态制剂

(一) 正常菌群与动物之间的关系

在通常情况下，正常菌群区系中的各种微生物在种类、数量、栖居部位及微生物间和微生物与宿主间，形成一个相互依从、相互制约的动态平衡生态系统，这种平衡是宿主保持健康和发挥动物正常生产性能的必要条件，正常菌群与动物之间形成的是共生关系，具体表现在以下几个方面：

1. 营养作用

消化道的正常菌群不仅从宿主体内获取营养，同时通过自身的代谢，合成有利于动物吸收和利用的养分，如反刍动物瘤胃中的微生物可产生挥发性脂肪酸，必需氨基酸，维生素等，促进动物生长；如单胃动物大肠中的双歧杆菌、乳杆菌、真杆菌、大肠埃希菌等，能合成各种维生素（VB1、VB2、VB6、VB12、烟酸、泛酸、生物素、肌醇和叶酸等）和蛋白质等，供宿主利用。

2. 免疫作用

正常微生物群能刺激宿主建立完备的免疫系统，对宿主的体液免疫、细胞免疫和局部免疫均有一定的影响，尤其是对局部免疫影响更大。当普通动物体内的正常菌群失去平衡，其细胞免疫和体液免疫功能降低。无菌动物由于没有正常菌群的刺激，其体液免疫或细胞免疫均显著低于正常动物。正常菌群一般不引起宿主产生抗体，即使产生也是低水平，但有时某些正常菌群成员发生定位转移，如肠道的正常菌如果转移到呼吸道，就会引起感染，进而引起宿主产生抗体。

3. 拮抗作用

消化道的正常菌群对过路菌的侵袭具有很强的屏障作用和拮抗作用。如肠道中厌氧菌占优势，可与兼性菌竞争营养，且这些菌在代谢过程中可产生挥发性脂肪酸和乳酸，降低肠道内 pH 与 Eh，从而抑制过路菌的生长与繁殖。厌氧菌产生 H_2O_2、H_2S 都能抑制某些细菌的生长；而且正常菌群在黏膜表面，形成一层生物膜，这层膜对宿主起到了占位性保护作用，如果这层膜遭受到抗生素或辐射的破坏，就会因过路菌的侵入而导致疾病。

（二）菌群失调

通常情况下，正常菌群内部及其与宿主之间处于共生、协调的平衡状态，但是，这种平衡是相对、可变和有条件的。许多因素可导致正常菌群中的微生物种类、数量发生改变，菌群平衡受到破坏，即菌群失调。由于正常菌群失调，使某些潜在的致病菌得以迅速繁殖而引起的疾病称为菌群失调症。可引起菌群失调的因素很多，包括环境、宿主和微生物等因素，如在生产中，早期断奶仔猪，由于日粮突然变化，导致正常菌群失调，经常出现消化不良、腹泻、生长缓慢等早期仔猪断奶综合征；当宿主防御机能减弱时，如皮肤大面积烧伤、黏膜受损、机体受凉或过度疲劳时，一部分正常菌群会成为病原微生物。另一些正常菌群由于其生长部位发生改变也可导致疾病的发生，如因外伤或手术等原因，大肠杆菌进入腹腔或泌尿生殖系统，可引起腹膜炎、肾炎或膀胱炎等炎症。长期连续或短期大量口服抗生素等抗菌药物，会使有益菌大量被杀死而失去优势，使潜在的致病菌大量繁殖引起消化道疾病，或维生素缺乏症和胃肠炎等，因此生产中应注意规范使用抗菌药物，在进行治疗时，除使用药物来抑制或杀灭致病菌外，还应考虑调整菌群恢复肠道正常菌群生态平衡的问题。

（三）微生态制剂

由于正常菌群对宿主的生长、代谢、抗病、生产性能的发挥起到一定的作用，尤其对幼畜尤为明显，据此动物微生态理论研制了微生态制剂。微生态制剂是指一类可通过有益的微生物活菌或相应的有机物质，帮助宿主建立起新的肠道微生物区系，以达到预防疾病、促进生长的添加剂。微生态制剂包括益生菌和益生元两类。

益生菌，一般是指通过改善肠道内微生物区系的平衡而提高动物健康水平的微生物活菌添加剂，也称微生物活菌制剂。被用作益生菌的微生物通常有乳酸杆菌、双歧杆菌、芽胞杆菌、酵母等，通过产生短链脂肪酸、细菌素、多糖、过氧化氢、特殊酶系等物质，改善动物机体的微生态平衡，刺激特异性或非特异性免疫机制达到增强机体健康、防治某些疾病的作用。

益生元或益生素，是指不被宿主消化吸收，但能选择性地促进宿主消化道内一种或几种有益微生物的生长，进而增强宿主健康的物质。主要包括非消化性寡糖，如果寡糖、半乳寡糖、大豆寡糖等。益生元可促进常驻菌（主要是双歧杆菌）生长繁殖或代谢活性，能改善肠道菌群组成，以及诱导肠腔内免疫，促进宿主健康。

目前，动物益生菌制品逐渐被重视并应用于养殖业并发挥一定的作用。使用中还要注意，微生态制剂对于已建立良好的正常菌群的动物，效果不显著，而对于菌群失调或正常菌群尚未完全建立的幼龄动物，效果较显著。

复习思考题

1. 什么是微生物生态学？不同生态环境中的微生物与动物传染性疾病有哪些关系？
2. 动物机体的哪些部位和组织器官存在微生物，与动物疾病的传播有何关系？
3. 简述正常菌群与动物之间的关系。
4. 实验动物按照微生物等级分为几类？各有何特点？目前国际标准级别的实验动物是哪一类？

开放式讨论题

试阐述动物微生态制剂在我国的研究开发现状及前景。

第五节　细菌分类与命名

细菌分类学是一门研究细菌分类理论和方法的学科，包括分类（classification）、命名（nomenclature）和鉴定（identification）三个独立而相关的部分。分类指的是根据细菌的亲缘关系或相似性，将细菌逐级归类并划分为各种等级的类群（或分类单元）。鉴定指的是确定一个新的分离物属于已经确认的分类单元的过程。命名指的是根据国际命名法规给细菌分类单元以科学的名称。

一、细菌分类

（一）细菌在生物分类系统中地位的确定

生物界的分类曾历经三界、四界、五界甚至六界的分类体系，这些分类系统的基本依据都是以生物整体及细胞形态学特征和某些生理特征作为推断生物亲缘关系的指征。1977 年，Carl Woese 对产甲烷细菌的 16S rRNA 序列进行了分析比较，发现产甲烷细菌与细菌序列特征的区别，提出了生命的第三种形式——古细菌（archaeobacteria）；1987 年他又对包括某些真核生物在内的大量菌株进行了 16S rRNA（18S rRNA）序列的分析比较，提出了将生物分成古细菌（*Archaebacteria*）、真细菌（*Eubacteria*）和真核生物（*Eukaryote*）成三域（域是比界更高的分类单元）；1990 年，为了避免把古细菌看作是真细菌的一类，将三域改称为：细菌（*Bacteria*）、古菌（*Archaea*）和真核生物（*Eukaryote*），并构建了三域的生物系统树（图 1-20），成为现今国际学术界普遍认可的生物界分类的"三域"学说。

在 1994 年出版的《伯杰氏鉴定细菌学手册》根据 16s rRNA 序列分析资料，提出了广义的细菌包括真细菌和古菌，真细菌和古菌同属原核生物。古菌生存在高温、高盐、低 pH 的极端环境。细胞壁无肽聚糖，蛋白质合成起始甲硫氨酸不需要甲酰化，tRNA 基因中有内含子，对氯霉素的抑制不敏感等多种与真细菌不同而与真核生物相似的特点。

细菌作为另一个系统进化类别的原核生物，广义上还包括对动物和人具有致病作用的衣原体、立克次体、支原体、螺旋体、放线菌等，此外还涉及蓝细菌、紫色光合细菌等。

（二）rRNA 作为生物进化的指征

生物种类和类群的多样性是在生物进化的历史过程中演化形成的。大量的实验研究表明，在众多的

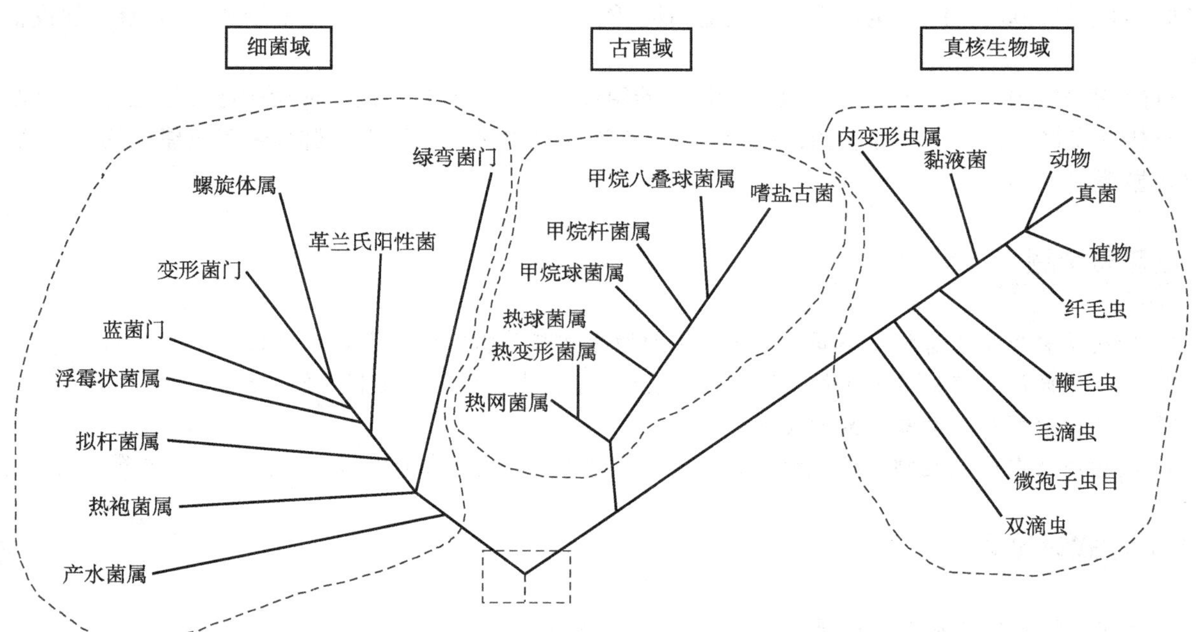

图 1-20　Carl Woese 的系统发育树（引自 Madigan et al.，2003）

生物大分子中，最适合于揭示各类生物亲缘关系的是 rRNA，尤其是 16S rRNA。

16s rRNA 被公认是一把好的谱系分析的“分子尺”，这是因为：① rRNA 参与生物蛋白质的合成过程，其功能是任何生物都必不可少的，而且在生物进化的漫长历程中，其功能保持不变；②在 16s rRNA 分子中，既含有高度保守的序列区域，又有中度保守和高度变化的序列区域，因而它适用于进化距离不同的各类生物亲缘关系的研究；③ 16s rRNA 分子量大小适中，便于序列分析。在 5s rRNA、16s rRNA、23s rRNA 三种分子中，5s rRNA 约含 120 个核苷酸，虽然它也可以作为一种信息分子，但由于其信息量小，应用上受到限制；23s rRNA 虽然它蕴藏着大量信息，但由于分子量大（约含 2 900 个核苷酸），序列测定和分析比较工作量大，而 16s rRNA 分子量大小适中（约含 1 540 个核苷酸），含有足以广泛比较各类生物的信息量，加上 rRNA 在细胞中含量大（约占细胞中 RNA 的 90%）也易于提取；④ 16s rRNA 普遍存在于真核生物和原核生物中（真核生物中其同源分子是 18s rRNA）。因此 rRNA 可以作为各类微生物乃至所有生物进化关系的主要指征。

（三）细菌的分类单元

细菌的分类单元按层次可分为域、门、纲、目、科、属、种、型的分类等级。在中间型过多而上述等级不够用时，可增设各级亚类如亚门、亚纲、亚目、亚科、亚属、亚种和亚型等。在上述分类单元中，最基本的单元是种，其次是属，种以下的等级是单一属性和具有特定目的的分类单元。

1. 属（genus，复数 genera）

是具有共同性状的若干种的组合，应与其他属有明显的差异。不同属之间的 16s rRNA 序列有较大的差异，差异应大于 5%～7%。

2. 种（species）

是生物在一定演化阶段，具有相对稳定性状特征的菌株群。凡属于同种的生物，均具有共同的基本性状特征。种的概念比较抽象，根据表型特征，并不容易界定。目前较为广泛接受的观点是，根据 16s rRNA 序列的异同，可作为定种的依据。凡是 16s rRNA 序列同源性大于 98.65% 的两株细菌，即可确定为同一种。

3. 亚种（subspecies）

种内可能存在一些在某些性状上相互差异的类别，因而被划分为不同亚种。亚种是种以下的正式分类等级。

4. 变种（variety）

在个别主要性状上与种的典型特征不符的类别，被称为变种。变种不是正式的分类等级，而仅仅附属于种内。

5. 型（type）与亚型（subtype）

型也是种以下的正式分类等级，其地位低于亚种，当同种或同亚种不同菌株之间的性状差异，不足以分为新的亚种时，可以细分为不同的型。型别划分的指征仅仅是某一方面的性状，例如按血清学特性划分的血清型（serotype），按生物学特性划分的生物型（biotype）以及按对噬菌体的敏感性所划分的噬菌体型（phage-type）等等。型内还可按进一步的性状差异、区分为不同亚型。

6. 株（strain）

又称品系，是指同种细菌中不同来源的纯培养物。不同的菌株可能性状完全相同，也可能有菌种微小差异。菌株的名称没有特殊的规定，通常用地名或动物名缩写加编号，如大肠杆菌 K12。具有某种细菌典型特征的菌株为该菌的参考菌株（reference strain）或模式菌株（type strain），可供鉴定对比、研究和生产等使用。

（四）细菌分类方法

细菌的分类方法主要有 3 种，具体如下：

1. 传统分类法

以细菌的形态和生理特征为依据的分类方法，它的特点是选择一些较为稳定的生物学性状，如菌体形态与结构、染色特性、培养特性、生化反应、抗原性等作为分类的标记。此法也称表型分类法（phenotic classification）。这些表型特征对细菌的鉴定和分类具有重要的作用，尤其在临床微生物学的实践中，至今仍有应用价值。如大肠杆菌（*E. coli*）和沙门菌（*Salmonella*）按表型特征分为两个属，但按照二者的16S rRNA序列同源性约90%，应归为同一个属，然而二者表型的区别对临床诊断十分重要，已被广泛认可，因此一直没有改变它们按表型确定的分类地位。

传统分类法早期采用条目分类法（item taxonomy），即双歧检索法整理、观察、鉴定的结果，分别按照主要、次要性状作为分类指征，排出分类系统。数值分类法（numerical taxonomy）是Sneath于1957年开始用于细菌分类的。其原理是根据数值分析，借助电子计算机，将拟分类的细菌按性状相似程度归类定位，来确定各种细菌间的亲缘关系。此法的原则是各种性状"等重要"以及用多菌株比较，克服了传统的双歧检索条目分类法的主观性缺点。

2. 化学分类法

应用电泳、色谱、质谱等方法，对菌体组分、代谢产物组成与图谱等特征进行分析，例如细胞壁脂肪酸分析（每一种细菌的脂肪酸谱是恒定的，可重复性好）、全细胞脂类和蛋白质的分析、多点酶电泳等，为揭示细菌表型差异提供了有力的手段。

3. 遗传学分类法

自Lee和Belozersdy等提出（G＋C）mol%含量不同是细菌分类鉴定的一个重要遗传性特征以来，随着分子生物学的迅速发展和新技术在细菌分类学上的应用，有关细菌的分类鉴定，已从过去的表型鉴定发展到遗传型特征的鉴定上来。细菌分类学家已经从遗传进化角度探索细菌各类群之间的亲缘关系。主要采用的方法包括DNA碱基（G＋C）mol%测定、核酸分子杂交、16S rRNA序列同源性分析以及全基因组测序。

不同种的细菌，可能有相近的DNA（G＋C）摩尔百分数，但是，可以肯定的是，DNA（G＋C）摩尔百分数不同的细菌绝不会属于同一种。一般认为，DNA（G＋C）mol%含量差异超过5%，不是同一个种；差异超过10%，为不同的属；DNA–DNA杂合试验的判定标准一般为，同一种别的菌株同源性在80%以上，同一菌属内种间的同源性在60%以上。16S rRNA是目前公认的分类指标，早前种的判定标准是16S rRNA基因序列同源性≥97%，之后这个值在97%～99%波动，基于基因组的拟合研究，2014年Kim等提出这个阈值应该为98.65%。

（五）细菌分类体系

20世纪70年代后，对细菌进行全面分类的、影响最大的是《伯杰氏手册》。《伯杰氏手册》最初是由美国的细菌学家伯杰（D. Bergey）（1860—1937）及其同事为细菌的鉴定而编写的，名为《伯杰氏鉴定细菌学手册》（*Bergey's Manual of Determinative Bacteriology*）。该书自1923年问世以来，已进行过8次修订，1994年将《伯杰氏系统细菌学手册》的1～4卷中有关属以上分类单元的分类鉴定资料进行少量的修改补充后汇集成一册，仍用原来书名出版，称为《伯杰氏鉴定细菌学手册》第9版。该书的姐妹篇《伯杰氏系统细菌学手册》（*Bergey's Manual of Systematic Bacteriology*）（简称《伯杰氏手册》），是目前国际上最具权威性的细菌分类系统专著，由美国细菌学家Holt主编，共4卷，第1卷于1984年出版，第2卷1986年出版，第3、第4卷1989年出版，这本书在分类系统中增加了许多新的分类单元，而且在表型分类的基础上，在各级分类单元中广泛采用细胞化学分析、数值分类方法和核酸技术，尤其是16s rRNA寡核苷酸序列分析技术，以阐明细菌的亲缘关系。该手册的内容包括了较多的细菌系统分类的资料。从2001年开始，陆续发行第2版，共分5卷，历时11年，第5卷2012年出版。将原核生物分为30组，第1卷第1～14组包括古菌、蓝细菌、光合细菌和最早分支的属，第2卷第15～19组包括变形杆菌（属革兰氏阴性真细菌类），第3卷第20～22组包括低G＋C含量的革兰氏阳性细菌，第4卷第23组包括高G＋C含量的革兰氏阳性细菌（放线菌类），第5卷第24～30组包括浮霉状菌（*Planctomycetes*）、螺旋体（*Spirochaetes*）、纤维杆菌（*Fibrobacters*）、拟杆菌（*Bacteroides*）和梭杆菌（*Fusobacteria*）（属革兰氏阴性细菌类）。

《国际系统与进化微生物学杂志》（*International Journal of Systematic and Evolutionary Microbiology*, IJSEM）原名《国际系统细菌学杂志》（*International Journal of Systematic Bacteriology*，*IJSB*）是世界公认的细菌分类命名的权威期刊，由国际微生物学联合会（International Union of Microbiology Societies）于1901年创刊出版的英文期刊。所有分离鉴定的新细菌的有关论文应该在该杂志发表，如果在其他杂志发表，必须

提交论文副本给该期刊公布，两年后无异议，所提出的新细菌名称方可生效。

二、细菌的命名

细菌的命名依据《国际细菌命名法规》(*The International Code of Nomenclature of Bacteria*)的规定，由国际原核生物命名委员会(International Committee of Systematics of Prokaryotes，ICSP)认定。细菌学名用拉丁文，采用“双名法”。所谓“双名法”就是每一种细菌的名称由属名和种名两部分构成，属名用拉丁文或拉丁化的名词，放在前面，且第一字母大写；种名用拉丁文或拉丁化的形容词或名词所有格，放在属名之后，小写。一般属名表示细菌的形态或发现者或有贡献者，种名表示细菌的性状特征、寄居部位或所致疾病等，整个属名及种名在出版物中应排成斜体。中文的译名次序与此相反，为种名在前，属名在后。另外，由于生物种类繁多，有时会发生同物异名或同名异物的情况，为了避免混淆，可在种名之后，附以首次命名人(加括号)、现名命名人和现名命名年份，这些均用正体排字。例如猪霍乱沙门菌的学名全名是：*Salmonella cholerae-suis*(Smith) Weldin 1927，指的是 Smith 于 1894 年命名此菌为 *Bacillus choleraesuis* 及 Weldin 于 1927 年改为现名的。

属名当首次出现时，需用全称；之后可不将全称写出，只用第一个字母或前两个(双辅音)字母代表，如 *M. tuberculosis*，*S. tpphi* 等。有些常见菌有其习惯通用的俗名，如 tubercle bacillus，结核杆菌；typhoid Bacillus，伤寒杆菌等。

如果是新种，可于学名之后加注“sp.Nov”。此为 novel species 之缩写。

当一种生物仅定为某属而尚无种名时，或虽有种名但不具体指出时，可在属名之后加上 sp.(单数)或 spp.(复数)，如 *Salmonella* sp. 表示为沙门菌属中的某一种细菌。

亚种用 subsp. 表示，这是 subspecies 的缩写，且需用正体字。例如 *Pasteurella multocida* subsp. septica，中译名为多杀性巴氏杆菌败血亚种。

按照《国际细菌命名法规》，属以下(包括属)无统一语尾，属以上等级的名称，则往往采用不同的拉丁字尾来表示其分类级别。科的后缀为“-aceae”，目者为“-ales”，纲者为“- tes”，门者为“-phyta”。

另需指出的是，细菌名称中涉及外国人名译为中文时，现已公认均省略“氏”字，除非取词首字母发音。例如 *Salmonella*、*Yersinia* 分别译为沙门菌属、耶尔森菌属；而 *Pasteurella*、*Listeria* 分别译为巴氏杆菌属、李斯特菌属。

复习思考题

1. 为什么 16s rRNA 被公认细菌分类的一把好的谱系分析的“分子尺”？
2. 细菌分类的基本单元“种”是如何界定的？“种”以下还有哪些分类单元，各有何特点？
3. 细菌的分类方法有哪几种？各有何特点及依据？
4. 简述细菌的分类体系。
5. 举例说明细菌的拉丁文命名规则和中文译名特点。

开放式讨论题

目前常用的细菌分类技术是什么？用该技术鉴别细菌相对于其他方法有何优点？

第六节 外界因素对细菌的影响

微生物与其他生物一样，生长繁殖要受到各种生物与非生物环境条件的影响。同一种微生物在不同的环境中会有不同的表现，当环境不适宜时，微生物正常的生命活动受到抑制或被迫出现形态、生理、毒力等特性的改变，或引起某些变异。如一些细菌在不利的环境中会产生芽胞，一些病原菌产生耐药性等。当环境改变过于强烈时，甚至会导致微生物死亡。另一方面，微生物也向环境中排泄出各种代谢产物，抵抗和适应环境变化，甚至影响和改变环境。

了解外界环境对微生物的影响，以便在兽医微生物学实践中，对微生物的生命活动和新陈代谢进行人为控制，利用和促进微生物的有利作用，控制、改造和消除微生物的有害作用。这在理论上和实践上都有重要意义。在详细讨论内容之前，介绍几个基本概念。

(1) 防腐（antisepsis）：应用各种化学药品防止和抑制微生物生长繁殖的方法，防腐也称抑菌。

(2) 消毒（disinfection）：用物理或化学方法杀灭物体中的病原微生物，而对非病原微生物及其芽胞和孢子并不严格要求全部杀死。

(3) 灭菌（sterilization）：指杀死物体上所有微生物的方法，包括细菌的芽胞和霉菌的孢子在内的全部病原和非病原微生物。

(4) 无菌（asepsis）：指没有活的微生物的状态。无菌操作是防止微生物进入机体或其他物品的操作技术，也称无菌法、无菌技术。

(5) 抑菌作用：是指某些物质或因素所具有的抑制微生物生长繁殖的作用。

(6) 杀菌作用：是指某些物质或因素在一定条件下所具有的杀灭微生物的作用。

(7) 抗菌作用：是抑制和杀死微生物作用的总称。

影响微生物的外界因素可分为物理因素、化学因素及生物学因素。

一、物理因素对微生物的影响

微生物生长繁殖受很多物理因素影响，这里主要讨论温度、干燥、辐射、滤过等几个方面。

(一) 温度

温度是影响微生物生长繁殖的重要条件之一，不同的温度对微生物的生命活动呈现不同的作用，从微生物总体而言，其生长温度范围较广，但对于特定的某一种微生物，它只能在其最低生长温度与最高生长温度之间的范围内生长，且在最适温度下生长繁殖最快、发育最好，并能将它的生理机能充分地表现出来，距最适温度越远生长越差。根据细菌的最适生长温度不同，可将细菌分为三大类：嗜冷菌、嗜温菌和嗜热菌（见表 1–4）。

表 1–4　细菌生长温度范围

类型		生长温度范围 /℃			分布
		最低温度	最适温度	最高温度	
嗜冷菌		–5 ~ 0	10 ~ 20	25 ~ 30	水和冷藏处的细菌
嗜温菌	嗜体温菌	10 ~ 20	18 ~ 28	40 ~ 45	腐生性菌
	嗜室温菌	10 ~ 20	37	40	病原菌
嗜热菌		25 ~ 45	50 ~ 60	70 ~ 85	温泉、土壤、厩肥中的细菌

细菌在低于最低生长温度的情况下，生长停止；在高于最高生长温度的情况下，不但会生长停止，而且会导致死亡。

1. 低温对微生物的影响

大多数细菌对低温的敏感性较差。当细菌所处的环境温度低于其最适生长温度时，细菌的酶活性降低，新陈代谢活动减慢；环境温度低于最低生长温度时，细菌的代谢活动将停滞，菌体处于休眠状态，但生命活力可长时间保存。一旦环境温度回升到适宜范围，细菌又可以恢复正常的生长繁殖，因此，低温处理的目的并不是灭菌，而是抑制细菌的生长与繁殖，故常用低温（4 ~ 0℃或 –20 ~ –86℃）来保存细菌或病毒。

但也有一些细菌如淋球菌、脑膜炎球菌、禽霍乱巴氏杆菌等对低温非常敏感，在冰箱内保存比在室温下保存死亡更快。也有一些细菌（如伤寒杆菌、白喉杆菌）对低温的抵抗力很强，置于 -190℃液氮中其活力不受破坏；有的菌甚至在 -253℃液体氢的条件下也不死亡。

冰点以下的低温保存细菌时，温度必须迅速降低，若温度缓慢下降，反而会促使细菌死亡。其原因是当温度缓慢下降接近冰点时，微生物细胞质内的游离水分形成冰晶体，冰晶体的形成不但会造成微生物细胞脱水，而且对微生物细胞结构，尤其是细胞膜有机械损伤作用，使细胞发生破裂，造成细胞内物质逸出；而迅速冷冻时，细胞内水分形成均一的玻璃样状态，对微生物不造成明显损害。另外，微生物在冷冻时所处的基质成分、浓度、pH 等的不同，对微生物存活也有影响，当基质中含有糖、蛋白质、血清等成分时，会对微生物有一定的保护作用。因此，在保存细菌时，冷冻前加上保护剂，是为了避免冰晶的形成和保存细菌的活力。其他微生物的低温保存，也基于同样的原理。

冻干法（即冷冻真空干燥法），是保存菌种、疫苗、药物等的良好方法，该方法是利用迅速冷冻和抽真空除水的原理，将保存物品置于玻璃容器内，在冷冻真空干燥器内迅速冷冻，并抽去容器内的空气，使冷冻物中的水分在真空下直接升华而迅速脱失，最后在真空状态下将玻璃容器封口。用冻干法处理的细菌及生物制品可保存数月至数年。

2. 高温对微生物的影响

微生物对高温比较敏感，当环境温度高于细菌的最高生长温度时，会导致细菌的核酸和菌体蛋白发生不可逆转的变性。酶活性丧失，新陈代谢发生障碍，细菌最终死亡。因此，高温对细菌有明显的致死作用，是一种典型的物理灭菌方法。

高温灭菌又称为热力灭菌，分为干热灭菌法和湿热灭菌法两大类：这两种方法各有其优点，但在相同的温度下，湿热灭菌比干热灭菌效果更好，一方面是由于湿热容易破坏保持蛋白质稳定性的氢键等结构，从而加速其变性，一般认为，蛋白质的含水量和蛋白质凝固所需的温度成反比；另一方面，热蒸汽比空气穿透力强，且蒸汽有潜热存在，在灭菌过程中，蒸汽与物体接触时，凝结成水，放出潜热，能迅速提高灭菌物品的温度，从而缩短了灭菌所需的时间，增加了其灭菌效力。虽然湿热灭菌具有上述优点，但一些物品只能用干热方法来灭菌。如细胞培养瓶和吸管等。在实践中，行之有效的高温灭菌或消毒方法主要有以下几种：

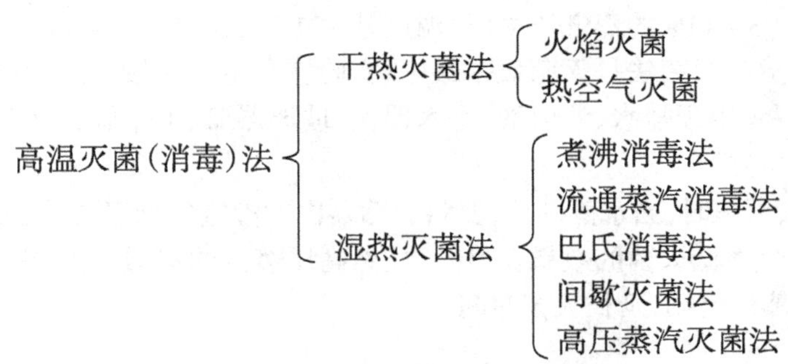

(1) 干热灭菌法：干热灭菌分为火焰灭菌和热空气灭菌。

① 火焰灭菌：是以火焰直接烧灼来杀灭物体中全部微生物。为一种最简单、最彻底的干热灭菌方法，分为灼烧和焚烧两种。由于火焰灭菌对被灭菌物品的破坏很大，因此适用对象有限。灼烧适用于接种环、试管口、三角瓶口、玻璃片以及金属器具等耐烧的物品。而焚烧主要用于实验动物尸体、传染病病畜（禽）尸体、病畜（禽）垫料、病料包装用纸等的灭菌。

② 热空气灭菌：是将物品放入干燥箱中，利用干热空气进行灭菌的方法。在干热情况下，一般细菌的繁殖体在 100℃经过 1.5 h 即被杀死，芽胞则需 140℃经 3 h 才被杀死，当温度达 160℃时，维持 2～3 h，即可达到彻底灭菌的目的。该方法适用高温下不损坏、不变质的物品，如玻璃器皿、针头、陶瓷以及金属器具等的灭菌。由于热空气的穿透力较低，因此，干热灭菌时，物品不宜包装过厚或在灭菌器内摆放过紧。

(2) 湿热灭菌：湿热灭菌是利用热蒸汽或者在水中加热对物体进行消毒或灭菌，湿热灭菌的方法主要有以下几种：

① 煮沸灭菌：煮沸可使温度上升至 100℃或接近 100℃。在此温度下，一般细菌的繁殖体经过 10～20 min 即被杀灭，但细菌的芽胞则需煮沸数小时。若在水中加入 1%～2% 的碳酸钠或 2%～5% 的石炭酸，可提高沸点或增大溶液的 pH，既增强杀菌效力，又能减缓金属的氧化速度，防止金属器械生锈。此法适用于饮水、食品器具、外科手术器械、注射器、针头等的灭菌。

② 流通蒸汽法：利用蒸笼或流通蒸气锅等 80～100℃加热 15～30 min，可以杀死细菌的繁殖体，但不能杀死细菌芽胞。本法主要用于一般外科器械、注射器、食具和其他一些不耐热物品的消毒。

③ 间歇灭菌法：又称分段灭菌法，是利用蒸笼或流通蒸汽灭菌器内的蒸汽消毒。在 100℃经 30 min 消毒后，将被消毒物品置室温或 37℃温箱中过夜，诱导残留的芽胞萌发成繁殖体，第二天再以同样的方法消毒和保温过夜，如此连续反复三天，即可达到彻底灭菌的效果。此法适用于一些不耐热培养基，如鸡蛋培养基、糖类培养基、血清培养基以及含硫培养基等的灭菌。为了不破坏血清等，还可用较低的温度(70℃)加热 1 h，连续 6 次，亦可达到灭菌目的。

④ 巴氏消毒法：巴氏消毒法是由巴斯德提出的、主要用于牛奶、啤酒、葡萄酒、果酒和酱油等不能高温灭菌的液体食品的一种消毒方法。此法的目的是利用较低的温度杀死其中的无芽胞病原微生物（如牛乳中的结核分枝杆菌、布鲁菌、沙门菌等）和其他微生物，同时又不严重损害其质量和营养风味。

巴氏消毒法的一般操作是将待消毒的液体食品置于 60～85℃下处理 15 s～30 min，然后迅速冷却。目前具体的处理温度和时间都有所改变，具体方法可分为 3 类，一类为传统的操作方法，称为低温维持法(low temperature holding method，LTH)或低温长时法(low temperature long time，LTLT)，即将液态食品(如牛奶)置于 63℃下处理 30 min；另一类为高温瞬时巴氏消毒法(high temperature short time pasteurization，HTST)，即将液态食品（如牛奶）置于 71～72℃下处理 15 s，加热消毒后迅速冷却至 10℃以下，称为冷击法，这样可以进一步促使细菌死亡，也有利于鲜乳马上转入冷藏；第三类为超高温巴氏消毒法（ultra high temperature pasteurization，UHT)，将液态食品在 132℃维持 1～2 s，迅速冷却，即能达到消毒目的。此类消毒法处理的鲜牛乳在常温下的保存期可达半年；而且鲜奶的成分破坏较少。

⑤ 高压蒸汽灭菌法：本法是利用密闭的高压蒸气灭菌器进行灭菌的方法。在正常的大气压下，水的沸点是 100℃，水蒸气的温度也只能达到 100℃，压力增大，水的沸点随之上升。这样在密闭的高压蒸气灭菌器内连续加热时，由于蒸汽不能外溢，灭菌器内压力逐渐增大，水蒸气的温度会上升至 100℃以上，杀菌力明显增加。通常是在 103.4 kPa 的蒸气压力下，温度达 121.3℃，维持 20～30 min，可杀死所有的细菌繁殖体和芽胞。因此，高压蒸汽灭菌法是灭菌效果最好、实验室和生产中最常用的灭菌方法。凡耐高温、耐潮湿的物品，如普通培养基、生理盐水、注射液、手术器械、玻璃器皿、工作服、橡胶手套以及实验动物尸体等均可用此法灭菌。

应用高压蒸汽灭菌法灭菌时，当水煮沸后，要将灭菌器内的冷空气彻底驱尽，再继续升温至规定标准，否则，由于冷空气的存在会降低灭菌的效果。另外，虽然高压蒸汽的穿透力强，灭菌器内的物品排列亦不能太过拥挤，否则会影响蒸汽流畅，延长灭菌时间。

（二）干燥

水是微生物细胞的重要组成成分，在代谢过程中占有重要地位，是其生命活动不可缺少的基本物质之一。在正常情况下，细菌细胞内所进行的一切生物化学反应，均以水分作为媒介。在缺水的干燥环境下，多数微生物的新陈代谢停止，处于休眠状态，严重时引起脱水，蛋白质变性，甚至死亡。这是在干燥的环境下能保存食品、药物、草料、皮革等，防止其腐败或霉变的原理。不同种类的微生物，甚至同一微生物在不同的生长时期对干燥的抵抗能力不同。一般有荚膜的细菌比无荚膜的细菌对干燥的抵抗力强，芽胞、孢子比繁殖体细胞的抗干燥能力强。如：巴氏杆菌和鼻疽杆菌在干燥的环境中只能存活几天，而结核分枝杆菌则能耐受干燥 90 d；炭疽杆菌和破伤风梭菌的芽胞在干燥的环境中可存活几年甚至几十年。霉菌的孢子对干燥也有很强的抵抗力。

另外，高于细胞内溶质浓度的高渗溶液，会造成细菌的生理干燥，细菌细胞脱水，发生质壁分离，细菌生长受到抑制甚至死亡。这是利用盐腌(5%～30% 食盐)、糖渍(30%～80% 糖)、风干来保存食品的依据。与此相反，如果把微生物置于低渗溶液中，溶液中的水分将向细胞内转移，细胞膨胀，甚至破裂。

(三) 辐射

辐射是能量通过空间传播或传递的一种物理现象。能量可借助波动或粒子的高速运行而传播。借助波动传播的现象称为电磁辐射,由可见光、紫外线、红外线等构成;借助于原子或亚原子粒子高速运动而传递的现象称为微粒辐射,由质子、中子、α 射线、β 射线等构成。

各种辐射对微生物的影响不同,但都必须被微生物吸收才能产生作用。用于灭菌的辐射可分为两种,即电离辐射和非电离辐射。非电离辐射包括日光、可见光、紫外线等;电离辐射包括α射线、β射线、γ射线、X 射线以及高能质子、中子等。各种电磁辐射的波长范围见图 1–21。

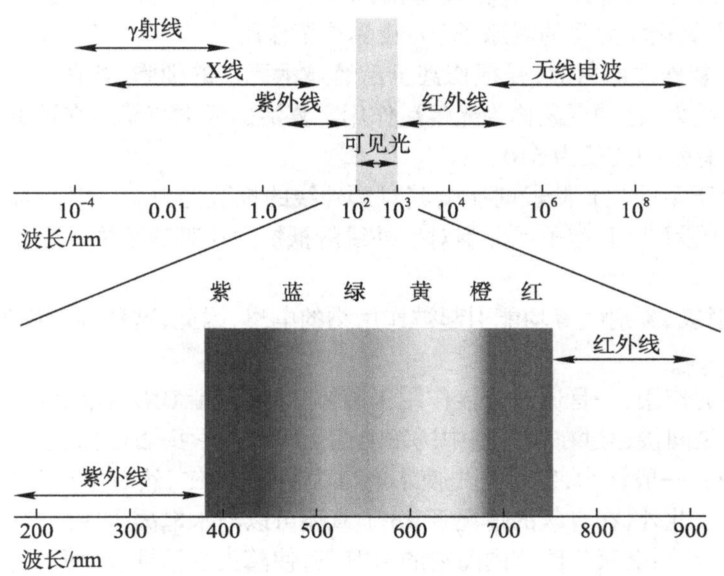

图 1–21 电磁辐射的波长范围

1. 非电离辐射

(1) 可见光:波长在 400 ~ 800 nm 属可见光范围。可见光为光能营养菌提供能源,通常对大多数化能微生物没有明显影响,但是太强或连续的可见光照射,也会使微生物的代谢活动受到阻碍,如果同时有氧存在,可使微生物致死。因此,培养细菌及保存菌种,均应置于阴暗之处。如常用箱内没有光线的恒温培养箱培养微生物、冰箱保存菌种。

若将某些染料如亚甲蓝、伊红、汞溴红、沙黄等加入培养基中,能使可见光的杀菌作用增强,这一现象称为光感作用。光感作用对原生动物、细菌、病毒和毒素等均有灭活作用,可使其毒性消失或失去活性,但抗原性不变。实验证明,革兰氏阳性菌对光感作用比革兰氏阴性菌敏感。伊红、汞溴红和亚甲蓝仅作用于革兰氏阳性菌,而沙黄则作用于革兰氏阴性菌。

(2) 日光:直射日光有强烈的杀菌作用,是有效的天然杀菌因素。细菌的繁殖体在直射日光的照射下,数分钟到几小时就被杀死,如:结核杆菌、布鲁菌、沙门菌等经照射后很快死亡。但芽胞对日光照射的抵抗力比繁殖体要明显增强,如炭疽杆菌的芽胞需要日光照射 20 h 才能被杀灭。日光的杀菌效力因地、因时及微生物所处的环境不同而异,烟尘污染的空气、玻璃、有机物等都可减弱日光的杀菌力。另外,空气中所含水分的多少,温度的高低以及微生物本身对阳光的抵抗力强弱,亦可影响日光的杀菌能力。如将结核杆菌涂在纸片上,经日光照射后很快被杀死,但在痰中的结核杆菌,则由于蛋白物质、黏液等的保护而不易被杀死,可保持活力达 8 ~ 10 d。

在实际工作中,将病人的衣物、病畜(禽)的饲具和其他用具洗涤后,在直射的日光下暴晒几小时,可杀灭大部分的病原微生物。另外,日光对污染的土壤、牧场、畜舍等的消毒以及江河的自洁作用亦具重要意义。

(3) 紫外线:紫外线是日光的一部分,波长范围为 136 ~ 400 nm,其中 200 ~ 300 nm 的波长对微生物有致死效应。由于核酸的吸收峰为 260 nm，故 253 ~ 266 nm 波长的紫外线杀菌力最强。实验室用的人工紫外杀菌灯波长为 253.7 nm，是将水银置于石英光电管内，通电后水银化为气体，灯管放出紫外线，杀菌力强而稳定，然而其穿透力却很弱，即使是很薄的玻璃也不能透过，因此只能用于物体表面或空气的消毒。实际生活中常用于无菌室、无菌箱、医院的手术室、病房、种蛋室等空气消毒，以及不能用于高温或化学药品消毒的器械、物品等表面消毒。

紫外线对细菌的致死作用是由于紫外线能引起 DNA 同一条链上的两个相邻胸腺嘧啶分子相连，形成二聚体，以致 DNA 复制不能正常进行。轻则发生微生物变异，重则导致菌体死亡。因此紫外线是常用的物理杀菌剂和诱变剂。另外，紫外线除引发形成胸腺嘧啶二聚体外，还会使空气中的分子氧变为臭氧(O_3)，臭氧不稳定，分解而放出氧化能力强的氧原子(O)也具杀菌作用。

微生物经致死量的紫外线照射后，受损伤甚至已经显示死亡的细胞，若在 3 h 内再以可见光照射，部分微生物可逐渐恢复其活力，这种现象称为光复活作用。复活的程度与暴露在可见光下的时间、强度和温度有关。光复活作用最有效的波长为 510 nm。

微生物的种类或处于不同生长阶段时影响其对紫外线的抵抗能力。一般而言，革兰氏阳性菌对紫外线的抵抗能力高于革兰氏阴性菌，孢子或芽胞对紫外线的抵抗力比其繁殖体要强。

2. 电离辐射

α 射线、β 射线、γ 射线、X 射线等均能引起被作用物的电离，因此，这种辐射称为电离辐射。这些辐射波长短，能量高。

电离辐射对微生物的作用，一是通过直接作用于菌体，导致包括 DNA 在内的细菌内部物质分解，使细菌死亡或发生突变。二是间接通过在培养基中诱发能起反应的化学集团(游离基团)与细胞中的某些大分子反应而实现杀菌作用。一般认为，射线首先使水电离为 H^+ 和 OH^-，然后由这些具有氧化性或还原性的自由基作用于细菌细胞。此外，在有氧的情况下，分子氧还可以与水电离生成的离子生成一些具有强氧化性的基团，这些强氧化性基团能氧化菌体内酶类的 –SH 基，使酶失去活性，从而引起细胞的各种病理变化，导致细菌细胞死亡。

不同的细菌以及处于不同生理阶段和生理状态的细菌对电离辐射的敏感性不同，细菌的芽胞对辐射的抵抗力比其繁殖体强，在不产生芽胞的菌中，微球菌对辐射的抵抗力最强。另外，培养基中巯基化合物等保护剂的存在及其含量，亦会影响微生物对辐射的敏感性。

(四) 微波

从几百兆赫兹至几十万兆赫兹频率的无线电波称为微波。微波的杀菌作用主要依靠微波的热效应来完成。微生物在微波电磁场的作用下，吸收微波能量，温度升高。同时，细菌内部的分子运动随电场的变化而加快，这种分子加速运动使细胞内部受到损害，从而导致微生物死亡。微波加热灭菌的特点是加热均匀、热能利用率高、所需时间短。

(五) 超声波

频率在 20 000 ~ 200 000 Hz 的声波称为超声波。它能通过强烈的振动使细胞破裂，细胞内含物外泄。因此对大多数微生物细胞具有破坏作用，但其对微生物的杀伤效力与超声波的频率、处理时间及微生物的种类和数量等有关。实验证明，革兰氏阴性菌最为敏感，球菌的抗性比杆菌强，病毒由于颗粒小、结构简单，对超声波也有较强的抗性。芽胞抗性强，几乎不受超声波的影响。

虽然超声波的强烈振动可使菌体死亡，但往往会有残存者，因此，这种方法在消毒灭菌方面意义不大。目前主要用于裂解菌体，获得细胞内组成物质，研究其抗原、酶类以及胞壁的化学性质等。由于超声波处理的同时会产生大量的热，为防止细胞蛋白质等成分的变性，超声波处理一般应在冰浴上进行，并作短时间的多次处理。

(六) 滤过

滤过对细菌的影响主要体现为滤过除菌法的应用。滤过除菌法是通过机械、物理阻留作用将液体或空气中的细菌等微生物除去的一种方法。液体的滤过除菌主要用于不耐高温的待灭菌试剂，如血清、毒素、抗毒素以及药液等。滤菌器的种类很多，目前常用的为滤膜滤菌器，滤膜由硝酸纤维素制成，根据孔径大小不同而有多种规格。常用的孔径为0.45 μm和0.22 μm。空气的除菌则主要用于超净工作台、生物安全柜、无菌操作室、手术室以及药品、食品等的无菌生产厂房空气除菌。一般在工作台内或墙壁的一侧安装高效微粒滤菌器,它由硝酸纤维制成,几乎可以将空气中直径大于0.3 μm的微粒完全除去,因此,经此过滤后的流动空气是新鲜和无菌的。超净工作台的流动气流可阻止外界微生物进入操作箱内,一般分为水平式和垂直式两种,微生物实验室一般常用垂直式气流。另外,在移液管的管口和其他管口加塞棉花,也是一种过滤除菌方法,它利用纵横交织的棉花纤维将空气中的尘埃和细菌除去。

过滤除菌可以拦截细菌、霉菌、酵母菌等大分子颗粒。但不能阻止病毒、支原体以及细菌L型等小颗粒通过。

二、化学因素对微生物的影响

许多化学物质对微生物具有抑制和杀灭作用,能抑制微生物生长和繁殖的化学物质称为防腐剂;能杀灭病原微生物的化学物质称为消毒剂。实际上,防腐剂和消毒剂之间很难区别,他们的抗菌作用在很大程度上依赖于浓度、温度和时间。消毒剂在低浓度时只能起到防腐作用,防腐剂在高浓度时也可能有杀菌作用。因此,通常将二者合称为防腐消毒剂。防腐消毒剂的作用没有选择性,对微生物及其宿主细胞均有同样的毒性作用,因而主要用于周围环境和无生命物质的消毒,也常用于动物局部体表以防微生物感染,因此又称为表面消毒剂。化学治疗剂则是一类能选择性地杀死或抑制人和动物体内病原微生物,并可口服或注射给药的特殊化学药品。由于它对宿主细胞的毒性作用较小,因此,主要用于人和动物疾病的预防和治疗。

1. 防腐消毒剂的作用机理

防腐消毒剂的种类很多,抗菌作用的机理也各不相同,可归纳为以下三种:

(1) 改变菌体细胞膜的通透性:可使菌体内重要的酶和营养物质流失,水则向菌体内渗入,导致菌体破裂或溶解。例如表面活性剂和脂溶剂等。

(2) 使菌体蛋白凝固和变性:大部分的防腐消毒剂是通过这一机理起作用,例如酚类、醇类、醛类、重金属盐类等。

(3) 干扰和损害细菌生命必需的酶系统:某些防腐消毒剂可通过氧化、还原等反应损害酶的活性基团,破坏酶的活性或抑制酶活性的发挥;或者是化学结构与菌体内的代谢物相似,可竞争或非竞争性的与酶结合,从而抑制酶的活性,导致菌体的抑制或死亡。例如某些氧化剂、卤化剂等。

一种消毒剂通常不是只通过一种途径起抗菌作用,例如重金属盐类和苯酚,在高浓度时使蛋白质变性,但在低于能凝固蛋白的浓度时,可通过抑制酶或损害细胞膜而呈现抗菌作用。

2. 影响防腐消毒剂作用的因素

各种防腐消毒剂的抗菌作用除了与其本身理化性质有关外,还受其他许多因素的影响。

(1) 消毒剂的浓度和作用时间:一般情况下,当其他条件一致时,大多数防腐消毒剂的抗菌作用与其浓度大小和作用时间长短成正比,即浓度越大,作用时间越长,效果越好。但有些消毒剂浓度过高时,其杀菌效果反而下降,例如乙醇在70%浓度时杀菌力最强,可杀死一般繁殖体的细菌,浓度过高可使菌体蛋白质很快凝固,妨碍乙醇向内渗透,影响杀菌效果。

(2) 微生物的种类和特性:不同种类的微生物和处于不同状态的微生物对各类消毒剂的敏感程度不同,例如革兰氏阳性菌一般比革兰氏阴性菌对各类消毒剂敏感;细菌的繁殖体比芽胞敏感。75%的乙醇几乎对所有不产生芽胞的繁殖型细菌均有杀灭作用,但对于芽胞的作用不强。

(3) 温度:消毒剂的杀菌效果与温度呈正相关。即温度升高,杀菌能力增强。一般温度每升高10℃,金属盐类的杀菌效果增加2~5倍,石碳酸的杀菌作用增加5~8倍。

(4) pH:pH的改变,不仅可影响消毒剂的电离度,亦可使细菌的电荷发生改变。在酸性溶液,细菌带正电荷较多,阴离子去污剂的杀菌效果较好,反之,在碱性环境,则阳离子去污剂的杀菌效果好。另外,pH改变影响消毒剂的电离度,一般消毒剂未电离的分子容易通过细菌的细胞膜,杀菌效果好。

(5) 有机物的存在:环境中有机物特别是蛋白质的存在,会影响消毒剂的杀菌效果。它们与消毒剂结合形成不溶性的化合物，或将其吸附，或直接对微生物起机械保护作用。有机物越多，对消毒剂的杀菌效果影响越大。

另外，消毒剂的结构、化学活性等都会影响其抗菌作用。

三、生物学因素对细菌的影响

自然界中影响细菌生命活动的生物因素很多，主要包括其他微生物与细菌之间、动植物与细菌之间存在的相互影响作用，如相互协同、寄生作用和拮抗作用等详见本章第四节，以下对微生物产生的代谢产物如抗生素和细菌素以及噬菌体对细菌的影响进行讨论。

1. 抗生素

抗生素是某些微生物如细菌、真菌或放线菌等，在代谢过程中产生的一类能抑制或杀死另外一些微生物的物质。抗生素的种类很多，到目前为止，已经发现的抗生素达 2 500 多种，但临床上最常用的只有几十种，如青霉素、链霉素、红霉素、庆大霉素、多黏菌素等。根据抗生素的作用对象的范围大小，可将其分为广谱抗生素和窄谱抗生素两大类。

抗生素对微生物的作用主要通过以下几种方式来完成：

(1) 干扰细菌细胞壁的合成：细菌的细胞壁具有维护细菌外形、维持菌体内外渗透压平衡及保护菌体免受损伤的功能。青霉素类、头孢菌素类、杆菌肽等分别抑制细胞壁肽聚糖合成过程的不同环节，从而使细菌细胞壁缺损。细胞壁缺损型的细菌由于失去了渗透压保护屏障，在低渗溶液中不能抵抗水分的渗入，导致菌体膨胀、变形，最后破裂死亡。革兰氏阳性菌的细胞壁主要成分为肽聚糖，因此，这类抗生素对革兰氏阳性菌作用强，对革兰氏阴性菌作用弱。

(2) 增强细菌细胞膜的通透性：细菌的细胞膜又称胞浆膜，具有维持渗透屏障、运输营养物质的功能。另外，细胞膜还是细菌能量代谢和蛋白质合成的重要部位。当细胞膜受损时，其通透性增加，细胞内容物大量流失，导致菌体死亡。例如多黏菌素类抗生素。

(3) 影响菌体蛋白质的合成：细菌蛋白质的合成是一个非常复杂的生物学过程，它包括起始、延长和终止三个阶段。许多抗生素可以干扰蛋白质合成过程中的不同环节，从而产生抑菌作用。例如氯霉素类、四环素类抗生素等均可抑制细菌蛋白质合成。

(4) 影响核酸的合成：细菌的核酸包括核糖核酸（RNA）和脱氧核糖核酸（DNA）。一些抗生素可以通过抑制或阻止细菌 DNA 或 RNA 的合成而呈现抑菌或杀菌作用。例如利福平能与细菌 RNA 聚合酶结合而阻碍核酸的合成。灰黄霉素能影响鸟嘌呤加入到 DNA 分子中，而阻碍 DNA 的合成。

2. 细菌素

细菌素是某种细菌在其代谢过程中产生的一种具有杀菌作用的蛋白质。其作用类似于抗生素，但杀菌范围较窄，且有一定的特异性，只能作用于同种不同菌株的细菌以及与它亲缘关系比较近的细菌。例如大肠杆菌产生大肠菌素，此细菌素只能作用于某些型别的大肠杆菌，以及与其关系较近的志贺菌、沙门菌、巴氏杆菌等。而对于其亲缘关系较远的细菌，则作用甚微。

细菌素的产生受质粒控制。如大肠菌素是由大肠杆菌 Col 质粒产生的。质粒不仅控制细菌素的产生，而且也决定了细菌对细菌素的敏感性。含有 Col 质粒的细菌对自身产生的细菌素不敏感，但当其 Col 质粒丢失或发生转移时，则变为敏感菌；而无 Col 质粒的敏感菌若获得了 Col 质粒，则不再对大肠菌素敏感。

细菌素的作用主要表现在抑制菌体蛋白质的合成。细菌素通过与敏感株菌体外膜上特异的细菌素受体结合，进入菌体，使菌体蛋白合成停止，从而导致细菌死亡。

细菌素在细菌分型及流行病学的调查上具有一定应用价值。另外，细菌素质粒为细菌遗传变异及细菌的基因工程研究提供了十分有用的工具。

3. 噬菌体

噬菌体是感染细菌、真菌、放线菌、螺旋体及支原体等微生物的一类病毒。在自然界分布极广，凡是有上述微生物存在的场所，几乎都有其相应的噬菌体的存在。

噬菌体具有病毒的一般生物学特征，其个体微小，可以通过细菌滤器；具有一定的形态和结构；严格的活细胞内寄生，在宿主细胞内复制时，可干扰细胞的代谢或因其宿主细胞裂解死亡。

噬菌体具有严格的宿主特异性，只寄居在易感宿主菌体内，故可利用噬菌体进行细菌的流行病学鉴定与分型，以追查传染源。由于噬菌体结构简单、基因数少，因此噬菌体的模型和理论以及噬菌体的研究技术与手段，常被用来研究生物的复制和探索生命现象的本质，尤其是在分子生物学、基因工程的研究和应用中，噬菌体已经成为重要的工具。相关知识见数字资源。

○ 噬菌体

四、病原微生物实验室生物安全

病原微生物是指能够使人或者动物致病的微生物。实验室生物安全(biosafety，biosecurity)是指在从事病原微生物实验活动中，避免病原微生物对工作人员和相关人员造成危害，对环境造成污染和对公众造成伤害，以及为了保证实验研究的科学性还要保护被实验因子免受污染。

(一) 实验室生物安全分类

生物安全实验室是指具备生物安全防护能力的实验室，根据实验室对病原微生物的生物安全防护水平(biosafety level，BSL)，并依照实验室生物安全国家标准(《实验室生物安全通用要求》，GB 19489-2008)的规定，将实验室分为一级、二级、三级、四级共 4 个等级，即 BSL-1、BSL-2、BSL-3、BSL-4，其中 BSL-1 最低，BSL-4 最高。也可俗称为 P1，P2，P3 和 P4 级实验室，P 是英文 physical protection(物理防护)的缩写。

BSL-1：适用于操作在通常情况下不会引起人类或者动物疾病的微生物。

BSL-2：适用于操作能够引起人类或者动物疾病，但一般情况下对人、动物或者环境不构成严重危害，传播风险有限，实验室感染后很少引起严重疾病，并且具备有效治疗和预防措施的微生物。

BSL-3：适用于操作能够引起人类或者动物严重疾病，比较容易直接或者间接在人与人、动物与人、动物与动物间传播的微生物。

BSL-4：适用于操作能够引起人类或者动物非常严重疾病的微生物，以及我国尚未发现或者已经宣布消灭的微生物。

(二) 动物病原微生物的分类

世界动物卫生组织(World Organization for Animal Health，法语：Office International Des Epizooties，OIE；也称国际兽疫局(International Office of Epizootics，IOE)；2022 年 5 月 31 日发布公告，将其英文缩写由原来的 OIE 更改为 WOAH)颁布的《陆生动物卫生法典》(1999)曾将法定报告疫病分为 A 类和 B 类，2005 年取消，统一为"通报疫病"，列入 WOAH 疫病名录的病种需同时满足以下 4 条标准：一是证实为国际性的病原传播(通过活体动物、动物产品或污染物)。二是至少一个国家已经证明无疫或接近无疫。三是已有可靠的检测和诊断方法和明确的病例定义，以准确识别疾病，并能够与其他疫病相区别。四是已证实存在人畜间自然传播，且有严重后果；或在某些国家或区域已显示对家养动物卫生状况有严重影响，如引起较高的患病率和死亡率，临床症状和直接生产损失严重等；或已显示或有科学证据证明对野生动物卫生状况有严重影响，如引起较高的患病率和死亡率，临床症状和直接经济损失严重，或者对野生动物群多样性造成威胁等。列入此名录的疫病一旦被发现，须向 WOAH 申报，再由其向各成员国通报。最新的 2019 版名录包括 117 种动物疫病，其中陆生动物疫病 88 种，水生动物疫病 29 种。

我国根据病原微生物的传染性、感染后对个体或者群体的危害程度，将病原微生物分为 4 类：

第一类病原微生物：是指能够引起人类或者动物非常严重疾病的微生物，以及我国尚未发现或者已经宣布消灭的微生物。

第二类病原微生物：是指能够引起人类或者动物严重疾病，比较容易直接或者间接在人与人、动物与人、动物与动物间传播的微生物。

第三类病原微生物：是指能够引起人类或者动物疾病，但一般情况下对人、动物或者环境不构成严重危害，传播风险有限，实验室感染后很少引起严重疾病，并且具备有效治疗和预防措施的微生物。

第四类病原微生物：是指在通常情况下不会引起人类或者动物疾病的微生物。

第一类、第二类病原微生物统称为高致病性病原微生物。

我国最新的《一、二、三类动物疫病病种名录》(中华人民共和国农业农村部公告 第573号)于2022年6月发布施行。其中一类动物疫病11种,包括口蹄疫、猪水疱病、非洲猪瘟、尼帕病毒性脑炎、非洲马瘟、牛海绵状脑病、牛瘟、牛传染性胸膜肺炎、痒病、小反刍兽疫、高致病性禽流感。二类和三类动物疫病分别有37种和126种。需要明确的是,上述WOAH及我国政府颁布的都是动物疫病名录,不是病原微生物名录。

(三)病原微生物的分类等级与生物安全实验室等级的关系

值得注意的是,4类病原微生物与4个等级的生物安全实验室虽有关系,但并不一一对应。BSL-1、BSL-2的安全等级较低,称为基础生物安全实验室,不得从事高致病性病原微生物实验活动。BSL-3称为屏障生物安全实验室,BSL-4被称为最高屏障生物安全实验室。三级、四级实验室应当通过实验室国家认可,而且在从事高致病性病原微生物实验活动时,应具备国务院卫生主管部门或者兽医主管部门发给从事高致病性病原微生物实验活动的资格证书。

近年来,随着人类和动物传染病的广泛流行,生物安全问题备受关注。我国于2020年10月17日颁布《中华人民共和国生物安全法》(简称《生物安全法》),通过立法形式已将"生物安全"纳入国家安全体系。生物安全目的是要保护实验室内人员的生命健康,更重要的是保护人群和社会的公共卫生安全。

复习思考题

1. 影响细菌生长的外界因素分为几大类?
2. 何为消毒和灭菌,二者有何区别?消毒和灭菌的原理是什么?
3. 作为消毒防腐剂的化学药物,其杀菌机理是什么?
4. 液体溶液利用膜过滤方法除菌的机理是什么?
5. 列举常用的物理抗菌方法,并说明其作用机理和应用范围。
6. 何为实验室生物安全?根据实验室对病原微生物的生物安全防护水平,生物安全实验室分为几类,各适用于操作什么样特点的微生物?
7. 世界动物卫生组织(WOAH)和我国对病原微生物的等级是如何分类的?各适合在哪一级别的生物安全实验室操作?

开放式讨论题

1. 巴氏消毒法消毒的产品是无菌的吗?为什么?
2. 家用微波炉能用于物品灭菌吗?为什么?
3. 你知道引起疯牛病的朊病毒可以用什么方法来灭菌吗?紫外线、X射线或γ射线是否有效,为什么?

第七节　细菌感染与致病机制

在自然界中,细菌的种类繁多、分布极广、数量巨大。凡能引起人、动物和植物发病的微生物,称为病原微生物(pathogenic microorganism);其余不能使人和动植物致病的微生物称为非病原微生物(nonpathogenic microorganism)。绝大多数病原微生物都是寄生性病原微生物,它们能从寄主体内获得营养,在寄主体内生长繁殖,并对寄主呈现毒害作用。多数病原微生物除营寄生生活外,也能在体外人工培养基上或自然环境中生长繁殖。少数病原微生物,如病毒、立克次体等,它们仅能生活在活组织细胞中,属于严格寄生性微生物。还有些病原微生物长期生活在动物体内,只在一定条件下才表现出致病作用,这类微生物称为条件性病原微生物(opportunistic microorganism),如肠道内的大肠埃希菌、禽巴氏杆菌和人肺炎双球菌。另外,还有少数细菌和真菌,虽不在人和动物机体内寄生,但能在原来生长繁殖处产生有毒产物,若这些毒物随食物或饲料进入机体,可使机体中毒,这些微生物称为腐生性病原微生物(saprobic pathogenic microorganism)。

病原微生物与非病原微生物之间的界限不是绝对的,在一定条件下,非病原微生物可以成为致病菌,而病原微生物也可以丧失致病性。

一、细菌的致病性

病原菌的致病作用取决于它的致病性和毒力。

(一) 致病性

致病性(pathogenicity)又称病原性,是指一定种类的病原微生物,在一定条件下,能在特定寄主体内引起致病过程的能力。各种病原微生物均具有其独特的病原性,如多杀性巴氏杆菌致畜禽出血性败血症、猪瘟病毒致猪瘟,因此,致病性是病原微生物"种"的特性。

(二) 毒力

毒力(virulence)是指病原微生物致病性的强弱程度。通常毒力越大致病性越强。它是微生物菌株或毒株的"个性"特性。各种病原微生物的毒力不同,同一种病原微生物根据毒力不同,又可分为强毒株、弱毒株和无毒株。

病原微生物构成毒力的物质称为毒力因子(virulent factor),主要包括侵袭力及毒素两方面。

1. 侵袭力

病原菌突破机体的防御机能并在体内生长繁殖、蔓延扩散的能力,称为细菌的侵袭力(invasiveness)。构成细菌侵袭力的因素有:

(1) 黏附(adherence)与定植(colonization):黏附是指病原菌附着于宿主呼吸道、消化道和泌尿生殖道黏膜细胞的功能。具有黏附作用的细菌结构和物质称为黏附素(adhesin)。黏附素是细菌细胞表面的蛋白质、多糖、糖脂、磷壁酸等大分子结构成分,包括菌毛和非菌毛黏附素。

绝大多数病原菌的感染首先是从细菌吸附到黏膜上皮细胞表面开始的,以免被呼吸道的纤毛运动、肠蠕动或黏液分泌等活动所清除。因此,黏附定植是绝大多数细菌感染过程的起点,细菌在局部黏附定植后,才有可能繁殖扩散,直至形成感染。

① 菌毛:主要是革兰氏阴性菌的菌毛,如引起仔猪黄痢的大肠埃希菌,就是借菌毛附着于肠黏膜上皮细胞而致病。细菌菌毛通过与宿主细胞表面相应受体相互作用使细菌吸附于细胞表面而定居,故有些菌毛又称定居因子(colonization factor)。菌毛的黏附作用具有选择性。如志贺菌黏附于结肠黏膜,产毒性大肠埃希菌黏附于小肠黏膜,这与宿主细胞表面的特殊受体有关。革兰氏阴性菌的受体是糖类,如沙门菌、志贺菌、克雷伯菌等的受体为D-甘露糖,霍乱弧菌的受体为岩藻糖和甘露糖。革兰氏阳性的A型链球菌的受体是类蛋白和糖蛋白。

② 细胞壁成分:又称非菌毛黏附物质(afimbrial adhesin),如A型链球菌的脂磷壁酸(LTA)等可介导黏附,LTA的活性部分为疏水性脂肪酸,它与宿主细胞膜上LTA受体结合使细菌黏附于细胞。该受体的化学成分为糖蛋白,称为纤连蛋白(fibronectin)。

抗特异性菌毛抗体对病原菌感染有预防作用,如产肠毒素性大肠埃希菌的菌毛疫苗已应用于生产实践,用于预防动物腹泻。黏附素的致病机制为:一是借助黏附作用激活被黏附细胞的信号转导系统,使其释放不同种类的细胞因子,导致炎性反应性损伤;二是某些黏附素与受体作用,激活细胞凋亡控制系统,引起细胞凋亡(apoptosis)。炎症损伤和细胞凋亡有利于细菌生长、繁殖和扩散。

(2) 抵抗宿主的防御机能:侵袭力还包括病原菌所具有的抗吞噬、抗调理、抗分泌型免疫球蛋白A(SIgA)的能力以及形成细菌生物被膜的功能。

① 抗吞噬作用:a. 荚膜和微荚膜的抵抗作用。荚膜具有抵抗吞噬细胞的吞噬和溶菌酶及补体等杀菌物质的作用,使病原菌得以在宿主体内繁殖。如有荚膜的肺炎链球菌、炭疽杆菌不易被吞噬细胞吞噬杀灭。有荚膜细菌的毒力明显强于该种细菌失去荚膜时的毒力。有些细菌表面有类似荚膜的物质,如A型链球菌的M蛋白、伤寒杆菌的Vi抗原以及大肠埃希菌的K抗原,这些物质位于细胞壁外层(称微荚膜),除具有抗吞噬作用外,还有抵抗抗体和补体的作用。这类细菌表面结构的功能主要是抵抗和突破宿主的

防御机能，使细菌能够繁殖。b. 杀死或损伤粒细胞和吞噬细胞。金黄色葡萄球菌和化脓链球菌产生溶血素、杀白细胞素等，这些物质能够抑制粒细胞趋化、杀伤粒细胞，对吞噬细胞也有毒害作用。

② 抗调理作用：细菌的一些成分具有抗调理作用，如荚膜多糖中的唾液酸与血清中的旁路调节因子（H 因子）有高度的亲和力，两者结合后，使补体旁路途径 C3 转化酶解离，不能继续活化旁路途径，使细菌逃避了宿主的防御功能。此外，金黄色葡萄球菌的 A 蛋白（SPA）与 IgG 类抗体的 Fc 段结合，具有抗调理作用。

③ 抗 SIgA 作用：变形杆菌可以产生 IgA 蛋白酶，使 SIgA 裂解，降低了机体的局部防御力。

④ 细菌生物被膜：细菌黏附在有生命或无生命的材料表面，与细菌胞外分泌物在定植处形成的细菌群体，称为细菌生物被膜（bacterial biofilm，BF）或生物菌膜（biofilm）。细菌生物被膜实质上是细菌在物体表面附着生长形成的高度组织化的细菌复合膜状结构。细菌生物被膜的形成有助于细菌生长过程中黏附定植和适应生存环境。协助细菌附着在某些支持物表面，克服液态流的冲击；细菌生物被膜较单个或混悬的细菌细胞更易于抵抗宿主免疫细胞和免疫分子包括吞噬细胞、抗体、补体和抗菌药物的杀灭作用；有助于细菌间快速传递毒力和耐药基因。

(3) 产生有利于病原菌在机体内扩散的酶类：病原菌的扩散与其产生的多种酶类有关。这些酶本身并无毒性作用，只是破坏了机体内的一些防止或减低异物向组织内渗透的物质，从而促进病原菌在机体内生长繁殖、渗透、扩散、蔓延，呈现致病作用。这类酶均属胞外酶。

① 透明质酸酶（hyaluronidase）：旧称扩散因子（spreading factor），能水解机体结缔组织中的透明质酸使结缔组织疏松，组织通透性增强，有利于细菌和毒素在组织中扩散。链球菌、葡萄球菌能产生这类酶。

② 凝固酶（coagulase）：能加速血浆凝固，产生纤维性的网状结构，从而保护细菌免受吞噬。金黄色葡萄球菌能产生此酶。

③ 激酶（kinase）：能将血液中的溶纤维蛋白酶原激活成为溶纤维蛋白酶，溶解感染组织中已凝固的纤维蛋白，有利于细菌及毒素在组织中的扩散。链球菌和葡萄球菌等产生此酶。

④ 胶原酶（collagenase）：能水解肌肉或皮下结缔组织中的胶原纤维，从而使肌肉软化、崩解、坏死，有利于病原菌的侵袭和蔓延，见于梭菌、气单胞菌等。

⑤ 神经氨酸酶（neuraminidase）：主要分解肠黏膜上皮细胞的细胞间质，霍乱弧菌及志贺菌可产生此酶。

⑥ 磷脂酶（phospholipase）：又名 α 毒素，可水解细胞膜的磷脂，产气荚膜梭菌产生此酶。

⑦ DNA 酶（deoxyribonuclease）：细胞裂解后可析出 DNA，DNA 能使渗出液黏稠，使病原微生物活动受限。而 DNA 酶能使 DNA 溶解，从而有利于细菌扩散。

⑧ 卵磷脂酶（1ecithinase）：能分解细胞膜上的卵磷脂，使组织细胞崩解和红细胞溶解。产气荚膜梭菌产生此酶。

2. 毒素

某些细菌能产生一类对机体有毒性的物质，称为毒素（toxin）。病原菌产生毒素明显增强其毒力。毒素可分为外毒素和内毒素两种。

(1) 外毒素（exotoxin）：是细菌在菌体内合成，分泌到菌体外发挥毒性作用的一类蛋白质。

① 外毒素的来源、化学成分及结构特点：外毒素主要由革兰氏阳性菌如厌氧芽胞梭菌、炭疽芽胞杆菌、白喉棒状杆菌、A 群链球菌、金黄色葡萄球菌等和某些革兰氏阴性菌如痢疾志贺菌、鼠疫耶尔森菌、霍乱弧菌、肠产毒素性大肠埃希菌、铜绿假单胞菌等在代谢过程中产生。大多数外毒素是活菌在菌体内合成后分泌于胞外起作用的，故名“外毒素”。也有个别细菌产生的外毒素存在于菌体内，待细胞死亡裂解后才释放出来，如痢疾志贺菌和肠产毒素性大肠埃希菌的外毒素。

外毒素化学成分是蛋白质，其分子结构多由 A 和 B 两个亚单位按照 1∶1 或 1∶5 的比例组成，有多种合成和排列形式（图 1-22）。A 亚单位是外毒素的毒性部分，决定其毒性效应。B 亚单位为结合亚单位，可与宿主靶细胞表面的特殊受体结合，介导 A 亚单位进入靶细胞。外毒素的致病作用依赖毒素分子结构的完整性，A、B 亚单位分开后无毒性作用，B 亚单位的受体特异性决定了外毒素对组织器官作用的选择性。

② 外毒素的基因：编码外毒素的基因有3类：a. 细菌染色体基因，大部分细菌外毒素的基因位于染色体上，如霍乱肠毒素；b. 质粒基因，细菌质粒上也常携带外毒素基因，如金黄色葡萄球菌剥脱毒素、炭疽毒素和破伤风痉挛毒素等；c. 前噬菌体毒素基因，有些整合的温和噬菌体基因上携带有外毒素基因，如白喉毒素、红疹毒素和一些型别的肉毒毒素。

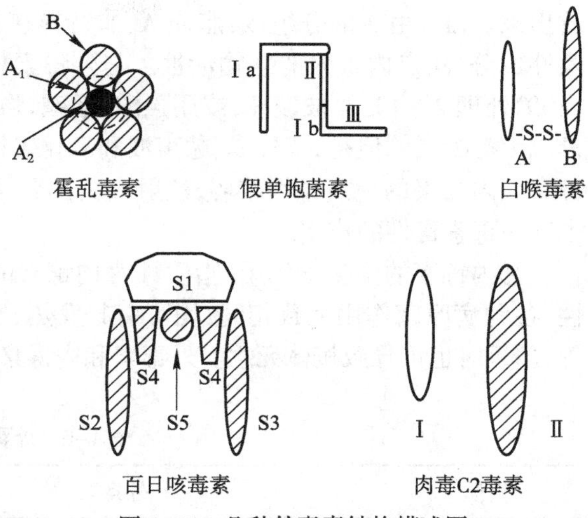

图 1-22　几种外毒素结构模式图

③ 外毒素的特性：a. 外毒素的毒性作用极强，如肉毒毒素是目前已知的毒性最强的物质，1 mg 纯化的肉毒毒素能杀死 2 亿只小鼠，对人的致死量仅 0.1 μg，其毒性比氰化钾（KCN）强 1 万倍。b. 外毒素对机体的组织器官具有选择作用，引起特殊的临床表现。如肉毒毒素选择性地作用于眼神经和咽神经，可阻断胆碱能神经末梢释放乙酰胆碱，使眼肌和咽肌麻痹，引起眼睑下垂、复视、吞咽困难等。c. 外毒素具有良好的免疫原性。外毒素在 0.3%～0.4% 甲醛作用下，经一定时间改变 A 亚单位活性后使之脱去毒性，但保留了具有保护性抗原的 B 亚单位，制成无毒的外毒素生物制品，用于人工主动免疫预防相关疾病。这种用人工方法脱去外毒素毒性而保留抗原性的生物制品称类毒素（toxoid）。类毒素注入机体可刺激其产生具有中和外毒素作用的抗外毒素抗体（简称抗毒素，antitoxin）。类毒素主要用于人工主动免疫，抗毒素用于治疗和紧急预防，两者均可用于防治一些相关疾病。d. 理化特性稳定性差，多不耐热，60～80℃、30 min 可被破坏，对化学因素不稳定。但葡萄球菌肠毒素例外，能耐受 100℃，30 min。

④ 外毒素的种类及生物学作用：外毒素种类多，按对宿主细胞的亲和性及作用方式可分成神经毒素（neurotoxin）、细胞毒素（cytotoxin）、肠毒素（enterotoxin）和其他毒素 4 大类。

神经毒素：如破伤风梭菌在缺氧条件下产生的破伤风毒素，具有嗜中枢神经性，侵入后，定位于神经突触，与糖脂类神经鞘氨醇结合，阻碍神经传递，引起特异的肌肉强直性痉挛，临床出现“木马样”僵直。

肠毒素：如肉毒梭菌产生的肉毒梭菌毒素，人类或动物摄入一定量该毒素后，经胃肠道吸收继而进入血液，侵害肌肉神经传导装置，造成运动神经系统功能障碍，导致呼吸麻痹或心力衰竭而死亡。

细胞毒素：如产气荚膜梭菌产生的 α 毒素，是一种卵磷脂酶，破坏细胞（尤其是红细胞）的卵磷脂，引起细胞坏死和红细胞溶解，造成气性坏疽。

其他毒素：如白喉毒素，其实质为感染白喉杆菌的噬菌体特定基因编码产生的噬菌体蛋白质，具有强烈的细胞毒作用，能抑制敏感细胞蛋白质合成，引起组织变性。

有些外毒素可作用于细胞外或细胞膜上，通过酶或去污剂样的机制攻击细胞间质或细胞表面，可能在感染中起辅助作用，如细菌溶血素、白细胞介素、胶原酶和透明质酸酶等。另外一些外毒素进入细胞并在酶的作用下破坏细胞过程。与病毒类似，这些毒素通过破坏其赖以复制的细胞或改变细胞功能、外观和生长特性对机体造成损伤。

⑤ 外毒素的致病机制：外毒素有多种不同的致病机制。a. 与特异性受体结合，通过信号转导系统，改变细胞内外离子平衡，如耶尔森菌可使细胞内钠离子和水分大量丢失。b. 与受体结合，进入细胞质，抑制宿主细胞蛋白合成导致细胞死亡，如白喉毒素、炭疽毒素等。c. 与受体结合后直接改变细胞膜结构，形成通道，导致细胞裂解，如金黄色葡萄球菌 α 溶血毒素。d. 外毒素本身具有酶活性，如葡萄球菌 β 毒素为磷脂酶 C，可分解细胞膜上磷脂使细胞膜结构损害。e. 与受体结合直接由细菌的毒素破坏细胞，如链球菌溶血素、蜡样芽胞杆菌溶细胞素等。

（2）内毒素

① 内毒素的来源、化学组成及理化特性：内毒素（endotoxin）是指革兰氏阴性菌及一些其他微生物（衣原体、立克次体、螺旋体）的细胞壁中的一种脂多糖（LPS），当菌体细胞死亡溶解时或经人工裂解后才能释

放出来。LPS由3部分组成：脂质A、非特异核心多糖和最外层的特异性多糖。脂质A是内毒素的主要毒性成分，决定内毒素的生物活性。与外毒素相比，内毒素较稳定，耐热，加热100℃经1 h仍不被破坏，160℃处理2～4 h才被破坏，或用强酸、强碱、强氧化剂煮沸30 min才能被灭活。内毒素不能用甲醛液脱毒成为类毒素。但是，紫外线、超声波和氧化铝锂可使内毒素的毒性降低，抗原性仍然保存，成为减毒的内毒素。内毒素的免疫原性较弱，注射人机体后，机体可产生针对其中多糖抗原的相应抗体，但此抗体并无中和内毒素毒性的作用。

②内毒素的生物学作用：脂质A为内毒素的毒性中心和生物学活性中心。内毒素的毒性作用无特异性，各种病原菌作用大致相同，均可引起发热、血循环中白细胞减少、组织损伤、弥散性血管内凝血、休克等，严重时也可导致机体死亡。外毒素和内毒素的主要区别参见表1-5。

表1-5　外毒素与内毒素的主要区别

性质	外毒素	内毒素
化学组成	蛋白质，常有A、B两个组分	外膜脂多糖，类脂A毒性部分
病例	肉毒中毒、白喉、破伤风	革兰氏阴性细菌感染，脑膜炎球菌败血症
对宿主影响	不同毒素差异很大	所有内毒素相似
发热	通常不引起发热	释放IL-2引起发热
遗传	常由质粒等染色体外基因携带	直接由染色体基因编码
热稳定性	多数对热敏感，60～80℃失活	热稳定
免疫应答	免疫原性强，抗毒素提供宿主的免疫力	免疫原性弱，产生少量抗体
定位	通常分泌到细胞外	革兰氏阴性菌外膜部分
毒性	毒性强，致死剂量微克级	中等毒性
来源	多数革兰氏阳性菌，少数革兰氏阴性菌	仅革兰氏阴性菌，细菌死亡后释放
类毒素	抗原性不改变，毒性丧失，用于免疫接种	不能制成类毒素

3. 蛋白质分泌系统

细菌蛋白质分泌系统（protein secretion system）是近年来研究细菌致病机制的重要发现之一。细菌需要通过细胞壁和细胞膜将蛋白质从细胞质中运输到周围环境中，如果是致病性细菌，则需要将蛋白质运输到宿主细胞中。革兰氏阳性菌直接分泌蛋白质。但是，在革兰氏阴性菌中，蛋白质必须穿过一个更复杂的细胞壁，该类细菌具有一种称为分泌系统的分泌途径。被转运的蛋白质称为效应蛋白，调节各种细胞功能。效应蛋白包括诸如蛋白酶或脂肪酶之类的酶，以及细胞毒素或促进细胞凋亡的蛋白质。革兰氏阴性菌中已确定有5种蛋白质分泌系统或途径，命名为Ⅰ～Ⅴ型分泌系统。这些系统在某些动物和人类病原体引起的感染的发病机制中具有重要意义。

Ⅰ型分泌系统可将细菌分泌的蛋白质直接从细胞质转运到细胞表面，如大肠杆菌的溶血素。Ⅱ型分泌系统将蛋白质切割加工，然后通过微孔蛋白穿越外膜分泌到胞外，如大肠杆菌的4型菌毛（BFP）。Ⅲ型分泌系统具有接触介导的特征，启动后细菌分泌多种毒力因子，通过与相应伴侣蛋白（chaperone）的结合，从细菌的细胞质直接进入宿主细胞胞质，发挥毒性作用，如鼠伤寒沙门菌的Ⅲ型效应蛋白，其功能之一是促进细胞骨架重排和细菌进入宿主细胞。Ⅲ型和Ⅰ型都属于一步性直接分泌，且分泌的蛋白质不被加工，但Ⅲ型需要较多蛋白质的参与，比Ⅰ型更为复杂。与Ⅱ型类似，Ⅳ型分泌系统也是细菌将蛋白质分泌到周质间隙，与Ⅱ型不同的是其将蛋白质亚单位组装并穿越外膜分泌，如百日咳杆菌毒素。Ⅴ型分泌系统与Ⅱ型相似的是其分泌的蛋白质也需要进行切割加工，而后形成一个孔道使自身穿过外膜，属于一种自主运输系统，如淋球菌的IgA蛋白酶。

○ 细菌毒力因子的调节

(三) 细菌毒力因子的调节

许多细菌的毒力因子仅在某些特定的条件下才能表达,受环境因素的调节。对细菌毒力有调节作用的环境条件包括:温度、铁离子及钙离子浓度、渗透压、pH、氧含量等。相关知识见**数字资源**。

(四) 细菌毒力的测定

在疫苗和血清效价测定以及药物疗效检测等工作中,都必须将实验用的细菌、病毒和毒素的毒力加以测定。常用于表示毒力大小的单位有以下几种:

1. 最小致死量(minimal lethal dose,MLD)

是指在一定时间内使特定实验动物感染后个别发生死亡所需最小的微生物量或毒素量。这种测定毒力的方法比较简单,但有时因动物的个体差异而产生不确切的结果。

2. 半数致死量(median lethal dose,LD_{50})

是指在一定时间内使半数实验动物感染后死亡所需的微生物量或毒素量。测定 LD_{50} 应选取品种、年龄、体重甚至性别等方面都相同的易感动物,分成若干组,每组数量相同,以递减剂量的活微生物或毒素分别接种各组动物,在一定时限内观察记录结果,最后以生物统计学方法计算出 LD_{50}。由于半数致死量采用了生物统计学方法对数据进行处理,因而避免了动物个体差异造成的误差,所以它较 MLD 更能反映毒力的真实情况。但此法需要实验动物较多,实验成本高。

3. 半数感染量(median infectious dose,ID_{50})

某些病原微生物只能感染实验动物、鸡胚或细胞,但不引起死亡,可用 ID_{50} 来确定其毒力。ID_{50} 是指能使半数实验动物或细胞发生感染的活微生物量,测定的方法与测定 LD_{50} 类似,只是在统计结果时以感染者代替死亡者。

二、减弱或增强细菌毒力的方法

毒力是病原菌菌株的特征。各种细菌的毒力不同,并可因宿主种类及环境条件差异而发生变化。即使同一菌株在不同条件下其毒力也不完全一致。生产中一些患传染病动物的发病初期,从其体内分离到的菌株比在流行末期分离到的菌株毒力要强。毒力强的菌株在体外连续传代培养后,毒力会逐渐减弱,而通过易感动物又能使毒力减弱的菌株恢复毒力。

(一) 减弱细菌毒力的方法

病原微生物的毒力可自发或人为地减弱。人工减弱病原微生物的毒力,在疫苗生产上具有重要的意义。

1. 将病原微生物连续通过非易感动物传代

如将猪丹毒强致病菌株通过豚鼠传 370 代后,又通过鸡体传 42 代后可选育出猪丹毒弱毒苗(GC_{42})。

2. 在较高温度下培养

如炭疽Ⅰ型和Ⅱ型疫苗,均是将炭疽芽胞杆菌强毒株在高于最适生长温度(42~43℃)的条件下培养传代育成的。

3. 在含有特殊化学物质的培养基中培养

如预防结核病的卡介苗(BCG),即是将有毒力的牛型结核杆菌在含有胆汁和甘油的马铃薯培养基上每 15 d 传 1 代,持续传代 13 年至 230 代获得的毒力减弱,但保持免疫原性的菌株。

4. 在特殊气体条件下培养

如无荚膜炭疽芽胞苗是弱毒菌株,它是在含 50% 动物血清的培养基上,在 50% CO_2 的环境下选育成功的。

5. 长时间连续培养传代

病原菌在体外人工培养基上连续多次传代后,可逐渐减弱其毒力或使其失去毒力。

6. 通过基因工程的方法

利用基因工程的方法去除病原菌的毒力基因或用点突变的方法使毒力基因失活,可获得无毒力菌株或弱毒菌株。例如金黄色葡萄球菌 SA 株产生的金黄色色素增强了其对机体免疫系统的抵抗能力，敲除金黄色色素的鲨烯脱氢合酶（CrtM）基因，可以有效减弱其毒力；也有研究发现，通过胆固醇合成酶抑制剂可以在体外抑制金黄色色素的生成，从而显著降低毒力。

此外，在含有抗血清、特异噬菌体或抗生素的培养基中培养，也可使病原微生物的毒力减弱。例如结核杆菌经异烟肼（isoniazid，INH）处理后毒力可以减弱。还有实验表明，丹皮、知母、黄连等在无抑菌作用的浓度时，就能抑制金黄色葡萄球菌凝固酶的形成，使细菌的毒力减弱，从而减轻对组织的损害作用。

（二）增强细菌毒力的方法

1. 接种易感动物

在自然条件下，接种易感动物是增强细菌毒力的最佳方法。在易感动物的体内，细菌和病毒的毒力会显著的增强，这也是一种传染病大面积流行起来就很难控制的原因之一。易感动物既可是本动物，也可是实验动物。回归易感实验动物，已广泛用于增强细菌的毒力，如多杀性巴氏杆菌感染小鼠，猪丹毒杆菌感染家鸽等都可增强其毒力。实验室为了保持菌种或毒种的毒力，除改善保存方法（如冻干）外，可适时将其通过易感动物增强毒力。

2. 与其他微生物协同作用

有的细菌与其他微生物共生或被温和性噬菌体感染也可增强毒力，如产气荚膜梭菌与八叠球菌共生时毒力增强，白喉棒状杆菌只有在被温和 β- 棒状噬菌体感染时才能产生白喉毒素而成为有毒细菌。

3. 利用抗生素促使耐药细菌发生基因突变

在抗生素的选择压力下，会产生一些毒力很强且耐受大多数高效抗生素的超级细菌。

4. 直接增加相关毒力因子的表达量

肺炎链球菌具有自然转化的能力有助于其毒力的表现，且可能通过黏附因子 PsaA 等相关毒力因子表达增加而增强其毒力。

5. 改变环境条件调节毒力因子

许多细菌的毒力因子受环境因素的调节，仅在某些特定的条件下才能表达，对细菌毒力有调节作用的环境条件包括：温度、铁离子及钙离子浓度、渗透压、pH、氧含量等。

6. 改变饲养管理等外部条件降低带菌机体抵抗力

例如饲养管理不当，营养不良等因素可导致机体抵抗力减弱，细菌毒力增强。

三、细菌的感染

（一）感染的概念

病原微生物侵入动物机体，并在一定的部位生长、繁殖，从而引起机体不同程度的病理过程，称为感染（infection），又称传染。

在感染过程中，一方面病原微生物定植、侵入、生长繁殖、产生有毒物质，破坏机体生理平衡；另一方面机体为了保护自身也对病原微生物发生一系列防御和免疫反应。因此，感染是病原微生物与动物机体之间相互作用，相互斗争的过程。

发病是指病原微生物感染之后，对宿主造成明显的损害。发病仅仅是传染可能出现的后果之一。感染不一定都导致发病，而发病则离不开感染。

（二）传染来源

传染的发生必须有传染来源。传染源是指不断向外界环境排出病原体的动物机体，这种动物机体是病原微生物寄居、生长繁殖和向外排毒的场所，包括患传染病的动物和人、带菌（带病毒）者和传播媒介等。

1. 患传染病的动物和人

在其患病期间，可随其分泌物、排泄物等排出病原微生物；在其病死后，病原微生物仍可随尸体向外界散播，这也是重要的传染来源。

2. 带菌(带病毒)者(carrier)

表面正常无相应临床症状,但体内有某种病原微生物生长繁殖并不断排出体外的动物机体,称为带菌(带病毒)者,主要包括隐性感染者和患传染病的临床康复者。带菌状态保持时间长短不同,有的可保持较长时期,甚至终生。带菌(带病毒)者是很危险的传染来源,因为其不断向体外排出病原体,而本身又不呈现临床症状,不易被发现,会造成更大危害。

3. 传播媒介(vector)

从传染源排出的病原微生物,可以污染饲料、水、空气、土壤、畜舍、场地、器具,以及动物、植物和人类体表等,这些被污染物可成为传递病原微生物的媒介物。

4. 其他

某些昆虫不只是病原微生物的机械携带者,因为病原微生物可在昆虫体内生长繁殖,并向外界排出,成为直接的感染来源。如库蠓在吸吮患蓝舌病病畜的血液时,可感染蓝舌病病毒,病毒可在其唾液腺细胞内增殖,库蠓通过叮咬又可从唾液腺排出病毒,传染其他易感动物。

(三) 传染病发生的条件

传染发生的基本过程是传染源中的病原微生物经过一定方式进入易感动物机体后开始生长,发挥致病作用,被感染的动物表现出一定临床症状或病理变化时,则发生传染病。

1. 病原微生物的毒力、数量与侵入门户

病原微生物是传染发生的首要因素,没有病原微生物,传染不能发生;但侵入动物机体的病原微生物,必须具有足够的毒力、足够的数量,才能抵抗和突破动物机体的防御机能向深部扩散,进而发育、繁殖,引起传染。侵入宿主体内的菌量,取决于致病菌的毒力和宿主的免疫力两方面因素。细菌毒力愈强,引起感染所需菌量愈小;反之则菌量愈大。例如毒力强大的鼠疫耶尔森菌,在无特异性免疫力的机体中,有数个菌侵入就可发生感染;而毒力弱的某些引起食物中毒的沙门菌,则需摄入数亿个细菌才引起急性胃肠炎。

具有一定的毒力和数量的病原微生物,要有适当的侵入门户(portal of entry),才能引起感染。如破伤风梭菌必须经深而窄的伤口感染,才能引起发病,而经口侵入消化道通常不引起感染。相反,伤寒杆菌则必须经消化道途径才能引起感染。有的病原微生物可经多种侵入门户引起感染,如炭疽杆菌、结核分枝杆菌、猪瘟病毒等可经损伤的皮肤、消化道和呼吸道入侵。

2. 易感动物

对某种病原微生物具有感染性的动物称为易感动物。动物对病原微生物的易感性,是属于动物的种属特异性,是动物长期进化的结果。如草食动物对炭疽杆菌非常易感,而禽类通常不感染。同种动物的不同品系对病原微生物的易感性也有差异,如不同品系的鸡对马立克病毒的易感性不同。但也有多种动物对同一病原微生物都有易感性,如狂犬病病毒几乎感染所有的哺乳动物。动物机体由于年龄、性别、营养状况、生理机能及免疫状况等不同,易感性也有差异。

3. 外界环境条件

外界环境条件,如气候、温度、湿度、地理环境、饲养管理及卫生条件等因素,对易感动物和病原微生物都有直接或间接的影响。外界环境既可以影响动物机体的防御机能及病原微生物的生存和毒力,也可以影响病原微生物与易感动物之间的接触及侵入动物机体的可能性。不良的外界条件,可降低机体防御机能,有利于病原微生物的生存繁殖,促进易感动物与病原微生物的接触,助长感染的发生和发展,如鸡在一般条件下不感染炭疽杆菌,但若将鸡浸在冷水中,使其体温降低,则可变为对炭疽易感。

(四) 细菌在机体内生长和传播

病原菌侵入机体后,由于受到机体多种防御因素的作用往往被消灭。但在某些情况下,它们可以克服机体的防御机能在动物体内生长繁殖和传播。

1. 细菌进入机体后的早期生长

(1) 在上皮细胞内生长:有些病原菌在侵入部位的上皮表面生长繁殖,并可以进入到上皮细胞中,也可以直接散播到环境中。这是一种最简单的寄生方式。由于细菌在液体薄膜中容易接近细胞并在表面分散,病原菌在呼吸道和消化道的感染散布很快。如果病原菌在皮肤表面,由于没有黏液,散布到其他部位形成新的感染病灶的进程就缓慢得多。许多细菌的感染局限于上皮细胞表面，如咽喉部的链球菌感染、肠道的沙门菌感染等。

(2) 侵害皮下组织：病原菌穿透上皮细胞后到基底膜，由于基底膜有过滤作用，可在一定程度上阻碍细菌的感染，但这种作用很快因炎症或上皮细胞损伤而破坏。

细菌在侵入皮下组织过程中，受到机体炎症和免疫系统的防御。但是某些细菌（如金黄色葡萄球菌）能产生一些因子，可以抑制早期炎症的水肿，从而加强了损伤；还有一些因子能抑制多形核白细胞的趋化性，这些因子相互协作可促进细菌的进一步扩散。

(3) 穿透上皮引起全身感染：有些病原菌能够穿透上皮细胞，引起全身感染。胞内寄生菌从体表向全身扩散，必须首先进入血流或淋巴液，在到达其易感细胞之前不能繁殖，若缺乏这样的易感细胞，就会妨碍细菌向全身散布。而胞外寄生菌既可以在局部生长繁殖，也可以在血液、淋巴液或机体的各部位生长繁殖。无论胞内菌还是胞外菌都会不同程度地受到机体防御机能的作用和破坏。

2. 对抗吞噬细胞

病原菌侵入机体后会被吞噬细胞吞噬和杀灭，是机体的重要防御功能。吞噬细胞主要包括巨噬细胞和多形核白细胞。然而有些病原菌能够干扰吞噬细胞的吞噬作用或逃避吞噬细胞的监督。

(1) 杀死吞噬细胞：某些病原菌在组织中繁殖时可释放毒性物质而杀死吞噬细胞。如某些致病性葡萄球菌产生的溶血素可杀死吞噬细胞，链球菌释放的溶血素可使多形核白细胞死亡，李斯特菌也能释放溶细胞毒素。

(2) 抑制吞噬细胞的活性：某些细菌（如链球菌），能够释放溶血素，可抑制吞噬细胞的趋化，使病原菌逃脱吞噬细胞的攻击。有的细菌可以抑制吞噬细胞对它们的吸附；有的细菌被吞噬细胞吞噬后，能够抑制吞噬细胞内溶酶体与其内的空泡相融合，溶酶体不能与空泡融合，则空泡中没有溶酶体酶，空泡中的细菌仍可保持完整和生长。

(3) 在吞噬细胞内生长：有些胞内寄生菌（如布氏杆菌、结核杆菌、李斯特菌等）被吞噬细胞吞噬后，能在其内获取营养而生长。

（五）感染的表现形式

感染的发生、发展和结果，取决于病原菌与动物机体双方的力量对比以及外界环境条件的影响。感染的结果或者是由机体的免疫力将病原菌消灭，而使感染结束，机体获得痊愈；或者是病原菌战胜机体的防御能力，毒害机体，以致造成长期的病症，甚至死亡。

1. 显性感染（apparent infection）

又称为传染病（infectious disease）。当侵入机体的病原菌毒力强，数量多，而机体抵抗力较低时，则病原菌可生长繁殖，对动物机体产生损害，出现明显的临床症状。

2. 隐性感染（inapparent infection）

又称为无症状感染（asymptomatic infection）。当侵入机体的病原菌毒力较弱，数量不多，而动物机体又具有一定的抵抗力时，侵入的病原菌只进行有限的生长繁殖，对动物机体损害较轻，不出现或仅出现轻微临床症状。

3. 不感染

当动物机体具有强大的免疫力，入侵的致病菌毒力很弱或数量不足，或入侵的部位不适宜，病原菌可迅速被机体消灭，则不发生感染。

（六）病原菌在宿主体内的分布与定植

病原菌侵入动物机体后，常先在局部生长繁殖。有的定位于侵入局部；有的则进入血流和淋巴液播散，侵害全身，然后定植在一定的组织器官。如葡萄球菌及化脓链球菌常定位于侵入局部，而布氏杆菌虽经消化道侵入，但主要定位于生殖道、胎衣和胚胎。此种特异性定位，是病原菌的生物学特性之一。根据不同的分类方式，感染可分为以下类型：

1. 根据感染的先后顺序分类

(1) 原发性感染（primary infection）：是由某种病原菌首先引起的感染。

(2) 继发性感染(secondary infection):指已经被某种微生物感染后,在机体中又被其他微生物引起的感染。

2. 根据感染后的发病程度分类

(1) 急性感染(acute infection):也称急性传染,是指发病快,伴随着重度症状,进展很快达到顶点的感染。

(2) 慢性感染(chronic infection):也称慢性传染,发病缓慢,症状从轻微到重度,持续时间长,并有一个持续的恢复期。

3. 根据病原菌侵入机体后播散与定植的部位分类

(1) 局部感染(1ocalized infection):病原菌进入机体后,在一定部位定植下来,生长繁殖,产生毒性产物,引起局部病理反应。

(2) 全身感染(systemic infection):某些病原菌能突破动物机体的防御屏障,进入血流或淋巴液,从而播散引起全身症状。在病原菌向全身扩散传染的过程中,可能出现下列几种情况,但它们的界限有时不能完全划分清楚。

① 菌血症(bacteremia):病原菌由局部进入血流,由于受到体内细胞免疫和体液免疫的作用,病原菌不能在血流中大量繁殖,只是短暂经过和存在,如伤寒病的初期。

② 败血症(septicemia):病原菌进入血流,并在血液和全身组织器官中生长繁殖,引起显著的全身症状。

③ 毒血症(toxemia):病原菌只在局部生长繁殖且不进入血流,但其分泌的毒素进入血流引起全身症状。

④ 脓毒血症(pyemia):化脓性病原菌进入血流,在血流中生长繁殖,致使多个组织器官出现化脓性感染。

⑤ 内毒素血症(endotoxemia):革兰氏阴性细菌在宿主体内感染,使血液中出现内毒素后引起的症状。

(七) 病原菌的排出

病原菌在动物体内生长繁殖,除对机体造成毒害外,还不断被排出体外而污染环境,造成传染病的传播。不同病原菌,其排出途径可能不同。常常是通过消化道、呼吸道、泌尿生殖道等途径排出。病原菌排出途径与其在动物体内的定位有关,如定位于呼吸道的病原菌,由呼吸道分泌排出;定位于肠道的病原菌,则由消化道排出。患传染病的动物和带菌者的分泌物以及畜产品,如痰、鼻液、泪液、粪便、乳汁、肉、蛋、皮、毛等,都可能含有大量病原菌。因此,应对之进行适当消毒处理,以防病原菌的播散。

另外,在传染病临床症状出现之前的潜伏期内,或者病愈后一段时期内,甚至带菌(带病毒)动物的终生,都有排出病原微生物的可能。

复习思考题

1. 什么是毒力因子?主要包括哪些方面?各有何特性和意义?
2. 试述传染病发生的条件及病原菌侵入动物机体致病的主要过程。
3. 试述增强细菌毒力的方法有哪些。
4. 常用于表示毒力大小的单位有哪些?如何定义的?

开放式讨论题

1. 实践中如何利用细菌的形态与结构特征和生理特性对其进行鉴定?
2. 在疫苗的研制过程中,采用哪些措施减弱细菌毒力?各有何优缺点?应用前景如何?

第八节　细菌学检测程序和方法

兽医微生物学检查的目的是通过病原的分离鉴定、病原微生物成分、产物和机体的特异性抗体的检测等，达到对传染性疾病作出病原学诊断。感染性疾病的早期、快速、准确的检查，对临床正确诊断和进行合理的药物治疗和免疫预防是至关重要的。

除少数疾病如破伤风根据流行病学、临床症状、病理变化作出诊断外，多数疾病依靠临床特点只能作为初步诊断，但可为进一步的确诊提供一定依据，并缩小检测的范围，确诊则需要在此基础上进行的一系列实验室诊断。

在病原微生物实验室检查过程中，过去对微生物实验室的生物安全防护普遍重视不够，在从事病原微生物的实验室，曾发生过或潜伏着病原微生物的实验室污染和病原微生物扩散。随着人们环境保护意识、安全意识的增强，实验室的生物安全操作也明显增强，病原微生物生物安全操作包括了对操作者本身的安全，对所操作的材料、操作环境的不污染和病原的不扩散。兽医微生物实验室主要从事病原微生物的检验及相关研究，世界卫生组织《实验室生物安全手册》第二版（2003 年）和我国对病原微生物实验室安全制定的国家标准（《实验室生物安全通用要求》，GB 19489–2008）可作为借鉴和执行标准；同时，我国于 2020 年颁布了《中华人民共和国生物安全法》（简称《生物安全法》），以通过立法形式将“生物安全”纳入国家安全体系。实验室要将生物安全防护放在首位。正确的采样确保临床检测的可靠，选择正确的检测方法是获得正确诊断信息的保证，必须遵循以下程序和原则进行病原微生物的检查。

一、细菌学检查程序

细菌学检查包括病原学检测和对感染机体反应性的检查，前者主要是细菌个体形态、培养特性、生化特性、血清学特征等检查，包括分离培养和非分离培养的检查与鉴定；后者包括病原菌对机体损伤所进行的病理学检查和病原菌成分的检测以及刺激机体所产生的抗体检查。总的检查程序见图 1–23。需要说明的是并不是所有细菌学检查都必须进行下述所有内容的检查，用尽可能少的检测项目，获得目的菌与其他细菌具有鉴别意义的性状特征是细菌学检查的宗旨。

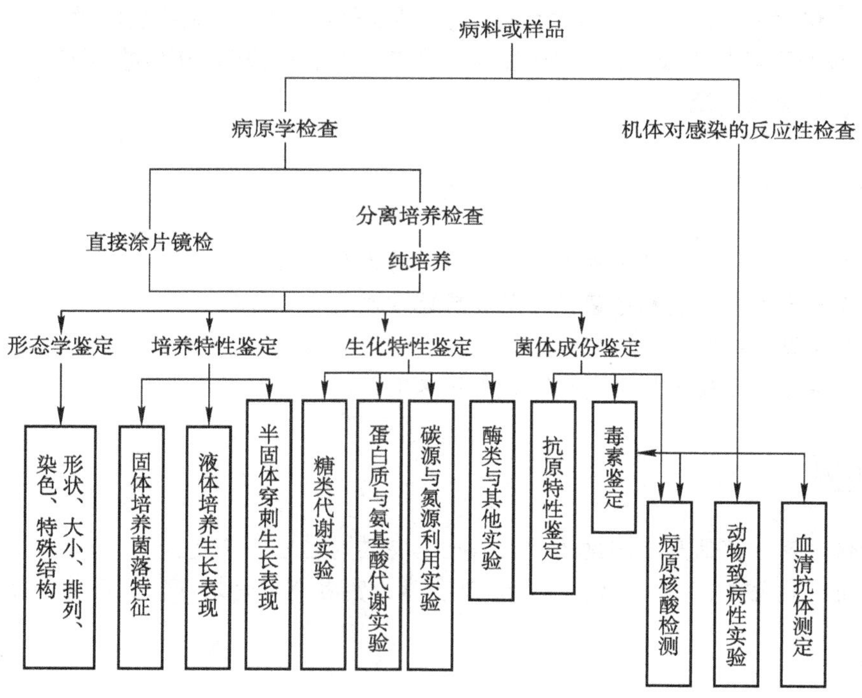

图 1–23　细菌学检查的一般程序

二、细菌学检查方法

（一）病料样品的采集、保存和运输

1. 病料的采集原则

（1）严格执行无菌操作：采集病料尽量在无菌的操作环境中，需使用无菌的器械、容器，同时严防散布病原，避免自身感染及污染环境。

（2）采集病料的时间：病料应在机体死亡后立即采取，最好不超过 6 h，否则时间过长，由肠内侵入其他细菌，易使尸体腐败，影响病原体的检出。

（3）一般应在抗生素使用前采集病料：对已使用抗生素的病料应标明抗生素的种类，这样便于实验室采取适当措施进行处理。

（4）采集病料的部位：选择感染部位或病变明显部位采取病料，如呼吸道感染采集鼻、咽拭子和痰液、肺组织；消化道感染采集呕吐物、粪便；全身败血症疾病采集血液、实质器官；神经系统疾病采集脑脊液、脑组织；创伤感染应采取深部伤口炎性组织或渗出液等。

（5）采集病料的量：采集的病料不宜过少，以免在送检过程中细菌因干燥而死亡。病料的量至少是检测量的 4 倍。

（6）检测血清抗体：应分别在发病初期和恢复期采集双份血清，对比检测双份血清抗体效价的动态变化规律，当恢复期抗体效价明显高于发病初期时，具有诊断意义。

（7）做好采集病料的标记：详细填写疾病发生相关的临床有诊断价值的资料。

2. 病料的采集方法

（1）液体材料：鼻腔分泌物、咽部黏液、痰液、破溃的脓汁、胸腹水等用灭菌的棉拭子蘸取或吸取液体材料放入无菌瓶或试管内，密封。全血样品，以无菌注射器进行静脉或心脏采血，放入含有无菌抗凝剂的灭菌试管中混合均匀。血清样品，则采集的全血不作抗凝处理，待凝固后将血清吸出，置于另一灭菌试管中送检。方便时可直接无菌操作取液体涂片或接种适宜的培养基。

（2）实质脏器：应在解剖尸体后立即采集。若剖检过程中被检器官被污染或剖开胸腹后时间过久，应先将脏器表面灭菌后在其深部取一块实质脏器，放在灭菌容器内；如在剖检现场直接用分离培养基接种细菌，可用无菌的接种环自表面灭菌的部位插入组织中，缓缓转动接种环，取少量组织或液体接种到适宜的培养基。

（3）肠道及其内容物：肠道采集只需选择病变最明显的部分，将其中内容物去掉，用灭菌水轻轻冲洗后放在平皿内。粪便应采取新鲜的带有脓、血、黏液的部分，液态粪应采集絮状物。有时可将胃肠两端扎好剪下，保存送检。

（4）皮肤：皮肤要取病变明显且带有一部分正常皮肤的部位。取大小约 10 cm × 10 cm 的皮肤一块，保存于 30% 甘油缓冲溶液中。被毛或羽毛要取病变明显部位，并带毛根，放入灭菌平皿内。

（5）胎儿：可将整个流产胎儿及胎盘包入不透水的塑料薄膜、油布或数层油纸中，装入箱内送检，也可用吸管或注射器吸取胎儿胃内容物放入试管送检。

（6）脑、脊髓：可将脑、脊髓浸入 50% 甘油盐水中送检。

3. 病料的保存

采集的病料如立即检测，可在 4 ~ 10℃冰箱冷藏保存；如需送往有关单位检验，应加入适量的保护剂，一般用灭菌的液体石蜡或 30% 甘油盐水缓冲液，低温储存运输，使病料尽量保存在新鲜状态，以免影响正确诊断。如长期保存病料须在 −20℃或 −70℃冰箱，应避免反复冻融。

4. 病料的运送

供细菌学检查的病料，最好及时由专人送检，并附有病料送检单。内容包括：送检单位、地址、动物品种、性别、日龄、送检病料种类和数量、保存方法、死亡日期、送检日期、送检者姓名，通过对流行病学、临床症状、剖检材料的综合分析，慎重提出送检目的；并附临床病例摘要（发病时间、死亡情况、临床表现、免疫和用药情况）。

病料包装容器要牢固，做到安全稳妥，对于危险材料、怕热或怕冻的材料要分别采取措施。一般应放入有冰块的保温瓶或冷藏箱内送检，包装好病料要尽快运送。

（二）细菌的形态检查

细菌的形态检查是临床诊断细菌性传染病，进行细菌鉴定、分类的重要环节之一。细菌形态检查包括病料中细菌的直接涂片检查和细菌人工培养后的形态观察。有些细菌在病料中的形态特征与在人工培养基上的形态是不完全一致的，这些差别对病原的正确鉴定具有意义。在细菌形态观察中，细菌的形状、大小、排列、染色特性、有无特殊结构等是观察的主要内容。有些形态较为典型的细菌如炭疽杆菌、猪丹毒杆菌、巴氏杆菌等通过形态学检查就可迅速作出诊断。但多数细菌通过形态学检查为进一步的鉴定提供依据，并缩小其鉴定的范围。所以细菌形态学检查是进一步生化鉴定、血清学实验的前提。

在病料的形态学检查中，有时看不到细菌，可能由于一些病原性细菌的毒力强，在体内很少量就可以致动物死亡，或是所取病料含菌量少，不足以观察到，所以直接镜检观察到目的菌，为进一步的鉴定提供依据，没有观察到目的菌，有时也并不完全说明就不是由某种病原性细菌引起，这主要依靠临床资料，如流行病学、临床表现及病理变化等综合判定，对所怀疑的某种细菌进行分离培养，以便进一步从其他方面鉴定确诊。

（三）细菌的分离培养

细菌的分离培养是将混杂在病料（样品）中的目的菌与杂菌通过在平板培养基表面划线接种的方法分离开，并培养出不同细菌菌落的一种细菌学基本鉴定方法。通过分离培养选择出可疑病原菌菌落转接于斜面培养基，使目的菌得到大量扩增并获得纯培养，为进一步鉴定提供足够的菌种。该方法是细菌病实验室诊断的重要环节之一。在细菌分离培养的过程中，可以观察细菌的培养特征以及培养后细菌的形态特征。在细菌的培养特征方面，应注意细菌的营养要求、生长条件（如厌氧或 CO_2），菌落的大小、形状、S 型还是 R 型、产生色素等，液体培养基中是否形成菌膜、菌环以及生长的混浊度以及在半固体培养基中的穿刺接种生长表现等生长特性来初步识别细菌。如溶血性链球菌需在血琼脂平板上生长，菌落小而透明，周围有完全透明溶血环，可以鉴别。多数细菌欲确定为何种病原菌尚需进一步获得纯培养及接种各种特殊培养基进行生化反应实验或确定其抗原性与致病力等。

（四）细菌的生化实验

生化实验主要检测细菌对糖类、蛋白质和氨基酸的代谢，含氮化合物和含碳化合物的利用情况和细菌相关的酶类。

一般情况下，通过细菌形态特征、培养特征应对所鉴定的细菌可能的归属有初步掌握，生化实验只是对所鉴定的细菌可能归类的科属进行鉴别。在生化实验中，先选择对科或属有重要鉴定意义的实验项目，在确定好科或属的前提下，再进行属内种的鉴别。如利用几项有重要鉴定意义的生化实验先区别肠杆菌和非肠杆菌科，在此基础上，科内不同种属的确切鉴定主要利用生化鉴定的方法予以区别。如甲基红（MR）实验，肠杆菌科的某些细菌（如大肠杆菌）为阳性，而另一些细菌（如产气肠杆菌）MR 实验为阴性。

（五）动物接种实验

动物实验也是微生物学检验中常用的基本技术，动物实验的几个主要目的：① 确定所分离的细菌是否为致病菌，通常选择对该种细菌最敏感的动物（本动物或实验动物）进行人工感染实验。将病料用适当的途径进行人工接种，根据对不同动物的致病力、症状和病变特点来帮助诊断。当实验动物死亡或经过一定时间后剖检，观察病理变化，并进一步采集病料进行涂片检查和分离鉴定；② 动物实验也是纯化细菌的一种方法。当病料被污染，直接分离病原菌存在一定困难时，可先接种动物，再从死亡动物体内分离，易于获得病原菌；③ 动物实验是增强细菌毒力的一种良好方法。一些在人工培养基多次传代的细菌，其毒力减弱，经易感动物传代后，会使毒力复壮。

（六）菌体抗原成分的检测与分析

对于性状非常相似的细菌，利用一般的生化方法很难区别，根据菌体特有的抗原成分，通过免疫学方法检测，可作为鉴定的依据。利用此方法可进行菌种或菌型的确定。其中最简单和常用的方法是玻片凝集反应，用已知的特异免疫血清与待鉴定的细菌做玻片凝集反应，阳性者细菌凝集成团块状，说明该菌有相应的特异抗原。此外还有各种检测抗原的敏感方法,如对流免疫电泳、放射免疫、酶免疫等方法,除利用免疫学原理进行抗原抗体的特异性反应来检测微生物产物外,还可直接测定细菌的具体成分或代谢产物,如利用气相色谱测定厌氧菌代谢产生的挥发性短链有机酸。抗原成分的检测优点是,当细菌死亡或在应用了抗生素治疗后,细菌生长被抑制,不能利用细菌培养技术得到活菌,但尚有抗原物质存在,在短期内仍可应用免疫学方法被检出,从而有助于明确病因。

(七) 毒素检测

细菌毒素既是细菌特有的物质,也是具有致病性的标志。在微生物学检查中,主要测定细菌的外毒素。许多革兰氏阳性菌和部分革兰氏阴性菌均可以产生外毒素。检测的样本可以从感染的动物体内获得,也可以是分离的细菌培养物。在测定毒素前,对稀释的样本或培养物,通过离心去除菌体,首先测定对动物的致病性,经过100℃加热和不加热处理,如果加热组动物不发生死亡或出现疾病,不加热组具有致病性,表明为蛋白质毒素,如果加热和不加热都引起疾病,表明为非蛋白质毒素引起;再通过毒素和不同的抗毒素在体外作用,注入动物体内,所观察到的不发病的动物组就是抗毒素相对应的毒素。

(八) 细菌遗传物质的检测

通过检测病原体遗传物质来确诊也是实验室常用的检查方法。目前比较成熟的技术包括基因探针技术和 PCR 技术。

1. 基因探针技术

用标记物标记细菌染色体或质粒 DNA 上的特异性片段制备成细菌探针,待检标本经过短时间培养后,经过点膜、裂解变性、预杂交和杂交后,利用探针上标记物发出的信号可以显示杂交结果并判断病原体的性质。

2. PCR 技术

这是 20 世纪 80 年代末发展起来的一项极有应用价值的技术,也是目前应用最广的一项检测技术。通过设计病原体基因的特异引物,细菌标本(经培养或不经培养)经过简单裂解、变性后,就可在 PCR 仪上进行扩增反应,经过一定的循环数,即可观察扩增结果,检出病原体。这种技术的特点是简便、快速。它尤其适于那些培养时间较长的病原菌的检查,如结核杆菌、支原体等。PCR 高度的敏感性使该技术在病原体诊断过程中极易出现假阳性,避免污染是提高 PCR 诊断准确性的关键环节。

(九) 检测抗体物质

动物受病原菌感染后,经一定时间产生抗体,抗体的量随病菌感染过程而增多,表现为效价升高。因此用已知的细菌或细菌成分作为抗原物质,检测患病动物或康复动物体内抗体物质的动态变化,可辅助诊断。一般检测血清中的抗体称为血清学实验。血清学实验适用于抗原性较强的病原菌及病程较长的传染病诊断。

正常动物可能受过某些病原菌隐性感染或近期接种过疫苗,此种情况下血清中会有针对该种病原菌的一定量的抗体,因此必须有抗体效价升高或随病程递增才有参考价值。多数血清学实验的诊断需取患者双份血清,即一份在疾病的急性期,另一份在恢复期(一般为 2~6 周后),当抗体效价升高 4 倍以上方有诊断价值。因此血清学诊断主要为病后回顾性诊断。

复习思考题

1. 试述细菌学鉴定的一般程序和原则。
2. 某鸡场雏鸡排白色稀便,初步怀疑沙门菌感染,请设计实验室诊断程序,进行该病原的诊断。
3. 细菌学病料采集的原则有哪些?不同病料的采集方法和注意事项有哪些?
4. 临床采集的细菌分离鉴定用病料如何保存?运输时有哪些注意事项?
5. 细菌的形态学检查有何注意事项?都观察哪些特征?
6. 何为细菌的分离培养?试述在分离培养过程中需要观察的鉴定特征及注意事项。
7. 细菌鉴定时,生化实验和动物接种实验各有什么用途?

8. 用于检测细菌的菌体抗原和抗体的血清学检测方法有哪些？用抗体进行疾病诊断时，采集样品和结果判定需要注意什么？

开放式讨论题

1. Koch 法则是诊断细菌性病原的经典法则，但在临床实验室诊断时，最快速的诊断方法通常是血清学或分子生物学诊断方法，这些方法能代替诊断金标准的 koch 法则吗？

2. 用于病原诊断的 PCR 技术原理是什么？如何设计针对某一病原的特异、灵敏、快速的 PCR 诊断方法？

Summary

Bacteria are a large group of single-celled prokaryotic microorganisms, consisting a large amount of bacteria on earth, forming much of the world's biomass. They are vital in food fermentation, medicine, agriculture, as well as biotechnology, in addition, the majority of the bacteria are beneficial to human being and animals, however, a few species of them are pathogenic can cause infectious diseases.

Morphology and structure. There are three types based on the shape of bacterial species: cocci, bacilli, and spirilla. The unit used for measurement for bacteria in size is micrometer, usually ranging from 0.5 to 5.0 micrometers in length. As bacteria are prokaryotes, they do not tend to have membrane-surrounded organelles in their cytoplasm, and lack a nucleus, mitochondria, chloroplasts. Around the outer layer of the cell membrane is the bacterial cell wall which are made of peptidoglycan. Broadly speaking, there are two different types of cell wall in bacteria, called Gram-positive and Gram-negative. In addition to the common structures, other additional features of some bacterial species are capsules, a gelatinous material layer on the outer surface surrounding the cell wall; flagella, a rigid protein structure that is used for motility; fimbriae, fine filaments of protein, just 2-10 nanometers in diameter, distributed over the surface of the cell; endospore, highly resistant, is dormant structure which was formed by certain genera of Gram-positive bacteria while they are in adverse conditions.

Growth and cultural characteristics. Bacteria multiplication occurs by binary fission, a form of asexual reproduction. Under appropriate conditions, bacteria can grow and divide extremely rapidly. When bacteria enter growth media, their growth follows three phases. The first phase of growth is the lag phase, a period of slow growth. The second phase of growth is the logarithmic phase (log phase), characterized by rapid exponential growth. The final phase of growth is the stationary phase and is caused by the depletion of nutrients, during which cells reduce their metabolic activity and consume non-essential cellular proteins. The chemical requirements are necessary for the growth of autotrophic and heterotrophic bacteria, including carbon, nitrogen, inorganic slats, and the different atmospheric requirements for the aerobic and anaerobic organisms. Colony development on agar surface seen with the aid of the naked eye is useful for identifying bacteria because individual species often form colonies of characteristic size and appearance. When a mixed population has been plated properly, it is possible to identify the desired colony based on its overall appearance and use it to obtain pure culture.

Genetics. Bacteria have a single circular chromosome ranged in size from only 160 000 base pairs to 12 200 000 base pairs. Bacteria may also contain plasmids, which are small extra-chromosomal DNAs that may contain genes for antibiotic resistance or virulent factors. Bacteria, as asexual organisms, inherit identical copies of their parent's genes. However, all bacteria can evolve by selection on changes of their genetic material DNA caused by genetic recombination or mutations. Mutations come from errors resulting from the replication of DNA or exposure to mutagens. Some bacteria also transfer genetic material between cells, which can occur in three main ways. Firstly, bacteria can take up exogenous DNA from their surroundings, which is a process called transformation. Genes can also be transferred by the process of transduction via the integration of a bacteriophage introducing foreign DNA into the chromosome. The third method of gene transfer is bacterial conjugation, where DNA is transferred through direct cell contact. This gene acquisition from other bacteria or the environment is called horizontal gene transfer.

Interactions with other organisms. Bacteria can establish complex associations with other organisms. These symbiotic associations can be divided into parasitism, mutualism and commensalism. Due to their small size, commensal bacteria are ubiquitous and exactly grow on any surface of animals and plants.

Pathogens pathogenic microorganism is able to cause disease in human being and animals. Pathogenicity is the ability to result in disease in a host organism. Microbes reflect their pathogenicity by means of their virulence associated with invasiveness and toxigenesis. The Invasiveness is the ability to invade tissues, and encompasses mechanisms for colonization (adherence and initial multiplication), production of extracellular substances which facilitate invasion (invasin) and ability to bypass or overcome host defense mechanisms. Toxigenesis is the ability to produce toxins. Bacteria may produce two types of toxin called exotoxin and endotoxin. Exotoxin is released from bacterial cells and may act at tissue sites, which is collected from the site of bacterial growth. Endotoxin is cell-associated substance.

第二章　病毒的基本特征

病毒(virus)是目前已知的最小微生物,为非细胞形式的最小生命形态,一般需要在电子显微镜下经过几万倍放大后才能看见。病毒在兽医微生物中占有十分重要的地位,在微生物引起的动物疾病中,由病毒引起的疾病约占 80%。常见的动物病毒性疾病有各种动物流感、腹泻、瘟疫、口蹄疫和狂犬病等,其中有些病毒还属于人兽共患病病原。随着分子生物学技术的发展,对病毒和宿主互作关系研究的深入,各种病毒的致病机制逐渐被揭示,病毒学已经成为医学和生命科学的热点学科之一。

第一节　病 毒 概 述

一、病毒的概念及其含义

病毒是一类比较原始的、有生命特征的、能够自我复制和严格细胞内寄生的非细胞型微生物。病毒粒子(vrion)也称病毒颗粒(virus particle),是专指具有完整的结构和功能成熟的病毒,有固定的形态和大小,且具有侵染性。

病毒的生命活动很特殊,对细胞有绝对的依存性。其存在形式有两种,分别为细胞外形式和细胞内形式。存在于细胞外环境时,不显示增殖活性,但可保持感染活性,为病毒体或病毒颗粒形式;进入细胞内后,则解体释放出核酸分子(DNA 或 RNA)和一些酶类,借细胞内环境的条件以独特的生命活动形式进行增殖。与细胞不同,病毒不通过生长和分裂进行繁殖,而是由病毒在宿主细胞内产生的前体装配而成。

二、病毒与其他微生物区别的特征

病毒是一群独特的传染因子,其化学组成和繁殖方式不同于其他微生物。病毒与其他微生物的性状区别比较见表 2–1。

表 2–1　病毒与其他微生物的性状比较

性状	细菌	支原体	立克次体	衣原体	病毒
无生命培养基内生长	+	+	–	–	–
二分裂增殖	+	+	+	+	–
核酸类型	D + R	D + R	D + R	D + R	D 或 R
核糖体	+	+	+	+	–
对抗生素敏感性	+	+	+	+	–*
对干扰素敏感性	–	–	–	–	+

注:“D” 表示 DNA, “R” 表示 RNA;“*” 利福平可抑制痘病毒复制。

病毒能够在生活的细胞内增殖、遗传和变异,显示出一系列典型的生命特征;但在许多基本特性上又不同于细菌、支原体、立克次体和衣原体等其他微生物,成为一个十分独特的生物类型。从分子水平看,病毒区分于其他微生物的主要特征如下:

1. 缺乏细胞结构

病毒的结构极其简单,许多病毒颗粒仅由核酸和蛋白质组成。核酸位于中央,其外由蛋白质构成的衣壳包裹。某些复杂的病毒颗粒,在其衣壳的外面还包有一层由脂蛋白和糖蛋白构成的囊膜。缺乏细胞结构是病毒区别于其他生物的典型特征。据此,有人提出把病毒称为分子生物,而把有细胞结构的其他生物称为细胞生物。

2. 只含一种核酸

在生物界中，无论是脊椎动物、无脊椎动物，还是细菌、真菌、支原体、衣原体等，在其细胞中，均同时存在着两种核酸，而对病毒来说却只有一种核酸，DNA或RNA，因此在病毒中有DNA病毒和RNA病毒之分。此外，一般生物的遗传信息都含于DNA分子中，而病毒的遗传信息不仅可以编码在DNA分子上（如DNA病毒），还可以编码于RNA分子中（如RNA病毒），这在生物界中是非常独特的。

3. 病毒的繁殖是依赖其核酸分子为模板进行的自我复制

病毒的繁殖是在分子水平上进行的，即首先是核酸的复制和转录，分别合成各种成分，包括子代病毒核酸、结构蛋白、酶或功能蛋白，然后再组合装配成新的病毒颗粒。其他原核微生物，则是核酸和其他成分在一起生长、增大，繁殖是以二等分裂方式或类似的方式进行。

4. 缺乏完成代谢的酶系统和产能机构

病毒中具有的酶类远远不能满足病毒进行复制的需要，因此必须利用或改变宿主细胞的酶系统进行自身的复制，利用宿主细胞的产能结构，获得能量的来源。另外，病毒不含有核糖体，它必须利用宿主细胞的核糖体来合成蛋白质。这些都决定了病毒的严格寄生性，使其不能在无生命的培养基中繁殖。

5. 对一般抗生素不敏感，但对干扰素敏感

病毒由于没有细胞结构，不能在细胞外进行代谢活动，因此对作用于细胞壁和作用于蛋白质合成结构的抗生素或作用于微生物代谢途径的药物均不敏感；而干扰素由于作用细胞后产生抗病毒蛋白而具有抑制病毒增殖的作用。

6. 某些病毒核酸能够整合到宿主细胞的DNA中

当DNA病毒或具有反转录功能的RNA病毒在宿主细胞内繁殖时，某些病毒的DNA或cDNA能够整合到宿主细胞的染色体DNA内，并随宿主细胞的DNA复制而增殖，从而无限期地存在于宿主细胞内，引起潜伏感染。整合到宿主细胞内的病毒DNA，也称为前病毒（provirus）。如内源性禽白血病病毒，多以前病毒的形式存在于鸡体的基因组内。

三、病毒学的发展

病毒的发现是十九世纪末期的事，而人类认识由病毒引起的疾病已有几千年的历史。在与病毒性疾病的长期斗争中，不仅阐述了许多病毒性疾病的特征，同时也积累了许多防治病毒病的经验和措施。如天花曾是一种危害极大的病毒病，在晋朝时葛洪（283—363）所著《肘后备急方》一书中就有对天花的描述，古人在“以毒攻毒”的朴素辩证唯物思想指导下，创立了预防天花的人痘接种法。1798年英国医生Jenner根据有感染牛痘的人可以不感染天花的经验，发明了接种牛痘预防天花的方法，有效地控制了天花的流行。1884年法国科学家巴斯德创造性地发明了狂犬病疫苗，为防治人、畜狂犬病的危害作出了卓越的贡献，其制备疫苗的原理一直延续至今天。前述这些都是在当时的社会条件和科学水平上，在对病毒本质上不了解的情况下，根据防病的需要，人们总结实践的经验而获得的成就。

1898年，荷兰科学家贝杰林克发现烟草花叶的滤液中存在一种比细菌更小的新的病原体，他首次用“病毒（Virus）”一词来命名这种史无前例的小病原体，从而开创了病毒学独立发展的历程；同年，发现了口蹄疫病毒，这也是最早发现的动物病毒。之后，引起鸡恶性肿瘤的劳斯肉瘤病毒被发现，尤其是1915—1917年，噬菌体的发现，使病毒作为分子遗传学的工具，更好地促进了微生物学以及病毒学的发展。

病毒学（Virology）是研究病毒的本质及病毒性疾病的科学，它发源于实践，在与病毒性疾病长期斗争过程中，人类逐渐发现和提高了对病毒的认识；在不断加深对病毒本质研究和认识的过程中，不断推进对病毒性疾病的认识和病毒性疾病防治方面的进展。1931年电子显微镜问世之后，揭示了病毒粒子形态结构；1935年，第一次制得了烟草花叶病毒针状结晶，从此使病毒学研究进入了生物化学时代。现在病毒学已由防病治病的应用科学发展成为一门新兴的独立的基础科学。1955年，成功结晶了脊髓灰质炎病毒，它是第一个被结晶出来的动物病毒。1956年，证明了提纯的病毒核酸具有感染性。20世纪60年代之后，相继阐明了DNA病毒和RNA病毒的繁殖机制；阐明了某些病毒基因的结构与功能的关系，以及一些病毒的基因表达调控原理等，表明病毒学的研究进入了分子学阶段，形成了分子病毒学。由于它与当代生物学、

医学中的许多基础科学（遗传学、分子生物学和免疫学等）密切相关，并在预防医学中占有特殊的地位，因此引起了人们的普遍重视，成为当前最活跃的学科之一。

四、研究病毒的意义

在畜禽疾病中，危害最大、损失最大的就是病毒性疾病。据统计，在人畜传染病中约有70%～80%是由病毒引起的。病毒性疾病的特点是暴发猛烈、传播迅速，不易治疗，死亡率高，因此，造成的经济损失较大。

兽医病毒学（veterinary virology），是以畜禽病毒性疾病的病原体为对象，研究它们的生物学特征、致病作用、在一定条件下与动物机体相互作用规律和临床表现，以及诊断和防治原则等，为最后消灭病毒性疾病提供科学依据。

研究病毒的意义在于，通过对病毒的生物学特性、致病性和检验技术等基本知识学习，达到初步掌握病毒性疾病的诊断原则和诊断方法；另外，通过深入研究病毒的本质、病毒的感染和免疫机制等理论，以解决病毒性疾病中至今尚未解决的问题，如病毒性疾病有效预防措施，早期快速诊断方法以及特异性治疗等，从而达到控制和消灭病毒性疾病的目的。

其次，由于某些病毒也能侵袭那些对人类有害的生物，所以可以成为生物防治的重要手段。如利用噬菌体对细菌的裂解作用来治疗霍乱、痢疾和伤寒等疾病；利用昆虫病毒来防治有害昆虫等。

另外，由于病毒是目前已知结构最为简单的生命单位，基于它在细胞外的相对简单性和细胞内的病毒与宿主细胞之间相互作用的复杂性的突出特点，由此成为分子生物学研究复制、信息传递、突变以及其他分子生物学问题的理想对象。利用分子生物学方法进行研究，其结果不仅促进了病毒学的研究，反过来对分子生物学的发展也起到巨大的推动作用。总之分子病毒学在各个自然科学交叉渗透、互为促进的今天，它的研究和发展无论是在阐明更多的现代生物学的重大课题方面，还是在促进生物技术发展方面都有十分重要的作用。

复习思考题

1. 什么是病毒？
2. 病毒与其他微生物相区别的特征有哪些？
3. 研究病毒的重要意义是什么？

开放式讨论题

病毒是如何发现的？在现代病毒学研究中，病毒的哪些重要特性促进了分子生物学的发展？

第二节　病毒的形态结构与化学组成

一、病毒的形态

病毒形态是指电子显微镜下病毒的大小、形状和结构。用以测量病毒大小的单位为nm，即1/1 000 μm。各种病毒大小相差很大，见表2–2。最大的病毒为牛痘病毒，约300 nm×200 nm×100 nm，可用普通光学显微镜查看；中等大小的如流感病毒，直径约为100 nm；脊髓灰质炎病毒等小型病毒只有20～30 nm。绝大多数病毒必须用电子显微镜放大数千倍到数万倍才能观察到，最小的动物病毒是圆环病毒，直径仅17 nm。

病毒形状多种多样（见图2–1），有球状、杆状、丝状或子弹状等。动物的病毒多为球形，如流感病毒、

表 2-2　病毒大小之最

病毒特点	代表病毒	病毒大小（直径）/nm
最大的病毒	虫痘病毒	450
	牛痘苗病毒	300 × 250 × 100
最长的病毒	铜绿假单胞菌噬菌体	1 300 × 10
最小的病毒	口蹄疫病毒	21
	乙型肝炎病毒	18
	圆环病毒	17
	烟草坏死病毒	16
最细的病毒	大肠杆菌的 f1 噬菌体	5 × 800

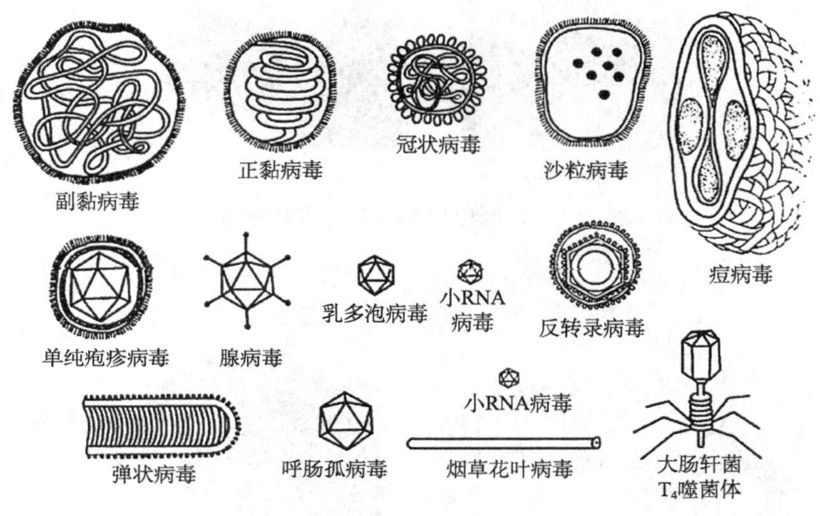

图 2-1　病毒形态模式图

脊髓灰质炎病毒；天花病毒为砖形，狂犬病病毒呈弹状，植物病毒多为杆状，某些噬菌体为蝌蚪状；有的则具有多形态性，如副黏病毒和冠状病毒等。图 2-2 为列举的几种典型的病毒形态类型的电镜图。

研究病毒大小的方法有：①电子显微镜测量法：可观察到病毒形态与结构，测量病毒体的大小；②分级超过滤法：使用超滤膜的滤孔，估计病毒颗粒的大小；③超速离心沉淀法：根据病毒的沉降速度推算病毒的分子量和大小；④ X 线衍射分析法：研究病毒的结构和亚单位等。

二、病毒的结构特征

（一）结构组成

完整的病毒颗粒主要由位于病毒核心的核酸和包绕核酸的蛋白质组成。核酸又称为芯髓（core），构成病毒的基因组，为病毒的复制、遗传及变异提供遗传信息；病毒的核心除核酸外，还可能有一些酶蛋白，如核酸多聚酶、转录酶或逆转录酶等。包绕在核酸外面的蛋白质外壳称为衣壳（capsid），有的病毒衣壳与核酸结合形成复合体，组成核衣壳（nucleocapsid）。衣壳具有抗原性，是病毒颗粒的主要抗原成分，可保护病毒的核酸，并介导病毒核酸进入宿主细胞。一些简单的病毒就是一个核壳结构，如烟草花叶病毒，脊髓灰质炎病毒等。

有些病毒在核衣壳外面包有囊膜（envelope）。囊膜是病毒在成熟过程中从宿主细胞获得的，含有宿主细胞膜或核膜的化学成分。有的囊膜表面具有突起，称为纤突（spike）或膜粒（peplomer）。囊膜与纤突构成病毒颗粒的表面抗原，与宿主细胞嗜性、致病性和免疫原性有密切关系。根据有无囊膜可将病毒分为囊

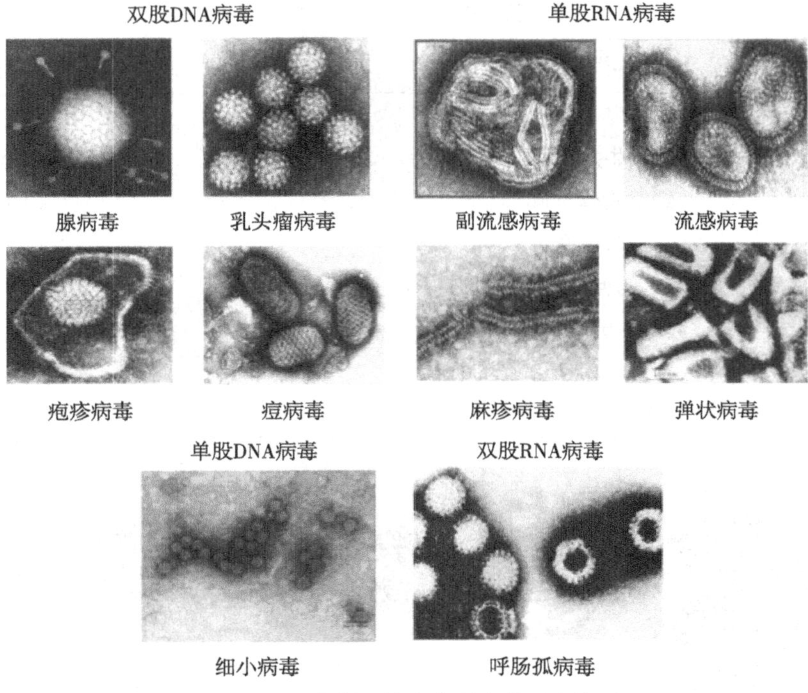

图 2-2　几种典型的病毒形态类型电镜图

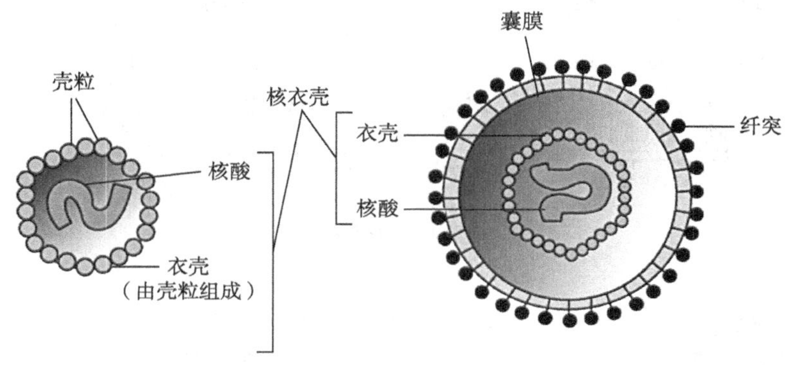

图 2-3　病毒结构示意图

膜病毒（enveloped virus）和裸露病毒（naked virus）。病毒的结构模式见图 2-3。

（二）病毒的立体结构

病毒的衣壳由一定数量的壳粒（capsomere）组成。壳粒由一个或多个多肽分子组成。壳粒的排列方式呈对称性，不同的病毒，衣壳所含的壳粒数目和对称方式不同，可用于病毒鉴定和分类的依据之一。病毒衣壳的对称可分为以下几种类型：

1. 螺旋状对称

在螺旋状对称（helical symmetry）的病毒粒子中，核衣壳内的核酸分子由壳粒周期性地围绕，一起盘绕成线团或弹簧样，外由脂蛋白囊膜所包围。病毒壳粒呈螺旋形对称排列，中空，见于弹状病毒、冠状病毒、正黏病毒和副黏病毒及多数杆状病毒。

2. 二十面体对称

核衣壳形成球状结构，壳粒镶嵌排列成二十面体对称（icosahedral symmetry），每一面都呈等边三角形，构成了 12 个顶、20 个面和 30 个棱的立体结构，如图 2-4。病毒颗粒顶角由 5 个相同的壳粒构成，称为五邻体（penton），而三角形面由 6 个相同壳粒组成，称六邻体（hexon）。二十面体病毒的顶和面，大多由等距

图 2-4 二十面体对称立体结构示意图

离分布的壳粒所覆盖。但在某些二十面体病毒的粒子顶、棱或面上规律地分布着孔，大小与壳粒体积相当。

大多数的球状病毒具有二十面体对称型，如大多数 DNA 病毒、反转录病毒及微 RNA 病毒等。二十面体对称的典型病毒是腺病毒，其壳体有 252 个壳粒，其中 12 个壳粒为五邻体，240 个壳粒为六邻体，如图 2-5。壳粒排列依照结晶学法则，最小的壳粒数为 12 颗，位于每个顶角上，都是五邻体。第二个可能数为 32 颗粒壳粒，即 12 颗五邻体位于顶角上，20 颗六邻体位于面上。更大病毒的衣壳壳粒数可能为 72、92、162、252 等。壳粒数可根据公式计算：$10\times(N-1)^2+2$，N 为任何一条边上的壳粒数。例如腺病毒衣壳的一条边上的壳粒数为 6，那么总壳粒数为 $10\times(6-1)^2+2=252$。

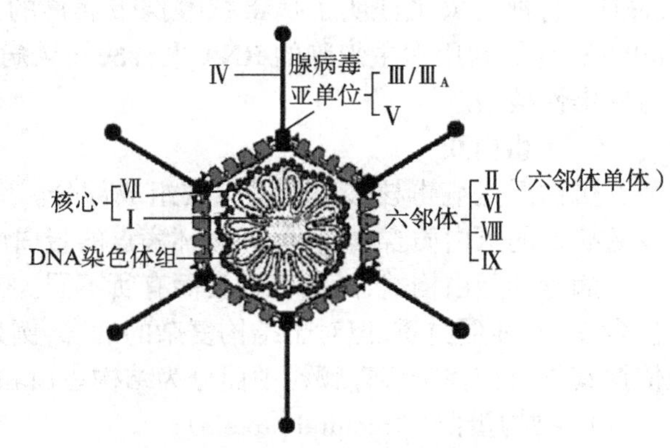

图 2-5 腺病毒壳粒的二十面体对称

3. 复合对称型

病毒的壳粒排列构型，既有螺旋对称又有二十面体对称，即为复合对称型（complex symmetry）病毒结构。代表病毒如痘病毒、噬菌体等。

通常呈二十面体对称的衣壳所包裹病毒颗粒，形成的结构表面具有最大的容量和最大的强度。螺旋状对称型衣壳则相对不坚固，衣壳外需有包膜。

三、病毒的化学组成

病毒的化学组成主要包括以下几类物质，即核酸（RNA 或 DNA）、蛋白质、脂类与糖，前两种是最主要的成分。例如流感病毒除含有 RNA 和蛋白质外，还含有 5%～9% 的多糖类、11% 的磷脂和 6% 的胆固醇。

（一）核酸

病毒核酸可分为两大类——DNA 和 RNA，在单一病毒粒子中只存在其中一种。核酸分子具有多样性，可分为单股（single stranded）或双股（double stranded），线状（linear）或环状（circular），分节段（segmented）或不分节段。DNA 病毒多数为双股线状，如多瘤病毒和乳头瘤病毒；少数为单股线状，如细小病毒；也有的为单股环状，如圆环病毒。RNA 病毒多数为单股线状，不分节段或少数分节段，如正黏病毒、副黏病毒、微 RNA 病毒。少数 RNA 病毒为双股线状，分节段，如呼肠孤病毒和双 RNA 病毒。在单链 RNA 中，还有极性之分（单正链和单负链），凡与 mRNA 的碱基序列相同的病毒核酸称为正链（positive strand），在单股 RNA 病毒中，冠状病毒、微 RNA 病毒、嵌杯病毒和披膜病毒等的 RNA 均为正链。病毒核酸与 mRNA 的碱基序列互补的则为负链（negative strand），如副黏病毒、弹状病毒、丝状病毒、波纳病毒等为负链。某些 RNA 病毒的单链 RNA 部分节段为负链，部分为正、负链，称为双向（ambisense），如布尼病毒及沙粒病毒。

病毒基因组核酸的分子量大小差异悬殊，核酸类型为 DNA 的圆环病毒基因组仅 1.7 kb，细小病毒约 5.2 kb，而疱疹病毒和痘病毒的基因组都大于 200 kb。核酸类型为 RNA 的冠状病毒，其基因组为 28～32 kb。一般病毒基因组越大，结构越复杂，能产生较多的酶和蛋白质用于自身增殖。反之，小基因组病毒的增殖明显呈现对细胞的依赖性，如细小病毒必须在生长旺盛的细胞中增殖。

为了维持核酸的稳定性，病毒核酸往往具有特殊的结构形式，如痘病毒的两股 DNA 分子共价交联成发夹样末端（hairpin end）。腺病毒及细小病毒的 DNA 分子有末端倒置重复序列（inverted terminal repeats），核酸分子的 5′ 端与病毒的蛋白质共价结合，具有保护作用。单股正链 RNA 病毒，其 3′ 端一般有聚 A 尾（polyadenylated），如微 RNA 病毒、嵌杯病毒；或 5′ 端加帽（capped），如黄病毒；或二者兼有，如冠状病毒、披膜病毒。

病毒基因组核酸的功能与病毒的增殖、遗传和变异有关。有些病毒的核酸具有感染性，是指去除病毒颗粒的囊膜和衣壳后，裸露的 DNA 或 RNA 也能感染细胞，这种核酸也称为感染性核酸（infectious nucleic acid）。这种现象也证明了病毒核酸携带病毒的全部遗传信息。感染性核酸须不分节段，其自身能作为 mRNA，或能利用宿主细胞的 RNA 聚合酶转录病毒的 mRNA。冠状病毒、微 RNA 病毒和疱疹病毒等都具有感染性核酸。

（二）蛋白质

蛋白质是病毒核酸以外的重要组成部分。大多数病毒含有大量蛋白质，占病毒总质量的 70% 以上。少数病毒的蛋白质含量较低，如嵌杯病毒的蛋白质含量占总质量的 30%～40%。

病毒的蛋白构造，随病毒种类而有所不同。结构简单的小型病毒，例如微 RNA 病毒和细小 DNA 病毒，仅含 3～4 种蛋白质；但对于结构复杂的病毒，例如痘病毒，其所含蛋白质种类多达 100 多种。病毒蛋白质依据其是否存在于病毒颗粒中而分为结构蛋白和非结构蛋白。

1. 结构蛋白（structural protein）

是指组成病毒体的蛋白质，主要分布于衣壳、包膜和基质中，具有良好的抗原性。衣壳蛋白还具有保护病毒核酸免受理化因子破坏及被核酸酶降解或剪切的作用。包膜蛋白主要是糖蛋白，多突出于病毒体外，即纤突（spike）蛋白，如流感病毒的血凝素蛋白。

2. 非结构蛋白（nonstructural protein）

是指由病毒基因组编码的，在病毒复制或基因表达调控过程中具有一定功能，但不作为结构蛋白参与病毒体的组成，包括病毒编码的酶类和特殊功能的蛋白，如蛋白水解酶、RNA 聚合酶、抑制细胞大分子物质的合成及与 MHC 递呈相互作用的抑制剂等。非结构蛋白对于病毒的复制、调控和免疫作用至关重要。

（三）脂质

脂质（lipid）来自宿主细胞，主要存在于囊膜，其成分包括磷脂（占 50%～60%）和胆固醇（占 20%～30%），有时还有少量的甘油三酯（中性脂肪）。在病毒复制过程中，某些病毒基因编码的糖蛋白插入宿主细胞膜。病毒出芽释放时，仅通过该部位获得囊膜，故囊膜脂类来自宿主细胞膜，糖蛋白则由病毒合成。病毒包膜对干燥、热、酸、去污剂和脂溶剂敏感。脂溶剂能去除囊膜中的脂质，使病毒失活。所以病毒可以用乙醚或氯仿处理后检测其活性，以确定该病毒是否具有囊膜结构。

（四）糖类

某些动物病毒含有少量糖类，例如正黏病毒、疱疹病毒和痘病毒。糖类以糖蛋白的形式存在于病毒的囊膜中，如流感病毒，应用糖苷酶处理，病毒粒子血凝素中的糖类部分发生分解，血凝特性同时丧失，说明了糖类在血凝特性上的重要性。由于糖类位于病毒粒子表面，必然也在病毒感染，即病毒粒子吸附和侵入细胞的过程中呈现一定作用。此外，糖类也存在于病毒的核酸中，即核糖或脱氧核糖。

复习思考题

1. 病毒的化学成分有哪些，各有什么特点？
2. 病毒核酸的正链与负链 RNA 有何不同？
3. 裸露病毒和有囊膜的病毒有什么差异？
4. 病毒的衣壳和衣壳粒有什么差别？
5. 病毒的结构对称形式有几种？

开放式讨论题

何为“感染性核酸”？在实践中对于含有感染性核酸的病毒在防控病毒感染时，还有哪些应该注意的事项？

第三节 病毒的培养和增殖

病毒学研究离不开病毒的培养与增殖，选择合适的培养条件与培养方法是成功繁殖病毒的基础。

一、病毒的培养

病毒具有严格的寄生性，必须在活细胞内才能生长增殖。实验动物和禽类的胚胎都拥有大量的活细胞，尤其是SPF动物或SPF鸡胚，常用于分离和生产某些病毒；此外，体外培养的动物细胞，由于其来源广泛、生理特性和遗传性状均一，以及易于无菌控制等优点，在体外病毒增殖技术中最常用。

（一）实验动物

出于伦理考虑，实验动物的用量现在较过去要少，它们被一些不需要活体动物培养和研究病毒的方法所替代。但在某些情况下，还必须要用实验动物，如病毒的致病性研究，抗血清的制备和病毒性疾病的药物治疗实验以及疫苗免疫保护效果分析等。在病毒学研究中常采用的有猴、家兔、大鼠、小鼠、豚鼠和鸡等，另外，犬、猫、绵羊、牛、马、雪貂、鸽和鸭等实验动物，尤其以SPF动物经常被采用。接种途径根据各病毒对组织的亲嗜性而定，可接种鼻内、皮内、脑内、皮下、腹腔或静脉，例如嗜神经病毒（脑炎病毒）接种鼠脑内，柯萨奇病毒接种乳鼠（一周龄）腹腔或脑内。接种后逐日观察实验动物发病情况，如有死亡，则取病变组织剪碎，研磨均匀，制成悬液，继续传代，并作鉴定。但是，作为一种科学的实验方法，它也有不完美的地方，如某些动物外表健康，但体内可能潜伏带毒；实验动物可能存在个体差异、饲养工作量大、所占空间大、接种病毒后的动物管理等，而且某些动物不易获得，以及存在成本太高等问题。

（二）鸡胚

和实验动物相似，发育鸡胚也是某些病毒的良好宿主。由于鸡胚组织分化程度低，细胞幼嫩，更利于病毒的感染和增殖。发育的鸡胚接种病毒以后，可以利用其产生的某些特征性变化（死亡、产生痘疱等），对病毒进行鉴定和效价测定；利用鸡胚接种病毒制备疫苗和诊断抗原以及进行病毒的分离培养等。为排除母源抗体的干扰，最好选用SPF鸡胚。例如SPF鸡胚常用于痘病毒、黏病毒和疱疹病毒的增殖培养。鸡胚连续传代是致弱某种病毒来生产弱毒疫苗的有效方法。

鸡胚接种有不同的特定途径，每一接种途径及发育阶段都具有其最适合的某一些病毒增殖（见表2-3）。在利用发育鸡胚感染病毒时，接种途径及胚胎发育阶段的选择，要根据病毒的种类来定。常见的接种途径包括有以下几种：①绒毛尿囊膜接种，主要用于在绒毛尿囊膜上能够形成痘斑样病变的病毒，如

表2-3 鸡胚实验中某些病毒宜选胚龄及途径

病毒	胚龄/d	宜选途径	病毒	胚龄/d	宜选途径
牛痘病毒	10～12	CAM	流行性感冒病毒	10～13	Am、Al
狂犬病毒	8～12	CAM	新城疫病毒	10～12	Am、Al
流行性乙型脑炎病毒	10～12	YS、CAM、EMB	口蹄疫病毒	9～12	绒毛尿囊膜上的移植组织
麻疹病毒	7～15	CAM、Am、YS	流行性腮腺炎病毒	8	Am、Al、YS

注：CAM-绒毛尿囊膜；YS-卵黄囊；EMB-胚胎；Am-羊膜腔；Al-尿囊腔。

痘病毒、疱疹病毒等，接种鸡胚为 10～12 日龄；②尿囊腔接种，主要适用于正黏病毒或副黏病毒，接种鸡胚为 10～12 日龄；③卵黄囊接种，主要适用于虫媒病毒或披膜病毒，还可用于繁殖立克次体 / 衣原体，接种鸡胚多为 6～8 日龄；④羊膜腔接种，很多病毒可在羊膜腔接种后繁殖，但因其接种方法难度较大，限制了应用，接种鸡胚为 10～12 日龄。

（三）细胞培养

细胞培养技术具有便于纯化病毒、可直接观察细胞变化（包括细胞出现病变或转化）、可对病毒的复制过程进行基础性研究、可进行空斑纯化病毒克隆以及可滴定病毒含量等优点，因此，细胞培养是分离病毒及了解病毒生物学特性和病毒疫苗生产的主要工具。

1. 细胞培养的概念

活组织的体外培养最早来源于组织块的体外培养或器官的体外培养。器官的体外培养主要用于气管环的培养，特别适合观察呼吸道致病的病毒对气管的破坏作用。由于细胞分散剂的应用，现在的组织培养主要指单个细胞的体外培养。即利用机械、酶或化学方法使动物组织或传代细胞分散成单个乃至 2～4 个细胞团悬液进行培养。用体外培养的细胞增殖病毒具有许多优点：如每个细胞生理特性基本一致，对病毒易感性相同；无个体差异，准确性和重复性好；可严格执行无菌操作，培养条件易于控制；细胞培养本身就能显示病毒的繁殖特征；应用空斑技术可进行病毒的纯化和病毒的定量；可批量化接种，提高了病毒的产量和质量。培养细胞相对于实验动物和鸡胚来说，从很多方面都显示出优越性，但是体外培养的动物细胞同样也存在缺点，即培养病毒的实验始终都是在离体的情况下进行的，病毒感染细胞不受机体的代谢、调节以及免疫机制的控制，因此，实验结果不能反映整体水平，可辅以其他的实验方法（如动物实验，加强多种对照组等）加以充实和完善。

2. 细胞培养的类型

根据细胞的来源、染色体特征及传代次数，可分为三种类型：原代细胞培养、二倍体细胞培养及传代细胞培养。

(1) 原代细胞（primary culture cell）培养：是指从活动物取组织，在无菌条件下经胰酶等细胞分散剂的作用，消化成单个细胞，加培养液在培养瓶贴壁生长或悬浮生长（如淋巴细胞）。原代细胞因来源于易感动物的细胞，所以对病毒的易感性高，主要用于病料中的病毒初代分离，其缺点是每次培养细胞必须要用相应的活组织新鲜制备，因此其来源受到限制，成本较高，且易含潜伏病毒。

(2) 二倍体细胞培养：二倍体细胞株（diploid cell strain）是指将长成单层的原代细胞消化分散成单个细胞，继续培养传代，其染色体数与原代细胞一样，保持其二倍染色体数目的细胞，也称为半传代（semi-continuous）细胞。二倍体细胞细胞均匀，碎片少，潜伏病毒易发现，对病毒的敏感性与原代细胞相似，可供多种病毒生长，从样本中分离病毒，一般多被采用。这种细胞系主要是成纤维细胞，可传代 30～50 次。

(3) 传代细胞培养：传代细胞系（continuous cell line）是指来源于正常组织或肿瘤组织，可无限传代的细胞，又称为异倍体细胞系，染色体数目异常。这类细胞对病毒的易感性没有原代细胞或半传代细胞高。但是很多病毒在体外培养适应后，通常能在传代细胞上生长。育成的细胞系可大规模培养病毒，用于疫苗生产或研究。传代细胞系均有通用的名称，如 HeLa（人宫颈癌细胞细胞）、Vero（非洲绿猴肾细胞）、CHO（中国地鼠卵巢细胞系）、BHK-21（乳仓鼠肾细胞）、PK-15（猪肾细胞）等，有专门的商业机构负责细胞系的保存和销售，如中国典型培养物保藏中心（China Center for Type Culture Collection，CCTCC）和美国典型培养物保藏中心（American Type Culture Collection，ATCC）等。细胞可在 -130℃以下尤其是 -196℃的液氮中长期保存。冻存时细胞悬液中通常需要加入二甲基亚砜作为保护剂。

3. 细胞培养的方法

细胞培养的基本方法分为两类，即细胞单层培养和细胞悬浮培养，单层培养又可分为静置培养、旋转培养以及微载体培养等。

(1) 静置培养（static culture）：是指将制备好的细胞悬液分装培养瓶、培养皿或多孔板等，培养时静止不动。为一般实验室常用方法。细胞沉降并贴附在玻面上生长分裂，最后长成单层。培养量一般不要超过总体积的 1/3，液体厚度不要超过 1 cm，以足够的空间保证细胞培养中对氧的需要。温度视不同动物细胞种类有所区别，一般哺乳动物和禽类细胞为 37±1℃；昆虫细胞培养一般为 25±1℃；鱼类等变温动物的细胞培养温度与其生存环境相关，一般温水鱼细胞为 26±1℃，而冷水鱼细胞为 17±1℃。因目前所用培养液都属碳酸盐缓冲系统，若用普通孵箱培养，必须盖紧盖子或塞紧橡皮塞，或贴紧胶纸，以防培养基碱化，如用 CO_2 孵箱培养则不要盖紧瓶盖，并将 CO_2 浓度控制在 5%，一般 1～2 d 换一次液，细胞长成单层要及时传代。

(2) 旋转培养（roller culture）：又称转瓶培养，是指细胞在玻瓶内生长时，玻瓶不断缓慢旋转（5～10 r/min），细胞贴附于玻瓶四周，长成单层。一般用于大规模细胞培养以生产疫苗。该法较静止培养更能充分地利用培养面积，并使细胞更好地进行气体交换，细胞生长状态较静置培养效果更佳，尤其在分离病毒的野毒株时更易获得成功，如轮状病毒、冠状病毒等。另外，它也是经典的用以生产生物制品的培养方式，目前仍被广泛采用。

(3) 悬浮培养（suspension culture）：是一种细胞不贴壁的培养方法。通过振荡或转动装置使细胞始终处于分散悬浮于培养液内的培养方法，主要用于一些体外生长速度快或不贴壁的细胞，如生产单克隆抗体的杂交瘤细胞和一些传代细胞，原代贴壁细胞不能在此培养系统中培养。用于悬浮细胞培养的设备结构基本与培养细菌的相同，一般将用于细菌培养的称为发酵罐，用于细胞培养的称为生物反应器。一般小于 5 L 的可采用玻璃罐，玻璃要求用低碱的硼硅酸盐玻璃，大于 5 L 的改用不锈钢或肽钢。

(4) 微载体细胞培养（micro-carrier culture）：是结合贴壁培养和悬浮培养的特点发展起来的一项细胞高产量的培养技术。整个培养过程是悬浮培养状态下的贴壁培养。即微载体通过搅拌作用处于悬浮状态，但以微载体为支架，细胞是贴壁于微载体的表面。微载体是一种球形颗粒，多数为葡聚糖凝胶颗粒，直径为 60～105 nm，无毒性，透明，颗粒密度与培养液密度相近似，略重于液体，低速搅拌即能悬浮，不吸收培养液和无化学反应，细胞可贴附其上长成单层。由于微载体数量多，体积较小，表面积大，将溶液中所有的微载体表面积加在一起，在有限的培养液中极显著提高了细胞贴壁的面积。这种培养方法充分利用生长空间和营养液，达到了提高细胞产量的目的。

4. 病毒在培养细胞中的增殖效应

病毒在细胞内增殖后，会产生由病毒感染导致的细胞损伤，即细胞病变效应（cytopathic effect，CPE）。CPE 能在光学显微镜下观察。病毒复制导致细胞产生一些生化变化，这些变化累积导致细胞坏死和超微结构的损伤，由坏死而引起的细胞死亡一般在病毒复制后期子代病毒完全形成之后发生。产生细胞病变的病毒能杀死感染细胞。图 2-6 至图 2-9 为光学显微镜下病毒感染细胞后出现的各种病变。其中图 2-6a 为正常培养的细胞长成单层时的细胞形态，图 2-6b 为接种病毒后细胞出现的脱落及形态改变。病毒感染引起的 CPE 出现细胞圆缩（图 2-7a）或细胞变圆及脱落（图 2-7b）以及细胞融合形成合胞体（图 2-7c）；有些病毒（如狂犬病病毒）在感染的细胞内会形成包涵体（即病毒的聚集体，图 2-8），而呼吸道合胞体病毒则使感染的细胞间产生细胞聚合进一步形成多核巨细胞（图 2-9）。

细胞培养在病毒学方面的研究最为广泛，除用作病毒的病原分离外，还可研究病毒的繁殖过程及其细胞敏感性（细胞的病理变化及包涵体的形成）。观察病毒感染时细胞新陈代谢的改变，探讨抗体与抗病毒物质对病毒的作用方式与机制，以及研究病毒干扰现象的本质和变异的规律性，可用于病毒的分离鉴定，抗原及疫苗的制备，干扰素的生产，病毒性疾病的诊断和流行病学调查等。

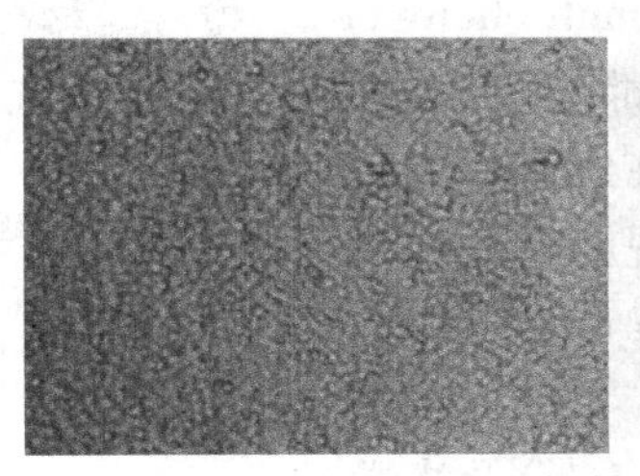
a

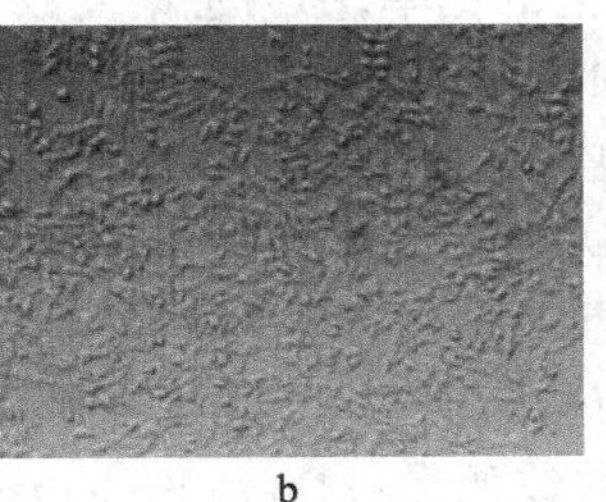
b

图 2-6　正常的猪 ST 细胞（a）及感染猪传染性胃肠炎病毒的 ST 细胞（b）

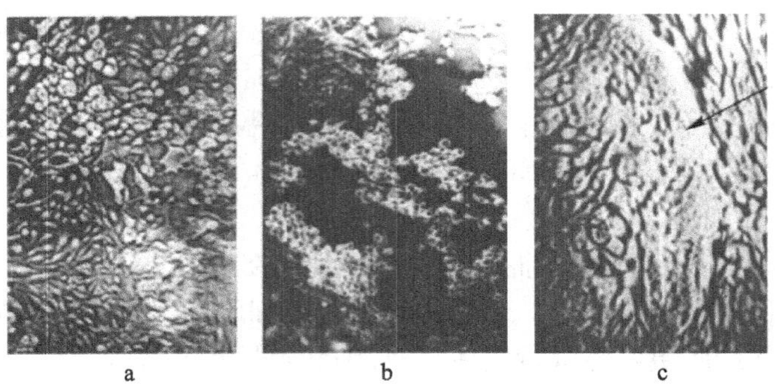

图 2-7 病毒引起的 CPE

a. 肠道病毒引起的细胞变圆直至破坏；b. 疱疹病毒引起的细胞变圆及大片脱落；c. 副黏病毒引起的细胞融合（箭头所指）

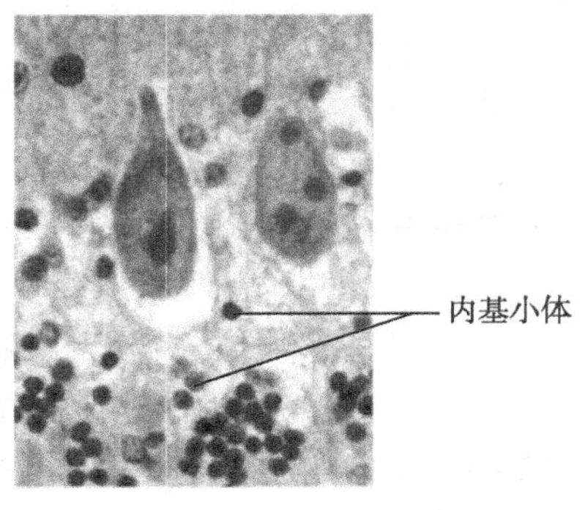

图 2-8 狂犬病毒感染细胞后形成的包涵体（又称内基小体）

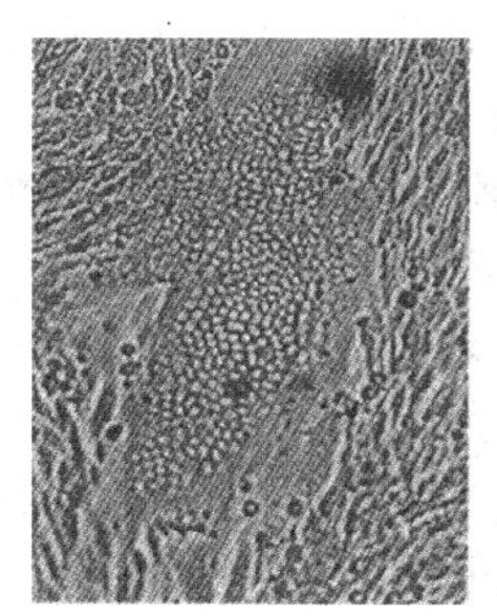

图 2-9 呼吸道合胞体病毒感染后形成多核巨细胞

（四）病毒的定量测定

动物病毒在自然宿主、实验动物、鸡胚或动物细胞中培养后，以死亡、发病或病变等作为病毒繁殖的直接指征，或以血细胞凝集和抗原测定等作为间接指征。收获发病动物的组织磨成悬液或有病变的细胞培养液，即为粗制病毒液。

测定病毒液中的活病毒数量可采用空斑法或蚀斑法，这是一种测定病毒感染性比较准确的方法。其原理是将连续 10 倍稀释的病毒接种于单层细胞，吸附大约 1 小时，然后在单层细胞上覆盖一层含有琼脂的培养液，目的是防止病毒随着营养液而自由扩散，使感染局限在小面积内形成病变区，有病毒复制的细胞出现坏死灶，这块坏死的区域即称为空斑或蚀斑（plaque），见图 2-10。根据空斑的数量、病毒的稀释度和接种物的面积，可以计算出病毒浓度，用空斑形成单位（plaque forming unit，PFU），即单位体积的病毒液中形成空斑的数量（PFU/mL）作为病毒的效价，是计量病毒的一种单位，但只限于用在有产生空斑能力的病毒。在理论上，一个病毒颗粒就可能形成一个空斑，然而事实上就大多数病毒而言，平均至少需要 10 个病毒颗粒才能形成一个空斑。在病毒感染细胞的培养体系中，具有感染性的病毒颗粒与培养病毒的细胞在数量上的比率，称为感染复数（multiplicity of infection，MOI）。理论上，MOI 为 1 表示是每个细胞都被感染，但实际只有 2/3 的细胞被感染，这由于一是病毒颗粒在细胞中的分布是随机的，二是在单个病毒的制备物中，也会出现明显的微观不均一性，即并非所有病毒颗粒都产生空斑，因此当 MOI 不小于 5 才能保证 99% 的细胞被感染。

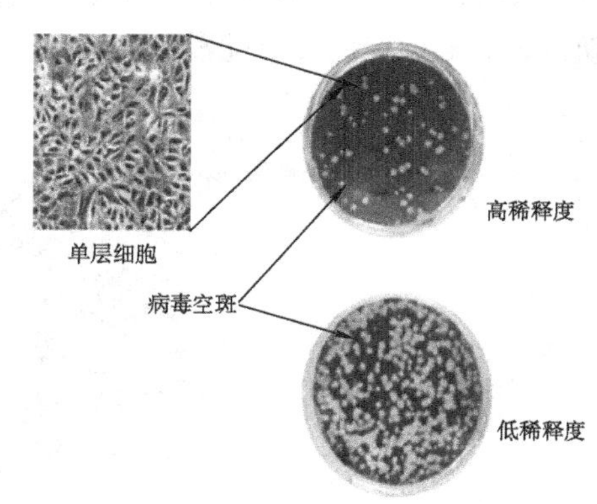

图 2-10 单层细胞及敏感病毒形成的蚀斑

除了利用空斑法，半数致死量（LD_{50}，50% lethal dose）及半数细胞感染量（$TCID_{50}$，50% tissue culture infective dose）也可进行病

毒的定量测定。测定方法是测定病毒感染鸡胚,易感动物或培养细胞后,引起50%实验动物及鸡胚发生死亡或细胞病变的最小病毒量。通常将病毒悬液作10倍连续稀释,接种于上述鸡胚,易感动物或细胞培养中,经一定时间后,观察细胞病变,鸡胚或易感动物发病而死亡等,经统计学方法计算出50%致死量或50%组织细胞感染量,可获得比较准确的病毒感染性滴度。病毒的感染滴度除以上定量检测外,利用分子生物学的real-time qPCR方法可以定量病毒核酸的拷贝数;另外,还可应用物理方法,如在电子显微镜下计数病毒颗粒,或用紫外分光光度计测定提纯病毒的蛋白和核酸量;但这些方法所测得的数据同时包括了有感染性和无感染性的病毒粒子。

二、病毒的增殖

病毒的增殖是在分子水平上通过以病毒核酸为模板进行复制的方式来完成,故把病毒的增殖称为复制(replication)。据此,有人从化学的观点出发,把病毒的繁殖视为一种化学合成的过程。

病毒需要在细胞内专性寄生,活细胞内是病毒复制的唯一场所,也是病毒生物合成所需的酶系统、能量和原料的供应者。病毒能否侵入细胞,通过什么方式进入细胞,进入细胞后的病毒在细胞内的命运以及病毒侵入后对宿主细胞的影响等一系列特征,不仅取决于病毒的特征,也取决于细胞的性质。因此,了解细胞的结构和功能,特别是其中对病毒复制有重要意义的结构,是认识病毒繁殖过程和繁殖规律的必要前提。

(一)细胞中与病毒复制有关的结构

1. 细胞膜

包围在细胞质表面,它不只是细胞质与周围环境的一种界膜,更重要的它是一种生物膜,对小分子和离子有选择通透作用,并具有吞噬小液滴和颗粒的能力。前者称为胞饮作用(pinocytosis),后者称为吞噬作用(phagocytosis)。细胞膜上具有特异性受体,决定着病毒粒子能否对其发生特异性吸附。对已吸附的病毒粒子,则呈现吞饮作用。

细胞膜除了能下陷形成吞噬泡和吞饮泡外,也可形成向外突出的微绒毛(microvillus),即细胞膜折叠成无数突起。体外培养的细胞,在代谢旺盛与分裂很快时,细胞膜转化成微绒毛的现象更为普遍。这实际上增加了细胞表面与周围环境的接触面,有利于物质交换,当细胞受到损伤或某些化学药物(如维生素A)的作用时,微绒毛的数目也增多。有些病毒可从微绒毛侵入细胞。

2. 核蛋白体

又称核糖体。由RNA和蛋白质组成,是合成蛋白质的场所。病毒没有核糖体,其在宿主细胞内复制时,完全是利用宿主细胞的核糖体来合成病毒蛋白质。

3. 细胞核

位于细胞质内,外有核膜,具有核膜孔。核内染色质的主要成分是DNA和组蛋白,还有种类繁多的非组蛋白和少量RNA。非组蛋白主要是一些酶(DNA聚合酶、RNA聚合酶、DNA连接酶、组蛋白激酶等)和部分调节蛋白。染色体则是染色质的四级结构物,携带细胞全部遗传信息。绝大多数DNA病毒和少数RNA病毒(例如流感病毒),在细胞核内转录和复制核酸,与在细胞质内核蛋白体上形成并转运到细胞核内的病毒蛋白进行组装(或装配),再由核膜上出芽时获得囊膜。

4. 溶酶体

是散在细胞质中的小体,为由一层脂蛋白膜包围成的液泡,内含有大量酸性磷酸酶和多种水解酶类(核酸酶、蛋白酶、糖苷酶等)。这些酶类可对细胞的主要成分(如蛋白质、糖类、脂类、核酸和黏多糖等)呈现消化作用,只因它们都被封闭在脂蛋白膜内,与细胞的其余部分隔开,从而防止细胞发生自我消化。但在细胞受伤、缺氧或发生某些病毒感染时,溶酶体膜的通透性均匀,溶酶体酶渗出到细胞质中,引起细胞自溶。这是病毒感染中细胞死亡的一个原因。初级溶酶体和吞饮泡融合,形成次级溶酶体。其中水解酶类活化,消化吞饮物,将低分子产物排除至溶酶体之外。有些病毒的脱壳即依赖此作用。

(二)病毒增殖的过程

病毒在活细胞内,以其基因组为模板,在酶的作用下,经过复杂的生化合成过程,复制出子代病毒基因组，病毒基因组经过转录、翻译过程，合成大量的病毒结构蛋白，再组装并释放出子代病毒。从病毒吸附于宿主细胞开始，到产生成熟子代病毒从感染细胞内释放到细胞外的复制过程，称为病毒的复制周期(replicative cycle)。

研究病毒的增殖，通常要用同步感染的细胞培养物，按照 MOI 的定义，需要使细胞感染过量的病毒颗粒，这样所有的细胞同时被感染，增殖就是同步单周期的，经过培养一段时间以后，进行取样，分别测定病毒的效价，以感染时间为横坐标，病毒效价为纵坐标，绘制出的病毒增殖特征曲线，即为一步生长曲线(见图 2–11)。病毒一个复制周期的时间为 6～40 h。病毒感染的初期，存在一个隐蔽期，在这期间采用病毒检测试验或电子显微镜等方法均不能检出病毒。隐蔽期后，在细胞内外才可检测到病毒颗粒，且病毒颗粒以指数形式增长。组装完整的病毒颗粒以出芽或溶解宿主细胞的方式释放出来，释放的病毒颗粒数量主要受病毒和宿主细胞中类的影响，可达成千上万个。病毒的整个复制周期，大体上包括吸附、侵入与脱壳、生物合成、组装和释放等步骤(见图 2–12)。

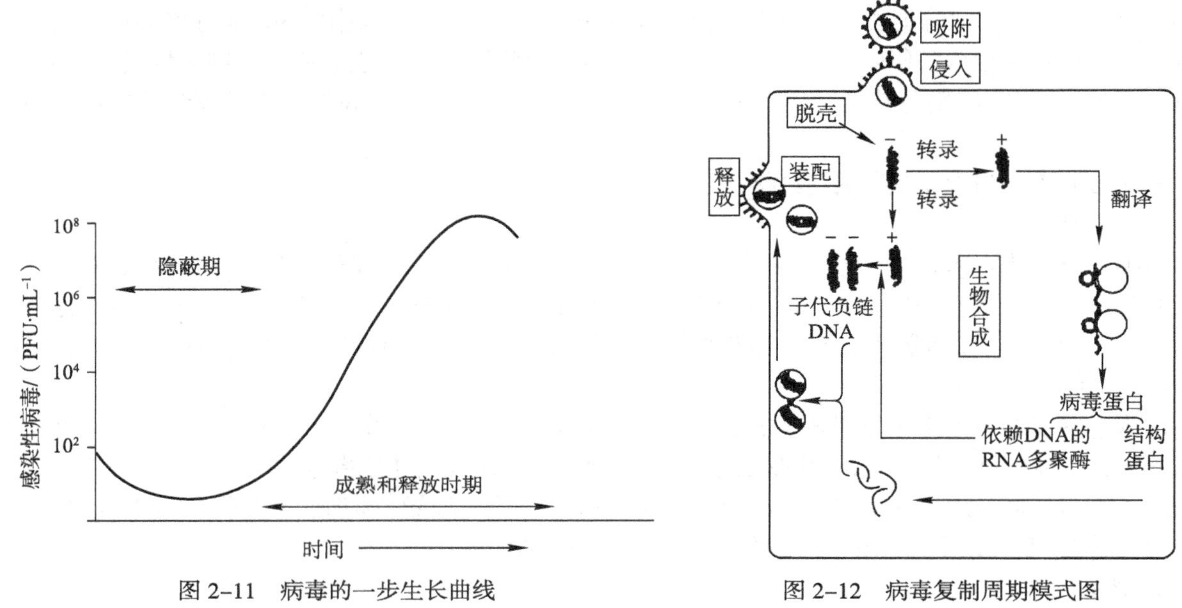

图 2–11　病毒的一步生长曲线　　　图 2–12　病毒复制周期模式图

1. 吸附

病毒颗粒附着在细胞表面即为吸附(adsorption)，是病毒感染细胞的第一步。该过程包含静电吸附与特异性受体吸附两阶段。

病毒颗粒通过与细胞间的静电引力或氢键作用而结合在一起，这种结合为静电吸附，是非特异性的。细胞和病毒表面一般均带负电荷，加入阳离子可降低相互排斥的作用，以利接触。禽流感病毒和脊髓灰质炎病毒对宿主细胞的吸附，在一定范围内随着阳离子浓度的增高而增强。病毒吸附时的环境条件，例如 pH 过低，盐类浓度太高，有去污剂存在等，都能使已经吸附的病毒重新脱离。在有强负电荷存在的条件下，例如肝素，则有减弱以致阻止病毒吸附的作用。温度与吸附无直接关系，但是温度增高可以促使液体的分子运动增强，从而增加了病毒和细胞之间碰撞的机会，使吸附率增高。例如脊髓灰质炎病毒在 1℃时，对细胞的吸附率仅是其在 37℃时的 1/10，也对病毒的吸附呈明显的影响作用。

特异性受体吸附主要是通过病毒表面的吸附蛋白与易感细胞表面特异性受体相结合，这种结合是不可逆吸附，是病毒颗粒感染细胞的首要条件。病毒与细胞间的这种特异性相互作用决定了宿主范围和病毒的组织偏嗜性。病毒吸附蛋白(virus attachment protein，VAP)是指存在于病毒表面，能够被受体蛋白识别的病毒结构蛋白。如衣壳蛋白或包膜上的糖蛋白突起；与病毒的宿主范围、组织嗜性及致病性有关，一般比较保守。细胞表面的病毒受体(virus receptor)分为脂蛋白受体和糖蛋白受体两类，不同种类病毒所需受体各异。例如虫媒病毒和肠道病毒的受体是脂蛋白，而黏病毒和腺病毒的受体为糖蛋白。一个细胞可有很多受体，能同时吸附很多个病毒，例如对 sindbis（辛德毕斯）病毒易感的细胞约有 10 万个受体。有些细胞或机体对某些病毒感染有抵抗力。就是因为没有这种受体。例如脊髓灰质炎病毒能够吸附到灵长类动物细胞上，不能吸附到啮齿类动物细胞上，就是由于灵长类动物细胞膜上有特异性受体（脂蛋白），后者缺乏脊髓灰质炎病毒特异性受体。又如鸡和豚鼠等动物的红细胞表面具有糖蛋白受体，能与流感病毒结合，如果用神经氨酸酶（又称受体破坏酶）处理这种红细胞后，就不能再吸附同种流感病毒，因为特异性糖蛋白受体被破坏了。因此，如果消除细胞表面上的受体，就可以免受病毒感染，这是现今研究预防病毒感染的方法之一。

病毒吸附细胞的过程，可在几分钟到几十分钟内完成。例如西方马脑炎病毒在鸡胚成纤维细胞中，30 min 内吸附率达 85%；狂犬病病毒在 BHK-21 细胞上的吸附，也可在 30 min 内完成。实践中以病毒感染细胞时，通常只感染 30 ~ 60 min，即可达到感染目的。但对某些病毒来说，似乎需要更长一些的时间才能获得最大量的病毒吸附。例如口蹄疫病毒对悬浮培养的牛舌上皮细胞的吸附需要 15 ~ 30 min，但对牛肾或猪肾单层细胞的吸附，确需 80 ~ 90 min 才能完成。不过需要指出，吸附过程的两个阶段（可逆吸附与不可逆吸附）并非所有病毒的共同规律。某些病毒一经吸附，就不能解脱，似乎没有可逆性吸附阶段。

2. 侵入

病毒颗粒侵入（penetration）细胞，是指整个病毒颗粒或其基因组及相关蛋白通过质膜屏障进入胞质的过程。与宿主细胞的性质及其表面结构有关，也取决于病毒的种类。

许多噬菌体，吸附细菌细胞后，通过溶菌酶将细胞壁溶解一小孔，核酸借助头部和尾部的收缩，通过尾管注入细胞；一些无尾噬菌体则通过细菌鞭毛或纤毛注入核酸。早期人们相信进入体内的只是 DNA，不含任何蛋白质，但近来的工作证明，有些衣壳内最里层的蛋白质也随着核酸一起进入细菌细胞内，这少量蛋白质可能在以后复制过程中起重要作用。

动物病毒侵入细胞，只有在例外的情况下，核酸才单独的进入，而较普遍的途径是核衣壳全部进入。这样做对病毒有明显益处，可使病毒的基因组受到一段时间的保护，等待适合于它们复制的细胞周期的时机到来。

膜融合是病毒囊膜与细胞膜直接融合，核衣壳直接进入细胞质内，副黏病毒、逆转录病毒和疱疹病毒可通过这种方式侵入细胞。受体介导的内吞作用是无囊膜的病毒侵入细胞常用的方式，这种侵入方式又称为病毒胞饮（viropexis），多由网格蛋白（clathrin）介导，即在病毒粒子吸附部位，网格蛋白凹窝向细胞内凹陷，然后与细胞膜脱离，包裹病毒受体复合物并形成内吞小囊泡。网格蛋白分子分解从而使小囊泡周围形成一层网格样结构，小囊泡与先前的内吞小体融合，转变为次级内吞小体（late endosome），次级内吞小体中不断增强的酸化作用导致病毒囊膜与内吞小体的膜融合，或者破坏内吞小体的膜和病毒衣壳使病毒衣壳或病毒基因组释放到细胞质内。虽然大多数病毒通过网格蛋白介导的内吞途径被细胞摄入，但也存在其他途径，包括小窝蛋白（或脂筏）介导和不需要网格蛋白的内吞作用（图 2-13）。另外，无囊膜病毒通过细胞膜或细胞器界膜，如内吞小体（endosome）或小窝体（caveolae）侵入细胞的方式包含如下：①穿刺，通过病毒在细胞膜上产生的通道或细孔，直接将病毒基因组导入到细胞质中，如微 RNA 病毒；②穿孔，在不溶解细胞膜的前提下完整的病毒进入细胞质，如细小病毒；③膜裂解，是指内吞小体中的腺病毒通过酸裂解内吞小体的膜，进而释放。

病毒的侵入和吸附不同，与温度呈现明显的依赖关系，例如吸附于细胞表面的疱疹病毒，于 37℃，10 min 内即有 90% 侵入细胞，而在 25℃下，若有 90% 侵入细胞，需 20 min。病毒侵入细胞也需要能量供应，能量是由细胞的 ATP 酶分解 ATP 成为 ADP，放出磷酸键提供能量，所以，在细胞培养物中，如加入 ATP 时，则可加快病毒的侵入速度。因此，若用某些化学药品抑制细胞的这种能量代谢活动，就能阻止细胞吞饮病毒，免受病毒感染，这也是探寻预防病毒感染有效药剂的方向之一。

3. 脱壳

脱壳（uncoating）是指病毒基因组从衣壳中释放出来的过程。脱壳方式随病毒不同而异。多数情况下，释放的核酸仍然和病毒蛋白形成复合体。有囊膜病毒直接将核衣壳释放到胞质中，通常在脱壳还未完成时就开始转录；也有在细胞质膜上或者胞内囊泡中，囊膜病毒在病毒囊膜与细胞膜融合时脱衣壳

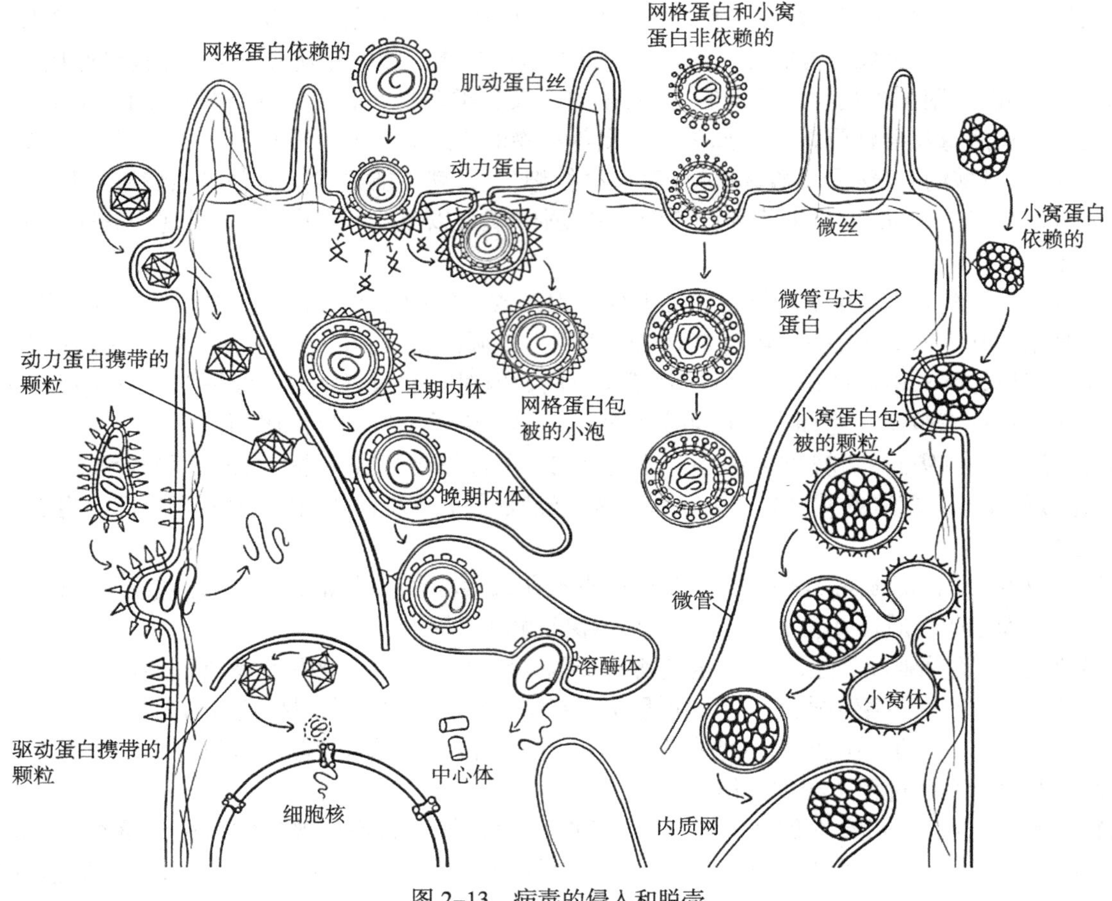

图 2-13　病毒的侵入和脱壳

(图 2-13)。无囊膜的病毒及部分有囊膜的病毒以吞饮方式侵入细胞,而形成吞饮泡的,则溶酶体随即移向吞饮泡,向吞饮泡内注入水解酶,脱去外壳,释放出核酸穿过空泡膜,迅速转移至细胞质或进入细胞核;还有一些病毒的脱壳可能由吸附到细胞受体上开始,如微 RNA 病毒。无囊膜病毒往往通过内吞途径进入细胞,基因组从胞内转运小泡内释放或锚定在核孔复合物上。

一些在细胞核中复制的病毒,脱壳的过程可能在核孔复合体(nuclear pore complex,NPC)内完成。在细胞核内复制的病毒可能通过 NPC 进入核质或者等细胞分裂时核膜分解后进入。NPC 转运主要依赖一个直径为 39 nm 的功能性孔径,只有小于该孔径的病毒如细小病毒和圆环病毒等可以完整地转运过去,稍大的病毒只有将亚病毒复合体或核酸转运至细胞核(图 2-13)。还有些病毒,如呼肠孤病毒,并不发生完全脱壳。因为在感染细胞的细胞质中从未发现呼肠孤病毒亲代的游离双链 RNA。侵入的病毒粒子经溶酶体中蛋白水解酶脱去外层衣壳,激活核心中的转录酶,以整个核心完成转录过程。

4. 生物合成

生物合成(Biosynthesis)是指病毒大量子代核酸的复制和蛋白质的合成。病毒脱壳后一旦释放出核酸,就开始进入病毒复制的生物合成阶段,这时在被感染的细胞内用电镜检查找不到病毒颗粒,故被称为隐蔽期。隐蔽期的长短因病毒种类不同而有很大差异。细菌病毒以分计算,动物病毒则以小时计算。例如脊髓灰质炎病毒 3 ~ 4 h,牛痘病毒约 10 h,腺病毒 16 ~ 17 h,正黏病毒 7 ~ 8 h,副黏病毒 11 ~ 12 h。

生物合成是病毒复制过程中最主要的阶段,这一阶段需要合成病毒的 mRNA。大多数 DNA 病毒,在细胞核内复制,利用宿主细胞的转录酶,合成病毒的 mRNA;其他病毒则利用自身的酶合成 mRNA。由于宿主细胞中没有 RNA 依赖的 RNA 聚合酶(RNA-dependent RNA polymerase,RdRp),所以 RNA 病毒都含有编码 RdRp 的 RNA。这些聚合酶即既可作为转录酶转录病毒的 mRNA,又可作为复制酶复制子代病毒的 RNA。

病毒基因组结构和复制机制在分子水平上差别较大。病毒必须在感染早期表达 mRNA，才能进一步合成病毒的蛋白质。在生物合成阶段，根据基因组的特性和 mRNA 合成途径的不同，将兽医学领域重要的病毒分为 7 大类型，其中 6 类为 Baltimore 在 1971 年归纳的（图 2–14），包括双链 DNA 病毒、单链 DNA 病毒、单正链 RNA 病毒、单负链 RNA 病毒、双链 RNA 病毒和逆转录病毒，第 7 类是后来发现的嗜肝 DNA 病毒，它是一类双股 DNA 的逆转录病毒。这种分类方式的关键是将单股 RNA 病毒的基因组区分为正链（positive strand）或负链（negative strand），其中单股正链 RNA 病毒的核酸可直接作为 mRNA 翻译病毒的蛋白质。不同核酸类型的病毒，其生物合成过程不同。

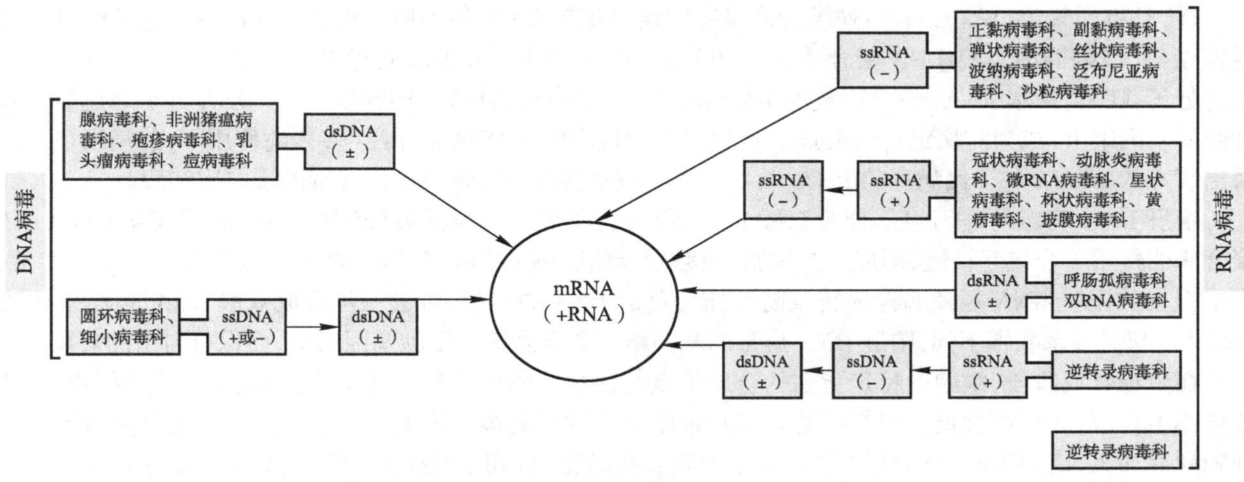

图 2–14　兽医学中重要的 DNA 和 RNA 病毒转录 mRNA 的基本模式［据 Baltimore（1971）修改］

（1）DNA 病毒：腺病毒、疱疹病毒、多瘤病毒及乳头瘤病毒，这类双股 DNA 病毒在宿主细胞核内 DNA 依赖的 RNA 聚合酶Ⅱ作用下，将病毒 DNA 转录成 mRNA，然后转移到胞质核糖体上，翻译合成蛋白质。同样在细胞核内复制的单股 DNA 病毒，如圆环病毒和细小病毒，此类病毒必须首先利用细胞 DNA 聚合酶合成双股 DNA，称为复制中间型（replicative Intermediate，RI），然后解链，由新合成的互补链为模板复制出子代 ssDNA，转录 mRNA 并翻译病毒的各种蛋白质；这类病毒由于基因组较小，只编码少量基因，在很大程度上受制于这种转录方式，只能在快速分裂的细胞中进行复制。痘病毒、非洲猪瘟病毒和虹彩病毒等在细胞质复制，因为这类病毒基因组较大，病毒携带和基因组编码的转录酶如 DNA 依赖的 RNA 聚合酶，可以将病毒 DNA 直接转录成单顺反子 mRNA，而不依赖于宿主细胞编码的酶。

DNA 病毒的复制和转录过程中，有一定的时序性（temporal sequence）。首先翻译的是某些特定基因编码的早期蛋白，是非结构蛋白，包括合成病毒子代 DNA 所需的 DNA 多聚酶和胸腺嘧啶激酶等，有时还包括抑制宿主细胞蛋白合成的蛋白。在病毒 DNA 复制之后，由新合成的病毒核酸转录晚期 mRNA，编码晚期蛋白，为病毒的结构蛋白。大型的 DNA 病毒，如痘病毒和疱疹病毒中还发现中期转录基因。而 RNA 病毒的大部分都同时表达，因此这种时序性现象在其复制周期中不是很明显。

（2）RNA 病毒：除逆转录病毒、正黏病毒和波纳病毒在宿主的细胞核中复制外，其余大部分 RNA 病毒细胞质中复制。

具有分节段的双股 RNA 病毒，如呼肠孤病毒和双 RNA 病毒，这类病毒双股 RNA 在病毒转录酶的作用下在细胞质中转录，每个节段的负链都各自转录产生 mRNA，正链作为合成互补链的模板，进而产生子代双股 RNA，同时又供继续转录 mRNA 用。

在正链单股 RNA 病毒中，冠状病毒和动脉炎病毒具有一种特殊的套式转录方式，首先病毒部分 RNA 直接作为 mRNA，翻译产生 RNA 聚合酶，在该酶的作用下合成基因组全长的负链 RNA，之后再转录产生重叠的亚基因组 mRNA，它们具有共同的 3′ 端。其他正链 RNA 病毒，包括微 RNA 病毒、星状病毒、披膜病毒和黄病毒等，这类病毒的基因组可直接作为 mRNA，基因组复制所必需的酶由病毒 RNA 直接转录翻译生成，因此单股正链 RNA 病毒中提取的裸露的 RNA 具有感染性，称为感染性核酸。微 RNA 病毒在复制中，病毒 RNA 直接与核糖体结合，先转录出多聚蛋白，随后被剪切成非结构蛋白和结构蛋白。披膜病毒约有 2/3 的病毒 RNA（从 5' 端起）先进行翻译，产生的多聚蛋白裂解为非结构蛋白，随后参与合成全长的负链 RNA，再以负链 RNA 为模板合成全长的正链 RNA 及 3' 端的 1/3 正链 RNA，后者编码翻译病毒的结构蛋白。

副黏病毒、弹状病毒、丝状病毒及波纳病毒等，这类病毒具有单股、负链不分节段的 RNA，与正链单股 RNA 病毒不同，裸露的 RNA 不具有感染性，因为病毒含有一个依赖 RNA 的 RNA 聚合酶，病毒 RNA 在此酶的作用下，首先转录出互补的正链 RNA，再以正链 RNA 为模板，产生与其互补的子代负链 RNA，正链 RNA 同时作为 mRNA 编码翻译病毒的结构蛋白和酶。

(3) 具有逆转录过程的病毒：逆转录病毒基因组是正链 RNA，但不能直接作为 mRNA。这类病毒带有逆转录酶，该酶同时具有 DNA 聚合酶活性和 RNA 酶 H 活性。首先以病毒 RNA 为模板合成 RNA-DNA 杂交分子，随后，亲本 RNA 被移除，同时 DNA 的第二条链合成，并进入细胞核，双链 DNA 分子通过整合入细胞的基因组上，成为前病毒（provirus）。在宿主细胞核内依赖 DNA 的 RNA 多聚酶作用下，前病毒还可转录出病毒的 mRNA 与子代病毒的 RNA，前者可在胞质核糖体上转译出子代病毒的蛋白质和酶。

嗜肝 DNA 病毒的基因组部分为双股 DNA，部分为单股。病毒感染细胞后，首先在病毒编码的 DNA 聚合酶的作用下合成互补链，形成一个完整的超螺旋环状 DNA 结构，在细胞的 RNA 聚合酶Ⅱ作用下转录，产生全长的正链 RNA 翻译病毒的转录酶并作为负链 DNA 的模板，再进一步合成双股 DNA，再转录生成 mRNA。与逆转录病毒不同，嗜肝 DNA 病毒的基因组不整合到宿主细胞基因组中，而保持自由的环状。

在生物合成阶段，细胞内特定蛋白的合成位点与该蛋白的种类和功能相关。膜蛋白和糖蛋白在膜旁核糖体上合成，而可溶性蛋白包括一些酶类在细胞质中的游离核糖体上合成。大多数病毒蛋白质需要各种翻译后加工，诸如磷酸化（以便与核酸结合）、脂肪酸酰化（以利于膜插入）、糖基化、十四烷基化或溶蛋白性裂解等。糖基化修饰过程中，蛋白质从粗面内质网向高尔基体复合物及空泡转运，完成糖基化，从而组装成完整的病毒颗粒，最后运出细胞膜。

5. 组装与释放

病毒的组装（assembly）是完成增殖过程的重要环节。病毒的核酸与蛋白质各自分别合成后，在宿主细胞内组合为成熟的病毒粒子的过程，称为组装，或成熟（maturation）。病毒粒子在细胞内装配完成之后，转移到细胞外的过程，称为释放（release）。此为病毒复制的最后阶段。一般主要以出芽（budding）、胞吐（exocytosis）或细胞溶解的方式释放。组装部位随病毒类型而异。一般 DNA 病毒如细小病毒、腺病毒和乳头瘤病毒在细胞核内组装，而痘病毒在细胞质中合成和组装；而 RNA 病毒如微 RNA 病毒和呼肠孤病毒一般是在细胞质内合成和组装。组装过程一般包括核酸浓聚、衣壳蛋白的集聚、装配核酸及附加囊膜等几个环节。

装配时，无囊膜病毒随宿主细胞破裂而释放病毒具有二十面体结构，其结构蛋白先形成前衣壳（procapsid），随后病毒的核酸进入，前衣壳多肽可能要经过溶蛋白性裂解修饰，才形成感染性病毒颗粒。无囊膜病毒通常在细胞溶解后释放。有些囊膜病毒是在通过细胞膜获得囊膜时以出芽的方式释放。但有些病毒如黄病毒、冠状病毒、动脉炎病毒和泛布尼亚病毒在高尔基体膜或粗面内质网膜成熟，在细胞内出芽获得囊膜后，病毒颗粒先进入空泡，再被转运到细胞膜并与之融合，以胞吐的方式释放。疱疹病毒在细胞核中复制，出芽方式比较特殊，它穿越细胞核膜的内薄层（inner lamella）出芽获得囊膜，再穿过核膜的外薄层（outer lamella），经内质网的储泡（cisternae）和细胞质的小囊泡排出细胞外。病毒以出芽方式成熟不破坏细胞膜的完整性，因此许多有囊膜的病毒不引起细胞病变、而造成持续性感染。

也有些病毒，如巨细胞病毒，很少释放到细胞外，而是通过通过细胞间桥或细胞融合在细胞之间传播；而致癌病毒的基因组则可于宿主细胞染色体整合，随细胞分裂而出现在子代细胞中。

（三）病毒的异常增殖

病毒异常增殖是指病毒进入宿主细胞后，有时不能在细胞内完成增殖的全过程和复制出有感染性的病毒体。

1. 缺陷病毒

病毒基因组不完整或某一基因位点改变，导致不能进行正常增殖或释放出有感染性的病毒颗粒，这种病毒称为缺损病毒(defective virus)。但当与另一种病毒共培养时,如果后者能提供所缺乏的物质,这种能够辅助缺陷病毒完成正常增殖的病毒,即为辅助病毒(helper virus)。当缺陷病毒不能复制,但却能干扰同种成熟病毒体进入细胞则被称为缺陷干扰颗粒(defective interfering particles,DIP)。已发现的天然缺陷病毒,如腺病毒伴随病毒,是小的单链 DNA 病毒,必须与腺病毒共同感染细胞方可增殖。

2. 顿挫感染

病毒进入宿主细胞后,如细胞缺乏病毒复制所需的酶、能量及必要的成分等条件,病毒不能复制和装配释放成熟的病毒颗粒,称为顿挫感染(abortive infection)。这种不能为病毒复制提供必要条件的细胞,称为非容许性细胞(non-permissive cells)。能支持病毒完成正常增殖的细胞则为容许性细胞(permissive cells)。如猪腺病毒感染猪肾细胞能正常增殖,若感染鸡肾细则发生顿挫感染。鸡肾细胞对猪腺病毒而言,是非容许性细胞,但对禽腺病毒则是容许性细胞。

当病毒感染体内一些不是其正常感染时相应的靶细胞时,这些细胞则是非容许细胞。在非容许性细胞内病毒可以存在,但不完成正常增殖周期。如果条件改变,病毒能经过非容许性细胞介导而进入容许性细胞后,在体内可出现完整病毒的增殖。

复习思考题

1. 为什么病毒增殖必须有宿主细胞?
2. 用于病毒培养的细胞培养物有几种类型,各有何特点?
3. 何谓病毒在培养细胞中的 CPE,常见的 CPE 有哪些,其特性如何?
4. 试述动物病毒复制的基本过程及其特点。
5. 什么是缺陷病毒?病毒复制中发生顿挫感染的原因有哪些?

开放式讨论题

1. 用于培养病毒的实验动物多在什么条件下进行应用?实验动物在选择时有哪些注意事项?
2. 如果你在临床上发现了一种新的病毒,如何选择一种适合的细胞进行该病毒的培养,选用原则和依据是什么?
3. 依据病毒复制的步骤,请试着找出一些能够防止或控制病毒感染的方法。

第四节　病毒遗传与变异

遗传与变异是生物界不断发生的普遍现象,也是物种形成和生物进化的基础。作为一个生命体的病毒也有遗传性和变异性。病毒因其结构简单、繁殖迅速、基因组较简单、基因数仅 3~10 个等生物学特性,是较早用于遗传学研究的工具。病毒和所有生物一样,其遗传物质基础是核酸。但病毒可通过与机体细胞之间以及病毒之间的相互作用而发生变异。最早发现的病毒变异现象主要是病毒性状的变异,如毒力变异、抗原性变异和蚀斑变异等。

一、病毒变异机制

随着分子遗传学的发展,对病毒变异有了更深入的认识。病毒变异可分为遗传性变异和非遗传性变异两种类型。明晰病毒的变异机制对于阐明某些病毒性疾病的发病机制以及病毒疫苗的制备和病毒性疾病的防治具有重要意义。

(一) 病毒的遗传性变异

病毒基因组自身碱基序列改变,以及两种以上病毒基因组之间的相互作用都会使病毒的遗传物质发生改变。

1. 基因突变

病毒在增殖过程中经常发生基因组中碱基置换、缺失或插入等序列改变，称为基因突变。突变可以自然产生，也可以经诱导出现。突变率指每个核苷酸在一次复制周期内发生复制错误的频率。病毒在增殖过程中可发生自发突变，突变率为 10^{-4} ~ 10^{-8}。主要原因是病毒复制速度快，如单个腺病毒在一个细胞可产生 17 代，约 25 万个子代病毒 DNA 分子。其次，由于 DNA 聚合酶忠实性不高，导致碱基错配发生突变。而 RNA 病毒因不存在复制后的校正机制，其突变率比 DNA 病毒更高。病毒基因组的突变是不均匀的，意味着编码不同蛋白的基因以不同的速率进化。一般情况下，用物理因素如紫外线或 X 射线，或化学因素如亚硝基胍，5- 氟尿嘧啶或 5- 溴脱氧尿苷处理病毒时，也可诱导突变，提高突变率。由基因突变产生的病毒表型性状改变的毒株为突变株（mutant），突变株可呈多种表型，如病毒蚀斑的大小、病毒颗粒形态、抗原性、毒力、宿主范围、营养要求、细胞病变以及致病性均可发生改变。未引起表型改变的基因突变称为静默突变（silent mutation）。常见的、有意义的突变株有以下几种：

(1) 条件致死性突变株（conditional-lethal mutant）：是指在某种条件下能够增殖，而在另种条件下不能增殖的病毒株。如温度敏感性（temperature sensitivity，ts）突变株就是典型的条件致死性突变株。ts 突变株在 28 ~ 35℃（称为容许性温度）条件下可在细胞中增殖，但在 36 ~ 40℃（称为非容许性温度）条件下则不能增殖，这与野毒株（wild virus）能在 20 ~ 39.5℃下增殖的特性完全不同，因为引起 ts 突变株变异的基因所编码的蛋白质或酶在较高温度下失去功能，故病毒不能增殖。ts 突变株多为减毒株，但仍保持其免疫原性，是生产疫苗的理想毒株。ts 突变株具有较高的回复突变率（回复突变率为 10^{-4}），需经多次诱变后才能获得稳定的病毒突变株。脊髓灰质炎病毒活疫苗即为这种突变株。

(2) 宿主范围突变株（host-range mutant，hr 突变株）：是指病毒基因组改变影响了其对宿主细胞的吸附或相互作用。hr 突变株可以感染野生型毒株不能感染的细胞，利用此特性可制备减毒疫苗如狂犬疫苗。

(3) 耐药突变株（drug-resistant mutant）：多因病毒酶基因突变而降低了靶酶对药物的亲和力或作用，从而使病毒对药物不敏感而能继续增殖。如果将 A2 型流感病毒对小鼠作滴鼻感染，同时给以经口内服金刚烷胺，经过多代处理，可获得耐金刚烷胺的突变株。耐药突变株是某一种病毒自身基因组序列上碱基变化引起的病毒突变。

(4) 蚀斑突变株（plaque mutant）：是其蚀斑形态发生不同于野生株蚀斑形态的变异。同一种病毒于相同条件下通常产生形态性状一致的蚀斑。因此，蚀斑形态的改变通常被视为病毒发生了变异。但这种变异也有可能是非遗传性，在继续传代后常可恢复其原来的典型蚀斑形态。

(5) 缺损型干扰突变株（defective interfering mutant，DIM）：指因病毒基因组中碱基缺失突变引起，其所含核酸较正常病毒明显较少，并发生各种各样的结构重排。大多数病毒均能产生 DI 突变株，这些突变株自身不能复制，只能在亲本野生株作为辅助病毒（helper virus）存在时才能复制，并可干扰亲本病毒的复制，使后者数量减少。

2. 基因重组

两种不同的病毒或同一种病毒的两个不同毒株感染同一细胞时，在其核酸复制中发生基因交换，产生不同于两亲本性状的子代病毒，称为基因重组（genetic recombination）。主要包括分子内重组、重配与复活。

(1) 分子内重组（intramolecular recombination）：是指在两种或两种以上有亲缘关系但生物学性状不同的毒株感染同一种细胞时，两者相互作用，发生核酸水平上的互换和重新组合，形成了兼有两代病毒特性的子代病毒。重组可以在多种类型的病毒基因组之间发生，DNA 病毒可发生此现象，RNA 病毒则更普遍。如西部马脑脊髓炎病毒就是早期的类仙台病毒与东部马脑脊髓炎病毒分子内重组的产物。在实验条件下，甚至不同科病毒间也可发生分子内重组，这是目前病毒学研究的热点。重组时病毒核酸分子断裂、交叉连接，引起核酸分子内部重新排列。

(2) 重配（reassortment）：是指亲缘关系相近的分节段 RNA 病毒的两个毒株感染同一细胞时，二者可交换其基因组片段，产生稳定的或不稳定的重配毒株。在自然界中，许多病毒如流感病毒、蓝舌病病毒、轮状病毒等即以此方式呈现其遗传性变异。流感病毒不同毒株之间基因片段的重新分配，是引起子代病毒抗原性改变及新的流感病毒亚型出现的主要原因。

(3) 复活(reactivation):是指用同一毒株的具不同程度致死性突变的若干病毒颗粒同时感染某一细胞,产生具有感染性病毒的现象。已灭活的病毒在基因重组中可成为具有感染性的病毒。当灭活的病毒与另一近缘活病毒感染同一宿主细胞时,经基因重组而使灭活的病毒复活,称为交叉复活(crossing reactivation);当两种或两种以上近缘的灭活病毒(病毒基因组的不同部位受损)感染同一细胞时,经过基因重组而出现感染性的子代病毒,称为多重复活(multiplicity reactivation)。在理论上,用紫外线照射或化学诱变培育的疫苗有可能发生病毒复活,因此,这些现象在利用病毒作为制备疫苗载体时应予重视。

3. 基因整合

在病毒感染细胞的过程中,有时病毒基因组或基因中某些片段可插入到宿主细胞染色体 DNA 分子中,把这种病毒基因组与细胞基因组之间的重组过程称为整合(integration)。如逆转录病毒、乳头瘤病毒、腺病毒、疱疹病毒都能将 DNA 全部或部分插入到细胞基因组中去。肿瘤病毒基因组的整合作用,可引起宿主细胞基因组变异,使细胞发生恶性转化等改变。整合也可导致病毒基因组发生变异,包括基因组部分序列的缺失等。

(二) 病毒非遗传性变异

当两病毒感染同一细胞时,除可发生基因重组外,也可发生病毒基因产物的相互作用,包括互补、表型混合与核衣壳转移等,导致子代病毒的表型变异,这种变异并未发生核酸遗传物质的改变,只是在蛋白质水平上的变化而引起一些生物学特性的改变。这种变异是不稳定的,经传代后会失去改变的性状,属于非遗传性变异。

1. 互补作用

当同种或异种病毒感染同一细胞时,可能发生一种病毒的增殖抑制或干扰另一种病毒的增殖现象。但也有可能发生另一种现象,即一种病毒的基因产物(如结构蛋白和代谢酶等)促使另一种病毒增殖,甚至为另一种病毒增殖所必需,此现象称为互补作用(complementation)。这种现象可发生于感染性病毒与缺陷病毒或灭活病毒之间,甚至发生于两种缺陷病毒之间的基因产物互补,而产生两种感染性子代病毒,其原因并非是缺陷病毒之间的基因重组,而是两种病毒能相互提供另一缺陷病毒所需的基因产物如病毒的衣壳或代谢酶等。典型的病毒互补作用是腺病毒与腺联病毒的互补关系。

2. 表型混合和表型互换

两种或两株病毒共同感染同一细胞时,各自进行病毒复制,产生不同的结构蛋白和非结构蛋白产物,并在子代病毒装配时,会出现各种产物之间的随机组合。若形成的子代病毒粒子混有两种或两株病毒的衣壳或囊膜蛋白,称为表型混合。如甲型流感病毒和乙型流感病毒混合感染同一细胞时,由于都在细胞膜上出芽获得囊膜,其子代病毒可能混有两型病毒的囊膜蛋白。若只是一种病毒的衣壳或囊膜包裹了另一种病毒的基因组的组合,称之为表型互换,如脊髓灰质炎病毒与柯萨奇病毒感染同一细胞时,可发生两种病毒的衣壳交换。这些表型混合或互换的病毒粒子的遗传性能与提供核酸的病毒相同,而其抗原性以及对细胞的吸附等特性,则是与提供衣壳或囊膜的病毒相同。这些表型性状是暂时的,不能遗传给子代。

二、病毒遗传变异的生物学意义

病毒的遗传稳定性保证了病毒物种的稳定和延续。病毒的变异又可以使其适应环境的变化,逃避宿主的免疫监视作用,所以研究病毒的遗传变异有着极其重要的生物学意义,主要在以下几个方面得到了广泛应用。

1. 在研究病毒致病机制中的应用

病毒侵入宿主机体引起疾病的严重程度(即致病性或病毒表现的毒力)是病毒与宿主之间相互作用的结果,因此,病毒致病性是多因素的,但与其致病性相关的功能基因有直接关系,确定与病毒致病性相关的功能基因在研究病毒致病性中占有重要地位。许多与病毒致病性相关的功能基因易发生基因突变,直接影响着其致病作用,如流感病毒、口蹄疫病毒和 HIV 病毒的变异容易造成感染的流行。

2. 在诊断病毒病中的应用

在病毒病诊断中，建立特异、敏感、快速的分子生物学诊断新技术是非常必要的，首先要确定出病毒核酸的高度保守序列，以便应用于 PCR 等基因诊断技术；其次要从高度保守序列中寻找到病毒特异的保守性抗原表位，以便采用特异的单克隆抗体建立免疫学检测方法。但许多病毒，其基因组易变异，导致新的基因型或亚型和新的毒株出现，严重影响着病毒病的诊断和流行过程的监测。特别是对于高突变率的病毒感染（如流感）的诊断和流行情况的监测及预报，更需要该病毒遗传变异的基础资料。当前用于病毒病诊断的生物芯片技术，无论基因芯片或是蛋白芯片的设计与制造，都是在充分了解病毒遗传变异的背景资料基础上进行的。

3. 在治疗病毒病中的应用

只有在充分了解病毒遗传和变异的基础上，才能设计出针对病毒复制、致病过程关键部位、关键靶酶的靶向药物（如针对 HIV 反转录酶和 HBV 聚合酶的药物），才能依据突变改变药物设计方案以解决病毒耐药性问题。当前病毒病的基因治疗已提上日程，而利用核酸分子药物（反义核酸，核酶和干扰 RNA）、自杀基因和基因打靶技术治疗病毒病，其先决条件也是要充分了解病毒基因组的结构、功能和遗传变异情况。

4. 在预防病毒感染中的应用

疫苗的应用是控制病毒性疾病最有效的办法。虽然利用病毒各种变异株（减毒株）可以研制出预防病毒病的疫苗，但如何获得安全无毒、无回复突变及免疫效果更好的疫苗一直是学者们的理想目标。根据遗传变异的原理，利用基因工程技术可以研制基因工程疫苗、多肽疫苗、核酸疫苗。利用病毒专一性寄生和整合的特性，通过对病毒基因组进行分子遗传学改造，可设计出预防一种或多种病毒性疾病的病毒活载体单价或多价疫苗。当前广泛应用的病毒载体有反转录病毒载体、痘苗病毒载体、多角体病毒载体、腺病毒及腺联病毒载体、疱疹病毒载体和脊髓灰质炎病毒载体等。

5. 在基因工程中的应用

利用病毒载体容量大和繁殖快等优势，可以把目的基因带入靶细胞中表达目的产物。当前，在真核细胞基因工程中，利用病毒载体成功大量表达外源基因获得基因工程产品。病毒载体还可作为基因转移工具，成功用于人类遗传病，肿瘤及某些代谢性疾病的基因治疗，并进行基因功能、基因调控的理论研究。

6. 在遗传学基础理论研究中的应用

由于病毒粒子结构简单，基因组单一且容量小，因此最早成为遗传学特别是分子遗传学的研究对象、工具和模式生物。对病毒遗传和变异的研究不但有助于揭示病毒的致病性分子机制，而且有利于人类控制病毒疾病的流行和发生，乃至利用病毒为人类造福。

复习思考题

1. 病毒的遗传与非遗传变异有何区别？
2. 什么是病毒的表型混合和表型互换？
3. 试述病毒基因突变株的类型及其意义。
4. 病毒的基因重组与基因整合有何异同？

开放式讨论题

病毒的遗传变异有什么生物学意义？试举出在实际中具体应用的实例进行阐述。

第五节　理化因素对病毒的影响

影响病毒的外界因素可分为物理因素与化学因素，主要包括热、辐射、pH 和化学灭活剂等。这些理化因素能够改变和破坏病毒核酸或者病毒粒子的蛋白衣壳或脂质囊膜等结构，使病毒不能完成复制、转录和翻译等功能，妨碍病毒粒子对敏感细胞的吸附和侵入，阻止病毒核酸进入宿主细胞，使病毒失去感染性。病毒失去感染性称为灭活（inactivation），能够造成病毒灭活的化学物质称为灭活剂。许多理化因素同时具有改变和破坏病毒核酸和病毒蛋白质的作用，但有些理化因素，主要作用于病毒的核酸，而对蛋白质的作用较小，这种被灭活的病毒虽然丧失了感染性，但仍保持其抗原性、血凝性、细胞转化、细胞融合、诱导产生干扰素等生物学特性。例如经甲醛灭活的大多数病毒仍保持抗原性，甲醛灭活的鸡新城疫病毒与减蛋综合征病毒仍然能够凝集红细胞。

病毒对不同的理化因素的抵抗力，也是鉴定病毒的一个重要依据。

一、物理因素对病毒的影响

（一）温度

大多数病毒耐冷不耐热，在0℃以下，特别是在干冰温度（-70℃）和液氮温度（-196℃）下，可长期保持其感染性。大多数病毒于50～60℃ 30 min被灭活，100℃几秒钟内被灭活。但也有个别病毒抵抗力较强，如肠道病毒，湿热75℃ 30 min才能全部被灭活，轮状病毒湿热100℃ 5 min才能被灭活。乙型肝炎病毒在60℃能存活10 h以上，85℃ 60 min才能被灭活，煮沸1 min能破坏其感染性，但不能完全破坏其抗原性，121℃ 1 min才能将其抗原性彻底破坏；在干热条件下，160℃耐受4 min或180℃ 1 min方能完全将其灭活，目前认为对乙型肝炎病毒的灭活应采用与细菌芽胞相同的消毒措施，才能保证安全。

低温对病毒的灭活作用较小，病毒对低温的抵抗力比其他微生物更强，但反复冻融常可使许多病毒很快灭活。病毒材料常在低温状态下保存，其保存方法主要有：①组织材料可悬浮于50%甘油盐水中于-30℃冰箱中短期冷冻保存；②病毒悬液可加入灭活的动物血清或5%～10%二甲基亚砜蛋白保护剂于-70℃或-196℃长期冷冻保存；③病毒悬液可采用冷冻真空干燥法保存，用该法冻干的毒种可在低温下保存几年到十年以上。

（二）干燥

干燥对病毒也有一定的影响，在高温状态下，干燥能引起病毒蛋白质发生变性，更易引起病毒死亡，但是，在低温状态下，病毒对干燥具有一定抵抗力，不易死亡。因此，常采用真空冷冻干燥法保存毒种，一般病毒在干燥和真空的条件下可较长时间保持活力。

（三）酸碱度

大多数病毒在pH 5.0～9.0的范围内比较稳定，而在pH 5.0以下或pH 9.0以上迅速灭活，但不同病毒对pH的耐受有很大的不同。例如呼肠孤病毒能够抵抗pH 3.0，肠道病毒在pH 2.2可于24 h内继续保持其感染性，而鼻病毒等却可被pH 5.3迅速灭活，口蹄疫病毒对pH变化更为敏感，在pH 6.0～6.5以及pH 8.0～9.0均迅速灭活。披膜病毒可在较高的pH环境（8.0以上）中保持稳定。因此，对pH的稳定性是病毒鉴定的一个重要指标。

（四）射线和紫外线

电离辐射主要作用于病毒核酸，对病毒蛋白质作用较小。辐射中的γ射线和X射线都能使病毒灭活。γ射线和X射线作用于病毒后产生次级电子，次级电子直接作用于病毒核酸，造成病毒核酸分子电离，发生致死性断裂而造成病毒失活。单链核酸病毒对电离辐射的灭活作用比双链核酸病毒敏感约10倍，这是因为单链核酸任何部分的电离都可引起核酸分子断裂，而双链核酸只在两链相近的部位都被电离时整个分子才断裂。体积较大的病毒比体积小的病毒对电离辐射更敏感，生活在细胞系统中的病毒具有较大的抗辐射性。

紫外线能使病毒灭活。紫外线使病毒核酸DNA中相邻的胸腺嘧啶碱基之间形成二聚体（TT），这种二聚体是由两个胸腺嘧啶碱基以共价键联结成环丁烷的结构而形成，其他嘧啶碱基之间也能形成类似的二聚体（CT、CC），但数量较少。紫外线也会使病毒核酸RNA中相邻的尿嘧啶之间形成二聚体。另外，核酸吸收紫外线后，会发生其他多种结构形式的变化，如链断裂、分子内或分子间交联以及核酸和蛋白质之间的交联等。核酸结构的变化，使其不能复制和转录，导致病毒的灭活。但病毒蛋白质的免疫原性仍保持。

应当指出，长时间的紫外线照射同样可使病毒蛋白变性而丧失免疫原性。

但有些病毒经紫外线灭活后，若再用可见光照射，因激活酶的原因，可使灭活的病毒复活，故不宜用紫外线来制备灭活病毒疫苗。光复活作用最有效的波长是 510 nm。

大多数病毒均可被紫外线灭活，但反转录病毒和埃博拉病毒（Ebola virus）很难被紫外线杀灭。近年来发现，紫外线可激活人免疫缺陷病毒（HIV）的长末端重复序列（LTR），进而促进病毒在感染细胞系中的表达，这种激活作用与紫外线的剂量和作用时间有关。

（五）超声波

超声波是指声源振动频率很高，频率超过 20 kHz 的声波（可听声波在 20 kHz 以下）。现代医学及生物学上应用的超声波发生器都是根据压电效应的原理制造的，其产生的超声波频率超过 20 kHz 的特殊声波。超声波主要以强烈振荡作用呈现其对病毒、其他微生物以及细胞的杀灭或破坏作用。应用大剂量超声波处理痘病毒、狂犬病病毒和乙型脑炎病毒，使其丧失感染性，但仍保持其抗原性。但是总的说来，超声波对病毒的灭活作用并不明显。目前在病毒学实践中，超声波主要用于破碎细胞，使细胞内的病毒粒子释出，以便收获和提纯病毒或者提取病毒成分。应用超声波处理乙型脑炎病毒等的血凝素抗原，能显著提高血凝素效价，但其机制不明；也许是超声波处理可使病毒粒子上（中）的血凝素蛋白充分暴露，从而提高血凝素效价。

二、化学因素对病毒的影响

病毒对化学因素的抵抗力一般较细菌强，可能是由于病毒是非细胞结构，缺乏完整的酶系统的原因。病毒的化学灭活剂主要包括蛋白变性剂、脂溶剂、氧化剂、酶类、酸、碱以及其他化学灭活剂等。

（一）脂溶剂

病毒的囊膜含脂质体成分，易被乙醚、氯仿、丙酮、正丁醇、氟碳化合物、去氧胆酸盐等脂溶剂溶解。当囊膜病毒进入消化道后，即被胆汁破坏，失去感染性，因此有囊膜病毒一般不易经消化道感染。在脂溶剂中，乙醚、氯仿和丙酮能够灭活含囊膜的病毒。但是这三种脂溶剂对囊膜脂质的溶解能力不尽相同。一般来说，乙醚破坏作用最大，氯仿次之，丙酮的溶解能力最弱。因此，乙醚灭活试验常被用来鉴定有囊膜和无囊膜病毒。应用丙酮处理病毒感染的标本，往往并不完全灭活病毒，但具有暴露病毒蛋白抗原的作用，因此，在免疫学检测技术中常用冷丙酮来固定被病毒感染的组织材料。氟碳化合物（氟利昂）和正丁烷也有抽提脂质和蛋白质的作用，故常用于病毒提纯，特别是由病毒—抗体复合物中解离病毒粒子或由感染材料中提取病毒抗原。正丁烷还能区分和选择性地破坏病毒核蛋白，故在混合性病毒感染材料中可以用其消除一种病毒的感染性，而保持另一种病毒的感染性（或抗原性）。

（二）酸类和碱类

酸类物质可增加氢离子浓度，碱类物质可增加氢氧根离子浓度，高浓度的氢离子和氢氧根离子可引起病毒表面蛋白质和核酸的水解。一般情况下，酸、碱的浓度愈高，灭活病毒作用愈强。酸、碱溶液是病毒学实践中经常应用的消毒剂，例如乳酸熏蒸或喷雾可对空气中的病毒有较好的消毒作用；污染乙型脑炎病毒的塑料制品（聚苯乙烯滴定板等），就可用 1%～3% 盐酸浸泡消毒；2%～3% NaOH 溶液或 5%～10% 生石灰碱溶液等用于病毒的污染环境、用具、机械、冷库等的消毒。而高浓度的强酸、强碱因腐蚀性太大，一般不常用。

（三）醛类

甲醛对病毒核酸和病毒蛋白质都有破坏作用。甲醛通过与腺嘌呤、鸟嘌呤和胞嘧啶等含有氨基的碱基结合，使病毒核酸变性而灭活病毒；甲醛也可通过与病毒蛋白质的氨基结合而形成羟甲基衍生物或二羟甲基衍生物，后者再与酰胺发生交联反应，使蛋白质变性而灭活病毒。

常温常压下，甲醛是气体，但可溶于水，不同浓度的甲醛溶液灭活病毒效果不同。质量分数为 34%～40% 的甲醛溶液（福尔马林）能杀死病毒，常用于厂房、无菌室等房间的熏蒸消毒，用量为每立方米空间用福尔马林 80 mL 加等量水进行加热蒸发维持 24 h；或每立方米用福尔马林 15 mL，加高锰酸钾 6 g 和水 20 mL，高锰酸钾与甲醛溶液相互作用产生高温，甲醛变为气体而挥发，在不低于 15～20℃下经

8～10 h 可达到消毒目的。质量分数为 0.2%～0.4% 的甲醛溶液能灭活病毒，但不改变病毒抗原性、血凝性等生物学特性，故常用于疫苗生产时的灭活剂。

戊二醛为刺激性小的碱性溶液，对病毒的作用与甲醛相似，但灭活作用更强，质量分数为 2% 碱性戊二醛溶液在 1 min 内能杀灭所有病毒。在病毒学中，戊二醛常用于实验室污染器材如超净工作台、离心机的擦拭消毒。用强化酸性戊二醛（含质量分数为 0.25% 乙烯脂肪醇醚）代替常用的质量分数为 3%～5% 石炭酸溶液浸泡污染的吸管、试管等，具有可靠的消毒效果。

（四）其他化学因素对病毒的影响

相关知识见数字资源。

○ 其他化学因素对病毒的影响

复习思考题

试述影响病毒活性的主要物理因素与化学因素及其作用特点。

开放式讨论题

何谓病毒的灭活？在实践中常用的病毒消毒药物有哪些，其原理是什么？目前常用于动物疫苗的商品化的灭活剂有几种，分别是什么？

第六节　病毒的感染

病毒以一定的方式入侵宿主，在宿主的易感细胞中进行复制和基因表达，并在宿主机体内进一步扩散的过程称为病毒感染（virus infection）。各种病毒具有不同的复制方式与基因表达特点，而机体的免疫系统又能够针对不同的病毒产生不同的反应。一方面，病毒要充分利用自身的和宿主的各种机制，完成自我增殖过程，以产生并传播最大量的子代病毒；另一方面，机体也在尽可能地调动一切力量，特别是调动免疫系统的功能对抗病毒的感染，以迅速而有效地将病毒从机体内清除。由于病毒种类的不同以及宿主个体的差异，二者抗衡的结果使感染的严重程度不同，因此，病毒感染是病毒与机体相互作用的动态过程。

一、病毒的感染类型与机制

病毒感染是一个极其复杂和不断发展变化的生物学和病理学动态过程，其结果取决于机体、病毒和其他影响免疫应答的因素。这也决定了病毒感染分类的复杂性：根据病毒感染后是否表现出临床症状，将其分为显性感染（apparent infection）和隐性感染（inapparent infection）；根据病毒感染过程、症状和病理变化的主要发生部位将其分为局部感染（local infection）和全身感染（systemic infection）；根据病毒在机体内滞留的时间将其分为急性感染（acute infection）和持续性感染（persistent infection）。因此病毒感染的各种类型，都是从某个侧面或某个角度加以描述，它们之间彼此还有交叉和重叠，例如全身感染中就有显性感染和隐性感染之分，同一种病毒感染有时引起显性感染，有时却引起隐性感染等。

（一）隐性感染和显性感染

1. 隐性感染

病毒进入机体不引起临床症状的感染即隐性感染，又称为亚临床感染（subclinical infection）。与病毒毒力弱或机体防御能力强、病毒在体内不能大量增殖，因而对组织细胞的损伤不明显有关，也与病毒种类和性质有关。病毒侵染后不能到达靶细胞或靶器官，因而不呈现或极少呈现临床症状。这类感染最为常见，是人和动物天然自动获得抗病毒特异性免疫力的主要来源。隐性感染的发生，既决定于病毒的性质，更决定于动物机体的免疫状态。如乙型脑炎病毒常可引起人与动物（例如马）的急性致死性感染，但在大多数人和动物群中，乙型脑炎病毒主要表现为隐性感染，虽然可能出现短暂的病毒血症，但是病毒血症后，病毒迅速在机体内消失,不呈现明显的症状。

隐性感染者虽不出现临床症状,但仍可获得免疫力而终止感染。部分隐性感染者一直不产生免疫力,这种隐性感染也称病毒携带者(virus carrier)。病毒携带者本身无症状,但病毒可在体内增殖并向外界排泄扩散,成为重要的传染源,在流行病学上具有十分重要的意义。

2. 显性感染

有症状的感染即为显性感染,又称为临床感染(clinical infection)。有些病毒感染后,临床上表现明显或在一定阶段表现明显的病毒性传染病,也有些病毒感染后只有极少数发病,而大多数感染者呈隐性感染,这是由机体抵抗力及入侵病毒的毒力和数量所决定的。病毒显性感染按症状出现早晚和持续时间长短又分为急性感染和持续性感染。

(二) 急性感染和持续性感染

1. 急性感染

指病毒在感染机体后,短时间内即被清除或导致机体死亡的过程。临床上表现为潜伏期短,发病急,恢复或死亡快。整个过程仅为数天至数周,如猪瘟病毒、鸡新城疫病毒、口蹄疫病毒、狂犬病病毒等引起的感染疾病。耐过感染而存活的动物,则大多出现有效的中和抗体,病毒从体内迅速消失。

2. 持续性感染

病毒在宿主体内持续存在,达数月甚至终生,但不一定持续增殖和持续引起症状。其特点是:长达几个月至几年的潜伏期(除个别例外);病原体长期乃至终生持续存在;病变和症状常与免疫病理或免疫缺陷有关,发病后常呈进行性,预后大多不良;除少数例外,自然感染的宿主范围极窄,大多局限于同一种属动物,而且常有遗传倾向,临床症状和病理变化也较严重。

持续性感染又分为:

(1) 潜伏感染(latent infection):是指病毒侵入机体后,并不引起明显的临床症状,也不复制出大量的病毒,仅在一定的组织中潜伏存在。这种组织往往处于机体免疫系统监视范围以外的区域。病毒潜伏较长时间后,由于机体发生生理性或病理性的改变,潜伏病毒可被激活并增殖,从而引起各种症状。潜伏感染通常持续终生,并可反复发作,如牛的传染性鼻气管炎病毒以及猪的伪狂犬病病毒等引起的感染。

(2) 慢性感染(chronic infection):慢性感染过去是指病毒在机体内持续增殖,可不断排出体外,常不引起临床疾病,但在机体免疫功能低下时发病,症状长期存在,可检测出不正常或不完全的免疫应答。目前指在慢性感染中,尽管病毒在机体内长期存在,甚至反复发作,除非感染的病毒属于致死性病原,大部分慢性感染的病毒最终都能被机体的免疫系统清除。在慢性感染中,免疫病理作用在病毒致病机制上具有重要意义,例如貂阿留申病病毒、犬瘟热病毒、小鼠乳酸脱氢酶增高症病毒和淋巴细胞性脉络丛脑膜炎病毒以及乙型肝炎病毒、丙型肝炎病毒和人类免疫缺陷病毒等引起的感染。

(3) 慢病毒感染(slow virus infection):又称迟发感染或长程感染,为慢性发展的进行性加重的病毒感染,较为少见但后果严重。病毒感染后有很长的潜伏期,可达数月、数年甚至数十年。在症状出现后呈进行性加重,最终死亡。慢病毒感染的病原体有两类,①常规病毒,如马传染性贫血病毒、绵羊的维斯纳－梅迪病毒、山羊关节炎－脑炎病毒等;②非常规病毒,如朊病毒,分别引起羊的瘙痒症、貂的传染性脑病、鹿的慢性消耗性疾病、牛海绵状脑病等。

3. 病毒持续性感染机制

病毒持续性感染机制因病毒种类不同,涉及病毒和机体两方面多种因素,主要包括:

(1) 病毒基因组整合到宿主细胞 DNA 中:反转录病毒的前病毒 DNA 随机整合到宿主细胞 DNA 中后成为宿主细胞基因组的一部分,由亲代细胞传给子代细胞而长期持续存在;DNA 病毒如 SV40 的全基因组或亚基因,也可以通过同源重组或随机方式无规律地插入宿主细胞基因组。病毒 DNA 与宿主细胞 DNA 整合后,一般可表达部分病毒抗原而较少复制完整的病毒。少数整合的病毒可继续复制,从而形成持续性感染。

(2) 病毒侵犯免疫细胞或在有掩护的细胞内增殖:许多病毒可通过直接感染免疫细胞或长期隐匿在神经细胞内寄生,来逃避抗体、补体等的免疫清除作用。人和猴免疫缺陷病毒侵入 $CD4^{+}T$ 淋巴细胞,造成免疫低下，最终导致人和动物死亡。猪繁殖与呼吸综合征病毒侵入单核细胞和巨噬细胞，诱导免疫细胞凋亡，导致持续性病毒血症存在。牛传染性鼻气管炎病毒初次感染牛后，病毒粒子沿感觉神经轴索移行到颅或脊髓神经节内，在神经节的神经细胞内以附着体病毒 DNA 的形式持续存在，有些转录为 mRNA，但很少或完全不翻译。在应激反应或接受激素类药物时，病毒被激活，再次移行到感觉神经，并到达鼻黏膜或皮肤，在上皮细胞内增殖扩散，重新引起发病。小鼠乳酸脱氢酶病毒侵入小鼠体内后在巨噬细胞中增殖，并迅速发生严重的病毒血症，血液中乳酸脱氢酶增多，可能由于网状内皮系统受到抑制，因而不能清除体内积存的乳酸脱氢酶，病毒长期存在于感染鼠体内，但不出现临床症状。

(3) 病毒抗原发生变异：马传染性贫血病毒和维斯纳－梅迪病毒在持续感染期间，经常在体内发生连续性抗原变异，每次临床疾病的重新发生都由新的病毒变异株引起，从而逃脱了机体的免疫应答。维斯纳－梅迪病毒注入羊体内，2 周后发生亚急性脑炎，随后发展为慢性，2 年后再从病羊组织分离病毒，发现其不被原感染动物的血清所中和，因此病毒得以持续存在。

(4) 缺损干扰颗粒的出现：缺损干扰颗粒是一种普遍存在的不完全病毒颗粒，简称 DI 颗粒也称缺损型干扰突变株(DI 突变株)。它在抗原性上与完整病毒相似，但其基因组缺乏某些部分或片段，因此只含部分的病毒基因组(亚基因组)，不能进行正常的复制。在有同种或密切相关的感染性病毒存在时，则可复制，并因强烈竞争病毒聚合酶而降低感染性病毒的产量。DI 颗粒的存在，是某些杀(溶)细胞性病毒在细胞培养物内导致病毒持续性感染的主要原因之一。实验证明，用完整的水疱性口炎病毒注入鼠脑，引起致死性脑炎；如给小鼠注入大量的缺损疱疹性口炎病毒和少量的完整病毒，则可引起免疫，而小鼠并不死亡；如注入大量完整的病毒和少量的缺损病毒，动物发生缓慢进行性麻痹，最终死亡。其他如仙台病毒、流感病毒、微 RNA 病毒、呼肠孤病毒和反转录病毒中也发现有缺损干扰颗粒。

(5) 免疫耐受：机体在胚胎或出生期感染某些病毒，处于未成熟阶段的免疫组织与细胞可以形成免疫耐受，随后对病毒抗原不产生抗体及细胞免疫，或仅有低反应免疫应答。这种免疫低下一般只针对该病毒的特异性抗原。由于机体不能产生有效免疫，病毒得以持续存在。

(6) 抗体功能异常或引起靶细胞表面病毒抗原的改变：在病毒持续性感染中，常见血循环内抗原与抗体同时存在，但因抗体无中和作用，不能阻断病毒入侵靶细胞。貂阿留申病病毒主要在肝、脾的巨噬细胞内增殖，感染后两周开始出现抗体。病毒与抗体结合，但不被中和，病毒即以病毒－抗体复合物的形式呈现宿主终生带毒和表现病毒血症。病毒抗体还可通过与补体相协同，使感染病毒的细胞表面的病毒抗原发生变化，如某些副黏病毒的抗体可使感染细胞膜上的病毒抗原重新分布，向一处集中形成“帽状”。形成“帽状”的病毒抗原可以自细胞表面脱落或向内凹陷，使病毒感染的靶细胞失去表面病毒抗原，从而避免抗体与 T 细胞的杀伤，病毒因此得以长期持续存在于宿主细胞内。

(7) 干扰素产生能力低下：干扰素是动物细胞在受到某些病毒感染后分泌的具有抗病毒作用的宿主特异性蛋白质。细胞感染病毒后分泌的干扰素能够与周围未感染的细胞上的相关受体结合，促使这些细胞合成抗病毒蛋白防止进一步的感染，从而起到抗病毒的作用。通常细胞只在受到低毒力的病毒感染之后才能大量合成干扰素，而高毒力的感染会使得细胞在合成干扰素之前就已致死。另外一个可以诱导细胞合成干扰素的因素是双链 RNA 的存在。因为双链 RNA 在正常的细胞中不存在，而只存在于 RNA 病毒或是受 RNA 病毒感染的细胞中。因此无论是天然还是合成的双链 RNA 均可以作为一个病毒感染信号来诱导细胞合成干扰素。在淋巴细胞性脉络丛脑炎病毒持续感染的小鼠体内很少能测出干扰素的存在。巨细胞病毒在人二倍体细胞中增殖时，诱生的干扰素量也很少。先天性感染鼠白血病病毒的动物的干扰素量也较低。这些病毒感染后，干扰素产生量低的原因和机制均不相同，但由于干扰素是抗病毒免疫及免疫调节的重要因子，因此认为干扰素产生量低与病毒持续存在有关。

(8) 细胞免疫应答低下：在非容许细胞型病毒感染中，T 细胞的杀伤作用相当重要，如 T 细胞免疫低下，则会妨碍机体有效地消灭病毒而使病毒持续存在。一些在 T 细胞中持续存在的病毒可影响 T 细胞或某一亚群的免疫功能，造成病毒持续存在。病毒持续存在有时还对机体的免疫系统持续刺激，如 T 抑制细胞被持续刺激时功能亢进，引起免疫低下从而造成病毒进一步持续存在。病毒持续存在可能引起免疫功能紊乱，临床上则出现自身免疫病。

(9) 宿主的遗传因素：宿主的遗传因素在决定病毒的易感性以及感染后病情的发展上都具有重要作用。在小鼠中已发现不同品系小鼠对某些病毒感染有不同的免疫应答。免疫应答正常或免疫应答低下，与主要组织相容性复合物有一定关系。不同品系小鼠经同一种病毒免疫后，产生抗体的亲和力高低亦有显著差别。因此宿主细胞的遗传因素在构成持续性感染中亦占有一定地位。

近来发现，绝大多数动物病毒，包括上述那些引起显性感染的病毒，可能长期持续存在于恢复动物或隐性感染动物体内，或者以潜伏病毒甚至以整合的病毒基因组的方式长期存在。这是自然界中病毒的潜在来源，具有重要的生态学意义。如狗患传染性肝炎以后，虽然已经出现免疫性，但其尿中长期含有病毒；某些口蹄疫恢复期的牛，甚至在症状消失几个月至一年后，仍可从其唾液或咽喉拭子中分离到口蹄疫病毒，但由于病毒数量极少，这些牛并不经常能将疾病传染给其密切接触的敏感动物。有人认为，动物机体内病毒的这种长期持续存在，是某些病毒感染产生持久免疫力的原因之一。

二、病毒的侵入与传播方式

病毒从感染宿主到排出后再感染其他易感宿主，整个过程中需要经历几个较为重要的环节，即病毒的侵入、病毒在体内的扩散、病毒的排出和传播。了解这些内容对病毒感染的防控具有重大意义。

（一）病毒的感染途径

一般情况下，病毒要感染宿主，首先要侵入机体与外界环境直接接触的细胞，然后再进一步向其他组织扩散。病毒可通过多种途径侵入机体，包括呼吸道、肠道和泌尿生殖道等途径以及经皮肤、眼结膜和角膜等部位侵入。此外，在某些特殊情况下，病毒还可通过接种方式直接进入机体而感染宿主，如使用被污染的针头、被带病毒的媒介昆虫叮咬等。

1. 呼吸道感染途径

呼吸道直接与外界相通，是与外界接触面最广的通道。虽然呼吸道具有包括覆盖于上呼吸道的纤毛柱状上皮细胞和肺泡处的大量吞噬细胞等一些防御外界感染的机制，但在机体抵抗力下降、侵入的病毒数量过多或毒力过强时，则可能发生病毒感染。如副黏病毒可经呼吸道侵入而引起感染。

2. 消化道感染途径

病毒可随食物进入消化道，因此消化道是病毒的主要侵入途径，但是真正局限于消化道内的病毒感染并不多。因为消化道内环境一般不适合于病毒增殖，如胃中的消化液为酸性，肠道内的消化液为碱性，均不适合病毒的生长。另外，胆汁和消化酶也对病毒具有一定的杀伤作用。能够经消化道感染的病毒应该具有抗酸能力，并能防止被蛋白酶消化或被胆汁破坏。经消化道侵入机体的病毒一般先侵入消化道黏膜细胞，但也有部分病毒可侵入消化道的防御细胞，如T淋巴细胞，然后通过血源性途径扩散到全身的靶细胞或靶组织中。少数病毒（如猪传染性胃肠炎病毒）主要局限于消化道内感染，可侵害小肠，病毒在空肠的柱状上皮细胞内增殖，引起迅速和广泛的细胞损伤，以致肠绒毛变短，影响空肠的消化和吸收面积，结果发生严重的水样下痢。此时可能同时发生病毒血症，并可在肾脏和肺内发现病毒。

3. 泌尿生殖道感染途径

许多经泌尿生殖道侵入机体的病毒可导致疾病，如猪繁殖与呼吸综合征病毒。机体的泌尿生殖系统也有一定的保护机制，包括阴道的酸性环境和泌尿道的黏膜等。当黏膜受到损害后，可以造成病毒的入侵。病毒入侵后，可能在局部造成病变，也可穿过黏膜，通过血液系统进行扩散。

4. 皮肤、角膜、结膜感染途径

皮肤虽然直接和外界接触，但有很强的防御功能，一般情况下不容易被病毒感染。但在皮肤局部受损或其连续性遭到破坏时可发生感染，如痘病毒可造成皮肤的局部感染。蚊虫叮咬和动物咬伤（狂犬病病毒）也是病毒经皮肤感染的途径。

角膜和结膜出现损伤后容易被病毒感染，如狂犬病毒、传染性牛鼻气管炎病毒、马疱疹病毒1型、犬腺病毒1型和2型等可通过角膜和结膜感染。

（二）病毒在机体内的扩散

病毒侵入机体后，可以在局部复制、增殖，也可以进一步扩散而侵染其他的组织和器官，该过程称为病毒在体内的扩散(viral spread or dissemination)。

1. 局部扩散

一般情况下,外源性病毒侵入机体后,首先在局部进行增殖、复制,当病毒达到一定数量后,可感染邻近的细胞,即病毒开始扩散。如果病毒扩散只局限在同一器官或组织内,这种扩散称为局部扩散(local spread)。病毒的局部感染是否扩散除与机体的防御功能有关外,还与病毒本身的特性有关,其中比较重要的是子代病毒的定向释放(directional release)特征。如病毒在感染黏膜柱状上皮的过程中,有的病毒尽管在局部黏膜或组织内复制出大量的子代病毒,但其释放方式却是向黏膜外释放,结果是大量的病毒排出体外,而不在机体内扩散。相反,有的病毒是向黏膜基底部释放子代病毒,病毒一旦跨过基底屏障,扩散范围将加大,从而引起其他部位的感染。另外,有的病毒是水平释放子代病毒,因而能感染周围的同类细胞或组织而引起局部扩散。大多数通过肠道黏膜侵入机体的病毒,其子代病毒为向外释放,病毒释放后与肠道内物质混合,最终随粪便一起排出体外。经呼吸道感染的病毒,其扩散方式与病毒种类有关,如天花病毒和鼠痘病毒等经呼吸道侵入,随即扩散到机体其他部位,引起全身感染,呼吸道本身却无明显变化;流感病毒和鸡的传染性喉气管炎病毒等经呼吸道侵入,在呼吸道内大量增殖并扩散到全身,呈现明显的呼吸道感染症状以及发热等全身反应;犬瘟热病毒等经呼吸道侵入,但不在呼吸道内进行最初增殖,而是首先在颈部淋巴组织内出现,随后扩展到其他淋巴结和肝脾等的网状内皮细胞和白细胞中,经过其在淋巴系统和网状内皮系统内的最初增殖以后,病毒开始在皮肤、呼吸道等的上皮细胞内出现,并引起相应病变和症状。

2. 血源性扩散

局部感染的病毒可直接通过毛细血管进入血液,或感染内皮细胞后反复向血液内释放病毒而造成血源性扩散(hematogenous spread)。有时,病毒也可通过污染的针头或媒介昆虫叮咬等方式直接将病毒注入血液内而造成血源性扩散。病毒一旦进入血液便几乎可以进入机体的各个组织器官。事实上,最早的血源性扩散始于局部感染,病毒的复制颗粒释放到组织间液,然后进入淋巴系统,淋巴管对病毒的通透性比血管强得多,病毒在淋巴系统中未被清除,则可随淋巴液进入血液导致血源性扩散。在机体免疫系统正常的情况下,大部分病毒在淋巴系统中被清除,尤其是在淋巴结中,淋巴细胞和单核细胞可将病毒破坏或吞噬。但有部分病毒,如猪繁殖与呼吸综合征病毒能直接感染免疫细胞。因而当被感染的免疫细胞进入血液时,它们所携带的病毒也不断增殖释放,从而造成血源性扩散。还有些病毒可经血源性扩散到胎盘组织,造成胎儿垂直感染,也可由携带病毒的单核细胞进入胎儿的血液循环而造成血源性扩散。

3. 神经扩散

某些病毒在局部感染后,可通过感染部位的神经末梢侵入神经细胞进行扩散,这种扩散方式被称为神经扩散(neural spread)。对这些病毒而言其致病性必须依赖于神经扩散,如狂犬病病毒主要沿神经径路(轴索)侵入中枢。病毒进入神经细胞的方式可能与进入其他细胞的方式相同,大多数情况下,病毒要侵入神经细胞,必须先在其他细胞内复制和增殖,复制出的病毒粒子再通过支配感染部位的神经末梢进入神经细胞,并可通过突触进行神经细胞之间的扩散。由于神经细胞的树突和轴突内无蛋白质的合成,因而大部分神经扩散病毒必须经过很长的距离,到达神经细胞体后才能进行复制。病毒在神经细胞内的移动与微管、微丝的作用有关,其具体机制还不清楚。病毒感染神经细胞后,子代病毒的释放是神经扩散的重要组成部分。不同病毒的释放方向不一样,导致的结果也不一样。

许多全身性感染病毒可侵犯中枢神经系统,在脑内复制和增殖,但其主要扩散途径为血源性,不能经神经扩散。如犬瘟热病毒和新城疫病毒。

(三) 病毒的组织亲嗜性

病毒能侵染何种组织并进行扩散与病毒的组织亲嗜性有关,绝大多数病毒只能感染某些特定类型的细胞、组织或器官,这种特性称为病毒的组织亲嗜性(tropism)。能被病毒感染的组织类型称为病毒感染的组织谱。有的病毒组织亲嗜性范围较窄,能感染的细胞种类较少,如猪繁殖与呼吸综合征病毒只感染血液中单核细胞和猪肺巨噬细胞;有的较广,可感染多种组织细胞。能感染多种组织细胞的病毒称为泛嗜性病毒(pantropic virus)。病毒能感染神经细胞的特性被称为病毒的嗜神经组织性(neurotropic)。能通过神经扩散的病毒都是嗜神经组织性病毒。病毒的组织亲嗜性主要决定于细胞表面的病毒受体,若细胞上没有相应的受体，或该受体处于失活状态，则不能发生病毒感染，细胞的病毒受体在病毒感染中不可或缺。对一种特定的病毒而言，只能感染具有其受体的细胞。细胞的病毒受体是决定病毒组织亲嗜性的必要条件。

病毒受体的存在并不是病毒感染的充分条件。对甲型流感病毒而言，机体内多个器官的组织细胞都具有该病毒的受体，但只有呼吸道才能感染这种病毒，表明组织亲嗜性还取决于别的因素。细胞上病毒受体的存在部位对病毒的感染也有一定意义。如对黏膜柱状上皮而言，受体分布在细胞膜向外的一面，因而容易发生感染。而受体分布于细胞基底膜处时，除非病毒能直接跨过上皮细胞到达基底膜，否则不易发生感染。

（四）病毒的排出与传播

病毒从宿主体内的释放过程称为病毒的排出（shedding），从已感染的宿主到再感染新宿主的过程称为病毒的传播（transmission）。一般来说，病毒的排出与传播是病毒再感染的必要步骤，也是维持病毒种属延续的前提。病毒的排出有利于病毒接近易感动物。病毒的有效传播取决于病毒的局部浓度，也取决于病毒的特性。高浓度的病毒极易传播，即便易感动物仅接触到很少的受感染组织或体液也容易感染。病毒在环境中的生存能力也影响其传播，生存能力强的病毒其感染宿主的机会也将增大。

病毒可通过呼吸道分泌物、唾液、粪便、血液、精液、尿液、乳汁和皮肤等途径进行排出和传播。大多数引起呼吸道感染的病毒（如禽流感病毒、鸡新城疫病毒等）通过其分泌物向外排出，而能否发生有效传播则取决于空气中含病毒的悬浮小滴数量，打喷嚏、咳嗽可产生大量的悬浮小滴，是呼吸道感染病毒传播的主要方式。感染肺、鼻黏膜、唾液腺的病毒还可以进入口腔，并与唾液混合。动物的舔、啃、喂食等都可通过唾液传播病毒。与其他部位排出的病毒相比，经粪便排出的病毒对环境的抵抗力很强，能耐酸性环境和较高的温度。部分病毒还可以通过蚊虫叮咬来传播。皮肤也能感染部分病毒，并经皮肤病灶传播，如痘病毒。

三、病毒感染的致病机制

病毒侵入机体后在宿主细胞中增殖会对宿主造成损伤，这种损伤可能是病毒直接破坏细胞导致的后果，也可能是宿主的免疫系统识别受感染细胞后作出的免疫应答损伤引起，或者二者兼而有之。临床上表现出的各种症状，如发热、组织损伤、疼痛等都是宿主对病毒感染作出反应的表现。有关内容见**数字资源**。

○ 病毒感染的致病机制

复习思考题

1. 何谓病毒的持续性感染？试述病毒持续性感染的类型及特点。
2. 试述病毒持续性感染的机制。
3. 试述病毒感染途径的类型及其特点。
4. 何谓病毒在体内的扩散？其扩散形式和特点如何？
5. 什么是病毒的组织亲嗜性，它与病毒的感染特性有什么关系？
6. 何谓病毒的排出与病毒的传播？有具体哪些途径，其传播特点分别是什么？

开放式讨论题

针对病毒的组织亲嗜性特点，如何设计高效的疫苗进行疾病的防控？

第七节　病 毒 分 类

自从1898年Beijerinck首次提出“病毒”的概念以来，已经过去了100多年。病毒的种类由最初的几十种、几百种，发展到今天的10 000多种。随着时间的延续，新病毒陆续被发现，病毒的种类在继续增多。

目前,已在多种生物中都发现了病毒,如脊椎、无脊椎动物病毒,植物病毒,细菌及真菌病毒,原生动物病毒等。

病毒分类学就是将世界上现已发现的病毒,按照一定的原则,如根据各种病毒在形态学、生物化学、免疫学、流行病学以及分子生物学等各个方面所表现出来的共性和个性,将它们分门别类,排成一个系统,制成检索表;并给予各种病毒一个科学的名称,详细地描述其特征,以备查考。实践中,可以按照分类系统检索表鉴定病毒。

通过病毒分类的研究,还可以为病毒性疾病的预防、诊断和治疗提供依据。例如,实践中可依据病毒分类的亲缘关系寻找疫苗。1796 年英国医生 Jenner 发现牛痘病毒能预防天花,这纯粹是一个偶然的发现。现在从分类角度发现,牛痘病毒和天花病毒间的亲缘关系很近,同属一个科,这便给人们一个启示,可以利用分类学知识,从亲缘关系相近的病毒中,自觉地、有意识地去寻找新疫苗。又如,利用火鸡疱疹病毒预防鸡的马立克病病毒,就是因为它们亲缘关系很近,同属于疱疹病毒科的疱疹病毒亚科。同样,通过病毒分类的研究,发现人的麻疹病毒和犬瘟热病毒在抗原上有密切关系。研究表明,用麻疹病毒可以保护机体不受犬瘟热病毒的感染;但反过来,犬瘟热病毒却不能保护机体不受麻疹病毒的感染。据此,推测麻疹病毒在进化过程中可能出现在犬瘟热病毒之后,即是说,麻疹病毒可能是由犬瘟热病毒演变过来,使麻疹病毒既保留了犬瘟热病毒的某些抗原性,又获得了犬瘟热病毒所不具有的某些新的抗原性,以至出现麻疹病毒能阻止犬瘟热病毒的感染,而反过来犬瘟热病毒却不能阻止麻疹病毒感染的现象。鉴于两者在进化上的密切关系,故认为它们都属于副黏病毒科中的麻疹病毒属。

一、病毒分类的概述

病毒分类是生物分类学上一个独特而重大、复杂的问题,在病毒发现初期一直没有一个科学的、完整的分类方案。最早只根据感染宿主范围将病毒分为三大类,即动物病毒、植物病毒和细菌病毒。其中的动物病毒又根据病毒对宿主某一器官的"亲嗜性"而分为嗜上皮性病毒、嗜内脏(嗜肺、嗜肠等)病毒、嗜神经病毒、全嗜性病毒等。而命名常常是根据疾病名称,病毒分离的组织、传播方式以及分离的地点而命名。柯萨奇(Coxsackie)病毒最初(1946)是由美国柯萨奇地区分离到的;腺病毒是由腺样组织中分离到的;虫媒病毒(arbovirus)是以节肢动物为传播媒介的;脊髓灰质炎病毒(poliovirus)是引起脊髓灰质炎病的病原体。这样的分类与命名,有一定的实用意义,但不够科学,没能充分反映病毒本身的特性以及它们之间的亲缘关系。1961 年 Looper 建议,以病毒核酸作为病毒分类的首要标准,从此病毒分类开始形成比较合理的框架。1966 年,在莫斯科举行的第九届国际微生物学代表会议上,正式成立了国际病毒命名委员会(International Committee on Virus Nomenclature,ICNV),1973 年,更新为国际病毒分类委员会(International Committee on Taxonomy of Viruses,ICTV),作为国际公认的病毒分类与命名的权威机构。目前主要有 2 种病毒分类系统:一种是国际病毒分类委员会(ICTV)的分类系统,另一种是巴尔的摩分类系统。

二、巴尔的摩分类

现代病毒的分类除在 ICTV 分类法指导下,还参照巴尔的摩分类法。巴尔的摩分类系统是诺贝尔奖获得者生物学家戴维·巴尔的摩在 20 世纪 70 年代提出的。

巴尔的摩分类法是基于病毒 mRNA 的生成机制为依据的。在从病毒基因组到蛋白质的过程中,必须要生成 mRNA 来完成蛋白质合成和基因组的复制,但每一个病毒家族都采用不同的机制来完成这一过程。病毒基因组可以是单股或双股的 RNA 或 DNA,可以有也可以没有反转录酶。而且,单股 RNA 病毒可以是正义(+)或负义(-)。这一分类法将病毒分为 7 类:

第 1 类是双股 DNA 病毒(dsDNA virus),如腺病毒、疱疹病毒、痘病毒;

第 2 类是单股 DNA 病毒(ssDNA virus),如细小病毒;

第 3 类是双股 RNA 病毒(dsRNA virus),如呼肠孤病毒;

第 4 类是单股正链 RNA 病毒[(+)ssRNA virus],如微 RNA 病毒、披膜病毒;

第 5 类是单股负链 RNA 病毒[(-)ssRNA virus],如正黏病毒、弹状病毒;

第 6 类是单股 RNA 逆转录病毒（ssRNA-RT virus），如逆转录病毒；

第 7 类是双股 DNA 逆转录病毒（dsDNA-RT virus），如嗜肝 DNA 病毒。

三、ICTV 分类

ICTV 自成立以来，对病毒分类和命名的方案及原则进行了多次修改，最终建立了由域（Domain）、界（Realm）、门（Phylum）、纲（Phylum）、目（Order）、科（Family）、属（Genus）和种（Species）分类单位构成的病毒分类系统，除"种"以外，其他分类单位均可再细分，如"亚科（subfamily）"和"亚属（subgenus）"。域、界、门、纲、目、科、亚科、属和种分别用拉丁文的后缀"*-viria*"、"*-virae*"、"*-viricota*"、"*-viricetes*"、"*-virales*"、"*-viridae*"、"*-virinae*"、"*-virus*"和"*-virus*"斜体表示，名称的第一个字母要大写。ICTV 不负责种以下的分类和命名，如"变种"、"分离株"、"血清型"、"基因型"等由国际病毒专家小组认定。种的名称，凡被 ICTV 正式认定的，均用斜体字母表示，第一个词的首字母大写；暂定种、没有归入属或科的种及病毒的通用名称，则英文名称用正体而非斜体表示，但第一个词的首字母仍需大写。例如，禽冠状病毒（*Avian coronavirus*）属于套式病毒目（*Nidovirales*）冠状病毒科（*Coronaviridae*）正冠状病毒亚科（*Orthocoronavirinae*）丙型冠状病毒属（*Gammacoronavirus*）；鸭腺病毒甲型（*Duck atadenovirus A*）为 ICTV 认定种名，其通用名为减蛋综合征病毒（Egg drop syndrome virus）；牛海绵状脑病朊病毒的通用名为（Bovine spongiform encephalopathy prion）。

属和种是病毒分类的基本单位，一个新属的确认，必须要有模式种。当属名和种名得到认可后，再逐级分类，但不一定每个层级都明确。需要注意的是，病毒的种其实是一个不确定分类单位，ICTV 曾将其定义为是基于多种性状而归类的一些病毒，具有共同的祖先，并占据一个特定类型的生境（niche）的病毒群。即病毒"种"是对其多种性状综合的基础上确立的，同一种病毒的不同个体，它们不一定都具有某一个性状。通常"种"的确立即应符合病毒的易变性特点，又应符合病毒学者的工作传统。

自 1971 年以来，ICTV 定期对病毒分类内容做出更新报告，至今共出版了 10 次病毒的分类与命名报告。ICTV 的病毒分类工作具有严密的程序，一般先由专家提出新的分类建议，经小组讨论后，报 ICTV 有关分会讨论，再报 ICTV 执委会，如获同意，最后提交病毒学大会评议，评议通过后，确定分类的报告及有关病毒分类的论文和相关信息会在 ICTV 的官方期刊 *Archives of virology* 发表。在 2011 年出版的 ICTV 第 9 次报告中，共建立了 6 个病毒目，包括疱疹病毒目（*Herpesvirales*）、单股负链病毒目（*Mononegavirales*）、套式病毒目（*Nidovirales*）、微 RNA 病毒目（*Picornavirales*）、尾噬菌体目（*Caudovirales*）和芜菁黄花叶病毒目（*Tymovirales*），但到 2017 年第 10 次分类报告开始，病毒各分类单元的数量均大幅增加，如分为 122 个病毒科，35 个亚科，735 个属。至 2022 年，按照最新的病毒分类体系，ICTV 公布的病毒目已达 65 个；而病毒科数量为 233 个，168 个病毒亚科、2606 个病毒属，84 个亚属，10 434 个病毒种。常见的脊椎动物病毒分类见表 2-4。

在自然界中，还存在一类比病毒还小、结构更简单的微生物，称为亚病毒（subvirus）。亚病毒包括类病毒（viroid）、卫星病毒（satellite virus）及朊病毒（prion）3 类。类病毒只含有 RNA 类核酸无蛋白质，目前仅发现感染植物，可能由于 RNA 分子直接干扰宿主细胞的核酸代谢而致病；朊病毒只含有传染性蛋白质无核酸，对动物和人有致病性（详见朊病毒章节）。

在现有的病毒分类体系中，主要的分类依据是基因组核酸的类型和性质、病毒复制的模式和位点、病毒颗粒结构、病毒的生物学特性和免疫学特性等。其中，以核酸的类型、结构、分子量，病毒粒子的结构及宿主范围作为分类的主要标准。因为就病毒核酸而论，它是病毒的遗传物质，是决定病毒结构与功能的最基本因素。因此，核酸在类型、结构、组成及含量上的差异，成为一种病毒区别于另一种病毒的最基本的特征。由于病毒基因和基因组测序的应用，使病毒分类从单一基因水平发展到了全基因组水平，但目前病毒的分类尚未涉及病毒的进化或系统发生。关于病毒的形态结构（包括衣壳的对称性、壳粒数和囊膜的有无等），虽不能直接反映出核酸的特征，但它们是受一定的核酸所控制的，所以一定的形态结构也是病毒本质的反映。

表 2-4 常见的脊椎动物病毒分科及重要病毒

病毒科名	核酸类型	分类的主要特点	主要成员
痘病毒科	dsDNA	有囊膜	痘苗病毒、疙瘩皮肤病病毒、鸡痘病毒、口疮病毒、绵羊痘病毒、山羊痘病毒等
疱疹病毒科		有囊膜	伪狂犬病病毒、牛传染性鼻气管炎病毒、禽传染性喉气管炎病毒、鸭瘟病毒、马立克病病毒等
非洲猪瘟病毒科		有囊膜	非洲猪瘟病毒
腺病毒科		无囊膜	禽腺病毒、鸭腺病毒、犬腺病毒等
虹彩病毒科		有囊膜	红细胞坏死病毒、淋巴囊病毒、流行性造血器官坏死病毒等
多瘤病毒科		核酸环状,无囊膜	猴病毒 40 等
乳头瘤病毒科		核酸环状,无囊膜	牛乳头瘤病毒、绵羊乳头瘤病毒、兔乳头瘤病毒等
嗜肝病毒科	dsDNA-RT	复制过程有逆转录	人乙型肝炎病毒、鸭乙型肝炎病毒等
细小病毒科	ssDNA	无囊膜	犬细小病毒、貂肠炎病毒、猪细小病毒、鹅细小病毒、貂阿留申病细小病毒等
细环病毒科		核酸环状,无囊膜	输血传播病毒、鸡贫血病毒等
圆环病毒科		核酸环状,无囊膜	猪圆环病毒、喙羽病病毒等
呼肠孤病毒科	dsRNA	核酸 10~12 个节段、无囊膜、2~3 层衣壳	蓝舌病度、轮状病毒、禽正呼肠孤病毒、草鱼出血病病毒等
双 RNA 病毒科		核酸 2 个节段,无囊膜	传染性法氏囊病病毒、传染性胰腺坏死病毒等
微双 RNA 病毒科		核酸 2 个节段,无囊膜	人类微双 RNA 病毒、马微双 RNA 病毒等
正黏病毒科	(−)ssRNA	核酸分段,有囊膜	禽流感病毒、猪流感病毒、马流感病毒等
副黏病毒科		核酸不分段,有囊膜	腮腺炎病毒、新城疫病毒、小反刍兽疫病毒、犬瘟热病毒等
沙粒病毒科		核酸 2~3 个节段,有囊膜	淋巴细胞脉络丛脑膜炎病毒等
泛布尼亚病毒科			
弹状病毒科		核酸不分段,有囊膜	狂犬病病毒、水泡性口炎病毒、牛暂时热病毒等
丝状病毒科		核酸不分段,有囊膜	马堡病毒、埃博拉病毒等
波纳病毒科			哺乳动物 1 型正波纳病毒等
逆转录病毒科	ssRNA-RT	两条相同的 RNA(+),有囊膜	禽白血病病毒、猫白血病病毒、马传染性贫血病毒、猫免疫缺陷病毒等
冠状病毒科	(+)ssRNA	核酸套式转录,有囊膜	猪传染性胃肠炎病毒、猪流行性腹泻病毒、猪丁型冠状病毒、禽传染性支气管炎病毒、猫冠状病毒、牛冠状病毒等
动脉炎病毒科		核酸套式转录,有囊膜	猪繁殖与呼吸综合征病毒、马动脉炎病毒等
披膜病毒科		有囊膜	鲑胰腺病毒、东部马脑炎病毒、西部马脑炎病毒等
黄病毒科		有囊膜	猪瘟病毒、牛病毒性腹泻病毒、日本脑炎病毒、坦布苏病毒等
嵌杯病毒科		无囊膜	兔出血症病毒、猫嵌杯病毒等
微 RNA 病毒科		无囊膜	口蹄疫病毒、猪水泡病病毒、禽脑脊髓炎病毒、鸭甲型肝炎病毒等
星状病毒科		无囊膜	鸡星状病毒、鸭星状病毒、羊星状病毒、猪星状病毒等

复习思考题

1. 简述病毒的分类原则和命名规则。
2. 现在病毒分类的依据是什么？
3. 试述巴尔的摩分类法的病毒类型并举例。
4. 病毒分类的最基本单位是什么？何谓病毒的“种”？
5. 国际公认的病毒分类与命名的权威机构是什么？以目、科、属、种分类单元为例，举例说明病毒命名的中英文方式。

开放式讨论题

在现有的病毒分类体系中，核酸为什么成为病毒分类的主要标准之一？请结合核酸测序技术谈谈你的看法。

第八节　病毒性传染病的实验室诊断

畜禽病毒性传染病给畜牧业带来的经济损失巨大。除少数如羊痘、羊口疮等可以从临床症状、流行病学、病理学变化等作出诊断外，大多数病毒病的诊断仅根据临床特点是不可靠的，如猪水疱病、猪口蹄疫、禽流感和新城疫等，必须在临床诊断的基础上进行实验室诊断，以确定病毒的存在或检出特异性抗体才能最终确诊。病毒病的实验室诊断和细菌病的实验室诊断一样，都需要在正确采集病料的基础上进行。病毒的实验室检查包括病料的采集和处理、病毒的分离培养和病毒的鉴定（见图 2-15）。

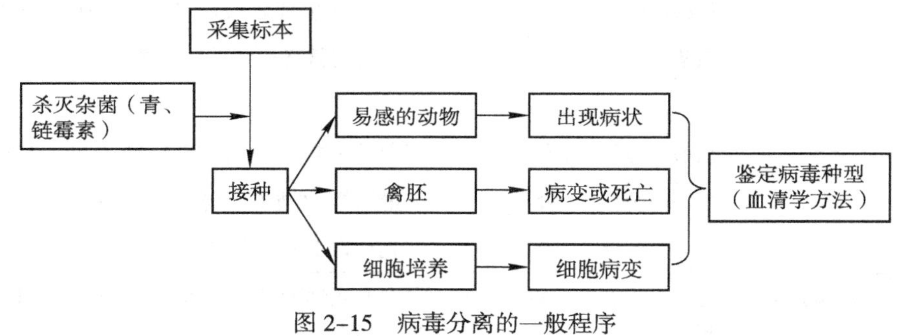

图 2-15　病毒分离的一般程序

一、病料的采集

病毒分离是否成功，分离率高低，与病料标本的采集是否得当、病料的处理方法、环境的 pH、温度等条件的影响密切相关。要提高分离病毒的阳性率，必须在适当的时间采集合适的病料标本，对环境条件加以严格控制，进行恰当的处理。

为了保证采集到含有足够量活病毒的标本，必须注意以下两个方面：

1. 采集病料的时间

采集病料总是希望病毒含量越多越好，通常最好在发病的早期，在症状出现后立即采取，否则病毒迅速减少。例如流感在发病 2 ~ 3 d 内所采集的病料标本，易于分离出流感病毒，而较晚期采取的病料虽亦有可能分离出病毒，但成功概率大大降低，因为在潜伏期就有病毒的复制，在刚出现症状时患畜体内病毒滴度最高，细胞和组织的病理变化也在早期比较典型；而晚期，由于抗体的产生以及其他一些生理机能的影响，细胞内外的病毒显著减少，分离病毒就比较困难。同时晚期由于发生交叉感染，增加判断的困难。尸体病料中采集标本，最好在死后 6 h 内进行，否则受温度、细菌等腐败因素的影响病毒容易死亡。

2. 采集病料的种类

作为病毒分离用的病料通常从发病部位采集，但也有例外。一般上呼吸道感染可采鼻液或喉液，下呼吸道感染则取气管分泌液。皮肤黏膜疾病自病变区刮其样品，如有水疱液则取水疱液和痂皮，皮肤出疹则取血液。有神经症状的病畜可采取脑脊液，但肠道病毒虽然常引起神经症状，却要采集粪便。血液样品大都供血清学研究之用，但也有很多病毒（特别在病毒血症时）存在于血中。分离病毒用的血须抗凝。病死动物可以采取有病变的器官和组织。总之，待检标本首先根据流行病学调查、临床诊断和病理学检验所获的初步信息，可有目的地采集以下 4 种。

(1) 拭子标本：应用灭菌的棉拭子采集鼻腔、咽喉、结膜、阴道或直肠内的分泌物。蘸取分泌物后立即将拭子浸入保存液中，密封低温保存。常用的保存液有 pH 7.2 ~ 7.6 的灭菌肉汤或磷酸盐缓冲生理盐水；如准备将待检标本接种组织培养，则应保存于含质量分数 0.5% 水解乳蛋白物的 Hank's 液中，一般每支拭子需保存液 5 mL，每毫升保存液中均应加入青霉素 1 000 U 和链霉素 1 000 μg，必要时每毫升保存液中还要加制霉菌素 200 U。

(2) 血液标本：无菌采血后加入 1/1 000（约相当 100 U/mL）肝素做抗凝剂，不用柠檬酸盐类抗凝剂，因柠檬酸盐对病毒活力有影响，且接种动物后经常出现非特异性反应，影响分离培养效果和感染性检验的准确性。也可将血液放入装有玻璃珠的灭菌瓶内，振荡脱纤维蛋白。需要时也可不加肝素，自然凝血后取血清做待检标本。

(3) 组织标本：无菌采取待检组织 3 ~ 5 g，立即浸入保存液中，密封低温保存。常用的保存液有 pH 7.2 ~ 7.6 的灭菌肉汤和质量分数为 50% 甘油磷酸盐缓冲生理盐水等，并加入青霉素 1 000 U/mL、链霉素 1 000 μg/mL，必要时再加制霉菌素 200 U/mL。近年来，常用 1% 的二甲基亚砜作为保存液，以防止核酸酶对病毒核酸的破坏作用。

(4) 渗出物标本：一般在痘疱病灶破溃前，用无菌手术吸取渗出液，混入等量保存液（可用组织标本保存液），封闭低温保存。也可应用灭菌玻璃毛细吸管，无菌操作吸取疱液、脓汁或渗出液，然后在火焰下迅速熔封两端开口，置低温保存。

无论何种标本，都应在发病早期采集，因发病晚期由于特异性抗体的产生，病毒复制和释放减少，分离病毒则较为困难，再者晚期可能并发或诱发其他疾病，增加诊断上的复杂性。

二、病毒病料的送检

病料采集后应尽快送往实验室进行接种，一些侵害呼吸系统的病毒，甚至要求在几小时内接种，否则不易分离到。绝大多数病毒均对热不稳定，故应低温保存、运送。为避免冻融过程对病毒的破坏，病料最好在 48 h 内接种，在 4℃左右保存、运送。如 48 h 内不能接种时，需在 -15℃以下保存、运送，但是某些疱疹病毒和合胞体病毒一旦解冻以后就不易分离。不论在何种低温条件下保存的待检病料，最好保持温度恒定，温度波动往往对病毒有一定的灭活作用。大多数病毒的感染力受到温度、pH、干燥和细菌污染的影响。通常温度越低对病毒感染力的影响越小，但也不要误解室温时间稍长就不能用于分离病毒，如流感病毒在室温中经 48 h 还能生长。冰冻确实能减慢病毒的死亡率，但在冻结过程中能使很多病毒死亡，特别是缓慢的冻结。如果病料在 24 h 内检验，最好还是在 4℃保存和运送。如果病料要保存较长时间，则应贮存于 -20℃或 -60℃，前者 一般实验室都能具备（但某些病毒如疱疹病毒和呼肠孤病毒容易死亡），后者可使病毒的感染力保持稳定。

采集的样品如果数量很少，如鼻液、眼分泌物等，很易受到环境因素的影响，因此最好立即浸于运输液中。如果采集量很大，则本身的条件就足以满足病毒的稳定。常用的运输液是以 Hank's 液作为主要成分，另加质量分数为 2% 的犊牛血清和适量抗生素。它的作用是防止样品干燥，pH 保持中性左右，血清蛋白对病毒起保护作用，抗生素可抑制可能污染的细菌。组织块样品也可浸于质量分数为 50% 甘油缓冲盐水中，但液体样品则不能浸于质量分数为 50% 甘油缓冲盐水中，因为在以后的培养中难以除去甘油。

待检病料需在完全保险的条件下保存和运送，以防丢失或散毒，送检标本应附完整的送检单。

在有条件的地方，最好先将采集的病料经除菌处理后用缓冲生理盐水做成 5 倍或 10 倍稀释的悬液乳剂，经 1 500 r/min 离心 20 min，取上清液接种敏感的试验动物或鸡胚或组织培养，盲传一代或数代，然后收集培养物加质量分数为 5% 的蔗糖和质量分数为 10% 的脱脂乳，经真空冷冻干燥后寄出。此种初步处理不仅可以去掉非特异因素，而且可以长期保存。即使没有冷冻干燥的条件，如能将盲传后的病料寄往实验室也较原始病料更为可靠。当然进行此种预处理必须在获得初步诊断信息的基础上进行。否则不适当的预处理有时反而会丢失特异性病毒。

三、病料的处理

实验室接到送检标本后，先仔细查阅送检单，根据送检单报告的情况，确定合适的分离步骤。但是无论采用何种分离手段，都要求接种材料尽可能无菌，并尽可能地使标本中的病毒游离出来。检验以前要尽可能将样品中的非病毒物质去掉，使之成为没有颗粒和均质的悬液。根据标本种类，接种前的处理方法有所不同。

1. 拭子标本

取出拭子，用无菌镊子将其中的液体挤入保存液中，根据标本的情况再加入适当浓度的抗生素。粪便标本一般需加入青霉素 10 000 U/mL 和链霉素 10 000 μg/mL，在 4℃作用 8 h；也可 10 000 r/min 离心 20 min 去除大部分细菌。鼻拭子或咽喉拭子，可加青霉素 2 000 U/mL 和链霉素 2 000 μg/mL 在 4℃作用 4 h，2 000 r/min 离心 20 min，取上清液备用，如怀疑上清液污染，可用滤器除菌。

2. 血液标本

一般血液标本比较纯净，不必做任何处理即可接种。

3. 组织标本

先用灭菌缓冲生理盐水或 Hank's 液反复冲洗 3 ~ 4 次，并剔除不需要的组织。然后称重，加入 5 倍或 10 倍量的稀释液，应用组织磨碎器、乳剂缸或乳钵加玻璃砂将组织磨成乳剂。置 4℃浸渍 2 h，2 000r/min 离心 20 min，取上清液备用，如标本有污染可能，亦可将上清液经合适的滤器除菌。常用的稀释液有 pH 7.2 ~ 7.6 的灭菌肉汤或磷酸盐缓冲盐水，质量分数为 10% 的脱脂乳生理盐水或质量分数为 0.5% 乳蛋白水解物的 Hank's 液等。稀释液中均需加青霉素 1 000 ~ 2 000 U/mL 和链霉素 1 000 ~ 2 000 μg/mL，必要时尚需加制霉菌素 100 ~ 200 U/mL。在研磨时不宜用力过猛，以免产热，损害病毒。

4. 渗出物标本

一般加抗生素处理并 2 000 r/min 离心 20 min，取上清液备用或再经滤器除菌。

在接种前合理地处理标本十分重要，往往个别环节的错误或疏忽都可能造成分离失败。除按要求操作外，所有用具器皿和稀释液都应经灭菌处理，全部操作应在避尘条件下进行。为检验病料的处理是否达到无菌程度，接种前常将处理后的标本接种常规培养基，置 37℃孵育 24 h 后，判定是否纯净。

四、病毒分离培养

由于病毒只能在活的动物或组织细胞内寄生和复制，所以病毒的分离培养技术较细菌的分离培养要复杂一些。通常分离培养病毒的方式有动物接种、禽胚胎接种和细胞培养接种等，根据不同情况选择不同的培养方式。禽类的病毒及流感病毒选用 SPF 禽胚，需依据不同的病毒种类，选择适当的接种途径。常用的接种途径有尿囊腔、卵黄囊、绒毛尿囊膜和羊膜腔等，接种后 24 h 之内死亡的禽胚应弃去，因病毒生长较慢，24 h 之内死亡的禽胚多为细菌污染所致。接种后 1 周内观察禽胚的死亡和病变情况，再取病变的禽胚相应部位检测病毒，如未检测出病毒必要时需盲传 3 代以上，方可最后确定。哺乳动物的病毒一般不能在禽胚上生长，常采用细胞培养，一般而言，本动物的原代细胞最为敏感，但不如传代细胞方便易得。接种时通常选用生长旺盛的敏感细胞用于病毒分离。少数例外，如犬、猪的细小病毒，病毒的复制有赖于分裂旺盛的细胞，因此需将病毒接种与细胞培养同步进行。接种时通常接种物需进行稀释，每个稀释度最少接种 2 ~ 3 个细胞培养瓶，接种量以能使接种液覆盖细胞单层为宜。37℃培养 30 ~ 60 min，去除接种液然后加入新的维持液进行培养，观察细胞病变。如没有病变需要盲传3代以上，如仍不出现细胞病变，用分子生物学方法检测为阴性者，可判为阴性结果，终止传代。详细过程见本章第三节中病毒培的养部分。

五、病毒的鉴定

病毒经动物、禽胚、组织细胞培养等途径，分离到能稳定传代的病原，如能确定无细菌污染，或经抗生素处理、或经过滤除菌仍具有繁殖能力与致病力，就可以认为已分离出病毒，但究竟是属于哪一种病毒，需进行鉴定。病毒的鉴定可以采用显微镜直接观察病毒粒子的存在，也可以通过血清学实验用特异性抗体检测病毒抗原的存在或用病毒抗原检测血清中的特异性抗体，还可以用分子生物学方法检测病毒的特异性核酸。

（一）显微镜检查

1. 光学显微镜检查

病毒个体甚小，多在150 nm以下，而普通光学显微镜的最低分辨率为250 nm，所以绝大多数病毒个体不能在普通光学显微镜下被发现。但是某些痘类或疱疹类大病毒经过染色后在暗视野照明下可提高能见度，例如牛痘病毒用超滤法测定为150 nm，经染色后可增至300 nm，在暗视野照明下清晰可见。普通光学显微镜除用来观察大型病毒个体以外，更重要的是观察某些病毒感染 在细胞内形成的特异性包涵体和合胞体。不同病毒感染细胞，包涵体可能出现在细胞质或细胞核内，也可能细胞质和细胞核内同时出现。某些病毒如副黏病毒，在细胞内大量繁殖可导致感染细胞迅速融合，这种过程称“早期形成多核细胞”，这是由于病毒酶对细胞膜的作用而引起细胞融合成所谓多核巨细胞。

常用光学显微镜进行以下项目的观察。

（1）包涵体和合胞体的观察：包涵体不仅在细胞内出现的部位不同，而且嗜染性也不尽一致，一般嗜伊红（酸性）染色较多。应用普通光学显微镜检验的样品，可制成涂片、压印片、冰冻切片或石蜡切片，也可将细胞培养物作为样品检验。一般采集可疑的病料组织（包括鸡胚绒毛尿囊膜组织），直接制作压印片或组织切片，经染色后镜检。

不同病毒性传染病的组织细胞中，是否有包涵体或合胞体，以及包涵体的嗜染性如何和包涵体存在的部位等都不同。如狂犬病患畜的脑海马神经细胞的脑浆中能发现内基小体（negribody），腺病毒感染的细胞呈现细胞核内嗜碱性包涵体，疱疹病毒感染的细胞则出现细胞核内嗜酸性包涵体，而副黏病毒、呼肠孤病毒、弹状病毒、痘病毒和双链RNA病毒感染细胞多为嗜酸性细胞质内包涵体。这对诊断均有一定参考价值。

（2）细胞病变的观察：主要用于病毒培养中细胞形态的观察。某些病毒在细胞内寄生往往引起细胞病变，如细胞的折光力增强，形态逐渐变圆，感染细胞由局部扩展到整个单层，细胞死亡，由玻面脱落，如肠道病毒；细胞聚集成丛，类似葡萄串状，细胞之间常有细丝状细胞间桥连接，每个细胞变圆，如大多数腺病毒；细胞融合形成多核巨细胞，称为合胞体，如副黏病毒、牛白血病病毒等；细胞质中有空泡形成，如猴病毒SV40、呼肠孤病毒等。细胞病变既可作为诊断的参考，也可以细胞病变作为指征来滴定病毒和进行细胞培养中的血清中和试验。观察细胞病变一般不需要固定染色，将细胞培养瓶直接置显微镜下观察。

此外，病毒的显微镜检验技术还包括荧光显微镜技术，最简单的荧光染色是用吖啶橙和荧光素直接染被检的压印片或切片，然后将染片置荧光显微镜上，在紫外光光源的激发下，着色部分发出荧光，例如吖啶橙染色可以初步区别病毒的核酸型，即RNA病毒皆可被染成火红荧光。

2. 电子显微镜检查

自从电子显微镜发明以后，病毒学研究借助这个有力的工具而迅速发展，电子显微镜的放大倍数远远超过普通光学显微镜，可放大50万倍，目前电镜的分辨率已达到0.1～0.3 nm，这种放大倍数和细致的分辨率不仅可以观察到病毒的形态，而且配合其他特殊装置如电子投影和X射线衍射，还可观察和测定病毒颗粒的内部结构，如蛋白壳粒的排列形式、核酸的形状以及病毒颗粒各部分的大小等。目前电子显微镜技术已发展为独立的学科，成为研究病毒的重要工具。电子显微镜由电子光学系统、真空系统和电气系统组成。电子光学系统中，电子在真空的磁场中运动，产生的短波长电子束穿进标本而聚焦成像。因此用于电镜观察的标本必须脱水、干燥；又因电子的穿透力较弱，即使将加速电压升高到 100 kV，也只能穿透 100 nm 厚的标本，这就要求被检样品必须经超薄处理。一般电镜技术包括超薄切片技术、阴性反差染色和真空喷镀技术。此外，尚有免疫电镜技术等。

(1) 悬滴阴性反差染色技术：阴性反差染色又称负染色，主要利用较强的反差来显示病毒的结构。将病毒悬液与混有染料的重金属盐溶液混合，将此混合物滴在网膜上使之沉积干燥，此时重金属盐形成一层致密的背景，而病毒粒子成为相对半透明物反射出来。经这种方法染色的病毒样品，在电镜下是暗背景下的亮物像，与通常的染色性质相反，所以称之为负染色。负染色原理尚待进一步探讨，一般认为是用电子散射力强的重金属衬出电子散射力弱的物体的像。染色后，染液在病毒的疏松处或空隙处滞留，因而在电镜下病毒的这些部位呈黑色，可观察到病毒亚单位的立体结构；或者染液将病毒包围，病毒周围的背景呈黑色，病毒本身因电子散射力弱而较透明。

制备样品时首先要除去待检悬液中的颗粒性杂质，并将病毒作适当浓缩。可吸取浓缩的病毒悬液滴在特制的细铜网上，用滤纸吸去多余的病毒液，再滴加混有磷钨酸钾或钠等重金属盐配制的染色液，染色 2 ~ 3 min，再用滤纸吸去多余的混合液，进行电镜观察。

(2) 超薄切片技术：主要检查组织细胞内的病毒。制备超薄切片是电镜观察的前提和基础，样品制备的好坏是此法成败的关键。首先一定要从活畜采集病料，如必须从病死动物采集时，则操作越快越好，否则会因细胞迅速自溶而效果不良。病料的固定要快，分秒必争。超薄切片的制备步骤与普通组织切片基本相同，也需要经过固定、包埋、切片和染色等主要程序。所不同的是需要特殊的固定方法和包埋材料，需要超薄切片机切片，要求能切出厚度不超过 100 nm 的切片，即能将一个细胞切成 30 ~ 40 片。此法手续比较繁锁，但不需要将病料中的病毒浓缩和提纯。它的观察效果与负染法相仿，并能看到病毒子在细胞内的位置、排列、成熟和释放的特征，因此在病毒学中广泛应用。

(3) 真空喷镀(或真空投影)技术：将提纯的病毒悬液加到有支持膜的细铜网上，待干后，放置在真空喷镀仪上。将金属钯、铱、铂、金或铬等金属加热熔化成细颗粒，按一定角度在真空环境里喷镀在细铜网上附有病毒的样品上，由于投影而增加样品的反差，再置电镜下观察。根据喷镀后影像的长度测知病毒的形态和大小。该法具有负染色的优点，也有较强的反差，缺点是分辨率较低，特别在高倍放大时，往往显示出金属的颗粒而影响对病毒微细结构的观察。

(4) 免疫电镜技术：免疫电镜技术主要是应用病毒的特异性抗体先将病毒粒子凝聚在一起，再用电镜观察，可以增加电镜检测的敏感性和特异性，提高检出率。该方法可以检出样品中病毒数量少或仅凭形态较难区分的病毒。

(二) 血清学检查

由于发病早期检出病毒抗原是病毒病诊断最好最快的方法，故在实验室诊断工作中经常采用已知抗体来鉴定未知抗原的属、种和型。如当病毒与特异性抗体结合后，常失去感染力(如中和实验、保护实验)，或固定补体(如补体结合反应)，或抑制凝集红细胞的能力(如血凝抑制实验)，或析出沉淀线(如免疫扩散实验)等，可根据抗原和抗体特异性结合后的这些可见反应来指示被检病毒的属、种和型。所用的已知抗体必须有严格的特异性和较高的效价，一般要求经过一定的免疫程序制备高免血清，并提取相应的免疫球蛋白。被检病毒尽可能纯净、含毒量高且具有较稳定的生物学性状。因此，被检病毒的抗原样品有必要通过 1 ~ 2 代禽胚、实验动物或细胞培养，用其分离物进行血清学鉴定。在某些疾病的诊断中，还要求将分离物通过超滤、差速离心、载体吸附、浓缩或柱层析等手段处理。

在实验诊断中，有时也用已知病毒来检验未知抗体(血清)以进行流行病学调查。如用于传染病诊断，最好在发病早期采集动物血液，保存血清，待恢复期(一般需间隔 10 d 以上)再采集血液。两份血清同时测定其抗体效价。只有当恢复期血清效价比早期血清效价高出 4 倍以上才可说明此种血清与已知病毒相对应。

血清学方法不仅可用作病毒或血清的定性检验，也可用作病毒抗原的毒价滴定或血清抗体效价的测定。常用的有凝集(agglutination)、血凝抑制(hemagglutination inhibition，HI)、免疫荧光(immunoflurorescence，IF)、放射免疫测定(radioimmunoassay，RIA)、病毒中和(virus neutralization，VN)、补体结合(complement fixation,CF)、琼脂扩散(agar diffusion)、免疫电泳(immunoelectrophoresis)、免疫层析(immunochromatography,ICT)、间接红细胞凝集(indirect hemagglutination)和酶联免疫吸附(enzyme-linked immunosorbent assay,ELISA)等实验。相关知识见数字资源。

(三)病毒核酸诊断

近年来分子病毒学的发展,使诊断技术不受抗原抗体反应的限制,如应用核酸电泳法可以从粪便样品中直接检出轮状病毒等的RNA电泳图型。核酸分子杂交(nucleic acid hybridization)技术,已经广泛用于病毒学实验诊断。聚合酶链式反应(polymerase chain reaction,PCR)的DNA扩增技术,可使微量的目的基因或DNA片段在短时间内扩增几百万倍。PCR的高度敏感性和特异性,使其成为当前病毒病诊断上广泛应用的一种技术。在常规PCR技术基础上发展起来的实时荧光定量PCR(qPCR)方法,由于具有可定量分析、特异性更强、敏感度更高、自动化程度更高、可实时监测结果等优点,目前已被广泛应用。近几年发展起来的DNA芯片(DNA chip)技术和病毒宏基因组学方法,对于未知病毒的检测具有重要的应用价值。相关实验内容见数字资源。

○ 病毒鉴定的血清学实验
○ 病毒核酸诊断技术

(四)病毒理化特性的测定

病毒理化特性是病毒鉴定的重要依据,一般应进行病毒核酸类型鉴定、耐酸性实验、脂溶剂敏感性实验、耐热性实验、胰蛋白酶敏感实验、乙醚敏感实验、pH敏感实验、热灭活实验和阳离子稳定实验等。

1. 病毒核酸类型的鉴定

是病毒理化特性测定的最主要指标。经典的方法是用代谢抑制法,即添加氟脱氧核苷(FUDR)或类似物于病毒的培养物中,病毒复制者,即为DNA病毒,否则为RNA病毒。也可用DNA酶或RNA酶分别作用,以判定核酸的性质。绿豆芽酶(mung bean nuclease)可降解单股核酸,用它可以进一步鉴定核酸是单股或双股。亦可直接用纯化的病毒核酸通过电镜观察,对其进行鉴定,但技术要求较高。

2. 脂溶性实验和耐酸性实验

是最常做的两项指标。前者用乙醚或氯仿处理待检病毒液,有囊膜的病毒能被脂溶剂所破坏,使病毒失去感染性。有些无囊膜的病毒对乙醚的处理有抵抗作用。因此对待鉴定样品作脂溶剂敏感实验,可以进一步缩小鉴定的范围。后者方法类似,应设置pH为3.0和7.0的缓冲液进行比较,得出病毒耐酸性指标。

3. 其他理化性质的测定

除上述一些实验方法外,还有其他一些方法可以测定病毒的某些理化性质,对于病毒的鉴定也有帮助。如采用密度梯度离心法测定病毒的密度及病毒分子量的大小,也可以从某种角度上不同程度地缩小鉴定范围。

复习思考题

1. 试述病毒分离的一般程序。

2. 某猪场从外地引种2周后,大量猪无前兆突然死亡,猪群出现皮肤发红、高热、呕吐等症状,怀疑为非洲猪瘟。根据你所学知识,如何通过实验室诊断进行确诊?对该猪场和猪群如何进行消毒处理?

开放式讨论题

Koch法则是否适用于所有的病毒性病原体?针对病毒性病原体,哪一步骤可能有困难?

Summary

Introduction to virology. Viruses are unique in nature. They are the smallest of all self-replicating organisms, historically characterized by their ability to pass through filters that retain even the smallest bacteria. In their most basic form, viruses consist solely of a small segment of nucleic acid encased in a simple protein shell.

Many have argued that viruses are not even living, although to a seasoned virologist they exhibit a life as robust as any other creature. These 100 years of virology have forged new concepts and provided novel insights into the processes of life.In contrast to viruses, the much larger bacteria carry out their own metabolic processes and code for their own enzymes. Even when catalyzing similar reactions, bacterial enzymes differ from their eukaryotic homologs and can therefore be targeted by specific antibiotics. Like viruses, some bacteria (such as mycoplasma, rickettsia and chlamydia) can enter the cytoplasm of eukaryotic cells and become parasites. These small intracellular bacteria nevertheless provide all of the enzymes that are necessary for replication. Thus, mechanisms for control of bacteria, including those with a parasitic lifestyle, are more easily developed than for viruses.

Virus structure. Viruses consist of a nucleic acid (either DNA or RNA) associated with proteins encoded by the nucleic acid. This genome can be double stranded or single stranded (+ or –). negative means it is antisense. The virus may also have a lipid bilayer membrane (or envelope) but this is acquired from the host cell, usually by budding through a host cell membrane. If a membrane is present, it must contain one or more viral proteins to act as ligands for receptors on the host cell. Many viruses encode a few structural proteins (those that make up the mature virus particle (or virion)) and perhaps an enzyme that participates in the replication of the viral genome. Other viruses can encode many more proteins, most of which do not end up in the mature virus but participate in some way in viral replication. Virus particles are seen under the electron microscope by negative staining with a heavy metal or by thin sectioning with positive staining.

Form of symmetry. The capsid proteins protects the nucleic acid.They are arranged into three forms of symmetry, icosahedral, helical and complex. An icosahedron is a Platonic solid with twenty faces and 5 ∶ 3 ∶ 2 rotational symmetry. Most animal viruses are icosahedral or near–spherical with icosahedral symmetry. The best studied virus with helical symmetry is the non–enveloped plant virus tobacco mosaic virus. The helical nature of this virus is quite clear in negative staining electron micrographs since the virus forms a rigid rod–like structure. In enveloped, helically symmetrical viruses (e.g. influenza virus, rabies virus), the capsid is more flexible (and longer) and appears in negative stains rather like a telephone cord. Complex symmetry are regular structures, but the nature of the symmetry is not fully understood. Examples include the poxviruses.

Virus cultivation. Prior to the advent of cell culture, animal viruses could be propagated only on whole animals or embryonated chicken eggs. Whole animals could include the natural host—laboratory animals such as rabbits, mice, rats, and hamsters. In the case of laboratory animals, newborn or suckling rodents often provide the best hosts. Today, laboratory animals are seldom used for routine cultivation of virus, but they still play an essential role in studies of viral pathogenesis. Embryonated chicken eggs, used at 10 days, half way through embyonation. Some mammalian viruses, e.g. influenza viruses, as well as chickem viruses grow in them. Cultured cells currently provide the most widely used and most powerful hosts for cultivation and assay of viruses. Cell cultures are of three basic types: primary cell cultures, cell strains, and cell lines, which may be derived from many animal species, and which differ substantially in their characteristics. Viruses often behave differently on different types of cultured cells, and in addition each of the culture types possesses technical advantages and disadvantages.

Virus replication. One virus enters a susceptible cell and produces 100–3 000 progeny overnight. Replication in vitro results in a cytopathic effect which spreads until all the cells in the vessel are dead.Replication in–vivo results in necrotic lesions whose location depend on virus tropism. Lesions are then limited by nonspecifc immunity e,g. interferon. As a group, viruses infect virtually every organism in nature, they display a dizzying diversity of structures and lifestyles, and they embody a profound complexity of function. ① Attachment. ② Penetration and uncoating. ③ Formation of messenger RNA, DNA viruses make mRNA in the cell nucleus. RNA virus make mRNA in the cytoplasm. Retroviridae are the exception. They transcribe double–stranded DNA which is then ligated by a viral integrase into the host cell chromosome as a chain of viral genes. ④ Formation of new genomes. ⑤ Formation of new protein. ⑥ Assembly. The nucleocapsid of DNA viruses is assembled in the nucleus. The nucleocapsid of RNAviruses is assembled in the nucleus. The notable exception is the DNA poxviruses which is assemble in the cytoplasm. Nucleocapsid 'factories' can be seen as inclusion bodies by light microscopy. Glycoprotein spikes insert into the cell-surface plasma membrane. ⑦ Release. Release of many particles at once when the cell dies and then bursts. Or each enveloped virus particle gradually buds from the cell surface. ⑧ Latency-certain viruses, the herpes and retro's, form cDNA during replication and this can remain latent in the nucleus for years but then become reactivated to make new particles during immunosuppression.

Classification. Viruses are classfied into families based on appearance and into species based on the host and disease. Virus family names correctly end in -viridae. Families do not just aid identification but their members have common disease and control mechanisms.Some families have been split into subfamilies or genera e.g. canine distemper virus is in the morbillivirus genus in the paramyxoviridae family. These will only be considered if useful. Within a species there are different isolates. Isolates are sometimes grouped together according to their antigens into subtypes, serotypes (types) e.g. influenza A Newmarket 1976, and a nucleoprotein of (sero) type A and an H spike of subtype 3. A strain is a well-defined isolate as might be in a vaccine. Sequencing has validated this historical classification scheme and is now always used to confirm the identity of a new virus.

Variation. Many isolates have been made from each virus. These isolates look the same but show genetic variation as indicated by differing virulence, (e.g. the avirulent strains of Newcastle disease virus of chickens) and antigens (e.g. influenza viruses). RNA viruses generate more mutation during the error-prone replication involving their own RNA polymerases instead of the host cell DNA polymerases. Variable antigens are on a some but not other isolates. Variation is most marked for antigen involved in neutralisation, virus being selected to escape the host antibody. Different isolates will share different antigens eg one viral isolate may have antigens abc, a second ab, a third ac and a fourth bc.

Virus isolation. Bacteria-free samples, eg a nasal swab or diseased spleen, combined with antibiotics, are inoculated into animals, eggs or cells, which are known to support the suspected virus. These examined for cell death or lesions in comparison to uninoculated controls and positive controls several days later. Second and third serial passages are often required to increase the level of virus eg to recover a low level of virus from an equine influenza nasal swab in eggs.

第三章 真菌的基本特征

真菌属于真核生物范畴。真菌结构较细菌复杂，分为单细胞酵母和丝状结构的多细胞霉菌。在繁殖方式上，真菌具有有性繁殖和无性繁殖，人工培养条件下，真菌以无性繁殖为主，真菌的有性孢子和无性孢子形成过程和不同的形态特征，是鉴定真菌的基础；真菌的繁殖条件、生长规律与细菌相似，但真菌具有营养物质需求简单，适应性强，在室温、高湿、低 pH、高渗透压条件有利其生长等特点。真菌的形态学，包括镜下形态结构和肉眼观察的菌落特征是真菌鉴定的主要手段。多数真菌没有致病性，但由真菌繁殖会引起饲料、食品、药品、畜禽产品等的霉烂、变质，少数真菌通过产生的毒素污染食品和饲料引起人和动物真菌毒素中毒，也有极少数真菌可以侵入人和动物体表、体内，引起相应的浅部和深部真菌感染性疾病。

第一节 真菌概述

一、真菌的概念及其重要性

真菌一词来源于拉丁语中的 fungus（复数为 fungi），是指那些具有细胞壁，不含叶绿体，无根、茎、叶，以寄生或腐生方式生存，仅少数类群为单细胞，其余都是多细胞，呈分枝或不分枝的丝状体，能进行有性和无性繁殖的一类真核微生物。所谓真核细胞，是具有真正分化的细胞核和细胞器，这在进化程度上与原核细胞的细菌有本质区别。另外，真菌有性细胞的分化，在一定条件下能进行有性和无性繁殖。但真菌的真核细胞又与植物细胞和动物细胞有本质区别，如真菌具有细胞壁不含叶绿体，不能进行光合作用等。

真菌具有在自然界分布广，种类多、数量大的特点。目前已发现有约 12 万种真菌，但在自然界中真菌的总数预计可达 150 万种以上。这一大类生物与人和动植物关系的重要性并不亚于细菌等其他微生物。其中绝大多数对人类有益，如酿酒、发酵、生产抗生素等；少数对人类有害，可引起人类及动植物的疾病。

二、真菌的分类

有关真菌在生物界的分类地位过去一直存在争论，近年来基于各种真菌 DNA 序列的比对研究，真菌的分类随着生物界划分的不断完善而发生变化。林奈（Linneaus）2 界系统（1735 年）中真菌属于植物界的真菌门。在后来建立的 3 届和 4 届分类系统中，真菌属于原生生物界；1969 年 Wittaker 建立了 5 界分类系统，开始把真菌单独作为一界；后来又提出了 6 界系统，即原核生物界、原生生物界、真菌界、植物界、动物界以及病毒界。

传统上的真菌分类在很大程度上依赖于形态差异、生理学、结构大分子存在和有性繁殖方式等。真菌学发展迅速，分类较复杂。目前根据《真菌词典》第 10 版（Krik 等，2008 年），一种综合的系统分类方法，将真菌界分为 7 个门，子囊菌门（*Ascomycota*）、担子菌门（*Basidiomycota*）、壶菌门（*Chytridiomycota*）、球囊菌门（*Glomeromycota*）、微孢子门（*Microsporidia*）、芽枝霉门（*Blastocladiomycota*）、新美鞭菌门（*Neocallimastigomycota*）。原有的接合菌门（*Zygomycota*）目前未被这种分类方法认可，需要进一步确定。在兽医学中重要的接合菌归类到毛霉亚门（*Mucormycotina*），而接合菌门这一术语仍在使用。兽医学上有致病特性的真菌绝大多数属于子囊菌门、担子菌门或接合菌门。

第二节 真菌形态与结构

真菌根据外形的不同分为酵母（yeast）和霉菌（mold），但这不是真菌的分类学名称。酵母是指通过芽殖或裂殖进行无性繁殖的单细胞真菌的一个形态群（图 3–1）；霉菌又称丝状真菌（filamentous fungus），是指

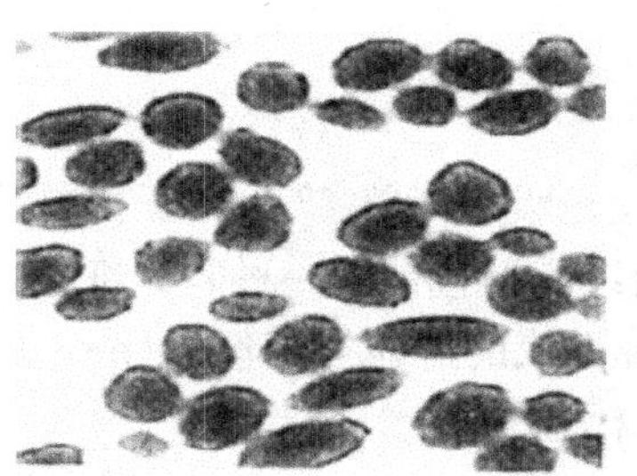
图 3-1 酵母型真菌镜下呈圆形或椭圆形单细胞形态

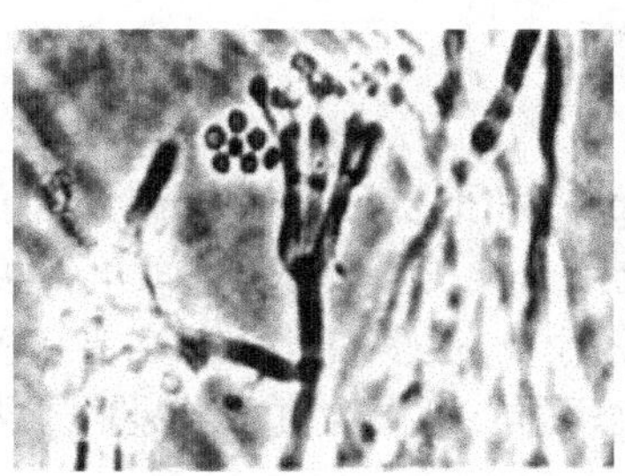
图 3-2 多细胞真菌镜下有孢子和菌丝结构

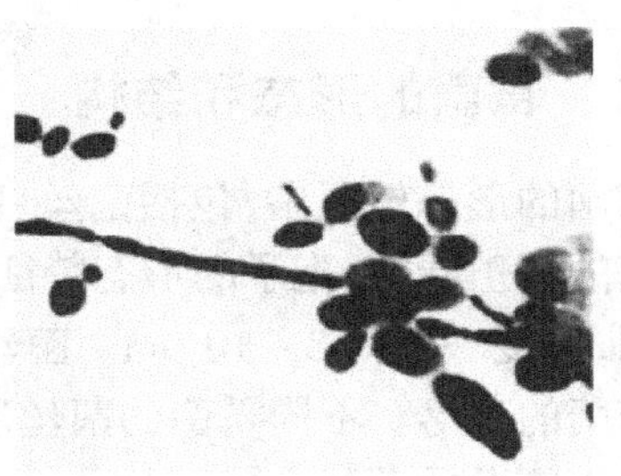
图 3-3 双态真菌镜下观察既有单细胞形态又有呈丝状结构

具有丝状结构的形态群(图 3-2)。双态真菌,或称双项真菌(dimorphic fungus)(图 3-3)能够以酵母和丝状两种形式存在,通常受环境因素的影响。有些真菌如白色念珠菌等,可以产生多种形态,又被称为多相型菌。

一、酵母菌的形态和结构

酵母菌为单细胞真菌,一般为球形、椭圆形或卵形,少数为瓶形、柠檬形和假丝形等多种外形,其形态大小取决于酵母的种属和培养条件。在一定的培养条件下,其具有相对稳定的形态和大小,这对于种的鉴别具有意义。酵母菌明显比细菌大,一般为(1 ~ 5) μm × (5 ~ 30) μm。有典型的细胞结构,包括细胞壁、细胞膜、细胞质、细胞器(线粒体、核糖体、内质网等)、具有核膜的细胞核及其内含物等(图 3-4)。

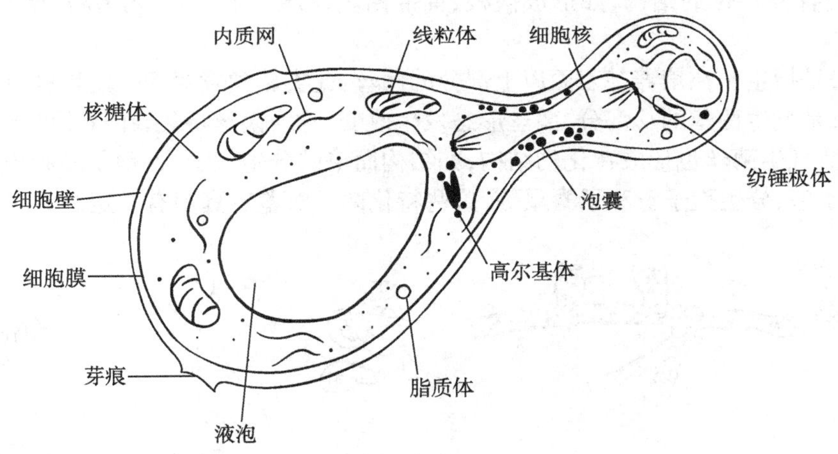

图 3-4 酵母菌细胞结构示意图

酵母菌细胞壁不如细菌细胞壁坚韧,幼龄菌比较薄,并有弹性,随着培养时间的延长,细胞壁逐渐增厚,变硬,厚度在 100 ~ 300 nm 之间。细胞壁主要由甘露聚糖、葡聚糖、几丁质等多糖和蛋白质、脂类构成。在细胞壁表面有许多凹凸的出芽痕迹。细胞膜与所有生物膜一样,呈液态镶嵌模型,糖类含量高于其他生物细胞膜。细胞质内含有细胞核、线粒体、核蛋白体、内质网、高尔基体和纺锤体;幼龄菌细胞质均匀,随菌龄增长可出现 1 ~ 2 个液泡,在细胞质中和液泡内还有各种颗粒(异染颗粒、肝糖和脂肪滴)出现。细胞核外有核膜,核中有核仁和染色体,幼龄菌细胞核呈圆形,出现液泡后细胞核常变为肾形。纺锤体在核附近呈球状结构,包括中心染色质和中心体,中心体为球状,内含 1 ~ 2 个中心粒。

酵母菌不能形成真正的菌丝,但生长旺盛时,由于迅速分裂而形成的新个体未能及时脱落而相互粘连,可形成类似丝状菌菌丝的假菌丝。假菌丝与真菌丝的区别为假菌丝两细胞连接处呈细腰状。

二、霉菌的形态和结构

霉菌的形态较复杂,包括菌丝(hypha)和孢子(spore)两部分,菌丝是吸收营养、产生孢子的部位,孢子是霉菌的繁殖器官,孢子的形态特征也是分类的重要依据。菌丝是由细胞壁包被的一种管状细丝,多为无色透明,宽度一般为 3 ~ 10 μm。菌丝有分枝,很多菌丝相互交错、缠绕而成的群体为菌丝体(mycelium),也称为霉菌的菌落。不同霉菌的菌丝形态不同,可作为真菌鉴别的重要标志。

(一) 霉菌的菌丝

1. 根据菌丝的结构分类

分为有隔菌丝和无隔菌丝 2 种类型(图 3-5)。不同霉菌属于无隔菌丝还是有隔菌丝是有种属特征的,可根据菌丝横隔的有无进行霉菌的鉴别。

(1) 有隔菌丝(septahypha):是一根菌丝间隔一定距离由横隔或隔膜将其分隔成多个细胞,两个横隔之间作为一个细胞,在细胞内有很多细胞核存在,一根菌丝可以看作是由多核多细胞组成。在不同真菌菌丝中的横隔膜的结构不一样,隔中央有小孔,细胞核及原生质可流动。

(2) 无隔菌丝(non-septahypha):此类菌丝没有横隔膜存在,一根菌丝是一个多核的单细胞。在菌丝生长过程中只有核的分裂和原生质的增加,没有细胞数目的增多。

2. 根据菌丝的功能分类

可以将菌丝分为营养菌丝(vegetative hyphae)、气生菌丝(aerial hyphae)和繁殖菌丝(reproductive hyphae)3 种类型。另外,有些霉菌的菌丝的形态特征,对于鉴定霉菌也有一定意义,如呈结节状、球拍状、梳状、鹿角状、关节状和螺旋状菌丝等(图 3-6)。

(1) 营养菌丝:是指伸入到培养基内部的菌丝,可用来吸收营养。有些营养菌丝在长期的进化中为适应不同的环境长出各种特化的结构,如形成假根、匍匐菌丝、吸器、附着胞、附着枝、菌核、菌索、菌环和菌网等。

(2) 气生菌丝:是指生长在培养基表面以上部分的菌丝,此类菌丝发育到一定程度可产生孢子。

(3) 繁殖菌丝:是气生菌丝的一部分,菌丝形态发生改变,称为菌丝特化,在特化的菌丝上有孢子生成。除产生孢子外,多数气生菌丝也形成特化的结构,如结构简单的分生孢子头、孢子囊和担子,结构复杂的分生孢子器、分生孢子座、分生孢子盘和子囊果等,这些特化菌丝对鉴定真菌有一定意义。

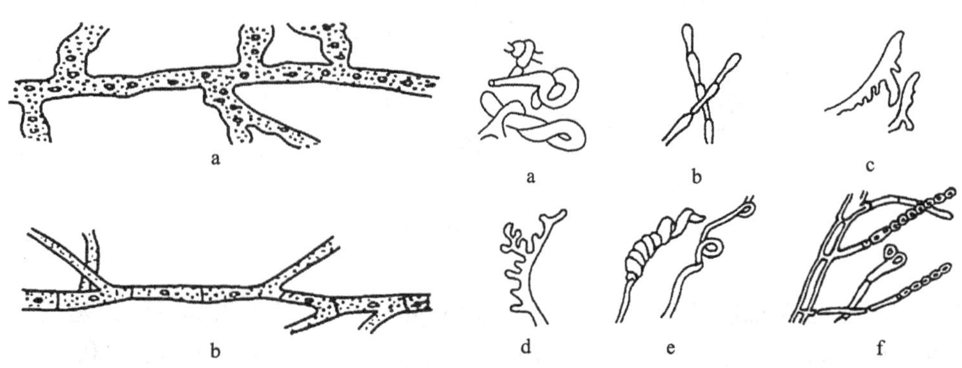

图 3-5　霉菌的有隔菌丝和无隔菌丝
a. 无隔菌丝;b. 有隔菌丝

图 3-6　霉菌特殊形态的菌丝
a. 结节状菌丝;b. 球拍状菌丝;c. 梳状菌丝;
d. 鹿角状菌丝;e. 螺旋状菌丝;f. 关节状菌丝

(二) 霉菌的孢子

根据不同的繁殖方式,霉菌的孢子分为有性孢子(sexual spore)和无性孢子(asexual spore),两者在形态和发生上不同,其形态特征是分类的重要依据。霉菌的有性孢子是由不同的性细胞(又称配子)或性器官融合经过减数分裂所产生的孢子,有性孢子也常是真菌在特定的自然条件下形成的用来抵抗不良环境的休眠体。在自然界中,霉菌以无性孢子繁殖为主。无性孢子是菌丝上的细胞直接分化产生的。常见的无性孢子有叶状孢子(thallospore)、分生孢子(conidium)和孢囊孢子(sporangiospore)等。

1. 叶状孢子

叶状孢子是繁殖菌丝直接形成的孢子。这类孢子主要有节孢子(arthrospore)、芽胞子(blastospore)和厚垣孢子(chlamydospore)3 种类型:

(1) 节孢子:又称关节孢子、粉孢子或裂孢子,是由菌丝断裂而成。当幼龄的菌丝生长到一定阶段,出现许多横隔,从横隔处断裂后,产生许多形如短柱状、筒状或两端呈钝圆形的节孢子。产生节孢子最典型的霉菌如白地霉。节孢子在新鲜培养基上或遇到新的养料,又可生成新的菌丝(图 3-7a)。

(2) 芽胞子:又称芽生孢子,是从一个细胞出芽而形成。当芽长到正常大小时,或脱离母细胞,或与母细胞相连接而继续再发生芽体,如此反复进行,最后成为具有发达或不发达分枝的假菌丝。所谓假菌丝,就是芽殖后的子细胞与母细胞仅以极狭窄面积相连,即两细胞间有一细腰,而不像真正菌丝横隔处两细胞宽度一致。有些种类的假菌丝,在两个细胞相连处的其他侧面(或四周),又生出芽,也称芽胞子。真菌中的假丝酵母、球拟酵母、圆酵母、红酵母、玉蜀黍黑粉菌等皆产生芽胞子。某些毛霉或根霉在液体培养基中形成的被称为酵母型细胞,也属芽胞子(图 3-7b)。

(3) 厚垣孢子:又称厚膜孢子或厚壁孢子。是真菌的一种休眠或静止细胞,一旦条件适宜,就能萌发成菌丝体。厚垣孢子是在菌丝中细胞质密集一处,然后在其四周生出厚壁,或原细胞壁加厚而成。有些厚垣孢子生在菌丝或分枝的顶端,如白假丝酵母菌;也有在菌丝中间形成的厚垣孢子,如毛霉中的总状毛霉。厚垣孢子为圆形或长方形,有的表面有刺或疣状突起(图 3-7c)。

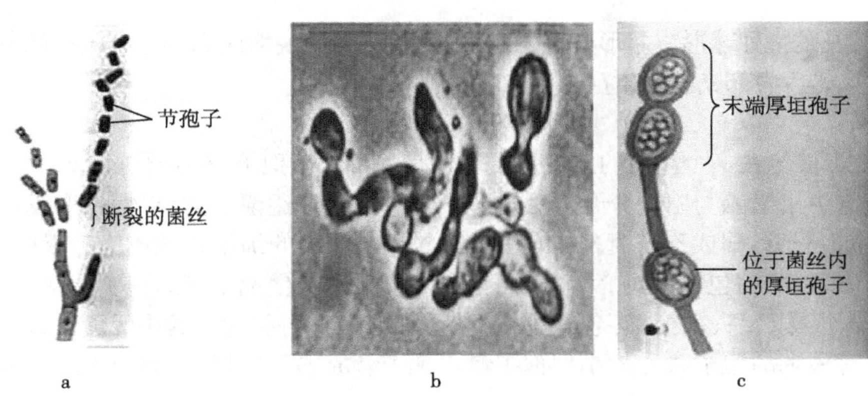

图 3-7 霉菌各种叶状孢子形态

a. 节孢子;b. 芽生孢子;c. 厚垣孢子(位于菌丝末端和中央的厚垣孢子)

2. 分生孢子

分生孢子又称外生孢子,孢子着生在菌丝的外面。分生孢子是霉菌中常见的一类无性孢子。依据分生孢子着生位置的不同可归纳为以下几种类型。

(1) 分生孢子着生在无明显分化的分生孢子梗上:分生孢子着生在菌丝或其分支的顶端,单生、成链或成簇,产生孢子的菌丝与一般菌丝没有显著的区别,如红曲霉、交链孢霉等(图 3-8a)。

(2) 分生孢子着生在具有分化的分生孢子梗上:分生孢子着生在已分化的(例如细胞壁加厚或菌丝直径增宽等)分生孢子梗的顶端或侧面。这种菌丝与一般菌丝有明显的差别,它们或直立,或朝一定方向生长。例如粉红单端孢霉、新月弯孢霉(图 3-8b)。

(3) 具有一定形状的小梗:在已分化的分生孢子梗上,产生一定形状的小梗(常呈瓶形,也称为瓶形小梗)。分生孢子则着生在小梗的顶端,成串(链)或成团。小梗在分生孢子梗上着生的部位因种而异。宛氏拟青霉的小梗有时散生在菌丝索的上下四周。青霉小梗则簇生在分生孢子梗呈帚状分枝的顶端。曲霉的分生孢子梗顶端膨大呈囊状,称为顶囊。小梗或着生于顶囊的四周,或着生于顶囊的上半部(图 3-8c)。

(4) 分生孢子座:很多种霉菌,其分生孢子梗紧密聚集成簇,形似垫状,分生孢子着生于每个枝的顶端,这种形状称为分生孢子座(图 3-8 d)。

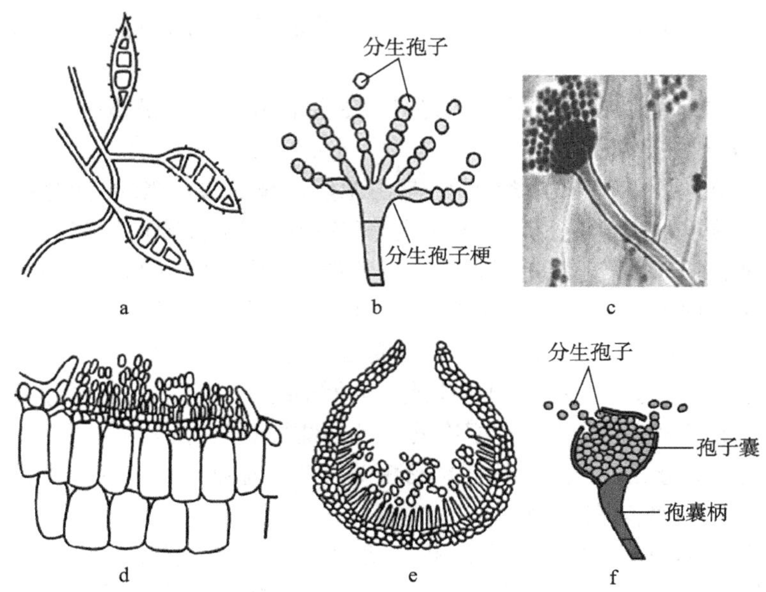

图 3-8　各种分生孢子和孢子囊孢子形态特征

a. 分生孢子着生在无明显分化的分生孢子梗上；b. 分生孢子着生在分化的分生孢子梗上；c. 分生孢子着生在小梗的顶端，成串(链)或成团；d. 分生孢子座；e. 分生孢子器；f. 孢子囊孢子

(5) 分生孢子器：是一种球形或瓶形的结构，在其内壁的四周表面或底部生有极短的分生孢子梗，由此梗产生分生孢子，成熟后内部充满分生孢子(图 3-8e)。

3. 孢囊孢子

孢子囊孢子是指被包在一个囊内的无性孢子。这是一种内生孢子，在孢子形成时，气生菌丝或孢囊梗顶端膨大，并在下方生出横隔与菌丝分开而形成孢子囊。孢子囊逐渐长大，在囊中形成许多核，每个核包一些原生质并产生孢子壁，即成孢子囊孢子(图 3-8f)。原来膨大的细胞壁就成为孢囊壁。带有孢子囊的梗称为孢囊梗。许多霉菌的包囊梗具有分枝，而分枝的顶端也产生孢子囊。孢囊梗伸入到孢子囊中的部分称为囊轴。毛霉、根霉、犁头霉等，其孢子囊中都有囊轴。某些种类孢子囊中无囊轴，而且仅含有少数孢子囊孢子，这种没有囊轴的孢子囊称为小型孢子囊。孢子囊成熟后破裂，孢囊孢子扩散出来，遇适宜条件即可萌发成新个体。

孢子囊孢子一般有两种类型。一种具有一根或两根鞭毛，而且能游动，又称游动孢子。例如腐霉。另一类型，其孢子无鞭毛，不能游动，又名静止孢子。毛霉中各种菌的孢子囊孢子即属此例。游动孢子呈圆球形、梨形或肾形，成熟后从孢子囊特生的管或孔口放出，或孢子囊壁破裂而放出。不能游动的孢子囊孢子，其形状、大小各异，但多半是孢子囊成熟后，因壁破裂而放出。许多霉菌的孢子囊在成熟后遇水即溶解，因而孢子自然会释放出来。

第三节　真菌的繁殖与培养鉴定

一、真菌的繁殖

真菌与原核生物的细菌相比，繁殖方式相对复杂，分为无性繁殖和有性繁殖两类。

1. 无性繁殖

无性繁殖(asexual reproductive)是真菌主要的繁殖方式，是指不经过两性细胞的结合即可产生新的子代个体。无性繁殖可通过以下几种方式实现。

(1) 裂殖(fission)：是最简单的无性繁殖，与细菌的二分裂繁殖方式非常相似。在真菌中，以这种繁殖方式分裂不常见，仅见于单细胞真菌；或少数呈双相型真菌在宿主体内以此种方式进行繁殖。

(2) 芽殖(budding):在真菌细胞表面以出芽繁殖进行数量的扩增。酵母菌和酵母样型真菌多以此方式繁殖。成熟的酵母菌细胞先长出一个小芽,芽细胞长到一定程度后从母细胞上脱落下来即为新的个体。有的酵母菌可在母细胞的各个方向出芽,称为多边出芽;有的在母细胞两端出芽,还有的在母细胞的三边出芽。梗孢酵母属中的酵母菌多在母细胞上生出一个或几个小梗后,在梗的顶端再生一个细胞。成熟后从小梗上断裂下来或暂不断裂再继续生一小梗。酵母菌出芽的位置和数目一般是固定的,且具有种属特征。

(3) 隔殖(septa):繁殖时先在分生孢子梗某一段形成隔膜,然后原生质浓缩形成一个新的孢子。孢子可再独立繁殖。

(4) 菌丝断裂(hypha break):霉菌的菌丝可断裂成许多小片段,每一个片段在适宜的条件下均可以发育形成新的菌丝体。

2. 有性繁殖

有性繁殖(sexual reproductive)是指需要经过两性细胞的结合才能产生新个体的繁殖过程。有性繁殖都需要有两性细胞原生质结合的核配、两个细胞核融合形成一个单核的双倍体和融合核的减数分裂成单倍体这三个阶段。在医学和兽医学致病性真菌中很少有有性繁殖的方式。

二、真菌的培养与鉴定

(一) 真菌生长繁殖的条件

培养真菌和培养细菌所需的环境条件不同,具体培养条件如下:

1. 低营养

绝大多数真菌为异养菌,产生酶的种类比细菌丰富,所以真菌生长繁殖的基本营养需求比细菌低。如真菌大多可产生单糖酶和双糖酶,有的还可产生多糖酶。可以利用淀粉、纤维素、木质素、甲壳质等多糖以及多种有机酸。真菌对氮素营养要求一般不严格,除能利用氨基酸和蛋白质外,许多真菌还可利用尿素、铵盐(NH_4^+)、亚硝酸盐(NO_2^-)和硝酸盐(NO_3^-)作为氮源。真菌的营养要求低,也是真菌广泛存在,引起食品、饲料和药品等发霉变质的一个重要原因。

2. 低温度

大多数真菌最适宜的生长温度范围为22~28℃。但寄生于人体和动物体的致病性真菌需要在37℃培养。真菌一般在0℃以下停止生长,但并未死亡。极个别真菌能在0℃以下繁殖,引起冷藏畜禽产品的霉变。

3. 低pH

真菌生长的pH范围很广,在pH 1.5~10.0之间均可以生长,但大多数真菌在pH 3.0~6.0的酸性环境生长良好。

4. 高湿度与高渗透压

有些真菌耐高渗透压能生长在炼乳、果酱中。高湿度的潮湿环境也利于真菌的生长。

5. 有氧培养

绝大多数真菌培养时需要充足的氧气,需要进行有氧呼吸。但有些酵母菌属于兼性厌氧菌,即氧气充足时大量繁殖菌体,无氧时发酵产生酒精。真菌中也有少数是严格厌氧菌,如反刍动物瘤胃中的真菌。

(二) 培养真菌常用的培养基

真菌在培养基上的生长特性和培养特征以及显微镜下的形态结构特点是其分类鉴定的重要依据。同一种真菌在不同培养基上的生长特性不同,因此选择合适的培养基尤为重要。一般在鉴定真菌时以沙氏葡萄糖琼脂(Sabouraud's dextrose agar,SDA)培养基上形成的菌落形态为标准。另外,曲霉、青霉和毛霉等还需察氏培养基(Czapeks Medium)或麦芽浸膏琼脂(malt extract agar,MEA),毛霉和暗色孢科真菌应用马铃薯葡萄糖琼脂(potato dextrose agar,PCM)培养。橄榄油培养基(olive-oil medium,OOM)用于分离糠秕孢子菌灯。此外常用的还有玉米粉琼脂(corn meal agar,CMA)等。

病原真菌对营养的要求高于一般真菌,尤其在初代分离培养时有些菌种需要特殊的营养。如从痰中分离荚膜组织胞浆菌，若使用常规培养基SDA分离未必能获得阳性结果，须选用脑心浸膏琼脂(brain-heart infusin agar，BHIA)较为合适。经人工培养后获得的荚膜组织胞浆菌转移接种在SDA上可生长良好，但绝大部分的病原真菌均可在SDA培养基上进行初代分离。

由于真菌生长慢，培养时间长，为防止其中的细菌繁殖和污染，可在培养基中加入抗生素，常用的如氯霉素、金霉素、庆大霉素等。除加抑制的细菌抗生素外，有时还需加入放线菌酮，来抑制一些霉菌的生长。

(三) 真菌的培养特征

真菌的繁殖能力强，但繁殖速度要比细菌慢。除酵母菌类的菌落外，一般霉菌在固体培养基上形成的菌落特征均具有分类鉴定意义。同一种真菌在不同成分的培养基上和不同条件下形成的菌落特征不同，且这些特征差别显著，可以作为分类鉴定的重要依据。不同的真菌在SDA培养基上，可形成酵母型菌落(yeast type colony)、酵母样型菌落(yeast type colony)和丝状型菌落(filamentous type colony)三种类型。

1. 酵母型菌落

类似于S型细菌菌落，但较细菌菌落大而厚。菌落圆形，表面光滑湿润，不透明，有白色、红色等不同颜色。较长时间培养后，菌落表面出现皱纹状，外观色泽变深。多数单细胞真菌呈此型菌落(图3-9a)。

2. 酵母样型菌落

类似于细菌的R型菌落。如白假丝酵母菌的菌落(图3-9b)，由于芽生的子代个体与母细胞连接形成的假菌丝，菌落表面粗糙、边缘不整齐，无光泽。

3. 丝状型菌落

多细胞的霉菌菌落多呈丝状(图3-9c)，质地较松软，形态多样，且菌落明显比细菌、放线菌菌落要大，直径有的1～2 cm，有的可达到十几厘米；菌落的形态呈绒毛状、棉絮状、羊毛状、毡状、毯状、绳索状、皮革状、颗粒状、石膏样等多种不同质地的外观。

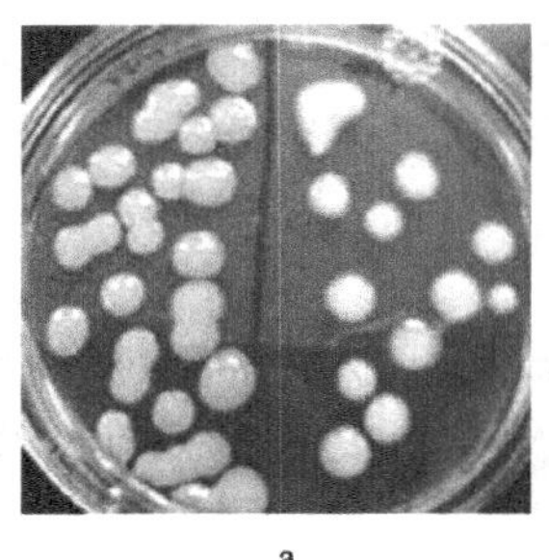
a

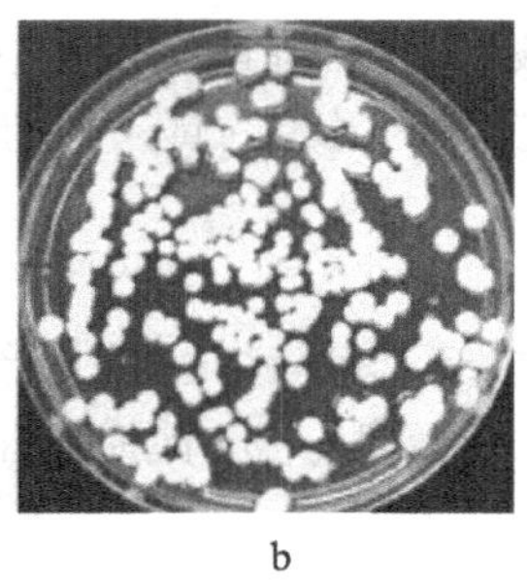
b

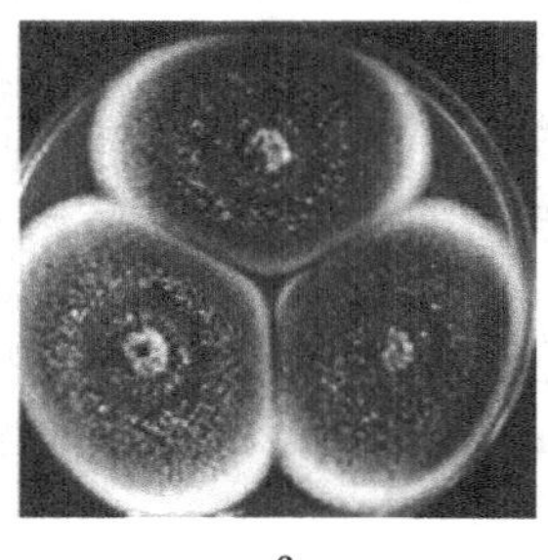
c

图3-9 真菌菌落特征

a. 酵母型菌落；b. 酵母样型菌落；c. 丝状型菌落

第四节 真菌的微生物学检查

真菌和细菌的微生物学检查程序是一致的，包括显微镜的直接检查、分离培养、生理生化实验、动物接种、血清学及分子生物学检测等。但检查的重点有所不同，真菌的形态学检查包括显微镜下的个体形态结构和群体形态(如菌落特征)等，是非常重要的鉴定依据。

一、真菌检查样品的采集与处理

真菌病按入侵组织的深度不同分为浅部真菌病及深部真菌病。因此，在采集的原则、部位和对样品的处理时不完全相同。

1. 浅部真菌感染的标本采集

皮肤癣菌病采集皮损边缘的鳞屑，采集前用75%乙醇消毒皮毛，用手术刀或载玻片边缘刮取感染皮肤边缘。毛发组织不要收取整个毛发，最好采集根部折断处。皮肤溃疡采集病损边缘的脓液或病变组织或渗出液等。蹄壳病变组织采集前先用 75% 乙醇进行消毒，用修脚刀或手术镊去除表面部分，修成采集小薄片。采集的病料组织放入无菌培养皿待检或进行送检。

2. 深部真菌感染的标本采集

血液样品根据实验目的不同，采用不同的处理，如进行血清学检查，可将血液凝固，分离血清；如进行真菌分离，对血样可进行溶解离心法，使红细胞和白细胞内的真菌释放出来，这尤其适用于细胞内寄生菌（如荚膜组织胞浆菌和新型隐球菌）的培养。采集的血样保存于室温不要超过 8 h，否则影响血中真菌的检测。也可采集脑脊液、尿液、呼吸道分泌物、泌尿生殖道分泌物等液体材料；如动物死亡可取肺部、肝脏等病变组织。

对所取的样品应注意其背景资料：如临床诊断、标本来源、镜检结果、培养结果，近 1～2 周有无外用或内服抗真菌药物，这些资料将有助于实验室检查，是辅助诊断的重要依据。

二、临床真菌标本的检测

1. 直接镜检

(1) 标本溶解后直接镜检：此法适用于皮屑、黏膜、蹄甲角质组织、断发残根标本。观察是否有孢子、菌丝等。

(2) 染色后镜检：根据着色对象不同又分为正染色和负染色。正染色适用于多种标本及培养物。将临床标本固定于洁净玻片上，加染色液直接使真菌着色。常用染色法有乳酸酚棉蓝染色、HE 染色、革兰氏染色、瑞氏染色等。负染色常用印度墨汁染色法，主要用于检查新型隐球菌或其他酵母类真菌。如将离心后的脑脊液标本与 1～2 滴墨汁混匀，加盖玻片后镜检。

直接镜检对于真菌检查具有重要的意义，一是可以提供相关诊断和治疗信息，直接镜检阳性和结合临床症状作出初步诊断，确定治疗方案；二是某些真菌通过直接镜检就可确定其属、种，如隐球菌、念珠菌、曲霉菌、毛霉菌、鼻孢子菌等。当直接镜检为阴性结果，临床又非常相似于某一真菌感染时，要反复取可疑标本进行检查以便确认。直接镜检对确定是否是真菌感染有一定的临床意义。如反复从某些样品检出类似形态的真菌，可排除为污染菌，同时可根据直接镜检结果来指导采用适宜的分离培养基、培养方法和培养条件。

另一方面，对于直接镜检结果在诊断中的价值也应客观评价，慎重对待。对从无菌部位标本中检出的真菌应及时重复检查，并结合临床症状确诊。实验室所见真菌 80% 以上为酵母菌，其中念珠菌属又占绝大多数，而念珠菌常是上呼吸道、口腔、肠道和阴道的常居菌群。因此应结合临床症状分析确定检测结果。

2. 真菌分离培养

(1) 真菌的接种方法：根据观察的真菌不同或样品的来源不同可用点植接种和划线两种方法。划线法与培养细菌的接种方法相同，适用于痰、血液、尿液、分泌物、脓液、组织液和组织块的研磨悬液等液体材料的接种，或对酵母菌或酵母样型真菌的菌落特征观察；点植接种可在平板培养基上进行一点或三点接种，可使真菌菌落有足够的空间伸展，便于观察丝状真菌的菌落特征，适用于皮屑、毛发、痂皮、组织等固体标本的接种。

(2) 真菌的培养方法：主要有大型菌落培养法和微型菌落培养法。

大型菌落培养法是将真菌接种平板培养基后，于 22℃或 37℃培养 1～4 周，密切注意生长出的菌落的各种特征，在镜下仔细观察其菌丝和孢子的结构特征。在菌丝方面，要注意观察是真菌丝还是假菌丝，有分隔或无分隔，菌丝的粗细、色泽等，有无特殊形态的菌丝。对于产生的孢子应注意其形态特征，如孢子产生的方式，孢子的大小和色泽，有无分隔或纵隔，表面粗糙或光滑。对于酵母细胞或酵母样细胞，应注意其形态和大小，为单边出芽或多边出芽，有无子囊及子囊孢子等。厚垣孢子的有无及其形态特征。这些菌落特征是菌种分类的基础，也是菌种鉴定的重要依据。

微型菌落培养法是研究真菌形态与结构不同生长阶段动态变化的有效方法，该法避免了大菌落培养观察时人工制片的繁琐工作和不能反映真菌生长的天然结构等缺陷。常用的有小块（1 cm^2）琼脂培养基法和钢丝圈微量培养法，这两种方法均需要每天至少 1 次连续观察，并分别记录不同时间的观察结果。而钢丝圈微量培养法,是将病原菌封闭在一个不锈钢小培养圈中进行培养,这样可避免操作者吸入孢子,同时也可动态观察真菌的培养特征,尤其适用于传染性较强的致病真菌的研究。

3. 真菌病病理检查法

真菌病的组织病理检查与直接镜检和分离培养同样具有相当重要的价值,尤其对于深部真菌病的诊断意义更大。因真菌所致的病理改变如结节、钙化、坏死及空洞等这些特点很难与其他疾病区别,所以真菌引起的病理改变往往不能作为真菌病的有力依据。必须在组织中看到真菌菌丝、孢子或菌体才能确诊为真菌感染。切取病理标本,应在边缘部位,带一部分正常组织,以便与病理组织进行对比,找出真正典型的病变。一般而言,浅部真菌通常不做活体组织检查。

4. 真菌的动物接种

这是分离病原真菌和研究其致病力的重要方法之一。各种临床标本或所培养出的可疑真菌均可接种实验动物。由于病原真菌所致的实验感染往往与接种途径直接相关,因此选用何种接种途径也要因病原真菌种类的不同而异。常用的动物有小鼠、大鼠、田鼠、豚鼠、兔、鸽子、鸡、犬和猫等。需要注意使用健康的实验动物,且没有感染和携带真菌。

5. 生理生化实验

丝状真菌各菌种因有较明确分化的结构特征,鉴定主要以形态学为主,必要时进行一些特殊实验;而酵母类菌因形态单一、外形相似,缺乏明确分化的器官,因此在形态学鉴定基础上,主要以生理、生化特性如对碳源和氮源的利用实验等鉴定。

6. 血清学实验

对于临床标本中真菌及其抗原成分进行检测,如用荧光抗体法检测呼吸道标本中肺孢子菌;乳胶凝集实验检测新生隐球菌荚膜多糖抗原等。

7. 变态反应诊断

有些真菌病,例如荚膜组织胞浆菌假皮疽变种引致的马流行性淋巴管炎,可用变态反应进行诊断。

8. 真菌毒素检测

对于真菌毒素中毒性疾病,应对可疑的饲草、饲料进行真菌毒素检查和产毒真菌的检查。真菌毒素的检测比较困难,一般需经免疫学检测或用气相液相色谱分析手段,或接种动物做致病性实验。

9. 分子生物学检查

应用分子生物学方法鉴定真菌可弥补传统方法耗时长、敏感性低的缺陷。特别是以 18S rRNA 基因为基础的 PCR 和核酸探针技术最为常见,可鉴定到种或属。如能结合限制性酶切分析等手段则可提高样品检测的准确率。

第五节　常见病原性真菌和真菌毒素

根据真菌致病性的差异,主要可分为两大类,以感染为主的病原真菌和以中毒为主的产毒素性真菌。这种分类是人为划分的,有的真菌既能感染动物组织,同时也产生具有致病作用的毒素。

一、常见的病原性真菌

某些腐生性或寄生性真菌可感染动物机体,并在感染部位生长繁殖或产生代谢产物,对机体致病,称为病原性真菌。

(一) 皮霉

皮霉(skin-mildew)又称皮肤丝状菌(skin-hyphomycete)或皮肤癣菌(Dermatophyte),是一类侵害人畜体表角化组织,如皮肤、毛、发、指甲、爪、蹄等,而不侵害皮下深部组织或内脏的浅部病原性真菌,引起皮毛动物、经济动物和家畜(禽)的各种癣症等重要真菌病。

皮肤丝状菌包括 3 个属,即毛癣菌属(*Trichophyton*)、小孢子菌属(*Microsporum*)及表皮癣菌属(*Epidermophyton*)。毛癣菌属中有多个种能引起动物癣症,主要有马毛癣症菌、须发毛癣菌、疣状毛癣菌、鸡毛癣菌、红色毛癣菌等；小孢子菌属能引起动物癣症的小孢子菌，主要有犬小孢子菌、石膏样小孢子菌和马小孢子菌等；表皮癣菌属中只有絮状表皮癣菌对人致病。

1. 主要生物学特性 皮霉在沙氏葡萄糖琼脂上生长良好，形成丝状菌落，菌落呈颗粒状、粉末状、绒毛状、石膏样等多种形态，其颜色变化丰富多彩，可为白色、奶油色、黄色、红色等不同变化的外观。根据菌落形态、颜色和菌丝的特殊形态及所产生的分生孢子特征可进行3个属的鉴别；3个属虽是浅表性病原真菌，但侵害的部位不完全相同。毛癣菌属一般侵害皮肤、毛发和爪甲；小孢子菌属一般侵害皮肤和毛发，不侵害爪甲；表皮癣菌属则一般仅限于侵害人类，3种真菌侵袭部位区别见表3–1。

表3–1 毛癣菌属、表皮癣菌属和小孢子菌属侵害宿主部位区别

菌属名称	蹄(趾)甲	皮肤	毛发
毛癣菌属(*Trichophyton*)	+	+	+
表皮癣菌属(*Epidermophyton*)	+	+	–
小孢子菌属(*Microsporum*)	–	+	+

2. 微生物学检查

(1) 直接镜检：以75%乙醇消毒患部，采集患病动物的被毛、羽毛、皮肤、皮屑等。将检查材料制成氢氧化钾水浸片，可微加热使其透明。检查毛发时，应注意孢子的存在及排列情况。

(2) 培养检查：一般多用沙氏葡萄糖琼脂，每毫升培养基中应加青霉素20~100 IU和链霉素40~200 μg，或加氯霉素50 μg，以防止细菌生长。

将病变材料点植接种于培养基表面，室温或26~28℃每日观察接种病料周围有无菌丝生长，最少2~3周。有生长时应自菌落生长物的边缘取材移植于新培养基，以利获得纯培养。对培养物应仔细观察其培养特性，并可制备乳酸酚棉蓝液压片，观察其菌丝及各种孢子的特征。为了能逐日随时观察其形态学特征，可用玻片微型菌落培养法。3种皮癣菌菌落特征和镜下区别见表3–2。

表3–2 毛癣菌属、表皮癣菌属和小孢子菌属菌落和镜下区别特征

菌属名称	菌落颜色	菌落形态	大分生孢子	菌丝
毛癣菌属	灰白、红、橙或棕色	表面呈绒毛状、粉粒状或蜡样	细长棒状的薄壁大分生孢子	螺旋状、球拍状、鹿角状和结节状
表皮癣菌属	初为白色，以后转变为黄绿色	初为白色鹅毛状，以后转变为黄绿色粉末状	卵圆形或粗棒状薄壁大分生孢子，厚膜孢子(陈旧培养)	球拍状
小孢子菌属	灰色、橘红色或棕黄色	绒毛状逐渐变至粉末状	厚壁梭形	结节状、梳状和球拍状

(二) 组织胞浆菌属

组织胞浆菌属(*Histoplasma*)为典型的双相型真菌，在组织中或37℃培养时呈酵母样细胞，室温培养时形成菌丝体。菌落棉絮状，镜检可见细长有隔菌丝，菌丝侧面或孢子柄上长有特殊的圆形大分生孢子，壁厚，四周有棘突，排列如齿轮，在组织中圆形或卵圆形的酵母细胞(图3–10)。本属包括荚膜组织胞浆菌(*Histoplasma capsulatum*)、腊肠组织胞浆菌(*Histoplasma farciminosum*)、鼠组织胞浆菌(*Histoplasma maris*)和非洲型组织胞浆菌(*Histoplasma duboisii*)4个主要的种。重要的致病菌有荚膜组织胞浆菌及腊肠组织胞浆菌。

1. 荚膜组织胞浆菌

该菌主要侵害犬、猫、牛、马、羊、猪、啮齿类等多种动物及人的网状内皮系统和淋巴系统，寄生在网状

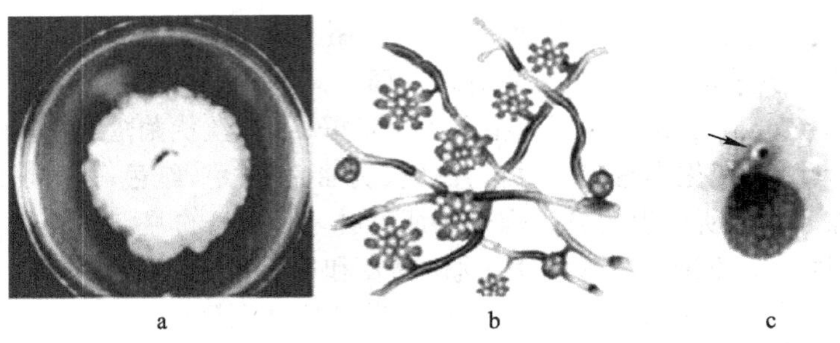

图 3-10 组织胞浆菌的二相型特征

a. 培养物呈丝状菌落；b. 培养物镜检有隔菌丝、大分生孢子；c. 在组织中呈酵母型真菌（箭头所示）

内皮细胞的细胞质内，使感染组织形成肉芽肿，引起传染性组织胞浆菌病。

(1) 生物学特性：在感染动物的巨噬细胞和网状细胞内寄生时呈细小的、外有荚膜的圆球状细胞，细胞直径大小为 1～3 μm，在沙氏葡萄糖琼脂于 22～25℃培养时，形成缓慢生长的丝状菌落，开始为白色，逐渐变为棕黄色。镜下观察菌丝分隔，宽 2.5 μm；形成椭圆形光滑或多刺小分生孢子，直径 2.5～3 μm，随后形成圆形或椭圆形的表面光滑、均匀间隔的大分生孢子，称棘状厚壁大孢子，直径 8～15 μm。

(2) 微生物学检查：镜检如发现特征性的棘状厚壁大孢子，可作出诊断。活体病变组织末梢血及骨髓触片或涂片，用瑞氏染色，在单核细胞或多形核细胞中如有小的、卵圆形孢子，亦可作出诊断。病料接种小鼠可引起发病死亡，并检出本菌。补体结合反应一般在发病后 2～3 周呈阳性反应。可用皮内变态反应进行犬感染的诊断。

2. 腊肠组织胞浆菌或假皮疽组织胞浆菌（*H. farciminosus*），旧名又称假皮疽隐球菌（*Cryptococcus farciminosus*），是马属动物流行性淋巴管炎的病原，自然情况下，马骡最易感，驴次之，牛也感染。人、犬、骆驼、猪很少感染；家兔、豚鼠人工感染可引起局部脓肿。本病特征是皮下淋巴管及其邻近的淋巴结、皮肤和皮下结缔组织形成结节、脓肿和溃疡。

(1) 生物学特性：在感染动物白细胞内寄生时该菌呈卵圆形或瓜子形、具有双层膜、且外膜较厚的酵母样细胞。大小为（3～5）μm×（2～3）μm。在沙氏葡萄糖琼脂于 25～30℃培养时，形成丝状菌落。镜下观察菌丝分枝分隔、粗细不匀，菌丝末端形成瓶状假分生孢子。

本菌为需氧菌，最适温度 25～30℃，pH 5～9，常用培养基有 1% 葡萄糖甘露醇琼脂、2% 葡萄糖甘油琼脂等。本菌生长缓慢，接种 1 周才开始生长。初代分离不易生长，可将病料接种 10～20 管斜面培养基，以提高分离的阳性率。一旦培养出来，就可用一般真菌培养基培养。本菌发酵多种糖类，不产生靛基质和 H_2S，V-P 实验阴性，能凝固石蕊牛乳，液化明胶。

(2) 微生物学检查：取浓汁或分泌物，镜检或取痂皮加 10% KOH 处理透明后，制片镜检。如有双层荚膜酵母样细胞，结合病情，可作出诊断。必要时可进行分离培养，病料应先用青、链霉素处理 12 h 后再接种。长出典型菌落时，用生理盐水制成悬液接种家兔或豚鼠，观察有无脓肿，作出诊断。

也可用变态反应法进行诊断。用该菌的培养物颈部皮内注射，48～72 h 后测定皮肤增厚及肿胀性质，如注射局部发生硬固的热痛肿胀，皮肤增厚超过 5 mm 即为阳性。此法特异性强，检出率高达 80% 以上。

（三）白假丝酵母菌

白假丝酵母菌（*Saccharomyces albicans*）又称白色念珠菌（*Candida albicans*），属假丝酵母菌属，目前该属已发现 270 多种，其中仅白假丝酵母菌对人和动物的致病性最强。该菌正常情况下就存在于人和动物的消化道、呼吸道和泌尿生殖道黏膜，属于机会致病菌。

1. 生物学特性

白假丝酵母属酵母样真菌。菌体圆形或卵圆形，2～4 μm，革兰氏阳性。在病变组织、渗出液和普通培养基上均形成芽生孢子和假菌丝（图 3-11），没有有性孢子。营养要求不高，且生长速度快，需氧。在沙氏葡萄糖琼脂上生长良好。室温或 37℃培养 1～3 d 可长出菌落，呈灰白色或奶油色，表面光滑，有浓厚的酵母气味，培养稍久，菌落增大。菌落无气生菌丝，但有向下生长的营养假菌丝，在玉米粉培养基上可长出厚膜孢子。假菌丝和厚膜孢子是该菌的形态特征，可作为鉴定依据之一。引起疾病的特征是在口腔黏膜、阴道黏膜、皮肤等发生顽固性糜烂，也可引起全身性感染。人的口腔念珠菌病又称为鹅口疮。动物中以家禽发病最多，特别是雏鸡，主要的疾病发生于嗉囊，在其表面有伪膜斑坏死物覆盖。猪、牛、羊等也可经消化道感染。

白色念珠菌能发酵葡萄糖、麦芽糖、甘露醇、果糖等，产酸产气。发酵蔗糖、半乳糖产酸不产气，但不发酵乳糖、棉子糖等。

2. 微生物学检查

取坏死伪膜病料，经氢氧化钾消化处理，革兰氏染色，镜检可见大量椭圆性酵母样菌体或假菌丝，可作出初步诊断。在镜检的同时，用血液琼脂进行分离培养，初代分离培养时有大量菌落生长对确诊有重要意义。该菌的确诊必须测定其发酵糖的能力。用生理盐水稀释菌液，静脉接种家兔或小鼠 4 ~ 5 d 后死亡，死后肾脏皮质有许多白色脓肿结节。

（四）新型隐球菌

新型隐球菌（*Cuyitococcus neofonmans*）又名溶组织酵母菌（*Torula histolytica*），是隐球菌属 37 个成员中唯一对人和动物致病的一个种。该菌广泛分布于自然界，是土壤，鸽类粪便，牛乳及水果中的常见腐生菌，也存在于人和动物的口腔中。可外源性也可内源性感染人和动物，是一种重要的机会致病菌。

1. 生物学特性

该菌在组织液或培养物中呈较大球形，直径可达 5 ~ 20 μm，菌体周围有肥厚的黏多糖荚膜。黏多糖是一种特异的可溶性半抗原，分为 A、B、C、D 4 个血清型，临床分离菌株多为 A 或 D 型。该菌的折光性强，染料不易着色，常用墨汁负染色法，镜检可见透明荚膜包裹着的菌细胞(图 3–12)。菌细胞常有出芽，但不生成假菌丝。

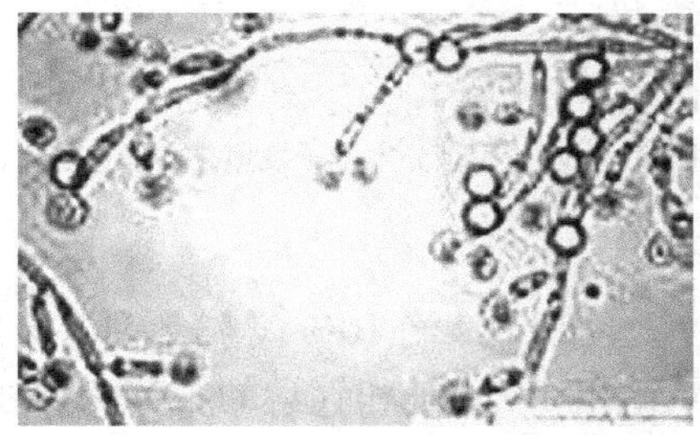

图 3–11 白假丝酵母在培养基和组织中均形成假菌丝和芽生孢子

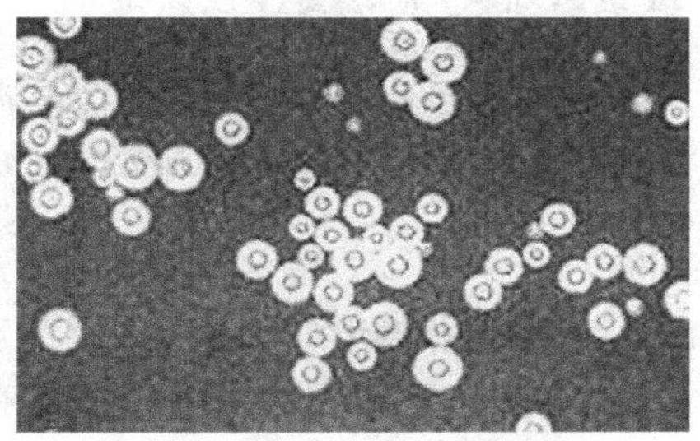

图 3–12 新型隐球菌印度墨汁负染，可见明亮的菌体和肥厚的荚膜

在沙氏葡萄糖琼脂及血琼脂培养基上，于 25℃及 37℃均能生长，40 ~ 42℃极为敏感。非病原性隐球菌在 37℃不能繁殖。菌落初呈白色，1 周后转淡黄或棕黄、湿润黏稠，状似胶汁，随着培养时间的延长，呈典型的奶酪状或淡褐色酵母样菌落。镜检菌体要小于组织中存在的隐球菌，且荚膜变薄，但仍清晰可见。该菌能分解尿素，以此与酵母菌和念珠菌鉴别。

该菌可感染人和多种动物。通过呼吸道入侵是主要的感染途径，也可经破损皮肤和肠道感染。临床表现为肺炎、脑膜炎、脑炎、脑肉芽肿等；此外还可侵入骨骼、肌肉、淋巴结、皮肤黏膜引起慢性炎症和脓肿。该菌也是人艾滋病患者的重要死因之一。

2. 微生物学检查

实验室检查从脑脊液中可见圆形厚壁并围以厚荚膜的酵母样细胞。在沙氏葡萄糖琼脂上形成棕黄色黏液样或奶油样酵母样菌落。分解尿素、肌醇、麦芽糖、卫矛醇，不分解乳糖，硝酸盐实验阴性等生化实验有助于诊断；用 37℃培养物或病料乳剂，腹腔或静脉注小鼠，经 2 ~ 3 周死亡，再用死鼠组织制片镜检。用血清学方法检出隐球菌荚膜多糖抗原，也可确诊本病。

（五）烟曲霉

烟曲霉（*Aspergillus fumigatus*）是曲霉属中最常见的一种致病性真菌。该菌是曲霉菌病的主要病原，也是曲霉菌属中致病性最强的霉菌。疾病的主要特征是发生曲霉菌性肺炎，在呼吸器官和组织形成肉芽肿结节。该菌主要侵害家禽，是家禽肺感染的重要病因。多发生在家禽饲养密度高、卫生差、通气不良的环境，特别是肉鸡地面饲养用锯末作垫料时，内含大量曲霉菌孢子，家禽吸入气管和肺部发生疾病。哺乳动物马、牛、绵羊和犬也发生曲霉菌病。

1. 生物学特性

烟曲霉极易生长，可用察氏培养基或沙氏葡萄糖琼脂，在室温或37℃培养均可生长，在沙氏培养基上，起初菌落呈白色，逐渐变为绿色至蓝绿色，随着培养时间的增加颜色逐渐加深，以致近似烟灰色；丝状菌落初为天鹅绒状后变为羊毛状（图 3-13a）。镜下观察，分生孢子柄短，顶囊呈烧瓶状，分生孢子呈球形，排成链而形成致密的圆柱状单层小梗（图 3-13b）。

烟曲霉产生毒素，该毒素具有血液、神经和组织毒性。禽类感染疾病的主要特征是呼吸困难，在肺脏和气囊上呈粟粒大至绿豆大的黄白色结节，主要集中于呼吸道，严重时在其他腹腔器官和浆膜上也有结节样物质的存在。

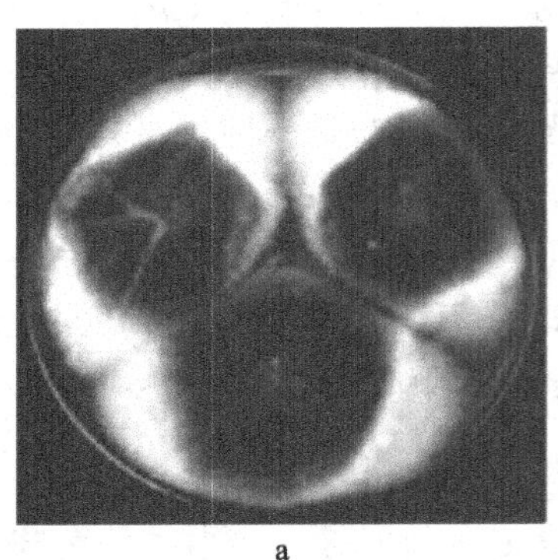

a

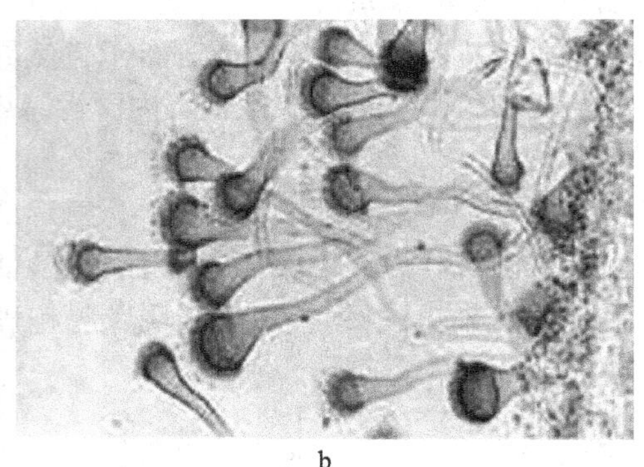

b

图 3-13　烟曲霉丝状菌落特征和在镜下分生孢子梗形态特点

a. 烟曲霉菌落形态，中央呈烟灰色，周围灰白色绒毛样菌丝；b. 曲霉菌分生孢子梗短，顶囊呈烧杯状

2. 微生物学检查

采取病料，如肺部或气囊处结节，剪碎，置于载玻片上，加 1～2 滴 10% 氢氧化钾溶液后盖上盖玻片。用酒精灯加热至透明，在高倍镜下观察可见分枝的有隔菌丝。取肺脏和气囊的结节接种在沙氏葡萄糖琼脂上，在 37℃培养 48 h 后形成灰白色绒毛状菌落，72 h 后菌落转为暗绿色；挑取少量菌落上的菌丝，置于滴有棉蓝染色液的载玻片上，加盖玻片，镜检观察菌丝和孢子的特征。再结合临床发病情况、病理变化进行确诊。

二、真菌毒素及常见的产毒素性真菌

（一）真菌毒素

与细菌毒素不同，真菌毒素为小分子物质，耐热性极强，毒性不因通常的加热而被破坏，可引起多器官的损害，且具有远期致病作用等特性。真菌毒素的共同毒性主要是致 DNA 损伤和细胞毒性两个方面。根据毒素作用的主要靶器官或组织的不同，分为以下几类：

1. 肝脏毒素

导致肝实质细胞的变性、坏死，引起肝硬化、肝肿瘤等。此类毒素以黄曲霉和杂色曲霉毒素为代表，其他如黄天精、环氯素、岛青霉素、赭曲霉素、皱褶青霉素、红青霉毒素、灰黄霉素等。

2. 肾脏毒素

主要引起急性或慢性肾脏病变，损伤肾小管或肾小球，严重导致肾功能完全丧失。如桔青霉素、曲酸等。

3. 神经毒素

主要造成大脑和中枢神经系统的损害，引起严重的出血和神经组织变性。如黄绿青霉素、展青霉素、麦芽米曲霉素、环并偶氮酸等。

4. 造血系统毒素

主要引起造血组织坏死或造血机能障碍，白细胞减少症等。如某些镰刀菌毒素或黑葡萄穗霉产生的毒素。

（二）产毒素性真菌

凡能产生毒素，导致人和动物发生急性或慢性中毒症的真菌，称为产毒素性真菌，只有产毒素的菌株才有致病性。与细菌的致病性相似，真菌产毒素的特性是由其种属决定，但即使是同一种真菌，也不是所有菌株均能产生毒素，且菌株间产毒素能力的大小亦不同，这是由菌株的特性决定的。常见的几种产毒素性真菌如下：

1. 青霉菌属

青霉菌（*Pencillium*）分布非常广泛，许多菌能引起食品的霉变，有些能产生强烈的毒素。本属菌基本特征是，营养菌丝从无色到有鲜明颜色，菌丝有隔，分生孢子梗有隔，顶端有扫帚状的轮生分枝，称帚状枝；分生孢子呈球形、椭圆形或圆柱形，菌落光滑或粗糙，呈毡状或毯状，大部分呈黄绿、绿或灰绿色。主要产毒素青霉包括黄绿青霉（*P. citreo-viride* Biourge）、橘青霉（*P. citrinum*）、展青霉（*P. urticae* Bainier）和岛青霉（*P. islandicum*）等。相关知识见**数字资源**。

2. 镰刀菌属

○ 主要产毒素青霉

○ 镰刀菌属

镰刀菌属（*Fusarium*）又称镰孢霉属，种类多，分布广泛，是侵害玉米、大麦、小麦和其他谷物等作物的病原菌，有些也感染人、动物和昆虫，是重要的产毒素性病原真菌。本属菌有近 50 种，大多数均可产生毒素，有重要致病性的如禾谷镰刀菌（*F. graminearum*）、三线镰刀菌（*F. tricinctum*）、雪腐镰刀菌（*F. nivale*）、梨孢镰刀菌（*F. poae*）和拟枝孢镰刀菌（*F. sporotrichioides*）等。相关知识见**数字资源**。

3. 葡萄穗霉菌属

葡萄穗霉菌属（*Stachybotrys*）常见种为黑葡萄穗霉（*S. atra*）。该菌遍布于土壤、稻草、种子、有机物残体和草食动物粪便。在潮湿的干草、墙角、杂草上非常容易生长，并产生毒素；而在活植物体上不能生长。

（1）形态特征：专性需氧菌，最适温度 20～25℃，相对湿度为 30%～45%，对营养要求不高。在琼脂培养基上菌落呈湿絮状、橙棕色，圆形。黑葡萄穗霉正面中央为黑棕色，边缘白色（图 3-14b），背面为橙色；分生孢子梗自菌丝直立生出，直立于营养菌丝分枝分隔，顶端长 5～8 μm，从生花瓣样小梗，呈长卵圆形，小梗上长分生孢子，大部分呈椭圆或近圆柱形，比小梗稍粗，暗褐色或黑色（图 3-14a）。

（2）毒素特性：黑葡萄穗毒素对高温（120℃）和酸性环境稳定，熔点为 162～166℃，可溶于各种有机溶剂中，易被 20%～40% 的氢氧化钠溶液破坏，毒素无抗原性。人或动物食入被毒素污染的食物或饲料，发生中毒，表现为腹泻、呕吐、白细胞减少，血液不凝固，体温升高，机体抵抗力下降，口腔齿龈、舌系带、硬、软腭黏膜和口唇处坏死。严重者经 1～6 d 死亡。感染人后还可表现为胸闷、出血性鼻炎、皮炎、卡他性咽炎等临床症状。

a

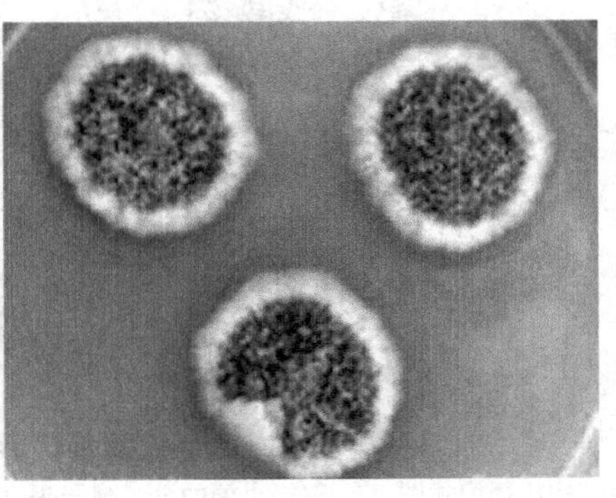

b

图 3-14 黑葡萄穗霉镜下形态和菌落形态

a. 分生孢子梗上丛生花瓣样小梗，小梗上分生孢子椭圆呈暗褐色或黑色；b. 黑葡萄穗霉丝状菌落中央黑棕色，边缘白色

4. 曲霉菌属

曲霉菌属(*Aspergillus*)是散囊菌目(*Eurotiales*)曲霉科(*Aspergillaceae*)的真菌。曲霉菌占空气中真菌的12%左右,主要以枯死的植物、动物的排泄物及动物尸体为营养源,多寄生于土壤中,也是实验室经常污染的真菌之一。有些曲霉菌可感染动物,引起疾病;大部分曲霉菌存在于粮食或饲料中,产生的毒素引起人或动物的食物及饲料中毒。目前已知的曲霉菌至少有170种以上,有些可以产生不同的曲霉菌毒素。

曲霉菌是一种典型的丝状菌落(图3-15a)。菌丝分枝分隔,气生菌丝发育到一定程度,产生分生孢子梗,在分生孢子梗的顶端膨大形成顶囊,在顶囊的上部覆盖有小梗,小梗可以是单轮或是双轮,在小梗的上面生出分生孢子(图3-15b)。

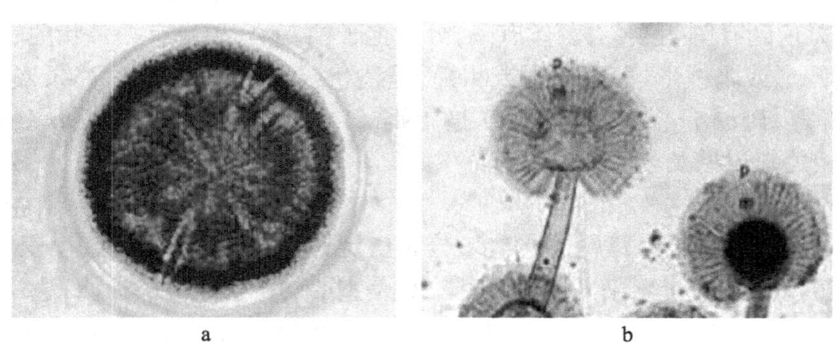

a　　　　　　　　b

图3-15　曲霉菌菌落与镜下形态和结构图

a. 曲霉菌丝状菌落;b. 曲霉菌镜下形态结构,分生孢子梗、小梗和分生孢子

常见的曲霉有黄曲霉(*A. flavus*)、寄生曲霉(*A. parasiticuse*)、赭曲霉(*A. ochraceus*)、杂色曲霉(*A. versicolor*)以及烟曲霉(*A. fumigatus*)等。以黄曲霉为例的相关特性如下:

(1) 形态特征:黄曲霉在察氏培养基上于24～26℃培养10 d,生长快的菌落可达6～7 cm,生长慢的3～4 cm;菌落呈扁平状,偶尔有放射状沟纹或有皱褶呈脑回样;最初为灰白色,很快变为黄色或黄柠檬色至黄绿色,后转变成灰绿色或淡榆绿色,老龄后呈深葡萄色至玉绿色;菌落反面一般为无色至粉淡褐色。菌丝分枝分隔,分生孢子头呈典型放射状,分生孢子梗壁厚、无色,极粗糙,长度小于1 mm,顶囊下面的分生孢子梗直径10～20 μm;顶囊大,早期稍长,似烧瓶状,晚期呈球形或近球状,小梗为一层或两层,但不同时存在于一个分生孢子头。分生孢子为圆形或椭圆形,呈链状排列(图3-16)。

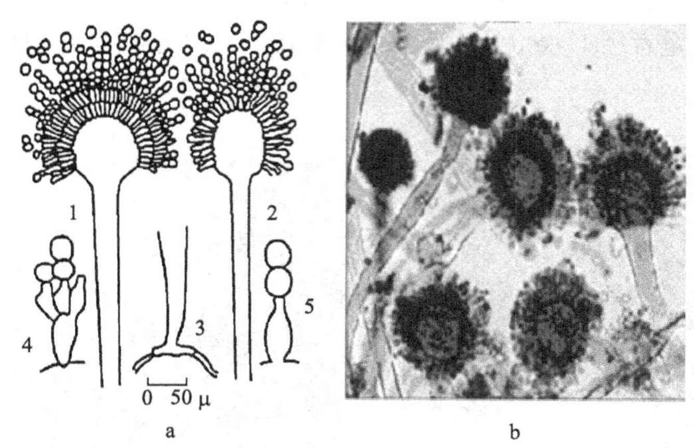

a　　　　　　　　b

图3-16　黄曲霉菌落形态和镜下形态结构特征

a. 黄曲霉显微结构特征模式图. 1. 双层小梗的分生孢子头,顶囊圆形或近圆形;2. 单层小梗的分生孢子头,顶囊近烧瓶形;3. 分生孢子梗的足细胞;4. 双层小梗的细微结构;5. 单层小梗的细微结构。b. 分生孢子头形态图

特点:顶囊圆形,双层小梗,分生孢子圆形呈链状排列

(2) 毒素特性:黄曲霉毒素是由黄曲霉和寄生曲霉菌产生的次生代谢产物。该毒素常见于霉变的花生、玉米等谷物及棉子饼等,在鱼粉、肉制品、咸干鱼、奶和肝脏中也可发现。黄曲霉菌中有 30%～60% 的菌株产生毒素,而寄生曲霉几乎都产生黄曲霉毒素。

黄曲霉毒素是一类结构相似的化合物,基本结构都是二氢呋喃氧杂萘邻酮的衍生物。包括一个双呋喃环和氧杂萘邻酮,前者为毒性结构,后者与致癌有关。从化学上可分为 B_1、B_2、G_1、G_2、B_{2a}、G_{2a}、M_1、M_2、P_1、GM_2 等多种毒素。其中 B_1 的毒性和致癌性最强,其次是 G_1。黄曲霉污染物中,最常见的是 B_1,其含量最高。M_1 是 B_1 的代谢产物。

该毒性能被 pH 9～10 的强碱和氧化剂分解。在水中溶解度低,溶于乙醚、石油醚,对热稳定,裂解温度为 280℃以上。

黄曲霉毒素对多种动物呈现强烈的毒性作用。其对细胞的毒性作用是干扰信息 RNA 和 DNA 的合成,进而干扰细胞蛋白质的合成,导致动物全身性损害。根据黄曲霉毒素的毒性作用,对动物的毒性表现为急性、亚急性、慢性作用和致癌性。

急性或亚急性中毒主要表现为肝细胞变性、坏死、出血等。慢性中毒是人或动物持续地摄入一定量的黄曲霉毒素引起的中毒,主要呈现肝脏的慢性损伤。致癌作用是人和动物长期摄入较低水平的黄曲霉毒素,或在短期摄入一定数量的黄曲霉毒素,经过较长时间后发生肝癌。

(3) 毒素检测:薄层层析(thin-layer chromatography,TLC)是在黄曲霉毒素检测应用最广的方法,具有同时定性和定量功能。它是 AOAC(association of official agricultural chemists)的标准检测方法。液相色谱(liquid chromatography,LC)与薄层层析在许多方面具有相似性,二者互相补充,通常用 TLC 进行前期的条件设定,选择适宜的分离条件后,再用 LC 进行黄曲霉毒素的定量测定。

免疫化学分析方法是目前最常用的黄曲霉毒素检测方法,包括放射免疫测定(radioimmunoassay,RIA)、酶联免疫吸附测定(enzyme-linked of immunosorbent assay,ELISA)和免疫亲和层析法(immunoaflinity chromatography assay,ICA)等,均可以对黄曲霉毒素进行定量测定。

其他产毒素曲霉的相关知识见**数字资源**。

○ 其他产毒素曲霉

复习思考题

1. 什么是真菌? 其主要特征是什么?
2. 酵母菌的构造有哪些? 有哪几种繁殖方式?
3. 霉菌有哪几种繁殖方式? 产生哪些孢子?
4. 动物的感染性真菌有哪些? 怎样进行微生物学诊断?
5. 举例说明中毒性病原真菌产生的主要毒素及其作用。

开放式讨论题

针对兽医临床的毒素性致病真菌的快速诊断方法有哪些? 如何有效防控产毒素性真菌病?

Summary

Fungus is a member of a large group of eukaryotic organisms that includes microorganisms such as yeasts and molds, as well as the more familiar mushrooms. The Fungi are classified as a kingdom that is separate from plants, animals and bacteria. One major difference is that fungal cells have cell walls that contain chitin, unlike the cell walls of plants, which contain cellulose.

Morphology and structure the fungi constitute a very large heterogeneous group of organisms having many different morphological forms ranged from the simply unicellular yeast body of oval, rod–shaped forms to more common mycelium forming types of fungi in which the filamentous growth is differentiated into vegetative and reproductive portions which are called hypha and spores in fungus structures, respectively. The hyphal wells are rigid structures which enclose the multi–nucleate protoplasm. The unit of reproduction is the spore, of which there are two main types: the perfect spore which results from a sexual process and the imperfect spore which arises from an asexual process. Thallospoere, arthrospore, blastospore, chlamydospore, conidium and sporangiospore are all of important asexual spores in fungus identification.

Growth and cultural characters. Compared with bacteria, fungi are large, robust structures which usually prefer a more acid pH for growth. They develop surface colonies more slowly than the majority of bacteria and the growth usually extends into the substrate of the medium. Fungi are usually classified morphologically according to the appearance of the colony, the type of spore product and method of spore formation. The type of fungus colony may be one of three forms: ① the similar to the colony of bacterial–typed growth but larger and thicker compared with the bacteria, forming the round, regular, raised, soft growth of yeast, composed of unicellular budding forms; ② yeast–like organisms consisting of unicellular budding forms on the surface of the medium and elements (pseudomycelia) penetrating the depths of the medium; ③ a typical mold colony consisting of a vegetative mycelium and aerial hyphae producing asexual spores which give the colony its fluffy or granular appearance.

Pathogenic fungi and Mycotoxins. Fungi which cause mycoses of humans and animals range from yeasts, yeast–like organisms to moulds. In general, pathogenci fungi fall into two distinct groups, the one comprising the superficial and cutaneous infections such as ringworm caused by ringworm fungi of Trichophyton, Epidermophyton and Microsporum and the other the deep–seated or systemic infections which include the fungi of Histoplasma, some members of Saccharomyces, Cuyitococcus Neofonmans, and forming true mycelium types of fungi such as Aspergillus. In addition to the pathogenic fungi causing mycoses, some toxin–producing fungi, including mushrooms, molds, and yeasts are associated with mycotoxicosis, the Mycotoxins can appear in food and livestock feed and cause the diseases while being eaten by humans and animals. Some important Mycotoxins include aflatoxins by Aspergillus species of fungi such as A. flavus and A. parasiticus; Ochratoxin, a mycotoxin that comes in three secondary metabolite forms, A, B, and C, all produced by Penicillium and Aspergillus species; Citrinin by Penicillium, several species of Aspergillus; Fusarium toxins produced by over 50 species of Fusarium; Ergot Alkaloids produced by species of Claviceps; Patulin produced by some specie of Aspergillus, Penicillium, and Paecilomyces.

第四章 其他微生物

除细菌外的其他原核型微生物包括支原体、立克次体、衣原体、螺旋体和放线菌五大类。支原体属于无细胞壁，细胞柔软，能够独立繁殖的最小原核微生物。其营养要求高，繁殖速度慢，主要引起幼龄动物上呼吸道、肺部和胸膜感染并引起相应疾病，又称为胸膜肺炎类微生物。支原体分布广泛，常存在于污水、土壤、植物、动物和人体中，是实验室细胞培养和生物制品常污染的一类重要微生物。立克次体和衣原体到目前为止还不能在人工培养基增殖，其繁殖方式和病毒一样，需通过动物接种、鸡胚或细胞培养进行繁殖。立克次体主要寄生于节肢动物，并通过节肢动物传播引起人类和动物的疾病，如斑疹伤寒、恙虫病等。衣原体在动物体内要经过一段繁殖史，才具有感染性。可引起人的沙眼、禽类的鸟疫、动物流产等。螺旋体是一类没有鞭毛，但具有特殊的轴丝能使菌体活泼运动的一类微生物，其中有的可以人工培养，有些还不能在无生命的培养基上生长；具有致病性的有疏螺旋体属、短螺旋体属、密螺旋体属及钩端螺旋体属。放线菌是一类丝状或链状，呈分枝状生长原核细胞型微生物，多数对动物不致病，但有一些在兽医上有重要意义，如放线菌属和诺卡菌属。

第一节 支 原 体

支原体（mycoplasma）也称霉形体，是一类无细胞壁，呈多形态，可通过细菌滤器，能在无生命培养基中生长繁殖的最小原核细胞型微生物。生长过程中能形成有分枝的长丝，故称为支原体。1898 年，Nocard 和 Roux 从患胸膜肺炎的牛胸腔积液中分离出支原体，故曾称之为胸膜肺炎微生物（pleuropneumonia organism，PPO），以后又在其他动物体中分离到类似病原体，统称为类胸膜肺炎微生物（pleuropneumonia like organism，PPLO），直到 1967 年正式命名为支原体。支原体属于细菌域（*Bacteria*）原核生物界（*Procaryotae*）支原体门（*Mycoplasmatota*）柔膜体纲（*Mollicutes*），柔膜体纲有 2 个目，即支原体目（*Mycoplasmatales*）和类支原体目（*Mycoplasmoidales*）；其中类支原体目于 2018 年设立，包括偏支原体科（*Metamycoplasmataceae*）和类支原体科（*Mycoplasmoidaceae*）；支原体目只有 1 个科，即支原体科（*Mycoplasmataceae*），包括 5 个属，即支原体属（*Mycoplasma*）、脲原体属（*Ureaplasma*）、附红细胞体属（*Eperythrozoon*）、血八通体属（*Haemobartonella*）及威廉森支原体属（*Willamsonplasma*）；偏支原体科包括偏支原体属（*Metamycoplasma*）、中间支原体属（*Mesoplasma*）和似支原体属（*Mycoplasmopsis*），类支原体科包括软原体属（*Malacoplasma*）和类支原体属（*Mycoplasmoides*）。兽医学中部分重要的支原体见表 4–1。

表 4–1 兽医学中部分重要支原体的宿主及其所致疾病

属名	种名	宿主	致病性
支原体属（*Mycoplasma*）	丝状支原体丝状亚种（*M. mycoides* subsp. *mycoides*）	牛	传染性胸膜肺炎
	山羊支原体山羊亚种（*M. capricolum* subsp. *capricolum*）	绵羊、山羊	败血症、关节炎、乳腺炎、肺炎
	山羊支原体山羊肺炎亚种（*M. capricolum* subsp. *caprineumoniae*）	山羊	传染性胸膜肺炎
	丝状支原体山羊亚种（*M. mycoides* subsp. *capri*）	山羊	胸膜肺炎、败血症、关节炎、乳腺炎
	猫血支原体（*M. haemofelis*）	猫	传染性贫血
似支原体属（*Mycoplasmopsis*）	牛支原体（*M. bovis*）	牛	乳腺炎、肺炎、关节炎
	无乳支原体（*M. agalactiae*）	羊	无乳症、关节炎

续表

属名	种名	宿主	致病性
	鸡毒支原体（*M. gallisepticum*）	禽	慢性呼吸道疾病、传染性鼻窦炎
	火鸡支原体（*M. meleagridis*）	火鸡	气囊炎、腔上囊炎
偏支原体属（*Mycoplasma*）	猪滑液支原体（*M. hyosynoviae*）	猪	浆膜炎
	关节炎支原体（*M. arthritidis*）	小鼠、大鼠	关节炎
中间支原体属（*Metamesoplasma*）	绵羊肺炎支原体（*M. ovipneumoniae*）	绵羊	肺炎
	牛眼支原体（*M. bovoculi*）	牛	结膜炎、角膜炎
	猪鼻支原体（*M. hyorhinis*）	猪	浆膜炎、关节炎
	猪肺炎支原体（*M. hyopneumoniae*）	猪	流行性肺炎
脲原体属（*Ureaplasma*）	差异脲原体（*U. diversum*）	牛	外阴炎、不孕症、流产

一、生物学特性

1. 形态与结构

支原体是目前已知最小的原核细胞型生物，因无细胞壁，常呈球形、梨形、杆形、螺旋形、环状、丝状或高度分枝等多形性，见图 4–1。球形细胞直径 0.3 ~ 0.8 μm，丝状细胞大小为（0.3 ~ 0.4）μm ×（2 ~ 150）μm。在加压情况下，能通过孔径 0.22 ~ 0.45 μm 的滤膜。

支原体革兰氏染色为阴性，但不易着色，一般以姬姆萨或瑞氏染色法着色良好，可呈淡紫色。绝大多数菌株无鞭毛，但有些菌株可沿着液体表面滑行。支原体的最外层是细胞膜，包括内、中、外 3 层结构，内、外两层主要是蛋白质，是重要的表面抗原，与血清分型有关。中间层为脂质，且主要为磷脂，以磷脂酰乙醇胺含量最高，还有胆固醇和糖脂，胆固醇约占 36%，位于磷脂分子之间，对于保持细胞膜的完整性有一定的作用。在宿主体内易形成荚膜，体外则消失，荚膜的化学成分为多糖，具有抵抗宿主细胞吞噬的作用，是重要的毒力因子之一。此外，细胞黏附辅助蛋白和黏附素一起构成了支原体的特殊顶端结构，使支原体呈现瓶状或梨状外形，并介导对真核细胞和组织的吸附，与致病性有关。在电子显微镜下可以观察到支原体网状的细胞质内主要有核糖体、核质、胞质颗粒、质粒与转座子等内容物。核糖体的沉降系数为 70S，负责蛋白质合成。支原体的基因组是一个环状双链 DNA，但分子量比细菌小，只有大肠杆菌的 1/5，因此其生物合成能力有限。胞质颗粒包括糖原、多糖、脂类、磷酸盐等，大多为储备的营养物质。关节炎支原体、人型支原体等胞质内还有质粒存在，它们编码抗药性基因。

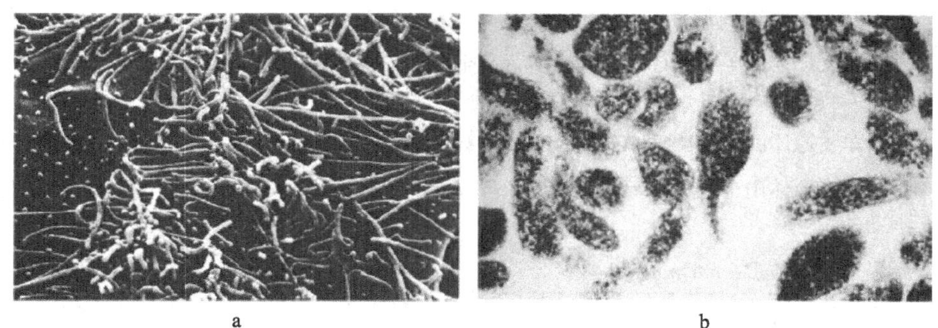

a　　b

图 4–1　肺炎支原体电镜照片

a. 扫描电镜照片（× 26 000）；b. 透射电镜照片（× 47 880），中间细胞由于其末端结构而具有瓶状或梨状外形

2. 培养特性

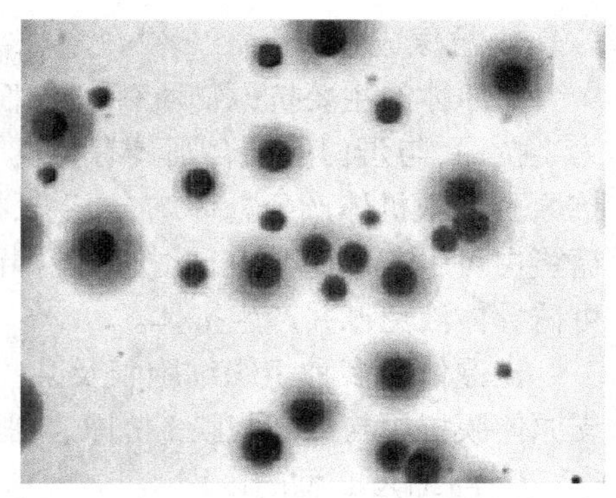

图 4-2 支原体“油煎蛋”型菌落
菌落已染色(×100)

由于支原体有限的生物合成能力,在实验室条件下支原体很难培养,合成培养基只适用于少数发酵型支原体,大多数支原体的生长需含组织浸液、蛋白胨、酵母粉、血清和其他补加成分的复合培养基,10% ~ 20% 的血清除提供营养还提供脂肪酸、磷酸酯和胆固醇。大部分支原体适宜的 pH 为 7.6 ~ 8.0,但脲原体属较低,最适 pH 为 5.5 ~ 6.5。支原体兼性厌氧,但大多数病原性支原体在 36℃、微氧环境(5% CO_2 和 90% N_2)中生长最佳,琼脂浓度一般为 1% ~ 1.5% 为宜。支原体主要以二分裂方式繁殖,也存在芽殖、裂殖和分割繁殖等方式。繁殖时由于胞质的分离落后于基因组的复制,故可形成多核丝状体。大部分支原体生长缓慢,3 ~ 4 h 繁殖一代,2 ~ 7 d 后形成“油煎蛋”样的菌落,直径为 10 ~ 600 μm,核心较厚,向下长入培养基,周边为一层薄薄的透明颗粒区,见图 4-2。菌落周围可形成波纹状薄膜和小黑点,称为薄膜点,一般是支原体分解脂质的产物。支原体菌落小,必须用低倍显微镜观察。在液体培养基中支原体增殖量少,呈烟雾状生长,而无明显的混浊;增殖量不超过 10^6 ~ 10^7 颜色变化单位(color changing unit, CCU),CCU 是指支原体经倍比稀释,接种于液体培养基中培养一定时间后能分解底物且使指示剂变色的最大稀释倍数。支原体也可在鸡胚或细胞培养中生长,在细胞培养中不一定引起细胞病变,但阻碍病毒培养。

3. 生化特性

支原体一般代谢活性较低,很少有独特的生化特性,但某些性质也是分类、鉴定的重要依据。一些支原体通过糖酵解途径及乳酸发酵产生 ATP,另一些则分解精氨酸或尿素以产生 ATP,前者称为发酵型,后者称为非发酵型。仅有少数几种支原体例外,二者兼而有之,或均不能利用。含不同基质的培养基在支原体生长前后颜色及 pH 变化见表 4-2。某些发酵型菌株能产生 H_2O_2,在含有血液的培养基中其菌落周围可形成 β 型或 α 型溶血。少数菌株能液化明胶、消化凝固血清或酪蛋白。有的支原体菌落还能吸附动物红细胞。

表 4-2 含不同基质的培养基在支原体生长前后颜色 * 及 pH 变化

培养基基质	生长前		生长后	
	培养基 pH	培养基颜色	培养基 pH	培养基颜色
葡萄糖	7.6 ~ 7.8	红色	6.8	黄色
精氨酸	7.0 ~ 7.2	微红色	7.4 ~ 7.8	红色
尿素	6.0 ± 0.5	黄色	7.4 ~ 7.8	红色

* 添加酚红指示剂

4. 抵抗力

支原体因无细胞壁对理化因素抵抗力比细菌弱,对热、干燥、渗透压和一般消毒剂敏感。一般 45℃维持 15 ~ 30 min 或 55℃维持 5 ~ 15 min 即可灭活。但在 0.3% 的半固体琼脂中,-20℃可保存一年以上;如加 10% 脱脂乳经干燥后可保存 3 ~ 4 年。对醋酸铊、结晶紫的抵抗力大于细菌,在分离培养时,培养基中加入一定量的醋酸铊可抑制杂菌生长(脲原体例外,对醋酸铊敏感)。对作用于细胞壁合成的药物如青霉素、环丝氨酸和溶菌酶等不敏感,常在分离培养基中加入青霉素或合成青霉素,亦可抑制杂菌生长。红霉素、四环素、卡那霉素、螺旋霉素、阿奇霉素等抑制或影响蛋白质合成的抗生素对支原体有杀伤作用,可用于治疗。由于支原体细胞膜中含有胆固醇,凡能作用于胆固醇的物质,如两性霉素 B、皂素、毛地黄苷等能引起支原体细胞膜破坏而死亡。

5. 抗原成分

支原体的主要抗原物质存在于细胞膜，抗原成分主要是脂质和蛋白质。脂质包括糖脂和脂多糖，糖脂为半抗原，与蛋白质结合则具有免疫原性，可诱导机体体液免疫应答。经氯仿、甲醇或丙酮提取的脂溶性抗原可刺激机体产生补体结合、生长抑制及代谢抑制抗体。脂多糖是参与沉淀反应的抗原。去除脂质的糖蛋白可引起细胞免疫，此抗原能抑制免疫豚鼠腹腔巨噬细胞的移动及引起皮肤变态反应。膜蛋白抗原可诱导体液免疫并产生抗体。

支原体与多种组织细胞膜及某些细菌具有相同的糖脂成分，可引起一些非特异性血清反应。如肺炎支原体膜抗原与红细胞膜 I 抗原、与肺炎链球菌 23 型和 32 型、MG 链球菌均存在共同抗原。

6. 与细菌 L 型的区别

某些细菌由于自然或诱发等原因，虽然也能产生无壁的细菌 L 型，并在多形性、能通过细菌滤器、对渗透压敏感、菌落特征和对环境的要求等方面也与支原体相似，但是它们能在较简单的培养基上生长，并在一定程度上保持了原亲本细菌的代谢活性、毒力和抗原性，同时能回复突变为原来的正常有壁细菌，所以细菌 L 型只是细菌的一种特殊类型，而不是单独的生物类群。支原体是一类（G + C）mol% 含量低的革兰氏阴性原核细胞型微生物，故须将两者严格区别。支原体与细菌 L 型的比较见表 4–3。

表 4–3 支原体与细菌 L 型性状比较

性状	支原体	细菌 L 型
细胞壁	无	无
通过细菌滤器	能	能
对青霉素敏感性	不敏感	不敏感
来源	自然界、人与动物体内	一定条件下细菌被诱导形成
遗传性	与细菌无关	与原菌相同，去除诱导因素后，可恢复为原菌
培养	含胆固醇培养基	大多需高渗培养基

二、致病性与免疫特性

1. 致病性与致病机制

在人和动物体内的支原体大多为非致病菌或条件致病菌，有的可作为常驻菌，参与机体正常菌群的构成。如牛、羊的瘤胃内的专性厌氧支原体等。有的支原体存在于不同种属宿主中，如莱氏支原体可寄生于人、牛、猪、鸡体内。病原性支原体通常与呼吸道、泌尿生殖道、消化道黏膜、自身免疫和关节疾病有关，还会影响人和动物的大脑。

支原体通过黏附作用和产生某些酶类及毒素完成其侵袭和致病过程。支原体通过与宿主细胞紧密接触，从细胞膜获取脂质和胆固醇，导致膜变形和损坏（图 4–3）。目前研究较多的黏附因子包括黏附素和细胞黏附辅助蛋白，宿主细胞受体主要是唾液酸和血型糖蛋白两类。解脲支原体通过脲酶分解尿素产生 NH_3，对细胞有毒性作用；它还可产生磷脂酶 C，作用于质膜，可能是造成宿主细胞膜破坏的主要机制；此外，该菌株产生水解 IgA 蛋白酶，分解 IgA 为 Fab 和 Fc 两个片段，破坏黏膜表面的 SIgA，有利于支原体的感染。许多致病性支原体能够穿越血脑屏障，造成人和动物的神经病理学病变。溶神经支原体产生的神经性外毒素可引发明显的中枢神经症状，称为“旋转病”综合征，表现为小鼠沿着身体纵轴旋转，伴有痉挛性运动症候，随着神经系统症状和麻痹的加剧，最终导致死亡。支原体还可产生溶血素、内毒素（脂聚糖）和 H_2O_2 等发挥致病及毒害作用。

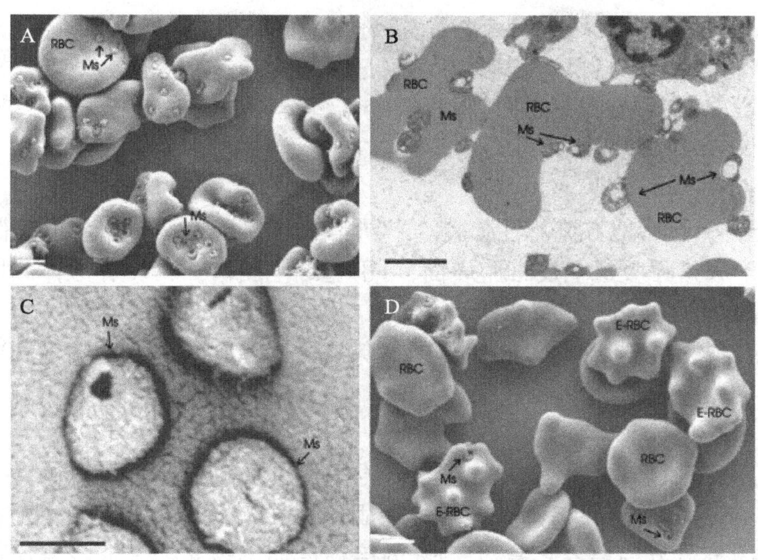

图 4-3 猪支原体感染红细胞的扫描电子显微镜(A,C,D)和透射电子显微镜(B)图像
(ABD 图比例尺 2 μm,C 图比例尺 200 nm)注:RBC:红细胞;Ms:猪支原体;E-RBC:隐性感染的红细胞

2. 免疫机制

动物自然感染支原体后会产生特异性的体液免疫和细胞免疫,产生的抗体有 IgM、IgG 和 SIgA,尤其是 SIgA 能在局部黏膜表面阻止支原体感染,在抗支原体感染中发挥主要作用。细胞免疫主要是特异性的 $CD4^+$ Th1 细胞分泌的细胞因子 IL-2、TNF-α、IFN-γ 和 GM-CSF,活化巨噬细胞来清除支原体感染。机体在对支原体免疫应答过程中,各种免疫细胞释放的大量促炎性细胞因子 IL-1β 和 IL-6 也可引起自身组织损伤。

三、微生物学诊断

支原体常侵入动物的黏膜表面,一般可用灭菌棉拭子采样后放入盛有 2 ~ 5 mL 液体培养基的小试管中;或取其分泌液;若是组织块,可经灭菌乳钵中研磨。取样后应尽快接种培养基。初次分离在 5% CO_2 和 90% N_2 条件下,37℃培养为宜。对分离到的支原体可进行 Dienes 菌落染色;毛地黄苷敏感实验以确定分离物生长是否需要甾醇;再做葡萄糖、精氨酸分解实验确定其为发酵型或非发酵型,同时可进行其他生理生化实验。但种的鉴定必须用血清学方法确定,可进行生长抑制、代谢抑制、酶联免疫吸附实验、直接免疫荧光法等血清学鉴定方法。PCR 技术及 DNA 序列测定等也是常用的支原体检测方法。

四、常见动物致病性支原体

(一) 猪肺炎支原体

引起猪肺炎,俗名猪气喘病。1965 年首次在人工培养基上成功分离,并命名为猪肺炎支原体(*Mycoplasma hyopneumoniae*),1973 年我国分离到该病原。猪气喘病的主要症状为咳嗽、气喘,生长缓慢,饲料转化率低。本病经呼吸传播,发病率高,死亡率不高。

1. 形态与培养特性

形态多样,大小不等,在液体培养物和肺触片中,以环形为主。可通过直径 0.3 μm 滤膜。营养要求苛刻,是动物支原体中较难培养的一种,最适生长温度为 37℃,最适 pH 为 7.8,不形成“油煎蛋”样菌落,菌落灰白色、圆形、有颗粒。能发酵葡萄糖,不水解精氨酸及尿素。不吸附红细胞。基因组大小为 1 070 kb,DNA 中(G + C)mol% 为 28。可在 6 ~ 7 日龄鸡胚卵黄囊或猪肺单层细胞中繁殖,也能适应乳兔,连续传代后致弱。

2. 抵抗力

对外界环境抵抗力弱,存活一般不超过 26 h。在肺组织中 -30℃可保存 20 个月,-15℃可保存 45 d,

1～4℃可存活4～7 d;在甘油中0℃可保存8个月;冷冻干燥的培养物4℃保存4年。常用化学消毒剂、1%氢氧化钠、20%草木灰等均可数分钟内将其灭活。对放线菌素D、丝裂霉素C最敏感;对四环素、土霉素、金霉素、卡那霉素、泰乐霉素、螺旋霉素、林可霉素及喹诺酮类药物敏感;对青霉素、链霉素、红霉素及磺胺类药物不敏感。

3. 致病性与免疫性

自然感染仅见于猪,引起猪地方流行性肺炎。不同年龄、性别、品种的猪均可感染,以哺乳仔猪和幼猪最易感。该病原存在于病猪呼吸道上皮细胞表面,可引起纤毛脱落。猪鼻支原体和巴氏杆菌继发感染及环境因素影响时,病情可加剧甚至死亡。

自然感染和人工感染的康复猪,均可产生坚强的免疫力。我国研制的猪喘气病冻干兔化弱毒菌苗和猪肺炎支原体灭活疫苗,均有一定的免疫效果。

4. 微生物学诊断

本病一般根据临床症状、病理剖检,结合流行病学容易作出初步诊断。实验室确诊可利用分子生物学和血清学检测技术。初次分离时,猪肺炎支原体在固体培养基上几乎不生长,常用牛肉消化液、猪胃消化液或商品支原体肉汤进行分离培养。常以20%的接种量连续传4～5代,当培养物出现有规则的变化时,涂片镜检。同时液体培养物适当稀释后转接至固体培养基,置于37℃含5%～10% CO_2,潮湿空气中孵育。液体培养不易观察生长状态,借助分解葡萄糖产酸使培养基中酚红变色加以判断,大多数菌株在接种3～7 d后pH下降使培养基由红变黄,当pH降至6.7以下支原体不易生存,此时应及时传代或收获。菌落生长后在低倍显微镜下观察菌落形态,做血清学鉴定。在猪肺炎支原体感染时,常伴有猪鼻支原体混合感染,可在培养基中加10%兔抗猪鼻支原体抗血清,有利于猪肺炎支原体的分离。可采用间接血凝实验、补体结合实验、ELISA等进行血清学实验或PCR技术等进行诊断。

(二) 鸡毒支原体

鸡毒支原体(*M. gallisepticum*)又名禽败血支原体,引起鸡和火鸡等多种禽类慢性呼吸道病(chronic respiratory disease, CRD)或火鸡传染性鼻窦炎,鸡毒支原体在禽类支原体中感染禽类危害最大。

1. 形态与培养特性

多为球形、卵圆形或短杆状,球形直径0.2～0.5 μm。姬姆萨及瑞氏染色较好,用陈旧的瑞氏染液于4～10℃过夜着染效果最佳。对营养要求较高,一般用牛心浸出液培养,用前加入10%～20%的马血清,液体培养基加酚红为指示剂。菌落为"油煎蛋"状。能发酵葡萄糖,不水解精氨酸和尿素。基因组大小为1 000 kb, DNA中(G+C) mol%为33。可在5～7日龄鸡胚卵黄囊中繁殖,接种5～7 d后鸡胚死亡。固体培养基上的菌落在37℃可吸附鸡红细胞、气管上皮细胞及Hela细胞等,吸附作用可被特异性抗体所抑制。

2. 抵抗力

对理化因素抵抗力不强,日光直射迅速失活,加热50℃经20 min即可灭活,在孵化的鸡胚中经45.6℃经12～24 h即可灭活,一般消毒均能迅速将其杀死。在37℃卵黄中可存活18周,20℃液体培养基中可存活1周以上,4～10℃鸡胚中至少存活3个月,-20℃存活5个月,冻干后4℃存活7年、-75℃保存20年仍可传代复活。对泰乐霉素、红霉素、螺旋霉素、放线菌素D、丝裂霉素最敏感,对四环素、金霉素、土霉素、链霉素、林可霉素次之,但易形成耐药菌株。

3. 致病性与免疫性

本菌除感染鸡、火鸡外,还可感染珍珠鸡、鸽、鹧鸪、鹌鹑、野鸡等多种禽类。可经带菌鸡胚垂直传播,也可通过公鸡交配传播,鸡群一旦感染难以根除,病原体存在于病鸡或带菌鸡的呼吸道、卵巢、输卵管和精液中。火鸡比鸡易感。雏鸡均较成年鸡易感,成年鸡常无临床症状,在其他呼吸道病原微生物及新城疫弱毒株或应激状态协同下,病情加剧,大肠埃希菌尤其是O_{78}、O_2、O_1株继发感染时可引起特征性的肝包膜炎、心包炎及气囊炎。本菌可产生神经毒素,用S_6株接种雏火鸡,可出现脑动脉炎结节,运动失调、麻痹、惊厥等症状。

病鸡康复后具有免疫力。抗血清在体外具有抑制本菌生长的作用,但不能产生被动免疫。弱毒菌苗诱导免疫需要时间较长,免疫力不强。灭活苗免疫效果也不理想。

4. 微生物学诊断

病料可取自气管、气囊、肺、眶下窦渗出液，活体可从后胸气囊处打一小孔，以棉拭子擦拭。由于人工培养基和鸡胚均不易成功分离本菌，本病很少采用病原分离进行鉴定。常采用凝集实验和血细胞凝集抑制实验进行血清学快速诊断，平板凝集抗体为 IgM 抗体，鸡感染后一周可检测到 IgM 抗体。血凝抑制抗体为 IgG 抗体，感染 20 d 后出现。血凝抑制抗体特异性好，常用于平板凝集实验后个别标本的最后确诊。此外，ELISA 和胶体金免疫层析试纸卡以及 PCR 技术等也是常用的快速检测技术。临床多采用抽样检查法，鸡群中一旦检出血清抗体阳性，即可作为整个鸡群受到感染的定性指标，判定为阳性鸡群。

（三）丝状支原体丝状亚种

丝状支原体丝状亚种（*Mycoplasma.mycoides* subsp. *mycoides*）即胸膜肺炎微生物（PPO），可引起牛传染性胸膜肺炎，俗称牛肺疫。牛肺疫在历史上曾是最重要的牛病之一。1955 年该病原正式命名为丝状支原体丝状亚种，其基因组大小为 1 300 kb，DNA 中（G + C）mol% 为 26.1 ~ 27.1。

1. 形态与培养特性

新分离的菌株或小剂量接种在陈旧的培养基中，菌体多呈丝状，多次传代后丝状消失。姬姆萨或瑞氏染色可见球形、环形、双球形、螺旋状等多形态。最适生长温度为 37 ~ 38℃，最适 pH 为 7.8。能发酵葡萄糖、果糖、麦芽糖、甘露糖、糊精及淀粉，产酸不产气，不水解精氨酸和尿素，还原四氮唑，在血平板上产生 α 溶血。液体培养基中生长后呈微浊、半透明、带乳光。固体培养基上生长较慢，5 ~ 7 d 出现菌落，煎蛋状，边缘光滑，大小悬殊。

2. 致病性与免疫性

自然条件下主要侵害牛类，包括奶牛、黄牛、牦牛、野牛等。常存在于牛呼吸道、气管分泌物、肺组织及胸腔渗出液中，经呼吸传播。严重时乳汁、尿液、脑脊液及阴道分泌物中也能分离出该病原。我国学者研制的牛肺疫兔化弱毒疫苗和牛肺疫兔化绵羊适应弱毒株疫苗，免疫保护效果好，对我国控制和消灭本病起到了极其重要的作用。

3. 抵抗力

对外界环境抵抗力较弱，日光、干燥、高热均可迅速将其杀死。常用消毒剂可将其灭活。本菌对泰乐霉素、红霉素、四环素最为敏感。

4. 微生物学诊断

可采取病牛肺组织或胸腔渗出液接种牛心汤或马丁肉汤培养，同时接种固体培养基 37℃培养 5 ~ 7 d 即可生长。可进行涂片染色、生化反应及生长抑制实验鉴定。可采用补体结合实验检测抗体，检测抗原使用菌液培养物经 100℃水浴煮沸 10 min 后离心浓缩制备。目前常用针对 16S rRNA 基因的 PCR 技术，可进行快速鉴定。

（四）丝状支原体山羊亚种

丝状支原体山羊亚种（*Mycoplasma mycoides* subsp. *capri*）是引起山羊传染性胸膜肺炎的病原体。该病经由呼吸道飞沫传染，引起纤维素性肺炎和浆液 – 纤维素性胸膜炎，传染性强，传播迅速，发病 20 d 即可波及全群山羊，新疫区发病山羊的死亡率很高。病原存在于病羊的肺组织、胸腔渗出液和纵膈淋巴结中。

1. 形态与培养特性

本菌呈球状、杆状、环状、丝状等多形性。最适生长温度为 37℃，在含有 10% 马血清的马丁氏肉汤中生长良好。固体培养基上菌落较大，呈煎蛋状，边缘光滑，不吸附红细胞。生长过程中发酵葡萄糖，不水解精氨酸及尿素。DNA 中（G + C）mol% 为 23.6 ~ 25.8。

2. 抵抗力

本菌对理化因素抵抗力弱，常用消毒剂能迅速将其杀死。对泰乐霉素、红霉素、短杆菌肽、放线菌素 D、丝裂菌素 C 及大环内酯类药物高度敏感。

3. 致病性与免疫性

自然条件下本菌只感染山羊。目前我国已有商品化的弱毒株制备的灭活苗投入生产使用。

○ 鼠类相关的致病性支原体
○ 其他引起动物疾病的支原体的生理生化特性及致病性

4. 微生物学诊断

可用补体结合实验检测抗体。PCR 技术常用来检测抗原，同时可设计使用二氢脂酰脱氢酶（lpdA）基因进行 PCR-RFLP 来区分丝状支原体山羊亚种与其他支原体亚种。

（五）鼠类相关的致病性支原体

相关知识见**数字资源**。

除以上的对动物致病的主要支原体外，其他引起动物疾病的支原体，如猪鼻支原体可引发猪肺炎、多发性浆膜炎及关节炎；猪滑液支原体可引发猪急性滑膜炎和关节炎；滑液支原体可引发鸡及火鸡的传染性滑液囊炎；牛生殖道支原体可引起牛乳腺炎及阴道炎；无乳支原体可引起牛乳腺炎；等等。其生理生化特性及致病性参见**数字资源**。

第二节　立 克 次 体

立克次体（rickettsia）是一类严格细胞内寄生、革兰氏染色阴性的原核细胞型微生物，是人和动物立克次体病（斑疹伤寒、斑点热、恙虫病等）的病原体，由美国青年医师 Howard Taylor Ricketts 于 1910 年首先发现，为纪念他，故将该类病原体以其名字命名为立克次体。1934 年，我国学者谢少文首先用鸡胚成功培养出立克次体，为人类深入认识立克次体作出了重大贡献。

其分类地位属变形杆菌门（*Proteobacteria*）、α- 变形杆菌纲（*Alaphaproteobacteria*）、立克次体目（*Rickettsiales*），下设 2 个科，分别为立克次体科（*Rickettsiaceae*）和艾立希体科（*Ehrlichiaceae*），立克次体科分为立克次体属（*Rickettsia*）、东方体属（*Orientia*）和西方体属（*Occidentia*）；艾立希体科包括乏质体属（*Anaplasma*）、艾立希体属（*Ehrlichia*）、新立克次体属（*Neorickettsia*）及埃及小体属（*Aegyptianella*）。原有的柯克斯体属（*Coxiella*）从立克次体目中划出，引起 Q 热的贝氏柯科斯体（*C. burnetti*）分类上归属于军团菌目柯克斯体科。

立克次体的共同特点：专性细胞内寄生，以二分裂方式繁殖；有 DNA 和 RNA 两类核酸；形态多样，主要为球杆状，大小介于细菌和病毒之间，革兰氏染色阴性；以节肢动物为媒介，寄生在吸血节肢动物体内，使其成为寄生或储存宿主，或同时为传播媒介；对多种抗生素敏感。

一、生物学特性

1. 形态与结构

立克次体似小杆菌，大小为（0.3 ~ 0.6）μm ×（0.8 ~ 2.0）μm，不能通过细菌滤器。具多形性，球杆状、杆状或丝状，于不同宿主和不同生长繁殖期形态不同。革兰氏染色阴性但不易着色，常用吉姆尼茨(Gimenza)或吉姆萨(Giemsa)染色。前者为马基维洛(Macchiavello)染色的改良方法，立克次体被染成色红，反差明显，染色效果好，但标本不易长期保存；后者染成紫色或蓝色，标本可长期保存。

立克次体具有细胞壁和细胞膜，其结构与革兰氏阴性菌相似。细胞壁外存在由多糖组成的黏液层，在黏液层和细胞壁之间存在脂多糖或多糖组成的微荚膜。上述表层结构与立克次体的致病性有关，可黏附宿主细胞及抗吞噬，是毒力因素。细胞壁包括外膜、肽聚糖、胞壁酸、二氨基庚二酸、脂蛋白和脂类多糖，其脂类含量比一般细菌高很多。但恙虫热立克次体细胞壁无肽聚糖和脂多糖。立克次体细胞膜为脂质双分子层，含大量磷脂。细胞质内有丝状核质区、70S 核糖体、包涵体或空泡。立克次体核质内有双链 DNA，基因组大小约为大肠埃希菌的 1/3，（G + C）mol% 为 29 ~ 43。

2. 培养特性

立克次体的酶系统不完善，为专性细胞内寄生。以二分裂方式繁殖，9 ~ 12 h 分裂一次。培养立克次体的方法有动物（常用豚鼠和小鼠）接种、鸡胚卵黄囊接种和细胞培养。现在除恙虫病东方体仍然采用接种小鼠腹腔进行分离外，其他立克次体多采用细胞培养，常用的有鸡胚成纤维细胞，L929 细胞和 Vero 细胞。

3. 代谢特性

很多立克次体的能量代谢极其有限，它们只能利用谷氨酸，不能利用葡萄糖、6-磷酸葡萄糖或有机酸，因此立克次体自身合成的一些大分子物质和 ATP 水平很低，不能满足生命活动能量的需要，且其细胞膜"渗透性"较大，使得它们易从宿主细胞获得一些重要的物质（如 ATP、辅酶 I 和辅酶 A 等），同时也容易流失这些重要物质，因此立克次体必须在细胞内寄生。

4. 抵抗力

立克次体对理化因素抵抗力不强，尤其对热敏感，一般在 56℃ 30 min 即被灭活。对一些广谱抗生素如氯霉素、四环素敏感，但磺胺类药物不抑制立克次体生长，反而会促进其繁殖。

5. 抗原成分

立克次体有两类抗原，一类为群特异性抗原，与细胞壁表层的脂多糖有关，是可溶性抗原，耐热；另一类为种特异性抗原，与外膜蛋白有关，不耐热，目前研究较多的是 rOmpA 和 rOmpB。

斑疹伤寒立克次体等的脂多糖与变形杆菌某些菌株（如 OX_{19}、OX_2、OX_k 等）的菌体抗原有共同的抗原成分，见表 4-4。由于变形杆菌抗原易于制备，其凝集反应结果又便于观察，因此临床检验中常用这类变形杆菌代替相应的立克次体抗原进行凝集反应，这种交叉凝集实验称为外斐反应（Weil-Felix reaction），用于检测人类或动物血清中有无相应抗体，供立克次体病的辅助诊断，但由于敏感性低、特异性差，目前较少应用。

表 4-4　主要立克次体与变形杆菌菌株抗原的交叉

立克次体	变形杆菌菌株		
	OX_{19}	OX_2	OX_K
普氏立克次体	+ + +	+	−
斑疹伤寒立克次体	+ + +	+	−
恙虫病立克次体	−	−	+ +

二、致病性与免疫特性

1. 感染途径

大多数立克次体可引起人畜共患病，这些疾病统称为立克次体病，如斑疹伤寒、恙虫病、斑点热。通过节肢动物如虱、蚤、蜱或螨的叮咬或其粪便污染伤口而传播，所以立克次体为虫媒微生物，啮齿动物常成为其寄生宿主，立克次体在节肢动物胃肠道上皮细胞中增殖并大量存在其粪便中，有的也能进入唾液腺或生殖道内。人畜受到叮咬时，立克次体直接从昆虫口器或粪便排出，从抓痒时抓破的伤口进入人的血液并在其中繁殖，使人畜感染。当节肢动物再叮咬人畜吸血时，人畜血中的立克次体又进入其体内增殖，如此不断循环。

2. 致病机制

立克次体的致病物质主要有内毒素和磷脂酶 A 两类。内毒素的主要成分为脂多糖，具有肠道杆菌内毒素相似的多种生物学活性，如致热原性，损伤内皮细胞，致微循环障碍和中毒性休克等。磷脂酶 A 能溶解宿主细胞膜或细胞内吞噬体膜，以利于立克次体穿入宿主细胞并在其中生长繁殖。此外立克次体表面黏液层结构有利于黏附到宿主细胞表面和抗吞噬作用，增强其对易感细胞的侵袭力。

立克次体侵入宿主细胞后，在局部淋巴组织或小血管内皮细胞中增殖，引起内皮细胞肿胀、增生、坏死，微循环发生障碍以及形成血栓，红细胞渗出血管，引起特征性皮疹，产生初次立克次体血症。再经血扩散至全身器官的小血管内皮细胞中大量繁殖后，释放入血导致第二次立克次体血症。主要病变是血管内皮细胞大量增生，血栓形成以及血管壁有结节性或圆形坏死，产生内毒素等毒性物质也随血流波及全身，引起毒血症。立克次体也易发生持续性感染，有研究发现该菌感染近一年的动物外周血中可以检测到立克次体的 DNA。

3. 免疫性

立克次体在血管内皮细胞、成纤维细胞及巨噬细胞中繁殖，是严格细胞内寄生的病原体，故体内抗感染免疫以细胞免疫为主，体液免疫为辅。机体感染后产生的群和种特异性抗体，可中和立克次体的毒性物质并发挥免疫调理作用。同时抗原抗体免疫复合物，可加重病理变化及临床症状。细胞免疫产生的细胞因子，有激活和增强巨噬细胞杀灭细胞内立克次体的作用，同时也可使机体产生迟发型变态反应。动物患立克次体病恢复后，一般可获得较强的免疫力。

三、微生物学诊断

可采集病人、病畜的血液以供病原体分离或作血清学实验。一般在发病初期或急性期以及应用抗生素前采血，否则很难获得阳性分离结果。血清学实验需采集急性期与恢复期双份血清，以观察抗体滴度是否增长。流行病学调查时，还需采集野生动物和节肢动物等样品。

将被检材料（血液、血块或其他组织悬液）接种至雄性豚鼠腹腔。若接种后豚鼠体温大于 40℃，同时出现阴囊红肿，可能有立克次体感染，再将分离出的菌株接种鸡胚或细胞进行培养，用微量凝集实验、免疫荧光实验和 ELISA 等血清学方法或 PCR 技术等加以鉴定。

四、免疫防治

立克次体抵抗力弱，离开宿主细胞后迅速死亡，理化因素也可灭活立克次体。但在媒介昆虫的粪便中可存活较长时间，是造成疾病传播的原因之一。因此预防立克次体病的重点是控制和消灭其中间宿主及储存宿主，消灭虱、蚤、蛾、鼠和注意卫生与防护是预防立克次体病的重要措施。治疗上多选用氯霉素和四环素类抗生素（包括强力霉素）。特异性预防目前多采用经 γ 射线辐射处理的全细胞灭活疫苗，如预防斑疹伤寒的鼠肺疫苗、鸡胚疫苗等。

○ 主要致病性立克次体

五、主要致病性立克次体

相关知识见**数字资源**。

第三节　衣　原　体

衣原体（chlamydia）是一类严格在真核细胞内寄生，有独特发育周期，能通过细菌滤器的原核细胞型微生物，归属于广义的细菌学范畴。过去曾认为衣原体是“大型病毒”，但它在形态、结构、核酸类型及繁殖方式等许多特征与细菌相同。目前，根据衣原体的抗原结构和 DNA 同源性的特点，设立了衣原体目（*Chlamydiales*），下分 4 个科，感染人和动物的重要病原主要在衣原体科（*Chlamydiaceae*），过去曾分为衣原体属（*Chlamydia*）和亲衣原体属（*Chlamydophilia*），现二者已合并成一个衣原体属。衣原体属有 10 个种，包括沙眼衣原体（*C. trachomatis*）、肺炎衣原体（*C. pneumoniae*）、鹦鹉热衣原体（*C. psittaci*）、鼠衣原体（*C. muridarum*）、猪衣原体（*C. suis*）、牛羊衣原体（*C. pecorum*）、流产衣原体（*C. abortus*）、猫衣原体（*C. felis*）、禽衣原体（*C. avium*）和家禽衣原体（*C. gallinacea*）。

衣原体的特征包括：①呈单细胞结构，圆形或椭圆形；②有细胞壁，革兰氏染色阴性；③具有独特的发育周期，以二分裂方式繁殖；④有核糖体，具有较复杂的酶系统，能进行多种代谢，但不能合成带高能键的化合物，必须利用宿主细胞的三磷酸盐和中间代谢产物作为能量来源；⑤含有 DNA 和 RNA 两类核酸；⑥对多数抗生素敏感；⑦多数含有大小约 7.5 kb 的质粒（肺炎衣原体中只有 N16 株有质粒，其余均无质粒）；⑧是一菌多病的典型，可引起多种疾病。支原体、立克次体、衣原体三者的性质均介于细菌和病毒之间，其主要特征见表 4–5。

表 4-5 细菌、支原体、立克次体、衣原体、病毒的主要特征比较

特征	细菌	支原体	立克次体	衣原体	病毒
直径 /μm	0.5 ~ 2.0	0.2 ~ 0.25	0.2 ~ 0.5	0.2 ~ 0.3	< 0.25
滤过性	不能过滤	能过滤	不能过滤	能过滤	能过滤
细胞壁	有	无	有	有	无细胞结构
细胞膜中甾醇	无	有	无	无	无细胞膜
繁殖方式	以二分裂为主	二分裂	二分裂	二分裂	复制
核酸种类	DNA 和 RNA	DNA 和 RNA	DNA 和 RNA	DNA 和 RNA	DNA 或 RNA
核糖体	有	有	有	有	无
大分子合成能力	有	有	有	无	无
ATP 产生系统	有	有	有	无	无
对抗生素敏感性	敏感	敏感（抑制细胞壁合成者例外）	敏感	敏感	不敏感

一、生物学特性

1. 发育周期与形态染色

衣原体是专性细胞内寄生，在宿主细胞内存在独特的两相性发育周期。一相小而致密，具有感染性无繁殖性，称为元体，也称为原生小体或原体（elementary body，EB）；另一相大而疏松，无感染性有繁殖性，称为始体（initial body）或网状体（reticulate body，RB）。

元体呈球形、椭圆形或梨形，直径 0.2 ~ 0.4 μm。吉姆萨染色呈紫色，马基维洛染色呈红色。元体中央有致密的类核结构，RNA/DNA = 1，壁厚且硬，具有高度感染性，是发育成熟的衣原体。元体在宿主细胞外较为稳定，无繁殖能力。衣原体感染始自元体，具有高度感染性的元体与易感宿主细胞表面的特异性受体吸附，通过吞噬作用进入宿主细胞，形成吞噬小泡，阻止与吞噬溶酶体融合。元体在空泡内细胞壁变软，增大形成网状体。

网状体呈圆形或椭圆形，体大，直径 0.5 ~ 1 μm，姬姆萨和马基维洛染色均呈蓝色。电子致密度较低，RNA/DNA = 3，无细胞壁，网状体含有细胞内膜和外膜，代谢活泼，以二分裂方式繁殖，在空泡内发育成许多子代元体。最后，成熟的子代元体从被破坏的感染细胞中释出，再感染新的易感细胞，开始新的发育周期。每个发育周期为 48 ~ 72 h。网状体是衣原体发育周期中的繁殖型，不具感染性。衣原体的生活周期见图 4-4。

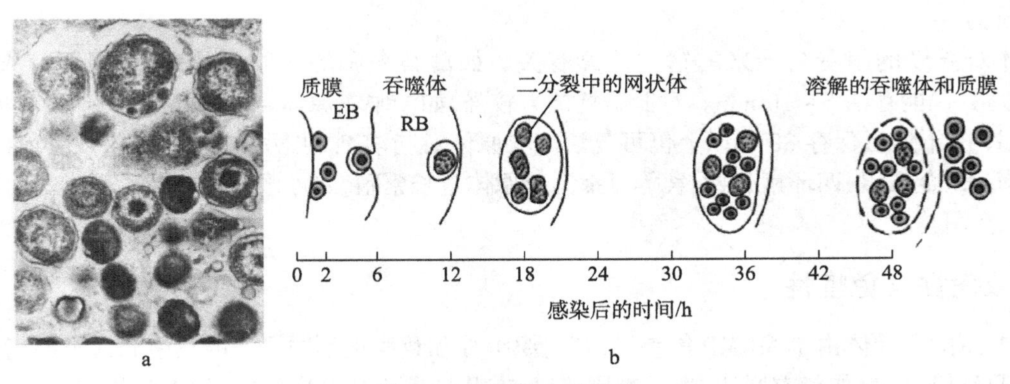

图 4-4 衣原体生活周期

a. 沙眼衣原体在宿主细胞质中形成的元体（EB）和网状体（RB）电镜照片（×160 000）；b. 衣原体感染周期的图解说明

在易感细胞内含繁殖型的网状体和子代元体的空泡称为包涵体。包涵体是衣原体在细胞空泡内繁殖过程中所形成的集团(落)的形态。由于发育时期不同,包涵体的形态和大小都有差别。成熟的包涵体含有大量的元体,经吉姆萨染色呈深紫色,革兰氏染色阴性。只有沙眼衣原体的元体能合成糖原,糖原可掺入沙眼包涵体的基质组成,故被碘液染成棕褐色。

2. 培养特性

衣原体常用鸡胚、细胞或实验动物进行培养。由于衣原体没有产能系统,ATP 来自宿主,故有“能量寄生物”之称。另外,衣原体的蛋白质中缺少精氨酸和组氨酸,所以其繁殖不需要这两种氨基酸。动物接种多用于污染严重的病料中衣原体的分离培养。常用 3～4 周龄小鼠,腹腔或脑内接种。

鸡胚较适于初代分离培养及恢复毒力。大多数衣原体能在 5～7 日龄鸡胚或 8～10 日龄鸭胚卵黄囊中生长繁殖,最适温度为 35℃。一般在接种后 3～5 d 死亡,取死胚卵黄囊膜制成涂片、染色,镜检可见包涵体、元体和网状体颗粒。这种卵黄囊膜可用于制备各种诊断抗原和免疫材料。

细胞培养是目前最常用的培养方法。可用鸡胚、小鼠、羔羊等易感动物组织的原代细胞,或 HeLa、Vero、BHK-21、McCoy、HL 和 FL 细胞等多种传代细胞系来增殖。但不同种的衣原体细胞培养的难易程度不同,其中鹦鹉热衣原体最易,肺炎衣原体最难。由于衣原体对宿主细胞穿入能力较弱,故在细胞培养时,通常采取一些物理、化学的方法提高衣原体的感染力。如将接种病料的细胞离心,促进衣原体穿入细胞;用蛋白酶处理细胞改变其表面对衣原体的吸附;或用代谢抑制剂处理细胞,降低细胞的代谢,为衣原体的生长提供更多的营养成分;还有用 DEAE- 葡聚糖、胰酶和 EDTA 或聚乙二醇处理的。

3. 抗原结构

根据衣原体细胞壁的不同成分,可分为属、种、型特异性抗原。

属特异性抗原:是衣原体属的共同抗原,是其细胞壁上均有 LPS,类似革兰氏阴性菌的脂蛋白 - 脂多糖复合物,但它缺乏 O 多糖和部分核心多糖。耐热(100℃ 30 min 保持活性),不具有内毒素毒性,但在某些体外实验中具有有丝分裂原或诱导小鼠腹腔巨噬细胞产生肾上腺素的功能。LPS 与吸附宿主细胞有关,多在衣原体生长时合成过剩,可从包涵体中释放出来排列至宿主细胞膜上,且衣原体是唯一具有这种特性的微生物。LPS 能刺激机体产生抗体,可用补体结合实验检测。

种、型特异性抗原:大多数衣原体的种和型特异性抗原均位于主要外膜蛋白(major outer membrane protein,MOMP)上,它与致病性及免疫性相关,可刺激机体产生中和抗体。MOMP 结构中存在 5 个保守区和 4 个变异区(VD_1～VD_4),其中种或亚种特异性抗原决定簇位于 VD_4 区,用于补体结合实验、荧光抗体技术和中和实验检测,借此可鉴别不同种衣原体;血清型特异性抗原决定簇位于 VD_1 或 VD_2 区,常用单克隆抗体微量免疫荧光检测。目前在沙眼衣原体已经鉴定出 19 个血清型,牛羊衣原体至少有 8 个血清型。

根据衣原体全基因组序列分析,还发现有编码多形态膜蛋白(polypeptide membrane proteins,PMPS)的基因家族,PMPS 的蛋白质种类很多,具有抗原性或与衣原体黏附功能有关。衣原体还有热休克蛋白(Heat shock protein,HSP),其中 57 Ku 的 HSP-60 是一种外膜蛋白,它也是属特异性抗原,能引发免疫病理反应,这可能是利用完整的元体作为疫苗接种时常导致病情加重的原因。

4. 抵抗力

衣原体对温度的耐受与原来的宿主体温有关。如禽类来源的衣原体较耐热,但所有衣原体都对 56～60℃敏感,仅能存活 5～10 min。对低温抵抗力较强,如沙眼衣原体 -60℃可存活 5 年,-196℃可存活 10 年以上,冷冻干燥后保存 30 年以上仍可复活。衣原体对脂溶剂、去污剂及常用的消毒药均十分敏感。青霉素、红霉素、金霉素、四环素、氯霉素等可抑制衣原体生长繁殖,除沙眼衣原体对磺胺类药物敏感外,其余均有抵抗作用。

二、致病性与免疫性

不同种、型的衣原体由于 MOMP 等差异,其组织嗜性和致病性不同。有的只引起人类疾病,如沙眼衣原体;有的只感染动物,如猪衣原体、牛羊衣原体等;有些是人兽共患病原体,如鹦鹉热衣原体。衣原体的致病机制复杂,涉及黏附、细胞内生长和持续感染等过程。衣原体一般通过微小损伤进入机体,借助表面脂多糖和蛋白质吸附并侵入易感细胞，形成的吞噬体具有抑制与溶酶体融合的作用，对细胞产生直接毒性，多数情况下抑制感染细胞的代谢。衣原体能产生毒素样物质，其毒性作用与革兰氏阴性菌内毒素相似。感染机体有炎症反应和迟发型超敏反应，这些因素都参与其致病。

衣原体感染后可诱发机体产生体液免疫和细胞免疫，但免疫力不强，持续时间短，因此衣原体的感染常表现为持续感染、反复感染和隐性感染。免疫机制在衣原体感染和疫苗预防过程中，既起到保护机体的作用，又可通过免疫病理损伤产生对机体不利的一面，因此用完整的元体制备疫苗存在弊端。目前研制衣原体疫苗策略是将保护性抗原的有效成分进行组合或删除衣原体中可诱导机体产生免疫病理损伤的部分，研制新型亚单位疫苗及基因工程疫苗。其中，单一亚单位疫苗在免疫过程中很难在衣原体黏附、侵入、增殖、释放等各阶段发挥作用，难以产生高效或全面的免疫反应，实验证明采用多价联合的亚单位疫苗的免疫原性和保护作用均明显优于单一表位的亚单位疫苗。衣原体 DNA 疫苗的研究是近年来用于防控衣原体的热点之一。

三、微生物学诊断

根据衣原体所致的不同疾病采集结膜刮片、棉拭子、晨尿或体液等方法进行活体标本的取样，对于组织标本可采取输卵管、肝、肺、脾、胎盘等组织，经适当处理后，接种鸡胚或鸭胚卵黄囊进行病原体的分离，必要时可适当传代。获得病原后进行鉴定。可进行涂片染色，在感染细胞的细胞质内可见衣原体各发育阶段的形体。对于棉拭子可直接进行涂片，但此类标本中完整细胞较少，且包涵体的脆性较大，很难找到包涵体，可利用荧光素标记的单克隆抗体或多克隆抗体进行直接免疫荧光检查。利用血清学方法鉴定病原体的种及型别，碘染色反应特性及对磺胺类药物的敏感实验可作为辅助鉴定方法。也可用 DNA 探针或 PCR 等分子生物学技术进行快速检测或鉴定衣原体。

对感染衣原体的人、牛、羊、家兔等的血清抗体可直接用补体结合实验检查，抗原用感染的鸡胚卵黄囊膜制备；猪、鸭、鸡或其他禽类血清抗体则必须用间接补体结合实验检查。

○ 主要致病性衣原体

四、主要致病性衣原体

相关知识见**数字资源**。

第四节 螺 旋 体

螺旋体（spirochete）是一类细长、柔软有弹性、弯曲呈螺旋状、运动活泼的原核细胞型微生物。因其与细菌有相似的生物学性状，如有细胞壁、原始核质，以二分裂方式繁殖和对抗生素敏感等，故分类学上将螺旋体列入广义的细菌学范畴。

螺旋体广泛分布于水生环境（水塘、江湖和海水）和动物体内，种类很多，大部分营自由的腐生生活或共生，无致病性，只有一小部分可引起人和动物的疾病。

螺旋体有 4 个目，分别为螺旋体目（*Spirochaetales*）、短螺旋体目（*Brachyspirales*）、钩端螺旋体目（*Leptospirales*）和短螺纹目（*Brevinematales*），后 3 个目为 2014 年确立，每个目各有 1 科。螺旋体目下分为 4 个科，有螺旋体科（*Spirochaetaceae*）、疏螺旋体科（*Borreliaceae*）、密螺旋体科（*Treponemataceae*）和 2020 年新设立的球毛螺旋体科（*Sphaerochaetaceae*）。对人和动物有致病性的主要有疏螺旋体属（*Borrelia*）、密螺旋体属（*Treponema*）、短螺旋体属（*Brachyspira*）和钩端螺旋体属（*Leptospira*），它们的主要特性比较见表 4–6。

一、生物学形状

1. 形态结构与染色特性

细胞呈螺旋状或波浪状圆柱形，具有多个完整的螺旋，见图 4–5。大小为（0.1～0.3）μm ×（5～250）μm，

表 4-6 主要致病性螺旋体属及其主要特征

特性		疏螺旋体属	密螺旋体属	短螺旋体属	钩端螺旋体属
形态	长度 /μm	3～20	5～12	7～9	6～12 以上
	宽度 /μm	0.2～0.5	0.1～0.4	0.3～0.4	0.1～0.2
	螺旋数	4～8，疏松	6～14，致密，规则或不规则	2～4，疏松，规则	18 或更多，细而深
	轴丝数（一端）	15～20	1 或更多	8 或 9	1
	末端形状	变细或细丝状	尖锐	尖锐	一或两端呈钩状
	运动方式	活泼螺旋状推进	极柔软地旋转或弯曲	活泼蛇状运动或弯曲	旋转和弯曲
染色	革兰氏染色	能	不能	弱	弱
	吉姆萨染色	能	极弱	能	极弱
	银染	无必要	能	能	能
（G＋C）mol%		27～32	25～53	25～26	35～53
培养		容易，厌氧	有的较难或无法培养，多厌氧，少数微需氧或兼性厌氧	要求苛刻，厌氧	容易，需氧
营自由生活		－	－	－	＋
与宿主伴生		＋	＋	＋	＋
感染动物		人、哺乳动物和鸡、鸭等禽类	人、兔、豚鼠、小鼠、地鼠	猪、犬、鸡、人、大鼠	人、多种啮齿类、家畜和野生动物
主要致病菌种		伯氏疏螺旋体、鹅疏螺旋体	苍白密螺旋体、兔密螺旋体	猪痢短螺旋体、大肠毛状螺旋体、鸡痢短螺旋体	多种致病性血清型菌株
传播媒介		蜱或虱	无	无	无

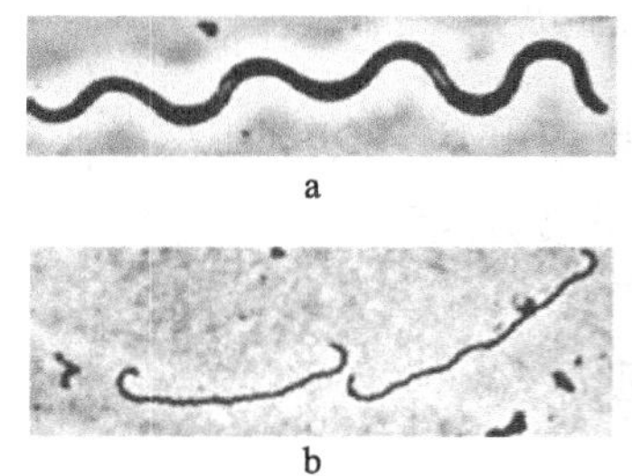

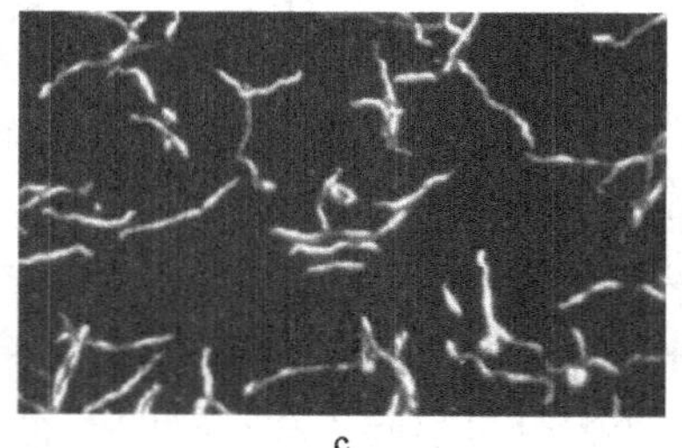

图 4-5 螺旋体形态

a. 螺旋体形态模式图；b. 钩端螺旋体；c. 螺旋体负染形态

长度极为悬殊。某些螺旋体可细到足以通过一般的细菌滤器。螺旋体的螺旋数目、大小与规则程度以及两螺旋间距离各不相同，可作为分类的一项重要指标。

螺旋体的基本结构与细菌类似，细胞的主体由细胞质和核区组成，其外包裹细胞膜和细胞壁，形成螺旋状的原生质柱，细胞壁含有脂多糖和胞壁酸。在原生质柱外缠绕着轴丝（axoneme），也称为内生鞭毛（endoflagella）或周质鞭毛（periplasmic flagella），轴丝和原生质柱再由三层膜包围，称为外膜（外鞘），见图 4-6。外鞘通常只能在负染标本或超薄切片的电镜照片中观察到。螺旋体可在液体环境中游动或沿纵轴旋转和屈曲运动，在固体培养基上可爬行或蠕动。其运动有赖于轴丝，每个细胞具有 2～100 条以上的轴丝，其结

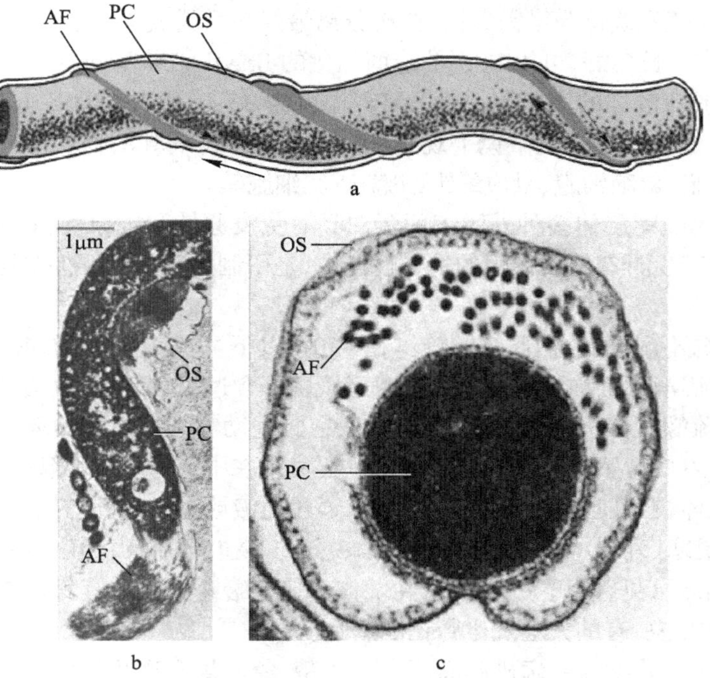

图 4-6 螺旋体结构

a. 螺旋体结构示意图;b. 脊螺旋体纵面电镜图;c. 某螺旋体横切面电镜图

AF:轴原纤维(轴丝);OS:外鞘;PC:原生质柱

构、化学组成和着生方式与细菌的鞭毛相似,基部有“钩”和成对的盘状结构,由亚基螺旋排成的蛋白质组成,其一端插入细胞膜中,沿螺旋体长轴缠绕排列。

螺旋体无芽胞,以二等分横分裂方式繁殖。具有不定形的原始核,核酸为 DNA 和 RNA。

革兰氏染色阴性,但不易着色,吉姆萨染色效果较好,呈红色或蓝色,蓝色者多为腐生性螺旋体。常用镀银染色法,螺旋体呈现黑褐色。也可用印度墨汁或刚果红与螺旋体混合负染,背景有颜色,螺旋体为无色透明。用相差或暗视野显微镜观察螺旋体效果好,既可观察形态也可辨别运动方式。

2. 培养特性

螺旋体对氧气的需求分为厌氧、兼性厌氧或好氧,厌氧螺旋体培养较为困难,好氧的较为容易。糖类、氨基酸、长链脂肪酸和长链脂肪醇均可作为碳源和能源。非致病性螺旋体、短螺旋体、钩端螺旋体以及个别致病性密螺旋体与疏螺旋体可采用含血液、腹水或其他特殊成分的培养基培养,其余螺旋体至今尚不能用人工培养基培养,但可用易感动物进行增殖和保种。

二、主要致病性螺旋体

(一) 疏螺旋体属

1. 伯氏疏螺旋体(*B. burgdorferi*)

又称莱姆病螺旋体(Lyme disease spirochetes),是莱姆病的病原体。最早于 1975 年美国康涅狄格州的莱姆镇发现此病,故而得名。现已遍布全世界。由硬蜱传播,感染人、犬、牛、马等,会造成多个器官和多个系统的炎性反应,主要涉及皮肤、关节、心脏和神经系统。

(1) 形态结构:菌体长 10 ~ 30 μm,直径 0.2 ~ 0.3 μm,螺旋数目 3 ~ 10 个,革兰氏染色阴性。细胞结构由表层、外膜、鞭毛和原生质柱组成。可进行旋转、扭曲和前后运动等。鞭毛位于外膜与原生质层间的腔隙中,它的纵向运动能使菌体有效地通过结缔组织等粘性介质迁移。

外膜含蛋白质丰富,磷脂少,主要包括外膜表面蛋白 A(outer surface protein A,OspA)、OspB、OspC、OspD,OspE 和 OspF,为伯氏疏螺旋体感染宿主时,选择性表达蛋白。

(2) 培养特性:伯氏疏螺旋体为微需氧菌,初次分离最好在微厌氧条件下培养,在含发酵糖、酵母、矿物盐及还原剂的培养基中生长良好,可用 BSK Ⅱ或商品化的 BSKH 培养基培养。在 BSK Ⅱ培养基上可形成致密性的圆形小菌落或疏散性的大菌落。最适培养温度为 33 ~ 34℃,一般 12 h 繁殖一代,从标本中新分离时一般需 2 ~ 5 周才能在暗视野显微镜下观察到。也可在多种哺乳动物和蜱细胞中生长、繁殖和传代,如成纤维细胞、猴肾细胞、鼠脑细胞、鼠成纤维细胞、蜱胚细胞等。

(3) 抗原结构:伯氏疏螺旋体多种外膜表面蛋白具有免疫原性和抗原性,其中 OspA 是最重要的外膜表面蛋白,可刺激机体产生具有保护作用的特异性抗体,是研制疫苗的主要保护性抗原蛋白。鞭毛蛋白也具有免疫原性。

(4) 抵抗力:耐低温不耐高温,伯氏疏螺旋体在 -70℃以下可长期生存,在 40℃条件下停止生长繁殖。巴氏消毒法、高温或常用消毒剂均可将其杀死。由于该菌不含过氧化氢酶,故怕光,液体培养需避光存放。

(5) 致病性:伯氏疏螺旋体引起动物莱姆病,一般在野生动物和蜱之间循环,野鼠可长期携带本菌,在菌血症时如被蜱吸血,可使蜱感染。在蜱体内本菌主要集中在中肠,并在此繁殖。可经蜱卵垂直传播。当蜱叮咬人时,可侵入人体,在叮咬处出现游走性红斑,通过血液或淋巴循环散播到其他部位,并出现全身多发性红斑,并有发热、畏寒、衰弱、关节痛、头痛、头晕、恶心和呕吐等临床症状。在动物中犬不出现疹块,表现为游走性关节炎,临床可见跛行、关节胀、急性发作时伴有嗜睡、厌食,有时发热和淋巴结肿大。通常持续数天,2 ~ 4 周后往往复发,有的犬会发生肾功能紊乱。

伯氏疏螺旋体对哺乳动物的致病机制尚不完全清楚,免疫复合物及免疫抑制可能在致病过程中起重要作用。外膜蛋白 OspB 等是主要的黏附与侵袭因子,OspA 与抗吞噬作用有关,细胞壁中的脂多糖(LPS)具有类似细菌内毒素的生物学活性。另外,由于表面抗原易发生变异,可能造成在宿主体内的持续性感染。

(6) 微生物学诊断:由于整个病程中伯氏疏螺旋体数量均较少,难以分离培养,一般微生物学检验可采取病人或病畜的血液、脑脊液、皮肤、尿液,蜱,鼠类的肝、肾、脾、膀胱等组织,可用 PCR 技术等分子生物学方法检测其 16S rRNA、5S–23S rRNA、Fla A、Fla B 等 DNA。也可进行血清学鉴定。现在常用于莱姆病的血清学检测方法有免疫荧光法和 ELISA。血清学诊断方法中 ELISA 最为常用,抗原为超声波抗原或重组鞭毛蛋白抗原。鞭毛蛋白抗体主要是 IgM,Osp 抗体主要是 IgG。由于伯氏疏螺旋体与苍白密螺旋体等有共同抗原,同时莱姆病病原体种类多,且不同菌株表达抗原存在差异和变异,因此检测结果仍需结合临床资料进行判定。

(7) 免疫防治:免疫研究表明,体液免疫对保护机体和消除病症起重要作用,因此在疫区进行免疫预防接种是可行的。全菌灭活苗不仅会导致迟发性不良反应,而且免疫效果不可靠。目前研究较多的为亚单位疫苗,实验证明重组 OspA 疫苗对人类是安全有效的。而哺乳动物体内几乎测不出 OspA 抗体,出现的是高滴度的 OspC 特异性抗体,但不同菌株间 OspC 异质性较大,将影响其免疫效果。OspF 由于在蜱和宿主体内均能表达,有可能成为新的亚单位疫苗研究重点。强力霉素、阿莫西林或头孢呋辛酯可用于莱姆病的治疗,但只能在一定程度上缓解,并不能完全消灭本菌,且感染早期使用抗生素可抑制特异性抗体的产生。

2. 鹅疏螺旋体(*B. anserina*)

又称鸡疏螺旋体(*B. gallinarum*),可经软蜱传播,引起禽类的急性、败血性疏螺旋体病。1891 年在高加索地区病鹅血液中首次发现,现已在许多国家分离报道。我国于 1983 年在新疆石河子发现此病。相关知识见**数字资源**。

(二) 密螺旋体属

本属包括重要的致病菌有:苍白密螺旋体(*T. pallidum*)又称梅毒螺旋体,是引起人梅毒(syphilis)的病原体;极细密螺旋体(*T. pertenue*)是雅司(Yaws)的病原体,也称热带毒疮(frambesia tropica),猿和家兔易感,可引起骨骼、淋巴结及远处的皮肤损害;兔密螺旋体(*T. paraluis cuniculi*),是兔梅毒的病原体,相关知识见**数字资源**。

○ 鹅疏螺旋体
○ 兔密螺旋体
○ 猪痢短螺旋体

(三) 短螺旋体属

短螺旋体属(*Brachyspira*)包括猪痢短螺旋体(*B. hyodysenteriae*)(相关知识见**数字资源**)、无害短螺旋体(*B. innocens*)、大肠毛状短螺旋体(*B. pilosicoli*)、中间短螺旋体(*B. intermedia*)、鸡痢短螺旋体(*B. alvinipulli*)等。

(四) 钩端螺旋体属

钩端螺旋体属又名细螺旋体属,该属成员是一大类菌体纤细、螺旋致密,一端或两端弯曲呈钩状的螺旋体,故常称其为钩端螺旋体,简称钩体。该属分为问号钩端螺旋体(*L.inerrogans*)和双曲钩端螺旋体(*L.biflexa*)两个种,前者引起人或动物的钩端螺旋体病,后者多为无致病性的腐生性微生物。相关知识见**数字资源**。

○ 钩端螺旋体属

第五节　放　线　菌

放线菌(actinomycetes)是一大类形态呈杆状或丝状等多形性、(G + C)mol% 含量高达 60% ~ 70%、多数呈菌丝状生长和以孢子繁殖以及陆生性强的革兰氏阳性原核细胞型微生物。最早由 Harz 在 1877 年从牛颈肿病灶中分离到,因其形成的菌丝在感染的组织中呈放射状排列,因此而得名。放线菌具有菌丝和孢子,镜下形态和在培养基上的生长状态与真菌相似,但结构和化学组成却与细菌相同,因此《伯杰氏系统细菌学手册》第 2 版中将放线菌列为原核生物的细菌界(域)、放线细菌门(*Actinobacteria*)、放线细菌纲(*Actinomycetes*)。

放线菌在自然界分布极广,存在于土壤、河流、湖泊、海洋、空气、食品、动植物的体表和体内,以土壤中最多。大多数放线菌营腐生生活,易于培养。放线菌可产生大量的、种类繁多的抗生素(已经研究的近万种和临床常用的近百种抗生素的 80% 来源于放线菌),还产生各种酶、维生素和其他生物活性物质等,在甾体激素转化、石油脱蜡、烃类发酵、污水处理等方面也有所应用。少数放线菌营厌氧性寄生生活,人工培养较难,可引起人和动物疾病。致病性放线菌主要为放线菌属(*Actinomyces*)和诺卡菌属(*Nocardia*)中的菌群,引起放线菌病(actinomycosis),在此仅对这两个属进行介绍,其他放线菌的生理生化特性见表 4–7。

一、放线菌属

放线菌属在自然界广泛分布,分布于正常人、动物的口腔、上呼吸道、胃肠道与泌尿生殖道的黏膜表面,致病性弱,多为内源性条件致病菌。对人和动物致病的主要有衣氏放线菌(*A.israelii*)和牛放线菌(*A.bovis*),牛放线菌主要引起牛和猪的放线菌病,对人不致病。

(一) 生物学性状

1. 形态染色

本菌形态随生长环境而异,在培养基上为有分枝的无隔菌丝,直径为 0.6 ~ 0.7 μm,菌丝末端膨大,常呈Y、V或T型排列,可断裂形成球状或链杆状,革兰氏染色阳性,非抗酸性,无荚膜、芽胞和鞭毛,见图4–7。在病灶和脓汁中可找到肉眼可见的黄色小颗粒,称为硫黄样颗粒(sulfurgranule),是放线菌在病灶组织中形成的菌落;压片后镜检形似菊花,菌丝末端膨大呈棒状,放射状排列,中央部分革兰氏染色呈阳性,周围膨大的部分革兰氏染色呈阴性。

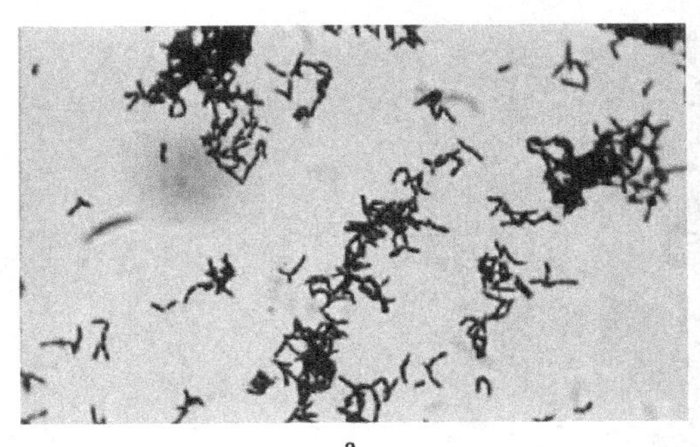

a

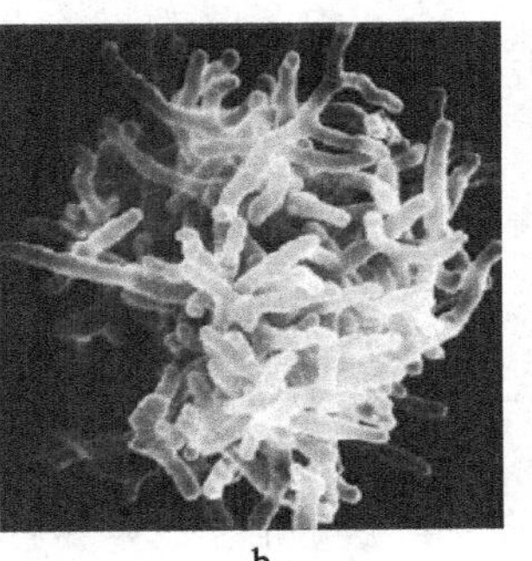

b

图 4–7　放线菌形态

a. 内氏放线菌,革兰氏染色(×1 000);b. 放线菌扫描电镜照片(×18 000)

表 4-7 放线菌生理生化特性比较

	特性	牛放线菌	衣氏放线菌	内氏放线菌	龋齿放线菌	黏性放线菌	化脓放线菌	齿垢放线菌	豪氏放线菌	受损大麦放线菌	麦尔放线菌	腐殖放线菌
生理特性	杆状细胞	+	−	−	+	−	+	−	−	−	+	+
	丝状体微菌落	+	+	+	+	+	−	+		+	−	+
	需氧生长	−	+	+	+	+	+	+		+	−	+
	分支、棒状	+	+	+	+	+	−	+		+	−	+
	纽状菌落	+	+	+	+	+	−	−	−	+	−	−
	不透明菌落	+	+	+	+	+	+	+	+	+	+	+
	菌落中央凹陷	+	+	−	−	−	−	−	−	−	−	−
生化特性	三糖铁琼脂生长	+	+	+	+	+	−				−	
	4%NaCl 生长	−	−	+	−	+	−				+	−
	5% 胆汁生长	+	+	+	−	+	+				+	−
	溶人血	+	−	−	+	−	+				−	
	溶羊血	+	−	−	+	−	+				−	
	溶马血	+	−	−	+	−	+				−	
	触酶	−	−	−	−	+	−	−	+	+	−	−
	硝酸盐还原	±	+	+	+	−	+		−	−	+	−
	V-P 实验	−	−	−	−	−	−	−	−	−	−	+
	MR 实验	+	+	+	+	+					+	+
	精氨酸脱羧	−	+	+	−	+	−				−	−
	吲哚形成	−	−	−	−	−	−				−	
	谷氨酸脱氨	−	−	−	−	−	−				−	
	鸟氨酸脱氨	−	−	−	−	−	−				−	
	尿素水解	−	−	+	−	+	−			−	+	−
	七叶苷水解	+	+	+	+	+	−	+		+	−	+
	液化明胶	−	−	−	−	−	+				−	+
	苦杏仁苷	−	+	+	−	−	−	−	−		+	−
	阿拉伯糖	−	+	−	+	−	+	−	+	−	+	+
	葡萄糖	+	+	+	+	+	+	+	+	+	+	+
	纤维二糖	−	+	+	−	−	+	−	−	+	−	+
	甘油	−	−	+	+	+	−	−	−	−	+	+
	甘露醇	−	+	−	−	−	−	+	−	−	−	+
	甘露糖	+	+	+	−	+	+	+	+	+	−	+
	水杨苷	−	+	+	+	+	−	+	−	−	+	
	山梨醇	−	+	−	−	−	+	−	−	−	−	−
	蔗糖	−	−	−	−	−	+	−	−	−	−	−

2. 培养特性

培养比较困难，厌氧或微需氧，最适培养温度为37℃，pH 7.2～7.4，生长缓慢，初次分离时加5% CO_2，能促进生长。在血平板或脑心浸液琼脂培养基上，3～6 d培养后长出微菌落，直径<1 mm，不溶血，显微镜观察可见菌落由一片如蛛网样菌丝组成，称为蛛网样菌落。继续培养可形成白色、表面粗糙、小米粒状菌落，无气生菌丝。

本菌发酵葡萄糖、乳糖、蔗糖和甘露醇，产酸不产气。过氧化氢酶阴性。衣氏放线菌不水解淀粉，可还原硝酸盐为亚硝酸盐和分解木糖，以此可与牛放线菌相区别。

3. 抵抗力

放线菌对干燥、高热、低温抵抗力很弱。孢子可耐干燥，借助空气传播。放线菌对青霉素、四环素、红霉素、氯霉素等敏感，但药物很难到达病灶中。

（二）致病性与免疫性

放线菌属中可以引起人发病的主要有衣氏放线菌、内氏放线菌、龋齿放线菌、黏性放线菌、化脓放线菌等。前两种放线菌为人体内正常菌群。大多可从口腔或肠道、生殖道内分离获得，多为内源性条件感染，侵入组织后导致软组织的化脓性感染，局部形成肉芽肿及多发性坏死性脓肿，其中面颈部最为常见，还可致眼、胸、腹部和牙周感染及龋齿等。

放线菌属中牛放线菌是最重要的动物性病原。牛、猪、马、羊易感，主要侵害牛和猪，奶牛发病率较高。牛感染放线菌后主要侵害颌骨、舌、唇、咽、齿龈、头颈部皮肤及肺，尤以颌骨缓慢肿大为多见。该菌有20个血清型，免疫原性不强。

患病动物血清中可检测到多种抗体，但这些抗体无免疫保护作用或诊断价值，机体对放线菌以细胞免疫为主。

（三）微生物学诊断

放线菌病灶脓液中常含有硫黄颗粒，为本病的特征。主要采集肿物内容物或脓汁，将硫黄颗粒置玻片上，加5%～10% KOH，以盖玻片轻压后镜检，在低倍镜下如见有典型的放射状排列的棒状或长丝状菌体，边缘有透明发亮的棒状菌鞘，即可确定诊断。或将硫黄颗粒压碎，固定后革兰氏染色镜检，颗粒的中心部位菌丝体染成革兰氏阳性，菌丝排列不规则，四周放线状的肥大菌鞘呈革兰氏阴性，抗酸染色呈非抗酸性。必要时将标本接种在脑心浸液琼脂或血琼脂平板和巧克力琼脂平板上进行厌氧培养，但其生长缓慢，需观察两周以上。采集脓肿液用煮沸法提取细菌的基因组核酸，通过细菌16S rDNA的PCR扩增进行鉴定。

二、诺卡菌属

诺卡菌属（*Nocardia*）是广泛分布于土壤中的一群需氧性放线菌，因法国兽医E. Nocard于1888年发现此菌而得名；该菌不属于人体或动物的正常菌群，故不呈内源性感染；部分成员是人和动物的致病菌，如星形诺卡菌（*N. asteroides*）、豚鼠耳炎诺卡菌（*N. otitidiscaviarum*）、皮疽诺卡菌（*N. farcinica*）、巴西诺卡菌（*N. brasiliensis*）、牡蛎诺卡菌（*N. crassostrae*）等，其中星形诺卡菌最为常见。

（一）生物学性状

1. 形态染色

形态与放线菌属相似，但菌丝末端不膨大。革兰氏染色阳性，1%盐酸乙醇抗酸染色呈弱抗酸性，若延长脱色时间，即为阴性，此点可与结核分枝杆菌相区别。

2. 培养特性

为专性需氧菌，较易培养。在普通培养基上，20～25℃或37℃条件下均可生长，但繁殖速度较慢，一般需5～7 d方可见到菌落。菌落表面干燥、不透明、有皱褶或呈颗粒状，不同种类可产生不同色素，有白色、黄色、深橙色、粉红色或红色等。在液体培养基中，由于需氧可在表面形成菌膜，培养基澄清。

（二）致病性与免疫性

主要为外源性感染。星形诺卡菌主要通过呼吸道吸入引起人的原发性化脓性肺部感染，产生类似肺结核症状。也可经肺部病灶转移至皮下组织，产生脓肿及多发性瘘管，或扩散到其他脏器，如引起脑脓肿、腹膜炎等。在病变组织或脓汁中可见黄、红、黑等色素颗粒。在牛体内可引起急性或慢性乳腺炎,形成肉芽肿或瘘管。在猫、犬和其他动物中多限于皮下组织和淋巴结的化脓性感染,严重时也致全身性感染。巴西诺卡菌可因外伤侵入皮下组织,引起慢性化脓性肉芽肿,很少播散,表现为肿胀、脓肿及多发性瘘管。人工接种豚鼠、家兔,可引起多种脏器的结核样病灶。鼻疽诺卡菌仅致牛自然发病,可人工感染绵羊,其他动物则不易感。

(三) 微生物学诊断

与放线菌属微生物学检查相似,采集标本后仔细查找黄、红或黑色颗粒,其直径一般小于 1 mm。如标本中有色素颗粒,取其用玻片压碎涂片,用革兰氏染色和抗酸染色检查。若发现革兰氏染色阳性纤细的菌丝体和长杆菌,抗酸染色弱阳性,可初步确定为诺卡菌。但在脑脊液或痰中发现抗酸性的长杆菌,必须与结核分枝杆菌相鉴别。必要时将标本接种于沙氏琼脂或脑心浸液琼脂等培养基,或作血清学实验及动物实验予以确诊。应注意该菌易形成 L 型,在常规培养阴性的时候,应做细菌 L 型培养。

复习思考题

1. 简述支原体与细菌 L 型的相似性及区别之处。
2. 立克次体有何共同特点?
3. 如何检测动物是否因感染放线菌而致病?
4. 简述细菌、支原体、衣原体、立克次体、螺旋体、放线菌和病毒的区别。
5. 钩端螺旋体的形态及培养特性有哪些?简述其对动物的致病过程及诊断的主要方式。
6. 如何快速检测牛放线菌?
7. 试述星型诺卡菌致病性特点。

开放式讨论题

放线菌可产生大量的、种类繁多的抗生素,列举一些临床应用的由放线菌产生的抗生素,讨论该放线菌及抗生素的应用。

Summary

In this section the biological properties of the several microorganisms including Mycoplasma, Rickettsia, Chlamydia, spirochete and Actinomycetes are described.

Mycoplasmas are the smallest and simplest self-replicating bacteria without cell walls. They are not affected by many common antibiotics such as penicillin or other beta-lactam antibiotics destroying cell wall synthesis, which cause the contamination of cell cultures. Several pathogenic mycoplasmas cause the respiratory and urogenital tract infections in human being and animals. Mycoplasma hyopneumoniae cause porcine enzootic pneumonia, a highly contagious and chronic disease; Mycoplasma gallisepticum is the causative agent of chronic respiratory disease in chicken and infectious sinusitis in turkeys. The subspecies "Mycoplasma mycoides subsp. mycoides Small Colony (SC) type" (MmmSC) is known as the agent of Contagious bovine pleuropneumonia (CBPP), a contagious lung disease in ruminants.

Rickettsia is a genus of motile, Gram-negative, non-sporeforming, highly pleomorphic bacteria that can present as cocci, rods or thread-like, which is obligate intracellular parasites. According to this, Rickettsia cannot live in artificial nutrient environment and are grown in either tissue or embryo cultures. The majority of Rickettsia bacteria are susceptible to antibiotics of the tetracycline group. Rickettsia species are carried as parasites by many ticks, fleas, and lice, and cause diseases in human being and animals such as Typhus, Rocky Mountain spotted fever, Queensland tick typhus and so on. The main signs of these diseases include fever, headache and muscle pain. Heartwater, Cowdria ruminantium, spreaded by ticks, is an infectious rickettsial disease of domestic and wild ruminants including cattle, sheep, goats, antelope and buffalo.

Chlamydia refers to a genus of bacteria that are obligate intracellular parasites. Many of the chlamydia species are pathogenic. The three Chlamydia species include Chlamydia trachomatis (a human pathogen), Chlamydia suis (infects only swine), and Chlamydia muridarum (infects only mice and hamsters). Chlamydia trachomatis includes three human biovars: trachoma (serovars A, B, Ba or C), urethritis (serovars D–K), and lymphogranuloma venereum (LGV, serovars L1, 2 and 3). Many, but not all, C. trachomatis strains have an extrachromosomal plasmid. Chlamydophila pneumoniae infects humans and is a major cause of pneumonia. C. pneumoniae also causes disease in Koalas, emerald tree boa (Corallus caninus), iguanas, chameleons, frogs, and turtles. Chlamydophila psittaci cause endemic avian chlamydiosis, epizootic outbreaks in mammals, and respiratory psittacosis in human being. It is transmitted by inhalation, contact or ingestion among birds and to mammals. C. psittaci in birds is often systemic infections inapparent, severe, acute or chronic with intermittent shedding.

Spirochaetes have long, helically coiled (spiral-shaped) cells. They are distinguished from other bacterial phyla by axial filaments, which cause a twisting motion which allows the spirochaete to move about. Most spirochaetes are free-living and anaerobic, but there are numerous exceptions. Borrelia burgdorferi is the agent of Lyme disease which is a zoonotic, vector-borne disease transmitted by ticks; Borrelia recurrentis is associated with relapsing fever, which is usually transmitted from person to person via the human body lice. It is notable for its ability to alter the proteins expressed on its surface. This is what causes the "relapsing" characteristic of relapsing fever; Borrelia anserina is a pathogenic agent for birds (chickens, turkeys, ducks etc.) and causes a disease called borreliosis or spirochetosis. It is transmitted from bird to bird by ticks. The major symptoms of an infection with B. anserina are: anemia, diarrhea and severe neurological disfunction; Treponema pallidum acquired by close sexual contact, entering the host via breaches in squamous or columnar epithelium. The organism can also be transmitted to a fetus by transplacental passage during the later stages of pregnancy, giving rise to congenital syphilis. Actinobacteria are a group of Gram-positive bacteria with high G + C ratio. They can be terrestrial or aquatic. Actinobacteria are well known as secondary metabolite producers owing to high pharmacological and commercial interest. Hundreds of naturally occurring antibiotics have been discovered in Actinobacteria, especially from the genus Streptomyces.

Actinomycosis is most frequently caused by *Actinomyces israelii* and is sometimes known as the "most misdiagnosed disease" as it is frequently confused with neoplasms. A. israelii is a normal colonizer of the vagina, colon, and mouth. Nocardia are found worldwide in soil that is rich with organic matter. Some species are pathogenic. Most Nocardia infections are acquired by inhalation of the bacteria or through traumatic introduction. Clinically significant disease caused by low virulence Nocardia most frequently occurs as an opportunistic infection.

第二篇

细菌学各论

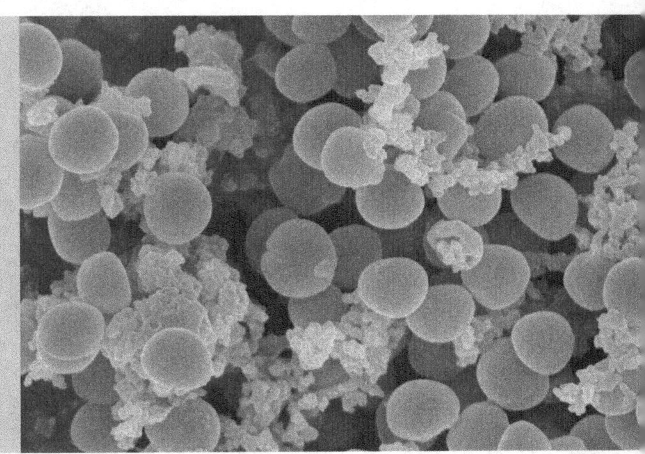

第五章 病原性球菌

球菌(coccus)种类很多,分布广泛。兽医临床上有重要意义的是革兰氏阳性球菌,其中葡萄球菌属(*Staphylococcus*)和链球菌属(*Streptococcus*)的某些成员是人和动物的重要致病菌,因这类细菌主要引起人和动物的化脓性疾病,所以也称为化脓性球菌(pyogenic coccus)。此外,从链球菌属中独立出来的肠球菌属(*Enterococcus*)和蜜蜂球菌属(*Melissococcus*),分别对畜禽和蜜蜂具有不同的致病性,二者现归于肠球菌科(*Enterococcaceae*)。

第一节 葡萄球菌属

葡萄球菌(*Staphylococcus*)广泛分布于空气、饲料、饮水、地面及物体表面。人及畜禽的皮肤、黏膜、肠道、呼吸道及乳腺中也有寄生,但多数是不致病的。致病性葡萄球菌常引起各种化脓性疾病、败血症或脓毒败血症。当污染食品时,可引起食物中毒。

葡萄球菌呈球形,直径为 0.5 ~ 1.5 μm,排列成葡萄串状(图 5-1),但在脓汁或液体培养基中常呈双球或短链排列。用青霉素可诱导呈 L 型。无芽胞,无鞭毛,但少数菌株的细胞壁外层可形成荚膜或黏液层。革兰氏染色阳性,但在衰老、死亡、陈旧培养物中或被白细胞吞噬后的菌体以及耐青霉素的菌株常呈革兰氏阴性。需氧或兼性厌氧,接触酶阳性,氧化酶阴性,无运动力。可在普通培养基和血琼脂上生长,多数致病菌株产生的色素呈金黄色或柠檬色。

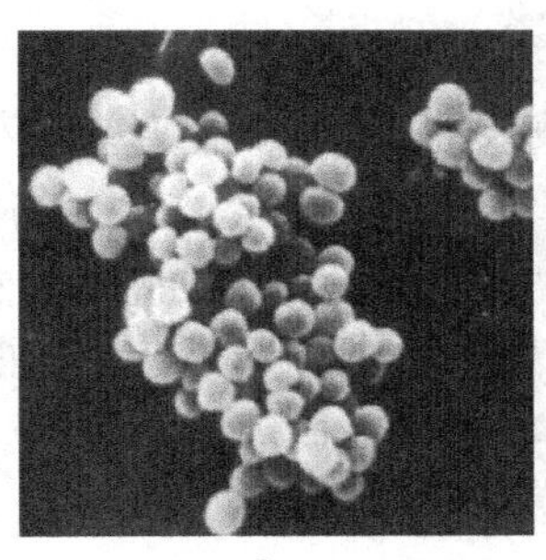
a

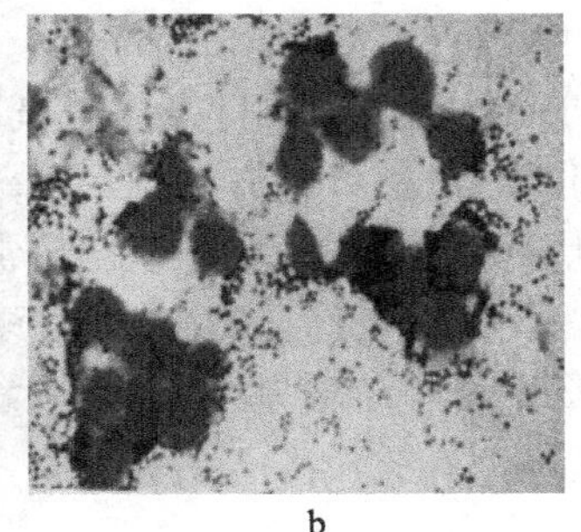
b

图 5-1 葡萄球菌的形态

a. 扫描电镜(×13 500);b. 光学显微镜(×1 000)

葡萄球菌分类的方法很多,早期曾根据葡萄球菌产生的色素进行分类。1974 年根据其生理特性和化学组成分为 3 种:即金黄色葡萄球菌(*S. aureus*)、表皮葡萄球菌(*S. epidermidis*)和腐生葡萄球菌(*S. saprophyticus*)(表 5-1)。目前本属细菌已分为 50 多个种,许多种内还分亚种。其中常见的动物致病菌有金黄色葡萄球菌、猪葡萄球菌(*S. hyicus*)、中间葡萄球菌(*S. intermedius*)、伪中间葡萄球菌(*S. pseudintermedius*)及海豚葡萄球菌(*S. delphini*),后 3 种葡萄球菌过去统称为中间葡萄球菌,后基于表型差异,2007 年 Sasaki 建议将所有犬源和部分马源菌株划归伪中间葡萄球菌,分离自家鸽和部分马源菌株划入海豚葡萄球菌,而中间葡萄球菌仅指分离自野鸽(feral pigeon)的葡萄球菌。

金黄色葡萄球菌菌株大多数还可根据噬菌体嗜性进行分型,值得注意的是动物源分离株不能用人源株的标准噬菌体获得满意分型。通常使用分子生物学方法如脉冲场凝胶电泳(PFGE,pulsed field gel electrophoresis)、多位点序列分型(multilocus sequence typing,MLST)进行动物源分离株的分型。

本节将以金黄色葡萄球菌为例介绍以下相关内容。

表 5-1　三种葡萄球菌的主要特性

主要特性	金黄色葡萄球菌	表皮葡萄球菌	腐生葡萄球菌
菌落色素	金黄色	白色	白色或柠檬色
甘露醇发酵	+	−	−
血浆凝固酶	+	−	−
α 溶血素	+	−	−
耐热核酸酶	+	−	−
磷壁酸类型	核糖醇型	甘油型	两者兼有
噬菌体分型	多数能	不能	不能
A 蛋白	+	−	−
致病性	强	弱或无	无
新生霉素	敏感	敏感	耐药

一、主要生物学特性

1. 形态及染色特性

金黄色葡萄球菌分为 2 个亚种，即金黄亚种和厌氧亚种，其形态和染色特性与葡萄球菌属的特征一致，其典型的葡萄串状排列是在固体培养物上，在浓汁、乳汁或液体培养物中常呈双球或短链状排列，容易被误认为链球菌。

2. 生长要求及培养特性

生长要求不高，在普通培养基上生长良好。需氧或兼性厌氧，最适培养温度为 37℃，最适 pH 为 7.4。普通琼脂上形成湿润、光滑、隆起、边缘整齐的圆形菌落，直径约 2 mm，能产生各种不同颜色的脂溶性色素并使菌落着色，其中致牛乳腺炎以及耐药菌株的菌落常为深黄色。金黄亚种的菌落颜色依菌株而异，初呈灰白色，后渐变呈白色、柠檬色或金黄色。培养条件多影响色素的形成，一般在有 O_2 和 CO_2 及 20 ~ 22℃条件下，含糖、牛乳或血清等的固体培养基中，产生色素较多。在血琼脂上，致病性菌株菌落周围形成完全透明的 β 溶血环。

3. 生化特性

多数菌株能分解葡萄糖、乳糖、麦芽糖、蔗糖，产酸不产气。致病性菌株能分解甘露醇，还可产生血浆凝固酶，可与非致病菌株进行鉴别。

4. 抗原构造

葡萄球菌抗原种类多，结构复杂，已发现的抗原有 30 种以上，按照化学组成分为多糖及蛋白质两类抗原。细胞壁含有的多糖抗原，具有群特异性。如金黄色葡萄球菌磷壁酸中的核糖醇残基为 A 群多糖抗原；表皮葡萄球菌的甘油残基为 B 群多糖抗原。另外，宿主体内的大多数金黄色葡萄球菌表面存在有荚膜多糖抗原，与细菌的黏附有关。蛋白质抗原主要是葡萄球菌 A 蛋白（*Staphylococcus* protein A，SPA），SPA 与肽聚糖共价结合于细胞壁上，90% 以上的金黄色葡萄球菌含有 SPA，含量最高的为 Cowan Ⅰ株，推算每个菌约含有 80 000 个 SPA 分子。SPA 是一种单链多肽，能与几乎所有哺乳动物免疫球蛋白的 Fc 片段非特异性结合，有效地降低抗体介导的调理作用，从而干扰吞噬细胞的吞噬作用。另外，结合后的 IgG 仍能与相应抗原进行特异性反应，这一现象已广泛用于免疫诊断技术。

5. 抵抗力

葡萄球菌是无芽胞菌中抵抗力最强的一种细菌，常作为检测消毒剂和抗菌药物效果的菌种。在干燥的脓汁中或在血液中可存活 2 ~ 3 个月；耐盐，在含有 10% ~ 15% NaCl 的培养基中仍能繁殖；加热 60℃ 1 h 或 80℃ 30 min 才能杀死，煮沸可迅速灭活；消毒剂中 3% ~ 5% 石炭酸、75% 酒精、1% ~ 3% 龙胆紫均有良好的消毒效果。本菌对磺胺类药物、青霉素、金霉素、红霉素、新霉素等敏感，但易产生耐药性。某些菌株能产生青霉素酶或携带抗四环素、红霉素等耐药基因，从而产生耐药性。近年来，耐甲氧西林的金黄色葡萄球菌（methicillin-resistant *S. aureus*，MRSA）在人和动物间跨种传播引起的感染，已引起广泛关注。

二、致病性

常引起两类疾病，一类是化脓性疾病，例如动物的创伤感染、脓肿、乳腺炎、关节炎、败血症和脓毒败血症等；另一类是毒素性疾病，被葡萄球菌污染的食物或饲料引起人或动物的中毒性呕吐、肠炎及人的毒素休克综合征等。葡萄球菌中金黄色葡萄球菌毒力最强，通过在宿主体内的增殖、扩散以及产生多种毒素和酶引起宿主疾病。其主要毒力因子如下：

1. 溶血毒素（haemolysin）

也称为葡萄球菌溶血素（staphylolysin）。多数致病性葡萄球菌可产生溶血毒素，使血琼脂上的菌落周围形成溶血环，试管中出现溶血反应。根据抗原性不同分为α、β、γ、δ四种，其中以α溶血毒素为主。该毒素为蛋白质，不耐热，65℃ 30 min 可被破坏；能溶解多种动物（兔、绵羊、牛）和人的红细胞；破坏白细胞、血小板和巨噬细胞；作用于平滑肌的血管壁细胞，使平滑肌收缩，导致局部缺血、麻痹、坏死。α溶血毒素也是一种穿孔毒素，其溶血原理是毒素分子插入红细胞的胞膜疏水区，形成微孔，破坏膜的完整性而造成细胞溶解。α溶血毒素为外毒素，抗原性好，其类毒素可用于葡萄球菌感染的预防和治疗。

2. 肠毒素（enterotoxin）

是一种可溶性蛋白质，耐热抗酸，能经受100℃ 30 min 或胃蛋白酶的水解。该毒素可引起人类及猫、猴和仔猪等的食物中毒。其作用机制可能是毒素与肠道神经细胞受体作用，刺激呕吐中枢而导致以呕吐为主要症状的食物中毒。根据抗原性的差异，可分为20多个血清型，其中以A、B和D型最为常见。B型肠毒素曾被作为生物战剂，每千克体重吸入0.02 μg的剂量可致人死亡。另外，葡萄球菌肠毒素属于超抗原（superantigen），有类似丝裂原的作用，其刺激淋巴细胞增殖的能力比植物凝集素更强；可参与免疫抑制和自身免疫性疾病的病理过程。

3. 杀白细胞素（leukocidin）

多数致病菌能产生一种破坏白细胞的毒素，称为杀白细胞素（PVL）。PVL只攻击中性粒细胞和巨噬细胞，使细胞膜中的三磷酸肌醇发生构型变化，通透性增大，K^+丢失，表现为白细胞丧失运动能力，胞内颗粒排出，细胞死亡；随后细胞的成分形成脓栓，加重组织损伤。根据PVL在羧甲基纤维素柱上相对移动速度不同，分为F（快）和S（慢）两种组分，两者必须协同才有作用。

4. 毒素休克综合征毒素1（toxic shock syndrome toxin 1，TSST-1）

曾称为致热性外毒素C和肠毒素F。含有194个氨基酸，分子量为2.2×10^4的蛋白质。TSST-1可诱导单核细胞产生IL-1、TNF等细胞因子引起机体发热、造成组织损伤，引起人类变态反应；TSST-1又是一种超抗原，激活大量的T细胞后，与单核细胞释放的细胞因子协同作用而加重休克状态，发生毒素休克综合征。TSST-1在动物的致病作用不甚清楚，有发现产该毒素的菌株可导致马的肺部感染。

5. 凝固酶（coagulase）

致病菌产生的凝固酶能使含有抗凝剂的家兔或人的血浆凝固。凝固酶分为两种，一种是分泌到菌体外的游离凝固酶（free coagulase），可被血浆中的凝固酶反应因子激活，使液态的纤维蛋白原变成凝固的纤维蛋白，导致血浆凝固；另一种凝固酶结合于菌体表面并不释放，称为结合凝固酶（bond coagulase）或凝聚因子（clumping factor），可使血浆纤维蛋白与菌体交联，引起菌体凝集。凝固酶耐热，经100℃ 30 min 或高压处理后仍保持部分活性，但易被蛋白酶破坏。该酶有助于细菌抗吞噬和抗其他杀菌物质的作用，同时也使感染局限化。凝固酶试验是检测致病性葡萄球菌的重要指标，致病菌多数为凝固酶阳性，非致病菌为阴性。凝固酶具有免疫原性，能刺激机体产生抗体，具有一定的保护作用。

6. 耐热核酸酶（heat stable nuclease）

由致病菌株产生，100℃作用15 min不失去活性，感染部位的组织细胞和白细胞崩解时释放出核酸，使渗出液黏性增加，此酶能迅速分解核酸，有利于细菌扩散。该酶的检测也是鉴别致病菌株的重要指标。

除产生上述酶类外，还可产生溶纤维蛋白酶（fibrinolysin）、透明质酸酶（hyaluronidase，又称为扩散因子）、磷酸酶、卵磷脂酶以及表皮剥落毒素（exfoliative toxin，ET）等毒力因子 。

三、微生物学诊断

1. 病料采集

根据病型采集不同的标本，如化脓性病灶取脓汁或渗出物，败血症取血液，乳腺炎取乳汁，食物中毒取可疑食物、呕吐物及粪便等。

2. 细菌学检查

（1）涂片镜检：将病料涂片染色后镜检，如见有大量典型的葡萄球菌可初步诊断。

（2）分离培养鉴定：无污染时，将病料划线接种于普通琼脂或血琼脂平板进行分离培养，待菌落长出后，选择可疑菌落进行纯培养。血液、呕吐物、粪便等病料，可先接种肉汤进行增菌培养再划线接种。如病料污染时，可先接种于高盐甘露醇培养基或卵黄高盐甘露醇培养基进行选择培养，然后进行纯培养。

得到纯培养物需进一步进行病原性鉴定，致病菌有以下特征：①菌落颜色多为金黄色；②溶血试验，菌落周围有溶血环；③凝固酶试验多为阳性；④能分解甘露醇产酸；⑤耐热核酸酶试验阳性。

必要时可进行动物试验，家兔皮下接种 24 h 培养物 1.0 mL，24 h 可引起局部皮肤溃疡坏死；静脉接种 0.1 ~ 0.5 mL，于 24 ~ 48 h 死亡。剖检可见浆膜出血，肾、心肌及其他脏器出现大小不等的脓肿。

3. 肠毒素检查

发生食物中毒时，可从剩余食物或呕吐物分离细菌，将分离到的葡萄球菌接种到普通肉汤中，置 20% ~ 30% CO_2 下培养 40 h，离心沉淀后取上清液，100℃ 30 min 加热杀死菌体、破坏其他不耐热毒素，然后注入幼猫静脉或腹腔内，15 min 到 2 h 内出现寒战、呕吐、腹泻等急性胃肠炎症状，表明有肠毒素存在。此外，采用 ELISA 法可快速检测微量的肠毒素，也可应用 PCR 技术等分子生物学方法直接检出肠毒素的阳性菌株。

四、免疫防治

动物患病痊愈后，能获得一定程度的免疫，但免疫力较低，不能阻止葡萄球菌再次感染。目前耐药菌株日益增多，要根据药物敏感实验结果选用适宜的抗菌药物。对慢性反复感染病例，可试用自家苗或用葡萄球菌外毒素制成的类毒素治疗，有一定疗效。

第二节　链球菌属

链球菌（*Streptococcus*）种类很多，在自然界分布很广，水、动物体表、消化道、呼吸道、泌尿生殖道黏膜、乳汁等都有存在，有些是非致病菌，有些构成人和动物的正常菌群，有些可致人或动物的各种化脓性疾病、肺炎、乳腺炎、败血症等。

一、概述

（一）形态与染色特性

链球菌呈圆形或卵圆形，直径 0.5 ~ 1.0 μm，常呈链状或成双排列（图 5-2），链的长短与菌种和生长环境有关，从 4 ~ 8 个至 20 ~ 30 个菌细胞组成不等。一般致病性链球菌的链较长，非致病性菌株较短，肉汤内对数生长期的链球菌，常呈长链排列。链球菌为革兰氏染色阳性，老龄菌或被吞噬细胞吞噬的细菌可呈阴性。个别菌株有鞭毛，有的菌株有菌毛，幼龄培养物可形成荚膜。

（二）培养与生化特性

大多数链球菌为兼性厌氧菌，少数为厌氧菌。致病菌营养要求较高，普通培养基中生长不良，在加有血液、血清、葡萄糖等的培养基中才能良好生长。在血液琼脂平板上长成直径 0.1 ~ 1.0 mm，灰白色，表面光滑，边缘整齐的小菌落。多数致病菌株可形成不同的溶血现象。在血清肉汤中生长，初呈均匀浑浊，后呈长链的细菌沉于试管底部，上部培养基透明。能发酵葡萄糖、蔗糖，不同菌株对其他糖的利用能力不同。

(三) 抗原构造

链球菌的抗原结构较复杂(图 5-3)，包括群特异性、型特异性及属特异性 3 种抗原。

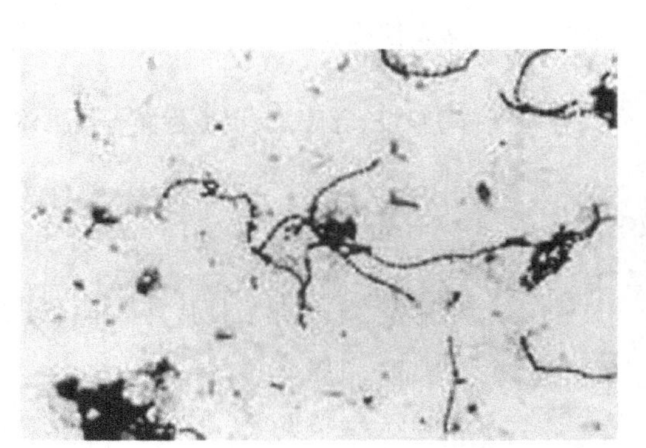

图 5-2　链球菌排列成长链状(×1 000)

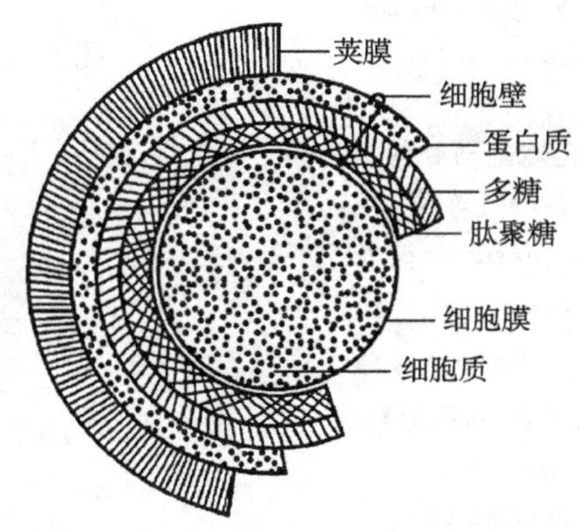

图 5-3　链球菌抗原结构模式图

1. 群特异性抗原

又称 C 抗原，是链球菌细胞壁中的多糖类半抗原，也称为"C"物质，是兰氏(Lancefield)分类法的基础。该方法利用血清学实验，根据 C 多糖抗原不同，目前将链球菌分为 20 个血清群，各群用大写英文字母表示，从 A 至 V，缺 I 和 J，常见的致病性链球菌见表 5-2。但有的分离株也不能确定群。动物病原菌多为 B、C 群，人源致病菌多为 A 群。

2. 型特异性抗原

又称表面抗原，是位于多糖抗原外层的蛋白质抗原。该抗原又分 M、T、R、S、G 等 5 种。与致病性有关的是 M 抗原，该抗原主要见于 A 群链球菌，具有抗吞噬作用，有助于链球菌黏附宿主上皮细胞。A 群链球菌根据 M 抗原不同，分为 150 多个血清型；B 群分 4 个型，C 群分 13 个型等。T、R、S 抗原与致病性关系不大，但可用于分型。

3. 核蛋白抗原

又称 P 抗原，为属特异性抗原。各种链球菌核蛋白抗原均相同，该抗原与葡萄球菌属核蛋白有交叉反应。

表 5-2　链球菌不同血清型引起人和动物疾病及寄生部位

群	种名	溶血类型	宿主	所致疾病	天然宿主及寄生部位
A	化脓链球菌 (*S. pyogenes*)	β	人 牛 马驹	猩红热、脓肿、风湿等 乳腺炎(罕见) 淋巴管炎	上呼吸道
A,C,G,L	停乳链球菌类马亚种 (又名类马链球菌) (*S. dysgalactiae* subsp. *equisimilis*) (*S. equisimilis*)	β	马 猪、牛 犬、禽	脓肿、子宫内膜炎、乳腺炎 化脓炎症	阴道、皮肤
B	无乳链球菌 (*S. agalactiae*)	β(α,γ)	牛、绵羊、山羊 人、犬 猫	慢性乳腺炎 新生儿(犬)败血症 肾及尿路感染	乳腺管 母体阴道

续表

群	种名	溶血类型	宿主	所致疾病	天然宿主及寄生部位
C	停乳链球菌停乳亚种（*S. dysgalactiae* subsp. *dysgalactiae*）	α（β，γ）	牛	急性乳腺炎	口腔、生殖器
			羔羊	多发性关节炎	
	马链球菌马亚种（又名马链球菌）（*S .equi* subsp. *equi*）（*S .equi*）	β	马	马腺疫、乳腺炎、出血性紫癜	扁桃体
	马链球菌兽疫亚种（又名兽疫链球菌）（*S. equi* subsp. *zooepidemicus*）（*S. zooepidemicus*）	β	马	乳腺炎、流产、继发性肺炎	阴道、皮肤
			牛	子宫炎、乳腺炎	
			猪	败血症、关节炎	母猪黏膜、皮肤
			禽	败血症、心内膜炎	
			绵羊、山羊	败血症	扁桃体
			羔羊	心包炎、肺炎	
			人	败血症（从牛乳感染）	
D	似马链球菌（*S. equinus*）	α	多种动物	机会感染	多种动物肠道
	牛链球菌（*S. bovis*）	α	多种动物	机会感染	多种动物肠道
E，P，U，V	类猪链球菌（*S. porcinus*）	β	猪	下颚脓肿及淋巴腺炎	黏膜
G	犬链球菌（*S. canis*）	β	肉食兽	新生畜败血症、生殖道、皮肤及伤口感染，偶发乳腺炎	生殖道、直肠黏膜
不定群	猪链球菌 2 型（*S. suis* serotype 2）	α	猪（断乳至 6 月龄）	脑膜炎、关节炎、败血症	扁桃体、鼻腔
			人	脑膜炎及败血症	
	猪链球菌 1 型（*S. suis* serotype 1）	α（β）	猪（2～4 周）	脑膜炎、关节炎、肺炎及败血症	扁桃体、鼻腔
	乳房链球菌（*S. uberis*）	α（γ）	牛	乳腺炎	皮肤、阴道、扁桃体
	肺炎链球菌（*S. pneumoniae*）	α	人及灵长类	肺炎、败血症及脑膜炎	上呼吸道
			豚鼠、某些品系大鼠	肺炎	
	海豚链球菌（*S. iniae*）	β	鲕、虹鳟鱼等	体表坏死性溃疡、脑膜炎、败血症	多组织器官

（四）抵抗力

抵抗力不强，60℃作用 30 min 即被杀死。在干燥尘埃中生存数月。常用的各种消毒剂均能有效杀死。对青霉素、红霉素、四环素和磺胺类药物等敏感，青霉素是治疗链球菌病的首选药物。

（五）分类

链球菌除依据抗原结构，按照兰氏分类法分成的不同血清群外，根据链球菌在血琼脂平板上的溶血现象，可分为 α 型、β 型和 γ 型 3 类，在鉴定链球菌的致病性方面有一定意义。

1. α 型溶血链球菌

在菌落周围有 1～2 mm 宽的不透明草绿色溶血环，溶血环中的红细胞未完全溶解，血红蛋白变成草绿色。此类链球菌致病力不强，多为条件致病菌。

2. β 型溶血链球菌

菌落周围形成 2～4 mm 宽、界限分明、完全透明的溶血环，环中的红细胞被完全溶解。此类链球菌致病力强，常引起人和动物的各种疾病。

3. γ 型溶血链球菌

菌落周围无溶血现象。一般不致病，常存在于乳类和粪便中。

（六）致病性

链球菌可产生多种酶和外毒素，引起人和多种动物的化脓性疾患，如马腺疫、牛乳腺炎、猪和羊链球菌病等。链球菌的致病因素包括：

1. 链球菌溶血素（streptolysin）

有溶解红细胞、破坏白细胞和血小板的作用，根据对氧的稳定性分为溶血素 O（streptolysin O，SLO）和溶血素 S（streptolysin S，SLS），二者单独静脉注射家兔均可迅速致死。绝大多数 A 群链球菌菌株和许多 C、G 群菌株能产生 SLO，SLO 为一种含有硫氢基（–SH）的蛋白质，对氧敏感，遇氧后暂时失去溶血能力，加入亚硫酸钠或半胱氨酸等还原剂时可恢复其溶血作用。它对心肌有较强的毒性作用，能破坏中性粒细胞、巨噬细胞和神经细胞。SLS 由 A、C、G 等群产生，对氧稳定，无抗原性，对热和酸敏感；溶血作用比溶血素 O 慢，呈 β 溶血；也能破坏白细胞、血小板等。

2. 链球菌产生的酶类

链球菌的不同致病菌株，有些可以产生链激酶（streptokinase，SK，又名溶纤维蛋白酶），可溶解血凝块，利于细菌的扩散。有些还可以产生链道酶（streptodornase，SD，又名链球菌 DNA 酶）和透明质酸酶等，其性质与作用和葡萄球菌产生的酶作用相似。

3. 其他毒力因子

致病性链球菌细胞壁上的脂磷壁酸与黏膜表面的细胞具有高度亲和力，使菌体易吸附于宿主口腔、咽部的黏膜上皮；胞壁内的 F 蛋白其结合区暴露在菌体表面，能与上皮细胞表面的纤维黏连蛋白结合，以利于细菌在宿主体内定植和繁殖，亦能与纤维蛋白原结合增加链球菌抗吞噬的能力；M 蛋白具有抗吞噬作用。此外，A 群链球菌还产生致热外毒素，是人的猩红热的致病原因。

（七）微生物学诊断

链球菌的微生物学诊断主要是进行细菌学诊断。

1. 病料采集

根据疾病特性取不同的病料，如腺疫和脓肿可取病灶脓汁，乳腺炎时取乳汁，败血症时取血液、组织脏器等。

2. 细菌学诊断

（1）涂片镜检：如发现革兰氏阳性、成对或链状排列的球菌，可作初步诊断。在链球菌败血症羊、猪等动物组织涂片中，常呈双球状；瑞氏或吉姆萨染色可见清晰荚膜；在腹腔或心包液等组织液中常呈长链状排列，但荚膜不如组织中明显。

（2）分离培养：确诊可用血琼脂或血清琼脂平板分离培养，得到的纯培养物进行溶血实验、生化实验和动物实验（接种小鼠）进行鉴定。若要作病原菌的定群或定型，则要用群、型特异性血清，作血清学试验。PCR 技术等分子生物学手段也常用于致病性链球菌的检测。

（八）免疫性

链球菌的抗原结构比较复杂，机体感染后有多种抗体产生，已知抗 M 蛋白的抗体具有保护作用，M 蛋白有多种抗原型，各型间缺乏有效的交叉保护。我国研制的猪、羊链球菌疫苗有一定的免疫效果。

二、无乳链球菌、停乳链球菌、乳房链球菌

无乳链球菌(*S. agalactiae*)、停乳链球菌(*S. dysgalactiae*)及乳房链球菌(*S. uberis*)在自然界中分布广泛，尤其常见于饲养乳牛的环境，在健康乳牛的皮肤、乳头及乳房内也可分离到这些细菌。它们是牛乳腺炎的病原体，常通过挤乳工人的手、挤乳机的乳杯而传播。另外，蝇类也能机械地携带这些细菌传给健康动物。

(一) 形态及染色特性

这 3 种链球菌的形态很相似，都是小球菌，直径 0.5 ~ 1.0 μm。无乳链球菌常呈长链，停乳链球菌形成中等长度的链，乳房链球菌的链较短，有时成对排列。3 种链球菌均无荚膜，无运动性，革兰氏染色阳性。

(二) 培养及生化特性

需氧及兼性厌氧菌，最适生长温度 37℃，pH 7.6 ~ 7.8。对营养要求较高，在含有血液与血清的培养基中生长良好。在血液琼脂平板上长成淡灰色、隆起、闪光的小菌落，无乳链球菌常呈 α 或 β 溶血，但有的菌株不溶血。停乳链球菌和乳房链球菌一般不溶血，有时也可产生微弱的 α 溶血，无乳链球菌的一些菌株可产生黄色、柠檬色或砖红色色素，当培养基中加入淀粉或厌氧培养时，可加速色素形成。在血清肉汤中，无乳链球菌和停乳链球菌初期均匀浑浊，后在管底形成絮状沉淀物，上部清朗。乳房链球菌则保持均匀浑浊，管底有少量沉淀。

不产生靛基质，不还原硝酸盐。马尿酸钠水解实验，甘露醇、山梨醇、七叶苷等发酵实验，是区别 3 种链球菌的重要依据。

(三) 抵抗力

对热、干燥及常用消毒药的抵抗力不强，一般消毒药作用其 15 min 可被杀死；无乳链球菌对热的抵抗力比其他两种链球菌稍强一些，75℃ 30 ~ 50 min 或 85℃ 15 min 可杀死本菌；而停乳链球菌和乳房链球菌通常 60℃ 30 min 即被杀灭。无乳链球菌能生存在 40% 胆汁中。3 种链球菌对青霉素、红霉素等抗生素及磺胺类等药物均敏感。

(四) 致病性及免疫性

3 种链球菌是牛、山羊和绵羊的急性、慢性乳腺炎的病原菌之一，其中最常见的是无乳链球菌，此菌可长期存留于患牛的乳房中，患牛是该菌的重要传染源。停乳链球菌所致的乳房炎较少，且多为急性发作。乳房链球菌所致乳房炎更少，并且病情较为缓和。无乳链球菌能引起婴儿败血症、脑膜炎和肺炎等。

实验动物中只有小鼠和家兔对停乳链球菌敏感，将其 18 h 血清肉汤培养物 0.5 mL 注入小鼠腹腔，或给家兔静脉接种 1 ~ 2 mL，可使动物在 1 周内死亡。无乳链球菌和乳房链球菌对实验动物均无致病性。

感染牛、山羊或绵羊发生乳腺炎后，3 种细菌均不产生明显的免疫，目前也无可靠的多价菌苗。

(五) 微生物学诊断

1. 显微镜检查

取少量乳汁或其离心沉淀物涂片、染色、镜检，如见到链球菌及大量的白细胞，可作初步诊断。

2. 分离鉴定

应用 0.05% 叠氮钠血琼脂平板分离培养，选取可疑菌落作生化实验鉴定。

3. CAMP 实验

Christie，Atkins 和 Munch-Peterseu 创建的 CAMP 实验(图 5-4)，是在血平板上先接种一条金黄色葡萄球菌的划线，与此线垂直接种被检乳汁或分离的培养物，原来不溶血或溶血不明显的无乳链球菌，在有金色葡萄球菌产物存在时，呈明显的 β 型溶血，其他链球菌不产生此种现象，借此可与停乳链球菌及乳房链球菌进行区别。但 CAMP 试验并不是特异的，C、F、G 群的某些链球菌株在实验中也可出现阳性现象。

三、猪链球菌

猪链球菌(*S. suis*)广泛分布于自然界，对各种年龄、性别和品种的猪都易感，是猪的重要致病菌，可感染人而致死。尤其猪链球菌 2 型，曾在 1998 年和 2005 年发现感染猪和人，近年来已成为危害集约化养猪业的重要病原之一。

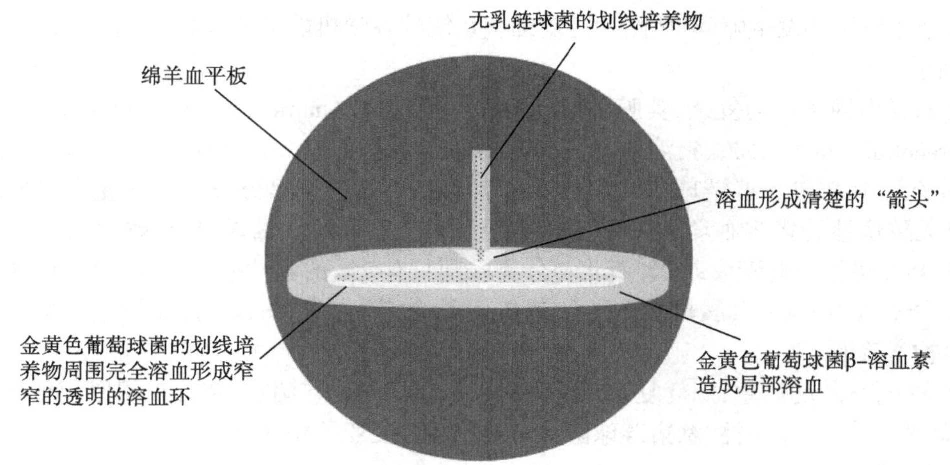

图 5-4 金黄色葡萄球菌增强无乳链球菌溶血特性的 CAMP 实验示意图(据 Quinn et al.,2015)
无乳链球菌可以完全溶解被金黄色葡萄球菌 β- 溶血素损坏的红细胞,出现了一个特征明显的“箭头”状溶血现象

(一) 主要生物学特征

1. 形态及染色特性

本菌呈圆形或椭圆形,革兰氏染色阳性,菌体直径 1 ~ 2 μm,单个或成双排列,在液体培养中呈链状。菌落较小,灰白透明,性状稍黏。

2. 分类

按兰氏分群,过去猪链球菌属 D 群,现猪链球菌 2 型划为 R 群,1 型为 S 群,猪链球菌 1/2 型为 R/S 群,有的不能分群,有的属 T 群,实际上兰氏分群已不足以应用于猪链球菌的分型。其中猪链球菌 2 型在临床病例中最常见,是致病力最强的血清型。

3. 培养及生化特性

本菌可发酵菊糖和糖原,水解精氨酸,不发酵甘露醇和山梨醇,在含有 6.5% NaCl 的肉汤中不生长。此外,其水解马尿酸盐、发酵棉子糖和蜜二糖及产生透明质酸酶的能力均不稳定。猪链球菌 2 型在普通培养基上生长不良,在脑心浸液肉汤(brain heart infusion broth,BHI)中生长良好。在绵羊血平板上培养 24 h,形成灰白色、半透明、针尖大小的 α 溶血菌落,48 h 后有草绿色色素沉着。

猪链球菌的溶血作用随红细胞的种类不同而异。大多数菌株在马血琼脂平板上形成直径 1 ~ 2 mm 扁平的黏液样菌落,周围有一条窄的溶血环,为不完全的 β 溶血,延时培养后则转向完全溶血。在绵羊血琼脂上菌落不溶血或呈 α 溶血,在犊牛血琼脂上呈 α 溶血。

4. 抵抗力

猪链球菌 2 型常污染环境,在粪、灰尘及水中能存活较长时间。在水中 60℃可存活 10 min,50℃存活 2 h,在 4℃的动物尸体中可存活 6 周;0℃时灰尘中的细菌可存活 1 个月,粪中则为 3 个月;25℃时在灰尘和粪中则只能存活 24 h 及 8 d。

(二) 致病性及毒力因子

1. 致病性

本菌可引起猪的多种疾病,侵害各种年龄的猪只,通常以败血症、脑膜炎、心内膜炎、肺炎、关节炎和淋巴结炎为主要发病特征,亦可引起猪流产和局部脓肿。猪链球菌 2 型可致人类脑膜炎、败血症、心内膜炎并可致死,尤其是从事屠宰或其他与猪肉接触的人易发病。此外,也有禽感染猪链球菌的报道。

病原菌一旦侵入机体,首先在侵入部位繁殖,在繁殖的初期,菌体外可形成一层黏液状的荚膜,以保护菌体在猪体内生存。同时 β 型溶血性链球菌在代谢过程中产生透明质酸酶,它能分解猪体结缔组织内的透明质酸,而使结缔组织疏松,通透性增加,有利于病原菌在组织中扩散和蔓延。侵入猪体的病原菌很快就进入淋巴管和淋巴结,继而大量繁殖并产生溶血毒素,使大量红细胞被溶解,血液成分发生变化,造成血管壁受损和整个血液循环发生障碍，使网状内皮细胞系统的吞噬机能降低，以致发生全身性败血症。

2. 毒力因子

猪链球菌的毒力因子较为复杂，荚膜多糖、溶菌酶释放蛋白(muramidae-relased protein，MRP)、细胞外蛋白因子(extracellular factor，EF)、猪溶血素(suilysin)等与致病力有关。MRP 及 EF 是猪链球菌 2 型的两种重要毒力因子。MRP 与 A 群链球菌的 M 蛋白有同源性。从健康猪分离的菌株通常缺少这两种蛋白，而且人工感染无致病性。猪溶血素是一种硫激活的细胞毒素，属穿孔毒素，是有效的免疫原。猪链球菌 2 型欧洲分离株 95% 可检出此毒素基因，而北美分离株则只有 7% 的阳性率。还有一种可能的毒力因子为 IgG 结合蛋白，分子量为 6×10^4，属热休克蛋白家族，可结合猪 IgG 的 Fc 端，从而影响抗体的活性。

(三) 微生物学诊断

猪链球菌病病程短，起病急，病变复杂，无明显特征，疾病早期与猪瘟、猪肺疫相似，而后期又与猪丹毒症状相近，注意鉴别诊断。同时注意猪链球菌与马链球菌兽疫亚种相区别。

1. 显微镜检查

根据不同的发病情况，取病死猪的心血、肝、脾、淋巴液、脑脊髓液、关节囊液等材料进行涂片、染色、镜检，可见革兰氏阳性单个、双球或短链的球菌。

2. 分离鉴定

将病料接种于含 5% ~ 10% 血液的琼脂平板上，培养 24 ~ 48 h，可见呈灰白色、有光泽、湿润黏稠的菌落，在菌落周围出现明显的 β 型溶血。选取可疑菌落作生化实验进行鉴定。

可用鉴定荚膜和溶血素等毒力相关基因的多重 PCR 技术直接检测分离的菌落，作出快速诊断。某些品系的小鼠或豚鼠可用作猪链球菌的实验动物模型。此外，凝集实验和 ELISA 等方法也常应用于本病检测。

四、马链球菌兽疫亚种

马链球菌兽疫亚种(*S. equi* subsp. *zooepidemicus*)，旧称兽疫链球菌，可致多种家畜的炎症及败血症。在自然界分布很广，有家畜的地方，皆有存在。马属动物的皮肤、上呼吸道黏膜、扁桃体以及生殖道等处常有本菌。在动物的病灶、炎性渗出物及血液中可分离出本菌。其他相关知识见**数字资源**。

五、马链球菌马亚种

马链球菌马亚种(*S. equi* subsp. *equi*)，旧称马腺疫链球菌，是引起马腺疫的病原体。常存在于感染马下颌淋巴结的脓灶、鼻液及脓汁中，健康马上呼吸道及扁桃体中有时也能分离到。多为接触传染，或通过污染饲料、饮水传播，病马在咳嗽、打喷嚏时通过飞沫也可传播。其他相关知识见**数字资源**。

六、化脓链球菌

化脓链球菌(*S. pyogenes*)在自然界分布广泛，常存在于人、畜的皮肤、口腔或呼吸道黏膜表面，可引起人的多种疾病，也可引起牛乳腺炎。其他相关知识见**数字资源**。

七、肺炎链球菌

肺炎链球菌(*S. pneumoniae*)又名肺炎球菌，旧称肺炎双球菌。在自然界中分布广，常存在于人及动物上呼吸道中，当机体抵抗力下降时，既可发生内源性感染，亦可发生外源性传染，常引起人大叶性肺炎或脑膜炎。亦可致幼畜肺炎或败血症。其他相关知识见**数字资源**。

○ 马链球菌兽疫亚种
○ 马链球菌马亚种
○ 化脓链球菌
○ 肺炎链球菌

第三节 肠球菌属

肠球菌(*Enterococcus*)是人类和动物肠道中正常菌群之一。肠球菌原先属于链球菌属的 D 群成员。用分子细菌学检测手段对肠球菌 16S rRNA 基因及染色体 DNA 进行分析，发现肠球菌与链球菌在进化中的亲缘关系并不密切，鉴于二者 16S rRNA 序列的差异，1984 年 Schleifr 提议将其独立建属，1994 年获得确认。现归属于芽胞杆菌纲（*Lactobacillales*）、乳酸杆菌目（*Bacilli*）、肠球菌科（*Enterococcaceae*）。除肠球菌属外，该科还包括奇异杆菌属（*Atopobacter*）、蜜蜂球菌属（*Mclissococus*）、四联球菌属（*Tetragenococus*）及漫游球菌属（*Vagococcus*）。

肠球菌属目前有 59 个种，其中粪肠球菌（旧称粪链球菌）和屎肠球菌（旧称屎链球菌）的某些菌株及肠球菌属的某些成员与动物致病性有关（表 5–3）。粪肠球菌在环境中的分布十分广泛，水、土壤、植物以及各种畜禽加工品中都有它的存在，也是人和各种动物肠道中的正常菌群之一。在医院肠球菌感染中最常见的是粪肠球菌，其次为屎肠球菌，根据不同国家报道资料，它们分别占 50%～95% 及 5%～38%。由于抗生素治疗细菌感染性疾病，肠球菌在抗菌药物影响下，也逐渐形成了多重高水平耐药菌。近年来，发现肠球菌对抗菌药物的多重耐药性可通过质粒在各种肠球菌间广泛传递，给临床感染性疾病的治疗带来挑战。其他相关知识见**数字资源**。

○ 肠链球菌属

表 5–3　肠球菌对动物的致病性（陆承平，2012）

菌名	宿主	所致疾病
禽肠球菌（*E. avium*）	禽	败血症（过去归类为 Q 群链球菌）
坚韧肠球菌（*E. durans*）	禽、畜	败血症（禽）、新生畜腹泻（犊、犬、驹、猪）、腹泻（牛）
粪肠球菌（*E. faecalis*）	禽、畜	败血症及腹泻（禽）、慢性气管炎（食肉动物）、尿道感染（犬）、乳腺炎（牛）
屎肠球菌（*E. faecium*）	禽	败血症
鸡肠球菌（*E. gallinarum*）	禽	败血症
肠道肠球菌（*E. hirae*）	禽、畜	败血症（鹦鹉）、生长抑制、败血症及脑感染（鸡）、肝、胰腺感染（猫崽）
猪肠球菌（*E. porcinus*）	新生仔猪	腹泻
鼠肠球菌（*E. ratti*）	新生大鼠	腹泻
绒毛肠球菌（*E. villorum*）	新生仔猪	肠炎

第四节　蜜蜂球菌属

蜜蜂球菌属（*Melissococcus*）仅包括蜂房蜜蜂球菌（*M. puton*）1 个种，曾称为蜂房链球菌（*Sreptocus pluton*），1982 年，Baily 经系统鉴定后改用此名。其他相关知识见**数字资源**。

○ 蜜蜂球菌属

复习思考题

1. 简述金黄色葡萄球菌的主要生物学特征。
2. 简述金黄色葡萄球菌致病性机制。
3. 怀疑是金黄色葡萄球菌引起的化脓性疾病，如何进行病原微生物学诊断？
4. 致病性金黄色葡萄球菌有哪些主要特征？
5. 简述链球菌的主要生物学特征。
6. 什么是 SPA？试述它们的生物学特性及用途。
7. 引起牛、羊乳腺炎的链球菌有哪些？鉴别它们的主要实验有哪些？
8. 叙述 CAMP 实验作用，有什么意义？
9. 简述猪链球菌与马链球菌兽疫亚种的致病性及微生物学诊断的鉴别要点。

10. 简述肠球菌的主要生物学特征及致病特点。
11. 简述蜂房蜜蜂球菌的主要生物学特征及致病特点。

开放式讨论题

1. 2003 年某市发生的 4 起由金黄色葡萄球菌引起的食物中毒均由含淀粉类食品(米粉、烧梅、豆浆)引起,共检出金黄色葡萄球菌 10 株并检出葡萄球菌 A 型肠毒素,其中 1 株同时检出葡萄球菌 C 型肠毒素。结合这起案例论述如何诊断金黄色葡萄球菌引起的食物中毒?

2. 目前临床上奶牛和奶山羊乳腺炎一直是影响奶畜奶产量和质量的主要原因,结合所学的微生物知识,论述如何鉴定引起乳腺炎的病原菌?

Summary

Cocci is one of the three types of shapes of bacteria: cocci (spherical), bacilli (rod-shaped), and spirella (spiral-shaped). These kinds of bacteria have characteristic arrangements that are useful in identification. Many pathogenic strains in *Staphylococcus* and *Streptococcus* are of importance in both medical and veterinary sciences.

Staphylococcus, generally used for all the species, refers to the cell's habit of aggregating in grapelike clusters. *Staphylococci* are microbiologically characterized as Gram-positive (in young cultures), non-spore-forming, nonmotile, facultative anaerobes. There are coagulase-positive and coagulase-negaitive staphylococci based on their ability to produce coagulase, an enzyme that causes blood clot formation. Of significance to human being and animals are various strains of the species *S. aureus* and *S. epidermis*. While *S. epidermis* is a mild pathogen, opportunistic only in animals with lowered resistance, strains of *S. aureus* are major agents of wound infections, boils, and skin infections and are one of the most common causes of food poisoning in human being. *S. aureus* is coagulase-positive, it can causes mastitis in cattle, sheep, goats. *Staphylococcosis* in poultry, particularly chickens, ducks and geese occurs as a yolk-sac infection of embryos and arthritis of young chicks. In addition, local staphylococcal infections can lead to toxic shock syndrome, a disease associated with the liberation of a toxin into the bloodstream from the site of infection.

Streptococcus is a genus of spherical Gram-positive bacteria. Cellular division occurs along a single axis in these bacteria, and thus they grow in chains or pairs. Contrast this with *staphylococci*, which divide along multiple axes and generate grape-like clusters of cells. *Streptococci* are oxidase- and catalase-negative, and many are facultative anaerobes. Pathogenic streptococci resemble pathogenic staphylococci in the variety of toxins and enzymes (they can develop) which facilitate their establishment in host tissues. Those substances include streptolysins which are both inhibitory to the cellular responses of the host to infection and also lethal, hyaluronidase (spreading factor) which increases the permeability of the tissues. In addition, streptokinase inhibits the inflammatory responses of the tissues. Certain *Streptococcus* species and *Pneumococcus* are responsible for many cases of bacterial pneumonia in animals and humans. As a rule, individual species of *Streptococcus* are classified based on their hemolytic properties. Alpha hemolysis is caused by a reduction of iron in hemoglobin, giving it a greenish color on blood agar. Beta-only hemolysis is complete rupture of red blood cells, giving distinct, wide, clear areas around bacterial colonies on blood agar. Other streptococci are labeled as gamma hemolytic, actually a misnomer, as no hemolysis takes place. Bovine mastitis can be cause by a number of streptococcal species, the commonest being *S. agalactiae*, *S. dysgalactinae*, *S. uberis* and *S. zooepidemicus*. However, many streptococcal species are non-pathogenic. Streptococci are also part of the normal commensal flora of the mouth, skin, intestine, and upper respiratory tract of humans and animals.

第六章 肠杆菌目

肠杆菌目（*Enterobacterales*）细菌是一大群生物学性状相似的革兰氏阴性杆菌，这类细菌的命名主要是由于最先发现的一些不同菌属的模式菌株都与人和动物的肠道及肠道疾病有关。实际上并非所有的肠杆菌都寄居于人和动物的肠道内，也可存在于土壤、水和腐物中，分布广泛。

肠杆菌目于2016年设立，包含肠杆菌科（*Enterobacteriaceae*）、耶尔森菌科（*Yersiniaceae*）、欧文菌科（*Erwiniaceae*）等7个科；细菌种类繁多，根据核酸序列、生化反应和抗原结构等，目前确定的属有44个，170多个种。常引起人和动物疾病的包括埃希菌属（*Escherichia*）、沙门菌属（*Salmonella*）、志贺菌属（*Shigella*）、肠杆菌属（*Enterobacter*）、变形杆菌属（*Proteus*）、克雷伯菌属（*Klebsiella*）、耶尔森菌属（*Yersinia*）等。其中，埃希菌属的血清型、肠毒素、类志贺毒素与黏附性菌毛等毒力因子以及致病机理等在革兰氏阴性菌中具有代表性，有关研究推动了微生物学的发展；沙门菌属血清型繁多，抗原结构有独特的表述形式，致病类型亦有专嗜、偏嗜与泛嗜的差异；志贺菌属既可感染人，也可感染多种动物；耶尔森菌属中的鼠疫耶尔森菌、假结核耶尔森菌及小肠结肠炎耶尔森菌3种是重要的病原菌。

肠杆菌中的细菌根据其与人和动物的关系可大致分为三类，①正常寄栖菌：寄居于人和动物肠道内正常菌群；②机会致病菌：当宿主免疫力降低或细菌移位至肠道以外，寄居部位改变时，即可引起机会性感染，如大肠埃希菌、肺炎克雷伯菌和奇异变形杆菌等；③ 致病菌：如伤寒沙门菌、志贺菌和鼠疫耶尔森菌等，能直接引起人或动物疾病，且在兽医学和公共卫生学上均具有重要的意义。

第一节 肠杆菌目细菌共同生物学特性

一、形态结构与染色特性

菌体中等大小，为(0.3 ~ 1.0) μm × (1 ~ 6) μm，革兰氏染色阴性。无芽胞，多数有菌毛、周生鞭毛，少数有荚膜。

二、培养特性

兼性厌氧或需氧。营养要求不高，在普通琼脂平板上生长可形成湿润、光滑、灰白色的，直径2 ~ 3 mm的中等大小S型菌落。一般都能在麦康凯培养基上生长。在血琼脂平板上，有些菌可产生溶血环。在液体培养基中呈均匀混浊生长。

三、生化反应

一般可分解多种糖类和蛋白质，形成不同代谢产物，常用以区别不同菌属和菌种。乳糖发酵实验可用于初步鉴别志贺菌、沙门菌等致病菌和其他大部分非致病肠道杆菌，前两者不发酵乳糖。大多数肠道杆菌过氧化氢酶阳性，能还原硝酸盐为亚硝酸盐，氧化酶阴性，后者可鉴别肠道杆菌和其他革兰氏阴性杆菌。

四、抗原结构

抗原结构复杂，主要有菌体（O）抗原、鞭毛（H）抗原和荚膜（K）抗原。有些细菌还有菌毛抗原。

(1) O抗原：存在于细胞壁脂多糖（LPS）的最外层，具有种、型特异性；且取决于LPS分子末端重复结构多糖链的糖残基种类的排列。多数菌株只含有一种O抗原，用阿拉伯数字予以区别；但也有些菌株在一个菌体上存在两种O抗原。O抗原耐热，100℃不被破坏。从病人体内新分离菌株的菌落大多呈光滑(S)型，在人工培养基上多次传代移种保存后，LPS失去外层O特异性侧链，此时菌落变成粗糙(R)型，是为S–R型变异。R型菌株的毒力显著低于S型株。O抗原主要引起IgM型抗体。

(2) H 抗原：又称鞭毛抗原。存在于鞭毛蛋白，不耐热，60℃ 30 min 即被破坏。H 抗原的特异性决定于多肽链上氨基酸的排列序列和空间结构。有鞭毛的菌株只含有一种 H 抗原，细菌失去鞭毛后，运动随之消失，同时 O 抗原外露，是为 H–O 变异。H 抗原主要引起 IgG 型抗体，该抗体一般凝集效价高，但不具有免疫保护性。

(3) K 抗原：是存在于菌体表面的荚膜或菌毛中的一种热不稳定抗原，其化学成分多数菌株是多糖物质，少数属蛋白质，如 K88、K99。因 K 抗原存在于 O 抗原的外面，所以有 K 抗原的菌株就不能和相应的抗 O 血清发生凝集作用，称为 O 不凝集性。因此对具有 K 抗原的细菌进行 O 抗原鉴定时，必须先进行高压或煮沸破坏 K 抗原。不同的 K 抗原以阿拉伯数字来表示，一般情况下，一个菌体只有一种 K 抗原。

五、抵抗力

因菌体不形成芽胞，对理化因素抵抗力中等，60℃加热 30 min 可被杀死，对氯十分敏感，水中若有 0.2 ppm 游离氯存在，即能杀死本菌与各种肠道致病菌，所以常用漂白粉做饮水消毒。5% 石炭酸、3% 来苏尔等 5 min 内可将其杀死。对常用抗生素大多敏感，但易产生耐药性。某些化学药品如煌绿、亚硒酸盐、胆酸盐对大肠杆菌有较强的选择性抑制作用，因此常用这些药品作为抑制本菌的选择培养基。

六、变异

肠杆菌科的细菌易出现变异菌株，除自发突变外，经质粒、噬菌体、转座子和毒力岛的介导，通过接合、转化和转导等基因转移和重组方式，使受体菌获得新的性状而导致变异发生。尤其最常见的耐药性变异，以及其他与毒素产生、生化反应特性和抗原性改变等相关的变异。

七、鉴定原则

肠杆菌中的不同菌属可从菌体形态学、培养特征、生化反应特性、血清学实验和 DNA 同源性等进行确定。在实际鉴定时，首先要与肠杆菌科外的兼性厌氧、革兰氏阴性杆菌相区别，确定肠杆菌科后，在通过相关生化实验进行属的鉴定（见表 6–1），同一属内不同种或血清型可通过相关的生化反应和血清学实验进行确定。对埃希菌属、沙门菌属等各菌株的鉴定，常用血清凝集反应来分型，对于鉴定后的菌株通常称其血清型，而不一定用菌种名。

表 6–1　肠杆菌的致病性相关菌属生化反应鉴别

	生化实验	埃希菌属	志贺菌属	沙门菌属	克雷伯菌属	肠杆菌属	变形杆菌属	耶尔森菌属
糖醇利用情况	葡萄糖产气（37℃）	+	–	+	v	+	v	–
	乳糖	+/–	–	–(b)	v	+	–	–
	麦芽糖	+	v	+	+	+	v	+
	甘露糖	+	v	+	+	+	v	+
	蔗糖	v	v	–	+	+	v	v
	棉子糖	v	–/+	–	+	+	–	+
	L– 鼠李糖	+	v	+	+	+	–	+/–
	海藻糖	+	+	+	+	+	+	+
	D– 木糖	+	–	+	+	+	v	+
	L– 阿拉伯糖	+	+/–	+	+	+	–	+
	水杨苷	v	–	–	+	+	v	v
	七叶苷水解	v	–	–	+	+	–	v
	侧金盏花醇	–/+	–	–	+	–/+	–	–

续表

生化实验		埃希菌属	志贺菌属	沙门菌属	克雷伯菌属	肠杆菌属	变形杆菌属	耶尔森菌属
	间肌醇	-	-	v	+	-/+	-	v
	D-山梨醇	v	+/-	+	v	+	-	v
	卫矛醇	+/-	-	+/-	v	-	-	-
	MR	+	+	+	v	-	+	+
	V-P	-	-	-	v	+	v	-
	TSI 反应(a)	A(K)/A +(-);-	K/A -;-	K(A)/A +(-);(-)	A/A +;-	A/A +;-	A(K)/A +;+	A/A -;-
产生酶的情况	尿素酶	-	-	-	v	v	v	v
	氧化酶	-	-	-	-	-	-	-
	过氧化氢酶	+	+	+	+	+	+	+
	赖氨酸脱羧酶	v	-	+	+/-	+/-	v	-
	鸟氨酸脱羧酶	v	-/+	+	-	+/-	v	v
	苯丙氨酸脱氨	-	-	-	-	-	v	-
	精氨酸双水解	-	-	+/-	-	v	-	-
	ONPG 实验	+/-	v	v	+	+	-	+
黏液酸盐		+/-	-	+	v	v	-	-
丙二酸盐利用		-/+	-	+/-	+/-	+	-	-
枸橼酸盐利用(西蒙氏)		-	-	+	v	+	v	-
H_2S(TSI)		-	-	+/-	-	-	+	-
吲哚		+	v	-	-	-	v	v
KCN 抵抗力		-	-	v	+	v	+	-
明胶液化(22℃)		-	-	-	-	-	+/-	-
动力		+/-	-	+	-	+	+	-
(G+C)(mol %)		48~52	49~53	50~53	53~58	52~56	38~41	46~50

(a) TSI(三糖铁培养基)反应式含义：$\frac{\text{斜面/底层}}{\text{产气;}H_2S}$，字母及符号分别代表，A：产酸(黄色)；K：产碱(红色)；+：阳性，-：阴性。

(b) 亚利桑那沙门菌发酵乳糖。

注：+：90 %~100 %阳性；-：0 %~10 %阳性；+/-：大多数菌株阳性 / 少数阴性；-/+：大多数阴性 / 少数阳性；v：种间有不同反应。ONPG：β-D-半乳糖苷酶。

第二节　埃希菌属

埃希菌属(*Escherichia*)隶属于肠杆菌科，原有6个种，分别是大肠埃希菌(*E. coli*)、蟑螂埃希菌(*E. blattae*)、赫氏埃希菌(*E. hermannii*)、伤口埃希菌(*E. vulneris*)、弗氏埃希菌(*E. fergusonii*)和非脱羧埃希菌(*E. blattae*)，非脱羧埃希菌后被归为勒克菌属，因此现有5个种，其区别见表6-2。大肠埃希菌(*E. coli*)，俗称大肠杆菌，是临床最常见、最重要的一个种，它是以1885年分离得到该菌模式株的德国细菌学家Theodor Escherich的名字来命名。

大肠杆菌栖居于温血动物消化道下段，系肠道内正常菌群之一。人和动物出生后数小时即可经口进

表 6-2　埃希菌属不同种鉴别特征

特征	大肠埃希菌	蟑螂埃希菌	赫氏埃希菌	伤口埃希菌	弗氏埃希菌
D- 核糖醇	-	-	-	-	+
D- 阿拉伯糖	-	-	-	-	+
纤维二糖	-	-	+	+	+
乳糖	+	-	d	「-」	-
甘露醇	+	-	+	+	+
蜜二糖	「+」	-	-	+	-
D- 山梨醇	+	-	-	-	-
黏多糖	+	d	+	「+」	-
丙二酸利用	-	+	-	「+」	d
乙酸盐利用	+	-	「+」	d	+
赖氨酸脱羧	+	+	-	「+」	+
鸟氨酸脱羧	d	+	+	-	+
吲哚产生	+	-	+	-	+
KCN 生长	-	-	+	「-」	-
运动性	+	-	+	+	+
产生黄色素	-	-	+	d	-

注：+：90% 以上菌株阳性；-：90% 以上菌株阴性；d：11%～89% 菌株阳性；「+」：多数菌株阳性；「-」：多数菌株阴性。

入消化道后段，大量繁殖而定居，终身伴随，并经粪便不断散播于周围环境，故大肠杆菌在环境卫生和食品卫生学上，常被用作直接或间接污染的检测指标。在相当长的一段时间内，大肠杆菌一直被认为是非致病菌，直到 20 世纪中叶，才发现一些特殊血清型的大肠杆菌对人和动物有致病性，尤其对婴儿和幼畜（禽），常引起严重腹泻和败血症。现将由大肠杆菌引起导致的人和动物疾病统称为大肠杆菌病（colibacilosis）。

一、主要生物学特性

（一）形态及染色特性

革兰氏染色阴性、无芽胞、中等大小的直杆菌，大小为（0.4～0.7）μm×（2～3）μm，菌体两端钝圆，散在或成对，大多数菌株以周生鞭毛运动，但也有无鞭毛或丢失鞭毛的无动力变异株。一般均有 I 型菌毛，少数菌株兼具有性菌毛，多数对人或动物致病的菌株还常有与毒力相关的特殊菌毛。通常无荚膜，但少数菌株有微荚膜。碱性染料对本菌着色良好，菌体两端偶尔略深染。

（二）生长要求与培养特性

需氧或兼性厌氧菌，生长最适温度为 37℃，最适 pH 为 7.2～7.4。营养要求不高，在普通培养基上生长良好，在营养琼脂上生长 24 h 后，形成圆形凸起、光滑、湿润、半透明、灰白色菌落，直径 2～3 mm。在肠道鉴别培养基中可形成有色菌落，如在麦康凯琼脂上形成红色菌落；在伊红美蓝琼脂上产生黑色带金属闪光的菌落；在 SS 琼脂上一般不生长或生长较差，生长者呈红色；在 BTB 乳糖培养基上形成黄色菌落。一些致病性菌株在绵羊血平板上呈 β 溶血。S 型菌株在肉汤中培养 18～24 h，呈均匀浑浊；长时间培养后，管底有黏性沉淀，液面管壁有菌环。

（三）生化特性

本菌能发酵多种糖类，产酸产气。绝大多数菌株迅速发酵乳糖，仅极少数迟发酵或不发酵。约半数菌株不分解蔗糖。几乎不产生硫化氢，不分解尿素，氧化酶实验阴性，IMViC 实验（即吲哚、甲基红、V-P、柠檬酸盐实验)结果为“++--”。埃希菌属其余生化反应见表 6-1,属内不同种埃希菌生化反应区别见表 6-2。

(四) 抗原构造及血清型

大肠杆菌抗原主要有 O、K 和 H 3 种,是血清型划分和鉴定的物质基础。目前已经确定的大肠杆菌 O 抗原有超过 170 种,K 抗原有 100 种以上,H 抗原有超过 50 种。完整的血清型表示方法为 O∶K∶H,如 O111∶K58∶H12,即表示该菌具有 O 抗原 111,K 抗原 58,H 抗原 12。通常 O、K、H 抗原均可用相应的单因子抗血清的凝集反应来进行鉴定。

3 种抗原组合就形成一个完整的血清型,因此,理论上大肠杆菌可能存在高达数万种的血清型,但实际上致病性大肠杆菌的血清型数量是有限的。血清学凝集实验时,可先用多价血清,阳性者再用单价血清做进一步鉴定。

需要注意的是,对致人和幼畜腹泻的产肠毒素大肠杆菌(ETEC)含有两种 K 抗原,一种是酸性多糖 K 抗原,另一种为蛋白质性黏附素 K 抗原,故这类菌株的黏附素抗原应并列写于酸性多糖 K 抗原之后,如血清型表示为 O8∶K87,K88∶H19。

二、致病性

根据感染部位的不同,将大肠杆菌引起的疾病分为肠道外感染和胃肠炎两类;根据毒力因子和发病机制的不同,将病原性大肠杆菌分为 5 类,分别为肠产毒素性大肠杆菌(Enterotoxigenic *E. coli*,ETEC)、产志贺毒素大肠杆菌(Shiga toxin-producing *E. coli*,STEC)、肠致病性大肠杆菌(Enteropathogenic *E. coli*,EPEC)、败血性大肠杆菌(Septicaemic *E. coli*,SEPEC)及尿道致病性大肠杆菌(Uropathogenic *E. coli*,UPEC)。虽然在兽医临床很少进行这样分类,但至少有三种类型的致病性大肠杆菌在动物中较为多见,分别是引起人类和初生幼畜腹泻的 ETEC,引起猪水肿病的 STEC 和引起犊牛、仔猪和羔羊等败血性大肠杆菌病的 SEPEC。另外,有些致病性大肠杆菌也可引起奶牛的乳腺炎;由禽致病性大肠杆菌(avian pathogenic *E. coli*,APEC)可引起不同临床特征的大肠杆菌病,如败血症、腹膜炎、气囊炎、肠炎、肉芽肿、关节炎、输卵管炎等。这些细菌均能通过产生的毒素和一些毒力因子致病。

(一) 肠产毒素性大肠杆菌(ETEC)毒力因子及其致病机制

ETEC 感染新生幼畜,常引起剧烈水样腹泻导致动物脱水而死亡,发病率和致死率相对较高,如仔猪黄痢。ETEC 的致病性主要依靠产生黏附素和肠毒素两类毒力因子致病。

1. 黏附素

黏附素(adhesin),也称定居因子(colonization factor,CF),包括菌毛和非菌毛类螺旋状和纤丝状的蛋白质。致病大肠杆菌须先黏附于宿主肠壁,以免被肠蠕动和肠分泌液清除。已发现只有肠毒素而无黏附素的菌株,虽然在动物肠道产生肠毒素,但不引起腹泻,反之亦然。这说明肠毒素和黏附素在 ETEC 的致病机制上缺一不可。黏附素不是导致腹泻发生的直接致病因子,但它是构成 ETEC 感染的首要毒力因子,所以黏附素能增强细菌致病性。已知来源于猪的 ETEC 主要黏附素有 F4(K88)、F5(K99)、F6(987P)和 F41,其次为 F42 和 F17(旧称为 FY 或 Att25);犊牛和羔羊 ETEC 的黏附素为 F5(K99)和 F41。黏附素能否附着于小肠上皮细胞主要取决于动物上皮细胞有无相应的受体存在,所以黏附素具有种的特异性。黏附素也具有较强的免疫原性,能刺激机体产生特异性免疫保护抗体。

2. 肠毒素

肠毒素是 ETEC 在体内或体外生长繁殖过程中分泌到细胞外的蛋白质毒素,分为耐热和不耐热 2 种,均由质粒编码。

(1) 不耐热肠毒素(heat labile enterotoxin,LT):LT 对热不稳定,65℃经 30 min 即失活。分子量较大,为 8.3×10^4,具有很好的免疫原性,经甲醛灭活可成类毒素。LT 由 1 个 A 亚单位和 5 个 B 亚单位组成,A 又分成 A1 和 A2,其中 A1 是毒素的活性部分,A2 链接 A1 和 B 亚单位,B 亚单位与小肠黏膜上皮细胞膜表面的 GM1 神经节苷脂受体结合后,使毒素内化,释放出的 A1 亚单位在细胞膜处与腺苷酸环化酶作用,使胞内 ATP 转化 cAMP;当 cAMP 增加后,导致小肠液体过度分泌,超过肠道的吸收能力而出现腹泻。LT 的免疫原性与霍乱弧菌肠毒素相似,两者的抗血清有交叉中和作用。

(2) 耐热肠毒素(heat stable enterotoxin,ST):对热稳定,100℃经 20 min 仍不被破坏,分子量小,小于 5×10^3,通常无免疫原性。ST 可分为 Sta 和 STb 两型。ST 可激活小肠上皮细胞的鸟苷酸环化酶,使胞内 cGMP 增加,在空肠部分改变液体的运转,使肠腔积液而引起腹泻。ST 与霍乱毒素无共同的抗原关系。

(二) 产志贺毒素大肠杆菌(STEC)毒力因子及其致病机制

凡能产生志贺毒素(shiga toxin,Stx)的大肠杆菌统称为产志贺毒素大肠杆菌,其中最为典型的代表为肠出血性大肠杆菌(enterohemorrhagic *E. coli*,EHEC)。EHEC 有多种血清型,尤其以 O157 :H7 血清型因感染能致人死亡而最受关注,牛或其他反刍动物可能是 O157 大肠杆菌的主要储存宿主,是重要的食源性病原菌,其主要毒力因子除由溶原性噬菌体编码的志贺毒素外,还携带其他多种由质粒编码毒性因子。

1. 志贺毒素

该毒素能致 vero 细胞病变,曾称 vero 毒素(verotoxin,VT)或志贺样毒素(shiga-like toxin,SLT)。该毒素可引起上皮细胞微绒毛损伤,分为 Stx-Ⅰ和 Stx-Ⅱ两种,Stx-Ⅰ与痢疾志贺菌产生的毒素基本相同,Stx-Ⅱ与 Stx-Ⅰ有 60% 的同源性。Stx 由 1 个 A 亚单位和 5 个 B 亚单位组成,B 亚单位能与宿主细胞膜上的特异性糖脂 GB3 结合,肠绒毛和肾上皮细胞均有高浓度的糖脂受体;A 亚单位进入细胞后切割活化成 A1 和 A2 两条肽链,其中 A1 是毒素的活性部分,可裂解核糖体,抑制蛋白的合成,使细胞损伤及死亡,导致肠绒毛结构的破坏进而引起吸收降低和液体分泌的相对增加。很多致病性大肠杆菌均可产生这种毒素,如引起婴、幼儿腹泻的 EPEC 以及引起人出血性结肠炎和溶血性尿毒综合征的 EHEC 均能产生此类毒素。该毒素可致猪的水肿病,以头部、肠系膜和胃壁浆液性水肿为特征。

2. 神经毒素

大肠杆菌神经毒素(*E. coli*-neurotoxin)是猪水肿病菌株产生的一种毒素,其化学性质可能是一种脂蛋白或脂多肽,对热敏感,可被福尔马林破坏,半饱和硫酸铵或三氯醋酸在 pH 3.0 可使其沉淀,具有致死猪和小鼠的毒性作用,可使小鼠发生麻痹,对猪先引起中枢神经症状,表现为有共济失调、麻痹或惊厥等,继而皮肤和肌肉水肿。

3. β- 溶血素

已知一些猪源 ETEC 和猪水肿病菌株能产生 β- 溶血素(hemolysin β),并且凡是溶血的 ETEC 菌株多数具有 K88,产生 LT 或 ST,这些菌株的毒力较强,引起严重的腹泻特征,死亡率高。不溶血的 K88 + 或 K88- 菌,只产生 ST,所致腹泻轻微,死亡也少,说明该毒素与 ETEC 菌株的毒力有一定关系。

三、微生物学诊断

(一) 微生物学检查程序

动物致病性大肠埃希菌的分离与鉴定程序见图 6-1。

(二) 检查方法

可直接用病料或分离菌落抹片染色镜检,因其形态和染色特性与其他革兰氏阴性中等大小杆菌没有明显区别,故直接镜检对确定大肠杆菌的意义不大,仅供综合诊断参考。对败血症病例可无菌采集其病变的内脏组织,直接在血琼脂或麦康凯平板划线分离培养。对幼畜腹泻及猪水肿病病例应取其各段小肠内容物或黏膜刮取物以及相应肠段的肠系膜淋巴结,分别在麦康凯平板和血平板上划线分离培养。

1. 鉴别培养及生化反应实验

利用三糖铁高层斜面培养基既起到纯培养的目的,又能达到初步鉴别的作用。在三糖铁培养基的高层和斜面,大肠埃希菌呈一致黄色,且在高层部分有可能看到琼脂块裂开(产气)现象。进一步可检测 IMViC 实验、H_2S 产生、尿素酶分解等生化实验进行埃希菌属及不同种的确定(见表 6-2)。

2. 致病性实验

大肠杆菌的致病性可通过以下 3 种方法进行确定:

(1) 直接接种动物:可用本动物或实验动物,最好选择小日龄动物,禽类大肠杆菌可选择雏鸡;哺乳动物大肠杆菌可选择小鼠。如动物发病死亡,并从死亡动物分离到同一种大肠杆菌,可判定为致病性大肠杆菌。有时因动物选择不合适或菌株的毒力不是很强,一些条件致病性大肠杆菌动物接种后不一定有规律

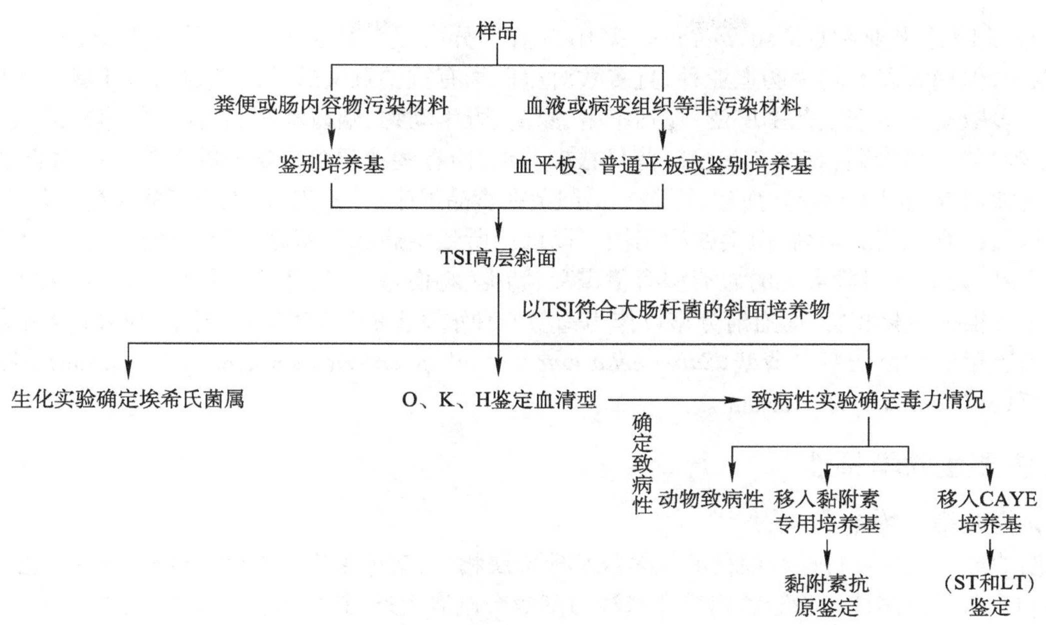

图 6-1　致病性大肠埃希菌的分离与鉴定程序图

地死亡。

(2) 鉴定血清型：如所鉴定的血清型是常见致病性大肠杆菌，即使不做动物试验也可判定为病原性大肠杆菌，如果鉴定的是一个新的血清型，则需进行动物试验进行确证。一般最常用的是 O 抗原和 K 抗原的鉴定，H 抗原一般鉴定较少。需要注意的是，血清型可以作为一个重要的参考，同时结合临床，流行病学资料以及毒力因子检测等综合判断。

(3) 毒力基因检测：通过测定菌株的毒力因子进行致病性大肠杆菌的判定，如测定黏附素、ST 或 LT、细胞毒素等。对于分离自腹泻患病动物的水样便、呕吐物等样本，通过 PCR 等分子生物学技术检测相关毒力基因片段。另外，也有商品化的自动检测分析系统可以进行快速检测。

四、免疫防治

目前已有多种预防幼畜大肠杆菌腹泻的商品化疫苗，主要有以黏附素为免疫基础的单价或多价菌毛抗原疫苗；以肠毒素免疫为基础的类毒素、LT-B 亚单位以及志贺毒素 B 亚单位疫苗等。如使用 K88-K99、K88-K99-987P 及 K88-ST1-LTB 等基因工程灭活疫苗免疫妊娠母畜后，可使其新生动物从初乳中获得被动保护。临床实践发现，在已发生仔猪黄痢的猪群中，仔猪发病初期或仔猪出生后立即口服或肌内注射 ETEC 肠毒素抗血清，可获得较好的治疗及预防效果。

抗菌药物治疗大肠杆菌病虽然可减轻患病畜禽病情或暂时控制疫情发展，但停药后常可复发。同时，由于大肠杆菌的耐药菌株大量出现，已被 WHO 定为急需开发新抗生素的第一代优先级细菌，所以应选用经药敏实验确证为高效的抗生素用于治疗，方能取得良好效果。

第三节　沙门菌属

沙门菌属（*Salmonella*）是肠杆菌科中的一大群寄生于人和多种动物肠道内的革兰氏阴性杆菌，生化特性和抗原结构相似，常存在于水、乳、肉、蛋及其他食品和饲料中。

根据 DNA 杂交技术分类，沙门菌属现可分为肠道沙门菌（*S. enterica*）、邦戈尔沙门菌（*S. bongori*）和地下沙门菌（*S. subterranea*）3 个种；肠道沙门菌又分为 6 个亚种：肠道亚种（subsp. *enterica*）、萨拉姆亚种（subsp. *salamae*）、亚利桑那亚种（subsp. *arizonae*）、双相亚利桑那亚种（subsp. *diarizonae*）、豪顿亚种（subsp.

houtenae)以及因迪卡亚种(subsp. *indica*)。采用血清学分类是沙门菌最常见的分类方法,其血清型有2 500种以上,但绝大多数均为肠道亚种,且多数对兽医学有重要意义的沙门菌也均属于肠道沙门菌肠道亚种。绝大多数血清型宿主范围广泛,包括家畜、家禽、野生动物、啮齿动物、软体动物、环形动物、节肢动物(包括苍蝇)等均可带菌,其中有些沙门菌只感染动物,而有些沙门菌是重要的人兽共患病病原,可引起人和动物的食物或饲料中毒及败血症,因而本属细菌在食品卫生、外贸出口、人畜疾病发生中均十分重要。

虽然沙门菌有规范的学名,但实践中仍惯用以该菌所致疾病或最初分离地名或抗原式3种方式来命名,如肠炎沙门菌。沙门菌常见的血清型有猪霍乱、肠炎、鸡伤寒、鼠伤寒等。目前,对沙门菌或各亚种成员的鉴定主要根据生化实验,而血清分型可作为一项亚种水平上的鉴定内容。通常完整的沙门菌命名,如肠道沙门菌肠道亚种鼠伤寒血清型(*Salmonella enterica* subsp. *enterica* serotype typhimurium),可缩写为鼠伤寒沙门菌(*Salmonella* typhimurium)。

一、主要生物学特性

(一) 形态及染色特性

沙门菌的形态和染色特性与同科的大多数其他菌属相似,菌体多为两端钝圆杆菌,大小为(2 ~ 5) μm × (0.7 ~ 1.5) μm,革兰氏阴性。除雏沙门菌和鸡沙门菌两个血清型外,其余均有周身鞭毛,能运动。多数菌株具有Ⅰ型菌毛。

(二) 生长要求与培养特性

兼性厌氧,除极个别菌株需要在加有血液的培养基才能生长外,多数菌株对营养的要求不高,最适生长温度为37℃,最适 pH 为 7.2 ~ 7.4。在液体培养基中生长呈均匀混浊;在固体培养基上培养 24 h,形成直径 2 ~ 3 mm,无色半透明,表面光滑,边缘整齐的小菌落,有时出现锯齿状边缘。本属大多数细菌的培养特性与埃希菌属相似。只有鸡白痢、鸡伤寒、羊流产和甲型副伤寒等沙门菌在肉汤琼脂上生长贫瘠,形成较小的菌落。在肠道杆菌鉴别或选择性培养基上,如伊红美蓝琼脂、SS 琼脂和麦康凯琼脂,大多数沙门菌菌株因不发酵乳糖而形成无色菌落,在 BTB 乳糖培养基上形成蓝色菌落。本菌属在培养基上也有 S-R 变异。在培养基中加入硫代硫酸钠、胱氨酸、血清、葡萄糖、脑心浸液和甘油等均有助于本菌生长。

(三) 生化特性

本菌属与其他主要菌属的生化鉴别见表 6-1。与肠道亚种相比,其余各亚种的生化反应虽然不太典型,但同一亚种各菌间的生化特性相当一致。肠道沙门菌种的 6 个亚种和邦戈尔沙门菌的生化特性鉴别见表 6-3。沙门菌不发酵乳糖或蔗糖,可发酵葡萄糖、麦芽糖和甘露糖,除伤寒沙门菌产酸不产气外,其他均产酸产气。在克氏双糖管中,斜面不发酵和底层产酸产气(伤寒沙门菌产酸不产气);多数菌种产生硫化氢,具有运动性。以上生化特性可与大肠杆菌、志贺菌相区别,所以生化反应(表 6-4)对于沙门菌属内各菌的鉴定具有重要意义。

(四) 抗原构造与分类

本属细菌具有菌体 O 抗原、鞭毛 H 抗原和荚膜 Vi 抗原 3 种。O 和 H 抗原是其主要抗原,构成绝大部分沙门菌血清型鉴定的物质基础,其中 O 抗原是每个菌株必有的成分。

1. O 抗原

菌体细胞壁表面的耐热多糖抗原,100℃ 2.5 h 不被破坏,它的特异性依赖于 LPS 多糖侧链的组成,而其决定簇又由该侧链上末端单糖及多糖链上单糖的排列顺序所决定。一个菌体可有几种 O 抗原成分,以小写阿拉伯数字表示,目前已发现有 60 多种 O 抗原。将一个具有共同 O 抗原(群因子),该抗原又是其他群所没有的划分为一个血清群,以大写英文字母表示。对人和温血动物致病的沙门菌大多属于 A ~ F 群(或组)。A ~ F 群特异性 O 抗原分别是:A 群 O_2、B 群 O_4、C 群 O_6、D 群 O_9、E 群 O_3、F 群 O_{11}。

2. H 抗原

是蛋白质鞭毛抗原,共有 63 种。经 60℃ 30 ~ 60 min 及乙醇作用可破坏其抗原性,但不能被甲醛破坏。H 抗原可分为第 1 相(H1)和第 2 相(H2)两种。H1 抗原一般以小写英文字母表示,其特异性高,常为一部分血清型菌株所具有,故曾称为特异相。H2 抗原用阿拉伯数字表示,其特异性低,常为许多沙门菌所共

表 6-3 肠道沙门菌 6 个亚种及邦戈尔沙门菌主要性状区别

项目	肠道沙门菌的亚种						邦戈尔沙门菌
	肠道	萨拉姆	亚利桑那	双相亚利桑那	豪顿	因迪卡	
卫矛醇	+	+	–	–	–	–	+
山梨醇	+	+	+	+	+	–	+
水杨苷	–	–	–	–	+	–	–
ONPG	–	–	+	+	–	–	+
KCN	–	–	–	–	+	–	+
丙二酸盐	–	+	+	+	–	–	–
(L+)酒石酸盐	+	–	–	–	–	–	–
黏液酸	+	+	+	–(70%)	–	+	+
明胶	–	+	+	+	+	+	–
β 葡萄糖苷酸酶	d	d	–	+	–	–	–
半乳糖醛酸酶	–	+	–	+	+	+	+
O-1 噬菌体裂酶	+	+	–	+	–	+	d
γ 谷酰胺转移酶	+	+	–	+	+	+	+
对人或动物致病力	++++	+	+	+	+	+	+

注:+:90 %以上阳性;-:9 %以下阳性;d:不同血清型有不同反应。

表 6-4 常见主要沙门菌的生化特性

菌名	葡萄糖	乳糖	枸橼酸盐	H_2S 产生	动力
猪霍乱沙门菌	⊕	–	+	「+」	+
肠炎沙门菌	⊕	–	–	+	+
鸡沙门菌	+	–	–	「–」	–
伤寒沙门菌	+	–	–	「–」	+
甲型副伤寒沙门菌	⊕	–	–	「–」	+
肖氏沙门菌	⊕	–	「+」	+	+
希氏沙门菌	⊕	–	+	+	+
鼠伤寒沙门菌	⊕	–	+	+	+

注:⊕:产酸产气;+:90% 以上菌株阳性; – :90% 以上菌株阴性;「+」:多数菌株阳性;「–」:多数菌株阴性。

有,曾称为非特异相。多数沙门菌同时具有 H1 和 H2 两相抗原,称为双相菌,但常发生某一相抗原丢失的位相变异,与沙门菌的毒力变异相关。少数沙门菌只有其中一相 H 抗原,称为单相菌。同一 O 抗原的沙门菌又根据 H 抗原的不同再细分成许多不同的血清型菌。

3. Vi 抗原

是伤寒沙门菌、希氏沙门菌和部分都柏林沙门菌表面的荚膜多糖抗原,与毒力有关,相当于大肠杆菌 K 抗原。Vi 抗原为一种 N- 乙酰 -D- 半乳糖胺糖醛酸聚合物,是一种很不稳定的抗原,容易发生变异。在普通培养基上多次传代后易丢失。有 Vi 抗原的菌株需要在 100℃加热 60 min 后才能与相应的抗 O 抗原血清发生凝集反应。初次自病料中分离的菌株一般都具有 Vi 抗原。

用已知的沙门菌H和O单因子血清做玻板凝集实验，可确定一个沙门菌分离物的血清型或抗原式，对可能有Vi抗原的菌株还须用抗Vi抗原血清鉴定。沙门菌完整的血清型为：O抗原：Vi抗原：H1相抗原：H2相抗原。如鼠伤寒沙门菌血清型为1,4,[5],12：i：1,2，即表示该菌具有O抗原1,4,[5],12，第1相H抗原为i，第2相H抗原为1,2，括号中抗原表示该抗原可能无。如有Vi抗原可写在O抗原之后，如伤寒沙门菌血清型为9,12,Vi：d：–。畜禽常见沙门菌的血清型及致病性见表6–5。

表6–5　畜禽常见沙门菌的血清型及致病性

菌名	血清型	主要宿主	引起主要疾病
猪霍乱沙门菌 (*S. choleraesuis*)	6,7：c：1,5	猪	仔猪副伤寒，表现为败血症、肠炎；成年猪多呈隐性带菌或猪瘟后易继发感染；人类食物中毒
猪伤寒沙门菌 (*S. typhisuis*)	6,7：c：1,5	猪	妊娠猪败血症、肠炎；人类食物中毒
肠炎沙门菌 (*S. enteritidis*)	1,9,12：g：m：[1,7]	畜禽及人类	畜禽的胃肠炎，犊牛副伤寒，人类肠炎及食物中毒
鸡沙门菌 (*S. gallinarum*)	1,9,12：–：–	鸡、火鸡	产蛋前各种日龄鸡的败血症，成年母鸡卵巢炎
都柏林沙门菌 (*S. dublin*)	1,9,12,[Vi]：g,p：–	牛、绵羊、山羊	牛、羊流产，犊牛肠炎或败血症，羔羊痢疾；人类食物中毒
马流产沙门菌 (*S. abortusequi*)	4,12：–：e,n,x	妊娠马属动物、公马	马流产或继发子宫炎，公马鬐甲瘘或睾丸炎
牛病沙门菌 (*S. bovismorbificans*)	6,8：r：1,5	牛等多种哺乳动物	多种哺乳动物疾病，人类食物中毒
鸭沙门菌 (*S. anatis*)	3,10：e,h：1,6	多种畜禽及人	致多种畜禽疾病，尤其鸭呈急性感染可致死；人类食物中毒
雏沙门菌 (*S. pullorum*)	1,9,12：–：–	鸡、火鸡	雏鸡败血症、白痢，成年鸡生殖器官炎症，产蛋率下降；火鸡及其他禽鸟也感染发病
鼠伤寒沙门菌 (*S. typhinurium*)	1,4,[5],12：i：1,2	各种畜禽、犬、猫及鼠类等	各种畜禽、犬、猫及其他实验动物的副伤寒，表现为胃肠炎、败血症和马、牛、羊的流产等疾病，人类食物中毒

二、致病性

（一）毒力因子

沙门菌的毒力因子有多种，主要有侵袭力、内毒素、肠毒素及细胞毒素等。

1. 侵袭力

有毒力的沙门菌能侵袭小肠黏膜派伊尔淋巴结的M细胞并在其中生长繁殖。M细胞的主要功能是输送外源性抗原至吞噬细胞供吞噬和清除。沙门菌通过特异性菌毛先与M细胞结合，再利用其毒力因子Ⅲ型分泌系统向M细胞中注入侵袭蛋白，引发宿主细胞内肌动纤维重排，诱导细胞膜内陷，导致细菌的内吞。沙门菌可在吞噬小泡内生长繁殖，导致宿主细胞死亡，细菌扩散并进入毗邻细胞淋巴组织。

沙门菌还具有一种耐酸应答（acid tolerance response，ATR）基因，可使其在胃和吞噬体的酸性环境下得到保护；同时，氧化酶、超氧化物歧化酶和因子亦可保护菌体不被胞内杀菌因素杀伤。此外，有些沙门菌如伤寒沙门菌和希氏沙门菌在宿主体内可形成具有微荚膜功能的Vi抗原，能抵抗吞噬细胞的吞噬和杀伤，并阻挡抗体、补体等的破坏作用。

2. 内毒素

本菌的一个重要的毒力因子，菌体死亡后释放。在防止宿主吞噬细胞的吞噬和杀伤作用上起着重要作用。可引起机体发热、黏膜出血、白细胞减少、弥散性血管内凝血、循环衰竭等中毒症状，以致休克死亡。

3. 肠毒素

有些沙门菌血清型可产生肠毒素。如鼠伤寒沙门菌中发现一种热敏的、细胞结合型的霍乱毒素（CT）样肠毒素，在结构、功能和抗原性上与 CT 和 ETEC 的 LT1 相似。

4. 细胞毒素

引致肠上皮细胞损伤，造成沙门菌肠炎的一个重要因素。体外可抑制 Vero 细胞的蛋白质合成，对 Vero 等细胞系均有致死作用，可引起细胞的快速崩解；有的具有细胞结合型接触性的溶血素作用。

（二）所致疾病

本属菌均有致病性，且具有极其广泛的动物宿主。感染动物后常导致严重的疾病，并成为人类沙门菌病的传染源之一。许多环境因素影响疾病的发生，如卫生不良、过度拥挤、气候恶劣、内服皮质类激素、分娩、长途运输以及发生其他病毒或寄生虫感染，均可增加易感动物发生沙门菌病。

沙门菌最常感染幼龄动物发生败血症、胃肠炎以及局部炎症。成年动物则多表现为散发或局限性疾病。但在某种条件下，也可呈现急性流行性。在疾病表现的程度上，除有症状明显的发病动物外，总有一部分个体呈隐性感染或康复带菌，间歇排菌，许多带菌的野鸟，特别是鼠类等啮齿动物带菌率相当普遍，成为畜禽传染的重要来源。

依据沙门菌对寄主的适应性或偏嗜性不同，通常主要有两种致病性类型：

1. 泛嗜性沙门菌

以鼠伤寒沙门菌为代表，具有广泛的宿主范围，能对各种畜禽及人类致病。这一类型占本属细菌的大多数，可占分离菌株的一半以上。

2. 偏嗜性沙门菌

只对某一类动物宿主引起特定的疾病，如猪伤寒沙门菌只感染猪，鸡沙门菌和雏沙门菌只限于感染鸡和火鸡，马、牛、羊流产沙门菌可分别使马、牛、羊发生流产，并在家畜中致病；伤寒与三种副伤寒沙门菌，以及仙台沙门菌主要对人致病。这类菌在特定的条件下才能对其他动物致病，属于这一类型的细菌不多。

此外，还有少数沙门菌，如猪霍乱沙门菌和都柏林沙门菌，它们介于两种类型菌之间，它们都是牛和猪的适应菌株，多在各自寄主中致病，但也能感染其他动物和致人的食物中毒。人类由于食用患病动物的肉、乳、蛋或被鼠尿污染的食物，常引起肠热症、胃肠炎和败血症三种类型疾病。常见沙门菌的致病性见表 6–5。

三、微生物学诊断

进行沙门菌检查的样品材料可分为污染性的和未污染性的，前者主要包括食品、饲料、粪便、肠内容物或已败坏的组织；后者主要是发病动物死亡后无菌采取的病料组织。从临床标本中分离和鉴定沙门菌的一般程序见图 6–2。

（一）细菌学检查

对因沙门菌死亡动物的病料材料可直接在固体培养基上进行分离培养，最好采用血平板。若经食品、饲料等分离沙门菌，应先在蛋白胨水中进行预增菌 4 h，其目的是恢复亚致死状态细菌的活力，然后在增菌培养基进行培养。最常用的有亮绿 – 胆盐 – 四硫黄酸钠肉汤或四硫磺酸盐增菌液等，能抑制其他杂菌生长而有利于沙门菌大量繁殖。接种量为培养基量的 1/10。于 37℃培养 24 h，然后划线接种于鉴别培养基上，如未出现疑似本菌菌落，则需从已培养 48 h 的增菌培养物中重新划线分离一次。鉴别培养基常用麦康凯、伊红美蓝、SS 琼脂等，由于绝大多数沙门菌不发酵乳糖，利用其菌落颜色与大肠杆菌不同，达到鉴别目的。

鉴别培养基上的可疑菌落再进行纯培养，并同时分别接种三糖铁（TSI）琼脂和尿素琼脂，37℃培养 24 h，若有二者反应结果均符合沙门菌者，则取其纯培养物做沙门菌 O 抗原群和生化特性的进一步鉴定实验。必要时可做血清型分型。对于不能采用抗原区分血清型的菌株，如雏沙门菌和鸡沙门菌，可用生物型鉴别（表 6–6）。

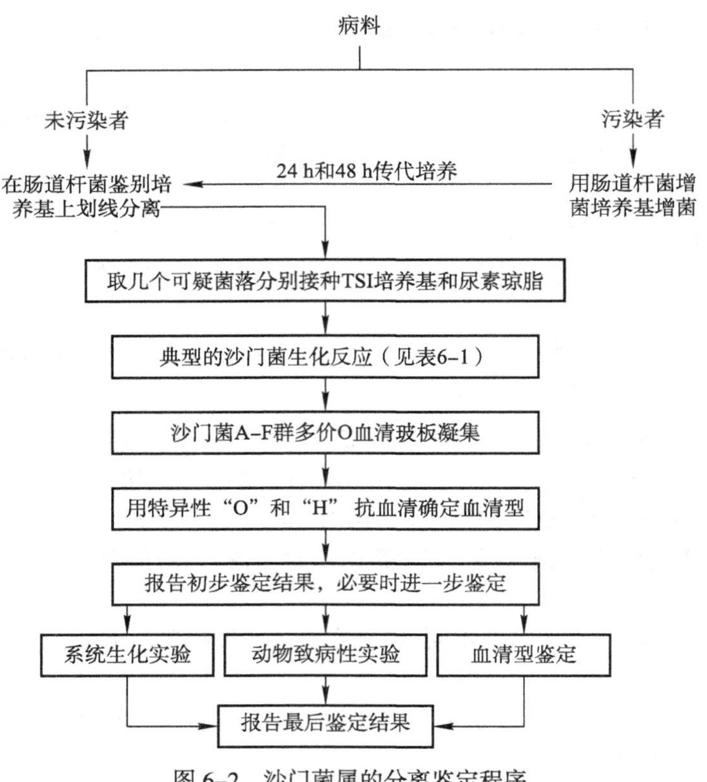

图 6-2 沙门菌属的分离鉴定程序

表 6-6 雏沙门菌和鸡沙门菌生物型的鉴别

	葡萄糖	麦芽糖	卫矛醇	鸟氨酸	鼠李糖	动力
雏沙门菌	⊕	–	–	+	+	–
鸡沙门菌	+	+	+	–	–	–

（二）血清学检查

应用分群抗 O 血清（A–F 群）作凝集实验，以判定其群别。然后使用 O 抗原单因子血清（单克隆抗体）来测定待检菌的 O 抗原组成，再查沙门菌抗原表，取可能的第一或第二抗 H 血清以测定其单相 H 抗原，再用含该相抗 H 血清的半固体培养基做成 U 形管培养基，在一端接种被检菌，经 37℃培养后，于另一端挑取培养物作纯培养，就可获得有另一相鞭毛的菌种，用抗 H 血清测出另一相 H 抗原。至此，便鉴定出该菌的血清型。如只作一般性鉴定，则只需用可疑菌落的纯培养物或 TSI 琼脂培养物与 A–F 群多价抗 O 血清作玻板凝集，即可判明该菌是否属于 A–F 群中的沙门菌。

也可采用 PCR 等分子生物学技术对纯化的菌落进行鉴定。有时为了提高灵敏度，也可用包被有沙门菌特异性抗体的免疫磁珠对备检样本进行富集后检测。

四、免疫防治

细胞免疫在抗沙门菌感染中具有重要作用。细胞免疫反应性与大剂量沙门菌攻击动物的保护性通常呈现很好的相关性，但体液抗体可加速病原菌的排出。

动物在感染沙门菌病愈后，可获得坚强的免疫力，能抵抗再次感染。目前应用的兽用疫苗多限于预防各种家畜特有的沙门菌病，例如猪副伤寒、马流产以及牛、羊的都柏林等沙门菌的灭活菌苗，在国内外均已应用，两次接种即可预防孕畜流产或幼畜感染。据报道，用减毒或无毒活菌注射或口服免疫动物，效果优于灭活菌苗。

防治沙门菌病主要应严格执行卫生检验和检疫，并采取防止饲料和环境污染等一系列规程性措施，净化鸡群。一些国家自实行规程以来，已消灭或控制了鸡白痢和鸡伤寒。多种抗生素对沙门菌病均具有较好的疗效，但因耐药菌株不断在增加，故最好使用之前应做药敏试验。

第四节　耶尔森菌属

耶尔森菌属（*Yersinia*）于 1980 年列入肠杆菌科，此前，鼠疫耶尔森菌和假结核耶尔森菌曾属于巴氏杆菌属，直到 2016 年划归为新设立的耶尔森菌科。本属菌由革兰氏阴性，运动或不运动的多形性短小杆菌组成。除鼠疫耶尔森菌无鞭毛外，其余成员在 22～28℃培养时都有动力，但 37℃培养则无。本菌属广泛存在于从有生命到无生命的环境中，一些种具有宿主特异性。DNA 中（G＋C）mol% 为 46～50。代表菌种为鼠疫耶尔森菌（*Y. pestis*），俗称鼠疫杆菌。

本菌属现有 20 个种，但只有鼠疫耶尔森菌、假结核耶尔森菌（*Y. pseudotuberculosis*）和小肠结肠炎耶尔森菌（*Y. enterocolitica*）对人和动物（啮齿动物、家畜和鸟类等）有致病性。另外，鲁氏耶尔森菌是鲑科鱼类尤其是虹鳟的肠型红嘴病（enteric red mouth disease）的病原菌，对鲑鳟鱼养殖业可造成严重损失。

一、主要生物学性状

（一）形态与染色特性

菌体呈球杆状或杆状，两端钝圆，大小为（0.5～0.8）μm×（1～3）μm。革兰氏染色阴性。本属菌有不同程度的两极浓染倾向，在染色组织片中更清晰，尤其是鼠疫耶尔森菌更明显。有荚膜，无芽胞。除鼠疫耶尔森菌外，其余成员均有 2～15 根周生鞭毛。无菌毛结构。

在不同的检材标本或培养标本中，表现出多形性，也常与所用培养基和培养温度有关。固体培养菌常为卵圆形或短杆状，散在或群集；而肉汤培养菌可呈短链状（鼠疫耶尔森菌）或丝状（假结核耶尔森菌）。采用死于鼠疫的尸体或动物新鲜内脏制备的印片或涂片，形态典型；但在腐败病料、陈旧培养物或生长在高盐（3%～4% NaCl）的培养基上则呈多形性，可见菌体膨大成球形、球杆形或哑铃状等，或见到着色极浅的细菌轮廓，也称为菌影（bacterial ghost，BG），即死亡的菌体内容物泄漏后的菌体空壳。

（二）生长要求与培养特性

本菌为兼性厌氧，在 4～42℃和 pH 4.0～10.0 范围内均可生长，但最适生长温度为 28～30℃，最适 pH 为 6.9～7.2。在含血液或组织液的培养基上生长，24～48 h 可形成细小、黏稠菌落。在肉汤培养中，管底部开始出时现絮状沉淀物，48 h 后肉汤表面形成菌膜，稍加摇动菌膜呈“钟乳石”状下沉，此特征有一定鉴别意义。

（三）生化特性

本属菌既具有呼吸型代谢，又具有氧化型代谢。生化反应能力较弱，氧化酶阴性，过氧化氢酶阳性。除少数生物型外，能还原硝酸盐为亚硝酸盐。发酵葡萄糖和其他糖醇时产酸，但不产气或只产微量气。其生理生化表型特征常与温度有关，有些生化反应室温（约 25℃）时比 37℃时更稳定，如大多数小肠结肠炎耶尔森菌在室温培养时 VP 实验阳性，37℃培养时则为阴性，而鼠疫耶尔森菌和假结核耶尔森菌总是阴性。属内一些不同菌种的生理生化特性区别见表 6-7。

（四）抗原构造与分类

耶尔森菌的抗原结构复杂，不仅在鼠疫耶尔森菌、假结核耶尔森菌和小肠结肠炎耶尔森菌之间存在较多的抗原交叉，而且与本科其他某些菌属成员 O 抗原也发生交叉。鼠疫耶尔森菌至少有 18 种抗原，重要的有 F1 抗原、V/W 抗原、内毒素、外膜蛋白和鼠毒素等。

1. F1（fraction 1）抗原

是鼠疫耶尔森菌的荚膜抗原，由 110 kb 的 pMT 质粒编码，是一种不耐热的糖蛋白，100℃加热 15 min 失去抗原性。F1 抗原与该菌的毒力有关，具有抗吞噬作用，其抗体具有免疫保护作用。

2. V/W 抗原

由 70～75 kb 的 pLcr 质粒编码。V 抗原存在于细胞质中，为可溶性蛋白质；W 抗原位于菌体表面，是

表 6-7 耶尔森菌属内各菌种生理生化鉴别特征

特征	1	2	3	4	5	6	7	8	9	10	11
赖氨酸脱羧酶	-	-	-	-	-	-	+	-	-	-	-
鸟氨酸脱羧酶	-	-	+	+	+	+	+	+	+	+	+
尿素酶	-	+	+	+	+	+	-	+	+	+	+
γ- 谷氨酰转移酶	-	d	+	+	+	+	+	ND	ND	ND	ND
β- 木糖苷酶	+	+	-	-	d	-	-	-	ND	ND	ND
明胶酶	-	-	-	-	-	-	+	-	-	-	-
柠檬酸盐利用(25℃)	-	-	-	+	d	-	+	-	+	-	-
下列糖类产酸											
鼠李糖	-	+	-	+	+	-	-	+	-	-	-
蔗糖	-	-	+	+	+	-	-	-	+	+	+
纤维二糖	-	-	+	+	+	+	-	-	+	+	+
蜜二糖	-	+	-	+	-	-	-	-	+	-	-
α- 甲基 -D- 葡萄糖苷	-	-	-	+	-	-	-	-	-	-	-
山梨糖	-	-	+	+	+	+	-	-	ND	-	+
山梨醇	-	-	+	+	+	+	-	+	+	+	+
棉子糖	-	d	-	+	-	-	-	-	d	+	+
吲哚产生	-	-	d	+	+	d	-	-	-	-	-
V-P 试验(25℃)	-	-	+	+	+	-	d	+	-	-	-
运动性(25℃)	-	+	+	+	+	+	d	+	+	+	+

注:1. 鼠疫耶尔森菌(*Y. pestis*),2. 假结核耶尔森菌(*Y. pseudotuberculosis*),3. 小肠结肠炎耶尔森菌(*Y. enterocolitica*),4. 中间耶尔森菌(*Y. intermedia*),5. 弗氏耶尔森菌(*Y. frederiksenii*),6. 克氏耶尔森菌(*Y. kristensenii*),7. 鲁氏耶尔森菌(*Y. ruckeri*),8. 阿氏耶尔森菌(*Y. aldovae*),9. 罗氏耶尔森菌(*Y. rohdei*),10. 贝氏耶尔森菌(*Y. bercovieri*),11. 莫氏耶尔森菌(*Y. mollaretii*);+. 多数阳性;-. 多数阴性;d. 11%~89% 菌株阳性;ND. 未测定。

一种脂蛋白;两种抗原总是同时存在,均与细菌毒力有关,具有抗吞噬作用,使细菌具有在细胞内存活的能力;其中 V 抗原还与形成肉芽肿有关,被认为是重要的保护性抗原。

3. 外膜蛋白

有助于细菌突破宿主的防御机制,导致机体发病等方面具有重要作用。其编码基因与 V/W 抗原基因同存在于 pLcr 质粒上。

4. 内毒素

与肠道杆菌的内毒素性质和作用相似,可使机体产生发热反应,导致休克和 DIC 等。

5. 鼠毒素(murine toxin,MT)

对鼠类具有剧烈毒性的外毒素,1 μg 即可使鼠致死;由质粒 pMT 编码,为可溶性蛋白;主要作用于心血管系统,引起毒血症、休克等致病作用。但对人的致病作用尚不清楚。MT 具有良好的抗原性,可制成类毒素。

(五) 抵抗力

耶尔森菌对理化因素的抗性较弱,尤其是鼠疫耶尔森菌抵抗力更弱。夏季烈日直射、加热及各种常用消毒剂均能短时间将其杀死,但寒冷季节有利于其存活,4℃仍繁殖。这一特性可用作对本属菌的冷增菌处理。在感染鼠疫耶尔森菌、假结核耶尔森菌或小肠结肠炎耶尔森菌的啮齿动物栖息的深穴土层中,这些菌能存活数月之久。

二、致病性

(一) 鼠疫耶尔森菌

鼠疫耶尔森菌又称鼠疫杆菌。该菌有很强的侵袭力和致病力,少量细菌即可使人致病。毒力因子主要有 F1 抗原、V/W 抗原、外膜抗原及鼠毒素等。鼠毒素在细菌溶解后释放,且主要对鼠类致病。

鼠疫耶尔森菌是引起人类和啮齿动物鼠疫的病原,该病是一种自然疫源性传染病。啮齿类动物(野鼠、家鼠、黄鼠等)是该菌的贮存宿主,鼠蚤为其主要传播媒介。鼠疫一般先在鼠类间发病和流行,当大批病鼠死亡后,鼠蚤就将其宿主转向人类或其他动物。人患鼠疫后,又可通过人蚤或呼吸道等途径在人群间流行。在临床上,人的鼠疫主要表现为腺鼠疫、败血症鼠疫和肺鼠疫 3 种。腺鼠疫多由于鼠疫耶尔森菌在吞噬细胞内生长繁殖后,沿淋巴到达局部淋巴结,在腹股沟和腋下引起严重的淋巴结炎,出现局部肿胀、化脓和坏死。如吸入染菌的尘埃则引起原发性肺鼠疫,临床表现为高热寒颤、咳嗽、胸痛、咳血等特征,病人多因呼吸困难或心力衰竭而死亡;由于死者的皮下严重充血、出血,大量血红蛋白转为含铁血红素,致使皮肤呈现黑紫色,故又称黑死病(black death)。败血症鼠疫由重症腺鼠疫或肺鼠疫转变而来,病原菌进入血流,体温升高至 39 ~ 40℃,发生休克和 DIC,皮肤黏膜见出血点和瘀斑,全身中毒症状和中枢神经系统症状明显,死亡率高。

已发现 200 余种动物可自然感染鼠疫,并经常以肺型鼠疫在森林地带的啮齿动物中传播,构成森林型鼠疫。食肉动物对腺鼠疫比较具有抵抗力。在发生森林鼠疫地区,山狗可作为一种前哨动物,其血清中的抗体可作为对本病动态的一种监测指标。除多种鼠类和旱獭能感染外,狐、猫、犬、艾鼬、猞猁、獾、臭鼩、鼱、藏系绵羊、黄羊、白腹鸫亦可感染。

(二) 假结核耶尔森菌假结核亚种

假结核耶尔森菌假结核亚种(*Y. pseudotuberculosis* subsp. *pseudotuberculosis*),该菌具有 V 和 W 抗原及侵袭素等毒力因子。对许多家畜或野生动物包括冷血脊椎动物等具有不同程度的致病力,对鼠类、豚鼠、家兔和野兔等啮齿动物的致病力尤强,带菌者相当普遍。自然感染途径主要是消化道,注射可引起人工感染,而皮肤划痕接种不显致病力。对人类可致急性肠系膜淋巴结炎、肠炎、结节性红斑和败血症等,感染部位可形成结核样肉芽肿。在啮齿动物主要引起 3 类疾病:①急性败血症,24 ~ 48 h 死亡;②假结核病,主要表现慢性腹泻、消瘦,数周后死亡;③局部淋巴结感染。解剖病变主要特征为在肠壁、肠系膜淋巴结及各实质器官形成粟粒状结核结节,故称假结核耶尔森菌。该菌还可能与牛的肺炎和牛、绵羊的流产有关。

(三) 小肠结肠炎耶尔森菌小肠结肠炎亚种

小肠结肠炎耶尔森菌小肠结肠炎亚种(*Y. enterocolitica* subsp. *enterocolitica*),该菌的毒力因子包括有 V 和 W 抗原、侵袭素、肠毒素和 LPS 内毒素等。具有广泛的宿主,是灰鼠、野兔、猴和人的致病菌,并已从马、牛、羊、猪、犬、骆驼、家兔、豚鼠、鸽、鹅、鱼等动物中分离到此菌。扁桃体带菌猪是人类感染的主要传染源和贮菌者,而带菌的猫和犬是其他动物感染的来源。在人类,可引起婴幼儿腹泻,对青少年和成人主要引起回肠炎和结节性红斑病,以及败血症,偶尔引起人的集体性食物中毒。对啮齿动物致病性与假结核耶尔森氏菌相似。对家畜一般不致病,但可引起绵羊和山羊以及猪的腹泻,还可致绵羊流产。

三、微生物学诊断

(一) 微生物检查程序

耶尔森菌的分离鉴定程序见图 6–3。

(二) 分离培养与鉴定

对非污染材料可用血琼脂平板或以牛肉消化液或脑心浸液为基础的琼脂平板直接划线分离。对污染材料可用去氧胆酸盐琼脂、麦康凯、SS 琼脂以及 NYM 琼脂等划线分离;也可先将病料接种实验动物(豚鼠、小鼠或大鼠),待其死后取肝、脾和淋巴结于血平板上分离。含菌量少的样品可在平板分离前或同时作增菌培养以提高分离率。分离的疑似菌落可按常规方法进行生化鉴定、血清学鉴定和毒力鉴定。PCR 技术

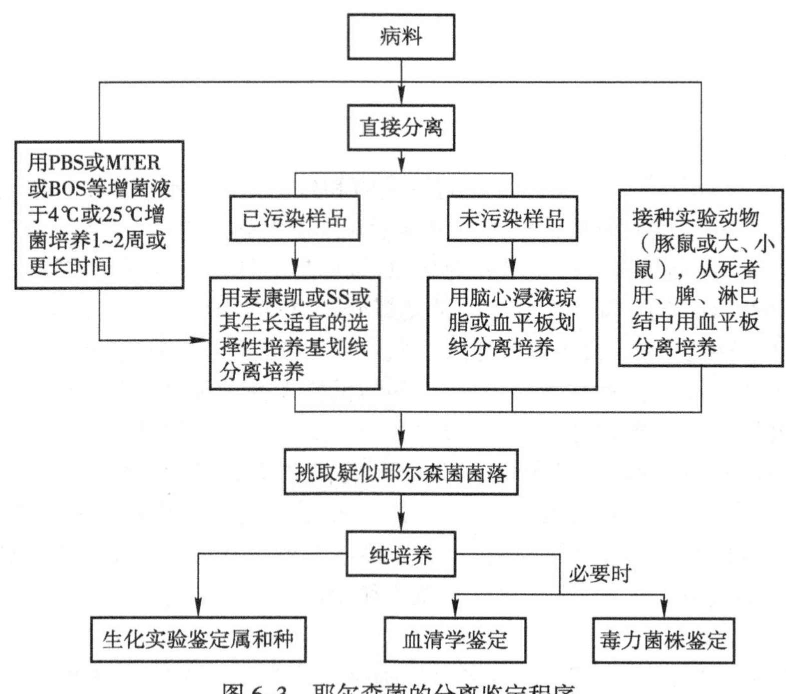

图 6-3　耶尔森菌的分离鉴定程序

也是常用的检测方法。

四、免疫防治

防治鼠疫的重点在于切断该病的流行环节，根本措施是灭鼠灭蚤、消灭鼠疫疫源。防止畜群与野鸡、野鼠接触也是一项重要措施。一旦发现病患，必须严格遵行我国动物传染病控制的相关法律法规，切断传播途径、消灭传染源、无害化处理发病的动物。人类感染鼠疫耶尔森菌后能获得牢固的免疫力。与病患接触者可口服磺胺嘧啶，对具有潜在感染可能性的人群进行预防接种，我国目前使用 EV 无毒株活菌苗，免疫力可持续 8～10 个月。对动物小肠结肠炎和假结核耶尔森菌目前还缺少令人满意的疫苗，但可以筛选敏感高效的抗生素和磺胺类药物及时治疗。

第五节　志贺菌属

志贺菌属（*Shigella*）是人类细菌性痢疾的病原菌，又称痢疾杆菌（dysentery bacterium）。志贺菌也可感染人以外的多种动物，引起人和动物的腹泻，也称为志贺菌病。该菌也发生人和动物交叉感染，因此在医学和兽医学上具有重要的公共卫生学意义。

志贺菌在自然界中广泛分布。其中Ⅰ型痢疾志贺菌是 *Shiga* 于 1897 年首次分离发现的，最初被命名为痢疾杆菌。《伯杰氏鉴定细菌学手册》（1930）正式命名为志贺菌，国际微生物联合会（1995）召开有关志贺菌的会议，志贺菌的名称在全球范围内被接受。本属菌（G＋C）mol% 为 49～53。

志贺菌属隶属于肠杆菌科有 4 个种，即痢疾志贺菌（*S. dysenteriae*）、福氏志贺菌（*S. flexneri*）、鲍氏志贺菌（*S. boydii*）和宋内志贺菌（*S. sonnei*）。有关志贺氏菌属主要生物学性状、致病性、微生物学诊断等见**数字资源**。

○ 志贺菌属

第六节 其他肠道杆菌属

○ 其他肠道杆菌属

其他肠道杆菌属中与人畜相关的条件性致病菌的生物学特性等相关知识见**数字资源**。

复习思考题

1. 试述肠杆菌科的基本特性及其分类概况。
2. 埃希菌属、沙门菌属、志贺菌属及耶尔森菌属有什么共同特点？它们的鉴别要点是什么？
3. 概述动物致病性大肠杆菌的分类以及毒力因子基本特征和致病机制。
4. 畜禽致病性大肠杆菌的主要抗原型与其毒力因子相关性如何？
5. 概述沙门菌的分类方案及其致病性。
6. 试述沙门菌的毒力因子的种类及其基本特点和致病作用。
7. 大肠杆菌、沙门菌和志贺菌的抗原组成结构如何，怎样进行鉴定？
8. 大肠杆菌和沙门菌的实验室诊断程序及其鉴定依据是什么？
9. 对人和动物致病的志贺菌和耶尔森菌主要有几种？各有何致病性？
10. 概述针对畜禽大肠杆菌病和沙门菌病的防治措施。

开放式讨论题

1. 某仔猪群在断奶后1～2周内发生腹泻，初步怀疑ETEC感染，如何设计合理的实验室诊断程序进行诊断？
2. 一头3月龄的犊牛突发高热、沉郁和倒卧。初步怀疑为败血性沙门菌病，如何进行实验室诊断？

Summary

The ***Enterobacteriaceae*** are a large family of bacteria, which are Gram-negative, nonsporing non-acid fast straight rods (0.3–1.0 x 1.0–6.0 μm), motile only if they have peritrichous flagellae (except for Tatumella). Most members of *Enterobacteriaceae* have peritrichous Type I fimbriae involved in the adhesion of the bacterial cells to their hosts. They are facultative anaerobes, non-halophilic with optimal growth between 22 and 37℃. They will grow on most simple bacteriological media and most can grow on D-glucose as sole source of carbon although some require amino acids and/or vitamins. Being chemoautotroph (able to grow on simple organic carbon and nitrogen compounds), they have both respiratory and fermentative metabolism. Both acid and gas are usually formed from glucose. The base composition of the DNA is 38–60 in (G + C) mol%. Unlike most similar bacteria, *Enterobacteriaceae* generally lack cytochrome C oxidase and catalase reactions vary among.

The family includes many categories, according to their biochemical reactions, antigenic structures, nucleic acid sequences with at least 41 genera and more than 120 species. Many members of this family are a normal part of the gut flora found in the intestines of human being and other animals, while others are found in water or soil, or are parasites on a variety of animals and plants.

Escherichia coli, better known as *E. coli*, is one of the most important model organisms, and its genetics and biochemistry have been closely studied. Incidentally some of them cause endogenous infections as opportunistic pathogens if move to an extraenteric habitat. While many *Escherichia* are harmless commensals, particular strains of some species are human and animal pathogens known as the most common cause of urinary tract infections, significant sources of gastrointestinal disease, ranging from simple diarrhea to dysentery-like conditions, as well as a wide-range of other pathogenic states.

Salmonellae are closely related to the *Escherichia* genus and are found worldwide in warm- and cold-blooded animals, humans, and nonliving habitats. They cause illnesses in humans and many animals, such as typhoid fever, paratyphoid fever, and the foodborne illness salmonellosis. *Salmonella* infections are zoonotic; they can be transmitted from humans to animals and vice versa. Infection via food is also possible. A distinction is made between enteritis *Salmonella* and typhoid/paratyphoid *Salmonella*, whereby the latter because of a special virulence factor and a capsule protein (virulence antigen) can cause serious illness.

Shigellae bacterium produces four species that cause varying degrees of dysentry and enteritis. *S. sonnei* produces the mildest disease, it is responsible for the majority of diarrheal cases worldwide. *S. dysenteriae* causes the most severe form of diarrhea, known as bacillary dysentery. This bacterium releases a toxin known as the "Shiga toxin," *S. dysenteriae* is found mostly in Africa and the Indian subcontinent. Two other strains, *S. flexneri* and *S. boydi* cause a disease of intermediate severity.

Yersinia pestis is a Gram-negative rod-shaped bacterium belonging to the family Enterobacteriaceae. It is a facultative anaerobe that can infect humans and other animals. *Y. pestis* infection takes up three main forms: pneumonic, septicemic, and the notorious bubonic plagues. All three forms have been responsible for high mortality in epidemics throughout human history.

第七章　巴氏杆菌科及黄杆菌科

巴氏杆菌科（*Pasteurellaceae*）由多种革兰氏阴性球杆菌组成，绝大多数没有鞭毛，不能运动，兼性厌氧，氧化酶阳性。营养要求较高，普通培养基不容易生长，多数需要血液，有的甚至需要血细胞裂解才能生长。本科细菌毒力相差很大，有些致病性很强，有些则与健康动物共生，特别是存在于动物上呼吸道黏膜表面，成为重要的条件致病菌。本科除巴氏杆菌属（*Pasteurella*）外，与兽医相关的重要属还包括曼氏杆菌属（*Mannheimia*）、放线杆菌属（*Actinobacillus*）、嗜血杆菌属（*Haemophilus*）、格拉菌属（*Glaesserella*）、禽杆菌属（*Avibacterium*）、鸡杆菌属（*Gallibacterium*）等。里氏杆菌属（*Riemerella*）细菌以前属于巴氏杆菌属，但因其致病特性和生理生化特性与巴氏杆菌不同，其 rRNA 相似于黄杆菌科细菌，所以归为黄杆菌科（*Flavobacteriaceae*）中独立的一个属。此外，黄杆菌科中与动物致病有关的属还包含鸟杆菌属（*Ornithobacterium*）和黄杆菌属（*Flavobacterium*）等。

第一节　巴氏杆菌属

近年来巴氏杆菌属（*Pasteurella*）细菌分类地位变动较大，一些原来隶属于巴氏杆菌属的细菌被划归其他属中。例如，溶血性曼氏杆菌（原名溶血性巴氏杆菌）划入曼氏杆菌属；副鸡禽杆菌、鸡禽杆菌、禽禽杆菌及禽源禽杆菌被划为禽杆菌属；鸭巴氏杆菌被划入鸡杆菌属。

巴氏杆菌属中最重要的动物致病菌是多杀性巴氏杆菌（*P. multocida*），可引起人的各种脓肿、败血症和牛、羊、猪、兔及禽类等动物的呼吸道和败血性疾病。该菌于 1878 年首次从禽霍乱的病例中发现，1880 年 Louis Pasteur 分离获得，因此就以其名字命名。过去曾按感染不同的动物宿主，将本菌分别称为猪、牛、羊、马、禽、兔巴氏杆菌，后统称为多杀性巴氏杆菌，分为 3 个亚种，即多杀性巴氏杆菌多杀亚种（*P. multocida* subsp. *multocida*）、败血亚种（subsp. *septica*）及杀禽亚种（subsp. *gallicida*）。

一、主要生物学特性

1. 形态与染色特性

多杀性巴氏杆菌呈球杆状或杆状，菌体大小为 (0.5 ~ 2.5) μm × (0.2 ~ 0.4) μm。无芽胞和鞭毛，某些菌株有周身菌毛。由动物体内分离的强毒株或在营养丰富的培养基上可形成荚膜，用印度墨汁染色时，可见到菌体外面较宽厚的荚膜，但经过人工传代培养，毒力致弱的菌株荚膜变窄或消失。革兰氏染色为阴性。该菌特征性的形态是病料涂片经瑞氏或美蓝染色，菌体呈明显的两极浓染（图 7–1a）。而培养物涂片检查时，革兰氏染色见阴性的小杆菌，无两极浓染的现象（图 7–1b）。

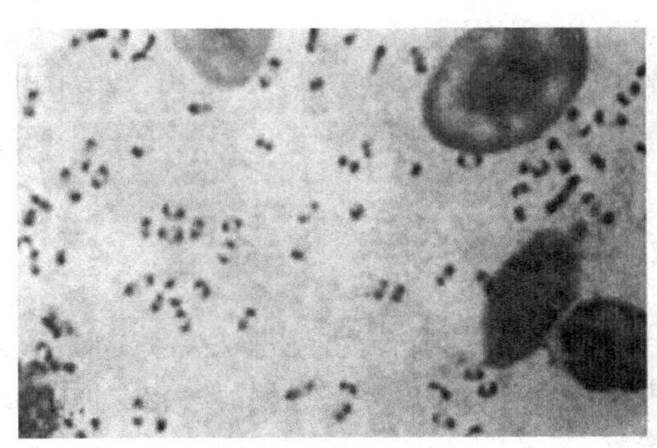
a

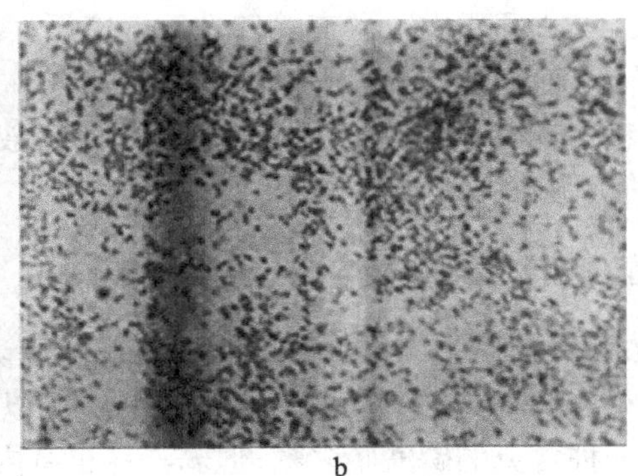
b

图 7–1　光学显微镜下巴氏杆菌

a. 病料涂片，美蓝染色，菌体呈两极浓染；b. 培养物涂片，革兰氏染色看不到典型的两极浓染

2. 生长要求和培养特征

巴氏杆菌为需氧或兼性厌氧菌，生长的最适温度是37℃，最适pH是7.2～7.4，对营养要求比较高，普通培养基虽可培养，但生长贫瘠，在加有血液、血清的培养基上生长良好。常用的培养基是马丁培养基，一般是用洗净的猪胃经酸或碱消化成液体，加蛋白胨、NaCl制成基础培养基，加入血液、血清再制成固体或液体培养基。多数毒力强的多杀性巴氏杆菌为光滑型菌落。在马丁血液平板培养24 h后，菌落表面光滑，边缘整齐，湿润，颜色呈灰白色、不溶血的大菌落；在血清培养基上，形成的菌落很小，呈露滴状小菌落。从慢性病例中分离的菌株多成黏液状菌落，菌落大而黏稠，边缘呈流动状。

3. 生化特性

本属细菌生化反应缓慢，总的特点是氧化酶和接触酶均为阳性，靛基质实验阳性，硫化氢产生实验阳性，硝酸盐实验阳性，鸟氨酸脱羧酶阳性。V–P和MR均为阴性，柠檬酸盐实验阴性，赖氨酸脱羧酶实验阴性，尿素酶实验阴性，ONPG实验（β–D–半乳糖苷酶）阴性，不液化明胶、石蕊牛乳无变化。

可以发酵多种糖类，但产酸不产气。一般培养48 h可分解葡萄糖、蔗糖、果糖、甘露糖、单奶糖；不分解肌醇、菊糖、七叶苷、鼠李糖、水杨苷；多数菌株分解甘露醇、三梨醇、木糖；多数菌株不分解阿拉伯糖、卫矛醇、半乳糖、乳糖、麦芽糖、棉子糖、海藻糖等。

4. 抗原构造和血清学分型

荚膜抗原和菌体抗原是主要的抗原成分。荚膜抗原有型特异性和免疫原性。Carter等（1960）根据多杀性巴氏杆菌不同菌株间的特异性荚膜抗原（K抗原）的差别，将其分为A、B、C、D、E和F六个血清型。波岗和村田（1961）根据菌体（O）抗原不同，将本菌分为12个血清型，分别用阿拉伯数字表示。若将K、O两种抗原相结合，共有15个不同的血清型。因各血清型之间多数无交叉免疫反应，所以此种血清型的划分在制备疫苗和免疫学研究方面具有一定意义。Heddleston（1972）利用琼脂扩散实验，根据菌体的耐热抗原不同进行血清学分型，共分为16个血清型，分别用阿拉伯数字（1～16）表示。

由于不同的分型者所用分型抗原不同，分型方法不同，使得巴氏杆菌分型血清学无法统一。Carter（1984）提出本菌血清型定型的标准系统。即根据Carter系统鉴定荚膜抗原，用葡萄球菌透明质酸酶鉴定A型荚膜群，用啶黄实验鉴定D荚膜群，采用间接血凝试验或对流免疫电泳试验鉴定B和E荚膜群。菌体抗原采用Heddleston系统分型，血清型的表示方法用大写的英文字母表示荚膜群，以阿拉伯数字表示菌体耐热抗原型，多数学者认为将耐热抗原和荚膜抗原血清分型结合起来，是一种准确而适用的分型方法。

我国分离的禽多杀性巴氏杆菌以5：A为多，其次为8：A；猪的以5：A和6：B为主，8：A和2：D其次；羊的以6：B为多；家兔的以7：A为主，其次是5：A。C型菌是犬、猫正常栖居菌，E型主要引发牛、水牛的流行性出血性败血症（仅见于非洲），F型主要发现于火鸡。也有报道发现，从发病动物体内分离出无荚膜菌株，这些分离株不属于任何荚膜血清型。

5. 抵抗力

本菌的抵抗力不强。在无菌蒸馏水和生理盐水中很快死亡。在平板或肉汤中的培养物，在4℃冷藏放置不超过20 d即自溶死亡。厩肥中可存活1个月，埋入地下的病死鸡尸，经4个月仍残留活菌。在干燥空气中2～3 d可死亡。在直射日光下迅速死亡；对热的抵抗力亦不强，60℃ 20 min、75℃ 5～10 min均可杀死。冻干菌种在低温中可保存长达26年。3%石炭酸和0.1%氯化汞在1 min内可杀死细菌，10%石炭酸、漂白粉、0.05%～1% NaOH和常用的甲醛溶液在3～4 min可以杀灭细菌。对青霉素、链霉素、磺胺类及许多新的抗菌药物敏感。

二、致病性

本菌致病的物质基础与多种因素有关。一是认为与细菌的荚膜有关，强毒株失去荚膜就会导致毒力的丧失，但许多禽源毒株有荚膜，毒力却很低，所以其毒力还与荚膜外某些物质有一定关系。如巴氏杆菌内毒素，是一种含氮的磷酸脂多糖；但弱毒株也有内毒素，二者的区别是强毒株产生的毒素足够多，从而引起病理过程。此外，本菌的毒力还与所含的质粒数量有一定关系，研究表明，禽源多杀性巴氏杆菌质粒的存在并不普遍，有的毒株含有多个质粒，质粒的数量与动物的死亡率有一定关系。

多杀性巴氏杆菌对多种家畜、家禽、野兽、水禽及人均有致病性。鸡、鸭、鹅等巴氏杆菌病称为禽霍乱；猪巴氏杆菌病为猪肺疫；牛、羊、马、兔及多种野生动物巴氏杆菌病为出血性败血症；产毒素巴氏杆菌可致猪和山羊的萎缩性鼻炎。本菌对人也具有一定的致病性。实验动物中小鼠和家兔对哺乳动物来源的巴氏杆菌敏感，鸡和鸽对禽源巴氏杆菌敏感，豚鼠和大鼠具有一定抵抗力，强毒株接种小鼠或家兔，约 10 h 即可死亡。

畜群发生多杀性巴氏杆菌病一般较难查出传染源，在很多动物的上呼吸道原本就有该菌的存在，在饲养管理不好、气候剧变等诱因下，家畜抵抗力降低，多易爆发此病。动物感染后常呈急性、亚急性和慢性经过。本病急性型主要呈出血性败血症变化，黏膜和浆膜下组织血管扩张、破裂出血；亚急性型以黏膜和关节部位呈现出血和浆膜－纤维素性炎症变化为特征；慢性型以皮下组织、关节和各脏器的局限性坏死和化脓性炎症为特征。

三、微生物学诊断

1. 检查程序

多杀性巴氏杆菌的一般鉴定程序如图 7–2。

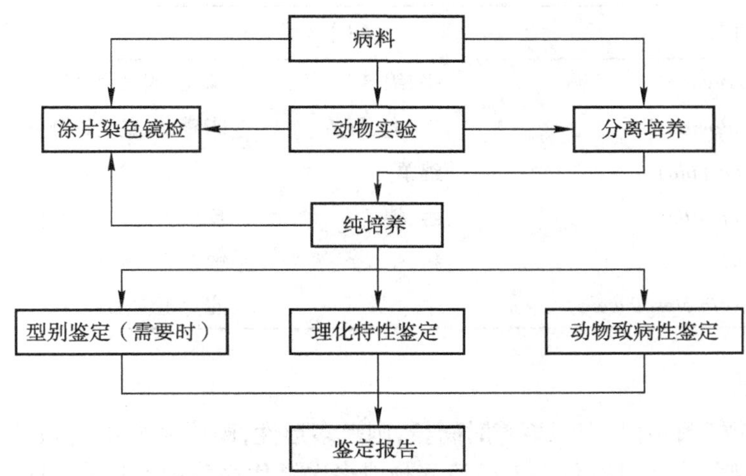

图 7–2　多杀性巴氏杆菌的一般鉴定程序

2. 检查方法

(1) 病料采集：因巴氏杆菌病是以败血症变化为主，所以在动物体内分布较广，在死亡动物的心血、肝脏、脾脏、肺脏、肾脏及鼻腔分泌物及关节脓液中均有本菌存在。无菌采集上述脏器，鼻腔分泌物可用灭菌棉拭子，鼻孔周围可用 75% 酒精消毒后采取。

(2) 涂片镜检：新鲜病料涂片或触片，美蓝染色后发现有典型的两极浓染的小杆菌可作初步诊断。但如细菌毒力很强，组织内很少细菌就可致动物死亡，在慢性病例或腐败材料均不易发现典型菌体，此种情况直接镜检，很难看到典型细菌，需进行分离培养和动物实验。

(3) 分离培养：培养本菌可在加有血液、血清或微量高铁血红素的培养基，对于可疑菌落接种于斜面培养基上进行纯培养。接种血清肉汤时，开始轻度浑浊，4～6 d 后液体变清朗，管底出现黏稠沉淀，震摇后不分散，表面形成菌环。

(4) 动物实验：除鉴定其致病性外，也可在病料组织含有杂菌较多，直接分离困难，或者在病料中细菌数量少，需要进行扩增的情况下可进行动物实验。病料组织加灭菌生理盐水研磨制成 1∶10 乳剂或 24 h 肉汤培养液 0.2～0.5 mL，小鼠皮下注射 0.2 mL、家兔皮下注射 0.5 mL，鸽子胸肌注射 0.3 mL，动物多于 24～48 h 死亡。死亡动物取血液或脏器进行涂片检查或分离培养。

(5) 血清学实验：若要鉴定荚膜抗原和菌体抗原型，则要用抗血清或单克隆抗体进行鉴定。检测动物血清中的抗体，可用试管凝集、间接凝集、琼脂扩散实验或 ELISA。

四、免疫防治

本病主要的传染方式是其内源性感染，所以加强饲养管理，增强机体非特异性抵抗力是重要的防治措施，如果在常发地区可进行疫苗注射。发生本病时，可用抗生素和磺胺类药物治疗。

第二节 曼氏杆菌属

曼氏杆菌属（*Mannheimia*）原归属于巴氏杆菌属，Angen 等（1999）根据 DNA 杂交及 16S rRNA 序列分析的结果，建议建立这一新属，至少有 6 个种（表 7–1），本属成员均发酵甘露醇，不发酵甘露糖，可与巴氏杆菌属相区别。代表种为溶血性曼氏杆菌（*M. haemolytica*），原名溶血性巴氏杆菌，由 Jones 于 1921 年首次从患出血性败血症的牛中分离获得，是反刍动物（牛、绵羊）肺炎、新生羔羊发生急性败血症的病原菌。在北美该菌是牛肺炎的常见致病菌。

表 7–1 曼氏杆菌属主要成员所致疾病

菌名	宿主	所致疾病
溶血性曼氏杆菌（*M. haemolytica*）	牛、绵羊	肺炎、败血症、乳腺炎
肉芽肿曼氏杆菌（*M. granulomatis*）	牛、鹿、野兔	脂膜炎、支气管肺炎、结膜炎
葡萄糖苷曼氏杆菌（*M. glucosida*）	绵羊	呼吸道正常菌群
反刍动物曼氏杆菌（*M. ruminalis*）	牛、绵羊	反刍动物正常菌群
多源曼氏杆菌（*M. wrigena*）	猪、牛	败血症、肠炎、肺炎、乳腺炎
产琥珀酸曼氏杆菌（*M. succiniciproducens*）	牛	瘤胃正常菌群

1. 形态及染色特性

形态与多杀性巴氏杆菌相似，人工培养时间长，则呈多形性，菌体大为 0.5 μm × 2.5 μm，有荚膜、菌毛，无芽胞，不运动，瑞氏染色呈两极着色。陈旧培养物或多次继代培养物涂片检查时，两极着色现象不显著或消失，多呈多形性。革兰氏染色阴性。

2. 培养及生化特性

本菌对营养要求不高，普通培养基可生长；在血琼脂平板上培养 24 h，长成光滑、半透明的菌落，直径 1 ~ 2 mm。大多数菌株在牛血平板上出现 β 溶血。

本菌可在麦康凯琼脂上生长，但生长慢。在普通肉汤中生长呈均匀混浊，带少量沉淀。兼性厌氧或微需氧，发酵糖类产酸不产气，氧化酶和接触酶、磷酸酶实验均为阴性，靛基质实验阴性，有些菌株硫化氢产生实验阳性，硝酸盐实验阳性。

3. 血清型及致病性

原名溶血性巴氏杆菌的细菌是一个较复杂的类群，按其生化特性的差别，分为 A、T 两个生物型。根据菌体表面的蛋白抗原的差异，通过血凝试验，又分为 17 个血清型。T 生物型含 3、4、10 和 15 共 4 个血清型，其余血清型属 A 生物型。这 17 个血清型的 12 个（血清型 1、2、5、6、7、8、9、12、13、14、16 及 17）现划归溶血性曼氏杆菌，血清型 11 为葡萄糖苷曼氏杆菌（*M. glucosida*），剩余的 3、4、10 和 15 这 4 个血清型曾归为海藻糖巴氏杆菌（*P. trehalosi*），现更名为海藻糖比伯斯坦杆菌（*Bibersteinia trehalosi*）。溶血性曼氏杆菌的代表株从绵羊分离到，属血清型 2。本菌存在于牛、羊鼻咽部等，可致牛和绵羊肺炎、新生羔羊败血症、羊乳腺炎等。1 型菌是引起牛肺炎，也称“船运热”（shipping fever）的主要病原。在美国，约 60% 的病例可分离到 6 型菌株。

尽管反刍动物的上呼吸道有本菌共栖，但一般认为毒力较强的致病菌株才有致病性。已知所有血清型菌株都产生白细胞毒素(leukotoxin),该毒素属于RTX的穿孔毒素,主要成分是分子量 1.05×10^5 的多肽,能特异性地溶解反刍动物的白细胞和血小板。此外,菌毛、多糖荚膜、唾液酸糖蛋白酶、外膜蛋白和脂多糖也参与致病作用。

4. 微生物学诊断

从患病动物死亡的肺、水肿液等病料中分离细菌,根据形态、培养及生化特性进行鉴定。必要时可用间接血凝试验、ELISA等测定细菌的血清型,利用PCR技术等进行快速诊断。

5. 免疫防治

灭活菌苗有一定的免疫效果。本菌产生的白细胞毒素能诱导机体产生高效价中和抗体。此外,尽可能减少应激因素。去势、去角、烙印和驱虫等治疗程序应在犊牛运输前几个月完成。针对呼吸道病原体疫苗的接种至少应在运输前3周完成。

第三节 嗜血杆菌属

嗜血杆菌属(*Haemophilus*)是一群酶系统不完全,普通培养基不生长,必须提供新鲜血液或血液制品中的生长因子才能生长,故名嗜血杆菌。

嗜血杆菌属巴氏杆菌科,目前本属有20余个种,其中流感嗜血菌(*H. influenzae*)俗称流感杆菌,是对人有致病性的常见细菌,可引起呼吸道等部位的化脓性感染。对动物有致病性的如猪嗜血菌(*H. suis*)、犬嗜血菌(*H. canis*)、鸡嗜血菌(*H. gallinarum*)和鸟嗜血菌(*H. avium*)等。近年来,本属个别称成员被划出列入其他属,如副鸡嗜血杆菌(*H. paragallinarum*)更名为副鸡禽杆菌(*Avibacterium. paragallinarum*),划为禽杆菌属(*Avibacterium*);副猪嗜血杆菌(*H. parasuis*)更名为副猪格拉菌(*Glaesserella. parasuis*),划为格拉菌属(*Glaesserella*)。

一、主要生物学特性

1. 形态与染色特性

革兰氏阴性小杆菌或短杆菌,大小为(0.3~0.4)μm×(1.0~1.5)μm;也有呈球状、长丝状等多形性。排列多单在,也有成短链状,无鞭毛和芽胞;新分离的菌株有荚膜。病料涂片,美蓝染色呈两极浓染,与巴氏杆菌形态相似。

2. 生长要求与培养特性

需氧或兼性厌氧,初次分离时供给5%~10% CO_2 可促进其生长。最适生长温度为35~37℃,pH为7.6~7.8。对营养要求较高,生长时需要X因子和V因子辅助,但猫嗜血杆菌(*H. felis*)和副兔嗜血杆菌(*H. paracuniculus*)只需要V因子。X因子存在于血红蛋白中,为氯化高铁血红素(hemin)及其衍生物,含铁卟啉,120℃加热30 min不被破坏,是细菌合成过氧化物酶、细胞色素氧化酶等呼吸酶的辅基。V因子存在于血液中,为辅酶Ⅰ(即烟酰胺腺嘌呤二核苷酸,NAD)或辅酶Ⅱ(即烟酰胺腺嘌呤二核苷酸磷酸,NADH),在细菌呼吸中起递氢作用,120℃加热15 min可被破坏。生长常用的培养基为巧克力培养基,是将鲜血琼脂加热到80~90℃制成。之所以将培养基中的血液加热,是因为血液中的V因子一般处于抑制状态,当加热后,红细胞膜上V因子抑制物被破坏,充分释放出V因子。

本属菌在巧克力培养基上37℃培养18~24 h,菌落呈无色透明、边缘整齐的S型小菌落,48 h后形成灰白色较大的、圆形透明菌落,无溶血。如将流感嗜血杆菌与金黄色葡萄球菌于血平板上共同培养时,在金黄色葡萄球菌菌落周围的流感嗜血杆菌菌落较大,生长旺盛,离金黄色葡萄球菌越远的菌落越小,此种现象称为卫星现象(satellite phenomenon)。这是由于金黄色葡萄球菌能合成较多的V因子,并弥散到培养基里,可促进流感嗜血杆菌生长。该现象有助于嗜血杆菌的鉴定。

3. 生化特性

本属细菌生化反应较弱,对糖的发酵多不稳定。

4. 抗原构造和分型

有荚膜的细菌含有荚膜抗原，其化学组成是多糖和磷壁酸，具有型特异性。菌体抗原包括脂多糖抗原和外膜蛋白抗原。脂多糖抗原在种内和属内均有交叉反应；同型细菌的外膜蛋白抗原性也有差异，可用于本属细菌亚型区分及进行流行病学调查。目前有关嗜血杆菌各个种内血清学分型还不普遍。

5. 抵抗力

嗜血杆菌对外界抵抗力不强，较低的温度就可以杀死，一般60℃维持5～20 min内死亡，鸡嗜血杆菌甚至在45℃ 6 min即可杀死，在干燥情况下极易死亡，对常用消毒剂也较为敏感。

二、致病性与免疫性

本属细菌不产生外毒素，其致病的主要物质是细菌的内毒素、荚膜和细菌的菌毛。嗜血杆菌也是人和动物上呼吸道的常在菌，当动物抵抗力降低的情况下，引起呼吸道疾病或全身性感染。如在正常人的鼻咽部，流感嗜血杆菌的带菌率达60%～80%。不同嗜血杆菌对动物寄主的特异性都很强，如流感嗜血杆菌对人有致病性，犬、鸡嗜血杆菌只能对犬、鸡致病，对人没有致病性。对嗜血杆菌耐过的畜禽具有较强的免疫力，且以体液免疫为主。

三、微生物学检查

1. 采取病料

根据不同疾病，采取血液、脑脊液、咽、喉、鼻腔分泌物及肺和浆膜表面均能分离到细菌。

2. 直接镜检

本菌为革兰氏阴性小杆菌，美蓝染色呈两极浓染，无芽胞，不运动，新分离的菌株有荚膜，在形态上应与巴氏杆菌、大肠杆菌和沙门菌相区别。本菌在培养24～48 h，呈短杆状，当培养96 h以后，菌体为丝状细菌。

3. 分离培养

取病料直接划线接种于巧克力培养基和鲜血琼脂平板上，置于含5%～10% CO_2环境，经37℃ 24～48 h，根据菌落形态进行鉴定。

4. 鉴定要点

(1) 菌落形态上注意与巴氏杆菌加以区别：也可利用卫星实验进行鉴定，取可疑菌落，平行划线接种于2%兔血清平板或2%蛋白胨琼脂平板培养基，再将金黄色葡萄球菌垂直平行划线接种，置于含5%～10% CO_2环境，37℃培养24 h，观察是否有“卫星现象”产生。

(2) X和V因子需要实验：有两种方法可选，一种方法是将细菌接种于加有酸碱指示剂的葡萄糖蛋白胨培养基，并分别加有X、V和同时含有X与V的培养基中。置于5%～10% CO_2环境，37℃培养24～48 h，根据生长情况判定对X、V因子的需要；另一种方法是将细菌分别接种普通巧克力培养基和经120℃高压30 min灭菌的巧克力培养基，因普通巧克力培养基同时含有X因子和V因子，经高压灭菌的巧克力培养基只存X因子而无V因子，可根据细菌生长情况进行判定。

(3) 血清学及分子生物学诊断：通常检测体液或浓汁中的荚膜多糖抗原，有助于快速诊断，可用乳胶凝集反应或免疫荧光实验等。也可用PCR等分子生物学技术鉴定临床标本中的嗜血杆菌和分离株的鉴定实验。

第四节 格拉菌属

副猪格拉菌（*Glaesserella parasuis*）为格拉菌属（*Glaesserella*）的代表种，原名副猪嗜血杆菌（*H. parasuis*）。本菌可引起猪的格氏病（Glasser's disease）。表现为多发性浆膜炎，如心包炎、胸膜炎、脑膜炎和关节炎等，该菌常和猪流感病毒混合感染。

1. 形态及染色特性

革兰氏阴性球杆菌或短杆菌，分离自新鲜病料的菌株形态典型；而分离自陈旧病料的菌株多呈长杆状或丝状等多形性。无鞭毛，可形成荚膜。

2. 培养及生化特性

营养要求高，需要添加有 NAD、马血清或牛血清的培养基如胰蛋白胨大豆琼脂（TSA）上生长良好，呈边缘光滑、湿润、灰白色、半透明的圆形小菌落。接触酶试验阳性，脲酶和氧化酶试验阴性，可发酵葡萄糖、果糖、半乳糖、麦芽糖和蔗糖等。

3. 血清型及致病性

本菌依据荚膜抗原可分为至少 15 个血清型，但有约 25% 的分离株不能确定血清型。临床上分离较多的是 4 型及 5 型，其次为 14、13、12 型。不同的血清型存在毒力差异，其中 6、7、9、11 型无毒力，其他血清型有毒力。但同一血清型的不同毒株也存在毒力差异。

毒力因子不十分明确。菌毛可能与黏附有关；荚膜具有抗吞噬作用；另外产生的超氧化物歧化酶有助于抗吞噬，神经氨酸酶有助于获取营养、暴露受体和干扰黏膜免疫。

因副猪格拉菌存在于猪上呼吸道，构成其正常菌群，在母猪血清中抗体水平较高，当仔猪断奶后，母源抗体下降，即易引起发病。该病的发生也常与一些应激因素有关。此外，呼吸道感染其他病原，如猪繁殖与呼吸综合征病毒感染造成的免疫抑制可能加剧本菌的感染，也可与猪流感病毒联合感染引起猪流感。

4. 微生物学诊断

可用 TSA 平板分离细菌。副猪格拉菌不溶血，脲酶试验阴性、触酶试验阳性，发酵阿拉伯糖，不发酵甘露醇，可与胸膜肺炎放线杆菌相区别。也可结合 PCR 技术快速检测病料中的细菌。

5. 免疫防治

副猪格拉菌多血清型菌株混合制成的灭活苗，临床上用于猪的免疫，具有较好的效果。

第五节　放线杆菌属

放线杆菌属（*Actinobacillus*）是一群形态为卵圆形、球杆状到杆状，大小为 0.4 μm × 1.0 μm，不形成芽胞，不运动的革兰氏阴性菌。该属细菌寄生和共栖于哺乳动物、禽类和冷血动物体内，兼性需氧，发酵糖类产酸不产气，不产生吲哚、产生 H_2S、还原硝酸盐，（G + C）mol% 为 40 ~ 47。菌落特征具有高度黏性，在培养基上 5 ~ 7 d 很容易死亡。

放线杆菌属包括胸膜肺炎放线杆菌（*A. pleuropneumoniae*）、林氏放线杆菌（*A. lignieresii*）、马驹放线杆菌（*A. equuli*）、海豚放线杆菌（*A. delphinicola*）、人放线杆菌（*A. hominis*）、鼠放线杆菌（*A. muris*）、猪放线菌（*A. suis*）等 20 余个种。一些重要的放线杆菌生物学特性参见表 7–2。

一、胸膜肺炎放线杆菌

胸膜肺炎放线杆菌（*A. pleuropneumoniae*）曾称为胸膜肺炎嗜血杆菌（*H. pleuropneumoniae*）或副溶血嗜血杆菌（*H. parahaemolyticus*）。过去曾属于巴氏杆菌科嗜血杆菌属，但根据其表型和 DNA 杂交水平与放线杆菌密切相关，后归为放线杆菌属。该菌是引起猪传染性胸膜肺炎的病原体，常与巴氏杆菌混合感染，是猪呼吸道疾病的重要病原。

（一）主要生物学特性

1. 形态与染色特性

多形性球杆菌，革兰氏阴性；新鲜病料中的菌体呈明显的两极着色，人工培养 24 ~ 96 h 可见到丝状菌。本菌无鞭毛，无芽胞，致病性菌株具有荚膜。

2. 营养要求和培养特性

兼性厌氧菌，在含有 V 因子（NAD）的培养基或巧克力琼脂上，含 5% CO_2 的条件下生长良好。培养 24 ~ 48 h，形成 1 ~ 1.2 mm、半透明菌落。不能在麦康凯平板上生长，初次分离时可用含 5% 绵羊红细胞的琼脂平板，同时在其上采用十字划线接种金黄色葡萄球菌培养 24 h 后，在葡萄球菌生长线的附近生长有胸膜肺炎放线杆菌菌落，菌落呈 β 溶血，具有典型的“卫星现象”。

表 7-2 放线杆菌属内不同种的生物学特性

菌株	麦康凯生长	溶血	CAMP	荚膜	接触酶	氧化酶	脲酶	乳糖	蔗糖	甘露醇	海藻糖	七叶苷水解	阿拉伯糖	蜜二糖	引起的疾病
林氏放线杆菌 (*A. lignieresii*)	+	–	–	–	+	d	+	+	+	–	–	–	–	–	反刍动物慢性肉芽肿
马驹放线杆菌 (*A. equuli*)	+	d	–	–	d	d	+	+	+	+	+	–	–	+	马的呼吸道疾病
海豚放线杆菌 (*A. delphinicola*)	–	–	N	N	–	–	–	–	–	+	–	N	N	–	海兽败血症
人放线杆菌 (*A. hominis*)	–	–	N	N	–	+	–	+	+	+	+	d	–	+	人呼吸道疾病
吲哚放线杆菌 (*A. indolicus*)	–	–	N	N	+	d	–	N	+	–	d	N	–	–	猪的胸膜肺炎和肺炎
少数放线杆菌 (*A. minor*)	–	–	N	N	–	d	+	+	+	–	d	N	–	d	猪呼吸道分离
豚放线杆菌 (*A. porcinus*)	–	–	N	N	–	d	–	d	d	d	d	N	N	d	猪呼吸道分离
鼠放线杆菌 (*A. muris*)	+	–	N	N	+	+	+	–	–	–	–	+	–	+	啮齿动物呼吸道疾病
罗氏放线杆菌 (*A. rossii*)	+	d	N	N	+	+	+	d	–	+	–	–	–	–	母猪生殖道分离
苏格兰放线杆菌 (*A. scotiae*)	–	–	N	N	–	+	+	+	–	+	–	N	–	–	海豚败血病
精液放线杆菌 (*A. seminis*)	–	–	N	N	+	d	–	–	–	–	–	d	d	–	绵羊精液分离，与绵羊附睾炎和关节炎有关
猪放线杆菌 (*A. suis*)	+	+	N	N	+	+	+	–	+	+	–	+	+	–	猪肺炎、肝炎、心包炎、关节炎、败血症
尿放线杆菌 (*A. ureae*)	d	+	N	N	d	+	+	–	+	+	–	–	–	–	人呼吸道疾病
胸膜肺炎放线杆菌 (*A. pleuropneumoniae*)	–	–	–	–	d	d	+	–	+	–	–	–	–	–	猪传染性胸膜肺炎

注：d，菌株差异；N，无资料；+，阳性；–，阴性；CAMP 葡萄球菌可增强其溶血环。

3. 生化特性

对生物Ⅰ型菌株进行生化鉴定时，最好在鉴定培养基中加入V因子才能使鉴定结果准确。该菌发酵糖类产酸不产气，能够发酵葡萄糖、麦芽糖、甘露糖、甘露醇、蔗糖、木糖和果糖，不能分解棉子糖和阿拉伯胶糖、山梨醇。硫化氢生产试验阳性，V–P和MR试验阴性，尿素酶阳性，葡萄球菌可增强其溶血环（CAMP试验阳性）。

4. 生物型和血清型

根据是否依赖烟酰胺腺嘌呤二核苷酸（NAD）可将其分为生物Ⅰ型（依赖NAD）和生物Ⅱ型（不依赖NAD）。因生物Ⅰ型的毒力比生物Ⅱ型的毒力强，故对生物Ⅰ型进行的研究较多。根据荚膜多糖（CPS）和脂多糖（LPS）抗原性的不同，划分为15个血清型，生物Ⅰ型包括1～12和15型，生物Ⅱ型为13和14型，其中血清1和5型又可分为a和b两个亚型。在北美，血清1型和5型较为普遍，欧洲则以血清2型普遍。我国流行的血清型为1、2、3、5、7、10等型，其中以1、3、7型为主。由于脂多糖抗原存在于多个血清型中，因此某些血清型间存在交叉反应。

5. 抵抗力

对外界抵抗力不强，60℃ 15 min就可以杀死，在干燥情况下极易死亡，对常用消毒剂也较为敏感。对链霉素、氯霉素、四环素、红霉素和磺胺类等药物敏感。

（二）致病性

胸膜肺炎放线杆菌致病力的强弱与其毒力因子种类有关。目前发现的主要毒力因子有Apx、LPS、CPS等。Apx毒素是一种外毒素，又称溶血素，是胸膜肺炎放线杆菌主要的致病因子；该毒素具有杀死猪肺巨噬细胞，溶解猪红细胞的作用。LPS是胸膜肺炎放线杆菌在呼吸道内的主要黏附因子，它可以增强溶血素对巨噬细胞的毒性作用以及对支气管黏膜和肺的黏附作用，还会明显影响宿主对该菌的免疫反应。CPS是荚膜毒素，荚膜的厚薄与菌株的毒力大小有关，一般来说，荚膜越厚，毒力越强。

该菌主要引起猪的肺炎，尤其是2～6月龄猪。拥挤和通风不良会加重病情和疾病的传播，常与巴氏杆菌混合感染。早期症状包括感冒和食欲降低，体温升高到42℃，伴随有急性呼吸困难，可在24 h内死亡，幸存者表现为间歇型咳嗽和增重缓慢。有时出现后躯麻痹。剖检呈典型的两侧性纤维素胸膜肺炎。其他症状包括流产、关节炎、脑膜炎等。

（三）微生物学诊断

采取病死猪肺坏死组织、胸水、鼻和气管分泌物，心、肝、肺、肾、脾及淋巴结等病料，直接镜检可见革兰氏阴性呈多种形态无芽胞的球状杆菌或长杆菌。排列成双或短链状，也有少数单个存在。在巧克力平板上生长进行分离培养，进一步利用葡萄球菌CAMP试验和“卫星现象”进行鉴定。注意在形态、培养特性与嗜血杆菌非常相似，必要时进行生化试验进行区别。本菌不发酵多种糖类是与嗜血杆菌等相关细菌区别的重要特征。

（四）免疫与预防

对于发病猪场要注射灭活疫苗，利用当地血清型制备的灭活苗进行免疫预防效果会更好。发病后主要靠抗菌药物进行治疗，一般青霉素是首选药物，但有耐药菌株出现。可根据药敏试验结果选用抗菌药物。

○ 其他致病性放线杆菌

二、其他致病性放线杆菌

相关知识见**数字资源**。

第六节　禽 杆 菌 属

禽杆菌属（*Avibacterium*）是2005年由Blackall等提出在巴氏杆菌科中设立的新属，包括原属于嗜血杆菌属的副鸡嗜血杆菌与巴氏杆菌属的鸡巴氏杆菌、禽巴氏杆菌及禽源巴氏杆菌，它们的16S rRNA同源性高达96.8%，并将上述4种细菌分别更名为：副鸡禽杆菌（*A. paragallinarum*）、鸡禽杆菌（*A. gallinarum*）、禽禽杆菌（*A. avium*）及禽源禽杆菌（*A. volantium*）。

1. 形态及培养特性

革兰氏阴性杆菌，无运动性，两极浓染，不形成芽胞，强毒株可形成荚膜。在普通培养基上不生长，分离培养需要在鲜血琼脂培养基或巧克力培养基上培养。生长是否需要辅酶Ⅰ，因菌种而异。

2. 生化特性

触酶阳性，可发酵半乳糖（副鸡禽杆菌除外）、麦芽糖（禽禽杆菌除外）、甘露醇（鸡禽杆菌及禽禽杆菌除外）产酸。

3. 抗原性及分型

外膜蛋白的血凝素可凝集鸡红细胞，是分型的依据，可分为A、C、B三种血清群，A、C群又有4个血清型。

4. 致病性与免疫性

禽禽杆菌及禽源禽杆菌从健康鸡呼吸道分离得到，未发现有致病性。鸡禽杆菌常参与家禽的慢性呼吸道感染。副鸡禽杆菌主要引起鸡传染性鼻炎、鼻窦炎等，突出的特征是鼻道和鼻窦有浆液性或黏液性分泌物流出，表现为面部水肿和结膜炎，其发病率高，致死率低。本菌除使鸡发病外，鹅、野鸡、鹌鹑均可感染发病，但鸽子、鸭、小鼠、豚鼠和家兔不感染。慢性感染及外观健康禽带菌者，经呼吸道或接触污染的饮水传播。本菌定植于禽上呼吸道及窦腔，在环境中很快死亡。

血凝素也是定植因子，具有一定的免疫保护作用。在缺铁条件下产生额外的外膜蛋白条带，但未发现铁载体。荚膜可以保护细菌抵抗正常鸡血清的杀细菌活性，是重要的毒力因子。临床上接种多价灭活疫苗可预防感染。

5. 微生物学诊断

从患病动物气管和气囊分泌物中分离细菌，再根据形态、培养和生化特性鉴定。诊断可用PCR法。副鸡嗜血杆菌的抗体在感染后1～2周出现，一年以后仍可检出，可以借此检出带菌禽，可用凝集试验、琼脂扩散试验、血凝抑制试验等血清学方法。

第七节　鸡 杆 菌 属

鸡杆菌属（*Gallibacterium*）是Christensen等于2003年建议设立的一个新属，包括鸭鸡杆菌（*G. anatis*）、输卵管炎鸡杆菌（*G. salpingitidis*）、虎皮鹦鹉鸡杆菌（*G. melopsittaci*）和海藻糖发酵鸡杆菌（*G. trehalosifermetans*）4个种，其代表种为鸭鸡杆菌（*G. anatis*）。相关知识见**数字资源**。

○ 鸡杆菌属

第八节　里氏杆菌属

里氏杆菌属（*Riemerella*）目前只有一个代表种，为鸭疫里氏杆菌（*R. anatipestifer*），该菌原名为鸭疫巴氏杆菌，在第7版《伯杰氏手册》中被列入巴氏杆菌属中，但因该菌在致病性、生理生化特性与巴氏杆菌属存在不同，与黄杆菌（*Flavobacterium*）相近，因此设立里氏杆菌属，归于黄杆菌科（*Flavobacteriaceae*），为了纪念1904年发现鹅体感染本菌的Riemer命名该属。

鸭疫里氏杆菌感染鸭、鹅、火鸡等多种禽类，呈世界性分布，我国于1982年报道并分离到该细菌。

一、主要生物学特性

1. 形态与染色特性

短杆状或椭圆形，大小为（0.3～0.5）μm×（1～5）μm，在液体培养基中呈丝状，不运动，无芽胞，革兰氏阴性。单在和成对排列。瑞氏染色呈两极浓染，印度墨汁染色可见明显的荚膜。

2. 生长要求和培养特性

营养要求较高，在普通琼脂和麦康凯琼脂上不生长。在血液琼脂、巧克力琼脂或胰酶大豆琼脂培养和5% CO_2 环境中生长良好，最适温度37℃，某些菌株可在45℃生长，但在4℃和55℃不生长。在固体培养基上形成圆形、隆起、表面光滑、闪光、边缘整齐的S型菌落，大小在0.5～2.5 mm。

3. 生化特性

本菌最大的一个特点是不发酵糖类，但也有少数菌株可以发酵葡萄糖、麦芽糖、果糖。氧化酶、接触酶、磷酸酶均为阳性。H_2S 产生阴性、柠檬酸盐利用阴性、不能还原硝酸盐，吲哚试验阴性，多液化明胶，不溶血。

4. 血清学分类

利用凝集反应和琼脂凝胶扩散试验等方法，目前国际上公认的鸭疫里氏杆菌血清型有21个，以阿拉伯数字表示。临床上常见的是1、2、5和14型，但因地理位置和时间而发生变化，可在同一群体中出现一种以上的血清型。如美国以1、2、5型为主；丹麦1979年仅见1型，1980年则主要为3型；东南亚的血清型较多，新的血清型不断在发现；国内分离株早期主要为1型，近年报道发现至少存在13种血清型。临床上不同血清型及同型不同菌株的毒力均有差异。

5. 抵抗力

本菌对外界的抵抗力较差。在37℃或室温下的固体培养物存活不超过3～4 d，在4℃保存的固体培养物不超过1周，肉汤中培养物可保存2～3周，-20℃冻干保存可达10年以上。本菌对多种抗生素敏感，但易形成抗药性。

二、致病性

鸭疫里氏杆菌的自然感染主要是鸭和鹅，此外，从患败血症的鸡、火鸡、野生水禽中也可分离获得。本菌是雏鸭传染性浆膜炎的病原菌，通常1～8周龄的鸭对本菌敏感，其中2～4周龄最敏感。本病的发生和死亡还与环境条件有一定关系，如卫生条件差，饲养密度高，则发病和死亡率高。兔和小鼠不易感，豚鼠腹腔注射大量细菌可致死。

该菌的外膜蛋白和CAMP协同溶血素（cohemolysin）与其致病性相关，其中CAMP协同溶血素抗原存在于1、2、3、5、6及19型菌株中。此外，细菌分泌的明胶酶可能与鸭血脑屏障机能障碍有关。

三、微生物学检查

采取心血、脑、肝脏最适合细菌分离，其他脏器如脾脏、胆囊、气囊、肺及各种渗出液中分离率低，仅10%左右。病料直接镜检可见革兰氏阴性小杆菌，无芽胞，不运动，有荚膜，瑞氏染色呈现明显的两极浓染，但在形态上应与巴氏杆菌、大肠杆菌和沙门菌相区别。

采用胰蛋白酶大豆琼脂或巧克力培养基划线分离培养。可用荧光抗体进行血清学诊断，再结合凝集实验或琼脂扩散实验进行血清型的鉴定。PCR等分子生物学技术可用于快速诊断。

本菌病料中的菌体形态、培养特征和引起疾病与多杀性巴氏杆菌极为相似，应予以区别。巴氏杆菌发酵多种糖类，产酸不产气，而本菌多数不发酵糖类；巴氏杆菌 H_2S 产生试验阳性，而本菌为阴性。也可接种小鼠，与多杀性巴氏杆菌相区别。大肠杆菌、沙门菌均属革兰氏阴性小杆菌，应与该菌相区别。本菌在肠道鉴别培养基上不生长，在糖发酵方面和肠道细菌差别很大是鉴别的主要特征。

四、免疫防治

我国已有某些血清型的灭活疫苗用于本病的预防；美国已研制出1、2、5三价弱毒疫苗，可经口服或气雾免疫，但产生免疫保护的抗体出现时间较长，需15 d左右，因而不能保护小日龄雏鸭抵抗本病的感染。由于各血清型间缺乏交叉保护，近年来，存在于不同血清型菌株中共同的外膜蛋白抗原组分，为研制各血清型通用的亚单位疫苗提供了物质基础。治疗时，由于该菌株的耐药性非常普遍，应注意筛选敏感的抗生素。

第九节　鸟杆菌属

鸟杆菌属(*Ornithobacterium*)是 1994 年由 Vandamme 等确立的一个新属,归于黄杆菌科,唯一种为鼻气管炎鸟杆菌(*O. rhinotracheale*),可引起鸡和火鸡的呼吸系统疾病,近年来该病危害较严重,已引起重视。相关知识见**数字资源**。

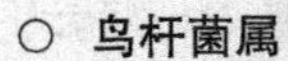

复习思考题

1. 多杀性巴氏杆菌有几个亚种? 各有何特点?
2. 如何进行多杀性巴氏杆菌的微生物学诊断?
3. 试述鸡杆菌属的成员及其主要生物学特征。
4. 试述格拉菌属中的主要致病菌及其主要生物学特征。
5. 简述鸭疫里氏杆菌的名称和分类的变化及微生物学诊断要点。
6. 试述胸膜肺炎放线杆菌的致病作用及毒力因子。
7. 何谓巧克力培养基? 常用于培养哪个属的细菌?

开放式讨论题

嗜血杆菌属的细菌生长对 X 或 V 因子可能单独或同时需要,如何设计实验鉴定对两种生长因子的需要情况?

Summary

Pasteurellaceae is a large and diverse family of Gram-negative proteobacteria compromising members ranging from important pathogens to commensal of the animal and human being mucosa. Most members as commensal live on mucosal surfaces of birds and mammals, especially in the upper respiratory tract. *Pasteurellaceae* are typically rod-shaped, and are a notable group of facultative anaerobes. They can be distinguished from the related *Enterobacteriaceae* by the presence of oxidase, and from most other similar bacteria by the absence of flagella. The family Pasteurellaceae has been classified into a number of genera based on metabolic properties. *Pasteurella*, *Haemophilus* and *Actinobacillus* are important veterinary pathogens. Another genus, *Riemerella*, which not belongs to *Pasteurella*, has many similarities in morphology, physical-chemical and pathogenic properties with the bacteria of the *Pasteurella*.

The name ***Pasteurella*** was introduced for this genus in recognition of the work carried out by Pasteur on fowl cholera, a disease of poultry caused by *P. multocida*. The most widely recognized species included in this group are *P. multocida* and *P. haemolytica*, they are Gram-negative with a tendency to bipolar staining, which is clearly observed with newly strains in tissues when they are stained methylene blue, and this property of bipolar staining may be lost after repeated subcultivation in the Lab. Many kinds of animals, including cattle, sheep, pigs, poultry, dogs and cats can be infected *P. multocida*, which causes acute cases of pneumonia, hemorrhagic septicaemia or a high mortality rate, sometimes develop chronic cases.

Actinobacillus is a genus of nonmobile, Gram-negative, pleomorphic rod-shaped, aerobic and facultatively anaerobic bacteria of the family *Pasteurellaceae*. *Actinobacillus* pleuropneumoniae causes severe pleuropneumonia and pleuritis in pigs, and *Actinobacillus* suis is the cause of septicemia and subsequent focal lesions in young pigs.

Haemophilus is made up of a group bacilli characterized by nutritional affinity for constituents of fresh blood, including hemoglobin and related compounds, termed X and/or V factors for growth. Actually fifteen species of *Haemophilus* are recognized, some are pathogenic for human being, animals and fowls. *H. suis* is a cause of a condition in pigs known as Glasser's disease. *H. gallinarum* is associated with coryza, chronic repiratory disease.

R. anatipestifer, the only one specie in the genus of *Riemerella* causes an acute or chronic septicemic disease in ducks and other birds characterized by fibrinous pericarditis, perihepatitis, air sacculitis, caseous salpingitis and arthritis, which is also called new duck disease, infectious serositis, goose influenza. It was previously called as *Pasteurella anatipestifer* and *Moraxella anatipestifer*.

第八章　其他需氧或兼性厌氧革兰氏阴性杆菌

本章涉及的细菌在分类学上不归属于同一科，但均为需氧或兼性厌氧、革兰氏染色阴性、菌体直或弯曲的小杆菌，包括布氏杆菌属、假单胞菌属、军团菌属、伯氏菌属、波氏菌属、弗朗西斯菌属和弧菌属。多数菌为重要的人畜共患病原性细菌，在公共卫生学上具有重要的地位。布氏杆菌中马耳他热布氏菌、流产布氏菌和猪布氏菌是发现较早的一类感染动物和人、引起生殖系统疾病的重要细菌；铜绿假单胞菌是假单胞菌属的代表种，是引起人和动物外伤、烧伤及尿道感染的重要致病菌；鼻疽伯氏菌和类鼻疽伯氏菌最早列入假单胞菌属，现归为伯氏菌属，可引起单蹄动物为主的皮肤、黏膜、脏器局灶性病灶和溃疡；波氏菌属是引起人、动物和禽类呼吸道疾病的重要致病菌；军团菌属是感染人的重要致病菌，嗜肺军团菌是典型种；弗朗西斯菌属的某些细菌可致人和多种动物的土拉热，是重要的人畜共患病；弧菌属中的霍乱弧菌是重要的人类疾病病原菌，亦有某些种是水生动物的重要病原性细菌。

第一节　布氏杆菌属

布氏杆菌（*Brucella*）又称布鲁菌，因其最早由英国医生 David Bruce 首先分离而得名，是人畜共患病布氏杆菌病的病原，可感染多种动物和人，不仅危害畜牧生产，而且严重损害人类健康，因此在医学和兽医学领域都极为重要。

早期根据分离初代布氏杆菌培养物对 CO_2 需求、H_2S 产生和对某些染料的敏感性等特点将布氏杆菌属分为 3 个种，包括马耳他热布氏杆菌（*B. melitensis*）、牛型布氏杆菌（*B.abortus*）（又称流产布氏杆菌）和猪型布氏杆菌（*B. suis*）。在 1970 年，布氏杆菌被分为 6 个种、18 个生物型，即马耳他热布氏杆菌生物型 1–3、流产布氏杆菌生物型 1–9、猪布氏杆菌生物型 1–3、羊布氏杆菌（*B. ovis*）、犬布氏杆菌（*B. canis*）和沙林鼠布氏杆菌（*B. neotomae*）。1982 年根据新的鉴定技术发展，以及在应用过去分类中出现的问题和对新菌型的认识，又对布氏杆菌属分类作了较大的调整，如删除了牛 8 型菌，合并牛 3 型与牛 6 型为牛 3/6 型；新确定了猪 4 型和 5 型。近年来，一些布氏杆菌新种也已被发现，包括鲸布氏杆菌（*B. ceti*）、鳍布氏杆菌（*B. pinnipedialis*）、仓鼠布氏杆菌（*B. microti*）、狒狒布氏杆菌（*B. papionis*）等，目前已确认的布氏杆菌已有 25 个种。常见布氏杆菌属的种和生物型特性等的鉴定分类见表 8–1。

表 8–1　常见布氏杆菌属的种和生物型特性等区别

种	生物型	CO_2 需要	H_2S 产生	在染料培养基上生长[a]		单因子血清凝集			易感宿主
				硫堇	碱性品红	A	R	M	
马耳他热布氏杆菌 (*B. melitensis*)	1	–	–	+	+	–	–	+	绵羊、山羊
	2	–	–	+	+	+	–	–	绵羊、山羊
	3	–	–	+	+	+	–	+	绵羊、山羊
流产布氏杆菌 (*B. abortus*)	1	(+)	+	–	+	+	–	–	牛
	2	(+)	+	–	–	+	–	–	牛
	3/6	(+)	+	+[b]	+	+	–	–	牛
	4	(+)	+	–	+	–	–	+	牛
	5	–	–	+	+	–	–	+	牛
	7	–	(+)	+	+	+	–	+	牛
	9	–	+	+	+	–	–	+	牛

续表

种	生物型	CO_2需要	H_2S产生	在染料培养基上生长[a]		单因子血清凝集			易感宿主
				硫堇	碱性品红	A	R	M	
猪布氏杆菌 (*B. suis*)	1	-	+	+	(-)	+	-	-	猪
	2	-	-	+	-	+	-	-	猪、野兔
	3	-	-	+	+	+	-	-	猪
	4	-	-	+	(-)	+	-	+	驯鹿
	5	-	+	-	-	-	+	-	
绵羊布氏杆菌 (*B. ovis*)		+	-	+	(-)	-	+	-	绵羊
沙林鼠布氏杆菌 (*B. neotomae*)		-	+	-[c]	-	+	-	-	沙林鼠
犬布氏杆菌 (*B. canis*)		-	-	+	(-)	-	+	-	犬

注：+：所有菌株阳性；(+)：大多数菌株阳性；(-)：大多数菌株阴性；-：全部菌株阴性；a：染料浓度为 1∶5 万（W/V）；b：硫堇使用 1∶2.5 万（w/v）浓度，生物 3 型为阳性，6 型为阴性；c：可在含硫堇 1∶55 万（w/v）浓度下生长。

各种布氏杆菌均有其主要的宿主，且本菌命名时均以宿主嗜性命名，与基因水平信息不对等。布氏杆菌属各个种的全基因组信息，除田鼠布氏杆菌具有的约 11 kb 噬菌体插入片段和 23S rRNA 基因与其他种布氏杆菌显著不同外，其他种间的基因同源性大于 94%，16S rRNA 同源性约 100%，都应属于同一个种，即马耳他热布氏杆菌。

一、主要生物学特性

1. 形态及染色特性

革兰氏染色阴性，球形或短杆形，新分离时趋球形。大小为（0.5～0.7）μm×（0.6～1.5）μm，多单在。无芽胞和鞭毛，光滑型菌株有微荚膜。本菌由于对阿尼林染料吸附缓慢，经柯兹罗夫斯基或改良 Ziehl-Neelsem、改良 Koster 等鉴别染色法呈红色，可与其他细菌区别。

2. 基因组特征

布氏杆菌属 DNA 的（G+C）mol% 为 56～58，其基因组是由 2 条独立且完整的环状染色体组成，大小分别为 2.1 Mb 和 1.2 Mb，通常有 3 200～3 500 个开放阅读框。

3. 生长要求与培养特性

本属细菌专性需氧，但在初代分离培养时需 5%～10% CO_2。最适生长温度为 37℃，最适 pH 为 6.6～7.4。营养需求高，需某些氨基酸作为氮源，还需血液或血清。泛酸钙和内消旋赤藓糖醇可刺激某些菌株生长。在加入 5%～10% 马血清的培养基上几乎所有菌株都能生长。大多数菌株在初次培养时生长缓慢，常需 5～10 d 甚至 20～30 d，但实验室长期传代保存的菌株，培养 48～72 h 即可生长良好。在绵羊血琼脂上生长良好，不溶血。胆盐、亚碲酸盐、亚硒酸盐可抑制其生长。

在肝汤液体培养基中呈轻微浑浊生长，无菌膜；培养时间长，可形成菌环。在固体培养基上生长出透光、呈淡黄色，略带灰蓝色的菌落，有 3 种类型：光滑（S）型菌落无色透明，表面光滑湿润、有光泽，大小不一，一般直径为 0.5～1 mm，小者为 0.05～0.1 mm，大者为 3～4 mm；粗糙（R）型菌落不透明，呈多颗粒状，表面灰暗，颜色由无光泽白色、淡黄色到浅褐色，易碎或黏滞，不易从培养基表面刮净；黏液（M）型菌落，浑浊不透明、黏胶状。除 S、R 和 M 型菌落外，有时还会出现这些菌落间的过渡型，如 S-R 型菌落的中间(I)型菌落。光滑型培养物在 0.1% 吖啶黄溶液中不发生凝集，R 型培养物呈颗粒状凝集，M 型培养物呈絮状凝集。

4. 生化特性

本菌生化反应不活泼。吲哚、甲基红和V-P实验阴性，石蕊牛乳无变化，不利用柠檬酸盐，不水解明胶；触酶阳性，氧化酶多为阳性。绵羊布氏杆菌不水解或缓慢水解尿素，其余种均可水解尿素。猪布氏杆菌1型可产生大量硫化氢，牛布氏杆菌次之，羊布氏杆菌仅产生微量或不产生硫化氢。除绵羊布氏杆菌和一些犬布氏杆菌菌株外，均可还原硝酸盐。在常规培养基内对糖类的分解能力很弱而难以检测。而沙林鼠布氏杆菌在常规胨水培养基中可利用葡萄糖、半乳糖、阿拉伯糖和木糖，产酸不产气。

5. 抗原结构

布氏杆菌抗原结构非常复杂。光滑型布氏杆菌属内菌体抗原有两种，即A抗原（abortus，牛布氏杆菌菌体抗原）和M抗原（melitensis，马耳他热布氏杆菌菌体抗原），也是布氏杆菌的凝集抗原。两种抗原在不同的布氏杆菌中含量不同，如牛布氏杆菌含A抗原多（A∶M = 20∶1），羊布氏杆菌含M抗原多（A∶M = 1∶20），而猪布氏杆菌两种抗原的含量相近（A∶M = 2∶1），据此可用A与M因子血清进行凝集实验来鉴别以上3种布氏杆菌。

非光滑型布氏杆菌共同具有R抗原，是一种低蛋白含量的脂多糖复合物，如绵羊布氏杆菌和犬布氏杆菌含有R抗原，其抗血清不与光滑型布氏杆菌发生凝集。当光滑型布氏杆菌发生S-R变异后，丧失A和M抗原时，暴露R抗原，可与R血清发生凝集反应。

布氏杆菌可能与巴氏杆菌、变形杆菌、弗朗西斯菌、弧菌、弯曲菌、钩端螺旋体、假单胞菌、沙门菌、耶尔森菌和大肠埃希菌等属的细菌有共同抗原，可发生交叉凝集反应。已确定S型布氏杆菌表面抗原与小肠结肠炎耶尔森菌O9、土拉热弗朗西斯菌和大肠埃希菌O157间存在共同抗原成分，尤其是小肠结肠炎耶尔森氏菌O9与布氏杆菌具有强烈的交叉反应。R型菌与多杀性巴氏杆菌、铜绿假单胞菌、驹放线菌有共同抗原成分。进行血清学诊断时，可用一定浓度的巯基化合物（半胱氨酸、巯基乙醇）处理血清，能明显清除交叉反应，还可用间接血凝法区别。

6. 变异性

绵羊种和犬种布氏杆菌是天然的R型种别，其他种为S型。布氏杆菌最常见的变异是S-R变异，此种变异很少发生回变。在变异过程中，还会出现中间过渡（SI）型和中间（I）型，以及黏液（M）型。发生S-R变异后，细菌的特异性多糖链发生改变，丧失A和M抗原而暴露出非特异性的R抗原。此外，变异细菌毒力减弱，凝集原性较差，对吞噬细胞缺乏抵抗能力，同时易于发生自凝现象。

在有碱性品红、硫堇、硫堇蓝、沙黄等染料以及内消旋赤藓糖醇和各种抗生素的环境中布氏杆菌可以发生突变，引起生物型的改变，如绵羊布氏杆菌由生物型2变为生物型1。生理浓度的孕酮、睾酮或己烯雌酚可刺激由一个种变为另一个种。

7. 抵抗力

本菌对外界环境抵抗力较强，在污染的土壤和水中可存活1～4个月，皮毛中2～4个月，乳、肉食品中约2个月，粪便中4个月，流产胎儿中可存活1～4个月，子宫渗出物中可存活半年以上。在阳光直射下可存活4 h。对湿热敏感，60℃加热30 min或70℃ 5 min即被杀死，煮沸立即被杀死。对消毒剂的抵抗力不强，对表面活性剂敏感，如0.5%氯己定或0.1%度米芬、消毒净或苯扎溴铵5 min内即可杀死。5%新鲜石灰乳2 h或35%～40%甲醛3 h可将其杀死。

8. 致病性

（1）致病物质：本菌不产生外毒素，可以产生毒性较强的内毒素（LPS）。布氏杆菌的LPS是由O抗原（多糖-PS）和类脂A及2-酮基-脱氧辛酮酸（KDO）构成。PS又称半抗原。用酚水法提取，S型布氏杆菌的LPS在酚相中，R型布氏杆菌的LPS在水相中。酚相LPS致病力强，而水相LPS致病力弱。

布氏杆菌的LPS也与其他革兰氏阴性菌的LPS一样，对机体有致热性、激活补体、引起局部及全身性的Shwartzman现象，引起鲎血液的变形细胞释放凝固酶而导致蛋白凝固。此外，布氏杆菌的LPS对于保护其在机体细胞内寄生，产生保护性免疫具有一定的作用。

此外，布氏杆菌中存在的过氧化氢酶、透明质酸酶等与致病力有一定关系。在同种型布氏杆菌中，过氧化氢酶活性高，其菌株毒力相对较强。透明质酸酶可增强侵袭力，使细菌能突破皮肤、黏膜的屏障作用进入宿主体内，并在机体脏器内大量繁殖和快速扩散进入血流。

(2) 所致疾病：布氏杆菌病属人兽共患病，主要引起人、家畜和野生动物的生殖系统疾病。现知哺乳动物、爬虫类、鱼类、两栖类、鸟类和昆虫等60多种动物对布氏杆菌都呈不同程度易感，成为本菌的天然宿主。但各型布氏杆菌仅感染一定动物种群。羊布氏杆菌主要感染绵羊、山羊，也可感染牛、猪、鹿、骆驼等；牛布氏杆菌主要感染牛、马、犬，也可感染水牛、羊和鹿；猪布氏杆菌主要感染猪，也可感染鹿、牛和羊；沙林鼠布氏杆菌主要感染啮齿动物；绵羊布氏杆菌主要感染公绵羊；犬布氏杆菌主要感染犬。实验动物中豚鼠最易感，是布氏杆菌最好的动物模型，家兔和小鼠的易感性较差。

感染人的布氏杆菌菌型以羊型最多见，猪型次之，牛型最少。人类通过食用未经巴氏消毒的牛奶及奶制品或直接与感染动物或尸体接触而感染。临床上表现为发热(波浪热)、寒战、头痛、全身疼痛、疲劳、脑神经功能障碍症、关节炎等非特异性症状。

(3) 致病机理：各种动物感染后，一般无明显临床症状，多属隐性感染，病变多局限于生殖器官，主要表现为流产、睾丸炎、附睾丸炎、乳腺炎、子宫炎、后肢麻痹、跛行或鬐甲瘘等。动物于性成熟前有一定抵抗力，孕期最为易感。病畜可从乳、粪、尿、子宫分泌物中排菌，排出的病原菌可通过皮肤、消化道、呼吸道及眼结膜等途径感染周围的人畜。病原菌侵入机体后，被吞噬细胞吞噬，可暂时停留在局部淋巴结，感染菌量较大时，随淋巴液进入附近淋巴结，生长繁殖一定数量后，进入血液，细菌随血流进入肝、脾、骨髓等细胞内寄生，血液中的细菌逐渐消失，血液培养阳性率随之降低，发热也逐渐消退，细菌在细胞内繁殖至一定程度时，再次进入血液，又出现菌血症，体温再次上升，如此反复发作；由于细菌能寄生于细胞内，治疗较难彻底，故易转为慢性。如果病原菌侵入子宫黏膜与胚胎之间生长繁殖，引起炎症，破坏母体胎盘与胎儿胎盘之间的联系，就会造成胎儿死亡、早产、流产或不育。

二、微生物学诊断

布氏杆菌病常表现为慢性或隐性感染，其诊断和检疫主要依靠血清学检查及变态反应检查。细菌学检查仅用于发生流产的动物和其他特殊情况。微生物学检验程序见图8-1。动物检疫程序一般为：采集血清→平板凝集(初筛试验)→试管凝集 / 补体结合反应(确定试验)→结果判定→淘汰阳性病畜净化畜群。需注意凡涉及布氏杆菌血清样本检测，均应在BSL-2实验室进行，涉及细菌培养则需在BSL-3实验室操作。

1. 细菌学检查

病料最好用流产胎儿的胃内容物、肺、肝、脾以及流产胎盘和羊水等。也可采用阴道分泌物、乳汁、血液、精液、尿液以及急宰病畜的子宫、乳房、精囊、睾丸、附睾、淋巴结、骨髓和其他有局部病变的器官。

将病料直接涂片，作革兰氏染色和柯兹洛夫斯基染色镜检。若发现革兰氏染色阴性、鉴别染色为红色

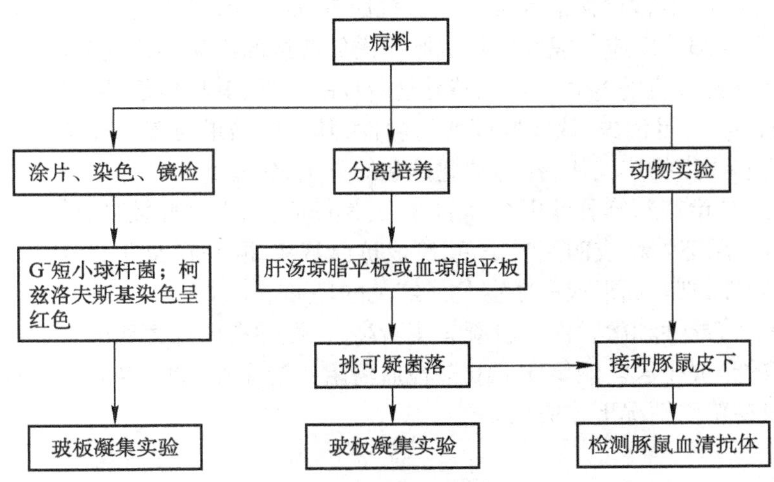

图8-1　布氏杆菌分离鉴定程序

的球杆菌或短小杆菌，即可作出初步的疑似诊断。此法更适合于流产材料及流产数日内的阴道分泌物的检查。

(1) 分离培养鉴定：常用加有染料的培养基，以便抑制杂菌生长。一般在甘油肝汤琼脂中加入 1∶20 万的结晶紫或 1∶2 万的维多利亚蓝。无污染的病料可直接划线接种布氏杆菌培养基，而污染的病料，则应接种到加有放线菌酮 0.1 mg/mL、杆菌肽 25 IU/mL、多黏菌素 B 6 IU/mL 和加有色素的选择性琼脂平板，一式接种两份，分别于 37℃置大气环境和 5%～10% CO_2 环境中培养。如有细菌生长，可挑选可疑菌落做细菌鉴定；如无细菌生长，可继续培养至 30 d 后，仍无生长者方可认为阴性。对于含菌量较少的病料，如血液、乳汁、精液和尿液等，应使用增菌培养、豚鼠皮下接种或鸡胚卵黄囊接种等方法增菌。

分离培养一方面便于分离和识别生长的菌落特征，另一方面还可限制粗糙型变种的形成。至于检查液体材料如血液等，则以液体培养基为宜，因为它能接受大量材料的接种，提高分离率。为了吸取上述两种方法各自的优点，Castanda 提出可在一个培养瓶中同时装有固态和液态两种培养基制成的双相培养基，用此培养基可对 5～10 mL 血液标本作培养，并能省去将液体培养物再反复移种到固体培养基作培养的过程。

挑选可疑菌落，做涂片、染色和镜检，确认为疑似菌后进行纯培养，再以布氏杆菌抗血清（高免血清或 A、M 单相血清，如不凝集时，可再用 R 血清）做玻片凝集实验。以上两项实验结果再结合菌落特性，可作出布氏杆菌的阳性诊断。

(2) 动物实验：将病料乳悬液作豚鼠腹腔或鼠蹊部皮下注射，每只 1～2 mL，每隔 7～10 d 采血检查血清抗体，如凝集价达到 1∶50 以上，即认为感染了布氏杆菌。也可以皮肤过敏实验进行诊断。动物发病死亡后，剖检取肝、脾、淋巴结及少许骨髓，进行细菌检查和分离。如动物一直未发病死亡，可于接种后 5 周左右扑杀豚鼠，进行同样检查。

2. 血清学检查

有多种检查方法，主要有血清中布氏杆菌抗体检查和病料中布氏杆菌检查两类方法。用已知抗体可检查病料中是否存在布氏杆菌，比细菌学检查法简便快速，因而具有较大实用价值。常用方法有荧光抗体技术、反向间接血凝实验、间接炭凝集实验以及免疫酶组化法染色等。检测血清中的抗体是布氏杆菌诊断和检疫的主要手段。动物在感染布氏杆菌 7～15 d 可出现抗体。常用玻板凝集实验、虎红平板凝集实验、乳汁环状实验进行现场或牧区大群检疫，以试管凝集实验和补体结合实验进行实验室最后确诊。

(1) 试管凝集实验：牛、马、骆驼等大动物血清凝集价（或玻板实验中相当的凝集价）达 1∶100 时判为阳性，1∶50 时为可疑；羊、猪、狗等血清凝集价 1∶50 时为阳性，1∶25 时为可疑。为提高检出率，对羊血清的稀释液建议用 10% 高渗盐水。可疑病畜于 3～4 周后采血重检，如仍为可疑反应，牛、羊即可按阳性处理，猪、马则需视情况而定。若畜群以往既无此病存在，目前检查无一阳性出现，则可判为阴性。人血清凝集价 1∶100 时为阳性。

(2) 虎红平板凝集实验：取被检血清和虎红平板抗原各 0.03 mL，滴加于玻板上，混匀，在 4～10 min 内出现任何程度凝集者即为阳性反应。虎红平板抗原用虎红使抗原细菌染色的酸性（pH 3.5 左右）缓冲平板抗原，能抑制引起非特异性反应的 IgM 和增强特异性 IgG 的活性，其反应敏感、稳定，特异性优于试管凝集试验。同时有人认为，IgG 一旦消失，该实验即变为阴性，其实验结果与布氏杆菌转归有着明显的一致性。因此，这种实验已在许多国家推广使用，作为常规诊断的方法之一。

(3) 乳汁环状实验：是检查新鲜乳汁中抗体的方法，操作简便，准确性较高，被广泛用于牛、羊布氏杆菌的诊断。将布鲁菌杀死，用苏木精或四氮唑染色，制成抗原悬液，取一滴加进 1 ml 乳汁样品小试管中混匀，37℃培养 1 小时。若阳性，则表面形成一条蓝色或红色的环形带。

(4) 补体结合实验：特异性和敏感性均较凝集实验高，是慢性布氏杆菌病的一种可靠的诊断方法，以作为世界各国清除疫畜的必要手段。规定 1∶10 被检血清阻止溶血在 50% 以上，即为阳性反应。因补体结合反应的操作复杂，只在特殊情况下才应用。

3. 变态反应检查

皮肤变态反应一般在感染后的 20～25 d 出现，因此不易作早期诊断。本法适于动物的大群检疫，主要用于绵羊和山羊，其次为猪。检测时，将布氏杆菌水解素 0.2 mL 注射于羊尾根皱襞部或猪耳根部皮内，24 及 48 h 后各观察反应一次。若注射部位发生红肿，即判为阳性反应。此法对慢性病例的检出率较高，且注射水解素后无抗体产生，不妨碍以后的血清学检查。

凝集反应、补体结合反应和变态反应出现的时间各有特点。即动物感染布氏杆菌后，首先出现凝集反应，消失较早；其次出现补体结合反应，消失较晚；最后出现变态反应，保持时间较长。在感染初期，凝集反应常为阳性，补体结合反应或为阳性或为阴性，变态反应则为阴性。到晚期慢性或恢复阶段，则凝集反应与补体结合均转为阴性，仅变态反应呈阳性。因此，为彻底消除各类病畜，可同时使用 3 种方法进行综合诊断。

4. 分子生物学诊断

通过检测布氏杆菌的核酸物质达到特异、敏感的检出和鉴定的目的。PCR 技术用于布氏杆菌诊断具有重要的价值。针对特定的基因（如 IS6501 在不同种及生物型布氏杆菌基因组中的位置及数目各不相同）设计特异扩增引物，利用这种多态性，设计了一种 IS6501 锚定 PCR 法，可用于鉴定布氏杆菌并区分不同种株和生物型，可鉴别野毒株与疫苗株 *B. abortus* 19。

三、免疫防控

菌苗接种效果显著，但欲根除此病，则需严格实行畜群全面检疫及淘汰病畜的措施。已有的弱毒活菌苗有多种，国外常用的疫苗菌株主要有 2 种，即牛型 S19 弱毒活疫苗和羊型 ReV.1 弱毒活疫苗；我国自主研制的布氏杆菌疫苗有羊型 M5 弱毒疫苗、M5-90 弱毒疫苗和猪型 S2 弱毒疫苗等。M5 可采取皮下注射或气雾的方式应用于羊、牛和鹿，对绵羊和山羊高保护，但毒力强，可致怀孕动物流产，对接触气雾的人员可引起较严重的反应，而且连续通过豚鼠后菌株毒力可回升；M5-90 具有更好的安全性和免疫原性，免疫期在羊可达一年半，牛、鹿各为一年。S2 对猪、绵羊、山羊、牦牛、牛等都有较好的免疫效果，可接种任何年龄的动物，接种怀孕动物也不引起流产。免疫方法有口服（饮水）、气雾和皮下注射（羊也可作肌内注射）3 种，可根据情况灵活选用。免疫期猪为 1 年，牛和羊均为 2 年。

第二节 假单胞菌属

假单胞菌属（*Pseudomonas*）隶属假单胞菌科（*Pseudomonadaceae*），为革兰氏阴性需氧杆菌，以氧为电子受体，有些以硝酸盐作为替代电子受体，可厌氧生长。本属细菌多数种在酸性条件下不生长，接触酶阳性，氧化酶阳性或阴性。DNA 的（G + C）mol% 为 67.2。

菌体直或弯曲，呈卵圆、短杆状或长杆状形态，大小一般为（0.5 ~ 1）μm ×（1.5 ~ 5）μm，绝大多数有鞭毛，为单端单毛菌或单端丛毛菌，无芽胞，多数为单在排列。

本属细菌种类繁多，在自然界分布广泛，存在于水、土壤、污水、空气、动植物体表以及各种腐物中。在医学和兽医学上具有重要意义的是铜绿假单胞菌。

铜绿假单胞菌（*Pseudomonas aeruginosa*）俗称绿脓杆菌，是一种感染人和动物的重要条件致病菌，感染后因脓汁和渗出液等病料呈绿色，故此得名。本菌广泛分布于水、空气、土壤等自然界及正常人、畜皮肤、肠道和呼吸道。可在创伤局部感染化脓，也可全身感染引起败血症。

一、主要生物学特性

1. 形态与染色特性

革兰氏染色阴性，杆状，大小为（1.5 ~ 3.0）μm ×（0.5 ~ 0.8）μm。单在，成对或偶尔成短链，在肉汤培养物中可以看到长丝状。菌体有 1 ~ 3 根鞭毛，运动活泼。无芽胞，新分离的菌株有菌毛和微荚膜。

2. 生长要求和培养特性

本菌为专性需氧菌，但在硝酸盐培养基除外。在普通培养基上易于生长，培养适宜温度为 35℃，在 4℃不生长，42℃可生长。最适 pH 为 7.2。在普通琼脂平板形成光滑、微隆起、边缘整齐、呈波状的中等大小菌落。由于产生水溶性的蓝绿色绿脓素和黄绿色荧光素渗入培养基内，使培养基变为绿色，菌落表面呈金属光泽；在血液琼脂培养基上由于产生绿脓酶将红细胞溶解，使菌落周围出现溶血环；普通肉汤生长均匀混浊，呈黄绿色，常于培养基的表面形成一层很厚的菌膜。

3. 生化特性

本菌为非发酵型细菌，其分解蛋白质能力强，而发酵糖类能力较低，可分解葡萄糖、核糖、甘露糖等，产酸不产气；不分解麦芽糖、菊糖、棉子糖、乳糖及蔗糖等。能液化明胶，分解尿素，不产生吲哚，氧化酶阳性，可利用枸橼酸盐，不产生 H_2S，MR 和 V-P 实验均为阴性。

4. 抗原构造

铜绿假单胞菌主要有菌体（O）抗原和鞭毛（H）抗原。O 抗原含有内毒素和原内毒素（original endotoxin protein，OEP）蛋白质两种成分。原内毒素蛋白质是一种高分子、低毒性、免疫原性强的保护性抗原，不仅存在于不同血清型铜绿假单胞菌中，而且广泛存在于假单胞菌属的其他细菌以及肺炎杆菌、大肠埃希菌、霍乱弧菌等革兰氏阴性细菌中，是一种良好的交叉保护性抗原。内毒素为本菌的免疫原物质，主要化学成分包括蛋白质、脂多糖和磷脂类物质，其中脂多糖是铜绿假单胞菌群（型）特异性抗原，也是重要的致病因子。H 抗原可区分为 H1 和 H2 两种主要不同的成分。

其他一些次要抗原主要有黏液抗原和纤毛（或菌毛）抗原。黏液抗原存在于黏液型菌落的细菌，常分离于呼吸道的慢性病例。不同黏液型细菌的血清型之间有交叉反应。纤毛抗原有两种，其抗原性差异在流行病学调查中有一定意义。

5. 抵抗力

本菌对外界环境如干燥、紫外线抵抗力较强，55℃湿热需 1 h 方能杀灭。对多种抗生素不敏感，有些菌株对磺胺类药物、链霉素、氯霉素敏感，但极易产生耐药性。庆大霉素、多黏菌素、氨基甙类和头孢类等抗生素对铜绿假单胞菌作用较明显。

二、致病性

铜绿假单胞菌能产生多种与毒力有关的物质，如内毒素、外毒素 A、弹性蛋白酶、胶原酶、胰肽酶等，其中以外毒素 A 最为重要，是一种致死性的外毒素，在食品上的残留会导致人的食物中毒。另外铜绿假单胞菌分泌的色素也是毒素之一，可抑制吞噬细胞的吞噬作用，但也有抑菌的特性，是一种抗生素样物质。一般分泌素较少的菌株毒力较强，但大量分泌色素的菌株毒力可能较弱。

本菌为条件致病菌，可引起各种哺乳动物和禽类的创口、泌尿生殖道化脓性感染。牛的乳腺炎、流产、子宫炎以及犊牛腹泻；马流产和肺炎；在猪萎缩性鼻炎中，感染本菌可加重病情。在医学临床上常引起人的烧伤感染，以及肺炎、胸膜炎、急性坏疽性脓疱等，也可引起心内膜炎、胃肠炎、脓胸甚至败血症。

三、微生物学诊断

依据疾病的类型不同，可分别取创面渗出物、脓汁、尿、血等样品。镜检见革兰氏阴性菌，菌体细长且长短不一，由于本菌与类似的革兰氏阴性杆菌在形态上相似，直接镜检的鉴定意义不大，但结合临床表现，如引起化脓，且脓液呈绿色，具有一定的鉴定意义。

分离培养时本菌菌落大小不一，且常呈相互融合状态；由于产生水溶性色素，除菌落本身带有颜色外，培养基也带有颜色，对鉴定本菌有一定意义；同时在血琼脂平板形成的有金属光泽和生姜气味以及形成的透明溶血环都有助于鉴别本菌。血清学鉴定方法可用玻片凝集实验进行型别诊断；PCR 等分子生物学技术可用于快速诊断。

第三节　军团菌属

军团菌（*Legionella*）是 1976 年引起美国退伍军人肺炎的致病菌，所引起的疾病又名军团病或退伍军人病。1982 年我国首次报道了该菌引起的高热、咳血、肺空洞等疾病，在 1984 年首次分离到 2 株嗜肺军团菌。通过对军团菌 DNA 中(G + C)mol% 含量测定表明，军团菌是一个独立的属，现已发现至少有 61 个种 70 多个血清型，对免疫力低下的人，所有种均可致病；其中嗜肺军团菌(*L. pneumophila*)致病性最强，人军团菌病 90% 以上的病例由其引起，是医院感染的主要病原菌。相关知识见**数字资源**。

○ 军团菌属

第四节 伯氏菌属

1992 年假单胞菌属 rRNA II 群被划为伯氏菌科(Burkholderiaceae)伯氏菌属(*Burkholderia*)，本属成员中，鼻疽伯氏菌和类鼻疽伯氏菌在兽医学领域具有重要的意义。该属细菌大多存在于土壤、浅水和植物根系，可进行生物降解、生物控制及促进植物生长。

一、鼻疽伯氏菌

鼻疽伯氏菌(*Burkholderia mallei*)，又称鼻疽杆菌。是马、骡、驴等单蹄兽的病原菌，也可感染狮、虎等猫科动物及人，为重要的人畜共患病原菌，在公共卫生学上具有一定意义。本病在 20 世纪之前曾广泛分布于多数国家，我国许多地区也有本病及病原的存在，以黑龙江、内蒙古等省区较多。该病主要的临床特征是在皮肤、鼻腔、肺脏或其他脏器中形成特征性的鼻疽结节。

(一) 主要生物学特性

1. 形态及染色特性

本菌为两端钝圆、直或弯曲，中等大小的杆菌，长 1.5 ~ 4.0 μm，宽 0.5 μm，多为散在，少数成对、成丛存在。多次培养传代后呈多形性，出现棒状、分枝状或长丝状等。有多糖荚膜，无鞭毛和芽胞。革兰氏阴性，以苯酚复红或碱性亚甲蓝染色菌体着色不均，常呈断续不均的横纹状或两端浓染。

2. 生长要求与培养特性

本菌为需氧菌，因具有脱氧作用，在含有硝酸盐的培养基中于厌氧条件也可生长。最适生长温度为 37℃，低于 20℃和高于 41℃生长不良或不生长，弱嗜酸菌，最适 pH 6.4 ~ 6.8。对营养要求较为严格，在普通培养基虽可生长，但生长缓慢，一般在含有 4% 甘油培养基生长良好。在甘油琼脂上培养 48 h，形成灰白色乃至黄色有光泽、湿润黏稠、表面隆起的中等大小菌落。血琼脂上不溶血，但使培养基呈棕色。在硫堇葡萄糖甘油琼脂上培养 48 h，形成淡黄色到灰黄色菌落；在孔雀绿酸性复红甘油琼脂平板培养 48 h，形成淡绿色菌落，而后转为灰黄色菌落。在马铃薯斜面培养基上培养 48 h 后，形成棕黄色蜂蜜样黏稠菌苔，随后变成棕红色。在甘油肉汤液体培养基呈轻度混浊，管底生成黏稠的灰白色沉淀物，添加葡萄糖和 1% 血液可促进其生长。

3. 生化特性

生化反应很弱，分解蛋白质和糖类的能力很差，且不规律。本菌利用木糖和甘氨酸。部分菌株经过长时间的培养才能分解葡萄糖、麦芽糖、半乳糖和杨苷，少数菌株能分解蔗糖和甘露醇，产酸不产气，不利用核糖、果糖和赤藓醇，可产生少量硫化氢，精氨酸双水解实验阳性。靛基质实验阴性，氧化酶阴性或弱阳性，尿素酶阴性，V-P 和 MR 实验均为阴性。

4. 抗原构造

具有多种抗原，主要有黏液性(M)抗原、荚膜(K)抗原、菌体(O)抗原。按照其特异性分为两类：一类是特异性多糖抗原，不与其他细菌发生交叉反应；另一类为蛋白质成分，该抗原可与类鼻疽伯氏菌有共同抗原决定簇，两者可发生交叉反应。其中 K 抗原和 O 抗原属于共同抗原。

(二) 致病性

本菌产生外毒素和内毒素。外毒素主要有致死毒素和坏死毒素。内毒素对正常动物的毒性不强，但如注入有感染的动物，可引起剧烈的反应。

自然情况下，本菌主要感染马、骡、驴等单蹄动物，呈急性或慢性经过。驴、骡多是急性经过，体温可达 39 ~ 41℃，消瘦明显，下腹和四肢浮肿，颌下淋巴结肿大，鼻黏膜潮红，一侧或两侧鼻孔流脓性鼻涕。在不同的组织器官形成鼻疽结节，表现在鼻腔、肺部及腿部皮肤有大小不等的灰白色结节，结节中间坏死，周围有红晕，经一定时间形成溃疡；发生在腿部皮肤形成结节时，形成深陷的火山口状溃疡，排出灰黄色或混有血液的脓汁，时间长后，皮肤增厚，形成所谓的“橡皮腿”。慢性鼻疽多无明显的临床症状，表现为异常消瘦，病程长，在鼻中隔可看到愈合后的溃疡形成放射状斑痕，严重者表现为鼻中隔穿孔。

人发生鼻疽主要由于和患畜接触。按照病程可分为急性和慢性两种，以急性型多见，表现为发病急、体温高，待体温下降后，在颜面、躯干、四肢形成炎性结节，随后形成丘疹、破溃，形成溃疡，其附近的淋巴结肿胀；慢性病例局部症状与急性相似，但全身症状轻微，呈低热或高热不定，病情时好时坏。

(三) 微生物学诊断

对鼻疽伯氏菌及其病原学检查包括细菌学检验、血清学检查和变态反应性检查。

1. 细菌学检查

本菌的培养检查可采用棉拭子采集鼻腔分泌物、皮肤溃疡或脓汁等病料材料，因其中杂菌太多，可将其接种于孔雀绿酸性复红甘油培养基进行选择培养。如果是动物死后的无菌病料，可直接分离。本菌在形态及染色特性上与其他革兰氏阴性杆菌无明显区别，故鉴别意义不大。鼻疽伯氏菌与类鼻疽伯氏菌均是重要的人畜共患病病原，二者生物特性高度相似，仅个别表型可区别（表 8–2）。

表 8–2 鼻疽伯氏菌与类鼻疽伯氏菌的主要鉴别表型特征

菌别	糖分解能力	菌落气味	生长速度	硝酸盐还原产气	菌落皱纹	H_2S	运动性
类鼻疽伯氏菌 (*B. pseudomAllei*)	新分离菌 较强	泥土味	快 /2 d	+	+	–	+
鼻疽伯氏菌 (*B. mallei*)	弱	无	慢 /4 d	–	–	+	–

2. 血清学检查

最常用的是补体结合反应。实践证明，该方法在鼻疽动物检验时，特异性较高，呈现阳性的病马与鼻疽临床有病变的病马符合率在 95% ~ 99%，所以该方法是一种准确度较高的辅助诊断方法。

3. 变态反应性检查

该反应的敏感性高，可检出急性、慢性及活动性等的鼻疽感染动物，是目前鼻疽检疫不可缺少的检查方法。以鼻疽菌素为变应原，进行 1 : 1 000 稀释，点眼或皮内接种后 24 ~ 48 h 观察局部红肿现象。阳性反应者，眼结膜红肿，眼睑水肿，流泪或有脓性眼眵，皮肤增厚 4 mm 以上。

4. 动物实验

猫和仓鼠最易感，豚鼠次之。将可疑病料经研磨制成 5 ~ 10 倍的乳剂给体重 250 g 雄性豚鼠腹腔接种 0.5 ~ 1.0 mL，经 3 ~ 5 d 可发生特征性的阴囊红肿、睾丸鞘囊炎和睾丸炎、化脓，多于接种后 2 ~ 3 周死亡，称为施特劳斯反应（Strauss reaction），对本菌的鉴定具有一定意义。对死亡豚鼠进行剖检，进一步分离细菌进行鉴定较为容易。

二、类鼻疽伯氏菌

本菌是 1911 年 Whitmore 从类似鼻疽病的人肺脏中分离出的一株菌。由于该菌在形态特征、培养特性与鼻疽伯氏菌相似，加上该菌在血清学上与鼻疽伯氏菌有交叉反应，故称为类鼻疽伯氏菌（*Burkholderia pseudomallei*）。自然情况下该病主要分布于东南亚热带地区，为一种地方性人畜共患病的致病菌。

(一) 主要生物学特性

1. 形态染色与培养特性

本菌在形态和培养特性与鼻菌伯氏菌非常相似。形态上，为不形成芽胞、无荚膜，具有极生鞭毛的革兰氏阴性小杆菌，长为 0.6 ~ 2.0 μm，Giemsa 染色呈两级浓染。在培养特性上，本菌在加有甘油的培养基上生长良好，在 5% 甘油琼脂上培养 24 h，形成中央隆起的光滑型小菌落，48 h 后菌落表面形成皱纹。在马铃薯斜面培养基先形成灰白色菌苔，后变成蜜蜂样菌苔，在液体培养基上形成菌膜。

2. 生化特性

初次分离的菌能发酵多种糖类，如葡萄糖、麦芽糖、乳糖、甘露糖、蔗糖等，产酸不产气，不产生硫化氢，靛基质实验阳性，具体与鼻疽伯氏菌的生理生化区别见表 8–2。但实验室保存的菌种只能发酵葡萄糖。

（二）致病性

本菌侵染动物的范围极其广泛。野鼠、家鼠、豚鼠、兔、猫、狗、绵羊、猪、野山羊、家山羊、牛、马、骆驼、树袋鼠和鹦鹉都可以自然感染。水生动物如海豚、海豹、鲸类也可感染。细菌可随感染动物的迁移而扩散，并污染环境，形成新的疫源地。家畜中以猪和羊易感。仔猪多为急性经过，极易死亡，成年猪多为慢性经过，宰后多见于肝、脾、淋巴结等多处发生脓肿和结节，大小不等，最大的可达鸡蛋大，山羊多为慢性经过，表现为咳嗽、跛行或神经症状。马属动物呈腹泻、肺炎、脑炎等多种症状。

（三）微生物学检查

本菌的微生物检查程序和方法同鼻疽伯氏菌，可采用细菌分离、血清学检查和变态反应性诊断等，本菌在血清学和变态反应上与鼻疽伯氏菌有交叉反应，应与之区别。从感染动物种类看，类鼻疽伯氏菌感染的动物广泛，培养时菌落有皱纹。在糖发酵能力上，鼻疽伯氏菌发酵 D– 木糖，不发酵 D– 核糖和赤藓醇，而类鼻疽伯氏菌正好相反。

第五节 波 氏 菌 属

波氏菌属（*Bordetella*）也称作博代氏菌属。DNA 中（G + C）mol% 为 60 ~ 70。本属有 4 个种：支气管败血波氏杆菌（*B. bronchiseptica*）、百日咳波氏杆菌（*B. parapertussis*）、副百日咳波氏杆菌（*B. pertussis*）和禽波氏杆菌（*B. avium*），主要特征区别见表 8–3。

表 8–3 波氏菌属细菌主要区别特征

特征	支气管败血波氏杆菌	百日咳波氏杆菌	副百日咳波氏杆菌	禽波氏杆菌
溶血素	+	+	+	–
丝状血凝素	+	+	+	–
百日咳毒素	–	+	–	–
荚膜	+	–	–	–
过氧化氢酶	+	+	+	+
硝酸盐还原	+	–	–	–
尿素酶	+	–	+	–
柠檬酸盐利用	+	–	+	+
（G + C）mol%	68.8	67.8	68.6	62.2
引起疾病	哺乳动物类咳嗽、萎缩性鼻炎	人百日咳	人轻微咳嗽	禽类传染性鼻炎

本属细菌细小，呈球杆状，单在或成双，很少成链。不产生芽胞，运动或不运动，革兰氏染色阴性，常呈两极染色。

细菌为呼吸代谢型，严格需氧，有机化能营养，最适生长温度为 35 ~ 37℃。需要烟酰胺、有机硫（如半胱氨酸）、有机氮（氨基酸），不需要硫胺素、X 和 V 因子。常用的培养基是甘油马铃薯血液琼脂培养基（即鲍 – 姜氏培养基）。菌落特征为典型的 S 型菌落，血琼脂上不溶血。不分解糖类，氧化谷氨酸、脯氨酸、丙氨酸、天冬氨酸和丝氨酸，产生氨和 CO_2。使石蕊牛乳碱化，过氧化物酶、腺苷酸环化酶和触酶阳性，磷酸酯酶阴性，不水解明胶、七叶苷、酪蛋白和淀粉，甲基红、V–P 和吲哚实验均阴性。

本属细菌主要可感染人和各种动物和禽类的呼吸道，引起慢性呼吸道感染。

一、支气管败血波氏杆菌

（一）基本生物学特性

1. 形态与染色特性

支气管败血波氏杆菌是一种细小的杆菌，革兰氏染色阴性，有周身鞭毛，能运动，不形成芽胞，多形态，由卵圆形至杆状，常呈两极着染。

2. 生长要求与培养特性

本菌为严格需氧。最适生长温度37℃。普通琼脂上生长良好，形成圆形、隆起、光滑、闪光的细小菌落；血琼脂上 β 溶血；在鲍－姜（Bordet-Gnegou，B-G）氏培养基上菌落光滑、凸起、湿润、半透明、闪光，形成牛奶咖啡样融合性菌苔，并使培养基变成棕黑色；在麦康凯培养基上能生长。虽然在各种培养基上均易生长，但是极易发生菌相变异，主要有 3 种类型的菌相变异：Ⅰ相菌落是在 B-G 基础培养基中加入 5%～10% 的血液或裂解红血球液及优质混合蛋白胨的培养基，并在潮湿空气中培养形成，其主要特征是菌落呈珍珠状或半圆形，直径小于 1 mm，白色、光滑致密，围绕周边界限有不清晰的 β 溶血环（图 8-2a）；Ⅱ相菌落在培养条件不适或多次传代后出现，主要特征是菌落较大，穹隆状，在血琼脂上可发生 β- 溶血（图 8-2b）；Ⅲ相菌落，灰白色，扁平，边缘锯齿状，不规则，质地稀软，不溶血(图 8-2c)。如因培养条件的不合适造成菌相变异，通过恢复合适的培养条件可使菌落恢复到Ⅰ相菌落。Ishikawa H 等（1986）报道使用结晶紫可以使细菌发生菌相变异，并且变异在后续传代过程中也不会恢复到原有的菌相。

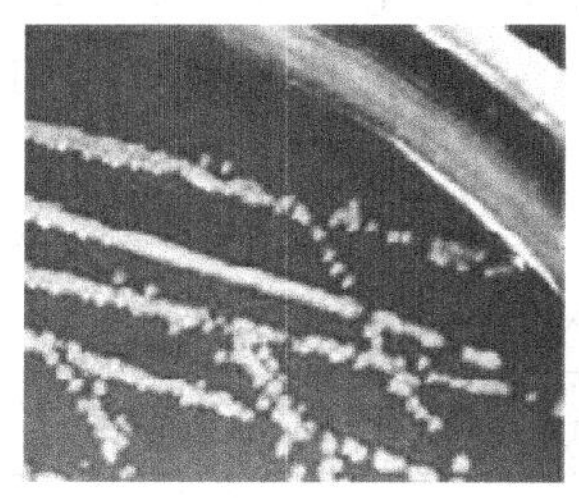
a

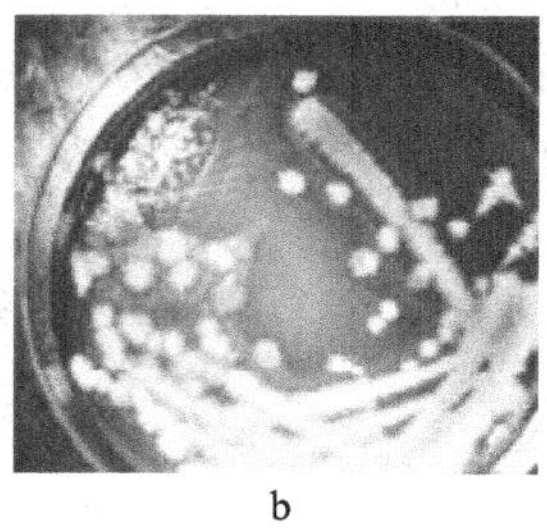
b

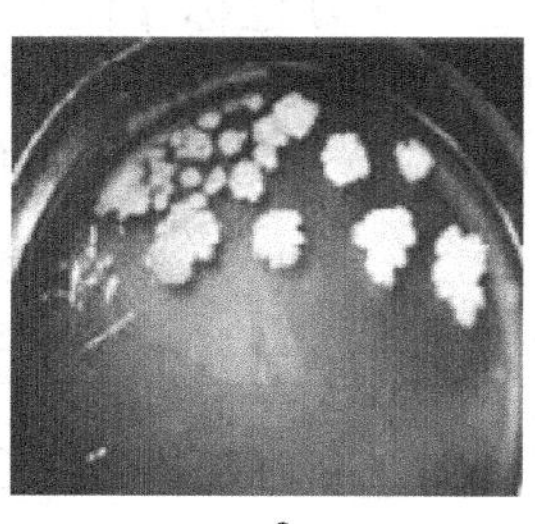
c

图 8-2　支气管败血波氏杆菌在固体培养基生长的 3 种不同菌相的菌落

a. Ⅰ相菌落；b. Ⅱ相菌落；c. Ⅲ相菌落

3. 生化特性

呼吸型代谢，不发酵和分解任何糖类，MR、V-P 和吲哚实验阴性，氧化酶、接触酶阳性，尿酶阳性。

4. 抗原结构

具有菌体（O）抗原、荚膜（K）抗原和鞭毛（H）抗原。O 抗原耐热，为属特异性抗原；K 抗原由荚膜抗原和菌毛抗原组成，不耐热。抗原随菌落的菌相变异而发生变化，典型的Ⅰ相菌具有荚膜和密集的周生菌毛，很少有鞭毛，缺乏 H 抗原，菌体细胞由于包被丰厚的荚膜和菌毛，呈现 O 不凝集性；Ⅱ相菌 K 抗原不丰厚或很少，同时呈现 O 和 K 凝集；Ⅲ相菌无荚膜和菌毛，有周鞭毛，呈现 K 不凝集性。

（二）致病物质基础和疾病特征

本菌具有与侵袭力相关的毒力因子和毒素物质。侵袭力相关的毒力因子包括黏附素，如丝状血凝素（filamentous haemagglutinin，FHA）、百日咳杆菌黏附素（pertactin，Prn）、气管定居因子（tracheal colonization factor，TCF）和菌毛；毒素物质包括腺苷环化酶溶血素（adenylate cyclase-hemolisin，AC-Hly）、气管细胞毒素（traeheal cytotoxin，TCT）以及 III 型分泌系统（type Ⅲ secretion system，TTSS）。

支气管败血波氏杆菌感染范围广泛，包括猪、犬、猫、马、牛、绵羊和山羊等家畜，兔、豚鼠、小鼠、大鼠、仓鼠及猴等实验动物，鼠、雪貂、刺猬、狐、臭鼬、狨、考拉熊及栗鼠等野生动物，引起诸如犬传染性支气管炎、兔传染性鼻炎等疾病，也是猪传染性萎缩性鼻炎的病原之一，猪、兔的感染十分普遍，人也有偶尔感染的报道。

支气管败血波氏杆菌和其他病原体之间有协同作用,可增高呼吸道疾病的发病率并增加其严重程度。

兔主要引起传染性鼻炎。不同年龄兔表现不同症状,仔兔和青年兔多呈急性型,成年兔多呈慢性型。临床表现为鼻炎型和肺炎型,和其他细菌混合感染可导致更严重的呼吸道传染病。致病过程中,支气管败血波氏杆菌Ⅰ相菌固着在鼻腔黏膜上皮细胞上进行增殖,其坏死毒素引起鼻腔黏膜发炎、增生和退变受损,给其他细菌寄居和增殖创造了条件,最终导致发病。

猪感染支气管败血波氏杆菌和其他相关细菌如巴氏杆菌,可引起萎缩性鼻炎,依据感染菌量、年龄和猪体免疫状况的不同,表现的临床症状虽有差别,但主要特征是猪的鼻甲骨萎缩和猪的支气管性肺炎。

(三) 微生物学检查

本菌的微生物学检查,包括细菌学检查和血清学检查。

1. 细菌学检查

采集鼻腔后部分泌物、气管分泌物或病变组织。除直接镜检外,可接种在改良麦康凯琼脂、改良 B–G 琼脂、血琼脂等平板上。37℃需氧培养 40 ~ 48 h,挑选可疑菌落进行革兰氏染色镜检,并做 O–K 抗血清活菌玻片凝集实验呈典型凝集。将典型或可疑的单个菌落移植于 B–G 琼脂或斜面,培养 40 ~ 45 h,以 K 和 O 因子血清作菌相鉴定。并进一步做生化实验,进行种的鉴定。本菌为革兰氏阴性小杆菌,与其他大小相似的革兰氏阴性小杆菌无法区别,主要根据培养特征、生化特性及血清学鉴定进行定性确定。还可以将 B–G 培养物用 pH 7.0 的磷酸盐缓冲液制成含活菌 $1\times10^4\sim1\times10^9$ 个 /mL 的菌液,接种小鼠、豚鼠或兔。小鼠每只腹腔注射菌液 0.5 mL,观察 7 d,一般在 3 d 内致死,存活者剖检可见脾明显萎缩;家兔或豚鼠背部脱毛,每个点皮内注射 0.1 mL,注射后 48 h 左右出现皮肤坏死。

2. 血清学试验

支气管败血波氏杆菌以Ⅰ相菌 35% ~ 40% 甲醛凝集抗原进行血清抗体检测,常规诊断应用试管法,初检也可用平板法。此法具有较高的特异性和敏感性,主要用于猪萎缩性鼻炎的诊断,也可用于兔、豚鼠、犬、猫、马、猴等动物波氏杆菌感染的诊断。判定标准暂定为血清凝集价在 1 : 80 以上者为阳性,1 : 40 者为可疑,1 : 20 以下者为阴性。此外,尚可用猪鼻腔黏液涂片以间接荧光技术检测支气管败血波氏杆菌,但不够敏感。

(四) 免疫防治措施

预防波氏杆菌病的主要措施是进行免疫接种。早在 20 世纪 70 年代,加有铝佐剂的灭活全菌苗已商品化。目前支气管败血波氏杆菌灭活苗已广泛应用。药物添加能有效地预防或降低波氏杆菌病的发生,但细菌的抗药性不是恒定的,不同菌株产生的耐药性也不尽相同。

二、禽波氏杆菌

(一) 主要生物学特性

1. 形态与染色特性

本菌为革兰氏阴性,球杆状,大小为(0.2 ~ 0.3) μm × (0.5 ~ 1.0) μm。15 ~ 20 h 液体培养物置暗视野显微镜下观察,菌体做旋转运动;电镜下观察,菌体周围有 3 ~ 5 根鞭毛,分布周身。

2. 培养特性

禽波氏杆菌在血液琼脂或牛肉浸汁培养基上,于潮湿空气中 35 ~ 37℃需氧培养 24 h,有 3 种菌落生长。大多数禽波氏杆菌菌株形成Ⅰ相型菌落,呈致密、半透明、珍珠状、边缘整齐、表面有光泽的小菌落。典型的Ⅰ型菌落在培养 24 h 后,直径为 0.2 ~ 1 mm,至 48 h,直径为 1 ~ 2 mm。牛肉浸汁琼脂上生长的Ⅰ型菌落往往中心呈浅棕色;另一种菌落较大,穹隆状,称为Ⅱ型菌落。Ⅱ型菌落在血琼脂上可发生 β– 溶血现象。Ⅲ型菌落,边缘锯齿状,不规则,菌落较大。

3. 生化特性

不分解葡萄糖、乳糖、蔗糖、麦芽糖、棉子糖、木糖、鼠李糖、阿拉伯糖、甘露醇、卫矛醇、山梨醇、侧金盏花醇、肌醇、七叶苷、水杨苷、鸟氨酸、精氨酸;H_2S 实验、靛基质实验、V–P 实验、甲基红实验均为阴性;能利用枸橼酸盐,能产生过氧化氢酶。

4. 抗原特性

禽波氏菌在共同的 O 抗原方面类似于支气管败血波氏杆菌，具有 6 个表面抗原因子。

5. 抵抗力

大多数常用消毒剂都能杀死禽波氏杆菌。低温、低湿、中性 pH 条件可延长该菌的存活时间。某些禽波氏杆菌菌株对链霉素、磺胺嘧啶和四环素有抗性。

（二）致病机制与疾病特征

禽波氏杆菌的主要毒力因子可分为黏附、局部黏膜损伤和全身作用因子。禽波氏杆菌有起黏附作用的表面结构和分子，纤毛和血凝素也有一定作用。细菌最初黏附在口鼻黏膜的纤毛上皮细胞上，随后局部黏膜由禽波氏杆菌毒素损伤，导致纤毛损伤和清除黏液能力下降，并引起一系列全身性病理生理反应，包括血清皮质酮增多，白细胞迁移性增强，体温下降以及脑和淋巴样组织中单胺量减少，肝脏中色胺酸、2,3–二氧化酶降低等。

禽波氏杆菌可引起禽传染性鼻炎，是禽类的一种高度传染性上呼吸道疾病。潜伏期为 7 ~ 10 d，患鸡突然出现打喷嚏症状。部分鸡出现颌下水肿，张口呼吸，呼吸困难及发音改变。病鸡静卧，挤作一团，饮水、采食迟缓，鸡群生产性能下降。

（三）微生物学检查

包括细菌学检查和血清学检查，基本方法同支气管败血波氏杆菌，波氏杆菌相关细菌的主要鉴别要点见表 8–3。

（四）免疫防治

用于预防火鸡波氏杆菌病的疫苗包括禽波氏杆菌温度敏感变异株活菌苗和全细胞菌素。前者是由美国北卡罗来纳州分离出的强毒株经亚硝基胍诱变而获得，可不同程度地降低禽波氏杆菌对气管黏膜的黏附。

第六节　弗朗西斯菌属

弗朗西斯菌属（*Francisella*）细菌是以研究土拉热作出重要贡献的科学家 Francis 的名字命名的一属细菌。本属菌包括两个种，一个是土拉热弗朗西斯菌（*F. tularensis*），另一个是蜃楼弗朗西斯菌（*F. philomiragia*），土拉热弗朗西斯菌是本属菌的代表种，在这个种内有 4 个亚种或变种，分别是：土拉热变种（*F. tularensis* var. *tularensis*）（或称 A 型），主要分布于北美洲，在 4 个亚种中毒力最强；旧北区变种（*F. tularensis* var. *palaearctica*）（或称 B 型），主要分布于欧洲和亚洲，毒力较弱，很少引起致死性疾病；新凶亚种（*F. tularensis* subsp. *novicida*），毒力相对较弱，目前仅有两例土拉热病例与此菌有关，并且都是免疫力低下的病人；中亚亚种（*F. tularensis* subsp. *mediaasiatica*），仅分布于中亚地区，很少有关该菌对动物毒力相关的报道。土拉热亚种和旧北区变种的区别是以是否利用甘油、产生瓜氨酸酰尿酶和对豚鼠的致病力来区分。新凶亚种与土拉热亚种的区别可通过蔗糖产酸、凝集反应和致病力进行区别。

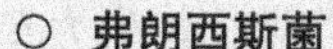

土拉热弗朗西斯菌土拉热变种可引起人和动物的土拉热，又称野兔热，该病是重要的人畜共患病。土拉热弗朗西斯菌新凶亚种主要引起实验动物感染。

该菌属相关知识见**数字资源**。

第七节　弧　菌　属

弧菌属（*Vibrio*）是弧菌科的一个属，在原弧菌科中有 4 个属的细菌与人和动物的疾病有关，分别为弧菌属、气单胞菌属、邻单胞菌属和水杆菌属，前两者已独立为科，后两者现归为肠杆菌科。这是一群存在于海洋、港湾、海洋动物肠道，在形态结构、培养特性及生化特性上非常相似的细菌。

本属细菌因菌体弯曲如弧而得名，种类多，分布广，尤其是水中最为常见。形状短小弯曲，大小为

0.5 μm × (1 ~ 5) μm，分散排列，偶尔互相连接成 S 状或螺旋状。革兰氏染色阴性，菌体一端有单鞭毛，运动活泼。无芽胞，无荚膜。需氧或兼性厌氧，分解糖类，产酸不产气，氧化酶阳性，赖氨酸脱羧酶阳性，精氨酸水解酶阴性，嗜碱，耐盐，不耐酸。DNA 中的 (G + C) mol% 为 38 ~ 51。该属细菌一部分引起人类疾病，如霍乱弧菌、副溶血性弧菌等；一部分引起水生动物疾病，如鳗弧菌和奥氏弧菌等。

一、霍乱弧菌

○ 霍乱弧菌

霍乱弧菌 (*V. cholera*) 引起人类的霍乱，是一种古老且流行广泛的烈性传染病之一。自 1817 年以来，该病曾在世界上引起多次大流行，主要表现为剧烈的呕吐、腹泻、失水，死亡率较高，是我国的法定的一类传染病。相关知识见**数字资源**。

二、副溶血性弧菌

副溶血性弧菌 (*V. parahaemolyticus*) 又称嗜盐菌，是 20 世纪 50 年代日本大阪大学的藤原恒三郎从日本一次爆发食物中毒的病例中分离出来。该菌分布于近海的海水、鱼体及贝类等海产品中。该菌主要引起食物中毒，多见于日本、东南亚和美国，也是我国台湾地区和大陆沿海地区引起食物中毒的常见致病菌。

1. 主要生物学特性

本菌虽属弧菌属，其细菌形态不像典型弧菌的弯曲状，反而呈笔直的棒状，类似杆菌 (图 8–3)。本菌大小为 0.3 μm × 2 μm，革兰氏阴性。在盐浓度不合适的培养基培养，菌体呈长丝状或球杆状等多形性。在菌体的一端有鞭毛，能活泼运动。无荚膜和芽胞，本菌嗜盐畏酸，在食醋中 1 ~ 3 min 即死亡，在 1% 盐酸中 5 min 死亡。56℃加热 5 ~ 10 min 灭活，在无盐培养基上不能生长，3% ~ 6% 盐水中繁殖迅速，低于 0.5% 或高于 8% 盐水中停止生长。在普通血平板上不溶血或呈 α 溶血。但某些菌株在 7% 高盐和含人 O 型血或兔血及在以 D– 甘露糖为碳源的培养基中产生 β 溶血。副溶血性弧菌不能使乳糖及蔗糖发酵，与可以发酵葡萄糖及蔗糖的其他弧菌科细菌不同，这也是区别肠炎弧菌与其他弧菌的方法之一。由于这个特性，副溶血性弧菌在 TCBS 培养基上呈现亮绿色，与一般弧菌的黄色不同。已知副溶血弧菌有 12 种 O 抗原及 59 种 K 抗原。

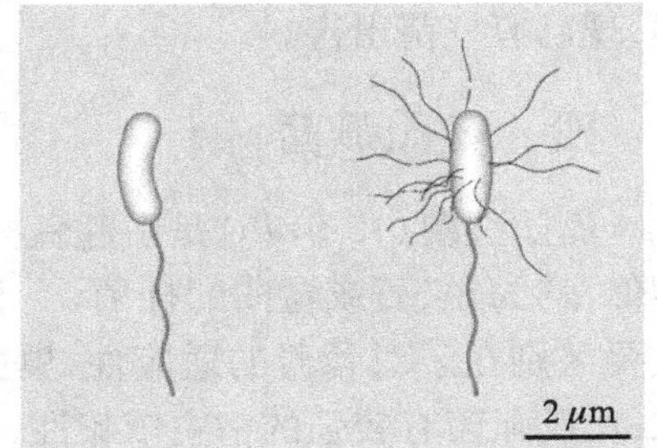

图 8–3　弧菌属中霍乱弧菌与肠炎弧菌形态比较

左：霍乱弧菌的模式图，有弧菌的典型特征：逗点状的杆菌本体及粗的单毛性鞭毛 (端鞭毛)；

右：肠炎弧菌的形式图，细菌本体的形状是笔直的棒状，除了端鞭毛外，还有许多细的侧鞭毛

2. 致病性

副溶血性弧菌的致病物质主要有分子量为 4.2×10^4 的致热性溶血素 (TDH) 和分子量为 4.8×10^4 的 TDH 类似溶血毒 (TRH)，具有溶血活性、肠毒素和致死作用。副溶血性弧菌主要引起食物中毒，进食含有该菌的海产品或盐腌渍品或其他食物即可中毒，常见者为蟹类、乌贼、海蜇、鱼、黄泥螺等，其次为蛋、肉类或蔬菜。临床上以急性发病、腹痛、呕吐、腹泻及水样便为主要症状。主要病理变化为空肠及回肠有轻度糜烂，胃黏膜发炎，肝、脾、肺等内脏器官淤血。

3. 微生物学检查

采集新鲜粪便、肛拭子或剩余食物，直接接种于 SS 琼脂或嗜盐菌选择培养基。在 TCBS 培养基上呈现亮绿色，挑取可疑菌落进行生化实验。副溶血性弧菌发酵乳糖及蔗糖，可与发酵葡萄糖及蔗糖的其他弧菌科细菌相区别。

三、鳗弧菌

鳗弧菌 (*V. anguillarum*) 是 1909 年由 Bergman 定名。该菌广泛分布于海水和淡水中，是海水养殖动物重要的条件致病菌，可引起多种鱼类疾病。

1. 主要生物学特性

具有典型的弧菌属菌体形态特征，呈逗点状，有 1 根很长的极生单鞭毛，革兰氏阴性，无荚膜，不形成芽胞，菌体大小为(0.8 ~ 1.0) μm × (1.5 ~ 1.7) μm。在 4 ~ 35℃范围内均可生长，适宜温度是 13 ~ 37℃，在含 3% ~ 6% NaCl 的培养基可以生长，但在无盐培养基上生长不良。在 2216E 培养基上培养 24 h 的菌落呈圆形，半透明，直径约 1.5 mm；在 TCBS 培养基上培养 24 h 的菌落呈黄色，直径约 3 mm。本菌氧化酶、过氧化氢酶阳性，发酵葡萄糖、蔗糖、肌醇、山梨醇。能利用柠檬酸盐，V–P 实验阳性，能产生吲哚，不产硫化氢。

2. 致病性

鳗弧菌的致病性与许多毒力因子有关，包括由质粒编码的铁吸收系统、细胞外溶血毒素、细菌鞭毛蛋白、胞外蛋白酶等。本菌感染水生动物种类繁多，可感染鲑鱼、虹鳟、鳗鲡、香鱼、鲈鱼、鳕鱼、大菱鲆、牙鲆、黄鱼等。感染鳗弧菌的鱼体表最初出现局部褪色，鳍条、鳍基部及鳃骨下部充血发红，肛门红肿，继而肌肉组织有弥散性或点状出血，体表发黑，鳍部出现溃烂。解剖检验时有明显的黄色黏稠腹水，肠黏膜组织腐烂脱落，部分鱼肝脏坏死。

3. 微生物学检查

从病鱼腹水或溃疡面取样制成涂片，镜检，可见革兰氏阴性逗点状弧菌特征，运动性检查可看到该菌活泼运动。该菌的生化特性有助于与弧菌属中的其他细菌相区别。

4. 免疫防治

本菌对热和消毒剂抵抗力不大，一般的漂白粉消毒即可杀死本菌，对氯霉素、四环素等多种抗生素敏感，现已有疫苗出售。

四、奥氏弧菌

奥氏弧菌（*V. oralli*）是引起鱼类疾病的另一种病原性弧菌。该菌在形态和染色特性上和鳗弧菌极其相似，均为短、直或弯曲的杆菌，不形成芽胞、荚膜，极生单鞭毛，革兰氏染色阴性。在生长要求上，二者的主要区别在于对营养的适应性，奥氏弧菌的适应性差，只能利用少数有机化合物作为碳和能量的主要来源；奥氏弧菌有较强的宿主依赖性，只有从濒死的鱼中才能分离出来，而鳗弧菌可从多种材料中分离获得。培养特性上，鳗弧菌生长快，而奥氏弧菌初次分离时生长相对较慢。在生化特性上二者也有区别（见表 8–4），在血清学上，二者有共同的抗原成分。

表 8–4　鳗弧菌和奥氏弧菌在生化特性上的区别要点

实验项目	鳗弧菌（*V. anguillarum*）	奥氏弧菌（*V. oralli*）
V–P 实验	+	–
精氨酸碱性反应	+	–
柠檬酸盐利用实验	+	–
淀粉水解	+	–
ONPG	+	–
脂肪酶	+	–
37℃生长	+	–
纤维二糖*	+	–
甘油*	+	–
山梨醇*	+	–
海藻糖*	+	–

* 产酸不产气

复习思考题

1. 简述布氏杆菌血清学检查方法的种类及其适用范围。
2. 简述鼻疽伯氏菌与类鼻疽伯氏菌的生物特性鉴别要点。
3. 简述铜绿假单胞菌的微生物学诊断流程。
4. 简述支气管败血波氏杆菌的形态染色及培养特性。
5. 试述副溶血性弧菌的主要生物学特性。

开放式讨论题

1. 鼻疽伯氏菌和类鼻疽伯氏菌已从假单胞菌属划入伯氏菌属,根据目前所学的微生物学知识分析这样划分的依据。

2. 某奶牛场疑似感染布氏杆菌,试根据所学的微生物学知识制定综合防治措施。

Summary

In this chapter there are six different genera to be described for their biological charecteristics, which include *Brucella*, *Pseudomonas*, *Legionella*, *Bordetella*, *Francisella* and *Vibrio*. They are small rod, coccobacilli, or slightly curved Gram-negative rods, aerobes or facultative aerobes for growth.

Brucella, designated as the name of David Bruce who isolated *B. melitensis* from British soldiers died from Malta fever in Malta, is a genus of Gram-negative, non-motile, non-encapsulated coccobacilli. *B. melitensis*, *B. abortus* and *B. suis* are the principal causes of brucellosis in humans and animals. Although three additional species, *B. neotomae*, *B. ovis*, and *B. canis*, are recognized, there are a few slightly different host specificity for *Brucella*, *B. melitensis* infects goats and sheep, *B. abortus* infects cattle, and *B. suis* infects pigs.

Pseudomonas is a genus of gamma proteobacteria, belonging to the larger family of pseudomonads. Members of the genus display the following defining characteristics: Gram-negative, aerobic, non-spore forming, rod-shaped, and one or more polar flagella, providing motility, catalase-positive. The only pathogenic species for animals are *P. aeruginosa*, associated mainly with pyogenic infections and enteritis. *P. mallei* the cause of glanders, and *P. pseudomallei* is the cause of melioidosis.

Legionella are small, aerobic, motile, Gram-negative bacteria. They may be readily visualized with a silver stain. *Legionella* is common in many environments, with at least 50 species and 70 serogroups identified. *Legionellosis* in humans appears in two clinical forms, pneumonic form termed Legionnaires' disease and nonpneumonic form called Pontiac fever. *L. pneumophila* is the primary human pathogenic bacterium and many animals including domestic, wild animals and some laboratory animals can infect the pathgen.

Bordetella is a genus of small (0.2–0.7 μm), Gram-negative coccobacilli of the phylum proteobacteria. *Bordetella* species, with the exception of *B. petrii*, are obligate aerobes as well as highly fastidious, or difficult to culture. *B. bronchiseptica* and *B. avium* are of veterinary importance. *B. bronchiseptica* is responsible for penumonia and bronchopneumonia in various animal species, or atrophic rhinitis in pigs, and *B. avium* is the pathogen known as bordetellosis in chickens, turkeys, cockatiels, ostriches and many other avian species.

Francisella is a genus of pathogenic, Gram-negative bacteria. They are small coccobacillary or rod-shaped, non-motile organisms, which are also facultative intracellular parasites of macrophages. Strict aerobes, the type species, *F. tularensis*, causes the disease tularemia or rabbit fever. *F. novicida* and *F. philomiragia* (previously

Yersinia philomiragia) are associated with septicemia and invasive systemic infections.

Vibrio is a genus of Gram-negative, curved bacteria. Typically found in saltwater, *Vibrio* are facultative anaerobes that test positive for oxidase and do not form spores. All members of the genus are motile and have polar flagella with sheaths. Pathogenic *Vibrio* include *V. cholerae*, *V. parahaemolyticus*, *V. anguillarum* and *Vibrio oralli*. They can cause cholera in humans, foodborne infection, and also cause disease in fish and shellfish.

第九章　革兰氏阴性微需氧和厌氧杆菌

本章涉及的细菌从微需氧到完全厌氧，菌体直或弯曲的革兰氏阴性小杆菌。在兽医学上重要的相关菌属包括弯曲菌属、拟杆菌属、梭杆菌属、螺杆菌属和偶蹄杆菌属。弯曲菌属和螺杆菌属为微需氧。弯曲杆菌与多种动物和人的腹泻、流产、不育和败血症有关，在环境和动物肠道广泛分布；螺杆菌中幽门螺杆菌是引起人胃炎的重要致病菌。拟杆菌属、偶蹄杆菌属和梭杆菌属细菌为专性厌氧菌，拟杆菌属细菌与动物的慢性肠炎、腹泻及肠癌有关；偶蹄杆菌属细菌与牛、羊腐蹄病有关；坏死梭杆菌与多种动物的腐蹄病、坏死性皮炎、口炎及人的慢性结肠炎或败血症有关。

第一节　弯曲菌属

弯曲菌属（*Campylobacter*）广泛分布在动物肠道、生殖器官和口腔，在家畜流产、不育中起重要致病作用的细菌。该属细菌从微需氧到厌氧，革兰氏染色阴性，菌体弯曲或呈弧状、逗点状、螺旋状。无芽胞，极生鞭毛。

该属细菌过去曾被列入弧菌属，但由于在某些性状上与弧菌属的成员不同，如呼吸型代谢，微需氧，DNA 的（G + C）mol% 含量为 30 ~ 46；而弧菌属细菌为需氧兼性厌氧，发酵型及呼吸型代谢，DNA 的（G + C）mol% 为 40 ~ 50。本属细菌目前包括 32 个种，9 个亚种；其中胎儿弯曲菌胎儿亚种（*C. fetus* subsp. *fetus*）和性病亚种（*C. fetus* subsp. *venerealis*）、唾液弯曲菌牛亚种（*C. sputorum* subsp. *bubulus*）和黏液亚种（*C. sputorum* subsp. *mucosalis*）、空肠弯曲菌（*C. jejuni*）和结肠弯曲菌（*C. coli*）等 18 个种（亚种）对人和动物有致病性。空肠弯曲菌过去属于胎儿弯曲菌，结肠弯曲菌过去属于胎儿弯曲菌空肠亚种。属内不同种或亚种的主要鉴别特征见表 9–1。

空肠弯曲菌可致犊牛、仔猪、犬等多种动物的腹泻和人的急性胃肠炎与食物中毒，也可使羊流产，引起禽类的传染性肝炎。胎儿弯曲菌胎儿亚种可引起绵羊地方流行性流产和牛散发性流产，亦是人类的一种机会致病菌，引起免疫系统受损和抵抗力低下人群的败血症和菌血症；性病亚种则是牛生殖道弯曲菌病的病原，主要引起牛的不育和流产。结肠弯曲菌存在于猪、家禽和人的肠道，可能有致病性。唾液弯曲菌牛亚种存在于牛和绵羊的生殖道，可从健康动物的精液、包皮和阴道黏液中分出；黏液亚种存在于患肠腺炎、坏死性肠炎、局部回肠炎和增生出血性肠炎猪的肠黏膜中，也见于猪口腔，对猪有致病性。简洁弯曲菌存在于患牙龈炎、牙周炎和牙周变性的龈缝中，致病性不详。

表 9–1　弯曲菌属各种和亚种的主要鉴别特征

特征	胎儿弯曲菌		空肠弯曲菌	结肠弯曲菌	唾液弯曲菌			简洁弯曲菌
	胎儿亚种	性病亚种			唾液亚种	牛亚种	黏液亚种	
微需氧生长需 H_2	–	–	–	–	–	–	+	+
接触酶	+	+	+	+	–	–	–	–
H_2S 产生	+							
TSI 或 SIM[a]	–	–	–	–	+	+	+	+
醋酸铅纸条法[b]	d	d	+	+	+	+	+	+
还原亚硝酸盐	–	–	–	–	+	+	+	+
在 1% 甘氨酸中生长	+	–	+	+	+	+	–	–
在 3.5% NaCl 中生长	–	–	–	–	–	+	–	–

续表

特征	胎儿弯曲菌		空肠弯曲菌	结肠弯曲菌	唾液弯曲菌			简洁弯曲菌
	胎儿亚种	性病亚种			唾液亚种	牛亚种	黏液亚种	
在 25℃生长	+	+	−	−	−	d	−	−
在 42℃生长	−	−	+	+	+	−	+	−
萘啶酮酸抑制[c]	−	−	+	+	−	d	d	−
头孢菌素 I 抑制[c]	+	+	−	−	+	+	+	
TTC 琼脂上生长	−	−	+	+				
马尿酸钠水解[d]	−	−	+	−	−	−	−	
在无 H_2 和甲酸盐时具延胡羧酸盐可厌氧生长	−	−	−	−	+	+	−	−
厌氧生长需延胡羧酸盐和 H_2 或甲酸盐[e]	−	−	−	−	−	−	+	+
菌落呈灰黄色	−	−	−	−	−	−	+	−
DNA 的(G＋C)mol%	33～36	33～36	31	32～34	29～31	29～31	34	34～38

注：a：TSI，三糖铁琼脂，SIM，亚硫酸盐－吲哚－运动力培养基；b：醋酸铅浸泡的窄纸条，悬挂于含有 0.16% 琼脂的半胱氨酸－HCl 的布氏肉汤管口；c：30 μg/ 片；d：Haney（1980）所描述的方法试验；e：以布氏肉汤作为基础培养基。

一、空肠弯曲菌

空肠弯曲菌（*Campylobacter jejuni*）曾称为空肠弧菌（*Vibrio jejuni*）、肝炎弧菌（*vibrio hepaticus*）和胎儿弯曲菌空肠亚种（*C. fetus* subsp. *jejuni*），是引起人和多种动物细菌性腹泻、食物中毒、流产的重要致病菌，家畜、家禽及许多种野生动物正常情况带菌率非常普遍，高达 50%～100%。

（一）主要生物学特性

1. 形态及染色特性

具多形性，呈弧形、螺旋形，当菌体相连时呈 S 形或海鸥展翅形等。大小为（0.2～0.5）μm×（1.5～5）μm。无荚膜和芽胞，菌体一端或两端有长出菌体 2～3 倍的单鞭毛存在。革兰氏染色阴性，沙黄染色不易着色，宜用石炭酸复红染色。在陈旧的培养物或不适宜的培养条件培养时，菌体可呈球状，并丧失运动性。

2. 生长要求与培养特性

微需氧菌，在正常大气或无氧环境中均不能生长。最适生长的气体环境为 5%～10% CO_2 和 85% N_2 组成的混合气体中，最适生长温度为 37～42℃。在 42℃培养时，因其他肠道菌受到抑制，具有选择培养本菌的作用。最适 pH 为 7.2。但在 pH 7.0～9.0 的范围均可生长，本菌对营养要求较高，在普通培养基中添加裂解血液或血清才能生长。

在固体培养基上培养 48 h 后，可形成两种类型的菌落，一种是易于扩散的 S 型菌落，菌落特征是扁平、光滑、湿润、有光泽、淡灰色、半透明、边缘不整齐、有扩散倾向的菌落，常沿划线蔓延生长；另一种为不易扩散的 S 型菌落，菌落为圆形、光滑湿润、中间凸起、边缘整齐的单个小菌落，菌落直径 1～2 mm，边缘部位半透明，中间颜色比较暗，不透明。菌落形态与培养基所含水分的多少有一定的关系，水分含量大的培养基以扩散型菌落为多见，较干燥的培养基以单个小菌落多见。麦康凯培养基上生长微弱或不生长。血液平板上不溶血。在液体培养基通常形成奶油状沉淀。

3. 生化特性

生化反应不活泼。不发酵糖类，不分解尿素，不液化明胶，不产生色素，氧化酶和过氧化氢酶阳性，还原亚硒酸盐，MR 试验和靛基质试验均为阴性，枸橼酸盐利用阴性。在含有 0.5% 氯化钠的培养基中生长，含有 3.5% 的氯化钠不生长，在含 1.0% 胆汁培养基中可以生长。在 0.1% 亚硒酸钠斜面上生长，三糖铁培养基中生长，不产生 H_2S。大约 40% 的菌株能对酪蛋白、核糖核酸和脱氧核糖核酸水解，90%～95% 的菌株具有磷酸酶活性；60% 菌株呈芳香基硫酸酯酶阳性。

4. 抗原构造与分类

抗原结构比较复杂，有 O、H 和 K 抗原三种。目前国内外用于分离株血清学分型的方法主要有两种，一种是根据耐热可溶性 O 抗原建立的间接血凝血清分型法，此法可将空肠弯曲菌分为 60 个血清型；另一种是根据不耐热 H、K 抗原建立的玻板凝集分型方法，此法可将本菌分为 56 个血清型。

空肠弯曲菌同源、异源以及同属不同种间均存在着共同抗原成分，其中分子量为 6.2×10^4 的鞭毛蛋白是一种热稳定性的共同抗原成分，免疫原性很强；外膜蛋白也是能引起菌株间交叉反应的共同抗原。

5. 抵抗力

对干燥抵抗力弱，对酸和热敏感，pH 2～3 或 58℃ 5 min 可杀死本菌。对常用消毒剂敏感，对红霉素、新霉素、庆大霉素、四环素、氯霉素、卡那霉素等抗生素均敏感。琼脂平板上 2～3 d 即可死亡，用橡皮塞塞紧试管口，在斜面上培养的细菌，于 4℃条件下可存活一周。布氏肉汤液体培养基中细菌，-20℃可存活 2 个月，如再加入 10% 的马血清和二甲基亚砜，细菌浓度为 10^9 CFU/mL，-70℃条件下可存活 2 年。

（二）致病的物质基础和引起的疾病

空肠弯曲菌的致病可能与其侵袭力和产生毒素有关。与本菌侵袭力有关的因子包括细菌的鞭毛、菌毛，黏附相关蛋白、外膜蛋白等，当空肠弯曲菌突破机体的屏障进入肠腔后，借助其侵袭力在小肠内定居，侵入黏膜上皮细胞并在其内繁殖。有细菌在生长繁殖过程中释放外毒素、细菌裂解时释放出内毒素。已明确细菌产生的毒素有肠毒素（cytotonic enterotoxin，CE）、细胞毒素（cytotoxin，C）和细胞致死性膨胀毒素（cytoleathal distending toxin，CDT）等，毒素促使肠黏膜上皮细胞分泌亢奋，导致腹泻。同时该菌的生长繁殖及毒素还可造成局部黏膜充血、出血、溃疡及体液渗出。

空肠弯曲菌寄生在家畜、家禽以及许多野生动物的肠道内，是一种重要的人畜共患病原菌。可致犊牛、仔猪、犬等多种动物的腹泻和人的急性胃肠炎与食物中毒，也可使羊流产，引起禽类的传染性肝炎。病菌通过动物粪便排出体外，污染环境，当人或易感动物摄入被该菌污染的食品、牛奶、水源等时被感染，或与动物直接接触而被感染。某些菌株还可引致人的格林－巴利综合征（Guillain-Barre syndrome，GBS），导致外周神经损伤。实验条件下，该菌可口服感染犊牛、羔羊及犬、仔猪、雏鸡和火鸡，腹腔或静脉注射或口服可感染雪貂。

（三）微生物学诊断

对于空肠弯曲菌引起的疾病诊断，现在主要采用细菌学、血清学和分子生物学等检查方法进行诊断。

1. 微生物检查程序　主要鉴定程序见图 9-1。

2. 检查方法

（1）细菌学检查　病料采集可取流产病畜的流产胎盘、胎儿及子宫颈阴道分泌物等；腹泻畜禽可用灭菌棉拭子直接取新鲜粪便或用肛门拭子法采集标本；禽类肝炎可剖检采集肝脏病料，还可采集病畜、禽的血液等材料。

直接镜检　将采集的标本直接涂片染色镜检，若有弧状、螺旋状、S 形或海鸥展翅形的革兰氏阴性无芽胞杆菌，或用悬滴法观察螺旋式运动，可作为初步诊断的依据。

分离鉴定　该菌的分离培养可用改良 Camp-BAP 琼脂或 Skirrow 琼脂。粪便标本可直接划线接种，组织脏器病料制成 1∶10 的混悬液、经离心沉淀集菌后接种，血液等液体标本因含菌较少，可先在硫乙醇酸钠肉汤或改良布氏肉汤或液体增菌培养基（LEB）中增菌后划线接种。将已经接种的平板置于微需氧环境中，于 42～43℃培养 48～72 h，选取可疑菌落，进行革兰氏染色镜检，并作氧化酶、触酶实验和运动力检查等，对符合弯曲菌者，进一步做其他生化实验。

本属细菌菌体弯曲、活泼运动，不形成芽胞等形态特点与弧菌属细菌在形态上非常相似，但培养特性不同，从培养条件上，弯曲杆菌需在含有 CO_2 或厌氧条件，加有血液的培养基上才能生长，培养弧菌则对氧

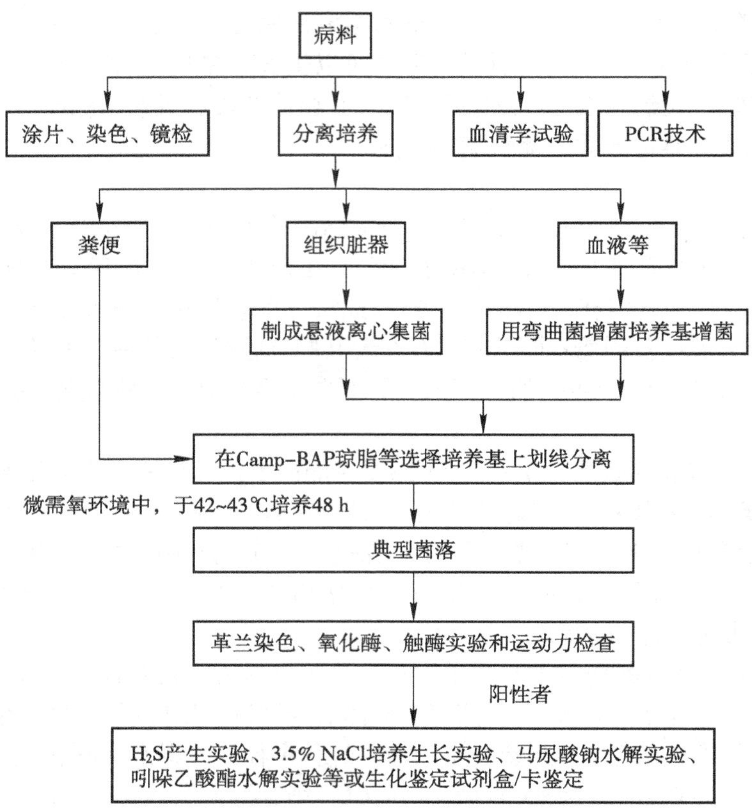

图 9-1　空肠弯曲菌一般鉴定程序

气没有要求，且在普通培养基即可生长；生化特性上，本菌不发酵任何糖类和糖类，吲哚实验阴性，而弧菌属细菌发酵糖类产酸，吲哚实验阳性等可以进行相互鉴别。

(2) 血清学检查　目前用于检测空肠弯曲菌的血清学方法主要有试管凝集实验、协同凝集实验、间接免疫荧光实验或 ELISA 等，可用于检测动物组织、脏器及粪便中的空肠弯曲菌。

(3) PCR 技术检查　采用弯曲菌属 16S rRNA 基因或鞭毛蛋白基因（*fla*A）、周质结合蛋白基因（*peb*1A）或毒素基因（*cdt*）等，可用于检测本菌。另空肠弯曲菌特异性携带马尿酸酶基因（*hip*O），可用于本菌的鉴别诊断。目前已有商品化的空肠弯曲菌核酸荧光定量 PCR 检测试剂盒用于本菌的检测。

(四) 免疫防治

感染本菌的动物，病后产生一定程度的免疫力，但不够坚强。目前还没有有效的疫苗用于免疫预防，仅有一些实验性研究。

二、胎儿弯曲菌

胎儿弯曲菌（*Campylobacter fetus*）于 1913 年自流产绵羊胎儿体内首次分离，由于其某些生物学特性与弧菌相似，被命名为胎儿弧菌（*Vibrio fetus*）。1973 年，发现其微需氧、不发酵葡萄糖，且 DNA 组成和含量不同于弧菌属，因此将其从弧菌中分出，命名为胎儿弯曲菌。胎儿弯曲菌的胎儿亚种（subsp. *fetus*）和性病亚种（subsp. *veneralis*），是引起牛羊弯曲菌性流产的主要病原；龟亚种（subsp. *testudinum*）则与哺乳动物源菌株有较大差异。

(一) 主要生物学特性

1. 形态及染色特性

本菌形态细长弯曲，菌体末端尖细，在感染组织中呈 S 形、逗点状或海鸥翼形，大小为 (0.2 ~ 0.5) μm × (1.5 ~ 2.0) μm，革兰氏染色阴性，无芽胞和荚膜，一端或两端有鞭毛，螺旋式或投标式运动。在陈旧的培养物中，呈圆球形或螺旋状长丝，长达 8 μm。

2. 生长要求与培养特性

微需氧菌，在正常大气环境下不生长，厌氧环境下生长微弱或不生长。最适宜生长的气体环境为5% O_2、10% CO_2和85% N_2组成的混合气体。最适生长温度为37℃。在25℃培养时，可生长，在42℃培养时，通常不生长。最适 pH 为 7.0。营养要求较高，培养需要用含有血液或血清的营养培养基或布氏培养基。

在血液琼脂平板上，形成圆形、光滑隆起的灰白色菌落，菌落周围不溶血。初次分离时，可在培养基上形成 4 种菌落，第一种是直径为 0.5 mm、圆形、微凸起、无色、半透明的光滑型菌落，最为常见，第二种是直径为 1 mm、圆形、凸起、半透明并有折光面颗粒的雕花玻璃型菌落；第三种为粗糙型菌落，较为少见，除了具有颗粒和不透明外，与光滑型菌落相似；第四种菌落为黏液型菌落，本型菌落除了具有黏性外，与光滑型和雕花玻璃型菌落相似。麦康凯培养基上生长不良。肉汤培养基中呈均匀浑浊。

3. 生化特性

胎儿弯曲菌不发酵各种糖类，不水解尿素，不液化明胶，过氧化氢酶试验、氧化酶试验和硝酸盐试验阳性，吲哚、甲基红和 V-P 试验均为阴性，在三糖铁琼脂斜面上生长，不产生 H_2S，醋酸铅纸条法产生 H_2S。在含有 3.5%NaCl 的培养基上不生长。亚硒酸盐试验中，胎儿亚种阳性，性病亚种阴性。不水解马尿酸盐。不利用丙二酸盐。1% 的甘氨酸耐受实验中，胎儿亚种为阳性，性病亚种为阴性。

4. 抗原构造与分类

根据菌体的脂多糖抗原结构及呈晶格状排列的 S 层蛋白类型不同，进行血清学分型，可将胎儿亚种分为血清型 A 和血清型 B，而性病亚种则只有一个血清型 A。

5. 抵抗力

本菌本菌对热抵抗力不强，58℃加热 5 min 即被杀死。对干燥、阳光和一般消毒药敏感。在干草、厩肥和土壤中的弯曲菌，于 20 ~ 27℃可存活 10 d，于 6℃可存活 20 d。对多种抗生素敏感。

（二）致病的物质基础和引起的疾病

胎儿弯曲菌的致病机制目前尚未完全清楚，一般认为该菌的致病性与位于细菌最外层、呈晶格状排列的 S 层蛋白有关，该蛋白可以抑制补体 C3b 与细菌结合，使细菌能耐受补体介导的杀菌和调理作用，具有抵抗抗体和吞噬细胞对其清除的能力；而且，S 层蛋白位相改变引起的细菌抗原变异，也可使细菌逃避机体的防御机制，目前该蛋白被认为是本菌重要的毒力因子。S 层蛋白由 5 ~ 9 个 sapA 的同源基因编码，这些基因位于一个 54 kb 的染色体区，称为 sap 岛。性病亚种还具有一个包含 IV 型分泌系统（T4SS）、链霉素和四环素抗性基因、接合性质粒同源基因、大小为 80 kb 的毒力岛，其中的 T4SS 受调节基因 virB9/virB4 的调节，细菌的 DNA 和蛋白质等大分子物质，可通过接合的方式实现向其他弯曲菌及大肠杆菌等细菌的转移。另外，有学者从胎儿弯曲菌分离出内毒素，可诱导体温升高，用培养液静脉注射怀孕母牛可引起流产。

胎儿弯曲菌胎儿亚种可引起绵羊地方流行性流产和牛散发性流产。它亦是人类的一种机会致病菌，常侵袭免疫系统受损和抵抗力低下的机体，临床上以败血症或非肠道性局限性感染为主，引起败血症、心内膜炎、脑膜炎、关节炎、流产、早产以及类似布鲁氏菌病的症状。本菌主要存在于流产胎盘及胎儿胃内容物、感染母羊和牛的血液及生殖道中，亦可存在于有蹄类动物、猪、猴、禽类、爬行动物的胆囊中。经口或交配传染。

性病亚种是牛生殖道弯曲菌病的病原，主要引起不育、胚胎早期死亡及流产，公牛则无症状隐性带菌。对豚鼠、大鼠和鸡胚有致病性，实验动物兔子和小鼠对其不敏感，腹腔注射亦不发病。病菌具有宿主限制性，主要存在于被感染的母牛阴道黏液、公牛的精液和包皮以及胎盘和流产的胎儿组织中，经自然交配或人工授精传染，在人和动物的肠道中不繁殖。

（三）微生物学诊断

对于空肠弯曲菌引起的疾病诊断，现在主要采用细菌学检查和血清学检查方法。

1. 微生物检查程序　本菌鉴定程序见图 9-2。

2. 检查方法

（1）细菌学检查：病料可采取感染公畜的精液或包皮垢，母畜的子宫颈阴道黏液及血液，当发生流产时，则采集流产胎盘、胎儿胃内容物。

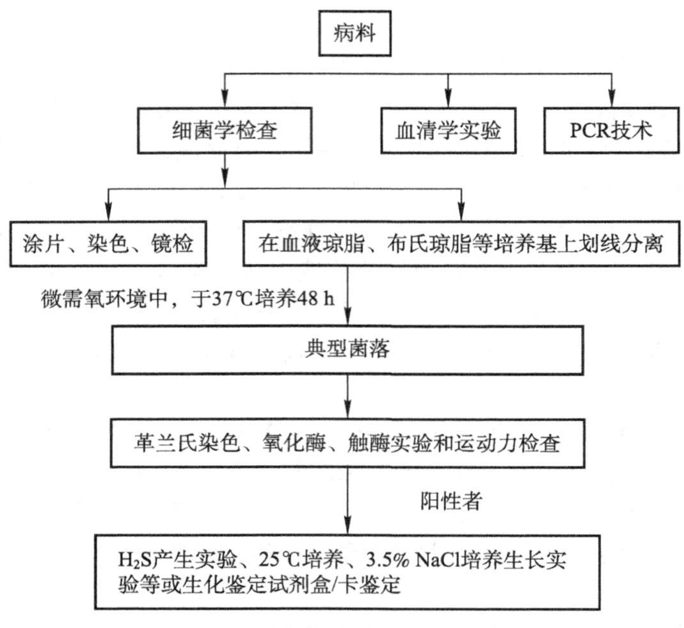

图 9–2 胎儿弯曲菌一般鉴定程序

直接镜检 将采集的标本直接涂片染色镜检，若有弧状、螺旋状、S形或海鸥展翅形的革兰氏阴性无芽胞杆菌，或用悬滴法观察到螺旋式或投标式运动，可作为初步诊断的依据。

分离鉴定 该菌的分离培养可用添加血液或血清的营养琼脂培养基或布氏琼脂培养基。将所采集的上述材料直接划线接种于培养基，在微需氧的条件下，37℃培养 48 h，选取可疑菌落，进行革兰氏染色镜检，并作氧化酶、触酶实验和运动力检查等，对符合弯曲菌者，进一步作其他生化实验。

(2) 血清学检查：目前用于胎儿弯曲菌引起疾病的血清学检查方法有凝集实验、免疫荧光抗体技术和酶免疫测定法，其中凝集实验应用最多。一般阴道黏液凝集实验的凝集价达 1∶25 者，判为阳性；试管凝集实验的血凝效价达 1∶100 者，判为阳性。间接血凝实验是用性病亚种的耐热性抗原致敏绵羊红细胞或用酚提取的抗原致敏鞣酸化的绵羊红细胞，检测胎儿弯曲菌抗体的一种方法。用这种致敏的红细胞检查牛阴道黏液中的抗体，结果较直接凝集试验更为准确。

血清学实验主要用于牛的此病诊断，而对绵羊的诊断意义不大。由于各个菌株之间可能存在明显的差异，且有些菌株与流产布氏杆菌、鸡白痢沙门菌以及胎儿滴虫有血清学相关性，因此，应注意选取实验用抗原菌株。

(3) PCR 检测：用胎儿弯曲菌的 16S rRNA 序列及保守性较强的表面蛋白基因 sap 作为靶基因，建立的 PCR 方法检测牛胎儿弯曲菌，证明特异性强，敏感性好。建立的 real time PCR 方法，可用于检测和鉴别胎儿弯曲菌胎儿亚种和性病亚种。目前已有商品化的胎儿弯曲菌荧光PCR检测试剂盒用于本菌的定量检测。

(四) 免疫防治

用胎儿弯曲菌性病亚种的无菌提取物或死菌苗给小母牛接种，可有效地预防和扑灭本病。由于母羊流产后可以获得免疫，其他羊与之接触后亦可获得对本菌的抵抗力，因此，一般不对羊进行免疫接种。

第二节 拟杆菌属

拟杆菌属(*Bacteroides*)又称类杆菌属，是一属革兰氏染色阴性，不形成芽胞，厌氧、运动或不运动的杆菌。形态为杆状，但当培养条件不合适，如营养不合适、培养基氧化还原电势不高时，细菌形态表现明显的多形性，如菌体末端或中央部位膨大，形成空泡或变为长丝状。

本属细菌为厌氧菌，培养细菌时，要求培养基氧化还原电势的高低与所培养的细菌种类有关，即使在同一种内，也因接种量的不同而有差异，有些种所需的氧化还原电势不高就可以生长，如在部分氧化的培养基内或在烛光法培养罐内就可以生长，但有些菌种必须在氧化还原电势超过 100 mV 的培养基才能生长，同时接种量亦必须大。某些菌种即使在氧化的培养基上，生长繁殖也会受到抑制，必须向培养基中加入血清或腹水后才能支持其生长。本属菌最适生长温度为 37℃，最适 pH 为 7.0。DNA 的（G + C）mol% 含量为 40 ~ 48。

本属细菌有些分解糖类，有些不分解糖类。一般不产生或仅产生极少量的触酶，不产生谷氨酸脱氢酶，通常不水解马尿酸盐，不消化肉渣，在 McClung-Toabe 卵黄琼脂上一般不产生卵磷脂酶和脂酶，不产生吲哚。

根据 16S rRNA，拟杆菌属细菌的分类地位变动较大，如原属于本属的节瘤拟杆菌，现属于偶蹄杆菌属，腐败拟杆菌现属于棍杆菌属（*Alistipes*）。拟杆菌属目前共有 22 个种，是人和动物肠道、口腔、上呼吸道及泌尿生殖道的正常菌群，在口腔和肠道尤为多见。在人和动物肠道内定植的厌氧菌中，拟杆菌约占肠道菌群总数的 1/4，其中临床分离率最高的为脆弱拟杆菌（*B. fragilis*）。

○ 拟杆菌

有关拟杆菌的其他相关知识见**数字资源**。

第三节 梭杆菌属

梭杆菌属（*Fusobacterium*）的模式种为梭状，但其他成员细菌并非均呈梭状，菌体细长呈丝状者为多。本属是一群菌体细长丝状，不产生芽胞，不运动或借周生鞭毛运动，专性厌氧的革兰氏阴性杆菌。本属细菌十分形似于拟杆菌属的细菌，梭杆菌产生谷氨酸脱氢酶可与拟杆菌相区别。

专性厌氧是本菌的特征之一，有氧的环境下不能在琼脂表面生长。用于培养细菌的培养基最合适的氧化还原电势因接种菌种不同、接种量的不同和培养基的种类不同而有所差别。氧化的培养基能够抑制某些种细菌的生长，在培养基中加入 5% ~ 10% 的血清、瘤胃滤过液或腹水则有利于细菌的生长。最适生长温度为 37℃，最适宜 pH 为 7.0。绝大多数细菌 DNA 的（G + C）mol% 范围在 26 ~ 34 之间。个别细菌如普氏梭杆菌（*F. prausnitzii*）（G + C）mol% 含量偏高，在 52 ~ 57。

梭杆菌属细菌分解糖类或蛋白胨的主要代谢产物为丁酸，也常产生乙酸、乳酸以及少量的丙酸、琥珀酸、甲酸和短链的醇类。有些种的菌株可转化苏氨酸到丙酸盐，丙酮酸转化成乙酸盐和丁酸盐，有时也可形成甲酸盐、琥珀酸盐和乳酸盐。通常不分解侧金盏花醇、卫矛醇、赤藓糖醇、甘油、肌醇、松三糖、鼠李糖、核糖、山梨糖和山梨醇，也不产生过氧化氢酶，还原硝酸盐，在 SIM 培养基中可产生 H_2S。

梭杆菌现有 16 个种，多数栖居于人或动物的泌尿生殖道、消化道等体腔中，少数具有致病性，存在于多种化脓性或坏疽性病灶和器官的梗塞中。引起人和动物的各种化脓性感染或坏死性感染，如脑脓肿、腹膜炎、子宫内膜炎、子宫积脓、中耳炎和败血症以及动物的腐蹄病等。在兽医临床最常见的致病菌为坏死梭杆菌。

坏死梭杆菌（*Fusobacterium necrophorum*）有很多同义名，如坏死杆菌（*Bacterium necrophorum*）、坏死梭形菌（*Fusiformis necrophorum*）、犊牛白喉杆菌（*Bacillus diphtheriae vitulorum*）、坏死棒状杆菌（*Corynebacterium necrophorum*）、兔链丝菌（*Streptothricx cuniculi*）等，实际工作中，以坏死杆菌最常用。该菌的正式报道是 1884 年，由 Lobbler 从患白喉的小牛喉部脓肿病料中分离。目前分为坏死亚种（subsp. *necrophrum*）和基形亚种（subsp. *funduliforme*）。坏死杆菌是引起多种哺乳动物和禽类坏死杆菌病的病原。现以坏死杆菌为代表进行介绍。

（一）主要生物学特性

1\. 形态及染色特性

革兰氏染色阴性，不形成芽胞、菌体多形性，小球状菌体宽径 0.5 ~ 1.75 μm，长约 1 μm，长丝状可达 100 ~ 300 μm；病料组织中长丝状的细菌更为多见。新分离的菌株有时在丝状的菌体可见一端膨大，经多次传代培养，细菌趋于短丝状或球状。幼龄培养物菌体着色均匀，但 24 h 以上的培养物，菌体内形成空泡，此时以石炭酸复红或碱性美蓝染色，着色不均，宛如串珠样。

2. 生长要求与培养特性

严格厌氧，加 5%～10% 的 CO_2 可促进其生长。培养温度为 30～40℃，最适 37℃；生长 pH 6.0～8.4，最适 pH 为 7.0。在培养基中添加酵母粉、血液、血清、肝块或脑块或半胱氨酸等还原剂可明显促进其生长。虽然本菌培养时必须厌氧，但在无氧环境下形成菌落后，转入有氧环境中继续培养，菌落仍可继续增大。普通培养基如营养琼脂和肉汤均不适于本菌生长，在加有马血的琼脂平板培养 48～72 h，形成圆形，直径 1～2 mm，呈扇状到蚀刻状边缘的菌落，菌落隆起至突脐状，表面呈现脊状或高低不平，透射光观察呈半透明或不透明，并有镶嵌样的内部结构。用放大镜观察，可见菌落为毡状菌丝所构成，中央致密，周围较疏松。且菌落的致密程度和培养基的硬度有密切关系，若培养基较软，则菌落疏松，否则菌落较致密。在葡萄糖肉渣肉汤培养基中培养，需要加入巯基乙酸钠，以降低氧化还原电势方能生长。生长后常呈均匀一致的混浊状，有时形成柔滑、絮状、颗粒状或细丝状沉淀，培养最终 pH 可达 5.8～6.3。对坏死杆菌有较好选择作用的培养基组成是以卵黄琼脂为基础，在其中添加结晶紫和苯乙醇，后者可抑制革兰氏阴性兼性厌氧菌的生长，在含有 5%～10% CO_2 的厌氧环境培养后，出现蓝色菌落，围绕菌落周围有内外两条带，内侧带不清晰，外侧带清晰。在血液琼脂平板可以看到 2 种溶血现象，一般在鲜血平板为 α 型溶血，陈旧的血平板多为 β 型溶血。

3. 生化特性

坏死梭杆菌除少数菌株偶尔可使果糖和葡萄糖发酵微产酸外，各种糖类均不发酵；在蛋白胨酵母浸汁葡萄糖肉汤中的代谢产物主要是酪酸，也可产生少量醋酸和丙酸，极少数菌株的代谢产物以乳酸为主，并可产生少量琥珀酸和蚁酸；能使牛乳凝固并胨化（少数菌株例外）；能形成吲哚；多数菌株产生脂酶，少数不产生；液化明胶不定；能转化苏氨酸为丙酸盐，多数菌株在培养基中大量产气。

4. 抗原构造与分类

有对热敏感和热稳定两种抗原，在不同的菌株间存在很大的差异。根据能否引起溶血以及是否产生凝血素，将坏死梭杆菌分为 3 型，A 型菌能溶血，且产生血凝素，对小鼠有致病性；B 型能溶血，不产生血凝素，对小鼠的致病性微弱；C 型既不溶血，也不产生血凝素，对小鼠无致病性。A 型多分离于牛体，B 型和 C 型则分离于人体者较多。当坏死梭杆菌由 A 型转为 C 型时，同时变为对青霉素具有抵抗力（500 IU/mL）的变异菌株。

5. 抵抗力

对外界环境的抵抗力不强，55℃加热 15 min 或煮沸 1 min 即可将其杀死，常用的化学消毒剂如 1% 高锰酸钾、2% 氢氧化钠、5% 来苏尔或 4% 醋酸可在短时间内杀死本菌。但在污染的土壤中，本菌生活力甚强，可长期存活。在粪便中可存活 50 d，尿中存活 15 d。

（二）致病性

坏死梭杆菌的致病力与其产生外毒素和内毒素的能力有关。内毒素耐热性强，主要成分是细胞壁中的类脂 A，将坏死梭杆菌加热杀死后，皮内注射家兔，能够引起皮肤发炎和坏死。将坏死梭杆菌培养物的滤过液皮下注射于家兔后，可使家兔产生轻度的炎性病变，说明滤过液中有外毒素存在，现已证明，坏死梭杆菌主要的外毒素有溶血素、白细胞毒素、皮肤坏死毒素等，其中主要的致病因子是白细胞毒素。

坏死梭杆菌的侵袭力弱，在正常情况下，机体组织的氧化还原电势可以阻止本菌的繁殖，当局部发生创伤，组织坏死或与需氧菌共生时，则可引起感染，坏死杆菌主要引起牛、绵羊、鹿的腐蹄病，犊牛白喉，牛、绵羊、猪、鹿、兔的坏死性口炎，牛、绵羊、鹿、兔等的肝脓肿或坏死性肝炎，马、猪的坏死性皮炎等。本菌对人也有致病性，可引起褥热、慢性溃疡性结肠炎、肺和肝脓肿等。在所有的动物中，其典型病变为坏死、脓肿和腐臭。有些病例可出现菌血症。

在实验动物中，家兔最为易感，将家兔的耳静脉注射病料悬液，可使家兔逐渐消瘦，在内脏形成坏死性脓肿，尤以肝脏为甚。人工感染的家兔在一周内死亡，从肝脏中很容易分离到本菌。小鼠经人工感染后，也发生和家兔相似的病变，豚鼠有一定抵抗力。

（三）微生物学诊断

对于坏死梭杆菌引起的疾病诊断，现在主要采用细菌学和分子生物学技术检查。

1. 微生物检查程序　本菌一般鉴定程序见图 9-3。

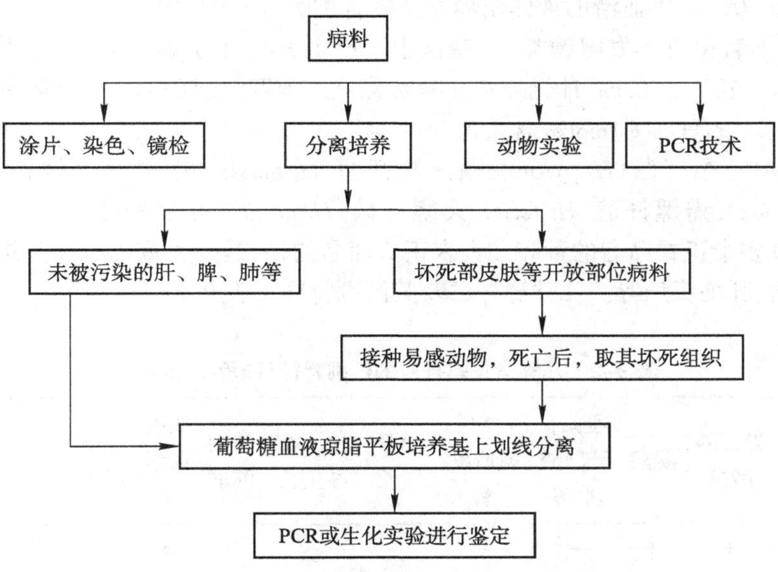

图 9-3　坏死梭杆菌一般鉴定程序

2. 检查方法

(1) 病料采集与染色镜检：从坏死病灶周围的病健交界处采取病料，制作涂片，以石炭酸复红或碱性美蓝染色后，观察有无着色不均匀的长丝状菌体。

(2) 分离与鉴定：未被污染的肝、脾、肺等病料，直接接种于葡萄糖血液琼脂平板培养基上，厌氧条件下进行分离培养。从坏死部皮肤等开放性病灶采取的病料，可能杂菌很多，先接种易感动物家兔，可达到纯化病原和观察其致病性的作用。接种前，先在家兔的耳背面皮肤切开一小口，伸进刀柄剥离皮肤，做成一个人工皮囊，然后将被检材料埋入其中，用火棉胶封好创口，逐日观察。家兔通常逐渐消瘦，包埋部位形成坏死灶并逐渐扩大，患耳最后下垂，病兔经 8～12 d 死亡。从死亡家兔的内脏坏死灶取坏死组织进行分离培养和纯培养，纯培养物通过生化试验进行鉴定。

镜检若出现着色不均匀，宛如佛珠样的长丝状菌体；培养基上出现表面呈脊状或高低不平、边缘呈扇状到蚀刻状、半透明至不透明，并有镶嵌样的内部结构的菌落；再结合生化检测及动物实验结果，得出微生物学诊断结论。

亦可通过 PCR 方法，扩增 16S rRNA 或 RNA 聚合酶 β 亚单位（rpoB）基因，对本菌进行确定。

（四）免疫防治

目前国内尚无商品化的坏死杆菌疫苗用于本病的防治。国外学者利用白细胞毒素、内毒素等不同成分，制备坏死杆菌疫苗，均取得了一定的进展。国内学者制备的鹿源坏死梭杆菌菌体裂解疫苗，亦证明对鹿有一定的保护作用，但尚需进行进一步的深入研究。

第四节　螺 杆 菌 属

螺杆菌属（*Helicobacter*）是从弯曲杆菌属中划分出来的新菌属。目前已有 30 余种正式命名的螺杆菌。其中幽门螺杆菌是代表种。这一属菌体呈螺旋状或弯曲状，或平直的微需氧性杆菌，菌体两端钝圆，一端单鞭毛或以一端或两端多鞭毛和侧鞭毛进行射标样运动，不形成芽胞，主要存在于灵长类动物的胃黏膜。

螺杆菌属微需氧，最适生长的气体环境为 5% O_2、5% H_2 和 90% N_2 组成的混合气体，在需氧和厌氧条件下，均不生长。最适生长温度为 37℃（鼬鼠螺杆菌在 42℃生长），25℃不生长。生长条件要求较高，生长

需要 H_2 或 H_2 能刺激生长，培养基中需添加血液、血清等营养物质，且要求高湿环境。螺杆菌生长缓慢，在脑心汤血琼脂和巧克力琼脂上需经 2～5 d 才能生长，在固体培养基上一般不形成明显的菌落，常呈薄膜状扩散生长；若形成菌落，菌落呈无色、半透明、直径 1～2 mm；在液体培养基中，静置培养 5 d 不生长，震荡培养可生长。添加 10% 胎牛血清的液体培养基适宜各种螺杆菌的生长。

有机化能营养，不氧化也不发酵糖类，三糖铁中不产生 H_2S，不水解马尿酸盐，不产生色素。在 3.5% 的 NaCl 中不生长，可生长于含 0.5% 甘氨酸和 0.04% 氯化三苯四氮唑（TTC）培养基中。触酶（犬螺杆菌除外）和氧化酶阳性，DNA 的（G＋C）mol% 含量为 35～44。

该属细菌含有幽门螺杆菌（*H. pylori*）、鼬鼠螺杆菌（*H. mustelae*）、同性恋螺杆菌（*H. cinaedi*）、芬纳尔螺杆菌（*H. fennelliae*）、猫螺杆菌（*H. felis*）、犬螺杆菌（*H. canis*）、肝螺杆菌（*H. hepaticus*）、鼷鼠螺杆菌（*H. muridarum*）等 30 多个正式命名的种和几个未正式命名的种，是一类重要的人兽共患病菌，可以引起人和动物的胃肠道疾病、肝脏疾病等。几种螺杆菌及其区别特征见表 9–2。

表 9–2　几种常见螺杆菌的区别特征（陆承平，2007）

种名	触酶	硝酸盐还原	碱性磷酸酶	脲酶	吲哚氧己国酸水解	γ谷转氨肽酰酶	42℃生长	1%甘氨酸生长	萘啶酮酸	头孢菌素Ⅰ	周质纤丝	鞭毛数	鞭毛分布	DNA（G＋C）mol%
幽门螺杆菌	+	−	+	+	−	+	−	−	R	S	−	4～8	两端	35～37
同性恋螺杆菌	+	+	−	−	−	−	−	+	S	I	−	1～2	两端	37～38
芬纳尔螺杆菌	+	−	+	−	+	−	−	+	S	S	−	2	两端	35
肝螺杆菌	+	+	NT	+	+	NT	−	+	R	R	−	2	两端	NT
猫螺杆菌	+	+	+	+	−	+	+	−	R	S	+	14～20	两端	42
犬螺杆菌	−	−	+	−	+	NT	+	NT	S	I	−	2	两端	48
鼬鼠螺杆菌	+	+	+	+	+	+	+	−	S	R	−	4～8	两端	36
鼷鼠螺杆菌	+	−	+	+	+	+	−	−	R	R	+	10～14	两端	34
胃肠炎螺杆菌	+	+	−	−	−	NT	+	NT	R	R	−	1	一端	34～35

注：S 敏感；R 抗性；I 中度敏感；NT 未测定。

幽门螺杆菌（*Heliobacter pylori*）原名幽门弯曲菌，由 Marshall 和 Warren 于 1983 年首次在澳大利亚胃病患者的活检组织中分离。由于其生化特性、表型性状以及 16s rRNA 序列不同于弯曲菌属的细菌，因此，更名为幽门螺杆菌。该菌的相关知识见**数字资源**。

○ 幽门螺杆菌

第五节 偶蹄杆菌属

偶蹄杆菌属(*Dichelobacter*)目前仅有节瘤偶蹄杆菌(*Dichelobacter nodosus*)一个种。节瘤偶蹄杆菌原名节瘤拟杆菌(*Bacteroides nodosus*),又称为 K 微生物(organism K)、有结梭形杆菌(*Fusiformis nodosus*)、有结雷氏杆菌(*Ristella nodosus*)等不同的名称。该菌首次由 Beveridge 于 1938 年发现于绵羊患腐蹄病的病灶中,后经证实,节瘤偶蹄杆菌是山羊和绵羊腐蹄病的原发性病原菌,也存在于人的小肠,可感染人。1990 年,Dewhirs 等根据 16S rRNA 将其更名为节瘤偶蹄杆菌,并从拟杆菌属中独立出来,建立了偶蹄杆菌属。节瘤偶蹄杆菌的相关知识见**数字资源**。

○ 节瘤偶蹄杆菌

复习思考题

1. 试述空肠弯曲菌的主要生物学特性、毒力因子及微生物学鉴定方法。
2. 试述胎儿弯曲菌的主要生物学特性、毒力因子及微生物学鉴定方法。
3. 试述脆弱拟杆菌的生物学特性、致病性及益生特性。
4. 试述幽门螺杆菌的致病性及疫苗研制方面的进展。
5. 试述梭杆菌属细菌的主要生物学特性及坏死梭杆菌的致病性和微生物学鉴定方法。
6. 试述节瘤偶蹄杆菌的致病性和免疫防治措施。

开放式讨论题

1. 根据脆弱拟杆菌的研究进展,谈谈其在益生菌株开发方面的前景。
2. 某牛场发生牛的腐蹄病,试根据所学能引致牛腐蹄病的病原的微生物学知识,对本病进行微生物学诊断。

Summary

Several pathogenic bacteria belongings to *Campylobacter*, *Bacteroides*, *Fusobacterium*, *Heliobacter* and *Dichelobacter*, which are of importance in medical and veterinary sciences are discribed for their principal biological properties. They are rod-shaped or curved Gram-negative rods, aerobes or anaerobes microorganisms.

Campylobacter, meaning twisted bacteria, are Gram-negative, spiral, microaerophilic bacteria. Motile, with either uni- or bi-polar flagella, the organisms have a characteristic spiral/corkscrew appearance and are oxidase-positive. *Campylobacter jejuni* is now recognized as one of the main causes of bacterial foodborne disease, and *C. fetus* is a cause of spontaneous abortions in cattle and sheep, as well as an opportunistic pathogen in humans.

Bacteroides is a genus of Gram-negative, bacillus bacteria. *Bacteroides* species are non-endospore-forming, anaerobes, and may be either motile or non-motile, depending on the species. Unusual in bacterial organisms, *Bacteroides* membranes contain sphingolipids. They also contain meso-diaminopimelic acid in their peptidoglycan layer. *Bacteroides* are normally mutualistic, making up the most substantial portion of the mammalian gastrointestinal flora. Some species (*B. fragilis*, for example) are opportunistic human pathogens, causing infections of the peritoneal cavity, gastrointestinal surgery, and appendicitis via abscess formation.

Fusobacterium is a genus of filamentous, anaerobic, Gram-negative bacteria, similar to *Bacteroides*. There are two species of *Fusobacterium nucleatum* and *Fusobacterium necrophorum* in the genus of *Fusobacterium*. They contribute to several human diseases, including periodontal diseases, Lemierre's syndrome, and topical skin ulcers. Although older resources have stated that *Fusobacterium* is a common occurrence in the human oropharynx, the current consensus is that *Fusobacterium* should always be treated as a pathogen.

Helicobacter is the important genus in medical microbiology. The species of *Campylobacter pylori* is the pathogen in humans, it is Gram–negative, microaerophilic bacterium that can inhabit various areas of the stomach and duodenum, and causes a chronic low–level inflammation of the stomach lining and is strongly linked to the development of duodenal and gastric ulcers and stomach cancer. Over 80% of individuals infected with the bacterium are asymptomatic.

Dichelobacter is a genus separated from Bacteroides. *Dichelobacter nodosus* and *Alistipes putredinis* are often isolated from faeces, cases of acute appendicitis, and abdominal and rectal abscesses; also from foot rot of sheep, cows and from farm soil.

第十章 革兰氏阳性无芽胞杆菌

李斯特菌属(*Listeria*)和丹毒丝菌属(*Erysipelothrix*)的细菌均为革兰氏阳性不形成芽胞的小杆菌。李斯特菌广泛分布于自然界,该菌是饲料、食品,尤其是冷藏食品的重要污染菌,可引起人和多种动物李氏杆菌病,在公共卫生学上具有重要意义;产单核细胞李斯特菌是其典型的代表种。丹毒丝菌属只有一种,即猪丹毒丝菌,是猪丹毒的病原体。丹毒丝菌属与李斯特菌属表型上有许多相似之处,但二者无直接亲缘关系。分枝杆菌属的细菌亦是革兰氏阳性杆菌,但此类细菌具有抗酸性染色特点,革兰氏染色效果不佳,该属细菌中有多种是重要的人兽共患病病原。

第一节 李斯特菌属

李斯特菌(*Listeria*),又称李氏杆菌,革兰氏阳性,无芽胞和荚膜,需氧或兼性厌氧,20～25℃时能运动,37℃时不运动。DNA 的(G + C) mol% 为 36～42。本属细菌在自然界分布广泛,可从土壤、腐烂植物、青贮饲料、淡水、人畜粪便及损伤组织分离到。

本属归于李斯特菌科(*Listeriaceae*),现有 20 个种,被归为 4 个群,除第一群外,其他三个群未见有致病菌。已确定的常见致病菌包括,产单核细胞李斯特菌(*L. monocytogenes*)、伊氏李斯特菌(*L. ivanovii*)、无害李斯特菌(*L. innocua*)、韦氏李斯特菌(*L. welshimeri*)、塞氏李斯特菌(*L. seeligeri*)、格氏(莫氏)李斯特菌[*L. grayi*(*murrayi*)]等。6 种李斯特菌的特性参见表 10–1。产单核细胞李斯特菌是本属的代表种,引起人类和动物的李氏杆菌病。

表 10–1 李斯特菌属常见致病菌种的特性鉴别

特性		产单核细胞	伊氏	无害	韦氏	塞氏	格氏
		李斯特菌					
β 溶血		+	++	–	–	+	–
CAMP	用金色葡萄球菌	+	–	–	–	+	–
实验	用马红球菌	–	+	–	–	–	–
	甘露醇	–	–	–	–	–	+
产酸	鼠李糖	+	–	d	d	–	–d
	木糖	–	+	–	+	+	–
可溶性淀粉		–	–	–	ND	ND	+
马尿酸盐水解		+	+	+	ND	ND	ND
硝酸盐还原		–	–	–	ND	ND	–
小鼠致病性		+	+	–	–	–	–
(G + C) mol%		37～39	37～38	36～38	36	36	41～42

注:d:变化不定;ND:未测。

本节以产单核细胞李斯特菌为例进行介绍。

产单核细胞李斯特菌对人、家畜、家禽和野生动物均有致病性,分布广泛,常存在于河水、污泥、屠宰场弃物、青贮料中,亦可寄生在鱼类、甲壳动物和节肢昆虫如蜱、蝇体内;可从奶及其制品、肉、蛋和水产品中分离到。

(一) 主要生物学特性

1. 形态与染色特性

本菌为革兰氏染色阳性的无荚膜、无芽胞的短杆菌。形态规则，大小为(0.4～0.5) μm×(0.5～2.0) μm，两端钝圆，常呈成V形排列或成对排列。在陈旧的培养物中菌体可呈长丝状，革兰氏染色转变为阴性。在20～25℃条件下培养，菌体可产生4根周生鞭毛，在37℃时鞭毛数量减少或消失；无抗酸染色特性。该菌为细胞内寄生菌，常存在于感染动物的白细胞内(图10-1)。

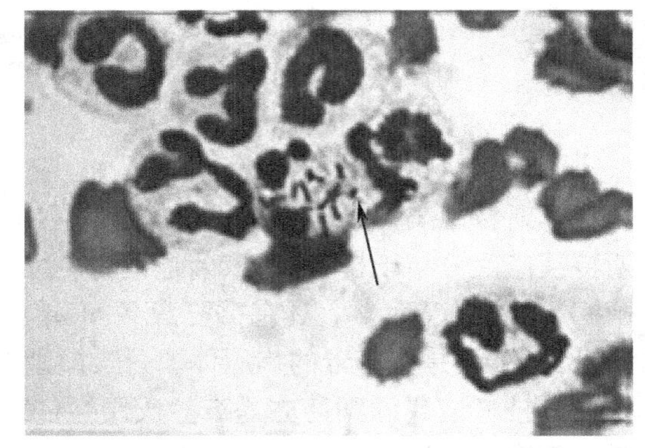

图10-1　组织触片，箭头所指为李斯特菌寄生在白细胞中

2. 生长要求与培养特性

本菌为需氧或兼性厌氧菌。普通琼脂培养基中可生长。生长温度范围广，可在1～45℃生长，最适温度为30～37℃。在4℃时可缓慢增殖，污染或含菌数较少的样品可进行冷增菌，有利于细菌分离。

在葡萄糖血液或血清培养基上，菌落呈光滑的透明蓝灰色，移去菌落可见其周围狭窄的β溶血环，此特性可与棒状杆菌、猪丹毒丝菌鉴别；培养3～7 d直径可至3～5 mm。

在液体培养基培养18～24 h后，菌液呈轻度混浊，数天后形成黏稠的沉淀，振荡时呈螺旋状上升。继续培养可形成颗粒状沉淀，不形成菌环、菌膜。37℃温度条件下，在半固体培养基中穿刺培养24 h，可见细菌沿穿刺线呈云雾状或伞状生长，随后缓慢扩散。

3. 生化特性

该菌可分解葡萄糖、果糖、海藻糖、水杨苷、鼠李糖，产酸不产气；不分解棉子糖、肌醇、卫茅醇、侧金盏花醇、木糖及甘露醇；MR及V-P实验阳性；不产生靛基质和硫化氢；不还原硝酸盐，氧化酶实验阴性。本属菌与有关菌的特性见表10-1。

4. 抗原结构与分型

产单核细胞李斯特菌具有O抗原及H抗原。O抗原以Ⅰ、Ⅱ、Ⅲ……Ⅻ表示，H抗原以A、B、C、D表示，不同O抗原及H抗原可组合成16个血清型(见表10-2)。

表10-2　产单核细胞李斯特菌血清型及抗原构造

血清变种	O抗原	H抗原
1/2a	Ⅰ、Ⅱ、(Ⅲ)	A、B
1/2b	Ⅰ、Ⅱ、(Ⅲ)	A、B、C
1/2c	Ⅰ、Ⅱ、(Ⅲ)	B、D
3a	Ⅱ、(Ⅲ)、Ⅳ	A、B
3b	Ⅱ、(Ⅲ)、Ⅳ、(Ⅷ、Ⅻ)	A、B、C
3c	Ⅱ、(Ⅲ)、Ⅳ、(Ⅷ、Ⅻ)	B、D
4a	(Ⅲ)、(Ⅴ)、Ⅶ、Ⅸ	B、C
4a	(Ⅲ)、Ⅴ、Ⅵ、Ⅶ、Ⅸ、Ⅹ	A、B、C
4b	(Ⅲ)、Ⅴ、Ⅵ	B、C
4c	(Ⅲ)、Ⅴ、Ⅶ	A、B、C
4 d	(Ⅲ)、(Ⅴ)、Ⅵ、Ⅷ	A、B、C
4e	(Ⅲ)、Ⅴ、Ⅵ、(Ⅷ)、(Ⅸ)	A、B、C
5	(Ⅲ)、(Ⅴ)、Ⅵ、(Ⅷ)、Ⅹ	A、B、C

续表

血清变种	O 抗原	H 抗原
7	(Ⅲ)、Ⅷ、Ⅻ	A、B、C
6a(4f)	(Ⅲ)、Ⅴ、(Ⅵ)、(Ⅶ)、(Ⅸ)	A、B、C
6b(4g)	(Ⅲ)、(Ⅴ)、(Ⅵ)、(Ⅶ)、Ⅸ、Ⅹ、Ⅺ	A、B、C

注:( )表示此抗原不常有。

血清型 1/2 型的胞壁含有的主要胞壁糖为葡糖胺及鼠李糖,3 型含有半乳糖、鼠李糖及葡糖胺;4a 及 4b 型含有葡萄糖及半乳糖。其中,90% 以上的人或动物的李斯特菌病是由 1/2a、1/2b 和 4b 三种血清型菌株所引起的,其他血清型常从污染的食物中分离到。

李斯特菌与葡萄球菌、大肠杆菌、链球菌及多数革兰氏阳性菌之间存在某些共同抗原,故血清学诊断意义不大。此外,产单核细胞李斯特菌分型方法较多,如多酶切电泳(MEE)、脉冲场凝胶电泳(PFGE)和随机扩增 DNA 多态(RAPD)技术等,其中 PFGE 分型是一种精确的分型方法。

5. 抵抗力

本菌对外界抵抗力较强。抗干燥,在培养基上可存活几个月,在干粪中能存活两年以上,低温可延长其存活时间。在饲料中,夏季存活 1 个月,冬季可存活 3 ~ 4 个月。耐盐、耐碱,在 pH 5.0 ~ 9.0 的环境,一年后仍可检出。在 4℃可耐受高达 30.5% 的盐。对湿热敏感,常用消毒药 5 ~ 10 min 能杀死本菌。体外实验时,对氨苄西林敏感,对土霉素的敏感性差,对磺胺类药物、枯草杆菌素和多黏菌素有抵抗力。

6. 致病性

产单核细胞李斯特菌是一种兼性细胞内寄生菌,能够感染并侵入单核细胞和巨噬细胞,以及许多非吞噬性的哺乳动物细胞内。侵入宿主细胞后,细菌可以裂解吞噬体膜,释放至胞质中进行繁殖,并侵入邻近细胞及在细胞间扩散。该致病方式是由其毒力因子所决定的,这些毒力因子包括溶血素、磷脂酶、内化素和肌动蛋白聚合蛋白等。

产单核细胞李斯特菌侵入细胞内之所以不被宿主细胞吞噬消化,与本菌可以产生李斯特溶血素 O (Listeriolysin O, LLO)有关。LLO 是一种胆固醇结合的穿孔毒素,与葡萄球菌溶血素和链球菌溶血素 O 有较高的氨基酸同源性,可溶解多种哺乳动物的红细胞。当该菌被吞噬在细胞内生长后,此溶血素才释放,这与李斯特菌在巨噬细胞和上皮细胞内生长及在细胞间的传播有关。LLO 与李斯特菌的致病性具有密切关系,将溶血素基因 hly 突变后,产单核细胞李斯特菌丧失致病性,再将 hly 基因回复突变后,又可恢复其致病性。

致病性李斯特菌可产生 3 种不同的磷脂酶 C(PLC),与溶血素一样,卵磷脂酶活性也是李斯特菌的一个重要表型特征。磷酸酯酶可破坏宿主细胞膜,使细菌得以在宿主细胞间扩散。其中 PlcA 和 PlcB 存在于产单核细胞李斯特菌和伊氏李斯特菌中,Smcl 是伊氏李斯特菌所特有的。

内化素(internalin)是一种外膜蛋白,包括 InlA 和 InlB,是产单核细胞李斯特菌侵入非吞噬性细胞所必需的。二者共同作用能引起宿主细胞对细菌的内化作用,纯化的 InlA 和 InlB 包被的乳胶颗粒也能侵入细胞。InlA 和 InlB 参与李斯特菌侵入宿主细胞的过程。内化素也可破坏细胞骨架,有利于菌体向相邻细胞扩散。

肌动蛋白聚合蛋白(actin polymerizing protein, ActA)是一种菌体蛋白,为细菌运动提供动力。研究表明,细菌在宿主胞内运动及细胞间扩散均与 ActA 有关。产单核细胞李斯特氏菌 ActA 基因缺失突变以后,细菌虽能侵入宿主细胞,并进入细胞质内,但不能在细胞内运动,也就不能在细胞间扩散,其毒力也显著降低。

此外,李斯特菌产生的抗氧化因子、应激反应蛋白等均与其毒力相关。

本菌对人、家畜、家禽、野生动物均有侵袭力,在人群中致病多见于如新生儿、高龄孕妇和免疫功能低下者,主要表现为脑膜炎和败血症等;因食用李斯特菌污染的熟肉制品、冷链食品食物而致肠道感染的病例较多,应注意该菌的公共卫生学影响。在自然条件下,本菌可使多种动物发病如牛、绵羊、禽、兔、鹿等,其中牛羊较易感，犊牛或羔羊表现为败血症，成年牛羊往往表现为神经症状的“转圈病”；可致孕畜流产。实验动物中，家兔和小鼠易感性最强，豚鼠和大鼠次之。犬、猫抵抗力较强，猪、马患病罕见。健康动物常带菌并经粪便排菌，污染环境。

（二）微生物学诊断

1. 诊断程序

李斯特菌分离鉴定程序参见图 10-2。

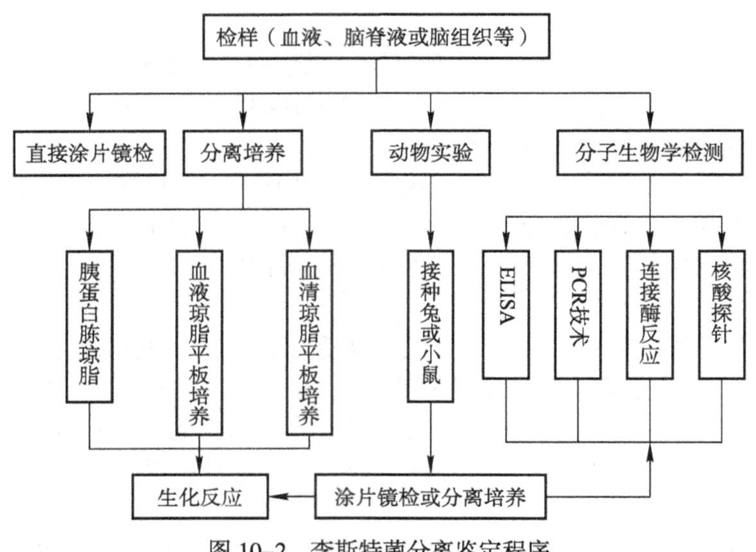

图 10-2　李斯特菌分离鉴定程序

2. 诊断方法

病料采集可取患畜的血液、脑脊液或脑组织研磨液进行检查，也可采集流产动物宫颈、阴道、鼻咽部分泌物，胎儿脐带残端、羊水等，引起肠道感染者可取可疑食物、粪便和血液等。根据细菌形态特征、培养特性及生化反应作出诊断。

(1) 分离培养：病料可加入胰蛋白胨肉汤进行增菌培养，37℃培养 48 h 后移植到胰蛋白胨琼脂平板或加有 5% 鲜血胰蛋白胨琼脂平板或亚碲酸钾琼脂平板，37℃培养 48 h，观察是否有蓝绿色光泽的菌落，血平板上会有 β 溶血；在亚碲酸钾琼脂平板上长出黑色菌落。如无特征菌落，需要再培养逐日观察，直至第 7 d 为止。严重污染的组织、粪便、饲料、污水等应先行冷增菌（李斯特菌能在 3 ~ 4℃低温下生长，其他杂菌在低温状态下停止生长）后，每周作分离 1 次，直至 10 周，可显著提高检出率。得到特征性纯培养物后，进行染色镜检、溶血性检查、运动性检查、生化特性鉴定。鉴定中注意与猪丹毒丝菌相区别。

(2) 动物实验：取本菌 24 h 培养物一滴，滴入兔、豚鼠或小鼠的结膜囊内，另一侧为对照。一般在 24 ~ 36 h 可见化脓性结膜炎、角膜炎，几天后分泌物减少，结膜炎症和角膜混浊仍存在，特别是角膜炎可持续数周至数月，兔的症状最为明显。

取本菌培养物皮下或腹腔接种小鼠，一般于接种后 1 ~ 4 d 死亡；幼兔经耳静脉注射，3 ~ 7 d 内兔体温升高，血液中单核细胞增多（40% 以上）；若大剂量接种，可出现脑炎症状并在 7 d 内死亡。剖检可见多发性灶性坏死。腹腔接种后，可引起浆液性、纤维素性、脓性腹膜炎；孕兔并发子宫内膜炎及流产。

(3) 血清学实验：可用凝集反应检查患牛、羊、猪血清中抗体水平，一般动物血清凝集价可达 1 : 250 ~ 1 : 500；患马可达 1 : 1 000 ~ 1 : 2 500；牛流产时可达 1 : 8 000 ~ 1 : 1 600。

(4) 分子生物学诊断：PCR 等相关技术也常用于检测产单核细胞李斯特菌。可检测该菌毒力相关基因，如 hly、plcB、inlA 等基因。

（三）免疫防治

产单核细胞李斯特菌是典型的细胞内寄生菌，机体抗感染免疫以细胞免疫为主，其中涉及巨噬细胞、

T 细胞、NK 细胞和中性粒细胞等多种细胞的参与，以及 IFN-γ、TNF-α 等多种免疫分子。抗感染免疫可分为两个阶段，第一阶段主要依赖于单核－吞噬细胞系统，最主要的为巨噬细胞。巨噬细胞在胞内菌感染中有双重作用，既是胞内菌寄生的主要宿主细胞，也是防御反应中的重要效应细胞。

用灭活的强毒菌株接种小鼠可产生数月的免疫力，而利用无毒力的活菌接种小鼠只能产生短期的免疫力。此种免疫应答可通过淋巴细胞，但不能通过血清被动转移。预防本病关键在于控制该菌的污染，避免用污染的青贮饲料喂牲畜。患病初期可用抗生素治疗，如青霉素、氨苄青霉素、庆大霉素，红霉素等。

第二节　丹毒丝菌属

丹毒丝菌属（*Erysipelothrix*）只有 1 种，即猪丹毒丝菌（*E. rhusiopathiae*），是猪丹毒的病原体，又称猪丹毒杆菌。人患丹毒多由接触患病动物引起的，人的丹毒称为“类丹毒”。丹毒丝菌属与李斯特菌属表型上有许多相似之处，但应用 DNA 分子杂交技术比较这两个菌属，发现二者毫无亲缘关系。DNA 的（G + C）mol% 为 36 ~ 40。

一、主要生物学特性

（一）形态与染色特性

本菌为直或稍弯曲的细长杆菌，在光滑型菌落中的菌体大小（0.2 ~ 0.4）μm ×（0.8 ~ 2.5）μm，菌体单在或呈 V 形、堆状排列；而在粗糙型菌落中的菌体形态呈多样性，从短杆到长丝状，或呈链状排列。无鞭毛和荚膜，不产生芽胞。易被苯胺类染料着色，革兰氏染色阳性，在陈旧的培养物中菌体着色能力较差，常呈阴性。该菌形态见图 10–3。

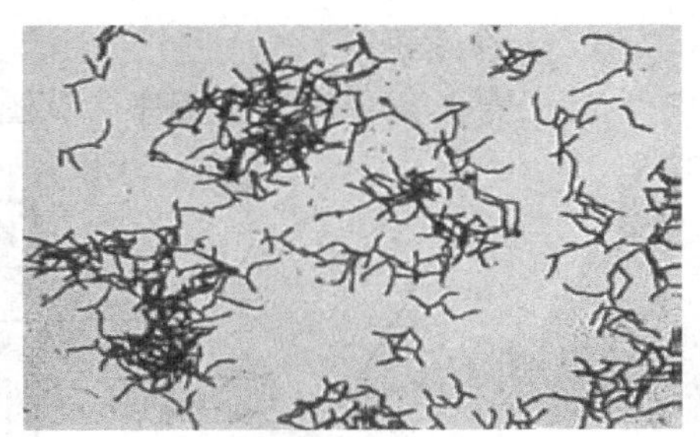

图 10–3　猪丹毒丝菌形态

（二）培养特性

本菌为微需氧或兼性厌氧菌。pH 在 6.7 ~ 9.2 范围内均可生长，最适 pH 为 7.2 ~ 7.6；生长温度为 5 ~ 42℃，最适温度为 30 ~ 37℃。营养要求高，在普通培养基中生长不良，加入葡萄糖或血液、血清则生长旺盛；在麦康凯培养基不生长。

37℃条件下，在血液琼脂平皿上经 24 ~ 48 h 培养，可形成灰白色的针尖状或大露珠样的圆形、湿润的小菌落，有的菌株可形成 α 溶血环。在肉汤中呈轻度浑浊，有少量白色黏稠沉淀，不形成菌膜和菌环。明胶穿刺可沿穿刺线横向四周生长，如试管刷状，但不液化明胶。

（三）生化特性

该菌发酵糖的能力较弱，且不同菌株对糖发酵存在一定差异。一般可发酵葡萄糖、果糖和乳糖，产酸不产气；不发酵甘露醇、山梨醇、肌醇、水杨素、蔗糖、鼠李糖、海藻糖、棉子糖、蕈糖、菊糖等。产生大量 H_2S，靛基质和触酶实验阴性，MR 及 V–P 实验阴性，不分解尿素，不还原硝酸盐。

（四）抗原构造

本菌有两种抗原，一种是对热、酸稳定的型特异性抗原，化学成分为多糖复合体；另一种是仅对热稳定的种特异性蛋白质抗原。最初依据菌体可溶性的耐热肽聚糖的抗原性，将该菌分为 3 型，即 A 型、B 型和 N 型。现用阿拉伯数字表示型，用英文小写字母表示亚型。目前共鉴定出 26 个血清型（1a、1b、2 ~ 24 和 N 型）。大多数菌株为 1 型和 2 型（相当于以前的 A 型和 B 型），从急性败血症分离的菌株多为 1a 型，毒力较强；从亚急性及慢性病病例，如疹块型或关节炎病猪中分离的则多为 2 型，毒力较弱，免疫原性好。从健康猪扁桃体分离的菌株一般不具有型特异性抗原，通称为 N 型。

（五）抵抗力

本菌在外界环境中对腐败和干燥环境有较强的抵抗力。在饮水中可存活 5 d，在污水中可存活 15 d，在深埋的尸体中可存活 9 个月。在病死猪熏制的火腿中 3 个月后仍可在深部分离出活菌。对热和直射光较敏感，70℃经 5 ~ 15 min 可完全杀死。对常用消毒剂抵抗力不强，0.5% 甲醛数十分钟可杀死。用 10%

生石灰乳或 0.1% 过氧乙酸涂刷墙壁和喷洒猪圈是目前较好的消毒方法。本菌可耐 0.2% 的苯酚。对青霉素敏感。

二、致病性

猪丹毒丝菌产生的神经氨酸酶可能是主要的毒力因子,尚未发现猪丹毒丝菌分泌外毒素。菌株的毒力与神经氨酸酶的量有相关性,酶的存在有助于菌体侵袭宿主细胞。在酶的作用下,宿主组织黏蛋白、血纤维蛋白原等被除去 *N*– 乙酰神经氨酸,从而减弱了黏蛋白等对机体的保护作用。

本菌在自然界分布十分广泛,可寄生于多种哺乳动物、禽和鱼类。从健康猪的扁桃体、禽类及水生动物体表均可分离出不同血清型的菌株,其中猪分离率最高,且分离菌株对小鼠和仔猪有较强的致病力。猪场带菌率和发病率与饲养条件、气候变化及猪龄大小有密切关系。自然条件下可引起 3 ~ 12 月龄猪发病,临床表现为急性败血型或亚急性疹块型。转为慢性多发生关节炎,有的有心内膜炎;羊感染后表现慢性多发性关节炎;鸡与火鸡感染后呈现衰弱和下痢;鸭可出现败血症,并且侵害输卵管。实验动物中小鼠和鸽子最易感,家兔和豚鼠抵抗力较强。人可经外伤感染,发生皮肤病变,称“类丹毒”。

三、微生物学诊断

(一) 诊断程序

猪丹毒丝菌分离鉴定程序参见图 10–4。

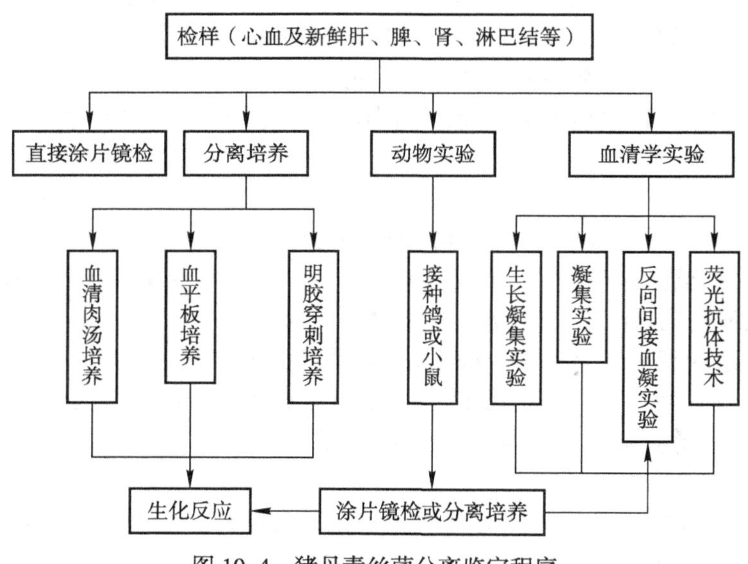

图 10–4 猪丹毒丝菌分离鉴定程序

(二) 诊断方法

1. 显微镜检查

可采取高热期病猪耳静脉血作涂片,染色、镜检。死后可采取心血及新鲜肝、脾、肾、淋巴结等制成触片,革兰氏染色镜检。如发现少量典型杆菌,可初步确诊。如为慢性心内膜炎病例,可用心脏瓣膜增生物涂片,镜检。羊患关节炎病时,可检查关节炎滑膜囊液。

2. 分离培养

分离培养时可选用含有葡萄糖或无菌马血清的半固体琼脂培养基,含有 1/100 万结晶紫、1/5 万叠氮钠的 10% 马血清肉汤及琼脂平板。也可用加入新霉素或万古霉素的马丁肉汤。

将感染动物的血液或脏器涂布于上述琼脂平板上,37℃培养 48 h,观察有无典型菌落生长。从感染动物皮肤中分离时,由于猪丹毒丝菌主要在皮肤深层部位生长,所以采样时必须取一小块完整的皮肤组织,而不是刮取表皮。置 10 mL 的血清肉汤或马丁肉汤中,35℃隔夜培养,然后离心 20 min,弃上清液。将沉淀物加少许无菌生理盐水悬浮后，划线接种于含有血液或血清的琼脂平板上，37℃培养 48 h 后观察典型菌落生长。

3. 动物实验

可选用小鼠或鸽。取上述培养物 0.1～0.2 mL 皮下或腹腔注射小鼠，72 h 后出现化脓性眼结膜炎，表现出典型的“封眼”症状，即初有浆性分泌物，后变为脓性，将眼睑交合封闭。同时小鼠表现畏光、拱背，最后死亡。将病料（肝、脾）制成悬液或取上述培养物 0.5 mL 肌内注射鸽，注射后出现脚部麻痹、毛乱、呼吸困难，终因发生败血症而死亡，其注射部位肌肉出血；脾脏肿大，肝脏上可见坏死结节；黏膜、内脏有点状出血，尤其是心冠脂肪部多见。可从病鸽心血或脏器中获得猪丹毒丝菌的纯培养，并可涂片镜检。

4. 血清学及分子生物学诊断

对急性或亚急性病例可采用培养凝集实验（ESCA），又称生长凝集实验。该实验根据猪丹毒丝菌在生长繁殖中能与该菌抗血清发生特异性凝集的特点，即在含有抗猪丹毒血清的培养基中接种被检组织或纯培养物，观察有无细菌凝集。检测猪血清时，不发病猪凝集价在 1 : 20 以下，发病猪或有免疫力的猪凝集价在 1 : 320 以上。如检测患猪组织或分离的待检菌，有凝集者即判为阳性。

慢性病例可采血分离血清，作玻板凝集实验或试管凝集实验，如为阳性反应，即为慢性猪丹毒。除上述方法外，PCR 技术、荧光抗体技术与反向间接血凝实验也可用于猪丹毒丝菌的诊断。

（三）鉴别诊断

猪丹毒丝菌与李斯特氏菌在形态构造和引起疾病的特征很相似，应注意二者的区别，见表 10–3。

表 10–3　猪丹毒丝菌与李斯特菌比较

特性	猪丹毒丝菌	李斯特菌
革兰氏染色	阳性，菌体细直，微弯	阳性，菌体直，稍粗壮
菌落	培养日久不增大，仍透明	培养日久增大，半透明
细胞壁	不含 DL– 二氨基庚二酸	含 DL– 二氨基庚二酸
血平板	有微绿色溶血环（α）	有狭窄透明溶血环（β）
4℃生长	不能	可以
抗原结构	与李斯特菌无交叉反应	与猪丹毒丝菌无交叉反应
麦芽糖、鼠李糖	–	+
甘露醇、杨苷	–	+
七叶苷	–	+
蔗糖	–	d
淀粉	–	d
木糖	d	–
乳糖	+	d
MR 实验、V–P 实验	–	+
过氧化氢酶	–	+
硫化氢	+	–
蕈糖	–	+
25℃时的运动性	–	+
对兔、豚鼠感染	–	+
对鸽感染	+	–
对小鼠感染	+	+

注：+：发酵产酸或阳性；–：不发酵或阴性；d：部分菌株阳性。

四、免疫防治

目前我国应用猪丹毒冻干苗有 GC_{42} 或 $C_4T(10)$ 两种，用 20% 铝胶生理盐水稀释，给断奶仔猪接种 5 亿～7 亿活菌，有良好的免疫效果。若用 GC42 加倍口服也有效。应用灭活苗也能对仔猪有较好的保护作用。本菌的细胞壁提取物 P64 是一种有效的免疫原，猪体免疫实验表明，它与弱毒疫苗具有同样有效的保护力。用牛或马制备的抗猪丹毒血清可用于紧急预防和治疗。可用青霉素治疗病猪，高免血清与抗生素联用，效果更佳。

第三节 棒状杆菌属

棒状杆菌属（*Corynebacterium*）细菌在自然界广泛分布，多数为非致病菌或植物致病菌，少数能致人和动物疾病。革兰氏染色阳性，菌体呈多形性，细长、直或为弯，一端膨大呈棒状。多成丛或栅栏样不规则排列。菌体着色不均匀，可见节段染色或异染颗粒。无鞭毛，无荚膜，不形成芽胞。少数菌需氧，多数为兼性厌氧，培养基中加入血液或血清可以促进生长。DNA 中（G + C）mol% 为 51～63。白喉棒状杆菌（*C. diphtheriae*）为代表种，是人白喉的病原体。

○ 棒状杆菌属

与兽医相关棒状杆菌见**数字资源**。

第四节 分枝杆菌属

分枝杆菌属（*Mycobacterium*）的细菌是一类细长略显弯曲，部分菌株因有分枝状生长趋势而得名。本属细菌因含大量分枝酸，故一般不易着色，染色时需加温处理，着色后又不能被酸性乙醇脱色，故又称抗酸性细菌（acid-fast bacteria）。需氧菌。菌体平直或微弯，宽 0.2～0.6 μm，长 1.0～10 μm，有时分枝，呈丝状，不形成芽胞、无鞭毛。革兰氏染色阳性，但常不易着色；用齐 - 内(Ziehl-Neelsen)抗酸性染色法为抗酸性阳性，菌体被染成红色，菌体细胞壁含有大量类脂，占干重的 20%～40%；DNA 的（G + C）mol% 为 62～70。

2004 年出版的《伯杰氏系统细菌学手册》将分枝杆菌属归类为放线菌纲（*Actinobacteria*）、放线菌目（*Actinomycetales*）、分枝杆菌科（*Mycobacteriaceae*）。目前发现的本属成员有 120 多种，可分为三大类，一是结核分枝杆菌复合群（mycobacterium tuberculosis complex），包括引起结核的结核分枝杆菌（*M. tuberculosis*）和牛分枝杆菌（*M. bovis*）等；二是引起麻风病的麻风分枝杆菌（*M. leprae*）和弥漫性瘤型麻风分枝杆菌（*M. lepromatosis*）；三是非典型分枝杆菌或非结核分枝杆菌（nontuberculous mycobacteria），包括快速生长的偶发分枝杆菌（*M. fortuitum*）、脓肿分枝杆菌（*M. abscessus*）等，以及慢生长的禽分枝杆菌（*M. avium*）、海分枝杆菌（*M. marinum*）等。根据生长速度和产类胡萝卜色素性质，将非结核分枝杆菌分为 4 群，其中Ⅰ、Ⅱ、Ⅲ群生长缓慢，Ⅰ群为光产色菌，Ⅱ群为暗产色菌，Ⅲ群不产色，Ⅳ群生长快速、产色或不产色。

分枝杆菌在自然界分布广泛，多数为腐生菌，少数是人和动物的病原菌，可引起哺乳动物、禽鸟、爬行动物、鱼类的结核病。其中对动物危害较严重的是结核分枝杆菌(引起灵长类动物结核病)、牛分枝杆菌(其他哺乳动物结核病)、禽分枝杆菌禽亚种（主要引起禽结核）和禽分枝杆菌副结核亚种（引起副结核病）。

一、结核分枝杆菌、牛分枝杆菌和禽分枝杆菌

结核分枝杆菌与牛分枝杆菌、禽分枝杆菌禽亚种（*M. avium* subsp. *avium*，以下称禽分枝杆菌）均为动物结核病的病原，且有许多相似特性，这里一并介绍。

（一）主要生物学特性

1. 形态与染色特性

典型的结核分枝杆菌形态细长，稍有弯曲，两端钝圆，大小为（0.3～0.6）μm ×（1.0～4.0）μm，多单在，少数成丛，有时呈索状或短链状排列，衰老或应用抗结核药物等情况下可出现多型性，如球型、串珠型和丝

状。牛分枝杆菌菌体较短而粗，禽分枝杆菌呈多形性，有时呈杆状、球状或链珠状等。无鞭毛、不形成芽胞，电镜下观察结核分枝杆菌细胞壁外有一层荚膜，对菌体起保护作用。

本菌细胞壁内层含有肽聚糖，革兰氏染色阳性；细胞壁还含有特殊的糖脂，包括脂阿拉伯甘露聚糖（LAM）、阿拉伯半乳糖脂复合物（arabino-galactolipid complex）及分枝菌酸（mycolic acid）（见图 10-5）。分枝菌酸为含有 60 ~ 90 个碳原子分枝长链的 β 羟基脂肪酸，糖脂成分致使该菌革兰氏染色不易着色，抗酸染色（如齐 - 内染色）呈红色（见图 10-6），其他杂菌及背景被染成蓝色。糖脂的含量超过菌体总量的 10%，远远超过其他细菌类脂的含量。另外糖脂还能有效地刺激哺乳动物的免疫系统，因此由分枝杆菌制备成的免疫佐剂，即弗氏佐剂（Freund's adjuvant）得到广泛应用。

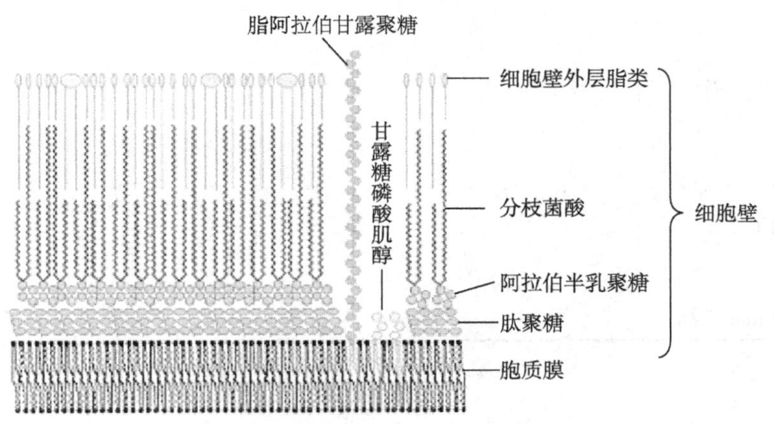

图 10-5　分枝杆菌细胞壁的构造

分枝菌酸附着在位于阿拉伯糖侧链的阿拉伯半乳糖上，细胞壁的肽聚糖层中磷酸肌醇与阿拉伯半乳糖层连锁在一起

2. 生长要求与培养特性

牛分枝杆菌、结核分枝杆菌和禽分枝杆菌均为专性需氧菌，前二者培养的最适温度为 37 ~ 37.5℃，在 30 ~ 39℃可生长，低于 30℃或高于 42℃均不生长，但禽分枝杆菌可在 25 ~ 45℃条件下增殖，在 42℃生长良好。最适 pH 为 6.4 ~ 6.8。

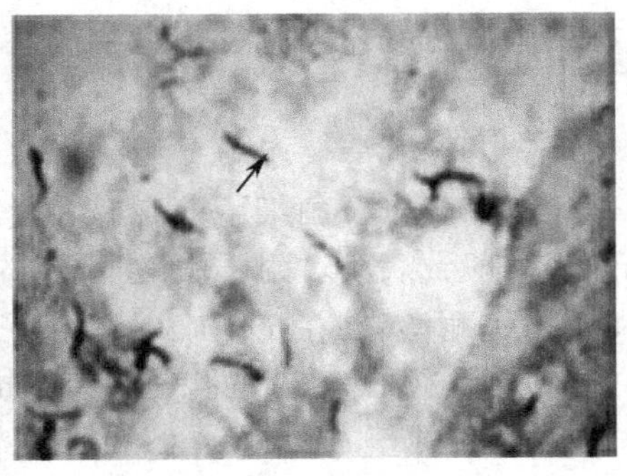

图 10-6　病灶中的结核分枝杆菌菌体细长弯曲（箭头所指）

对营养要求苛刻，在复合有机培养基上生长良好，如罗杰二氏（Löwenstein-Jensen）培养基，该培养基含有蛋黄、马铃薯、孔雀绿等成分，其中孔雀绿可抑制杂菌生长，蛋黄含脂质生长因子，能刺激生长；含甘油的培养基支持结核分枝杆菌和禽分枝杆菌的增殖，但不支持牛分枝杆菌的增殖；Tween 80 可加快结核杆菌在液体培养基中的增殖。使用透明的油酸白蛋白琼脂培养基（如 Middle brook 7H10）有利于较早观察到菌落的形成。其他常用的培养基还有改良罗杰二氏培养基、小川培养基、丙酮酸培养基，牛分枝杆菌适合以丙酮酸为碳源的培养基。在液体培养基中，结核杆菌先在管底部形成颗粒状沉淀，继之沿管壁延展上升生长，最后在液体表面形成有皱褶的菌膜。有致病性的菌株在液体培养基内呈索状生长，非致病性菌株无此现象。因结核分枝杆菌细胞壁的脂质含量较高，影响营养物质的吸收，故生长繁殖缓慢，在上述培养基中代时为 12 h 以上，尤其是初代培养，一般需 10 ~ 30 d 才能看到菌落。生长速度由快到慢依次为禽分枝杆菌、结核分枝杆菌、牛分枝杆菌。菌落表面粗糙、干燥、不透明、隆起、边缘不整齐，呈颗粒、结节或菜花状，乳白色或米黄色（见图 10-7），哺乳动物源性分枝杆菌的菌落干

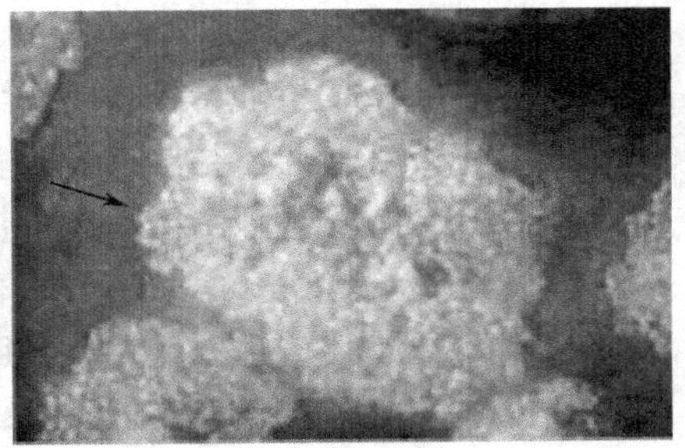

图 10-7　在罗杰二氏培养基上培养 8 周的结核杆菌菌落

箭头所指，菌落表面粗糙，边缘不规则

燥易碎，禽分枝杆菌的菌落呈圆屋顶形。

3. 生化特性

在核苷酸水平上，牛分枝杆菌与结核分枝杆菌基因组相比，其同源性大于99.95%，二者生化性状相近，均不发酵糖类，其他部分生化特性见表10-4。

表10-4　三种结核杆菌部分生化特性区别

特性	结核分枝杆菌	牛分枝杆菌	禽分枝杆菌
脲酶	+	+	–
尼克酰胺酶	+	+	+
吡嗪酰胺酶	+	–	+
芳香基硫酸酯酶（2周）	–	–	–/+
5% NaCl 生长	–	–	–
硝酸盐还原	+	–	–
过氧化氢酶（68℃）	–	–	+
尼克酸	+	–	–
过氧化氢酶 > 4 mm 泡沫	–	–	–

4. 变异性

结核分枝杆菌易发生菌落、毒力和耐药性等方面的变异。在不良环境中，特别是受药物（如1～10 μg/mL异烟肼）的影响，可变成“L型”，此时菌体的形态可变为颗粒状或呈菌丝状，抗酸性减弱或消失，并产生耐药性。在陈旧的培养基上菌落由粗糙型变为光滑型，这种变异也可导致毒力减弱。卡氏（Calmette）和介氏（Güerin）将牛分枝杆菌培养在含有甘油、胆汁的马铃薯培养基上经13年230代次传代，使高毒力菌株变为减毒菌株，对人、牛无致病性，成为现在广泛使用的卡介苗（bacillus Calmette–Guérin Vaccine，BCG Vaccine）。

5. 抵抗力

结核分枝杆菌细胞壁含有大量脂质成分，尤其是蜡样物质，具有疏水性，所以对理化因素的抵抗力强于一般致病菌。耐干燥，在干燥的环境中可存活6～8个月；附着于灰尘、飘浮在空气中可保持传染性8～10 d；耐酸碱，在6% H_2SO_4、3% HCl、4% NaOH中30 min内可以不受影响；对某些染料有抗性，1∶75 000的结晶紫、1∶13 000的孔雀绿有抵抗力。对低温的抵抗力强，在0℃中可存活4～5个月。对湿热的抵抗力较弱，加热至62～63℃ 15 min或煮沸即可杀死；对紫外线敏感，直射日光2 h内可杀死结核分枝杆菌纯培养物；对常用的磺胺类及多种抗生素药物不敏感，对链霉素、异烟肼、利福平、环丝氨酸、乙胺丁醇、卡那霉素、对氨基水杨酸等药物敏感，但长期应用易产生耐药菌株。

（二）致病性

1. 毒力因子

本菌没有内毒素和外毒素，但毒力因子复杂，其致病性主要与菌体内某些致病物质有关。

（1）荚膜（capsule）：主要成分为多糖，含少量蛋白质和脂类，荚膜可提供菌体所需的营养物质，有利于细菌对组织细胞的黏附和穿入，抑制吞噬体和溶酶体的融合，有保护菌体的作用。

（2）索状因子（cord factor）：分枝菌酸和海藻糖结合的糖脂，成分为6,6-双分枝菌酸海藻糖，存在于细菌细胞壁外层，能使结核分枝杆菌相互黏连，在液体培养基中呈索状排列而得名。其具有破坏线粒体膜，抑制氧化磷酸化过程，影响细胞呼吸，抑制嗜中性粒细胞游走及引起肉芽肿等作用。

（3）磷脂（phosphatide）：能刺激单核细胞增生，增强菌体蛋白质的致敏作用，抑制蛋白酶对组织的分解，使病灶组织溶解不完全，产生结节和干酪样坏死。

（4）硫脑苷脂（sulfatide）和磷脂酰肌醇甘露糖苷（PIM）：结核分枝杆菌被巨噬细胞吞噬后，二者有助于抑制吞噬细胞溶酶体与吞噬体的结合，阻止巨噬细胞的呼吸爆发，干扰反应性氮中间体的功能，有助于细菌在吞噬细胞内长期存活。

(5) 蜡质 D(wax-D)：是分枝菌酸与肽糖脂的复合物，具有佐剂作用，可激发机体产生迟发型变态反应，激活巨噬细胞，导致肉芽肿的形成。

(6) 分枝杆菌生长素和铁外螯合素：是菌体细胞壁(膜)中与铁摄取作用相关的胺类物质。铁外螯合素是一种可移走铁蛋白中铁离子的蛋白质。分枝杆菌生长素是存在于菌体细胞膜上的一种脂类复合物，可将铁 - 铁外螯合素复合物中的铁转运至菌体内。

(7) 蛋白质：存在于细胞壁和胞质中，与蜡质 D 结合后能导致宿主机体产生迟发型变态反应，并引起组织坏死病理过程及全身中毒症状，促进结核结节形成。此外菌体蛋白质作为抗原物质在激发机体细胞免疫功能、体外血清学反应中也有重要意义。如牛分枝杆菌的哺乳动物细胞侵袭蛋白(mammalian cell-entry proteins，Mce_4)能促使肺泡巨噬细胞分泌炎性细胞因子 TNF-α、一氧化氮合酶(iNOS)和 IL-6，促使机体发生炎性反应，在宿主细胞免疫应答过程中具有重要作用。

2. 致病机理

感染过程始于结核杆菌在肺、咽或肠黏膜的定植。由于结核杆菌对于巨噬细胞的杀灭作用具有抵抗力，该菌可在细胞内外持续增殖，感染部位出现炎症反应，大量的单核细胞在其周围聚集。感染一周后，机体产生细胞免疫应答，使宿主应答由对外来物的非特异性反应转变为特征性肉芽肿反应，活化的巨噬细胞获得杀灭分枝杆菌的能力，杀灭能力取决于免疫反应的强度和分枝杆菌的毒力。另外，在病灶中上皮样细胞的数量最多，郎汉细胞相对较少，这两种细胞均为巨噬细胞转变而来，但已丧失了有效地吞噬活性。免疫力正常者病灶的中央可形成干酪样坏死物，病变组织处于超敏状态，进一步发生钙化。病灶外围为未发生转变的巨噬细胞，其中混有淋巴细胞。纤维细胞出现后，可逐渐形成纤维层，最后将病变组织包围起来形成结核结节。结核结节可能会进一步增大，其内含有大量的干酪样物，并相互接合，最后在病变组织占很大比例。

当机体的细胞免疫应答建立以后，再次感染后表现为不同的病理过程：抗原特异性 T 淋巴细胞和活化的巨噬细胞会立刻在感染部位聚集，并阻止感染进一步经淋巴扩散。但抗原特异性的 T 淋巴细胞也可介导细胞毒性反应，并可引起广泛的组织损伤，引起渐进性结核病。尽管免疫应答可限制感染进一步经淋巴扩散，但造成的组织损伤有利于结核杆菌向邻近的组织扩散，或通过损伤的支气管、血管或内脏扩散至新的区域。无论结核杆菌到达到什么部位，都会再次引起应答反应，病理损伤进一步扩散加剧。扩散到造血系统，或可导致粟粒性结核，即整个感染器官出现多灶性结核结节。“再感染结核菌”常常是内源性感染，即由以前存在的潜伏病灶活化扩散引起的。

3. 所致疾病特点

结核分枝杆菌与牛分枝杆菌及禽分枝杆菌对动物的易感性不同，表 10-5 列举了能够引起人和动物发病的分枝杆菌感染宿主及引起疾病的特点。牛通常感染牛分枝杆菌，经呼吸道、淋巴结及浆膜腔感染，子宫为胎内感染的门户，乳房的病变虽然罕见，但具有重要的公共卫生意义。牛感染禽分枝杆菌一般为亚临床感染，但禽分枝杆菌在子宫壁定植可导致怀孕母牛流产。牛也可以感染结核分枝杆菌，引起牛轻微的非病理性损伤。牛分枝杆菌感染人也致结核病，此外，还感染绵羊、山羊、猪、犬和猫以及灵长类动物等，且消化道是常见的感染途径，猪常经消化道感染结核杆菌，但只有牛分枝杆菌感染可导致进行性疾病，并出现典型病变；禽分枝杆菌的易感性稍差，对结核分枝杆菌的感染具有抵抗力。马的感染比较罕见，但感染禽结核分枝杆菌比感染牛分枝杆菌更为常见，通常也经消化道感染。自然情况下，禽主要对禽分枝杆菌易感，多数禽类经消化道发生感染，并可扩散到肝和脾，骨髓、肺和腹膜也可受到侵害。禽分枝杆菌能感染多种禽类，但鹦鹉对其有抵抗力，而对结核分枝杆菌易感，金丝雀也对哺乳动物的分枝杆菌易感。

(三) 微生物学诊断

1. 显微镜检查

取气管、支气管的灌洗液，淋巴结、胸腔、腹腔及其他脏器的吸出物，或尸体剖检时采集的结核结节或病变与非病变交界处的组织样品。液体样品可离心浓缩，得到的沉淀物或组织涂片进行抗酸染色，于蓝色

表 10–5 引起动物和人类发病的分枝杆菌宿主及致病特征

分枝杆菌	宿主	致病特征
结核分枝杆菌复合群（tuberculous complex）		
结核分枝杆菌（*M. tuberculosis*）	人、圈养灵长类动物、犬、牛、鹦鹉	结核
牛分枝杆菌（*M. bovis*）	牛、鹿、獾、人、猫、其他哺乳动物	结核
非洲分枝杆菌（*M. africanum*）	人	结核
田鼠分枝杆菌（*M. microti*）	田鼠	结核
山羊分枝杆菌（*M. caprae*）	山羊、绵羊、牛、猪、狐狸等	结核
海豹分枝杆菌（*M. pinnipedii*）	海豹、海狮、人、牛等	结核
引起麻风病的分枝杆菌（mycobacterium that causes leprosy）		
麻风分枝杆菌（*M. leprae*）	人、犰狳、黑猩猩	麻风病
弥漫性瘤型麻风分枝杆菌（*M. lepromatosis*）	部分特定的人群	弥漫性瘤型麻风病
非典型分枝杆菌或非结核分枝杆菌（atypical mycobacteria/nontuberculous mycobacteria）		
禽分枝杆菌（*M. avium*）	大部分禽类（鹦鹉除外）、猪、牛	禽结核、哺乳动物罕见全身型
副结核分枝杆菌（*M. paratuberculosis*）	牛、绵羊、山羊、鹿及其他反刍动物	副结核病、慢性消瘦
海分枝杆菌（*M. marinum*）	鱼、两栖动物、偶尔感染人	结节、溃疡病变及肉芽肿
偶发分枝杆菌（*M. fortuitum*）	牛、猫、犬、猪	感染部位肉芽肿
堪萨斯分枝杆菌（*M. kansasii*）	人	慢性呼吸道感染
溃疡分枝杆菌（*M. ulcerans*）	马、犬、羊驼、考拉、鼠等	皮肤或软组织溃疡
脓肿分枝杆菌（*M. abscessus*）	雪貂、海豚、猫、鱼、人	呼吸道、皮肤、软组织感染、肉芽肿

视野内发现有红色的杆菌时，结合典型的组织学病变（干酪样坏死、钙化、上皮样细胞、多核巨细胞和吞噬细胞），可作出初步诊断。也可用荧光抗酸染色和免疫过氧化物酶技术进行检测，组织切片经苏木精－伊红染色后显微镜下观察。

2. 分离与鉴定

向病料（固体样品先匀浆）中加入 6% H_2SO_4 或 4% NaOH、5% 草酸液处理 15 min 后，经中和、离心，取少许沉淀物接种于培养基斜面，每份病料接 4～6 管，管口封严，置 37℃培养 8 周，每周观察一次。培养阳性时，须经培养特性、生化特性、DNA 特异性探针及 PCR 等方法鉴定。

3. 动物实验

对于非致病性抗酸菌，在人工培养基上生长很快，但对动物无致病力，这是与致病性结核菌相区别之处。对于致病性菌株，可将培养物按重量制成一定浓度的悬液，注射量按混悬液的菌体重量计算，具体实施方法及判定见下表 10–6。

表 10–6 不同结核杆菌动物接种和判定方法

项目名称	家兔	鸡	豚鼠
注射量及途径	耳静脉注射 0.01 mg	静脉注射 1 mg	皮下注射 1 mg
结核分枝杆菌	不死	不感染	10～13 周死亡
牛分枝杆菌	5 周内死于急性结核病	不感染	6～8 周死亡
禽分枝杆菌	多于 10 周内死亡	多于 10 周内死亡	不死

4. 变态反应

是临床上应用最广泛的方法，即结核菌素实验。经皮下、点眼或皮内接种结核菌素或纯化蛋白衍生物（PPD）时，感染动物会表现全身发热、结膜炎或局部皮肤肿胀。

按照我国《动物检疫操作规程》规定，牛颈部皮内注射 0.1 mL（10 万 IU/mL，国际上检测牛结核多采用 2 000 IU），72 h 后局部炎症反应明显，皮肤肿胀厚度差≥ 4 mm 为阳性；如局部炎症不明显，皮肤肿胀厚度差在 2 ~ 4 mm，为疑似；如无炎症反应，皮肿胀厚度差在 4 mm 以下，为阴性。凡判为疑似反应牛，30 d 后需复检一次，如仍为疑似，经 30 ~ 45 d 再次复检，如仍为疑似则判为阳性。

结核菌素实验阳性仅表示在过去某一时间曾经发生过结核杆菌感染或接种过 BCG，无法证明目前有无活动性感染。且结核菌素与非结核分枝杆菌、某些寄生虫的蛋白组分存在一定的抗原交叉，因而降低了结核菌素实验的特异性。结核菌素实验也可用于猪和禽，猪在耳部注射，禽在肉髯注射。

5. 血清学检查

鉴于结核病细胞免疫与体液免疫的分离现象，抗体阳性意味着病情恶化，正处于感染活动期，检测特异性抗体可诊断结核病，可用 ELISA 进行检测。特异性的诊断抗原选择 MPB70，为防止其他分枝杆菌的干扰，用草分枝杆菌作为吸收抗原吸收待检血清，排除血清的非特异性反应，能提高检测的特异性。

（四）免疫防治

结核病的免疫是感染免疫（infection immunity），即带菌免疫或有菌免疫。当结核杆菌或其组分存在体内时，机体才产生免疫力，一旦该菌或其成分在体内完全消失时免疫力也随之终止。

结核分枝杆菌为胞内寄生菌，机体抵抗其感染主要以细胞免疫为主，针对其产生的抗体，由于无法接触到胞内菌体，只能对释放到细胞外的细菌发挥作用。因此，体液免疫只起到辅助抗感染作用。1977 年 Lenzin 发现，结核病的细胞免疫和体液免疫存在分离现象，即细胞免疫随病情的加重而减弱，体液免疫则随病情的加重而增强。凡病情得到控制或康复的动物，其细胞免疫可达到一定水平，血清抗体水平较低。

结核杆菌在诱导机体免疫应答的同时，也随之产生迟发型变态反应，但诱导机体产生免疫和迟发型变态反应的物质不同，将结核菌素与其胞壁成分同时注入机体，可诱导变态反应，但不诱导免疫；注射结核杆菌核蛋白体，则使机体产生免疫，而不诱发变态反应。产生以上现象的机理是由于不同的抗原激活不同克隆的 T 细胞，如产生巨噬细胞移动抑制因子（MIF）则致变态反应性炎症，产生结核杆菌增殖抑制因子（MycoIF）则可特异性地抑制巨噬细胞内结核杆菌的繁殖。结核分枝杆菌全菌体既可诱导机体产生抗感染免疫又可诱发迟发型变态反应。结核菌素试验即是根据这一原理设计的最常用的免疫学检测方法。

该病为人畜共患病，珍稀动物、观赏动物和野生动物也是结核病的重要疫源，注意防控。人类广泛采用卡介苗（BCG）免疫接种，免疫期 4 ~ 5 年。犊牛在 1 月龄时也可皮下接种卡介苗 100 mg，20 d 产生免疫，可维持 12 ~ 18 个月。接种卡介苗的牛一年后仍维持变态反应阳性，在用结核菌素检疫时无法与自然感染牛区别，因而不宜推广应用。按规定，饲养牛群不接种卡介苗，每年春、秋两季需进行检疫。结核菌素变态反应检测阳性者，要隔离饲养。鉴于抗体产生与结核病的正相关性，在检疫时如能将变态反应与 ELISA 结合进行，可提高检出率。对检出的患结核病动物要无害化处理。

二、禽分枝杆菌副结核亚种

禽分枝杆菌副结核亚种（*M. avium* subsp. *paratuberculosis*）亦称副结核分枝杆菌（*M. paratuberculosis*），主要引起反刍兽的慢性消耗性传染病，猪、马、兔、鼬、黄鼠狼等也感染。该病普遍存在于世界许多国家，我国在 1975 年由吉林农业大学韩有库等分离出该菌。

遗传学分析，该菌染色体 DNA 与禽分枝杆菌禽亚种的同源性高达 99.7%，所以列入禽分枝杆菌中。相关知识见**数字资源**。

○ 禽分枝杆菌副结核亚种

复习思考题

1. 产单核细胞李氏杆菌的毒力因子有哪些？

2. 结核分枝杆菌细胞壁的结构有哪些特点？
3. 结核分枝杆菌诱导的免疫应答的特点及在疾病诊断、预后评价中有什么作用？
4. 猪丹毒丝菌与产单核细胞李氏杆菌的培养特性有哪些差异？
5. 检测动物感染分枝杆菌的方法是什么？

开放式讨论题

1. 结核分枝杆菌耐药性机制有哪些？提高临床治疗效果的可行性措施是什么？
2. 卡介苗的应用现状如何？下一代疫苗开发有哪些策略？
3. 防控食源性李氏杆菌污染及危害的措施有哪些？
4. 研制区分结核阳性牛与疫苗免疫牛诊断方法的策略有哪些？

Summary

In this section, four genera of pathogenic microorganism belonging to Gram-positive, non-spore forming bacilli bacteria are described.

Listeria, which was named after the English surgeon, Joseph Lister, is a bacterial genus containing seven species. *Listeria* species are typified by *L. monocytogenes*, which is a bacterium commonly found in soil, stream water, sewage, plants, and food. Microscopically, *Listeria* species appear as small, Gram-positive rods, which are sometimes arranged in short chains. In direct smears they may be coccoid, so they can be mistaken for streptococci. Longer cells may resemble corynebacteria. *L. monocytogenes* are known to be the bacteria responsible for listeriosis in humans, a rare but potentially lethal food-borne infection. *Listeria* are able to grow at temperatures ranging from 4℃, the temperature of a refrigerator, to 37℃, the body's internal temperature. Abortions, encephalitis and mastitis associated with *L. monocytogenes* have been reported in cattle, sheep, and swine. The disease is usually fatal in these animals. In poultry, the disease usually causes sudden death, particularly in younger birds.

Erysipelothrix rhusiopathiae is a Gram-positive, rod-shaped bacterium, much similar to *Listeria* in morphology. *E. rhusiopathiae* is primarily considered an animal pathogen, causing a disease known as erysipelas in animals. Turkeys and pigs are most commonly affected, but cases have also been reported in other birds, sheep, fish, and reptiles. It should be noted that erysipelas in humans is not caused by *E. rhusiopathiae*, but by various members of the genus *Streptococcus*. In humans, *E. rhusiopathiae* infections is most commonly present in a mild cutaneous form known as erysipeloid.

The principal features of the ***Corynebacterium* genus** are aerobic or facultatively anaerobic, Gram-positive, catalase positive, non-spore-forming, non-motile, rod-shaped bacteria that are straight or slightly curved. Metachromatic granules are usually present. The bacteria group together in a characteristic way, which has been described as the form of a "V", "palisades", or "Chinese letters". They may also appear elliptical. They are pleomorphic through their life cycle: they come in various lengths and frequently have thickenings at each end, depending on the surrounding conditions. The group includes *C. diphtheriae*, the cause of human diphtheria, and a number of other organisms are associated with disease in animal that is characterized by the development of suppurative lesions.

Mycobacteria are aerobic and nonmotile bacteria that are characteristically acid-alcohol fast, do not contain endospores or capsules, and are usually considered as Gram-positive. All *Mycobacterium* species share a characteristic cell wall, thicker than in many other bacteria, which is hydrophobic, waxy, and rich in mycolic acids/mycolates. The structures of the cell wall make a substantial contribution to the hardiness of this genus. Some species, particularly those which are pathogenic to man and animals, grow slowly on artificial media, although many *Mycobacterium* species adapt readily to growth on very simple substrates. The major pathogenic species in this genus included *M. tuberculosis*, *M.bovis* and *M. avium*.

第十一章　革兰氏阳性产芽胞杆菌

在革兰氏阳性产芽胞的细菌中，大多数为杆菌，仅有一个属为球菌。其特征是菌体内有芽胞，位于菌体顶端、近端或中央。细菌分布广泛，多数为腐物寄生菌。常见的产芽胞细菌包括芽胞杆菌属（*Bacillus*）、芽胞乳杆菌属（*Sporolactobacillus*）、梭菌属（*Clostridium*）、脱硫肠状菌属（*Desulfotomaculum*）、芽胞八叠球菌属（*Sporosarcina*）和颤螺菌属（*Oscillospira*）等，在兽医学和医学上重要的是芽胞杆菌属和梭菌属。

第一节　芽胞杆菌属

芽胞杆菌属（*Bacillus*）细菌是一群形态较大，在有氧环境中能形成芽胞的革兰氏阳性杆菌，本属细菌种类繁多，广泛分布于自然界，包括 34 个正式种和至少 200 个未确定的种。大多数为非致病性，少数为条件性致病；其中，对人畜有致病性的主要是炭疽芽胞杆菌及产生肠毒素和致呕吐毒素的蜡样芽胞杆菌。

本属细菌菌体呈杆状，两端钝圆或平截，单在或呈一定长度的链状。大多能以周鞭毛运动，个别鞭毛退化。某些种可在一定条件下产生荚膜。需氧或兼性厌氧。菌落形态和大小多变，在某些培养基上可产生色素。大多数种产生触酶。

一、炭疽芽胞杆菌

炭疽芽胞杆菌（*B. anthracis*）俗称炭疽杆菌，1894 年从牛的脾脏和血液中发现该细菌，感染后引起局部皮肤组织发生黑炭性坏死，故名炭疽（anthrax）。可经多种途径感染人、各种家畜和野生动物，其中草食动物最易感。炭疽芽胞杆菌也是国际上公认的生物武器，故对该菌的研究备受各国学者关注，在兽医学和医学上均占有重要的地位。本菌 DNA 的（G + C）mol% 为 32.2 ~ 33.9。

（一）主要生物学特性

1. 形态与染色特性

革兰氏阳性大杆菌，大小为(1.0 ~ 1.2) μm ×（3 ~ 5）μm。无鞭毛，不运动。在体内和特定的培养条件下，如在发病动物组织和血液中，常单在或 2 ~ 3 个相连，可形成丰厚的荚膜，多个菌体相连呈竹节状（图 11–1）。在动物体内的炭疽杆菌只有当暴露于空气中接触游离氧之后，方能形成芽胞。在普通营养琼脂上生长时，则呈长链状，无荚膜，并于培养 18 ~ 24 h 后开始形成芽胞。芽胞呈椭圆形，横径小于菌体，位于菌体中央（图 11–2）。

炭疽杆菌荚膜的产生因动物种类不同有所差异，在牛、绵羊体内形成的荚膜，经染色后镜检最明显，马、骡，尤其猪则很难看到荚膜。在猪体内菌体形态较为特殊，常弯曲或部分膨大，轮廓不清。荚膜具有较强的抗腐败能力，当菌体因腐败而消失后，仍有残留荚膜，称为“菌影”。在普通培养基中不形成荚膜，但若在血液、血清琼脂上或在碳酸氢钠琼脂上，于 10% ~ 20% CO_2 环境中培养则形成荚膜。

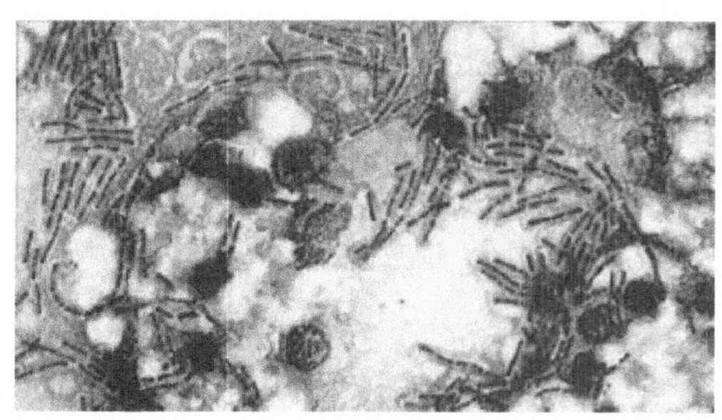

图 11–1　炭疽杆菌形态(组织触片，亚甲蓝染色)

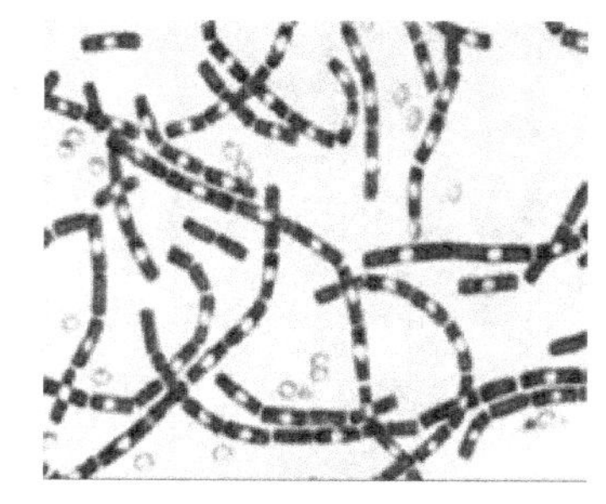

图 11–2　纯培养的炭疽杆菌形态

2. 生长要求与培养特性

需氧菌和兼性厌氧，可在 15 ~ 40℃温度范围中生长，最适生长温度为 30 ~ 37℃，最适 pH 为 7.2 ~ 7.6。营养要求不高，普通培养基中即生长良好。

在普通营养琼脂表面该菌形成灰白色，扁平且边缘不整齐的粗糙型大菌落（图 11–3a），一侧或两侧生有短尾状突起，在显微镜下放大 50 倍观察菌落边缘呈卷发状（见图 11–3b）。在血琼脂上除个别菌株外，一般不溶血。在明胶穿刺培养中，细菌可沿穿刺线放射状生长外，整个生长物好似倒立的雪松状（图 11–3c）。经培养 2 ~ 3 d 后，明胶上部逐渐液化呈漏斗状。接种于普通肉汤中培养 24 h 后，上液清澈透明，管底有白色絮状沉淀，若轻摇试管，则沉淀物徐徐上升，卷绕成团而不消散，液面无菌膜或菌环形成，此性状有别于本属其他菌种。

在含青霉素 0.5 IU/mL 的培养基中，由于幼龄炭疽杆菌细胞壁的肽聚糖合成受到抑制，形成的原生质体相互连接成串（图 11–4），称为“串珠反应”。若培养基中青霉素含量加至 10 IU/mL，细菌则完全不能生长或轻微生长。这是炭疽杆菌所特有的，可作为与其他需氧芽胞的杆菌鉴别特征。

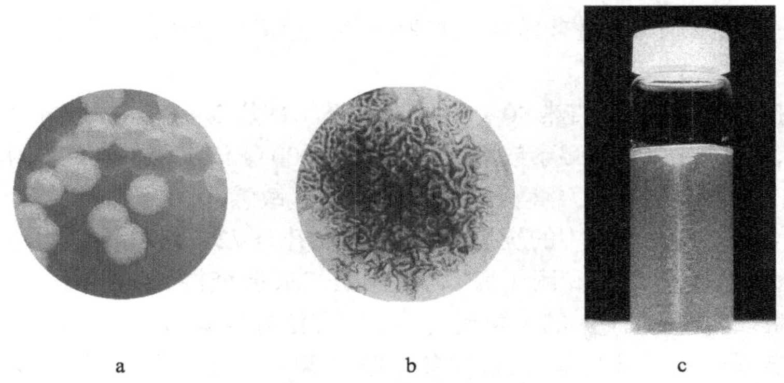

a　　b　　c

图 11–3　炭疽杆菌的培养形态

a. 在普通培养基上的菌落形态；b. 普通培养基的菌落边缘经放大呈卷发状外观；
c. 明胶穿刺培养生成倒立雪松状（引自 Mcvey et al.，2013）

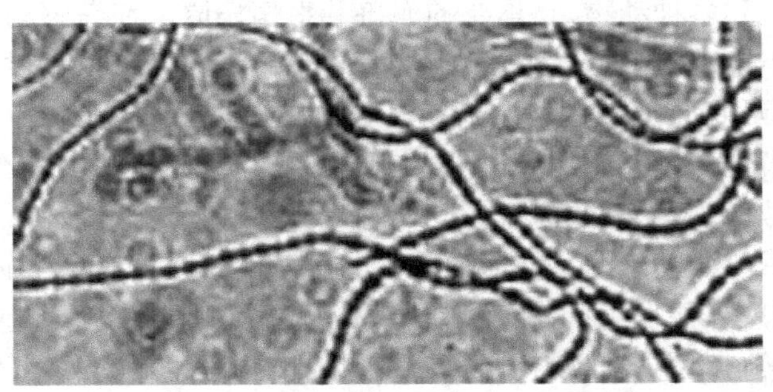

图 11–4　炭疽杆菌在含有青霉素的培养基培养后涂片染色形成的串珠样

3. 生化特性

此菌分解葡萄糖、麦芽糖、蔗糖、蕈糖、果糖，产酸不产气，水解淀粉，液化明胶和酪蛋白。V–P 试验阳性，不产生吲哚和 H_2S，能还原硝酸盐。接种牛乳培养 2 ~ 4 d 可使之凝固，然后缓慢胨化。卵磷脂酶阳性或弱反应，苯丙氨酸脱氨酶和磷酸酯酶阴性，触酶阳性。不能或微弱还原亚甲蓝。强毒株不能在 7% NaCl 琼脂平板上生长，但弱毒株可不同程度地生长。

4. 抗原构造

炭疽杆菌的抗原分为两部分，一部分是菌体的结构抗原，包括荚膜、菌体和芽胞等抗原成分，另一部分是炭疽毒素复合物。

(1) 菌体抗原：是存在于本菌细胞壁及菌体内的半抗原，由高分子量的乙酰氨基葡萄糖和 *d*– 半乳糖等组成的多糖成分。该抗原与细菌毒力无关，但性质稳定，即使在腐败的尸体中经过较长时间，或经加热煮沸甚至高压蒸汽处理，抗原性也不被破坏。Ascoli 实验就是依据此原理。但此抗原无特异性，与其他需氧芽胞杆菌和肺炎球菌有交叉反应。

(2) 荚膜抗原：仅见于有毒菌株，与毒力有关。由 D- 谷氨酰多肽构成，是一种半抗原，可在感染动物腐败过程中被分解破坏，失去抗原性。由荚膜抗原产生的抗体无保护作用，但其产生特异性反应，有血清学诊断价值。

(3) 芽胞抗原：由芽胞外膜层和皮质组成，是炭疽芽胞的特异性抗原，具有血清学诊断价值。

(4) 炭疽毒素：是保护性抗原（protective antigen，PA）、致死因子（lethal factor，LF）和水肿因子（edema factor，EF）3 种成分组成的复合物，注射该毒素的实验动物可出现炭疽的典型症状。但致死因子和水肿因子单独存在时无毒性，二者必须与保护性抗原结合后才能引起实验动物的水肿和致死。

PA 是炭疽杆菌在代谢过程中产生的一种胞外蛋白质抗原，在牛乳培养基中亦可产生，为炭疽毒素的组成成分之一，具有免疫原性，能使机体产生抗本菌感染的保护力。LF 是一种蛋白酶，它作用于细胞分裂素活化蛋白激酶，从而阻断蛋白质的合成的信号通路。EF 具有腺苷环化酶活性。EF 进入细胞后首先与钙调素结合，钙调素在真核细胞是一种非常常见的蛋白，它与 EF 结合可改变活性中心的构象。

5. 抵抗力

本菌繁殖体的抵抗力不强，60℃加热 30 ~ 60 min 或 75℃加热 5 ~ 15 min 即可杀死。常用消毒剂均能于短时间内将其杀死，如 1∶5 000 洗必泰或消毒净、1∶10 000 新洁尔灭、1∶50 000 度米芬在 5 min 内可将其杀死。对青霉素、链霉素等多种抗生素及磺胺类药物高度敏感，可用于临床治疗。在未解剖的尸体中，细菌可随腐败而迅速崩解死亡。堆肥中的炭疽杆菌，需温度升至 72 ~ 76℃经过 4 d 方才死亡。

芽胞的抵抗力极强，尤其是耐热和耐干燥。加热 121℃灭菌维持 5 ~ 10 min，或 160℃维持干热灭菌 1 h 才能杀死芽胞。细菌的芽胞在干燥的土壤或皮毛中能存活数年至 20 年，实验室干燥保存 40 年以上的炭疽芽胞仍有活力。牧场一旦被其污染，传染性常可保持 20 ~ 30 年。对于曾经掩埋炭疽兽尸的土地，必须加以严格控制。开垦后的前 1 ~ 2 年可种植黑麦、三叶草等植物，由于其根系能分泌一种杀死炭疽杆菌的物质，能起到净化土壤的作用。

（二）致病性

炭疽芽胞杆菌可感染人和多种动物，是重要的人兽共患病病原。在易感动物中，牛、绵羊、鹿等草食动物最易感，马、骆驼、猪、山羊等次之，而犬、猫、食肉兽等则有一定的抵抗力，禽类一般不感染。消化道感染是常见的感染途径，但也可经呼吸道和创伤感染或经吸血昆虫进行病原传播。食草动物感染后常表现为急性败血症。猪炭疽病多表现为慢性的咽部局限感染，犬、猫和食肉兽则多表现为肠炭疽。实验动物中小鼠、豚鼠、家兔和仓鼠均极易感，大鼠有抵抗力。

人类对炭疽杆菌也易感。人感染的主要途径是接触病畜及其产品或食用病畜的肉类而发生感染。经消化道、呼吸道或皮肤创伤感染而发生肠炭疽、肺炭疽或皮肤炭疽。临床上主要表现为皮肤坏死溃疡、焦痂和周围组织广泛水肿及毒血症症状，偶尔引致肺、肠和脑膜的急性感染，并可伴发败血症。

炭疽芽胞杆菌的毒力主要与荚膜和毒素有关，它们分别由 pX01 和 pX02 质粒所调控。质粒丢失则失去形成荚膜或产生毒素的能力，成为减毒株。不产生毒素的减毒机理，是由于细菌在 42.5℃高温反复培育，毒素质粒（Tox，110MK）丢失，由原来的强毒株（Cap^+Tox^+）变为弱毒株（Cap^+Tox^-）。并发现凡不形成荚膜的炭疽芽胞杆菌减毒株如 Sterne 株、34F-2 株等，皆只含毒素质粒 PXO1，而无荚膜质粒（Cap^-Tox^+）。

炭疽杆菌侵入机体生长繁殖后则形成荚膜，其明显抑制机体内巨噬细胞和中性粒细胞等吞噬细胞的吞噬作用，并与其他毒力因子共同作用，从而抑制了宿主的防卫能力，由于荚膜的存在，使得毒力较强的菌株容易突破宿主的防卫屏障，迅速向全身扩散、蔓延、繁殖，形成败血症。

炭疽毒素损伤体细胞及微血管内皮细胞，阻碍体细胞的生理功能及吞噬细胞的吞噬力，增强微血管的通透性，改变血液循环动力学，发生水肿，损害肾功能，干扰糖代谢，血液呈半凝固状态，易形成中毒性休克和弥漫性血管内凝血，最后导致人和动物死亡。

（三）微生物学诊断

严禁剖检死于炭疽的病畜尸体，以防菌体遇游离氧而形成芽胞污染所在环境。如必须采集样品可从耳根部采血，或切开肋间取脾脏。肠炭疽可采取粪便，皮肤炭疽可取病灶水肿液或渗出物。对错剖的尸体，则可采取脾、肝内脏器官进行检查。

1. 微生物学检查程序（图 11–5）

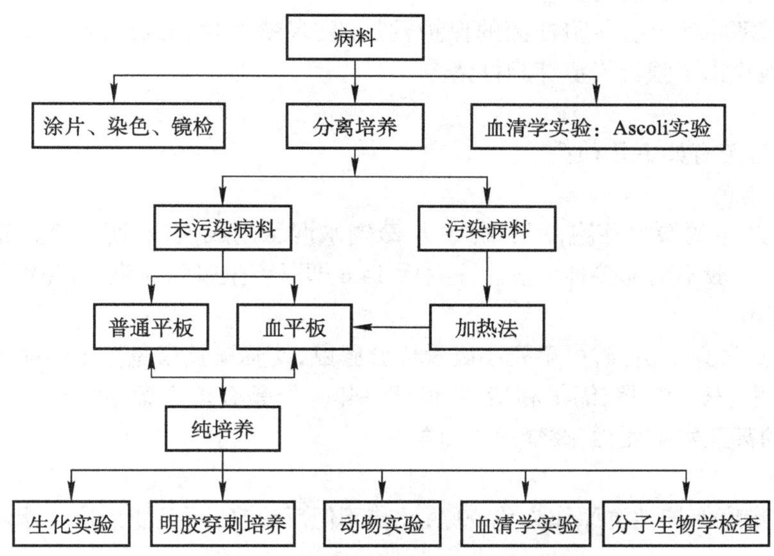

图 11–5　炭疽芽胞杆菌分离与鉴定程序

2. 检查方法

（1）细菌学检查：病料涂片可以用碱性亚甲蓝、瑞氏或吉姆萨染色法染色后镜检，如发现菌体有荚膜并呈竹节状排列的大杆菌，可作为初步诊断的依据。

细菌的分离可用普通琼脂或血琼脂平板，还可选用炭疽选择性培养基如戊烷脒琼脂。经 37℃培养 16 ~ 20 h 后，挑取可疑菌落进行纯培养，进行生化鉴定和致病性鉴定，注意与类炭疽相区别（见表 11–1）。

表 11–1　炭疽杆菌与其他需氧芽胞杆菌的鉴别

鉴别项目	炭疽芽胞杆菌	蜡状芽胞杆菌及其他需氧芽胞杆菌
菌落	粗糙、边缘不整齐成卷发状	蜡样光泽、波纹状、锯齿状
荚膜形成	+	–
动力	–	+
肉汤生长	絮状沉淀，上层清朗，无菌膜	均匀混浊，颗粒状沉淀，有菌膜
溶血反应	不溶血或微溶血	蜡状芽胞杆菌呈 a 型溶血
串珠实验	+	–
青霉素抑制	+	–
γ 噬菌体裂解	+	–
碳酸氢钠琼脂	黏液型菌落	粗糙型菌落
对豚鼠致病力	+	–
Ascoli 反应	强阳性	阴性或弱阳性

注：+：阳性或有判定意义；–：阴性或无。

对于被杂菌污染严重的检样，直接分离比较困难或直接镜检很难观察的目的细菌，可将检验材料制成1∶5乳悬液，皮下注射小鼠0.1 mL或豚鼠、家兔0.2～0.3 mL。小鼠通常于注射后24～36 h死亡，接种家兔2～4 d死于败血症，剖检可见注射部位胶样浸润及脾脏肿大等病理变化。取血液、脏器涂片镜检，当发现竹节状有荚膜的大杆菌时，即可判断有此菌感染。

(2) 血清学实验：有多种血清学方法可被应用，多以已知抗体检测细菌抗原。如Ascoli氏沉淀反应、凝集实验、串珠荧光抗体和琼脂扩散实验等。

(3) 分子生物学实验：对炭疽芽胞杆菌的保护性抗原、多糖荚膜和致死因子的基因，设计引物，进行PCR扩增，可以准确地检出了强毒炭疽芽胞杆菌。

(四) 免疫防治

我国目前应用的菌苗有如下几种：

1. 第Ⅱ号炭疽芽胞苗

此菌苗系将培养产生的炭疽芽胞，用30%甘油蒸馏水混悬制成，有效期2年。适用于牛、马、驴、骡、骆驼、绵羊、山羊和猪，一般不引起接种反应。注射后14 d即可产生坚强免疫力，免疫期一年。

2. 无毒炭疽芽胞苗

其毒力较第Ⅱ号炭疽芽胞苗强，可杀死小鼠及部分豚鼠，使豚鼠及家兔发生明显水肿，但不致死家兔。有效期2年。适用于牛、马、驴、骡、绵羊和猪，免疫期一年。但是必须注意，此菌苗对山羊反应强烈，可引起严重局部反应，有的甚至发生死亡，故禁用于山羊。

3. 炭疽亚单位苗

即以不含活菌的炭疽保护性抗原作为免疫原，此苗不但反应轻，而且能抵抗强毒炭疽杆菌芽胞经呼吸道的攻击。

4. 抗炭疽血清

系以弱毒菌苗对马或牛先进行基础免疫后，再用强毒炭疽杆菌多次注射后采集动物血清制成。此血清可用于治疗，或在发生炭疽的疫区用作紧急预防。

二、蜡样芽胞杆菌

蜡样芽胞杆菌(*B. cereus*)，又称仙人掌杆菌，广泛分布于土壤、水、空气、动物的肠道和食物中。其中部分为条件性致病菌，在食品中达到一定数量时可引发食物中毒；还有一些菌株对动物有益，可以用于产生抗菌物质而抑制有害菌的生长和改善生态环境。

根据该菌对柠檬酸盐的利用等生化特征，可将其分为15个生物型。若按其鞭毛抗原分，仅食物中毒分离株就有18个血清型，我国目前有其中的11个血清型。此外，还可应用噬菌体进行分型。其他相关知识见数字资源。

○ 蜡样芽胞杆菌

第二节　梭　菌　属

梭菌属(*Clostridium*)的细菌是一群能形成芽胞，芽胞普遍大于菌体，致使菌形从杆状变为梭状的革兰氏阳性厌氧菌。丁酸梭菌是这属菌的模式种，DNA的(G+C)mol%为27～28，其他种为22～55。

本属细菌具有许多共同特点：分布极其广泛，存在于腐物、土壤、污水、人和动物的肠道内，多数为腐物寄生菌，只有少数为致病菌；菌体形态结构上，均为大杆菌，形成芽胞，芽胞为圆形或者椭圆形且大于菌体，位于菌体中央、近端或顶端，有周身鞭毛(除产气荚膜梭菌)，无荚膜(除产气荚膜梭菌)；在培养特性上，对营养要求不高，但所用培养基多采用葡萄糖血液培养基或肝汤培养基，菌落多为不规则型；在生化特性上，其氧化酶和接触酶均为阴性；在致病性上，感染多通过外伤，多数是由于细菌产生的外毒素致病。

致病性梭菌感染机体主要有3种方式，一是细菌侵入动物机体，细菌及其毒素共同引起相应的疾病，如产气荚膜梭菌、水肿梭菌、腐败梭菌、溶组织梭菌等；二是虽然菌体在机体内生长繁殖，但是主要是通过毒素致病，菌体的直接致病作用很小，如破伤风梭菌；三是菌体并不侵入机体，但细菌在体外产生毒素，人和动物是由于摄取了被毒素污染的食物或饲料引起毒素中毒性疾病，如肉毒梭菌，因此对此类疾病的微生物学诊断既要进行细菌学检查，更重要的是进行毒素检测。

根据本属细菌上述共同特点，在梭菌的鉴定中，需要注意以下几点：

尽管梭菌大多为专性厌氧菌，但不同的梭菌种厌氧程度仍然存在差异。诺维梭菌、溶血梭菌等的生长需要十分严苛的厌氧条件，包括所用培养基必须新鲜制备或保存于厌氧环境之中。若在空气环境中放置超过数小时，其中某些物质转化为氧化型，即使在厌氧条件下培养，细菌亦不生长。这些细菌对氧极为敏感，仅在空气中暴露 20～30 min 即遭抑制而不再生长。因此划线接种后应立即厌氧培养，培养物解除厌氧状态后应迅速移植，不能久置于空气之中。

腐败梭菌、诺维梭菌和肉毒梭菌等在固体培养基表面易于蔓延生长，造成菌落融合混杂。为获得单个菌落，可将培养基的琼脂浓度提高至 4%～6%，或在培养基中加入 0.1%～0.5% 巴比妥钠、苯巴比妥钠或水合氯醛，或于划线接种之后在表面上注一层琼脂，以限制菌落蔓延。

当材料污染而难以分离得到纯培养时，可根据梭菌芽胞耐热性较强的特点，先经 80℃加热 20 min 以杀灭不耐热的细菌，或用 95% 或无水乙醇处理 45 min，然后再做分离培养。加热后的梭菌芽胞对酸败的长链脂肪酸特别敏感，故培养基中应添加 0.2% 可溶性淀粉以消除其抑菌作用。另外加热芽胞的培养温度较低，宜在 25℃下培养。

腐败梭菌和产气荚膜梭菌易于动物死后侵入机体，而诺维梭菌、溶血梭菌等存在与正常动物体中，从动物体内分出这些梭菌，并不能肯定它们就是病原，应结合流行病学、病变及微生物学检查。此时，细菌的毒力测定极为重要。

本属细菌有 80 多种，多为非病原菌，常见的致病菌约 11 种，多为人畜共患病原（表 11–2）。

表 11–2 常见病原梭菌及其所致疾病

细菌种型	所致疾病
产气荚膜梭菌 A 型（*C. perfringens* type A）	恶性水肿，人食物中毒
产气荚膜梭菌 B 型（*C. perfringens* type B）	羔羊痢疾，驹、绵羊、山羊肠毒血症
产气荚膜梭菌 C 型（*C. perfringens* type C）	羊猝狙，犊、羔、仔猪肠毒血症，人、禽坏死性肠炎
产气荚膜梭菌 D 型（*C. perfringens* type D）	绵羊、山羊、牛肠毒血症
产气荚膜梭菌 E 型（*C. perfringens* type E）	犊牛痢疾，羔羊痢疾
气肿疽梭菌（*C. chauvoei*）	气肿疽
腐败梭菌（*C. sepicum*）	恶性水肿，羊快疫
诺维梭菌 A 型（*C. novyi* type A）	恶性水肿
诺维梭菌 B 型（*C. novyi* type B）	黑疫
诺维梭菌 C 型（*C. novyi* type C）	水牛骨髓炎
溶血梭菌（*C. haemolyticum*）	牛、羊细菌性血红素尿
肉毒梭菌 A～F 型（*C. botulinum* A～F）	动物和人肉毒中毒症
阿根廷梭菌（*C. argentinse*）	人肉毒中毒症（阿根廷）
破伤风梭菌（*C. tetani*）	破伤风
艰难梭菌（*C. difficile*）	人、仓鼠、兔及豚鼠抗生素相关性腹泻，犬、驹、猪等腹泻

梭菌的生化性状测定，须用特殊生化培养基。几种主要病原梭菌的基本生化特性如表 11–3。

一、产气荚膜梭菌

产气荚膜梭菌（*C. perfringens*）又称魏氏梭菌（*C. welchii*），广泛存在自然界，可见于土壤、污水、饲料、

表 11-3 主要病原梭菌的基本生化特性

细菌	消化酪蛋白	水解明胶	脂酶	卵磷脂酶	发酵反应				产生吲哚
					葡萄糖	麦芽糖	乳糖	蔗糖	
气肿疽梭菌	–	+	–	–	+	+	+	+	–
腐败梭菌	+	+	–	–	+	+	+	–	–
产气荚膜梭菌	+	+	–	+	+	+	+	+	–
诺维梭菌 A 型	–	+	+	+	+	+	–	–	–
诺维梭菌 B 型	+	+	–	+	+	+	–	–	v
诺维梭菌 C 型	–	+	–	–	+	–	–	–	+
溶血梭菌	+	+	–	+	+	–	–	–	+
肉毒梭菌 C,D 型	–	+	+	v	+	v	–	–	v
肉毒梭菌 B,E,F 型(解糖)	–	+	+	–	+	+	–	–	–
肉毒梭菌 A,B,F 型(解朊)	+	+	+	–	+	+	–	–	–
阿根廷梭菌(解朊)	+	+	–	–	–	–	–	–	–
破伤风梭菌	–	+	–	–	–	–	–	–	v
艰难梭菌	–	+	–	–	+	–	–	–	–

注:v 指变化不定。

食物、粪便以及人畜肠道中。只有在食物和肠内容物中菌数含量超过正常限度或在菌体形成芽胞过程中分泌毒素时才致病。每克人粪便中该菌含量一般为 10^3 ~ 10^4 个,而在本菌引起的腹泻期菌量为 10^6 个或更高。绝大多数动物(包括猪、牛、犬、猫)消化道中均可见产气荚膜梭菌。在死亡各种不同疾病的动物尸体中都容易分离出此菌。因此,在进行病因分析时应考虑其在疾病中的病原学意义。该菌 DNA 的(G + C) mol% 为 24 ~ 27。

(一) 主要生物学特性

1. 形态与染色特性

革兰氏阳性,两端钝圆的粗大杆菌,大小为(0.6 ~ 2.4) μm × (1.3 ~ 19.0) μm,单在或成双,很少出现短链形式。多数菌株可形成荚膜(图 11-6a),不同菌株的荚膜多糖的组成有差异。无鞭毛,不运动。本菌虽能形成芽胞,但在动物组织和一般培养物中,很少能够看到芽胞。在产芽胞培养基上,可形成大而卵圆、位于菌体中央或近端的芽胞,使菌体膨胀(图 11-6b)。

2. 生长要求与培养特性

对厌氧环境要求不严格,在微厌氧的环境内也能生长。对营养要求不高,在普通培养基上可生长;若加葡萄糖、血液,则生长更好。A、D 和 E 型菌株最适生长温度为 45℃,B 和 C 型为 37 ~ 45℃,多数菌株的

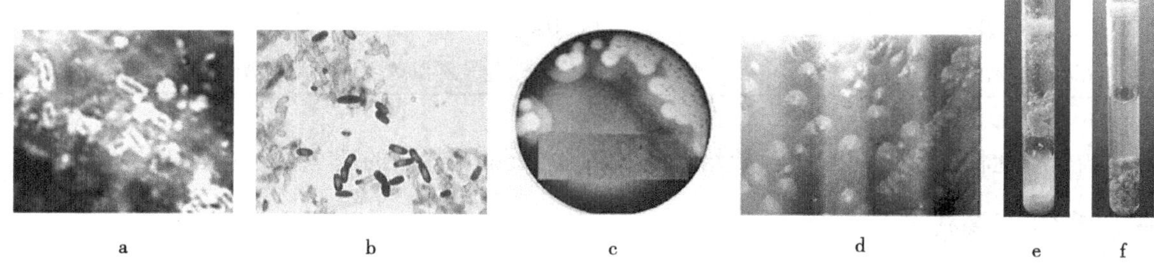

图 11-6 产气荚膜梭菌在动物组织和纯培养中的形态与菌落特征及在牛乳和疱肉培养基中的生长特性

可生长温度范围为 20～50℃，偶有菌株于 6℃有一定的繁殖能力。此菌生长速度快，据此特性，可用高温快速培养法进行选择分离，即在 42℃条件每培养 3～4 h 传代一次，可较易获得纯培养。

在乳糖牛乳卵黄琼脂平板上，由于发酵乳糖，菌落周围的培养基颜色发生变化（中性红指示剂呈粉红色）。由于本菌产生的 α 毒素分解卵黄中的卵磷脂，可使菌落周围出现乳白色浑浊圈，此反应可被 α 抗毒素抑制。

在亚硫酸盐－多黏菌素－磺胺嘧啶（SPS）琼脂上可生长出黑色菌落，常用于活菌计数。在绵羊血琼脂平板上，可形成灰白色至灰黄色、圆形、边缘整齐或微呈锯齿状，直径为 2～4 mm 大的菌落。菌落周围有溶血环，大多数菌株可产生双重溶血（图 11–6c），即内环为由 θ 毒素引起的完全溶血，外围由 α 毒素引起的不完全溶血环，一些 B 型和 C 型菌株在绵羊或牛血琼脂平板上可由 δ 毒素产生的较宽溶血环。在葡萄糖血清培养基上，形成中央隆起、表面有放射状条纹，边缘呈锯齿状"勋章样"大菌落（图 11–6d）。

在含铁牛乳培养基中"暴烈发酵"（图 11–6e）。即接种牛乳培养基培养 8～10 h 后，可发酵牛乳中的乳糖，使牛乳酸凝，同时产生大量气体使凝乳块成海绵状，严重时被冲成数段，甚至喷出管外。在庖肉培养基中培养数小时即可见到生长，产生大量气体，肉渣或肉块变为略带粉色但不被消化（图 11–6f）。

3. 生化特性

利用糖的能力很强，能分解葡萄糖、果糖、单奶糖、麦芽糖、乳糖、蔗糖、棉子糖、木胶糖、蕈糖和淀粉等。发酵棉子糖的特征可用于区别类似梭菌。不发酵杨苷，能液化明胶，产生卵磷脂酶，凝固牛乳强烈产酸产气。

4. 抗原结构

根据菌株产生的主要致病毒素类型将其分为 A、B、C、D 和 E 5 个型。A 型产气荚膜梭菌具有耐热的 O 抗原，而无不耐热的 L 抗原；B、C 及 D 型产气荚膜梭菌具有 O 与 L 两种抗原。

5. 抵抗力

本菌芽胞一般经 90℃ 30 min 或 100℃ 5 min 死亡，而食物中毒型菌株的芽胞可耐煮沸 1～3 h。在含糖的厌氧肉肝汤中，因产酸于几周内死亡，而在无糖厌氧肉肝汤中能生存几个月。

（二）致病性

主要引起人和多种动物的食物中毒、气性坏疽、分泌性、坏死性或出血性肠炎、肠毒血症。主要菌型及其所致动物疾病见表 11–4。

表 11–4　产气荚膜梭菌主要菌型及所致动物疾病

型别	所致疾病	主要毒素
A	人食物中毒，禽坏死性肠炎（主要），人和动物气性坏疽，驹、犊牛、羊、新生羊驼、野山羊、驯鹿、仔猪、犬、家兔肠炎、肠毒血症	α
B	羔羊痢疾，驹、犊牛、羔羊、绵羊和山羊的肠毒血症或坏死性肠炎	α、β、ε
C	人、禽坏死性肠炎（次要），驹、仔猪、羔羊、犊牛、绵羊、山羊坏死性肠毒血症，绵羊猝狙（急性肠毒血症），仔猪血痢	α、β
D	羔羊（最多）、绵羊、山羊、牛、马以及灰鼠的肠毒血症（突发死亡），山羊小肠结肠炎	α、ε
E	犊牛、羔羊肠毒血症	α、τ

本菌产生致病性的外毒素，其中分为主要外毒素和次要外毒素，各毒素的作用不完全相同（表 11–5）。一种菌型除产生一种或几种主要的外毒素外，还可以产生次要外毒素。所有菌株均产生 α 毒素，是主要致病因子，A 型菌的部分菌株还产肠毒素。

在实验动物中豚鼠、小鼠、鸽和幼猫最易感，家兔次之。以液体培养物 0.1～1.0 mL 肌肉或皮下注射豚鼠，或胸肌注射鸽，常于 12～24 h 导致死亡。羔羊或幼兔灌服本菌，可引起出血性肠炎并导致死亡。

表 11-5　产气荚膜梭菌主要和次要毒素生物学作用及其分型

毒素	生物学作用	毒素分型				
		A	B	C	D	E
主要毒素						
α(alpha)	卵磷脂酶,增加血管通透性,溶血和坏死作用	+	+	+	+	+
β(beta)	坏死作用	–	+	+	–	–
ε (epsilon)	增加胃肠壁通透性	–	–	–	+	–
ι (iota)	坏死作用,增加血管通透性	–	–	–	–	+
次要毒素						
δ(delta)	溶血素	–	±	+	–	–
θ (theta)	溶血素,细胞毒素	±	+	+	+	+
κ (kappa)	胶原酶、明胶酶、坏死作用	+	+	+	+	+
λ(lambda)	蛋白酶	–	+	–	+	+
μ(mu)	透明质酸酶	±	+	±	±	±
ν (nu)	DNA 酶	±	+	+	±	±
神经氨酸酶	改变神经节苷脂受体	+	+	+	+	+
其他						
肠毒素	肠毒素、细胞毒素	+	nt	+	+	t

注: + ,大多数菌株产生; ± ,某些菌株产生;–,不产生;nt,未研究。

(三) 微生物学诊断

产气荚膜梭菌在畜禽肠道内产生的毒素可引起感染痢疾和肠炎,如羔羊痢疾、犊牛痢疾和人、畜坏死性肠炎等,微生物学诊断要依靠肠内容物的毒素检查做判断。

1. 检验程序

产气荚膜梭菌分离鉴定程序参见图 11-7。

2. 检验方法

(1) 组织涂片镜检:取肠黏膜触片经革兰氏染色镜检,若发现较多的单在或双在的革兰氏阳性大杆菌,

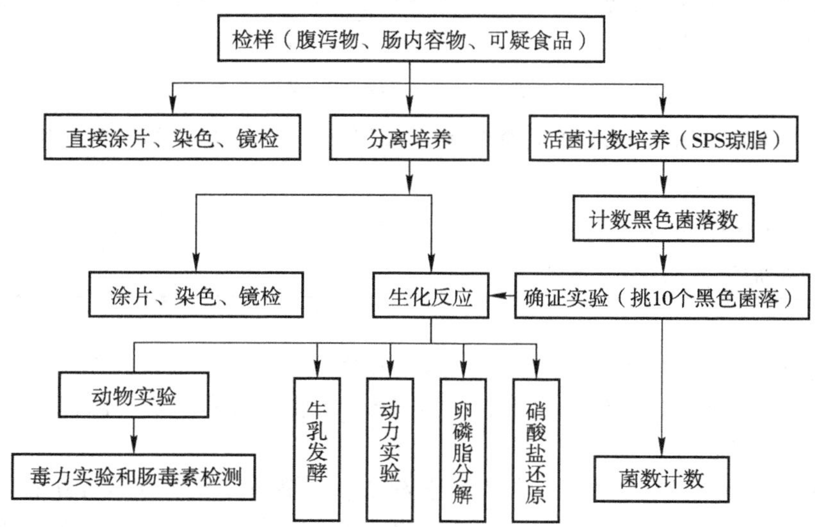

图 11-7　产气荚膜梭菌分离鉴定程序

可疑为本菌感染。但此菌的芽胞不易观察到。

(2) 分离培养：厌氧条件下，接种至肝肉汤中生长迅速，37℃ 3 ~ 4 h 即可以见到细菌增殖，并产生大量气体。相同条件下，本菌接种血平板培养 18 ~ 24 h 可见到典型的菌落特征。

(3) 活菌计数培养：称取可疑检样处理后用蛋白胨水进行梯度稀释，稀释液接种 SPS 琼脂平板，36 ± 2℃经 24 h 培养。最后选取长有 30 ~ 300 个黑色菌落的平板，计数黑色菌落数。根据上述黑色菌落的计数及确证实验结果，计算检样的含菌数。

(4) 确证实验：从上述平板培养中任取 10 个黑色菌落，分别接种硫乙酸钠培养液，革兰氏染色镜检并查看培养液的浊度；用接种针穿刺接种动力 – 硝酸盐培养基，观察到本菌只沿穿刺线生长；滴加甲萘胺液和对氨基苯磺酸液各 0.5 mL，观察硝酸盐是否被还原；取生长旺盛的硫乙酸钠培养液 1 mL 接种含铁牛乳培养基，其表面覆盖有 3 mm 石蜡，于 46℃水浴中培养 2 h 观察，其生长呈"暴烈发酵"，5 h 内不发酵的为阴性；接种 10% 卵黄琼脂平板，作厌氧培养，观察在菌落底部及周围培养基中有乳白色浑浊带形成，表明产生卵磷脂酶。

(5) 凝集实验：用商品化 Hobbs 型诊断血清或自制血清对各菌株做凝集反应，进行 O 抗原分型。

(6) 肠毒素检测：用 ELISA 实验检测 α 毒素和肠毒素，是一种常用的较为敏感、快速和准确的方法。

(7) 动物实验：用于肠内容物毒素检查。包括毒素对动物的致病性和毒素的类型鉴定。常用实验动物包括豚鼠、小鼠、家兔、鸽、幼猫等。

用于肠内容物毒素检查。其方法为取回肠、空肠后段或结肠前端内容物，加适量灭菌生理盐水稀释，经离心沉淀后取上清液分成两份，一份不加热，一份加热（60℃ 30 min），分别静脉注射家兔（1 ~ 3 mL）或小鼠（0.1 ~ 0.3 mL）。如有毒素存在，不加热组动物常于数十分钟至数十小时内死亡，而加热组动物不死亡。为确定致死动物的毒素类别及其细菌类型，须进一步做毒素中和保护试验。

（四）免疫防治

预防羔羊痢疾、猝狙、肠毒血症以及仔猪肠毒血症等，可用三联菌苗或五联菌苗，参见腐败梭菌的免疫防治。新型疫苗主要是制备各型类毒素疫苗。

二、气肿疽梭菌与腐败梭菌

气肿疽梭菌（*C. chauvoei*）曾音译为肖氏梭菌，又名费氏梭菌（*C. feseri*），俗称黑腿病杆菌。该菌常以芽胞形式存在于土壤中，通过消化道或创伤感染引起一种地区性土源性的传染病。气肿疽主要发生于牛，在其肌肉丰满部位发生气性水肿，肌肉常呈暗红棕色到黑色，故又称为黑腿病。

腐败梭菌（*C. septicum*）最初由巴斯德从腐败的牛血液中分离，广泛分布于自然界的土壤、粪便和灰尘等，也存在于某些食草动物消化道、婴儿和成年人粪便中。是引起多种动物恶性水肿（malignant edematis）的主要病原菌，故也曾称为恶性水肿杆菌（*Bacillus eddma maligni*）。还可引起绵羊快疫、鸡和火鸡的坏死性皮炎等。

DNA 的（G + C）mol% 气肿疽梭菌为 27，腐败梭菌为 24，但二者的 16S rRNA 同源性高达 99.3%，且生物学特性、细胞表面表达蛋白谱、产生的毒素和致病性状等都相似。

（一）主要生物学特性

1. 形态与染色特性

两种菌的形态相似，直或微弯的杆菌，单在或成双，偶尔短链。无荚膜，能运动。在液体和固体培养基中均很快形成芽胞，在感染的肌肉及渗出液亦有存在，芽胞卵圆形，位于菌体中央或近端，横径大于菌体而使芽胞体呈梭状或汤匙状。在病料及幼龄培养物中为革兰氏阳性，老龄培养物中呈阴性。二者的差异之处在于，气肿疽梭菌大小为（0.5 ~ 1.7）μm ×（1.6 ~ 9.7）μm；腐败梭菌大小为（0.6 ~ 0.9）μm ×（1.9 ~ 35）μm，在感染动物肝脏表面分离的菌体呈多形性，有时可形成长达数百米长丝状。

2. 生长要求与培养特性

均为专性厌氧菌。生长温度范围较窄，最适温度为 37℃，30℃生长贫瘠，45℃不生长。最适 pH 为 7.2 ~ 7.4。营养要求高，在普通培养基上生长不良，加入肝浸液、葡萄糖、血液或血清有助于细菌的生长。

培养基中加入 6.5% NaCl、20% 胆汁或 pH 8.5 时可以抑制本菌的生长。

葡萄糖血琼脂上菌落呈微弱溶血；葡萄糖琼脂深层培养，菌落呈细弱突起的球状或扁豆状。在厌氧肝汤中培养 12～24 h 呈均匀混浊并产气，随后培养液逐渐清朗并形成松散的白色沉淀。

3. 生化特性

发酵葡萄糖、麦芽糖、蔗糖、乳糖、果糖产酸产气，不发酵鼠李糖、菊糖、卫矛醇、水杨素、甘油和甘露醇，还原硝酸盐，产生硫化氢。与腐败梭菌的区别在于能分解蔗糖而不分解水杨素、纤维二糖或海藻糖，不水解七叶苷，牛乳仅凝固而不消化。

4. 抗原结构

菌体和毒素均具有良好的免疫原性，灭活疫苗可诱导机体产生抗菌和抗毒素免疫。气肿疽梭菌各菌株都具有一个共同的 O 抗原，按 H 抗原分为 2 个型。腐败梭菌按 O 抗原分为 4 个型，按 H 抗原又分为 5 个亚型。鞭毛抗原和鞭毛独特型抗体均能提供保护。

5. 抵抗力

芽胞的抵抗力极强，25% 和 6% 的 NaOH 溶液分别需 14 h 和 6～7 d 才能将芽胞灭活。在腐败尸体中可生存 6 个月，病料中能存活 8 年，在土壤中可保持活力达 20～25 年之久。液体培养基中的芽胞，能耐受煮沸 20 min。0.2% 升氯化汞溶液 10 min 或 1.2% 甲醛溶液 15 min 能将芽胞杀死，但 2% 石炭酸对其无作用。

（二）致病性

两种菌产生的毒素相同，包括 α、β、γ、δ 四种毒素。α 毒素是主要致死毒素，还具有耐氧溶血素和穿孔毒素作用；β 毒素是一种 DNA 酶，具有杀白细胞的作用；γ 毒素是一种透明质酸酶；δ 毒素是不耐氧的溶血素。这些毒素可增进毛细血管的通透性，引起肌肉坏死并使感染沿肌肉的肌膜面扩散。

气肿疽梭菌牛最易感，6 个月至 2 岁牛多发，6 月龄以下犊牛有抵抗力，成年牛较少发病。绵羊次之。此外水牛、鹿、猪、貂、淡水鱼和蛙也可感染，犬、猫、兔及禽类等动物和人自然情况下均不感染，但人工感染可使山羊及骆驼发病。实验动物以豚鼠易感性最强，小鼠次之，家兔、鸽不感染。毒素静脉注射小鼠或豚鼠时，可引起呼吸困难和死亡，皮下注射可产生局部血色水肿但不能致死。

畜禽感染腐败梭菌后，可引起组织坏死性水肿，家畜中马和绵羊最易感，可引起绵羊急性死亡，称绵羊快疫。马则发生恶性水肿。牛、山羊、猪、驴和禽类感染较少，通常散发。实验动物中以家兔、豚鼠和小鼠易感，人也可以感染。

（三）微生物学诊断

对气肿疽梭菌可疑病例应采用病变组织、肌肉及渗出液进行细菌检查。涂片镜检若发现较大的梭状芽胞杆菌只具有参考意义，确诊仍须进行细菌分离鉴定。另外也可用病料或培养菌肌内注射豚鼠，若是此菌，则豚鼠常于 24～48 h 内死亡。剖检可见注射部位肌肉呈暗蓝色，较干而呈海绵状，仅有少许气泡。然后再用此动物取病料镜检及作分离培养。

对疑似羊快疫的病羊，可先作肝脏被膜触片染色镜检，若发现长丝状细菌，则具有诊断参考价值。用病变组织或水肿部位的水肿液直接涂片镜检，无诊断意义。确诊有赖于细菌分离培养鉴定，并应注意与气肿疽梭菌及其他梭菌相鉴别。豚鼠肌肉感染时在注射部位肌肉呈现红色，有大量血色水肿液并产生许多气泡。由死亡豚鼠做肝脏被膜触片检查，如发现长丝细菌，可作出初步判断。进一步鉴定可以设计引物扩增 16S–23S rRNA 的间隔区片段，来鉴别腐败梭菌和气肿疽梭菌。另外，腐败梭菌的 α 毒素基因中有 270 bp 片段在 24 种细菌溶血素中无同源性（包括气肿疽梭菌和其他梭菌），PCR 扩增后测序可区分。

（四）免疫防治

对气肿疽的预防主要有气肿疽氢氧化铝甲醛菌苗和明矾甲醛菌苗两种。这两种菌苗在注射后 14 d 能产生免疫力，免疫期均为半年。抗气肿疽梭菌免疫血清用于早期治疗有明显效果。

我国现用的羊快疫的免疫预防是快疫、猝狙、肠毒血症三联菌苗，或羊快疫、猝狙、肠毒血症、羔羊痢疾、黑疫五联菌苗。五联菌苗免疫期，除对羊快疫较短外，对其他 4 种病的免疫期可达一年。

三、肉毒梭菌

肉毒梭菌(*C. botulinum*)是一种腐生性细菌,广泛分布于土壤、海洋和湖泊的沉积物,哺乳动物、鸟类和鱼的肠道、饲料以及食品中。本菌在适宜营养且严格厌氧环境条件下可生长繁殖并产生毒性极强的外毒素,称为肉毒神经毒素(botulinum neurotoxin,BoNT;肉毒毒素,botulin um toxin)。该毒素性质稳定,不易被蛋白酶及酸破坏,人和动物食入含此毒素的食品、饲料或其他物质,导致肉毒中毒(botulism)。

本菌根据遗传特性划分为4个代谢群,(G+C)mol% Ⅰ群为26~28,Ⅱ群为27~29,Ⅲ群为26~28,Ⅳ群不详。由于所有菌株均可产生相同的神经麻痹素,从临床角度考虑,它们仍保持为一个种。

(一)主要生物学特性

1. 形态与染色特性

本菌为革兰氏阳性粗短杆菌,大小(0.9~1.2)μm×(4~18)μm,不同代谢菌群菌株的大小有差异,单在或成双存在(图11-8)。无荚膜,周生鞭毛,能运动。易于在液体和固体培养基上形成芽胞,芽胞椭圆形,横径大于菌体直径,位于菌体近端,使菌体膨大呈网球拍状。

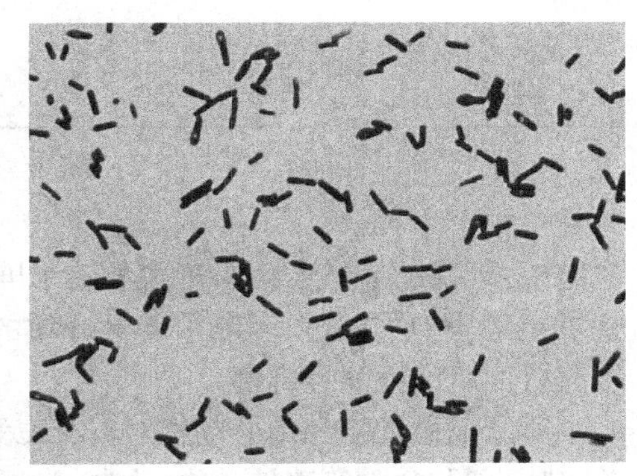

图11-8 肉毒梭菌菌体和芽胞形态

2. 生长要求与培养特性

专性厌氧,对温度的要求因菌株不同而异,最适生长温度为30~37℃。产毒素的最适温度为25~30℃。6.5% NaCl、20%胆汁和pH 8.5的环境可抑制其生长。营养要求不高,在普通培养基中均能生长。但不同菌株的培养特性差异较大。

在血琼脂平板上菌落呈灰白色,半透明,扁平或隆起,常带有斑状或花叶状的中心结构,边缘不规则,直径可达1~6 mm,β溶血。在巧克力琼脂平板上,由于分解蛋白质能使菌落周围培养基变为半透明。在乳糖牛奶卵黄琼脂平板上形成乳浊沉淀与彩虹层,菌落周围培养基不呈颜色变化(即不变为粉红色),但分解蛋白质的菌落周围变为透明。在疱肉培养基中生长良好,能产生大量气体,分解蛋白质的细菌能消化肉渣成烂泥状,发黑并产生恶臭味。

3. 生化特性

肉毒梭菌的生化反应变化很大,即使同一型的各菌株之间也不完全一致。有些特性,不同研究者所得的实验结果常不一致。

4. 抗原结构

根据毒素抗原性的差异,可将该菌分为A~H共8个毒素型,但G型现已更名为阿根廷梭菌(*C. argentinense*),其中C型(Cα和Cβ)毒素是目前已知的毒素中毒性最强的。用各型毒素的类毒素去免疫动物,只能获得中和相应型毒素的特异性抗毒素。另外,各型细菌虽产生的毒素不同,但个别毒素间尚存在较弱的交叉现象,详见表11-6。

5. 抵抗力

本菌繁殖体抵抗力中等,加热80℃ 30 min或100℃ 10 min能将其杀灭,但芽胞的抵抗力极强。大多数菌株的芽胞需要120℃高压灭菌15~20 min才可以被杀灭,各型菌株的芽胞对热的抵抗力不同,A、B和F型菌的芽胞抵抗力最强,Cα和Cβ型中等,D和E型最弱,E型菌一般需100℃几分钟即可杀死。肉毒毒素的抵抗力也较强,尤其是耐酸,在pH 3~6范围内其毒性不减弱;但对碱敏感,在pH 8.5以上即被破坏。此外,0.1%高锰酸钾、80℃加热30 min或100℃加热10 min,均能破坏毒素。

(二)致病性

肉毒毒素是肉毒梭菌的主要毒力因子,这是一种已知的毒性最强的神经毒素,毒性比氰化钾强1万倍,小鼠的LD_{50}为0.006 25 ng。纯结晶的肉毒毒素1 mg能杀死2亿只小鼠。对人的致死量约为每千克体重0.1 μg。一般来说,经口投服致死量要比腹腔注射致死量大数万倍至数十万倍。

肉毒毒素与神经细胞膜受体结合后,通过细胞内化作用,进入小泡样结构腔中。神经毒素一旦进入小

表 11-6 不同型肉毒梭菌产生的毒素类型

毒素成分	A	B	C_α	C_β	D	E	F
A	+++	–	–	–	–	–	–
B	–	+++	–	–	–	–	–
C_α	–	–	+++	–	+	–	–
C_β	–	–	+	+++	–	–	–
D	–	–	+	–	+++	–	–
E	–	–	–	–	–	+++	+
F	–	–	–	–	–	+	+++
G	–	–	–	–	–	–	–

注：–：不产生；+：少量产生；+ + +：大量产生。

泡腔中，毒素的 L 链突破小泡膜的疏水屏障作用，进入胞质中发挥其蛋白水解活性。锌内肽酶活性作用干扰了突触小泡的功能，阻断了神经介质的外泌（胞吐）作用，从而减少了神经介质乙酰胆碱的释放量，最终引起机体肌肉弛缓性麻痹。

所有温血动物和冷血动物对肉毒毒素均有敏感性，其中马最为敏感，猪最迟钝。在自然情况下，马、牛、羊、猪、水貂、禽类等养殖动物，小鼠、大鼠、豚鼠、家兔、猫、犬、猴等实验动物均可感染。肉毒毒素型别与致病关系见表 11-7。

表 11-7 肉毒毒素型别与致病关系

毒素	媒介物	易感机体	所致疾病
A	发酵的豆类、肉、鱼罐头	人、鸡	人食物中毒及鸡的软颈病
B	发酵的豆类、肉制品	人、马、牛	人食物中毒及动物饲料中毒
C_α	池沼腐败植物	野鸡、鸡、绵羊	鸡麻痹症及野鸡和绵羊的饲料中毒
C_β	染毒素的饲料和腐尸	牛、马、貂	动物饲料中毒
D	腐肉、腐败植物	牛、羊	非洲牛跛病
E	生鱼	人	人食物中毒
F	肉类	人	人食物中毒

（三）微生物学诊断

肉毒梭菌中毒症的微生物学诊断主要检测肉毒毒素，其次是细菌检查。

从可疑食物或患病人畜胃肠内容物及血清中检查肉毒素，可用 ELISA、PCR 和质谱分析等方法。被检物若为液体材料，可直接离心沉淀；若系固体或半流体材料，须稀释制成乳剂，于室温下浸泡数小时或过夜后再进行离心。取离心后上清液经处理后作为检样。

1. 毒素鉴定

取检样上清腹腔注射小鼠 2 只，每只 0.5 mL，观察 4 d。若液体中存在毒素，小鼠一般多在注射后的 24 h 内发病、死亡。主要表现为竖毛、四肢瘫痪和呼吸困难。呼吸呈风箱式，腰部凹陷，最终死于呼吸麻痹。也可选用禽如鸡或鸽，眼睑接种 0.1 ~ 0.3 mL，若有毒素存在，一般多在接种后的 1 ~ 10 h 内出现闭眼症状，毒素含量越多闭眼频率越高。如毒素含量过高，则出现麻痹性瘫痪甚至死亡。

2. 毒素中和实验

用多型混合抗毒素检测被检样的毒素，必要时需进行毒素定型实验。

3. 细菌分离培养鉴定

利用本菌芽胞耐热性强的特性，接种检验材料悬液于疱肉培养基，于 80℃加热 30 min，置 30℃环境下增菌产毒培养 5 ~ 10 d 使芽胞发芽（可取此培养基上清液进行毒素检测），再移植于血琼脂和乳糖牛奶卵黄琼脂平板，35℃厌氧培养 48 h。挑取可疑菌落，涂片染色镜检并接种疱肉培养基，30℃培养 5 d，进行毒素检测及培养特性检查，以确定分离菌的类型。

4. 分子生物学检测方法

肉毒梭菌及其毒素的检测可以用 DNA 探针和 PCR 方法，这两种方法既可以特异性检测所有肉毒毒素基因，也可以对不同型毒素基因进行分型检测及鉴定，或结合 ELISA 方法进行检测。

（四）免疫防治

在动物肉毒中毒症常发地区，可用注射类毒素作为预防，有效免疫期可持续半年至一年，也可用氢氧化铝或明矾菌苗接种。

人畜一旦出现肉毒中毒症后，可立即用多价抗毒素血清进行治疗。若毒素型别已确定，则应用同型抗毒素血清。

四、破伤风梭菌

破伤风梭菌（*C. tetani*）曾称为破伤风杆菌（*Bacillus tetani*），是引起人畜破伤风的病原。本菌以骨骼肌发生强直性痉挛的症状为特征，故此菌也因之称为强直梭菌。DNA 的（G + C）mol% 为 25 ~ 26。

（一）主要生物学特性

1. 形态与染色特性

革兰氏阳性的细长杆菌，大小为（0.5 ~ 1.7）μm ×（2.1 ~ 18.1）μm。两端钝圆、直或略弯曲，多单在，有时成双，偶有短链，在湿润琼脂表面上，可形成较长的丝状。无荚膜，多数具有周鞭毛，能运动，血清 4 型为无鞭毛不能运动的菌株。在动物体内外均能形成圆形芽胞，位于菌体顶端，横径显著大于菌体，使芽胞体呈鼓槌状（图 11–9）。培养 24 h 后革兰氏染色常呈阴性。

2. 生长要求与培养特性

严格厌氧菌。最适生长温度为 37℃，在 25℃和 45℃时生长微弱或不生长。最适 pH 7.0 ~ 7.5。营养要求不高，在普通培养基中即能生长。20% 胆汁或 6.5% NaCl 抑制其生长。

在血琼脂平板上生长，可扩散成薄膜状覆盖整个平板表面，边缘呈卷曲细丝状，用高浓度琼脂可抑制其扩散生长（图 11–10）。菌落周围常常伴有狭窄的 β 溶血环。在普通琼脂表面不易获得单个菌落，尤其是在培养基湿润的情况下。

在厌氧肉肝汤中，轻微浑浊生长，有细颗粒状或黏稠状沉淀，肉渣部分消化且微变黑，产生气体并散发特殊臭味。在乳糖牛奶卵黄琼脂平板上，不形成乳浊沉淀与彩虹层，菌落周围培养基不呈现颜色变化也无透明圈。

3. 生化特性

一般不发酵糖类，只轻度分解葡萄糖。能液化明胶（4 ~ 5 d），产生 H_2S，不分解尿素，吲哚实验阳性，

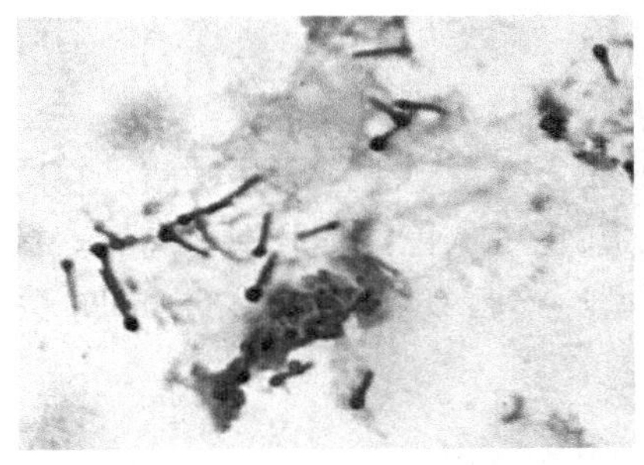

图 11–9 破伤风梭菌的形态

图 11–10 破伤风梭菌在血琼脂培养基的特性

V-P 和 MR 实验为阴性。不能还原硝酸盐，对蛋白质有微弱的消化作用。本菌脱氧核糖核酸酶阳性，神经氨酸苷酶阴性。

4. 抗原结构

具有菌体和鞭毛两类抗原。耐热性的菌体抗原有属特异性，不耐热的鞭毛抗原有型特异性，用凝集实验可分为 10 个血清型，我国最常见的是 5 型。各型细菌均有一个共同的耐热性的菌体抗原，而 2、4、5 和 9 型还有共同的第二菌体抗原。

5. 抵抗力

本菌繁殖体对环境抵抗力不强，但其芽胞的抵抗力极强。芽胞在土壤中可存活数十年。毒素可被蛋白酶分解，性质不稳定，65℃经 5 min、直射日光照射、0.5% 盐酸、0.3% 氢氧化钠或 70% 乙醇均可以破坏毒素。

（二）致病性

破伤风梭菌的感染组织在厌氧条件下可产生两种外毒素，即破伤风痉挛毒素（tetanospasmin；tetani neurotoxin，TeNT）和破伤风溶血毒素（tetanolysin），其中破伤风痉挛毒素是主要毒素。

破伤风痉挛毒素可引起强直症状，属神经毒素，毒性极强，仅次于肉毒毒素。腹腔注入小鼠的 LD_{50} 为 0.015 mg，对人的致死量每千克体重小于 1 μg。其化学性质为蛋白质，不耐热，65℃经 30 min 即被破坏；亦可被胃肠道中的蛋白酶所破坏，故口服毒素一般不起作用。破伤风溶血毒素属于胆固醇结合毒素中的溶细胞素，对小鼠、家兔及其他实验动物的 LD_{50} 小于 1 μg，其活性可被胆固醇不可逆性抑制，氧化剂也可以抑制其毒性作用。能破坏被感染部位周围的组织，促进破伤风梭菌和其他细菌的繁殖，在细胞膜上形成微孔导致离子和其他分子进入细胞。

通常在外伤、断脐、断角、去势、戴耳标等时，芽胞经伤口入侵机体，细菌繁殖后产生的 TeNT 经伤口吸收进入血液循环，即可与运动神经元胆碱能神经末梢的突触前膜结合，同时也与交感及副交感神经末梢结合，抑制性神经递质不能释放，导致肌肉持续性收缩，骨骼肌强直性痉挛，牙关紧闭，角弓反张，病死率高。

各种动物对破伤风毒素的敏感性不同，在自然情况下，马最易感，猪、牛、羊和犬次之，禽类和冷血动物不易感，人很敏感。在实验动物中，小鼠、大鼠、豚鼠、家兔和猴易感。

（三）微生物学诊断

破伤风临床症状极具有特征性，通常不需进行微生物学诊断。如有特殊需要，可采取创伤部的分泌物或坏死组织进行细菌学检查。还可用患病动物血清或分离的细菌培养滤液进行毒素检测。

可取患病动物血清或分离的细菌培养滤液 0.5 ~ 1 mL 给小鼠尾根部皮下注射，观察 24 h，是否出现尾部和后腿强直或全身肌肉痉挛症状，且不久死亡。进一步还可用破伤风抗毒素血清进行毒素中和试验。

（四）免疫防治

破伤风毒素是引起破伤风的致病因子，对破伤风的预防是利用类毒素疫苗进行免疫接种，能够诱导坚强的免疫力，免疫期 1 年。若第 2 年再次免疫，免疫力可持续 4 年。破伤风类毒素的制备一般是从破伤风梭菌的培养上清液中提取毒素，硫酸铵分级提纯，然后用甲醛灭活，经过过滤除菌加入佐剂或其他类毒素成为类毒素疫苗。

另外，用破伤风类毒素免疫动物（马）采集血清，血清经过精制制成的破伤风抗毒素，用于对破伤风的治疗或紧急预防接种，能维持 14 ~ 21 d。

五、诺维梭菌

诺维梭菌（*C. novyi*）曾称为水肿梭菌（*C. oedematiens*）、第二型恶性水肿杆菌。它广泛分布于自然界，如土壤、淤泥、海洋沉积物、人畜消化道，也可从正常羊肝中分离到。根据毒素的不同，可将本菌分为 A、B 和 C 型 3 个血清型。本菌 DNA 的（G + C）mol% 为 29。其他相关知识见数字资源。

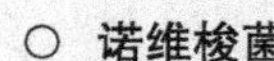

六、艰难梭菌

艰难梭菌(*C. diffocile*)是一类革兰氏阳性,能运动,有荚膜,并能产生芽胞的厌氧菌。是人和动物肠道中的正常菌群之一,当长期使用或不正确使用抗生素后,可引起肠道内的菌群失调,耐药的艰难梭菌能导致抗生素相关性腹泻和假膜性结肠炎等。艰难梭菌在自然界分布广,存在于土壤及动物肠道内。本菌DNA 的(G+C)mol% 为 28。

其他相关知识见**数字资源**。

复习思考题

1. 如何用微生物学方法进行炭疽芽胞杆菌的检查?采取检验材料时应注意哪些事项?
2. 试述炭疽芽胞杆菌的致病性及其毒素作用机制。
3. 简述动物病原性梭菌的种类及其所致疾病特点。
4. 产气荚膜梭菌的公共卫生学意义有哪些?
5. 试述肉毒梭菌的菌型划分和不同菌型的微生物学鉴别要点。
6. 试述气肿疽梭菌的微生物诊断及其与腐败梭菌引起疾病的鉴别诊断要点。
7. 试述不同革兰氏阳性产芽胞细菌的致病机制并举例说明。

开放式讨论题

1. 在兽医学中主要包括哪些具有重要意义的革兰氏阳性产芽胞细菌?鉴别梭菌的特异性快速诊断方法有哪些?
2. 人类感染炭疽病有几种形式?为什么炭疽芽胞杆菌可用作恐怖袭击的生物武器?

Summary

Gram-positive, spore-forming rod-shaped bacteria are divided into two groups on the basis of their relation to oxygen. The genus *Bacillus* includes the aerobic forms; the anaerobic types are designated *Clostridium*.

Bacillus is a genus of rod-shaped bacteria and a member of the division Firmicutes. *Bacillus* species are obligate aerobes, and test positive for the enzyme catalase. Ubiquitous in nature, *Bacillus* includes both free-living and pathogenic species. Under stressful environmental conditions, the cells produce oval endospores that can stay dormant for extended periods. Two *Bacillus* species are considered medically significant: *B. anthracis*, which causes anthrax, and *B. cereus*, which causes a foodborne illness similar to that of *Staphylococcus*. *Bacillus anthracis* is rod-shaped bacterium, with a width of 1-1.2 μm and a length of 3-5 μm. It can be grown in an ordinary nutrient medium under aerobic or anaerobic conditions. It is the only bacterium with a protein capsule (D-glutamate), and the only pathogenic bacteria to carry its own adenylyl-cyclase virulence factor (edema factor). *Bacillus anthracis* is typically a disease of herbivores (plant-eating mammals), although it can affect other animals as well. Among domestic animals, cattle, sheep, and goats have been the most frequent victims. Infection in humans traditionally has been much rarer than infection in animals. Anthrax occurred in people who came in contact with animals or animal products.

Clostridium is a genus of Gram-positive bacteria, belonging to the Firmicutes. They are obligate anaerobes capable of producing endospores. Spores are usually greater in diameter than the vegetative cell, and the spores-containing cells are spindle- or club-shaped, which gives them their name, from the Greek *kloster* or spindle.

These characteristics traditionally defined the genus, however many species originally classified as *Clostridium* have been reclassified in other genera. Clostridial organisms are able to actively decompose carbohydrates and proteins. On this basis it is possible to classify the organisms as being either saccharolytic or proteolytic. Clostridia ferment carbohydrates vigorously, producing large quantities of gas, and this is a characteristic feature of the fermentation of glucose by saccharolytic strains. In contrast, proteolytic strains are able to digest protein, causing decomposition and blackening of meat in cooked meat broth cultures.

Clostridium consists of around 100 species that include common free-living bacteria as well as important pathogens. The pathogenicity of the latter strains varies considerably according to the quantitive and qualitative ativities of the toxins they produce. *C. tetani* multiplies in a localised area of the body at the site of inoculation, and produces a potent neurotoxin which is responsible for the characteristic symptoms of tetanus. *C. botulinum* also produces a potent neurotoxin, unlike *C. tetani*, *C. botulinum* cannot grow and produce its toxins in the tissues of living animals, but can do so in foodstaffs, carcasses and other environments outside the living animal body. In contrast to *C. tetani* and *C. botulinum*, other species of pathogenic clostridia exist in various organs of the body where they will rapidly multiply and produce toxin by these organisms.

第三篇

病毒学各论

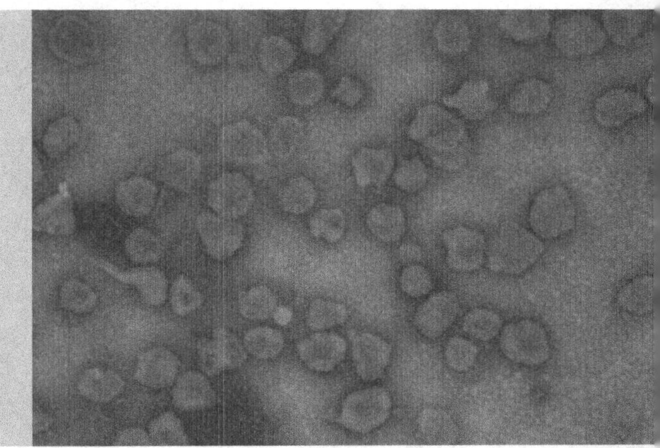

第十二章　双股DNA病毒

基因组为双股DNA的动物病毒包含有痘病毒科、疱疹病毒科、虹彩病毒科、腺病毒科、乳头瘤病毒科、非洲猪瘟相关病毒科、杆状病毒科、细尾病毒科、多瘤病毒科、多分DNA病毒科和泡囊病毒科。其中，痘病毒科、疱疹病毒科、腺病毒科、乳头瘤病毒科和非洲猪瘟相关病毒科是兽医病毒学研究的重要对象，而其他病毒多为无脊椎动物病毒或临床兽医学上不常见病毒，在本章中不作专门介绍。

第一节　痘病毒科

痘病毒(*Poxviridae*)是感染人和动物后常引起局部或全身化脓性皮肤损害的病毒。学名中的"Pox"来自英语，意"痘"或"脓疱"。痘病毒科是希腊袍病毒目(*Chitovirales*)的唯一科，Chito来自希腊语，指古希腊人的一种长袍。本科有两个亚科，即脊椎动物痘病毒亚科(*Chordopoxvirinae*)和昆虫痘病毒亚科(*Entomopoxvirinae*)，脊椎动物痘病毒亚科包括8个涉及所有动物痘病毒的属，各属的主要成员及其致病宿主见于表12–1。1798年，Jenner用牛痘病毒预防人类天花，是病毒免疫的里程碑。目前痘苗病毒及其他痘病毒常被用于基因工程疫苗的载体，对动物具有严重致病性的包括鸡痘病毒、羊痘病毒及口疮病毒，具有重要公共卫生学意义的是牛痘病毒。

表12–1　脊椎动物痘病毒亚科各属的主要病毒及其宿主

病毒属名	病毒名称	自然宿主
正痘病毒属(*Orthopoxvirus*)	痘苗病毒(*Vaccinia virus*)	人、牛、水牛、猪、兔
	天花病毒(*Variola virus*)	人
	牛痘病毒(*Cowpox virus*)	牛、人、大鼠、猫、沙鼠
	骆驼痘病毒(*Camelpox virus*)	骆驼
	脱脚病病毒(*Ectlromelia virus*)	小鼠、田鼠
	猴痘病毒(*Monkeypox virus*)	松鼠、猴、大型猿、人
	沙鼠痘病毒(*Taterapox virus*)	沙鼠
	浣熊痘病毒(*Raccoonpox virus*)	浣熊
	田鼠痘病毒(*Volepox virus*)	田鼠
	海豹痘病毒(*Sealpox virus*)	灰海豹
	Uasin Gishu 病病毒(*Uasin Gishu disease virus*)	马
副痘病毒属(*Parapoxvirus*)	口疮病毒(*Orf virus*)	绵羊、人
	伪牛痘病毒(*Pseudocowpox virus*)	牛、人
	牛丘疹性口炎病毒(*Bovine papular stomatitis virus*)	牛、人
	海豹副痘病毒(*Seal parapox virus*)	海豹、人
禽痘病毒属(*Avipoxvirus*)	鸡痘病毒(*Fowlpox virus*)	鸡、火鸡及其他禽类
山羊痘病毒属(*Capripoxvirus*)	绵羊痘病毒(*Sheeppox virus*)	绵羊、山羊
	山羊痘病毒(*Goatpox virus*)	山羊、绵羊
	疙瘩皮肤病病毒(*Lumpy skin disease virus*)	牛、
野兔痘病毒属(*Leporipoxvirus*)	黏液瘤病毒(*Myxoma virus*)	兔
猪痘病毒属(*Suipoxvirus*)	猪痘病毒(*Swinepox virus*)	猪
软疣痘病毒属(*Molluscipoxvirus*)	人传染性软疣病毒(*Molluscum contagiosum virus*)	人
雅塔痘病毒属(*Yatapoxvirus*)	雅巴猴肿瘤病毒(*Yaba monkey tumor virus*)	猴、人

一、概述

1. 形态结构

动物痘病毒是引起脊椎动物痘病的病原体，为病毒颗粒最大的一类 DNA 病毒。大多数痘病毒呈多形性，典型病毒粒子呈砖形，大小为（220～450）nm×（140～260）nm，表面有突出的管状或球状结构；而副痘病毒属的病毒粒子呈卵圆形，大小为（250～300）nm×（160～190）nm。痘病毒结构复杂，有核心、侧体和包膜，核衣壳为复合对称，病毒形态及病毒粒子结构见图 12–1 和图 12–2。病毒核心含有与蛋白结合的病毒 DNA，囊膜含类脂及蛋白。

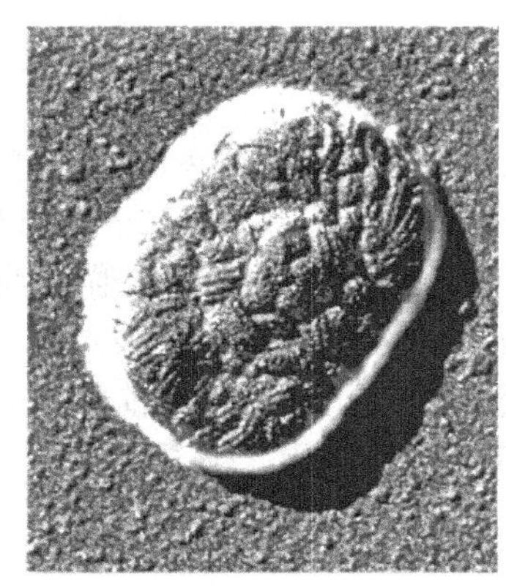

图 12–1　电镜下痘苗病毒

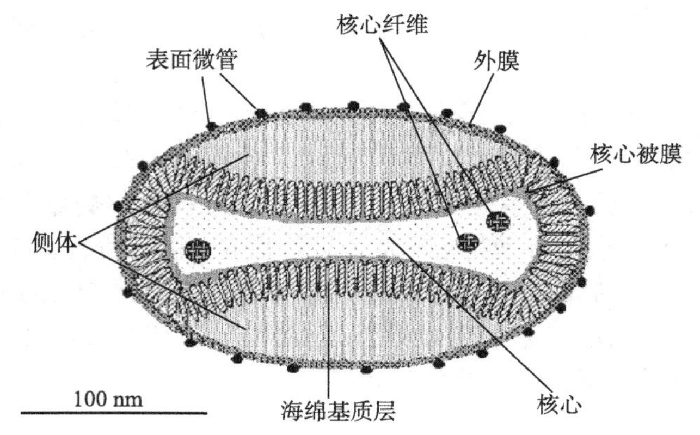

图 12–2　痘病毒粒子结构示意图

2. 基因组特点

病毒基因组由单分子线状双股 DNA 组成，大小为 130 kb（副痘病毒）、280 kb（禽痘病毒）及 375 kb（昆虫痘病毒）。痘病毒的两股 DNA 末端相连，每个末端均有一段较长的倒置串联重复（long inverted tandemly repeated）核苷酸序列，并形成一个单股的环。

痘病毒的基因组由 200 多个基因组成，编码的结构蛋白有 100 多种，但只有少数功能明确，包括 DNA 聚合酶、DNA 连接酶、RNA 聚合酶、胸苷激酶等。有些痘病毒能编码抵抗宿主的适应性和先天免疫反应的蛋白质，包括补体和丝氨酸蛋白酶抑制剂，调节趋化因子和细胞因子活性的蛋白，以及特异性靶向先天免疫和拮抗干扰素的蛋白。

3. 理化特性

痘病毒对干燥有高度抵抗力，在干燥的痂块中可以存活几年，土壤中可生存几周；对氯化剂、氧化剂敏感；对热抵抗力不强，55℃ 20 min 或 37℃ 24 h 丧失感染力。痘病毒在生理盐水悬液 0℃下最少可保存 5 周以上，冷冻干燥可保存 3 年。但在 pH 3 的环境下，病毒可逐渐地失去感染能力；直射日光或紫外线可导致灭活病毒；0.2%甲醛，3%石炭酸，0.01%碘溶液，3%硫酸及盐酸都可在数分钟内使病毒失去感染力。正痘和禽痘病毒属的成员耐乙醚，其他属则对乙醚敏感。

4. 病毒培养特性

痘病毒除副痘和猪痘病毒属的成员外，均能在鸡胚绒毛尿囊膜增殖，多数可在膜上形成痘斑、溃烂性病灶或结节性病灶，痘斑的形态、颜色、大小及形成的时间因病毒的种类而异。病毒易分离，可在不同的细胞进行培养。各种痘病毒均可在同种动物组织（如肾、胚胎、睾丸等）的单层细胞上增殖，产生细胞病变或肉眼可见的空斑。

病毒在细胞质内增殖，形成包涵体，成熟的病毒粒子在细胞质中多数以胞内成熟病毒颗粒（intracellular mature virus，IMV）形式存在，只有少数病毒粒子以出芽的方式穿过宿主细胞的细胞膜，从而形成具有感染性的胞外包膜病毒粒子（enveloped extracellular virus，EEV），而非由细胞裂解而释放。

5. 病毒的血凝性

正痘病毒的囊膜表面和感染细胞膜表面有血凝素蛋白，因此能凝集火鸡和某些品种鸡的红细胞；而羊痘病毒、兔痘病毒和副痘病毒均无血凝素蛋白；禽痘病毒具有血凝性，同样具有吸附红细胞的性质，因此细胞培养物内的病毒增殖可用血吸附实验测出。

6. 抗原性

哺乳动物痘病毒间有一定交叉免疫反应，尤其在同一属痘病毒中存在核蛋白复合体共同抗原，如禽痘病毒间交叉免疫反应明显。通常认为最初的痘病毒可能是来源于一种或几个基本种类，由于在各种动物中传染继代逐渐适应，形成了各种动物的痘病毒。但禽痘病毒与哺乳动物痘病毒之间无交叉感染和交叉免疫。

7. 病原性

痘病毒感染的宿主谱相对较窄。主要经皮肤伤口感染，或由污染的环境在动物间直接或间接传染。例如口疮病毒通过呼吸道感染，绵羊痘病毒、猪痘病毒、鸡痘病毒及黏液瘤病毒通过昆虫叮咬感染。痘病毒感染通常引起急性、热性、接触性传染病，在皮肤或某些部位黏膜上出现痘斑，病初发生红斑，血疹，形成水疱，脓疱，最后结痂。一般通过临床症状即可诊断。如有需要，可采痘疱液和痘疱皮，作荧光抗体染色检查，或接种鸡胚，细胞培养，观察病变。同时还可作包涵体检查以助诊断。由于痘病毒各成员之间存在交叉反应，血清学方法如血凝素实验和免疫荧光实验等不能用于痘病毒的鉴别。

二、正痘病毒属

正痘病毒的感染引起人和动物的多种丘疹性疾病。一般为上皮增生性皮疹或丘疹，易形成脓疮，后转为硬壳和疤痕。形成的损伤一般局限于皮肤的特定区域，但有时呈全身性感染。

（一）痘苗病毒

痘苗病毒（*Vaccinia virus*）一直作为实验室用痘病毒的模型，同时应用于人类天花的免疫。该病毒分布广泛，宿主范围广，在自然条件下能在家畜和实验动物中传播。在鸡胚尿囊膜增殖后形成痘疱较大，最高培养温度为 41℃，可与天花病毒鉴别。痘苗病毒可在兔肾、睾丸、鸡胚、牛胚细胞以及 HeLa 细胞和 L 细胞等多种细胞上增殖。HeLa 细胞感染痘苗病毒后出现典型病变特征较快，可作为病毒分离的依据。但同一株痘苗病毒的形态和大小在细胞内外存在较大的差异，这可能与病毒的不同增殖阶段有关。

痘苗病毒以其外源基因的容量大（约 25 kb）常作为基因工程载体，广泛用于科研和临床实践中；但由于痘苗病毒的结构和生物学特性较为复杂，因此其临床应用的生物安全性问题尚有待于进一步探讨。

○ 其他正痘病毒

（二）其他正痘病毒

见数字资源。

三、副痘病毒属

副痘病毒属感染多种动物，主要为有蹄类家畜，少数可感染人。感染后常形成局部丘疹和上皮损伤，如牛丘疹性口炎病毒、口疮病毒和伪牛痘病毒（挤奶者结节）。副痘病毒呈卵圆形，病毒粒子表面形成如丝状缠绕的十字形结构。所有病毒具有抗原相关性，但囊膜上包含有不同的抗原表位。本属病毒可在潮湿环境下长时间保持稳定。

口疮病毒（*Orf virus*）为副痘病毒属的代表种，引起羊口疮，又名羊传染性脓疱皮炎（contagious pustular dermatitis）。病毒感染绵羊及山羊，主要是羔羊、幼龄羊发病最多，其特征为口、唇等处的皮肤和黏膜形成丘疹、脓疱、溃疡和结成疣状厚痂。羚羊感染后发生乳头状瘤，人类与羊接触也可感染。羊口疮广泛分布于世界各养羊地区。

本病毒抵抗力强。干燥痂皮在野外可保持毒力达数月之久，于普通冰箱内至少可存活 32 个月，但可被氯仿灭活。病毒耐热性强，55～60℃经 30 min 才能灭活；在 −75℃时十分稳定，在 −10℃时稳定性较差。病毒颗粒呈椭圆形，有囊膜，大小约为 225 nm × 125 nm。

副痘病毒属的各成员之间存在交叉反应，口疮病毒与正痘病毒属的某些成员如痘苗病毒等也有轻度的血清学交叉反应。山羊痘和兔痘病毒对口疮病毒有免疫作用，但抗口疮病毒血清却不能中和山羊痘和兔痘病毒。

本病毒可在绵羊胚的多种器官细胞培养，睾丸细胞最敏感，并出现CPE，可见细胞质内有嗜酸性包涵体。在鸡胚中不能增殖，对小鼠、豚鼠等实验动物也无明显致病性。

据报道羊口疮在一些地方流行较为严重，羔羊感染率可达37%，对母羊产羔前数周于腿内侧刺种羊口疮弱毒疫苗，可使羔羊获得有效的被动免疫。

四、禽痘病毒属

鸡痘病毒（*Fowlpox virus*）是禽痘病毒属的代表种，该属还包括鸽痘病毒（*Pigeonpox virus*）、火鸡痘病毒（*Turkeypox virus*）、金丝雀痘病毒（*Canarypox virus*）、鹌鹑痘病毒（*Quailpox virus*）、情鸟痘病毒（*Lovebird pox virus*）、麻雀痘病毒（*Sparlowpox virus*）和燕八哥痘病毒（*Starlingpox virus*）等。禽痘病毒与本科其他属痘病毒之间无免疫学关系，而在本属各痘病毒之间存在不同程度的交叉保护作用。禽痘病毒不感染人。通常由昆虫进行机械性传播。鸡痘病毒可经皮肤伤口感染。

鸡痘病毒是家禽的重要病原，主要危害鸡，引致鸡痘，导致感染鸡产蛋减少。常见有皮肤型及黏膜型两种形式，黏膜型鸡痘又称鸡白喉，死亡率较高；皮肤型死亡率极低。可感染火鸡、鸽和鹦鹉，金丝雀感染几乎全部致死。

鸡痘病毒某些毒株含有血凝素，能凝集鸡、其他禽类、绵羊、家兔、豚鼠等的红细胞。病毒加热56℃ 30 min血凝活性没有变化，但经60℃ 30 min或煮沸5 min血凝活性消失。鸡痘病毒和其他痘病毒一样，对干燥具有高度抗性。

鸡痘病毒可用鸡胚接种、细胞培养及易感雏鸡鸡冠划痕、翅下刺种和毛囊接种等方法进行病毒分离培养，如接种鸡胚绒尿膜，培养后形成白色痘疹，中心有深色坏死灶，称为痘斑。

本病用鸡胚培养鸽痘病毒疫苗或鸡胚细胞传代的弱毒疫苗刺种可进行预防。

五、山羊痘病毒属

（一）绵羊痘病毒与山羊痘病毒

羊痘（Capripox）又名羊"天花"，是由羊痘病毒属的绵羊痘病毒（*Sheeppox virus*）或山羊痘病毒（*Goatpox virus*，GPV）引起的绵羊或山羊的一种急性、热性、接触性传染病，为WOAH规定通报的疫病。本病也是所有动物痘病中最严重的一种，死亡率达20%～50%。

在自然状态下，绵羊痘病毒只感染绵羊，山羊痘病毒主要感染山羊，少数毒株可感染绵羊。山羊痘的症状和病理变化与绵羊痘相似，主要特征是发热、无毛或少毛部位皮肤黏膜发生丘疹和疱疹，有黏液性、脓性鼻漏，肺常出现特征性干酪样结节。传播途径主要通过呼吸道感染，也可通过损伤的皮肤或黏膜侵入机体。

山羊痘病毒与绵羊痘病毒存在共同抗原，在细胞培养中作中和实验，同属的绵羊痘病毒、山羊痘病毒以及疙瘩皮肤病病毒间有交叉反应。

羊痘病毒适合在绵羊、山羊源的组织培养细胞上生长，原代或次代羔羊睾丸和羔羊肾细胞最为敏感，尤其是毛用绵羊细胞。羊痘病毒较难在鸡胚绒毛尿囊膜上生长，但已育成适应于鸡胚内生长的毒株。

羊痘病毒对热敏感，55℃ 30 min即可灭活；对干燥具有较强的抵抗力，在干燥皮痂内的病毒可以存活3～6个月，在干燥的圈舍内可存活6～8个月。病毒易被20%的乙醚、2%石炭酸、氯仿以及去胆酸盐灭活，但对20%漂白粉、2%的硫酸锌溶液有一定的抵抗力。

羊痘根据临床症状不难诊断，必要时可取病变组织作切片检查感染细胞中的包涵体。也可应用琼脂扩散实验，以抗绵羊痘高免血清检查皮肤结节和结痂中的抗原。在诊断时注意与羊的传染性脓疱皮炎鉴别，后者发生于绵羊和山羊，主要在口唇和鼻周围皮肤上形成水疱、脓疱，后结成厚而硬的痂，一般无全身反应。

预防的主要措施为定期接种疫苗，常用鸡胚化羊痘弱毒疫苗或羔羊肾细胞培养致弱的羊痘细胞苗用于预防接种。山羊痘病毒能免疫预防羊传染性脓疱皮炎（口疮），但羊口疮病毒对山羊痘却无免疫性。

（二）疙瘩皮肤病病毒

本病毒属于山羊痘病毒属成员。代表毒株是Neething株，形态大小与痘苗病毒相似。相关知识见**数字资源**。

六、野兔痘病毒属

兔黏液瘤病毒（*Myxoma virus*）为野兔痘病毒属代表种。该病毒自然条件下只感染家兔和野兔，病兔是主要的传染源。本病毒感染美洲的野兔（*Sylvilagus* spp.）只产生局部的良性纤维瘤，但在欧洲兔（*Oryctolagus caniculus*）则发生严重的全身性疾病，死亡率极高。当某些强毒株进入新疫区时野兔、家兔都非常敏感。但黏液瘤病毒在野兔群中流行时，由于病毒和兔的遗传性改变，可逐渐变为良性，病死率降低。相关知识见**数字资源**。

七、猪痘病毒属

猪痘病毒（*Swinepox virus*）是猪痘病毒属（*Suipoxvirus*）的唯一成员，是猪痘的病原。该病以散布性的皮肤痘状损伤为特征。

猪痘可由两种形态学极为近似的病毒引起；一种是猪痘病毒，这种病毒仅能使猪发病，只能在猪源组织细胞内增殖，并在细胞核内形成空泡和包涵体。另一种是痘苗病毒，能使猪和其他多种动物感染，能在鸡胚绒毛尿囊膜、牛、绵羊及人等胚胎细胞内增殖，并在被感染的细胞质内形成包涵体。两种病毒无交叉免疫性。相关知识见**数字资源**。

○ 疙瘩皮肤病病毒
○ 野兔痘病毒属
○ 猪痘病毒属

第二节　疱疹病毒科

一、概述

疱疹病毒是一群具有囊膜的双链DNA病毒，种类繁多。到目前为止，已经发现的疱疹病毒有100多种，分布相当广泛，几乎所有家畜和家禽都有各自的疱疹病毒，一般一种畜禽可能感染几种（型）疱疹病毒，一种疱疹病毒也可能感染多种动物。另外，除家畜和家禽外，牡蛎、鱼类、蛙类等水产动物，鸟类，多种野兽，爬行类，两栖类，昆虫及软体动物亦可被疱疹病毒感染。近几年来，人们发现某些疱疹病毒还可引起哺乳动物和禽类的肿瘤，如马立克病病毒。医学上也注意到某些疱疹病毒可能与人的癌症有关。由于疱疹病毒致病的广泛性及其在潜伏感染和致癌方面的作用，已引起病毒学者的普遍重视。

国际病毒分类委员会（International Committee on Taxonomy of Viruses，ICTV）在2012年病毒分类第九次报告中，将原疱疹病毒科提升为疱疹病毒目（*Herpesvirales*），包含3个科，分别为疱疹病毒科（*Herpesviridae*）、异样疱疹病毒科（*Alloherpesviridae*）、贝类疱疹病毒科（*Malacoherpesviridae*）。异样疱疹病毒科为感染鱼类和两栖类的病毒，分为蛙疱疹病毒属（*Batrachovirus*）、鲤疱疹病毒属（*Cyprinivirus*）、鮰疱疹病毒属（*Ictalurivirus*）和鲑疱疹病毒属（*Salmonivirus*）4个属。贝类疱疹病毒科是感染软体动物的疱疹病毒，目前只有一个属——牡蛎病毒属（*Ostreavirus*），确认的种仅有牡蛎疱疹病毒1型（*Ostreid herpesvirus* 1，OsHV-1）。疱疹病毒科病毒则较为复杂，分为3个亚科，分别为甲型疱疹病毒亚科（*Alphaherpesvirinae*）、乙型疱疹病毒亚科（*Betaherpesvirinae*）和丙型疱疹病毒亚科（*Gammaherpesvirinae*）。各亚科的主要生物学特性见表12-2。

各亚科又包括不同的属。甲型疱疹病毒亚科包括单纯疱疹病毒属（*Simplexvirus*）、水痘病毒属（*Varicellovirus*）、马立克病病毒属（*Mardivirus*）、传染性喉气管炎病毒属（*Iltovirus*）。乙型疱疹病毒亚科包括巨细胞病毒属（*Cytomegalovirus*）、鼠巨细胞病毒属（*Muromegalovirus*）、玫瑰疹病毒属（*Roseolovirus*）、象疱疹病毒属（*Proboscivirus*）。丙型疱疹病毒亚科包括淋巴隐病毒属（*Lymphocryptovirus*）和猴病毒属

(*Rhadinovirus*)、奇蹄兽肉食兽病毒属(*Percavirus*)和恶性卡他热病毒属(*Macavirus*)。疱疹病毒科主要的动物疱疹病毒所致疾病见表12–3。

表12–2 疱疹病毒各亚科的主要特征

特征	甲型疱疹病毒亚科	乙型疱疹病毒亚科	丙型疱疹病毒亚科
DNA分子量	$85\times10^6\sim110\times10^6$	$130\times10^6\sim150\times10^6$	$80\times10^6\sim110\times10^6$
细胞培养中病毒的增殖速度和传播	快<24 h	较慢>24 h	不同
致细胞病变特性	病毒在细胞中传播迅速并杀死易感细胞	CPE出现慢,细胞先胀大而后被杀死	不同
宿主范围	宽窄差别较大	较窄	较窄
感染特征	溶细胞性、常在神经节潜伏	引起细胞巨化,常在腺体和肾细胞内潜伏	感染淋巴细胞和淋巴样细胞,并在其中潜伏

表12–3 动物主要疱疹病毒所致疾病

病毒名称	所致疾病(症状)
甲型疱疹病毒亚科(*Alpha herpesvirinae*)	
牛疱疹病毒1型(*Bovine herpesvirus* 1)	传染性牛鼻气管炎
牛疱疹病毒2型(*Bovine herpesvirus* 2)	牛乳腺炎、伪皮肤疙瘩病
牛疱疹病毒5型(*Bovine herpesvirus* 5)	脑炎
水牛疱疹病毒1型(*Bubaline herpesvirus* 1)	水牛疱疹病毒病
山羊疱疹病毒1型(*Caprine herpesvirus* 1)	结膜炎、呼吸道及肠道疾病
猪疱疹病毒1型(*Suid herpesvirus* 1)	伪狂犬病
马疱疹病毒1型(*Equine herpesvirus* 1)	流产、呼吸道或神经系统疾病
马疱疹病毒4型(*Equine herpesvirus* 4)	鼻肺炎
犬疱疹病毒1型(*Canine herpesvirus* 1)	犬崽出血症
猫疱疹病毒1型(*Feline herpesvirus* 1)	猫病毒性鼻气管炎
猴疱疹病毒1型(*Cercopithecine herpesvirus* 1)	猕猴单纯疱疹病毒样疾病、人致死性脑炎
猴水痘病毒(*Simian varicellavirus*)	猴水痘样疾病
禽疱疹病毒1型(*Gallid herpesvirus* 1)	鸡传染性喉气管炎
禽疱疹病毒2型(*Gallid herpesvirus* 2)	鸡马立克病
火鸡疱疹病毒1型(*Meleagrid herpesvirus* 1)	自然宿主火鸡
鸭疱疹病毒1型(*Anatid herpesvirus* 1)	鸭瘟
乙型疱疹病毒亚科(*Betaherpesivirinae*)	
猪疱疹病毒2型(*Porcine herpesvirus* 2)	包涵体鼻炎、周身性细胞巨化病毒感染
鼠疱疹病毒1型(*Murine herpesvirus* 1)	鼠巨细胞病毒感染
仓鼠疱疹病毒1型(*Cricetid herpesvirus* 1)	仓鼠疱疹病毒感染
丙型疱疹病毒亚科(*Gammaherpesvirinae*)	
牛疱疹病毒4型(*Bovine herpesvirus* 4)	牛流产、呼吸道感染
角马疱疹病毒1型(*Alcelphine herpesvirus* 1)	牛恶性卡他热
马疱疹病毒2型(*Equine herpesvirus* 2)	马丙型疱疹病毒感染
马疱疹病毒5型(*Equine herpesvirus* 5)	马丙型疱疹病毒感染

1. 形态结构

疱疹病毒为球形有囊膜的较大病毒，直径为120～200 nm，主要由核芯、衣壳和脂蛋白囊膜三部分组成，囊膜上有糖蛋白纤突，在囊膜和衣壳之间还有一个称为皮层的内膜。核芯由双股DNA与蛋白质缠绕而成，直径为30～70 nm。病毒衣壳呈20面体对称，由162个互相连接呈放射状排列且有中空轴孔的壳粒构成，包括150个六邻体及12个五邻体。

仅含核芯和衣壳的裸露病毒粒子，直径为85～110 nm，在细胞核内，常呈结晶状排列。没有核芯的衣壳称为空衣壳比较常见，由于没有DNA核芯，所以不具有感染性。

2. 基因组特点

基因组由单分子双股线状DNA组成，不同疱疹病毒的基因组组成、大小和结构有很大差异，(G+C) mol%为32～75，大小为125～295 kb，基因组具有末端重复(TR)序列和内部重复(IR)序列。重复序列的数量和长度，在不同的疱疹病毒有较大的差异，一般IR序列(G+C)mol%很高，有些位于编码区，有些在细胞与病毒DNA的同源位点。通过对疱疹病毒基因组的结构进行比较，发现多数疱疹病毒的基因组由两个互相连接的长节段(L)和短节段(S)DNA所组成，而且有的疱疹病毒S、L节段可颠倒排列。

3. 病毒的复制

疱疹病毒吸附敏感细胞之后，病毒囊膜可与细胞质膜融合，使核衣壳进入胞质。在胞质内，核衣壳内的遗传物质逸出并进入细胞核，产生的α、β、γ这3种mRNA在宿主细胞的RNA多聚酶II作用下依次开始转录。当α mRNA翻译产生α蛋白后，可使β mRNA的转录，而β蛋白的产生则可阻断α蛋白的合成，同时使γ mRNA转录并翻译产生γ蛋白。这3套mRNA共产生70多种病毒基因编码的蛋白。在α和β蛋白合成后，病毒DNA在宿主细胞核内开始复制，合成的DNA缠绕衣壳形成核衣壳，核衣壳包裹内核膜通过出芽成熟，成熟的病毒粒子蓄积在胞质空泡内，通过胞吐或细胞裂解释放出来。

近年来的研究表明，疱疹病毒的基因可整合于细胞的基因组内，成为细胞DNA的一部分，可持久的复制下去，形成长期潜伏感染状态。在这期间，病毒基因组的表达受到抑制，对细胞的生命活动几乎没有影响。这在某些细胞巨化病毒表现尤为明显。

4. 抗原性

病毒在增殖过程中可产生多种沉淀抗原，其中包括病毒的结构蛋白和非结构蛋白，应用相应的血清学方法可测定其沉淀抗体。病毒的糖蛋白能刺激机体产生中和抗体，可应用中和实验对其进行检测。

5. 细胞培养

各种疱疹病毒都能在组织培养细胞内增殖，但感染范围随病毒种类而异。大部分疱疹病毒能在细胞培养液内产生具有感染力的游离病毒，单层细胞培养物出现局灶性细胞肿胀和圆缩，随后由中心部开始细胞脱落，逐渐蔓延扩展到整个细胞单层。但少数病毒，如巨细胞病毒、马立克病病毒和EB病毒等，均具有很强的细胞结合性，其传播主要通过细胞间桥和细胞分裂进行，因此，培养液内的游离病毒很少。但随着培养代数的增加，游离病毒的数量常会逐渐增多。

6. 抵抗力

病毒含有脂蛋白囊膜，因此对乙醚、氯仿、丙酮等脂溶剂都很敏感。病毒对胰蛋白酶、酸性和碱性磷脂酶等也敏感。紫外线、X射线和γ射线极易使病毒灭活。

疱疹病毒对温度很敏感，50℃约30 min灭活；当含病毒液体的pH在6.8～7.4范围以外时，灭活时间还要缩短。若长期保存疱疹病毒，需置于−70℃以下，或加入甘油、明胶、脱脂乳等，低温冷冻干燥保存，毒价可保持数年而无明显变化。在−20℃保存时，病毒感染价迅速下降，很多毒株经两周保存后，毒价下降10倍。实验证明，于4℃环境中保存病毒，效果常好于−20℃。1%的酚类在室温下处理病毒3 d才能灭活，而0.01 mol/L的甲醛或0.001 mol/L的碘在35℃处理1 h即可将病毒灭活。

7. 病原性

疱疹病毒主要通过密切接触而传播。在集约化养殖的猪、牛、鸡场中最易发生。不仅能引起皮肤和黏膜的疱疹样病变，还能引起中枢神经系统、呼吸系统、生殖器官产生病变以及流产、死产和肿瘤等多种疾病。

疱疹病毒感染的一个特性是呈隐性感染。病毒可在动物体内长期甚至终生呈潜伏状态存留，但不表现临床症状。当机体因受外界不利因素的影响而机体抵抗力下降或生理机能发生障碍时，潜伏状态的病毒开始激活，并扩散传播到特定部位，引起明显的临床症状。此时体液内的抗体水平可能很高，但不能阻止病毒的扩散和增殖。

某些疱疹病毒对自然宿主只表现为潜伏状态的感染，但在传染给其他易感动物时，却能引起严重的疾病，甚至死亡，如猴的 B 病毒经猴传染给人，伪狂犬病病毒经猪传染给牛，恶性卡他热病毒经绵羊或角马传染给牛，都能致严重的致死性感染。

另外，疱疹病毒还与肿瘤的发生有关，如马立克病病毒能引起鸡的淋巴组织增生和肿瘤形成。关于疱疹病毒与肿瘤发生的关系的详细机理，目前还不很清楚，但已证明与隐性感染和病毒的细胞转化作用有关。

二、牛传染性鼻气管炎病毒

牛传染性鼻气管炎病毒（Infectious bovine rhinotracheitis virus，IBRV）又称为牛疱疹病毒 1 型（*Bovine herpesvirus* 1，BHV–1），引起牛的一种急性、热性、接触性呼吸道传染病，临床表现多样，包括鼻气管炎、脓疱性阴道炎、包皮炎、结膜炎、母牛流产和死胎、肠炎以及小牛脑炎等，但以呼吸道症状为主。

1. 形态结构和理化特性

IBRV 具有疱疹病毒科成员所共有的形态特征。病毒粒子呈圆形，直径为 150 ~ 220 nm。核衣壳 20 面体对称，具有 162 个壳粒，病毒具有脂蛋白囊膜。

IBRV 是疱疹病毒科成员中抵抗力较强的一种。对热和氯仿敏感，但不同病毒株对乙醚的敏感性有很大差异。在 56℃条件下，病毒需要 21 min 即被灭活。在 pH 7.0 细胞培养液内的病毒十分稳定，在 4℃以下保存 30 d，其感染滴度几乎无变化；22℃保存 5 d，感染滴度下降 10 倍。37℃时半衰期为 10 h，病毒在 pH 4.5 ~ 5 不稳定，pH 6 ~ 9 时稳定。丙酮、乙醇或紫外线均可破坏病毒的感染力。

2. 基因组结构特点

IBRV 的基因组为一条双链 DNA 分子，全长约 138 kb，和其他疱疹病毒一样，IBRV 的 DNA 分子被两个重复序列单位分割成长（LS）、短（SS）两个单一序列，两个重复序列及夹在中间的 SS 序列可沿轴旋转 180°，使病毒 DNA 分子具有两种异构体。

IBRV 基因组编码 70 多种蛋白质，结构蛋白 30 多种，其中 6 种存在于核衣壳，2 种与 DNA 相关；位于囊膜上的纤突糖蛋白 10 余种。与其他疱疹病毒的结构类似，囊膜中的糖蛋白在病毒的复制或致病过程发挥重要作用。其中 gD 和 gB 在病毒感染细胞时参与病毒侵入细胞的过程，gC 参与病毒吸附、侵入以及复制过程，gE 影响病毒从病变细胞中的释放。有研究表明，在小鼠以及牛的免疫实验中，gD 比 gB 和 gC 能诱导更强、更持久的细胞免疫，即糖蛋白 D 的免疫原性相对较好。此外，gE、LR、US9 基因均为牛传染性鼻气管炎病毒潜伏感染相关基因。

3. 抗原性

IBRV 只有一个血清型，不同毒株的抗原性差异较小。交叉补体结合及免疫扩散实验证明 IBRV 与马鼻肺炎病毒之间具有某些共同抗原成分，但在病毒中和实验中两者没有交叉反应。琼脂扩散和间接荧光抗体实验证明，IBRV 与山羊疱疹病毒 I 型、马立克病病毒和 Burkitt 淋巴瘤病毒之间也有某些共同抗原。

IBRV 不能直接凝集红细胞，但浓缩的细胞培养物可以凝集小鼠、大鼠、豚鼠、仓鼠、鸡、绵羊、马以及人的红细胞。

4. 病毒培养

IBRV 能在来源于多种动物组织的细胞中培养，如牛的肾、胚胎皮肤、肾上腺、甲状腺、胰腺、睾丸、肺、淋巴结等，羔羊的肾、睾丸，以及山羊、马、猪、兔的肾细胞培养物，病毒增殖后产生细胞病变，细胞聚集形成多核巨细胞；感染细胞用苏木紫染色后，可见大量嗜酸性的核内包涵体。同一株病毒在易感的细胞培养物内常能形成大型和小型两种蚀斑。IBRV 经适应后可在 HeLa 细胞内增殖，不能在鸡胚内增殖。

5. 病原性

牛是本病毒自然感染的唯一宿主，其中 20～60 日龄的犊牛最为易感。可通过空气、媒介物以及与病牛的直接接触而传播，但主要途径为飞沫、交配（精液中含有病毒）和接触传播。实验条件下，家兔、山羊和鹿可被感染。病毒组织嗜性广泛，除感染呼吸系统外，神经系统、眼结膜、生殖系统和胎儿均可感染。自然感染时，传染性鼻气管炎多见，经常伴发结膜炎、流产和脑膜脑炎；其次是以局部病变为主的传染性生殖器官炎症。感染牛可不定期排出病毒，因此病畜及带毒病畜为主要传染源。本病难以根除，主要与潜伏感染和机体长期排毒有关。

6. 微生物学诊断

采集的病料包括鼻分泌物、外阴部黏液和阴道分泌物、胎儿的胸腔液、心包液、心血及肺等实质脏器和脑炎的脑组织等。无菌处理后，接种原代或次代胎牛的肾或睾丸细胞，亦可接种猪胎肾细胞，一般在接种后 24～30 h 出现细胞病变。

用中和实验、间接血凝实验、琼脂扩散实验或荧光抗体技术对病毒或血清中的抗体进行检测。PCR 方法是目前检测牛传染性鼻气管炎病毒最为常用的方法之一，尤其扩增 g E 基因以鉴别野毒株的感染，用于快速区分牛传染性鼻气管炎病毒的野生型和糖蛋白 E 缺失菌株。

7. 免疫防治

自然感染后，病牛免疫的强度和持续期与病毒感染的部位和范围有关。鼻气管炎无论自然感染还是人工感染，均能产生坚强持久的免疫性，耐过牛可形成终生免疫。患脓疱性外阴－阴道炎痊愈后的牛，则仅在数周内对再次经生殖器途径感染具有抵抗性，免疫持续期很短。

牛传染性鼻气管炎是 WOAH 规定的通报疫病。在发病率较低的欧洲国家，不允许使用疫苗，采取淘汰阳性牛的主要措施，目前已基本清除该病。在流行较严重的国家和地区，疫苗免疫为控制该病的首选。我国牛场可用的疫苗有牛传染性鼻气管炎灭活疫苗，牛传染性鼻气管炎、牛病毒性腹泻二联灭活疫苗，可明显降低发病率及患病严重程度。

三、伪狂犬病病毒

伪狂犬病病毒（Pseudorabies virus，PRV）又称为猪疱疹病毒 1 型（*Suid herpesvirus* 1），引致多种家畜和野生动物以发热、奇痒（猪除外）及脑脊髓炎为主要症状的疾病。由于最早感染该病的牛群临床表现极度瘙痒，与狂犬病有类似之处，因此采用了“伪狂犬病”这一病名。1902 年匈牙利学者 Aujeszky 发现该病的病原为病毒，故该病又称奥耶斯基病（Aujeszky disease），至今在世界范围内均有发生。

1. 形态特征

伪狂犬病病毒具有疱疹病毒共有的一般形态特征，电镜下观察病毒粒子呈 20 面体对称的圆形或椭圆形，位于细胞核内无囊膜的病毒粒子直径为 110～150 nm，位于胞质内有囊膜的成熟病毒粒子的直径为 150～180 nm。囊膜表面有呈放射状排列的纤突。囊膜糖蛋白是动物机体免疫系统识别的主要靶抗原，同时参与介导病毒对宿主细胞的感染及扩散。但没有囊膜的裸露核衣壳亦具有感染性，但感染力较带囊膜的成熟病毒约低 4 倍。

2. 基因组结构特点

PRV 的基因组为线性双股 DNA 分子，大小约为 150 kb，(G + C) mol% 为 73，是疱疹病毒中含量最高的。基因组由独特的长区段（UL）和短区段（Us）及 Us 两侧的末端重复序列（TR）与内部重复序列（IR）所组成。US 和 UL 区分别编码各种结构蛋白和非结构蛋白基因。Us 区段的方向可与 UL 区段一致，也可与其相反，因而有两种异构体，且这两种异构体对易感动物均有感染性。基因组包含 70 多个开放阅读框（ORF），编码 100 多种蛋白质，其中结构蛋白 50 多种。编码的糖蛋白有 11 种，其中 gB、gD、gH、gL 和 gK 是病毒增殖的必需蛋白，gE、gG、gL、gM、gN 和 gC 与病毒的毒力有关。

3. 理化特性

伪狂犬病毒是疱疹病毒中抵抗力较强的一种。在畜舍内干草上的病毒，夏季存活 30 d，冬季达 46 d。在腐败条件下，病料中的病毒感染力可保持 11 d。保存在 50% 甘油盐水中的病料，在 0～6℃下保存到三年仍具感染力。对热的抵抗力较强，一般55～60℃经30～50 min、80℃经3 min、100℃经1 min可使病毒完全灭活。1%氢氧化钠迅速使其灭活。对乙醚、氯仿等脂溶剂及紫外线等敏感。病毒在pH 4～9之间保持稳定。5%苯酚经2 min灭活，但0.5%苯酚处理32 d后仍具有感染性。

4. 抗原性

伪狂犬病病毒的各地分离毒株均属一个血清型，但不同毒株有毒力强弱差异。PRV与猴疱疹病毒、人的单纯疱疹病毒及马立克病病毒可发生微弱的交叉反应。能凝集小鼠的红细胞，但不凝集牛、绵羊、山羊、猪、猫、兔、豚鼠、大鼠、鸡和鹅的红细胞。

5. 病毒培养

病毒可通过绒毛尿囊膜、尿囊腔和卵黄囊等多种途径感染鸡胚，适应后易连续传代。鸡胚绒毛尿囊膜接种后，强毒株于接种后3～4 d在绒毛尿囊膜表面形成大小不一、隆起的白色痘疱样病变和溃疡，死胚全身出血和水肿。

PRV由于具有广泛的宿主嗜性，能在多种动物的组织培养细胞内增殖，如鸡胚和小鼠成纤维细胞，猪、兔、猴、牛、羊和犬的肾原代细胞，家兔、豚鼠和牛的睾丸原代细胞，以及HeLa、Pk15、BHK-21等传代细胞内增殖。但表现的敏感度不同，其中以兔肾和猪肾细胞（包括原代细胞或传代细胞系）最适于病毒的增殖。病毒在这两种细胞上增殖时，会产生明显的细胞病变，感染细胞形成大的合胞体，出现病变的细胞培养物经苏木紫－伊红染色后，可见典型的核内嗜酸性包涵体。兔肾和猪肾细胞可用于蚀斑实验，对病毒滴度进行测定。另外，由于不同的毒株在细胞上形成的蚀斑特性不同，可依据蚀斑的大小和形状对病毒株进行鉴别。强毒株大多形成小而不规整的蚀斑，而弱毒株形成的蚀斑则较大，弱毒疫苗株的蚀斑最大，有的直径达8～10 mm。

6. 病原性

伪狂犬病病毒是疱疹病毒科中感染动物范围较为广泛和致病性较强的一种。在自然条件下可使猪、牛（黄牛、水牛）、羊、犬、猫、兔、鼠以及野生动物如水貂、北极熊、银狐和蓝狐等感染发病。马属动物对本病毒具有较强的抵抗性。除人类和灵长类以外，多种哺乳动物和很多禽类都能发生人工实验感染。常用的实验动物以家兔最为敏感，常用于本病的诊断。

各种年龄的猪对伪狂犬病毒均易感，但随猪的年龄不同，症状和死亡率差异很大，但一般不呈现瘙痒症状。哺乳仔猪对其最为敏感，发病后呈急性死亡。成年猪感染后，常不呈现临床症状或仅表现为轻微体温升高。妊娠母猪流产和死产的发生率可达50%左右。

其他易感动物感染伪狂犬病毒后，有很高的死亡率，特征性症状是在身体的某些部位发生奇痒。

7. 生态学

猪和鼠类是自然界中伪狂犬病毒的主要贮存宿主，也是引起其他动物感染发病的疫源动物，其他家畜均是由于接触这两种带毒动物或病死尸体而感染发病。病毒感染后，最初在扁桃体和咽部黏膜增殖，再经嗅神经、三叉神经和咽神经的神经鞘淋巴到达脊髓和脑；亦可由鼻、咽黏膜经呼吸道侵入肺泡。血液中的病毒呈间歇性出现，并到达全身各部位。康复猪或亚临床感染的成年猪长期带毒，并可通过鼻腔分泌物及唾液持续排毒，但尿、粪中不带毒。

8. 微生物学诊断

亚临床感染的猪，可用棉拭子在鼻咽部取样；病死动物主要采取扁桃体、颈淋巴结、鼻黏膜以及病变部位的水肿液和脑组织（中脑和脑桥部含病毒最多），用于病毒的分离和鉴定。

酶联免疫吸附实验（ELISA）、乳胶凝集实验、间接免疫荧光技术和琼脂扩散实验等是常用的血清学检测方法。针对gE基因缺失疫苗而建立的gE鉴别ELISA方法用于猪伪狂犬病诊断及流行病学调查，该方法可以区别免疫gE基因缺失疫苗和野毒感染，对野毒株的发现具有重要的意义；另外，根据保守序列gE基因设计的PCR检测技术，也可以进行鉴别诊断，这两种方法均被广泛应用。

9. 免疫防治

猪伪狂犬病病毒具有宿主广泛、传播途径多、死亡率高、持续感染等特点，目前尚无特效药物用于治疗，疫苗接种仍是预防和控制猪伪狂犬病毒的最有效方法。通过缺失gE、TK、gI等基因和gE^-/TK^-、

TK^-/gD^-、TK^-/gC^- 等双基因缺失疫苗的研究与应用，有效降低了猪伪狂犬病毒的感染率，也避免了弱毒株的毒力返祖现象。同时 gE 基因缺失疫苗还具有区分野毒株和疫苗株的能力。目前市场上不同基因缺失的疫苗以 gE 与 gC 缺失的疫苗为主。对动物进行 gE 基因缺失疫苗免疫、并检测区分野毒感染与疫苗免疫的个体，是控制并逐渐清除、净化猪伪狂犬病毒的有效措施。近年来，有个别报道感染人的病例出现，因此，相关从业人员做好生物安全防护十分必要。

四、禽传染性喉气管炎病毒

禽传染性喉气管炎病毒（Avian infectious laryngotracheitis virus，AILTV）又称禽疱疹病毒 1 型（*Gallid herpesvirus* 1），可引起以呼吸困难、气喘、咳出血样渗出物为特征的鸡急性、接触性上呼吸道疾病。本病于 1925 年首次发现于美国，我国于 1950 年发现本病，1992 年后呈地方流行，现已遍及世界各地，成为养鸡业的重要疫病之一。

1. 形态结构

AILTV 具有疱疹病毒的一般形态特征。在感染细胞核内的病毒呈散在或结晶状排列，没有囊膜，核衣壳 20 面体对称，直径约为 100 nm；在胞质内的病毒，核衣壳外有不规则的囊膜，表面含有纤突，病毒粒子直径为 195 ~ 250 nm。

2. 基因组结构特点

AILTV 基因组为双股线性 DNA 分子，大小为 155 kb，（G + C）mol% 为 45 ~ 50。基因组由两个相互连接的 UL 和 Us 组成，在 Us 端有一个末端重复序列（TR）结构，在 UL 和 Us 之间有一个内重复序列（IR）结构。基因组编码的囊膜糖蛋白 gD 与病毒吸附和侵入细胞相关，gG 是病毒复制过程中重要的酶和调控因子；衣壳蛋白 P40 介导病毒吸附、TK 蛋白、gI-gE 蛋白复合物与病毒毒力相关。

3. 理化特性

本病毒对热、脂溶剂以及各种消毒剂均敏感，悬浮于生理盐水中的病毒 55℃经 10 ~ 15 min 即被灭活，室温下存活时间不超过 90 min；甘油 - 盐水中的病毒在 37℃经 7 ~ 14 d、22℃经 14 ~ 21 d，4℃经 100 ~ 200 d 仍有活力。绒毛尿囊膜中的病毒室温下经 5 h 灭活，死亡鸡体内气管组织中的病毒 37℃经 44 h 失去感染性。气管黏液内的病毒，在直射日光下可存活 6 ~ 8 h，在黑暗的房舍内则可活存 110 d。3% 甲酚和 1% 氢氧化钠可在 1 min 内使病毒迅速灭活。

4. 抗原性

AILTV 各分离毒株具有相似的抗原特性，在中和实验中能与特异性免疫血清呈现一致的中和反应，故一直认为 AILTV 只有一个血清型。病毒没有红细胞凝集特性。

近年发现，这种特异抗血清对某些毒株的中和作用却很微弱，可能是 AILTV 毒株中存在着微小的抗原变异或 AILTV 不同弱毒疫苗株之间会发生重组并产生新型毒力病毒。

5. 病毒培养

AILTV 具有高度的宿主特异性，只能在鸡胚（包括野鸡胚）及其细胞培养物内生长良好，细胞分离 AILTV，首选鸡胚肝细胞与鸡肾细胞。鸡胚经绒毛尿囊膜接种后，能在绒毛尿囊膜上产生散在的边缘隆起、中心低陷的白色痘斑。强毒株的痘斑直径达 4 ~ 5 mm，弱毒株的则较小，接种后 36 ~ 48 h，被感染的外胚层细胞内即有典型的核内嗜酸性包涵体出现；采用尿囊腔接种时，绒毛尿囊膜内层表面及鸡胚气管和支气管内呈现以炎症和充血为主的特征性变化。

人工感染实验只能用鸡或雉鸡。多采取气管分泌物或气管、肺组织悬液，作滴鼻、点眼或气管内接种，能引起典型病变。但静脉或腹腔途径接种时，发病不规律。

6. 病原性

自然条件下，本病毒主要感染鸡和雉鸡，引起出血性气管炎，表现气喘和咳嗽。各种年龄和品种的鸡都易感，尤其是 4 ~ 8 月龄鸡，且一年四季均可发生。尤其在秋冬交替时多发，可能是气候的变化促进了该病的发生。本病的感染率可高达 90% ~ 100%，病死率在 5% ~ 70%之间。耐过鸡可获得持久免疫力。

7. 生态学

鸡传染性喉气管炎主要是呼吸道传染病。自然情况下是以飞沫传播的方式入侵上呼吸道,亦可经口途径感染鼻黏膜上皮细胞;通过人、野鸟、鼠类、犬以及病毒污染用具机械携带,也能引起传播。由于康复鸡和强毒免疫鸡带毒的百分率都相当高,且排毒的持续期很长,因此一般认为这两类鸡是本病的主要传染源。鸡胚源(CEO)和组织培养源(TCO)的弱毒活疫苗通过点眼的方式免疫后,病毒能在禽的结膜和气管中增殖,不仅能重新分离出疫苗病毒,还能在免疫一周后从接触过免疫禽类的未免疫禽的体内检测到ILTV的存在,所以,弱毒活疫苗也是ILTV的一个重要传染源。

三叉神经为鸡传染性喉气管炎病毒的潜伏感染位点。有研究表明,鸡在感染不同毒力的AILTV,甚至是弱毒疫苗株后,该病毒会终生潜伏于三叉神经处,不能完全被清除。一旦鸡受到应激或是免疫力低下时,潜伏的病毒就会被重新激活并传染给其他同类,导致疾病再次大规模发生,反复感染,无法彻底净化。

8. 微生物学诊断

当强毒毒株在易感鸡引起急性流行时,根据本病发病突然和传播快速的特点以及病鸡呼吸困难、咳出混血的痰液和呈现出血性气管炎的特征性变化,结合发病2~3 d病鸡的喉气管黏膜上皮细胞内能检出典型的核内嗜酸性包涵体等特性,可作出诊断。但当症状不典型时,与禽流感、新城疫和传染性支气管炎等呼吸道疾病在临床症状上有很多相似之处,还需进行病原学或血清学检查等实验室检测,以便作出确诊。

采取病鸡的喉气管黏液或其组织悬液,无菌处理后,经绒毛尿囊膜途径接种鸡胚,进行病毒分离。病毒的鉴定可用已知毒株的免疫血清进行病毒的中和实验。或用免疫扩散实验和荧光抗体技术检测喉气管黏膜上皮涂片和喉气管黏膜切片标本中的病毒抗原,迅速作出诊断。此外,ELISA实验和PCR方法,对鸡传染性喉气管炎病毒进行检测已广泛应用。

9. 免疫防治

感染后,易感鸡对AILTV的抵抗力主要依靠细胞免疫。在免疫接种或野外感染AILTV后,两周龄以上的鸡迅速产生免疫力,3~4 d内可产生部分保护,到6~8 d时能完全保护。自然发病后产生的免疫力很强,至少一年,甚至终生。疫苗接种的免疫期为半年到一年不等,视疫苗的种类、浓度和接种方法而不同。目前国内使用的疫苗有活疫苗、重组鸡痘病毒基因工程苗等。目前国内外学者利用鸡传染性喉气管炎病毒的gB、gC、gD、gX、TK等基因或表达的蛋白,对该病毒的基因缺失疫苗、重组活载体疫苗、亚单位疫苗及DNA重组疫苗等进行了大量研究,有望作为现有疫苗的补充。

AILTV母源抗体可经卵传给子代,但其不能为子代提供免疫保护,也不能干扰鸡的免疫接种。

五、马立克病病毒

马立克病病毒(Marek's disease virus,MDV)又称为禽疱疹病毒2型(*Gallid herpesvirus* 2),引起鸡的一种以淋巴组织的增生和传染性肿瘤病。该病毒为细胞结合性疱疹病毒,靶细胞为T淋巴细胞,过去曾归类于丙型疱疹病毒亚科,但因其分子结构和基因组组成特点,故现归属于甲型疱疹病毒亚科。MDV于1907年由匈牙利的兽医病理学家马立克(Joseph Marek)首次发现,我国于1973年发现并证实存在本病,目前世界各地已均有发生。

1. 形态特征

MDV在感染细胞中可见直径为85~100 nm的六角形裸露颗粒或无囊膜的核衣壳,偶尔见有较大的直径为150~170 nm的有囊膜病毒粒子。核衣壳呈20面体对称。

完整的病毒粒子带有囊膜,主要存在于细胞膜附近及核空泡中,在胞质中也有存在。在溶解的羽毛囊上皮细胞中,带有囊膜的病毒粒子直径为273~400 nm,脱离细胞后具有很强的致病力,传染性极强。在病变细胞尤其是在皮肤羽毛囊上皮细胞中,常见到核内包涵体,有时也见有胞质包涵体。

2. 理化学特性

MDV有细胞结合型和游离于细胞外两种状态,这两种状态下的病毒生存特性有很大差异。细胞结合型或不完全病毒,一旦脱离细胞即失去活性,故应该按保存细胞的方法保存该病毒,即感染MDV的细胞需要在液氮(-196℃)中保存。而具有囊膜的完全病毒,从感染鸡羽毛囊随皮屑排出后的游离病毒,对外界的抵抗力则较强，污染的垫料和羽屑在室温下其传染性可保持4～8个月，4℃储存可保持感染性至少10年。污染禽舍的灰尘中含有与羽毛或皮屑结合的病毒，在20～25℃下至少几个月还具有感染性。但用各种常用化学消毒剂处理病毒，10 min内即可使其失活。湿度增加可加速病毒的灭活。

3. 基因组结构特点

MDV基因组为双股线性DNA，大小约为180 kb，(G+C)mol%为40～60。基因组已鉴定的基因有35个，编码蛋白的基因可分为3类，即致癌相关基因、结构蛋白基因及其他基因。编码的病毒囊膜糖蛋白基因主要有gB、gC、gD、gE、gH、gI等；衣壳蛋白基因主要有ML6、ML13、ML14等。gB基因是MDV结构基因中最保守的一个基因，它可以刺激机体产生细胞免疫和体液免疫，是MDV的主要中和性抗原。编码的非结构蛋白基因如ML42蛋白是病毒复制的DNA聚合酶，ML52蛋白主要发挥DNA解旋酶的功能。

4. 病毒的增殖

MDV的复制是细胞结合性疱疹病毒的典型代表，在感染细胞间的传播，通常是通过细胞间桥实现的。同时感染细胞还能产生一些脱离细胞而有感染性的病毒。病毒在鸡体内淋巴器官如腔上囊、胸腺和脾的细胞和多种上皮组织中复制。在这些细胞和组织中都有病毒抗原。皮肤羽毛囊上皮角化层中的病毒粒子，多数是完整的病毒。而在感染的肾小管、腔上囊、性腺和神经丛中，则以裸露的无囊膜病毒粒子占优势。肿瘤细胞内通常没有病毒粒子，但是它们都有感染性。带囊膜的病毒只有在脱离细胞的状态下才有感染性。唯一可以获得有感染性的、脱离细胞的带囊膜病毒的组织就是羽毛囊上皮。

5. 抗原性

根据免疫琼脂扩散和免疫荧光实验的结果，可将MDV分为3个血清型，一般所说马立克病毒是指1型，2型为非致瘤毒株，3型为火鸡疱疹病毒(HTV)，可致火鸡产蛋下降，对鸡无致病性。根据1型毒株间致病力的强弱，可以将其分为4类，分别为mMDV(弱毒型)，代表毒株为CU2；vMDV(强毒型)，代表毒株为GA和JM；vvMDV(超强毒)，代表毒株为Md5和RB1B；vv+MDV(特超强毒)，代表毒株为648A和584A。一般分离株毒力的确定要以代表毒株为标准。

6. 病毒培养

鸡胚、新生雏鸡和一些组织培养细胞，均可用来增殖和测定MDV。

3个血清型的MDV均可用鸡胚增殖，经卵黄囊或绒毛尿囊膜接种后，都可致绒毛尿囊膜上出现痘样病斑和鸡胚脾脏肿大。

新生雏鸡在接种MDV后2～4周即可在神经节、神经纤维和某些脏器中出现组织学病变，病变的严重程度依赖于鸡的遗传易感性和MDV毒株的毒力，3～6周后出现肉眼可见的病变。

在组织培养细胞中，血清1型病毒，在鸭胚成纤维细胞和鸡肾细胞生长良好，产生较小蚀斑；血清2型病毒和3型病毒均可在鸡胚成纤维细胞中生长，并产生较大蚀斑；此外，各型病毒还可以在火鸡、鹅、鸽、雉鸡等的成纤维细胞上增殖并产生病变。

目前利用淋巴细胞连续培养技术，从人工感染MDV的病鸡淋巴瘤中获得了若干细胞系，如MOB-1、MSB-1、HPRS-1和HPRS-2等，这些细胞系能连续生长而不贴附于瓶壁。它们都有胸腺(T)细胞和肿瘤特异的表面标志，并可称为“生产者(producer)”系，因为有一小部分(1%～2%)细胞发生生产性感染，可从这些细胞回收到病毒。接种了这些细胞的雏鸡可产生MD病变，此类病变是病毒诱发的。同时，还建立了不产生病毒的细胞系和成淋巴细胞样的细胞系。

7. 病原性

主要对鸡和火鸡致病，不同品种和品系的鸡均易感，但主要侵害3～5月龄的鸡。鹌鹑、雉鸡和鹧鸪也能感染。但MDV对人、灵长类和其他哺乳动物均无感染力。

本病毒不经卵传播，在病鸡与毛囊中成熟的病毒粒子可随皮屑散布于周围环境和空气当中，易感鸡吸入或者食入病毒即被感染。

MDV感染后，在体内与细胞的相互关系有三种形式，第一种是生产性感染(productive infection)，主要发生于非淋巴细胞，但偶尔也见于淋巴细胞。在生产性感染中，病毒DNA进行复制，合成抗原，并产生病毒粒子。在鸡羽毛囊上皮细胞的MDV是完全生产性感染，可产生大量有囊膜具有感染性的病毒粒子；而在鸡的某些淋巴细胞和上皮细胞及大部分培养细胞中，则发生生产－限制性感染，能增殖病毒抗原，但产生的大部病毒粒子无囊膜，不具有感染性。生产性感染可使所有类型的细胞溶解，产生核内包涵体和导致细胞崩解。因此生产性感染又称为溶细胞性感染。第二种是潜伏感染，主要发生于T淋巴细胞，但也发生于一些B细胞，潜伏感染为非生产性感染，只能通过DNA探针杂交或在体外培养中激活病毒基因的方法进行检测。第三种是转化感染，是MD淋巴瘤中大多数转化细胞的特征，这一类型的感染仅在T淋巴细胞中产生。且只有1型MDV能引起。与存在病毒基因组但不表达的潜伏感染不同，转化了的表型则以MDV基因组的有限表达为特征。尽管部分病毒基因组可被转录，但不能检测到病毒性抗原和病毒粒子。

8. 微生物学诊断

对MD的诊断应根据疾病特异的流行病学、临床症状和病理形态学的检查结果，综合分析，作出判定。在得不出明确结论时，就应进行病毒的分离与鉴定或进行血清学及分子生物学的实验鉴定。

分离病毒用的样品采自病鸡的肿瘤细胞、肾细胞以及脾或外周血液的白细胞，以及病鸡的羽毛囊等，接种易感鸡、细胞培养物和鸡胚进行病毒分离。常用于诊断MDV的血清学方法主要有琼脂扩散实验、荧光抗体实验和间接红细胞凝集实验等。通过体外扩增MDV基因组中的特异性保守片段，对其进行PCR检测也是常用的鉴定方法，目前已有商品化的PCR试剂盒用于马立克病毒的检测。

9. 免疫防治

对于马立克病的预防免疫主要是针对有致病性的1型马立克病病毒。火鸡疱疹病毒是一种异源病毒，其与MDV在抗原性上有密切关系，病毒DNA的同源性为95%，且对鸡没有致病性，被接种的鸡可以抵抗马立克病毒的强毒攻击，因此，常用作疫苗进行预防接种。某些天然无致病力毒株也筛选为疫苗，但需要液氮保存，使用不方便。

六、鸭瘟病毒

鸭瘟病毒（Duck plaque virus，DPV）又称为鸭疱疹病毒1型（*Anatid herpesvirus* 1）、鸭肠炎病毒（Duck entertitis virus，DEV），是一种广泛组织嗜性全身性感染的病毒。1923年首次在荷兰发现鸭瘟，后续世界各地均有报道，我国于1957年在广州首次发现该病。

1. 形态特征

鸭瘟病毒具有疱疹病毒的典型形态结构。病毒感染细胞的胞核和胞质内都有病毒粒子存在。细胞核中的病毒粒子有两种，分别为直径约91 nm和32 nm的颗粒；在胞质内的病毒粒子具有囊膜，直径约181 nm，其核心直径约75 nm。病毒粒子的衣壳20面体对称，表观呈正六角形。

2. 理化学特性

鸭瘟病毒对外界环境具有较强的抵抗力，在直射阳光照射下，夏季需要9 h才能失去活力。病毒在污染的畜舍内可存活5 d。对热的抵抗力也较强，50℃经2 h、56℃经30 min、60℃经15 min处理，才可破坏病毒的感染性。对低温抵抗力较强，-5℃～-7℃经3个月毒力不减弱，-10℃～-20℃经一年对鸭仍有致病力，常在-20℃～-70℃保存病毒。病毒对乙醚和氯仿敏感，在37℃下经胰酶、胰凝乳蛋白酶及脂肪酶作用18 h，可使病毒部分失活或全部失活。在pH 5.0～pH 9.0的环境下稳定，但在pH 3.0和pH 11.0的环境下则很快灭活。常用消毒剂如0.1%的升汞处理10 min、75%的乙醇处理5～30 min或5%的生石灰处理30 min对病毒具有致弱和杀死作用。

3. 基因组结构特点

DPV为线性双链DNA病毒，基因组长约150～160 kb，（G+C）mol%约为44。基因组包括两个独特的序列，UL区（unique long）和US（unique short）区，两侧为大小约13 kb的反向重复序列（IRS和TRS）。病毒基因组含有78个潜在的功能基因，所编码的蛋白主要用于参与病毒的复制。其中结构蛋白基因gB、gC、gD、gE等糖蛋白，具有黏附、介导进入细胞及细胞间传播的功能，同时还携带抗原决定簇，可诱导机体产生免疫反应，同时造成组织的病理损伤。UL7、UL11、UL14、UL16等编码的蛋白，参与病毒粒子的装配和释放以及病毒DNA的释放。UL18、UL19、UL26、UL38编码衣壳蛋白。UL12、UL15、UL28、UL6等编码的蛋白在病毒DNA包装和加工过程中起重要作用；UL31和UL34编码的蛋白则参与衣壳组成从核内释放。

4. 抗原性

鸭瘟病毒只有一个血清型，但各毒株的毒力差异很大。另外，鸭瘟病毒没有血凝特性和血细胞吸附作用，不能凝集各种动物的红细胞。

5. 病毒培养

鸭瘟病毒适于在鸭胚中增殖传代，绒毛尿囊膜、尿囊腔及卵黄囊接种均可，初代分离培养鸭瘟病毒，多用9～12日龄鸭胚，经绒毛尿囊膜接种后4～6 d，鸭胚大多死亡。胚胎呈广泛的出血性变化，肝脏内常有特征性坏死灶。部分绒毛尿囊膜发生水肿和充血、出血变化。连续传代后，鸭胚全部死亡，且时间可缩短1～2 d。

鸭瘟病毒可以适应鹅胚，但不能直接在鸡胚内增殖传代，需要将鸭瘟病毒通过鸭胚一定代数后，才能适应鸡胚。在鸡胚上连续多次传代后，对鸡胚毒力增强，同时对鸭的致病力减弱，从而很容易培育出免疫用弱毒疫苗株。迄今，已有数个鸭瘟弱毒疫苗是通过鸡胚驯化得来的。

鸭瘟强毒也能在鸭胚成纤维细胞培养物内增殖和传代，并产生明显的细胞病变，有大量核内包涵体。适应细胞培养的鸭瘟病毒可以感染鸡胚成纤维细胞，感染细胞透明度降低、颗粒增加，细胞质浓缩、细胞变圆，24～30 h细胞全部脱落。经连续传代后，病毒毒力减弱，可制成弱毒疫苗，鸡胚毒亦可在鸭肾单层细胞上繁殖继代。

6. 病原性

鸭瘟病毒是鸭、鹅、天鹅等的一种急性、接触传染性疾病的病原，在自然条件下只引起鸭发病，死亡率在90%以上。任何品种、年龄和性别的鸭都易感。但发病率和死亡率有一定的差异，番鸭、麻鸭、绵鸭的易感性高于外来鸭或杂交鸭。成年鸭的发病率高于幼鸭，其中以产蛋母鸭的死亡率最高，20日龄内的雏鸭极少流行本病。野鸭也感染，但抵抗力较家鸭强，发病率和死亡率亦低于家鸭。人工感染时，雏鸭较成年鸭易感，死亡率更高。鸡对鸭瘟抵抗力强，但2周内的雏鸡，可人工感染发病。鸭瘟病毒对成年鸡、火鸡、鸽和哺乳动物均无致病性。

7. 生态学

鸭瘟的传染源主要是病鸭、潜伏期的感染鸭和病愈不久的带毒康复鸭（病后带毒期至少持续3个月）。其排泄物和分泌物中均含有大量病毒，被其污染的饲料、饮水、用具、场地及池沼，是造成鸭瘟病毒传播扩散的重要原因。自然情况下，多因病、健鸭接触，病毒经消化道侵入体内而感染，因此，健康鸭和病鸭在一起放牧或在水中相遇、或是放牧时通过发病地区，都能发生感染。某些野禽被感染后，可成为传染本病的自然疫源和媒介。吸血昆虫也可能为本病的传播媒介。此外，鸭瘟病毒也可通过生殖器官、眼结膜及呼吸道传染。人工感染时，经口腔、鼻内、静脉、腹腔、肌肉和泄殖腔接种或皮肤刺种等途径，均可使健康鸭致病。

8. 微生物学诊断

根据流行病学特点、特征性的临床症状和病理变化特点，可对本病作出初步诊断，但在新发病区，确诊则需进行病毒的分离、鉴定和血清学及分子生物学实验。

采取处于发病期或死亡后的病鸭血液、肝、脾或肾等病料，分离病毒。病毒的鉴定可应用电镜进行病毒的形态检查，亦可用已知鸭瘟病毒的免疫血清，在鸭胚或鸭成纤维细胞培养物上与分离株做中和实验。还可将分离株与已知抗血清混合后，接种无母源抗体的易感雏鸭，观察一周，如实验鸭均健活，亦可作出诊断。

常用中和实验、荧光抗体染色法、琼脂免疫扩散实验、反向间接血凝实验、ELISA等方法对抗体进行测定。目前已有商品化的鸭瘟病毒抗体ELISA检测试剂盒用于鸭瘟病毒抗体的检测。

通过体外扩增病毒UL2、UL6等基因序列的保守区，已经建立了多种常规PCR及荧光PCR检测方法。目前已有商品化的鸭瘟病毒荧光定量PCR试剂盒，用于鸭瘟病毒的检测。

9. 免疫防治

目前广泛应用的疫苗为弱毒疫苗，主要是用鸡胚或鸭胚传代的“鸭瘟鸡胚化弱毒疫苗”和“鸭瘟鸭胚化弱毒疫苗”，免疫期可持续几个月到一年。鸭瘟弱毒疫苗在接种后能迅速产生保护力，通常只需几个小时接种鸭就呈现出一定的保护力，所以当鸭瘟疫情开始出现时，应及时给全群未呈现症状的鸭作紧急疫苗接种，这对控制疫情有显著作用。另外，还应设法禁止带毒野生水禽进入鸭群。

第三节　腺病毒科

一、概述

腺病毒的最早发现是在 1953 年，由 Wallace P. Rowe 和他的同事从人类扁桃体组织块培养物中分离，目前病毒分类将其归为罗瓦病毒目(Rowavirales)，"Rowa"一词来源于此。1954 年，腺病毒中具有重要致病性的犬传染性肝炎病毒被发现。人和其他哺乳动物以及禽类的腺病毒大多具有高度的宿主特异性，通常存在于上呼吸道，有时在肠道。大多数腺病毒产生亚临床感染，偶致上呼吸道疾病，但犬传染性肝炎病毒和减蛋综合征病毒有重要致病意义。

腺病毒是研究真核系统内复杂的生物学加工处理过程的重要工具。例如，mRNA 的剪接现象就是在研究腺病毒 mRNA 的合成以及多聚核糖体从胞核内向胞质中转运时发现的。它同时又是目前最为广泛使用的病毒载体之一。以腺病毒 5 型为载体构建重组疫苗，表达重要的基因产物，进行癌症、遗传病和重要传染病的基因治疗等，目前备受关注。

1. 形态结构特点

腺病毒无囊膜，直径为 70 ~ 90 nm。衣壳呈规则的 20 面体结构，由 252 个壳粒组成，衣壳含有 242 个六邻体、12 个五邻体及 12 根纤毛，纤毛以五邻体蛋白为基底由衣壳表面伸出，顶端形成头节区。五邻体和纤毛的头节区可与细胞表面的病毒受体结合，在感染细胞中起着非常重要的作用。各种腺病毒形态结构及化学组成基本相同，见图 12-3。

腺病毒的基因组为单分子线状双股 DNA，大小为 26 ~ 45 kb。(G + C) mol % 在哺乳动物腺病毒为 48 ~ 61，在禽腺病毒为 54 ~ 55，而在戊型肝炎病毒(HEV)为 34.9。DNA 分子两端都具有 40b ~ 200 bp 的末端反向重复序列(ITR)，是复制的起始位点，它重复的次数和长度随病毒型和株的不同而异，并且与传代次数有关。基因组左端 ITR 的 3′ 侧有一段长约 300 bp 的包装信号(ψ)，介导腺病毒基因组包装入病毒衣壳。

在组成腺病毒粒子的 15 种多肽中，其中六邻体、五邻体基底、纤突蛋白和 2 个内部多肽(V 和 VII)占总蛋白量的 90% 以上。蛋白质占病毒粒子的 85% ~ 87%，其中内部蛋白，也即与核酸结合的核心蛋白占 20%。腺病毒不含脂质，纤突蛋白和某些非结构蛋白均为糖基化蛋白。

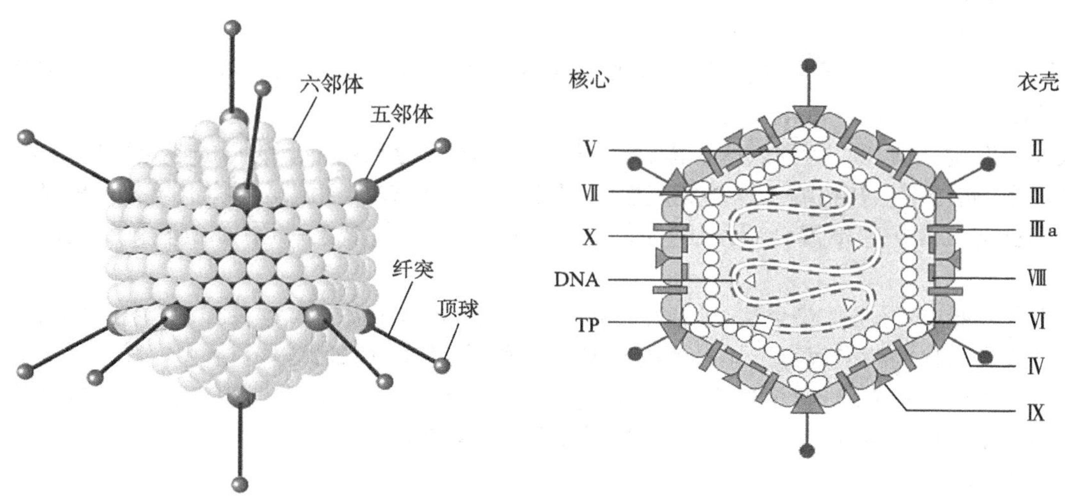

图 12-3　腺病毒粒子的化学组成及结构示意图

Ⅱ. 五邻粒；Ⅲ. 结构蛋白(中和抗原)；Ⅳ. 纤突；Ⅴ. 核心蛋白；Ⅵ. 六邻粒结合蛋白；Ⅶ. 核心蛋白；Ⅷ. 六邻粒结合蛋白；Ⅸ. 衣壳蛋白

2. 病毒复制与培养

大多数腺病毒具有比较严格的宿主动物范围，一般只感染本种动物来源的宿主动物。在组织培养细胞中，也以该宿主动物来源的细胞最为敏感，而且上皮样细胞比纤维样细胞更为敏感；因此，在腺病毒的分离培养中，通常应用宿主动物来源的原代、继代或传代细胞，且主要是肾细胞进行培养。但在连续传代后，常可适应其他动物来源的细胞培养物。由于腺病毒对敏感细胞的吸附效率较低，且因病毒的释放也不完全，因此细胞培养物在接种病毒以后，经常需经 7 ~ 10 d，甚至 2 ~ 4 周以后才能出现比较明显的细胞病变。但犬和猴等腺病毒较快，2 ~ 4 d 产生细胞病变。

腺病毒的种属特异性明显，如人的野生型 5 型腺病毒（wtAd5）感染其他的非人类细胞（如鼠类细胞）后可以表达早期基因，基因组也可有一定程度的复制并能够形成一些不成熟的病毒颗粒，却不能形成成熟的病毒颗粒，也不能二次感染其他细胞。

腺病毒增殖时，感染细胞的有丝分裂被阻断，糖酵解增高，酸产量增多，因此感染腺病毒的细胞培养液变酸（这与感染其他病毒的细胞培养物不同，在其他细胞培养物内，当感染细胞破坏时，pH 升高）。此时，感染细胞变圆，且集聚成不规则的葡萄状，胞核内出现单个的大型嗜碱性包涵体；胞核增大，有时还可看到嗜酸性包涵体，包涵体内集聚有蛋白质和病毒粒子结晶。

3. 抵抗力

许多腺病毒是从人和动物的粪便中分离获得，因此，腺病毒对酸的抵抗力较强，能通过胃肠道而继续保持活性。这为腺病毒作为口服疫苗载体的研制提供了方便。由于无囊膜，腺病毒对有机溶剂不敏感，但在丙酮中不稳定。

腺病毒在冷冻状态下保存非常稳定，4℃可存活 70 d，在 –20℃时可长期存活，56℃加热可灭活。适宜 pH 为 5 ~ 6，pH 在 2 以下或 10 以上均不稳定。

4. 病毒的血凝性

人的腺病毒可以凝集多种动物的红细胞，最常用来检测的是大鼠或恒河猴的红细胞。其他动物来源的腺病毒对红细胞凝集表现不同。牛腺病毒 1、2、3 型均能凝集大鼠红细胞，其中 2 和 3 型还可凝集小鼠红细胞，对人、豚鼠和鸡红细胞不凝集。猪腺病毒 1 型可凝集大鼠、小鼠、豚鼠和人的红细胞，不凝集鸡红细胞；猪腺病毒 2 和 3 型对上述几种动物的红细胞均不凝集，而猪腺病毒 4 型，可凝集大鼠的红细胞，对豚鼠和鸡红细胞凝集不定，不凝集人红细胞。鸡减蛋综合征病毒只凝集鸡红细胞，对其他动物的红细胞不表现凝集作用。犬传染性肝炎病毒可凝集人和豚鼠红细胞，对鸡红细胞凝集不定，不凝集大鼠和小鼠红细胞。犬传染性喉气管炎病毒可凝集人的红细胞，对大鼠、小鼠、豚鼠和鸡红细胞均不凝集。

5. 抗原性

腺病毒主要抗原部分位于六邻体、五邻体及纤突蛋白。在六邻体中聚合的衣壳内部，具有哺乳动物腺病毒共同的可溶性抗原，可用补体结合反应检测，同时在六邻体的外部还有型特异性抗原决定簇，可用中和实验来测定；在五邻体壳粒上，亦具有群特异性抗原；在纤突的基部，具有亚群特异性抗原，而在纤突的远端部分，具有型特异性抗原。某些腺病毒具有 T 抗原，可利用免疫沉淀实验在由腺病毒引起肿瘤的动物血清中检测到，因此，某些腺病毒与肿瘤的形成相关。哺乳动物腺病毒衣壳成分的抗原特异性如表 12–4。

表 12–4 哺乳动物腺病毒衣壳成分的抗原特异性（殷震和刘景华，1997）

名称	所在部位	特异性
α	六邻体聚合的衣壳内部	群特异性
β	五邻体壳粒	群特异性
γ	纤突的远端部分	型特异性
δ	纤突的基部	亚群特异性
ε	六邻体外部	型特异性

6. 病原性

腺病毒寄生于人和动物以及禽类的眼部、上呼吸道和消化道内，但大多呈隐性或不显性感染。人的腺病毒大多存在于肠道内，但也与感冒、咽炎、急性呼吸道感染和结膜炎等一系列疾病有关。动物中的腺病毒很多，但只少数引起临床症状，例如犬的传染性肝炎和传染性喉气管炎、犊牛的肺肠炎以及狐的脑炎。马、羊、猪和鼠的腺病毒尚未见有明显致病性，但曾报道腺病毒在人工感染乳鼠时，可引起致死性感染。健康禽类肠道中也常携带没有病原性的腺病毒。但鹌鹑支气管炎病毒（一种腺病毒）可引起幼龄鹌鹑的致死性感染。禽腺病毒引致鸡的包涵体性肝炎是一种高死亡率疾病。腺病毒引起新生仓鼠发生恶性肿瘤的能力，是肿瘤研究中的一个重要问题。但迄今为止，尚未发现腺病毒与人类的恶性肿瘤有关。

7. 腺病毒分类

2012 年 ICTV 将腺病毒科分为 5 个属，分别是哺乳动物腺病毒属（*Mastadenovirus*）、禽腺病毒属（*Aviadenovirus*）、富腺胸病毒属（*Atadenovirus*）、唾液酸酶病毒属（*Siadenovirus*）和鱼腺病毒属（*Ichtadenovirus*）。在每个不同的属中，又分为不同的群，在同一个群中，有不同的血清型（表 12–5），血清型的划分主要根据中和实验来确定，但在理化特性上有差别也可以作为不同的血清型。除根据血清学进行分型外，还可以根据病毒基因的限制性酶切图谱分析归为不同的基因型，基因型的划分在分子流行病学分析上具有一定意义。

二、犬传染性肝炎病毒

犬传染性肝炎病毒（Infections Canine hepatitis virus，ICHV）认定名为犬腺病毒甲型（*Canine mastadenovirus* A），是动物的重要致病性腺病毒，感染遍及全世界，是犬、狐重要的疫病之一。Rubarth 最先在 1947 年发现了犬的传染性肝炎病例。Kapsenberg 在 1959 年分离到该病毒，称为犬传染性肝炎病毒。3 年后，Ditchfield 等分离获得单纯引起呼吸道病变（喉气管炎）而不引起肝炎的腺病毒。1984 年，夏咸柱等在我国首次分离到犬传染性肝炎病毒。

该病毒通常分为血清 1 型和 2 型两种。1 型是犬传染性肝炎（或称为 Rubarth 病）和狐狸脑炎的病原，且能导致眼睛损伤，感染主要引起犬的肝炎、呼吸道病变及眼睛疾患等。除犬以外，还可感染狼、狐、熊等动物。2 型则能引起犬的传染性喉气管炎和幼犬肺炎。

1. 主要生物学特性

犬传染性肝炎病毒为血清 1 型（CAV–1），呼吸道病变腺病毒为血清 2 型（CAV–2），两型之间在血凝抑制实验与中和实验中不同，但具有共同的补体结合性抗原。CAV–1 可以凝集人的 O 型红细胞和豚鼠的红细胞，但 CAV–2 不能凝集豚鼠的红细胞，利用这一特性，可以将两型犬腺病毒鉴别开来。琼脂扩散实验，CAV–1 可测出感染犬组织内的沉淀抗原，通常出现两条沉淀线，其中之一是型特异的，而另一条沉淀线可与人的腺病毒所共有。

犬腺病毒易在犬肾和犬睾丸细胞内增殖，但也可以在猪、豚鼠、和水貂等的肺和肾细胞中不同程度的增殖。感染细胞出现肿胀变圆，聚集或葡萄串样，可产生蚀斑。感染细胞核内出现包涵体，常从嗜酸性变为嗜碱性。犬腺病毒感染的细胞不产生干扰素，病毒的增殖也不受干扰素的影响。电镜观察病变细胞，常可发现细胞核内具有晶格状排列的病毒粒子。另外，已经感染犬瘟热病毒的细胞，仍可感染和增殖犬腺病毒。

犬腺病毒是哺乳动物腺病毒属中致病性最强的一种病毒。病毒存在于急性感染病例的全身组织以及各种分泌物、排泄物中，在慢性感染病例中，病毒主要存在于肾脏，并可经尿长期排毒，易感动物主要是通过与病犬直接或间接接触，经消化道引起感染。本病发生无明显季节性。已知的很多血清型的腺病毒都具有持续性感染的现象，犬腺病毒也不例外。康复后 6 个月的家犬的尿液中仍然带有 CAV–1。CAV–2 不如 CAV– Ⅰ 的感染性强，但在康复犬的呼吸道内至少也可保持 28 d，有人从感后 6 周的康复犬的细支气管中分离到病毒。

CAV 对乙醚、氯仿有抵抗力。在 pH 3 ~ 6 条件可存活，最适 pH 6.0 ~ 8.5。病毒在 56℃ 30 min 后仍具有感染性，在 4℃可存活 270 d，室温下存活 70 ~ 91 d，37℃存活 26 ~ 29 d。CAV–2 在 4℃和室温下 20 d 后，

表 12-5 腺病毒属、群、亚群及种或血清型分类

属	群	亚群	种或血清型
哺乳动物腺病毒属	牛腺病毒	牛腺病毒 A、B、C	牛腺病毒(BAdV)1～8,10
	犬腺病毒		犬腺病毒(CAdV)1～2
	马腺病毒	马腺病毒 A、B	马腺病毒(EAdV)1～2
	人腺病毒	人腺病毒 A、B、C、D、E、F	人腺病毒(HAdV)1～51 猴腺病毒(SAdV)19,22～25
	鼠腺病毒	鼠腺病毒 A	鼠腺病毒 MAdV-1
	绵羊腺病毒	绵羊腺病毒 A、B	绵羊腺病毒(OAdV)1～5 牛腺病毒(BAdV)2 型
	猪腺病毒	猪腺病毒 A、B、C	猪腺病毒(PAdV)1～5
	树鼠腺病毒		树 腺病毒属(TSAdV-1)
	属中暂定种		山羊腺病毒(GAdV-2)2 型 豚鼠腺病毒(GPAdV-1)1 型 B 亚群鼠腺病毒 2 型 MAdV-2 C 亚群绵羊腺病毒 6 型(OAdV-6) 猴腺病毒 1～18,20 松鼠腺病毒 1 型(SqAdV-1)
禽腺病毒属	禽腺病毒	禽腺病毒 A、B、C、D、E	禽腺病毒(FAdV)1～7、8a、8b、9～11
	鹅腺病毒		鹅腺病毒(GoAdV)1～3
	属中暂定种		鸭腺病毒(DAdV)B 亚群 2 型 鸽腺病毒 1 型(PiAdV) 火鸡腺病毒(TAdV)B 亚群 1～2 型
富腺胸腺病毒属		牛腺病毒 D 亚群	牛腺病毒 4,5,8,rus 型
		鸭腺病毒 A 亚群	鸭腺病毒 1 型(减蛋综合征病毒)
		绵羊腺病毒 D 亚群	山羊腺病毒 1 型,绵羊腺病毒 7 型
	袋鼠腺病毒		袋鼠腺病毒 1 型(PoAdV-1)
	属内暂定种		鬃狮蜥腺病毒 1 型(BDAdV-1)
		牛腺病毒 E 亚群	牛腺病毒 6 型(BAdV-6)
		牛腺病毒 F 亚群	牛腺病毒 7 型(BAdV-7)
		鹿科动物腺病毒	空齿鹿腺病毒 1 型(OdAdV-1)
			变色蜥蜴腺病毒 1 型(ChAdV-1) 壁虎腺病毒 1 型(GeAdV-1) 蛇腺病毒 1 型(SnAdV-1)
鱼腺病毒属		鲟腺病毒 A	白鲟腺病毒 1 型(WSAdV-1)
唾液酸酶病毒属	蛙腺病毒		蛙腺病毒 1 型(FrAdV-1)
		火鸡腺病毒 A 亚群	火鸡腺病毒 3 型(TadV-3)
		猛禽腺病毒 A	猛禽腺病毒 1(RAdV 1)

没有可见的滴度下降，56℃ 20 min 则降低 4 个滴度（$TCID_{50}$）。病犬肝、血清和尿液中的病毒，20℃可存活 3 d。碘酚和氢氧化钠可用于消毒。

2. 微生物学诊断

(1) 病毒分离与鉴定：可采取发病初期的病犬血液、扁桃体棉拭子或死亡动物的肝、脾等材料处理后接种犬肾原代细胞或继代细胞。可用琼脂扩散实验、荧光抗体技术进行鉴定，应用中和实验和 PCR 技术可进一步鉴定病毒的型。

近年来，犬腺病毒分子生物学研究异常活跃，也为 CAV-Ⅰ和 CAV-Ⅱ的鉴别提供了分子生物学基础。在病毒的早期转录区选择适当的保守区域作为引物，利用型明显分别开来。

3. 免疫防治

自然感染发病犬，免疫期长达 5 年。紧急预防时，可应用高免血清。因犬腺病毒血清 1 型和 2 型抗原性高度交叉，人工免疫可应用 CAV-2 弱毒疫苗接种，使犬既可以对传染性肝炎进行免疫，又不发生角膜水肿。幼犬由于出生后母源抗体可持续到 9 ~ 12 周，免疫时注意母源抗体的干扰。犬传染性肝炎的免疫预防是兽医实践中最见效的，原因是接种的疫苗弱毒被犬排放到环境中，使其他犬间接获得免疫，从而在动物间形成了高水平的群体免疫。同时由于该病常与犬瘟热等病毒性疾病并发，所以实际工作中，常将其与犬瘟热、副流感、细小病毒性肠炎等弱毒株制成不同的弱毒联合疫苗。

三、禽腺病毒

禽腺病毒（*Fowl adenovirus*，FAdV）是腺病毒科和禽腺病毒属的成员。1949 年，Van den Ende 分离出第一株禽类腺病毒。该病毒感染主要引起家禽的肝炎 – 心包积液综合征和包涵体肝炎。

1. 病原性

目前已经定型的禽类腺病毒在血凝特性、致病性、抗原性、血清学特性等许多方面存在着很大的差异，根据限制性内切酶酶切图谱，可将 FAdV 分为 5 个种（A ~ E），通过交叉中和实验又可将 FAdV 划分为 12 个血清型（FAdV1 ~ 7、8a、8b、9 ~ 11）。在全球的不同地区流行的血清型有一定差异，例如血清 2 型、5 型、8 型和 11 型禽腺病毒在欧洲和北美流行；而亚洲则流行血清 4 型和 8 型禽腺病毒相对较多。禽腺病毒感染家禽可以引起肝炎 – 心包积液综合征、包涵体肝炎以及肌胃糜烂等疾病。

禽腺病毒可以感染鸡、鸭、鹅等多种家禽，既可水平传播也可垂直传播，在免疫抑制病以及饲养环境不佳的条件下，可使家禽大规模发病。

2. 病毒培养

接种鸡胚是分离禽腺病毒的常用方法，通常接种于鸡胚的卵黄囊和绒毛尿囊膜，病毒增殖后鸡胚死亡并伴有萎缩、出血等症状，同时在肝细胞中可见包涵体。此外，原代鸡胚肾细胞、肝细胞、鸡胚成纤维细胞以及鸡肝癌细胞等也常用于分离 FAdV-4。病毒在鸡胚肾细胞培养，使细胞变圆，在接种后 4 ~ 5 d 可以看到核内包涵体。

3. 免疫防治

禽腺病毒能诱导感染鸡产生高水平的中和性循环抗体，且免疫力可长久保持，因此，疫苗免疫可有效预防该病。但由于禽腺病毒血清型众多，不同血清型之间不能完全交叉保护，给该病的防控带来一定的难度。我国目前已有 FAdV-4 灭活疫苗应用，针对其他血清型的疫苗研究，如 8a、8b 型、11 型目前均在研究中。

四、减蛋综合征病毒

减蛋综合征病毒（Egg drop syndrome virus，EDSV）认定名为鸭腺病毒甲型（*Duck adenovirus A*），ICTV 第 8 次报告归为腺病毒科富腺胸病毒属，过去根据血清学关系 EDSV 曾归为禽腺病毒的 12 个血清型之一。EDSV 感染禽类引起以产薄壳或无壳蛋，产蛋率严重下降为主要特征的传染病。减蛋综合征（EDS）最早报道于 1976 年，感染鸡群可能因接种了用鸭胚成纤维细胞制备的马立克病病毒疫苗，该疫苗污染了 EDSV 导致接种鸡发病。之后 EDS 在许多国家及地区广泛流行。我国于 20 世纪 80 年代末在种鸡群中发现该病。除鸡以外，家鸭、野鸭及鹅也发病。

1. 生物学特性

减蛋综合征病毒粒子大小为 70~80 nm，呈 20 面体对称，具有典型的腺病毒形态。无囊膜，能抵抗乙醚、氯仿和胰蛋白酶。能凝集鸡、鸭、鹅的红细胞，不凝集哺乳动物的红细胞。鸭胚是分离和大量增殖 EDSV 制备疫苗的良好宿主；EDSV 能在鸡胚中增殖并传代，但不致死鸡胚，而且鸡胚液中病毒滴度比鸭胚液中的低。EDSV 耐酸和对热稳定；0.12% 甲醛经 48 h 或 50℃经 60 min 均可使病毒完全灭活；但能在粪便和垫料中长期生存。EDSV 通过感染种蛋垂直传播，也可经消化道水平传播。

2. 基因组特点

EDSV 基因组由线性双链 DNA 组成，全长约 33 kb。EDSV 通过中和实验确定仅有一个血清型，但用限制性酶切图谱分析发现不同地区分离的毒株间 DNA 序列不同，分为 3 种基因型。基因型 1 引致经典的 EDS，许多国家均有发生；基因型 2 仅发生于英国的鸭；基因型 3 由澳大利亚的鸡感染病例中发现。

3. 病原性

本病除鸡易感外，自然宿主为鸭、鹅和雉鸡，鸡的品种不同对 EDSV 易感性有差异，产褐色蛋母鸡最易感。本病主要侵害 26~32 周龄的鸡，35 周龄以上鸡较少发病，雏鸡感染后不呈现症状，血清中也查不出抗体，在性成熟开始产蛋后，血清才转为阳性。

成年鸡经口腔感染后 3~4 d，病毒可在全身淋巴组织中复制，如输卵管、消化道、呼吸道、肝、脾和胸腺，特别是脾和胸腺中病毒滴度较高。感染后 7~10 d 病毒可在卵壳腺大量增殖，并引起严重炎症，因此产生蛋壳畸形的异常蛋。与其他腺病毒不同，EDSV 不在肠黏膜复制，病毒在粪便中存在可能是由于输卵管渗出物的污染所致。

4. 微生物学诊断

取病鸡的输卵管、泄殖腔、肠内容物和粪便作病料，经无菌处理后，以尿囊腔接种 10~12 日龄鸭胚（无腺病毒抗体）或鸡胚成纤维细胞。分离的病毒可用血凝、血凝抑制实验或中和实验、EILISA 及 PCR 技术等进行鉴定。

5. 免疫防治

用灭活疫苗在产蛋前预防接种，可以降低发病率，但不能防止病毒传播。有些国家通过防止鸡与其他禽类尤其是水禽接触，定期消毒各种设备，饮水经氯处理，已建立无 EDSV 的种鸡群。该方法值得推广。

第四节　多瘤病毒科与乳头瘤病毒科

ICTV 于 2000 年将多瘤病毒和乳头瘤病毒从乳多空病毒科（*Papovaviridae*）划分出来，分别成立多瘤病毒科（*Polyomaviridae*）和乳头瘤病毒科（*Papillomaviridae*）。2020 年 ICTV 新的分类报告将两科病毒分别归类设立 SE 多瘤病毒目（*Sepolyvirales*）和楚尔豪森病毒目（*Zurhausenvirales*），前者是为纪念首次发现多瘤病毒的美国科学家 Stewat 和 Eddy，后者为纪念发现乳头瘤病毒与宫颈癌病毒有关的德国科学家 Harald zur Hausen。多瘤病毒科和乳头瘤病毒科也分别是两个病毒目中的唯一病毒科。有关两个病毒科的其他相关知识见**数字资源**。

○ 多瘤病毒科与乳头瘤病毒科

第五节　非洲猪瘟病毒科

在 ICTV 第 4 次分类报告中，非洲猪瘟病毒（*African swine fever virus*，ASFV）因形态相似性归于虹彩病毒科，但因其 DNA 结构和复制方式与痘病毒相似，1995 年 ICTV 第 6 次报告中据此将其单列为非洲猪瘟相关病毒科（*Asfarviridae*），且只有非洲猪瘟病毒属（*Asfivirus*）一个属，也是非洲猪瘟病毒目（*Asfuvirales*）的唯一科。代表种非洲猪瘟病毒也是目前非洲猪瘟病毒相关科的唯一成员。ASFV 是唯一已知的基因组为 DNA 的虫媒病毒，软蜱（*Ornithodoros*）为传播媒介。ASFV 感染可引起非洲猪瘟（African swine fever，ASF），可导致猪高度致死或亚临床症状，各毒株毒力差异较大。

1. 形态结构

ASFV 结构复杂，核衣壳呈 20 面体对称，有囊膜，平均直径可以达到 175 ~ 215 nm，由 1 892 ~ 2 172 个衣壳粒组成。成熟病毒粒子由内到外分别是病毒核蛋白体（核心）、核心壳、内囊膜、衣壳、外囊膜（图 12-4），核蛋白体由病毒基因组、核蛋白（p10、p34、p150 等）以及基因早期转录所需要的酶组成，被核心壳包围，共同组成病毒粒子的核心结构，被包裹在来源于细胞内质网的内部脂质双层内囊膜和外部的 20 面体衣壳（p72 和 p17 构成）中。作为双层脂质囊膜的外囊膜是病毒出芽的产物，来自宿主细胞的细胞膜，为病毒感染性所必需。

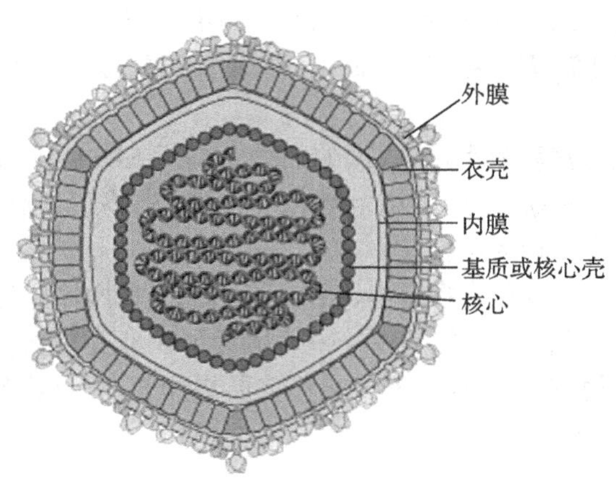

图 12-4 非洲猪瘟病毒粒子模式图

2. 基因组结构特点

病毒基因组为一条线性的双链 DNA 分子，长度在 170 ~ 190 kb 之间，含有末端交联和反向重复区，两端通过部分碱基配对形成发夹环。靠近发夹环部位有末端重复序列和可变区。分离自不同地区的 ASFV 的基因组长度差异主要在基因组 5′ 端 48 kb，3′ 端 22 kb 的中间区域。病毒基因组编码 151 ~ 167 个开放阅读框，纯化的细胞外病毒粒子通过蛋白质组学分析鉴定出 60 多个病毒蛋白质，还有许多蛋白功能未知。根据已知病毒蛋白功能的相关信息，将这些蛋白划分为 7 个功能类别，包括介导病毒侵入（4%），基因转录（19%），维持基因组完整性（6%），参与病毒形态发生与释放（24%），逃避宿主防御（3%）和其他已知功能的病毒蛋白（10%），还有约 34% 的病毒蛋白功能未知。由于 ASFV 能在哺乳动物和节肢动物（软蜱）细胞内复制，所以有些基因可能专门负责病毒在蜱体内的复制。

3. 理化学特性

ASFV 能耐低温，但对高温较敏感，60℃ 20 min、56℃ 70 min 均可被灭活。能耐受 pH 3.9 ~ 11.5，血清能增加病毒的抵抗力。对乙醚、氯仿敏感。0.8% 的 NaOH 30 min、含 2.3% 有效氯的次氯酸盐 30 min、0.12% 甲醛 30 min 均可灭活病毒。

ASFV 在血液、粪便、组织、鲜肉和腌制干肉制品中可存活很长时间。在被感染猪只的污染物中能存活约 1 个月，在冷鲜肉或血液中能存活约 4 个月，在冷藏的血液中能存活 18 个月之久，在冷冻猪肉或相关肉制品中能存活数年至数十年，在泔水等其他介质中也可长期存活。

4. 抗原性

ASFV 的基因型复杂多变，目前已鉴定出 24 种基因型。根据 ASFV 的血细胞吸附特性，可将其分为 8 个血清群。中国流行的 ASFV 毒株（ASFV HLJ/2018，ASFV-WT）属于基因Ⅱ型、血清群 8 的强毒株。ASFV 可凝集猪红细胞，这种吸附特性可被相应的抗血清阻断。红细胞吸附抑制实验发现 ASFV 具有一定的株特异性；补体结合实验呈群特异性；琼扩实验表明具有一定的株特异性。由强毒感染的猪，其淋巴结、脾脏以及肝、肾脏中的抗原浓度最高。但用弱毒株或无毒株接种的猪体内无法检测到病毒抗原。

5. 病毒培养

ASFV 通过受体介导的胞吞机制进入靶细胞，利用其囊膜与内吞泡膜的融合机制将病毒释放到细胞质。病毒进入细胞后，病毒核心被转移到细胞核周围，先利用包装在病毒粒子内的酶和蛋白进行早期 mRNA 的转录，以提供病毒复制所需的 DNA 聚合酶等。在感染后 6 h，病毒开始在细胞质中复制，其方式与痘病毒非常相似。一旦病毒复制开始启动，病毒基因的表达发生明显转变，即从早期基因表达转向晚期基因表达，开始产生结构蛋白和包装入病毒粒子的酶等。病毒的形态发生在细胞核周围的胞质区，涉及核蛋白核心与来源于内质网双层膜的包裹，形成二十面体的病毒衣壳。病毒周围被波形蛋白支架和线粒体包裹。包装好的病毒借助微管转移到胞质膜，经胞质膜出芽后获得单层囊膜。

ASFV 能在鸡胚卵黄囊内增殖，某些毒株（尤其是兔体适应株）可在 6 ~ 7 d 内致死鸡胚；大多数毒株可在体外培养的猪巨噬细胞、骨髓细胞和白细胞中增殖，也能在猪肾细胞及传代细胞培养物中增殖，适应后的毒株可在牛肾细胞、鸡肾细胞、BHK-21、MS 细胞和 Vero 细胞中增殖。病毒感染后 8 ~ 10 h 可出现红细胞吸附现象，吸附现象出现后 24 h，细胞出现 CPE，可在细胞质中检测到嗜酸性包涵体。但也有一些毒株不产生红细胞吸附现象或不引起 CPE。

将 ASFV 通过家兔、山羊体内连续传代，可驯化出弱毒株。

6. 病原性

WOAH 将非洲猪瘟列为规定通报的疫病。非洲猪瘟的发病猪以高热、皮肤发绀、内脏器官严重出血、呼吸障碍、神经症状及高死亡率为特征。所致的病理变化与猪瘟极为相似，但病变更严重。主要见于全身性出血。组织学变化更为明显，病毒主要侵害网状内皮系统，导致各实质脏器中的血管内皮出现严重损伤。淋巴细胞均有明显的核崩解现象，这一特征成为 ASF 的特征性病变之一。

ASFV 主要以猪的单核吞噬细胞为靶细胞，破坏宿主的免疫系统，并造成严重的免疫抑制。病毒具有逃避宿主防御系统的有效机制，能在自然宿主软蜱和野猪体内复制，而且弱毒株能引起猪的持续性感染。

具有红细胞吸附特性的 ASFV 病毒株感染猪后，90% 的病毒呈红细胞吸附状态，这种血吸附现象可能是病毒在猪体内扩散传播的重要机制之一。

7. 生态学

ASFV 可自然感染家猪、野猪和疣猪。发病潜伏期为 5 ~ 15 d。对小鼠、豚鼠、仓鼠、马、猫等动物不发生自然感染或人工感染。自然条件下，猪主要通过直接或间接接触带毒的病猪而感染，常通过消化道或呼吸道感染，通过皮下、肌肉、腹腔、静脉和鼻内接种含毒病料均可使猪人工发病。病猪的排泄物或尸体等都可成为传播媒介。猪群一旦感染，即可通过各种接触途径迅速传播。

在病猪的所有组织中均可检测到病毒，但在淋巴结、脾脏等单核巨噬细胞系统检出较早，以脾脏、淋巴结和血液中病毒含量最多。病毒感染 49 h 内可扩散至扁桃体，然后蔓延至下颌淋巴结，进而扩散至全身，使猪发生病毒血症。

1921 年肯尼亚首次发现非洲猪瘟，20 世纪 90 年代以前，ASFV 感染主要流行于撒哈拉以南的非洲国家及南欧，且以弱毒株为主，表现为温和的亚急性及慢性型。2007 年，由非洲经黑海传入亚美尼亚和俄罗斯，并在东欧多国流行。2018 年，非洲猪瘟传入中国，并很快蔓延到整个东南亚，蒙古、朝鲜和越南等国家也相继爆发非洲猪瘟，对养猪业造成重创。

8. 微生物学诊断

采集发热初期的肝素抗凝血或脾脏、扁桃体、肾脏、淋巴结等，病料经无菌处理后，接种猪单核细胞、巨噬细胞或骨髓细胞，观察细胞病变或进一步进行红细胞吸附及吸附抑制实验。WOAH 推荐的检测方法包括基于 p72 蛋白基因建立的 PCR 方法和免疫荧光法。注意该病的检测只能由少数官方认可的机构进行，以防散毒与误诊。

9. 免疫防治

迄今为止，尚无预防非洲猪瘟的有效疫苗。灭活疫苗无效，弱毒疫苗不安全且易导致慢性流行。但耐过猪常能抵抗同型毒株的攻击，可能是因为耐过猪体内具有抑制病毒的生长因子或与细胞免疫有关。目前防控非洲猪瘟的主要措施是检疫净化，同时完善生物安全体系，加强生物安全监管。

复习思考题

1. 试述痘病毒的形态结构特征和病毒培养特性。
2. 痘病毒的病原性和抗原性有何特点?
3. 试述绵羊痘病毒和山羊痘病毒的鉴别特点和致病特性。
4. 哪些预防措施可有效控制痘病毒感染?
5. 简述疱疹病毒科病毒的分类现状及甲型疱疹病毒亚科病毒的特点。
6. 简述 MDV 感染后,在体内与细胞的相互作用的形式。
7. 试述伪狂犬病毒的致病特点。
8. 试述鸭瘟病毒的培养特性及微生物学诊断要点。
9. 简述腺病毒的形态结构及基因组特点。
10. 简述犬传染性肝炎病毒的致病特点。
11. 试述减蛋综合征病毒的诊断要点。
12. 试述非洲猪瘟病毒致病性有何特点?
13. 简述非洲猪瘟病毒的形态结构特点。
14. WOAH 推荐的非洲猪瘟病毒诊断方法有哪些?

开放式讨论题

1. 痘苗病毒作为基因工程载体有哪些优势? 有哪些病原适合于选用痘苗病毒为载体研制重组疫苗?
2. 试根据牛传染性鼻气管炎病毒的基因结构和编码蛋白的功能,谈谈该病毒基因工程疫苗的前景。
3. 针对禽腺病毒的多血清型,谈谈如何设计广谱的疫苗有效防控相关疾病。
4. 谈谈你对非洲猪瘟疫苗研究进展的认识,探讨疫苗研究的关键问题是什么?

Summary

Poxviridae. It is huge, up to 450 nm long with symmetric capsid which is very complex. The poxviruses are subdivided into genera which differ in external structure observation by em. Poxviruses produce skin pocks. Poxviruses occur naturally in most veterinary species except for the dog. Poxviruses spread by contact in dirty unhygienic conditions which are now returning to environmental-enriched pig and poultry housing. Most are zoonotic and cause skin pox. Important disease, e.g. Pseudo-cowpox is a different pox virus which is less serious and more common in cows. It is also zoonotic and causes milker's nodules. Cow pox, which also causes cat pox; Smallpox is so-called variola, eradicated. Vaccinia is the smallpox vaccine and is a recombinant of cowpox and variola. Poxviruses with their large genomes have been used as a heat-stable vector for vaccines against other viral infections. French oral antirabies vaccine for foxes was a success. It replicated in the oral cavity of the fox. The recombinant virus has a plasmid encoding the vaccine gene in place of its thymidine kinase gene.

Herpesviridae. These large viruses cause many diseases which involve erosions/necrotic lesions of the resp tract, brain, blood vessels, placenta and urinogenital tract eg infectious bovine/feline rhinotracheitis, pseudorabies, equine abortion. Herpesviruses have double stranded DNA enclosed in an icosahedral capsid to a diameter of 100–150 nm. The envelope glycoproteins are the most important vaccinal antigens. Herpesviruses infect many other species e.g. channel catfish virus which kills the natural host with hemorrhages and psittacid herpes which kills parrots and budgie after yellow diarrhoea and coma, acylovir is given to valuable macaws, vaccine now.

Adenoviridae. *Adenoviridae* were first recovered from explants of human adenoid tissue (adeno = gk.gland). They occur in all species and replicate in endothelial cells, e.g. kidney, liver, respiratory mucosa. Adenoviruses are stable non-enveloped viruses which resist ether, bile, detergents, trypsin and acid. This explains the oral transmission between dogs. Adenoviruses are assembled in the nucleus where the virus particles burst the nucleus and cause cell enlargement. The more virulent ones of veterinary importance are canine adenoviruses 1 and 2 which cause hepatitis and laryngotracheitis respectively. They are now well controlled by vaccination. The majority of avian adenoviruses are non-pathogenic intestinal infections but they can overtgrow egg-grown vaccines. Pathogenic viruses include avian adenovirus 127 which replicates in the oviduct to cause an egg drop syndrome; it is now controlled by vaccination of layers.

Polyomaviridae. *Murine polyomavirus* was the first polyomavirus discovered in 1953. Subsequently, many polyomaviruses have been found to infect birds and mammals. *Polyomaviruses* have been extensively studied as tumor viruses in humans and animals, leading to fundamental insights into carcinogenesis, DNA replication and protein processing. The tumor suppressor molecule p53 was discovered, for example, as a cellular protein bound by the major oncoprotein (causer-causing protein) T antigen made by Simian vacuolating virus 40 (SV 40). The avian polyomavirus sometimes referred to as the Budgerigar fledgling disease virus is a frequent cause of death among caged birds.

Papillomaviridae. Papillomaviruses are highly host- or tissue-tropic, and are rarely transmitted between species. Papillomaviruses replicate exclusively in the basal layer of the body surface tissues. All known papillomavirus types infect a particular body surface, typically the skin or mucosal epithelium of the genitals, anus, mouth, or airways. Papillomaviruses growth in infected animals is slow, lesions may take weeks to appear; Inter-species transmission has also been documented for bovine papillomavirus (BPV) type 1. In its natural host (cattle), BPV-1 induces large fibrous skin warts. BPV-1 infection of horses, which are an incidental host for the virus, can lead to the development of benign tumors known as sarcoids. The agricultural significance of BPV-1 spurred a successful effort to develop a vaccine against the virus. Autogenous vaccine had variable success in the past, which is now understood in the light of the various strains of the viruses and the variable expression of viral proteins.

Asfarviridae. *African swine fever virus* (ASFV) is the only member of veterinary importance. It is being moved into its own family because it is larger and more complex than the other viruses. The reservoir hosts for ASFV are the African wart hog and bush pigs which remain unaffected and soft ticks. ASFV is also highly contagious between pigs with swill transfer. So far, no vaccines exist. A notifiable exotic disease of domestic pigs is indistinguishable clinical symptoms to swine fever. Both viruses can also be transferred by subclinically infected carrier pigs.

第十三章　单股 DNA 病毒

单股 DNA 病毒在动物病毒中仅有三个科，即细小病毒科（*Parvoviridae*）、圆环病毒科（*Circoviridae*）和细环病毒科（*Anelloviridae*）。病毒粒子呈球形，二十面体对称，均无囊膜，其中细小病毒核酸分子为线状，圆环病毒和细环病毒的核酸分子为环状。

第一节　细小病毒科

一、概述

ICTV 分类报告（2020）设立了细小病毒目（*Piccovirales*），仅有细小病毒科（*Parvoviridae*）一科，下设三个亚科：细小病毒亚科（*Parvovirinae*）、浓核病毒亚科（*Desovirinae*）与新设立的组合细小病毒亚科（*Hamaparvovirinae*）。与人和动物致病相关的病毒属细小病毒亚科，包括 10 个属：原细小病毒属（*Protoparvovirus*）、红细小病毒属（*Erythroparvovirus*）、依赖细小病毒属（*Dependoparvovirus*）、貂阿留申病细小病毒属（*Amdoparvovirus*）、牛犬细小病毒属（*Bocaparvovirus*）、禽细小病毒属（*Aveparvovirus*）、牛猪细小病毒属（*Copiparvovirus*）、第四者细小病毒属（*Tetraparvovirus*）、美洲果蝇细小病毒属（*Artiparvovirus*）和蜂猴细小病毒属（*Loriparvovirus*）。浓核病毒亚科宿主为无脊椎动物，组合细小病毒亚科包括 3 个原为浓核病毒亚科的属和 2 个原来的未定属，感染的宿主中脊椎和无脊椎动物均有。主要动物细小病毒及所致疾病见表 13–1。

表 13–1　主要动物细小病毒及所致疾病

属名	种名	病毒名称	疾病
原细小病毒属（*Protoparvovirus*）	食肉兽原细小病毒 1 型（*Carnivore protoparvovirus 1*）	猫泛白细胞减少症病毒（*Feline panleukopenia virus*）	全身性疾病、泛白细胞减少、肠炎、脑发育不全
		犬细小病毒（*Canine parvovirus*）	新生幼崽全身性疾病、肠炎、心肌炎、白细胞减少
		貂肠炎病毒（*Mink enteritis parvirus*）	肠炎、泛白细胞减少
	有蹄兽原细小病毒 1 型（*Ungulate protoparvovirus 1*）	猪细小病毒（*Porcine parvovirus*）	流产、不孕、死胎、木乃伊胎、不育
	啮齿兽原细小病毒 1 型（*Rodent protoparvovirus 1*）	小鼠微小病毒（*Minute virus of mice*）	胎儿畸形
		Kilham 大鼠病毒（*Kilham rat virus*）	胎儿畸形
		H–1 细小病毒（*H–1 parvovirus*）	大鼠胎儿畸形
依赖细小病毒属（*Dependoparvovirus*）	雁形目依赖细小病毒 1 型（*Anseri form dependoparvovirus 1*）	鹅细小病毒（*Goose parvovirus*）	肝炎、心肌炎
		番鸭细小病毒（*Muscovy duck parvovirus*）	番鸭肝炎、心肌炎

续表

属名	种名	病毒名称	疾病
貂阿留申病细小病毒属（*Amdoparvovirus*）	食肉兽貂阿留申病细小病毒 1 型（*Carnivore amdoprotoparvovirus 1*）	貂阿留申病细小病毒（*Aleutian mink disease parvovirus*）	脑病、慢性免疫复合物病
牛犬细小病毒属（*Bocaparvovirus*）	有蹄兽牛犬细小病毒 1 型（*Ungulate bocaprotoparvovirus 1*）	牛细小病毒 1 型（*Bovine parvovirus 1*）	犊牛肠炎
	食肉兽牛犬细小病毒 1 型（*Carnivore bocaprotoparvovirus 1*）	犬微小病毒（*Minute virus of canine*）	无明显致病性

二、犬细小病毒

犬细小病毒（*Canine parvovirus*，CPV）最早在 1978 年同时在澳大利亚和加拿大获得分离，后在其他国家也相继发现，我国 1982 年首次报道。犬细小病毒病临床上以引起出血性肠炎和急性心肌炎为主要特征，多发生于幼犬，可感染包括犬、狼和郊狼的所有犬科动物，病死率 10%～50%。为了与 1967 年发现的犬微小病毒（*Minute virus of canine*，MVC）相区别，犬细小病毒被称为 CPV-2。犬微小病毒被称为 CPV-1，现列入牛犬细小病毒属，无明显致病性。

1. 形态特征

病毒粒子细小，直径约 26 nm，呈二十面体对称，无囊膜。在电镜下观察，病毒颗粒的外观呈圆形或六边形，电镜下的 CPV 呈空心与实心两种状态（见图 13-1）。

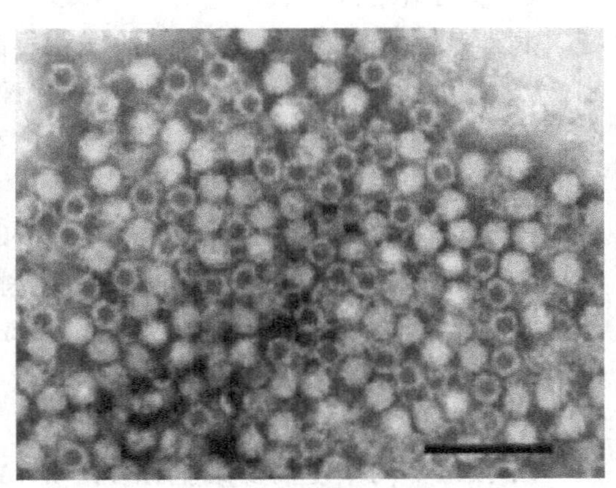

图 13-1　电镜下犬细小病毒（标尺 100 nm）

2. 基因组结构特点

CPV 为单链 DNA 病毒，约含有 5 124 个核苷酸，不同分离株因基因组 5′ 端非编码区约 60 个核苷酸重复片段的插入或缺失长度略有不同。基因组含有两个开放阅读框架(ORF)，ORF1 编码非结构蛋白 NS1 和 NS2；ORF2 编码结构蛋白 VP1 和 VP2，病毒核衣壳由 60 个结构亚单位装配而成，其中 VP2 占 90%，而 VP1 只占 10%。病毒基因的中间部分含有 500 个核苷酸的间隔区，基因组的两侧，存在与复制密切相关的发夹结构，并且高度磷酸化。这种结构与保护病毒基因组不被降解有关。CPV 基因组 DNA 在宿主细胞核内进行复制，且需要细胞处于有丝分裂的 S 期，因为其复制完全依赖于宿主细胞的 DNA 合成酶及其复制体系。

3. 理化学特性

CPV 对外界环境具有较强的抵抗力。在室温下能存活 3 个月，在 60℃能存活 1 h。病毒对甲醛、β- 丙内酯、氨水和紫外线敏感，对氯仿、乙醚等有机溶剂不敏感。

4. 病毒培养

CPV 能在多种不同类型的细胞内增殖，如猫胎肾原代细胞，犬胎肾、脾、胸腺和肠管原代细胞，水貂肺细胞系，浣熊唾液腺细胞及牛胎脾细胞等。通常用 MDCK 和 F81 等传代细胞分离培养 CPV。在 F81 细胞上形成明显的 CPE，细胞呈现脱落，崩解和碎片；在 MDCK 细胞上 CPE 不明显，有时出现细胞圆缩，并常形成核内包涵体。

5. 病原性

犬细小病毒病的潜伏期为 7～14 d，多发生在动物新换环境后。肠道是病毒增殖的主要器官，病犬多数呈现肠炎综合征，发病后期由脱水、电解液紊乱、大量的病毒感染造成死亡；少数呈心肌炎综合征，多见于 4～6 周龄幼犬，常无先兆性症状，或仅表现轻微腹泻，患病后常在数小时内死亡。

6. 微生物学诊断

CPV 具有血凝特性，在 4℃或 25℃的条件下能够凝集猪或恒河猴的红细胞，可以使用微量血凝和血凝抑制实验进行诊断。此法在兽医临床和疫病普查中应用较多。患急性肠炎的犬粪便中含毒量高，每克粪便可能含有 10^9 个病毒颗粒，ELISA 和 PCR 方法也可用于病毒的检查，电镜下也容易观察到病毒粒子。检测 IgM 抗体可作为早期感染的诊断依据。

7. 免疫防治

CPV 由于病毒自身的高度稳定性，可经粪 – 口途径有效地传播，因此极易造成该病的流行。目前国内主要采用灭活苗和弱毒疫苗对犬进行免疫。需要注意母源抗体的干扰，一般建议在幼犬 6 ~ 8 周龄时接种疫苗，之后每隔 2 ~ 3 周再加强免疫，直至 18 ~ 20 周龄。

二、猪细小病毒

猪细小病毒（*Porcine parvovirus*，PPV）所致的繁殖障碍是世界养猪业面临的问题，一旦病毒侵入易感猪群，发病率极高。血清学鉴定证实，所有 PPV 分离毒株均属同一血清型。

1. 形态特征

成熟 PPV 粒子呈六角形或圆形，无囊膜，二十面体对称，衣壳由 32 个壳粒组成。电镜下病毒粒子可见含有核酸的完整病毒和中空衣壳两种形式。

2. 基因组结构特点

病毒基因组长 5 000 nt，为单股线状负链 DNA。有两个主要的开放阅读框架，3′ 端编码结构蛋白（VP1、VP2），5′ 端编码非结构蛋白，即调节蛋白（NS1、NS2、NS3）。整个编码区基因相互重叠，结构蛋白和非结构蛋白有各自独立的启动子区域。结构蛋白和非结构蛋白的 mRNA 共同终止于 Poly（A）信号处。

3. 理化学特性

PPV 对热具有强大的抵抗力。56℃ 30 min 加热处理后，病毒感染性和凝集红细胞的能力均不丧失。56℃经 48 h 或 80℃处理 5 min，病毒丧失感染力和血凝性。PPV 对乙醚、氯仿等脂溶剂有抵抗力。PPV 在圈舍及排泄物中可生存至少 14 周，但 0.5% 漂白粉或氢氧化钠 5 min 可杀死病毒，2% 戊二醛和 3% 甲醛分别需要 20 min 和 2 h 可灭活病毒。

4. 病毒培养

由于 PPV 的增殖需要细胞源性的 DNA 多聚酶，因此病毒培养需要细胞处于生长周期的 S 期和 G_2 期，可获得高产量的病毒并出现明显的细胞病变。可用猪源的细胞（如原代肾细胞、睾丸细胞、传代细胞系 PK–15 和 IBRS–2 等）和人的某些传代细胞（如 Hela、KB、Hep–2、Lul32 等）培养，其中猪源的细胞较为常用。

5. 病原性

病毒可通过胎盘引起胎儿感染，临床上主要发生在春、夏期间配种的初产母猪及血清阴性的经产母猪，导致流产、不孕、产死胎和木乃伊胎及弱仔等，还可引起仔猪非化脓性心肌炎、皮炎以及消瘦综合征。流产可发生于全部妊娠期，但以妊娠中期前感染最为易发。成年猪人工感染不呈现临床症状，幼龄仔猪人工感染后可能发生采食减少、呕吐、腹泻下痢等症状。自然情况下，也常可以从健康猪中分离到病毒。

6. 微生物学诊断

PPV 能凝集豚鼠、大鼠、小鼠、恒河猴、猫、鸡、和人 O 型血的红细胞，对豚鼠红细胞的凝集性最好，但不凝集仓鼠、牛和猪的红细胞。血凝和血凝抑制实验是检测 PPV 常用的诊断方法。流产和死产胎儿的脑、肾、肝、肺、睾丸、胎盘及肠系膜淋巴结可作为分离病毒和检测的材料，其中以肠系膜淋巴结和肝脏的分离率最高。也可利用标准化的荧光抗体检测胎儿组织冰冻切片，或 ELISA 和 PCR 方法均常用于实验室诊断。

7. 免疫防治

在未发生猪细小病毒病的猪场和地区，应建立高标准的卫生防疫和综合防治措施，定期进行血清学监测及时发现可疑病例，淘汰抗体阳性猪，对所有可能污染的器具彻底消毒。坚持自繁自养，确需引种时，一定按规定引种，杜绝引进病猪和带毒猪。采用经检验不带毒的精液，进行人工配种。在地方流行发病的猪场，应对初产母猪建立主动免疫后再配种。

PPV 血清型单一,免疫原性高,疫苗接种是控制 PPV 感染的有效方法。我国普遍使用 PPV 灭活疫苗,初产母猪和后备公猪在配种前一个月免疫注射。

三、鹅细小病毒

鹅细小病毒(*Goose parvovirus*,GPV)又名小鹅瘟病毒,对 5~30 日龄雏鹅有致病性。早在 1956 年我国学者方定一首先发现了鹅细小病毒病,取名为小鹅瘟,研制了疫苗及有效的免疫措施。用灭活病毒接种产蛋鹅,可使雏鹅得到保护。由于方定一发现的小鹅瘟当时未准予公开发表,1966 年匈牙利学者 Derzsy 公开报道此病,因此也称该病为 Derzsy 病(Derzsy's disease)。

1. 形态特征

病毒外观呈圆形或六角形,无囊膜,呈二十面体对称,有 32 个壳粒,直径为 24~25 nm。电镜下有完整的病毒粒子和不含核酸的空衣壳两种形式。

2. 基因组结构特点

GPV 基因组为单链、线性 DNA,大小约为 5 000 nt,含有正链 DNA 和含有负链 DNA 的病毒粒子数目基本相等,一般约各占 50%。GPV 基因组中含有 2 个主要开放阅读框架,两者之间间隔 18 nt,分别编码非结构蛋白和结构蛋白。

3. 理化特性

GPV 对外界理化因素具有极强的抵抗力,能抵抗多种化学试剂,如乙醚、氯仿、脱氧胆酸钠盐、0.5%苯酚、1∶1 000 福尔马林等的处理。病毒对热较稳定,在 65℃处理 30 min 滴度不会受到影响。在 pH3 的溶液中 37℃处理可以存活数小时。

4. 病毒培养

GPV 细胞感染范围较窄,初代分离时只能用鹅胚、番鸭胚或相应的原代细胞。鹅胚适应株经过鹅胚和鸭胚交替传代后可适应鸭胚,并引起部分鸭胚死亡。

5. 病原性

GPV 是细小病毒中致病性最强的病毒之一,鹅和番鸭是主要的易感宿主,感染率、发病率和致死率均很高。病毒感染产生局灶性或弥散性肝炎,广泛的急性坏死,横纹肌、平滑肌和心肌变性;包涵体主要存在于肝脏、脾脏、心肌、胸腺、甲状腺和肠道。患鹅的临床表现以消化道和中枢神经系统紊乱为特征。

6. 微生物学诊断

GPV 只有一个血清型,与本属其他病毒不发生交叉免疫反应。与本属其他病毒区别的一个显著特征是 GPV 至今尚未发现有凝集红细胞的特性。一般 ELISA 和 PCR 方法均可用于实验室诊断。

7. 免疫防治

预防该病最经济、有效的方法是在产蛋前给鹅接种弱毒疫苗或灭活疫苗,母源抗体在小鹅体内可持续 4 周,使雏鹅获得被动免疫。强毒株在鹅胚内连续传代可获得弱毒毒种。

四、猫泛白细胞减少症病毒

猫泛白细胞减少症病毒(*Feline panleukopenia virus*,FPV),旧名猫瘟热病毒,是感染猫科动物最重要的病毒,分布遍及全世界。FPV 在自然条件下感染猫科和鼬科多种动物,如虎、豹、狮子和浣熊,但以体型较小的猫科动物和水貂最为易感。FPV 是目前原细小病毒属感染宿主范围最宽、致病性最强的一种病毒。

1. 形态特征

FPV 具有细小病毒科病毒的典型特征,呈 20 面立体对称结构,直径 20~24 nm。

2. 基因组结构特点

FPV 为单股 DNA 分子,长约 5 200 nt。在病毒基因组中含有 2 个启动子,它能利用宿主细胞的 RNA 聚合酶 II 分别启动结构蛋白(VP1 和 VP2)和非结构蛋白(NS1 和 NS2)编码基因的转录。VP1 和 VP2 及 NS1 和 NS2 是通过同一条 mRNA 分别剪接后翻译形成的。FPV 基因组具有互补性,即有些病毒粒子中含有正链的 DNA 分子,有些病毒粒子中则含有负链的 DNA 分子,而只有负链的 DNA 才能被包装进入病毒粒子中。

3. 理化特性

FPV对外界因素有强大的抵抗力，60℃加热30 min不能使病毒完全灭活。病毒在50%的甘油生理盐水中能在普通冰箱内保存35～138 d；在25℃保存5 d的含毒脏器，病毒滴度不降低。对乙醚、氯仿和丙酮等脂溶性溶剂和酸、碱、酚(0.5%)及胰蛋白酶有抵抗力，但0.5%福尔马林和0.175%次氯酸钠能有效地杀灭病毒。

4. 病毒培养

FPV同其他细小病毒一样，必须在处于有丝分裂期的细胞内增殖。能在幼猫肾、肺、睾丸、脾、心、肾上腺、肠、骨骼和淋巴结等组织细胞中增殖，也可在F81、CRFK、FK、NLFK和FLF等猫源的传代细胞及水貂和雪貂等动物的细胞上生长增殖，但不能在鸡胚中增殖。

5. 病原性

家猫对FPV易感，断乳不久的幼猫最敏感。病毒一般经过消化道侵入体内，随后在口咽部淋巴结复制，而后通过血流扩散全身，具有相应受体的处于细胞周期S期的细胞都会被病毒侵入，同时细胞分裂过程也被抑制。感染猫的一个显著血液生理学指标是白细胞降低，涉及种类较多，包括外周血中的淋巴细胞、中性粒细胞、单核细胞和血小板。在自然条件下，感染动物特别是发病动物的粪便、尿等排泄物和鼻、眼、唾液等分泌物以及呕吐物均带毒，可污染饲料、饮水、器具和周围环境，通过直接接触或消化道、呼吸道等途径传染。由于病毒极其稳定，排毒量大时，每克粪便大于10^9ID50，因此环境易受到严重污染。当动物血清中存在FPV抗体时，其粪尿仍可向外界排毒达6周之久。此外，蚊、蝇、蚤、虱、螨等节肢动物也可成为重要的机械传播媒介。

6. 微生物学诊断

利用血凝和血凝抑制实验可以检测FPV，但要注意FPV是原细小病毒属中血凝性较弱的病毒之一，仅在4℃下对猪和恒河猴的红细胞有凝集作用，同时稀释液的pH不能高于6.5。利用荧光素标记的特异性单抗，可对疑似感染的病料涂片进行检测。此外，ELISA和PCR等也是常用的检测方法。

7. 免疫防治

疫苗接种是控制猫泛白细胞减少症流行的有效手段。目前用于FPV免疫预防的疫苗有灭活疫苗和弱毒疫苗，一般应为4周龄以上的幼猫使用，有助小猫抵抗FPV，虽然母体抗体对疫苗产生对抗性干扰，但多数猫可于12～14周龄免疫后，获得较好免疫效果。自然感染后痊愈的猫可产生终生免疫。

○ 其他细小病毒

其他细小病毒相关知识**见数字资源**。

第二节　圆环病毒科

ICTV于2020年分类报告设立圆环类病毒目(*Cirlivirales*)，仅有于1995年确立圆环病毒科(*Circoviridae*)一个科，成员包括猪、禽及植物的圆环病毒，是已知最小的动植物病毒。圆环病毒科下设两个属，分别为圆环病毒属(*Circovirus*)和环圈病毒属(*Cyclovirus*)，前者包括猪圆环病毒、喙羽病病毒以及鸭、鹅、鸽和金丝雀圆环病毒等，且具有双向转录方式；后者包括马、牛、羊和猫环圈病毒等，且目前均未能成功获得体外培养。

病毒粒子无囊膜，呈二十面体对称，直径12～26 nm，无囊膜，基因组为单链DNA，大小为1.7～2.1 kb。与细小病毒相似，病毒复制在细胞核内，需要处于有丝分裂S期的细胞。

一、猪圆环病毒

猪圆环病毒(*Porcine cirocovirus*，PCV)已鉴定了3种独立的型，即PCV-1型、PCV-2型和PCV-3型。PCV-1型是1974年德国科学家在猪肾细胞系PK-15中发现的第一个与动物有关的圆环病毒，对猪无致病性，但能产生血清抗体，在猪群中普遍存在。1997年在法国首次分离到PCV-2，与PCV-1型抗原性有差异，存在于僵猪综合征的仔猪，所致疾病称为断奶猪多系统衰竭综合征（post-weaning multisystemic wasting syndrome，PWMS）。PCV-2 感染还致繁殖障碍、皮炎与肾病综合征、呼吸道疾病等。目前我国及世界上很多其他国家均有发现。2015 年，美国学者通过宏基因组等技术在皮炎与肾病综合征和繁殖障碍猪中鉴定出 PCV-3，之后追溯性检测发现早在 2006 年，许多国家猪场的 PCV-3 阳性感染率已经很高。

1. 形态特征

PCV 病毒粒子呈二十面体对称，无囊膜，直径约为 17 nm，是迄今发现的一种最小的致病性动物病毒。病毒的衣壳蛋白为一条多肽链，其分子量约为 2.8×10^4。

2. 基因组结构特点

PCV 基因组为单股环状负链 DNA，PCV-1 全长为 1 759 nt，PCV-2 全长为 1 767 nt 或 1 768 nt，PCV-3 全长为 2 000 nt。同基因型的 PCV 内部基因组变异很小，同源性在 95% 以上，不同基因型病毒的基因组同源性小于 80%。PCV-1 和 PCV-2 的基因组均含有 11 个开放阅读框，即 ORF 1 ~ ORF 11，其中 ORF1 编码蛋白与病毒的复制有关，ORF2 编码病毒的唯一结构蛋白 Cap，该蛋白在 PCV-1 和 PCV-2 无交叉反应，常作为鉴别诊断的依据。PCV-3 主要包括 3 个 ORF，ORF1 编码复制酶，ORF2 编码病毒 Cap 蛋白，ORF3 编码一个功能未知的蛋白质。

3. 理化特性

PCV 对环境的抵抗力较强，56℃能存活较长时间，70℃可存活 5 min，对氯仿、碘酒、乙醇、pH 3 的酸性环境有一定抵抗力，对苯酚、季胺类化合物、氢氧化钠和氧化剂等较敏感。

4. 病毒培养

PCV 在原代猪肾细胞、恒河猴肾细胞、BHK-21 细胞上不能生长，在 PK-15 细胞内可以生长，形成许多包涵体，少数感染细胞含有核内包涵体，但都不引起明显的细胞病变。病毒也可在猪源骨髓、外周血液、肺洗出物和淋巴结的单核细胞 / 巨噬细胞中复制。牛外周血液来源的单核细胞也对 PCV 感染敏感。

5. 病原性

宿主主要是猪，PCV-2 可经口腔、呼吸道等途径感染不同年龄的猪。野猪体内 PCV-2 的感染也十分普遍。马、牛、兔等其他动物不感染，小鼠可作为 PCV-2 感染的动物模型，产生与感染猪类似的病理特征。怀孕母猪感染后，可经胎盘垂直传播给仔猪，流产胎儿散毒也是该病毒一个重要的传播途径。PCV-2 感染所致 PMWS 自然病例的外周血中单核细胞和未成熟粒细胞增加，而 $CD4^+$T 细胞和 B 细胞数量减少，使感染猪的免疫功能受到抑制。

6. 微生物学诊断

病毒分离需没有 PCV 污染的细胞或细胞系进行，因病毒在猪源细胞可以繁殖，但不产生病变，所以培养病毒的细胞要进行病毒鉴定。病料可采取肺、淋巴结、肾、血液等。常用的鉴定方法主要有免疫荧光、免疫组织化学方法、PCR 技术等。在流产胎儿中，常可在心肌细胞中检测到抗原。也可以用 ELISA 方法进行抗体检测，但抗体常存在于感染和未感染的血清中，很难进行鉴别。

7. 免疫防治

由于 PCV-2 单独感染致病作用有时并不明显，世界各国目前控制本病的经验证明，对共同感染原作适当的主动免疫和被动免疫，如做好猪场猪瘟、猪伪狂犬病、猪细小病毒病、猪繁殖与呼吸综合征和猪气喘病等疫苗的免疫接种，对于防治本病有明显的效果。同时，选择性的预防性投药和治疗，对控制细菌性的混合感染或继发感染，同样有效。我国目前已有 PCV-2 的灭活疫苗和亚单位疫苗进行应用，但还不能完全依赖特异性防治措施，只有同时结合良好的饲养管理，才能更好地控制疾病的发生。

二、喙羽病病毒

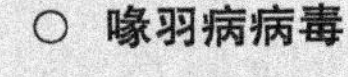

相关知识见**数字资源**。

第三节　细环病毒科

细环病毒科（*Anelloviridae*）为 ICTV 在 2007 年第 9 次分类报告设立。最早发现人的输血后非甲 - 庚型肝炎病毒，在 1997 年发现之初曾取名为输血传播病毒，第 8 次分类报告将其更名细环病毒（*Torque teno virus*，TTV）；细环病毒科英文名称中的“Anello”源自拉丁文的“anello”，意为“指环”，指的是病毒基因组具有环状特征。在发现人类和非人灵长类 TTV 后，在猪、犬、猫、海狮等多种动物体内，均发现有细环病毒感染，宿主范围较广。此外，2016 年第 10 次分类报告将圆圈病毒属（*Gyrovirus*）从圆环病毒科划出，列入细环病毒科，该属的代表种为鸡贫血病毒（*Chicken anemia virus*，CAV）。目前，已经确认的细环病毒共分为 14 个属，76 个种。

鸡贫血病毒

鸡贫血病毒（*Chicken anemia virus*，CAV）最早于 1979 年在日本发现，曾称为鸡贫血因子（chicken anemia agent，CAA），引起再生障碍性贫血和全身性淋巴组织萎缩、皮下和肌肉出血及高死亡率为特征的一种免疫抑制性疾病，称为鸡传染性贫血症（chicken infectious anemia，CIA）。现今世界各地均有本病发生的报道。该病除鸡以外不感染其他禽，只有一个血清型。

1. 形态特征

CAV 无囊膜，平均直径 23～25 nm，电镜下呈球形或六面体形（见图 13-2）。病毒核衣壳由 32 个结构亚单位组成，分子量约为 5×10^4。

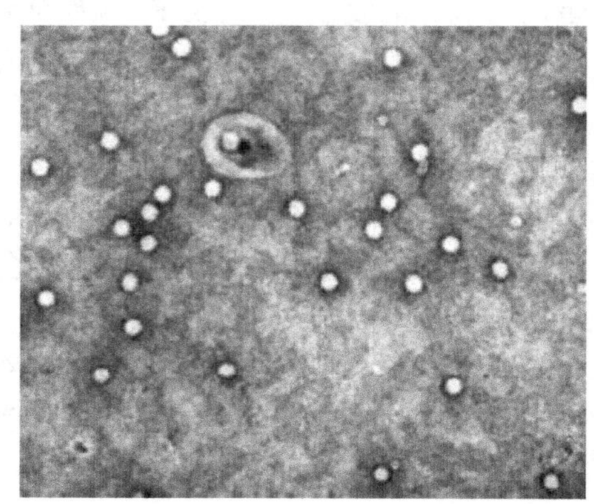

图 13-2　CAV 病毒粒子

2. 基因组结构特点

CAV 基因组为单股环状负链 DNA，长 2 319 nt 或 2 289 nt，这取决于基因组中存在 4 个或 5 个含有 21 nt 的重复序列。自然界中存在的 CAV 毒株的基因组有 4 个重复序列，在中间有一个 12 nt 的插入片段。CAV 的 DNA 在感染细胞内以 3 种形式存在，即开环的双链 DNA（2 300 nt）、线性及闭合的环状 DNA（800～2 300 nt）和闭合环状单链 DNA（1 200 nt）。

3. 理化特性

CAV 对理化因素的抵抗性较强。能抵抗 pH 3 作用 3 h、50% 乙醚 18 h 和氯仿作用 15 min，70℃ 1 h 或 80℃处理 15 min 仍然稳定。对污染 CAV 的禽产品中的病毒只有在 95℃ 30 min 或 100℃处理 15 min 时才能使病毒彻底灭活。

4. 病毒培养

CAV 只能在培养鸡马立克病病毒及某些白血病病毒的肿瘤淋巴细胞系中生长，最常用的是 MDCC-MSB1 细胞系。将高滴度的 CAV 接种于 MSB1 细胞，出现细胞病变，感染细胞死亡；以低滴度的 CAV 接种，需传 6～8 代才能出现细胞病变，病毒在 MSB1 细胞中增殖缓慢，且滴度较低。CAV 感染细胞的病变特征为细胞肿大，破碎及坏死。CAV 还可通过鸡胚传代，给孵化 5 d 后的鸡胚进行卵黄囊接种，14 d 后收集全胚，可获得高滴度病毒。

5. 病原性

本病毒仅感染鸡，所有年龄的鸡对 CAV 均易感染，1～7 日龄的雏鸡易感性最高。CAV 呈水平和经卵垂直感染，亦可经精子传播。口腔、消化道和呼吸道途径最可能引起病毒感染。雏鸡表现为急性免疫抑制性疾病，由于红细胞生成减少造成贫血，血液稀薄如水，血细胞压积降低，血细胞数减少。死亡率在 10%～50%，由于本病经常合并或继发病毒、细菌和真菌型感染，使得病情加重，死亡率增加。

6. 诊断

根据流行特点，该病主要发生于 2～3 周龄以内的雏鸡，临床症状以严重贫血和红细胞数显著降低，再结合骨髓呈黄至白色和胸腺萎缩等剖检变化，可作出初步诊断，但确诊需进行病毒的分离、鉴定和血清学检测等。如直接免疫荧光抗体技术或病毒中和实验。也可用 PCR 技术检测组织或血液中的病毒。

7. 免疫防治

由于该病毒对理化因子有极强的抵抗力，因此，即使是在 SPF 鸡舍，净化该病也是较为困难的。对种鸡群进行抗体监测，避免垂直传播是主要控制方法。以 CAV 活毒疫苗，免疫开产前的种鸡，产生保护性中和抗体，经卵黄囊传给雏鸡，从而可使子代雏鸡达到被动免疫的效果。目前国际上有两种商品化活疫苗可供免疫，分别是通过鸡胚增殖和 MDCC-MSBI 细胞中增殖的弱毒 CAV 活疫苗。

复习思考题

1. 试述犬细小病毒的形态结构特征和病毒培养特性。
2. 试述鹅细小病毒的微生物学诊断要点及与细小病毒属的其他病毒区别的显著特征是什么？
3. 试述猪圆环病毒的培养特性及致病性特征。
4. 试述鸡贫血病毒的病原特性及诊断要点。

开放式讨论题

1. 犬细小病毒和猪细小病毒培养需要细胞处于生长周期的 S 期或 G_2 期，体外培养病毒时，有哪些注意事项？何为细胞培养的同步接毒及异步接毒？
2. 猪圆环病毒感染 PK-15 细胞后没有明显的细胞病变产生，如何鉴定病毒在细胞内的增殖？

Summary

Parvoviridae. *Parvoviridae* has a genome consisting of (–) sense, single-stranded DNA enclosed in an icosahedral capsid. It is able to infect rapidly dividing cells (in the S phase of mitosis) in vivo and in vitro targeting bone marrow, intestinal epithelium and the foetus via a viraemia phase, which often result in fatal disease known as feline infectious enteritis and feline panleucopenia. CPV-1 has always been present in the canine population (all sera tested have been positive for CPV-1 antibodies) and is avirulent. CPV-2 emerged as a new virus in the late 1970's. It is closer to the feline virus than CPV-1. Porcine parvovirus usually contracted from faeces or fomites, cause of the SMEDI syndrome (stillbirths, mummification and embryonic deaths). About half of pig herds in the UK have evidence of infection (i.e. are antibody positive). Outbreaks usually resolve because of developing herd immunity but congenitally infected excreta may form a reservoir of infection.

Circoviridae. These are small, relatively poorly-studied viruses with circular, single-stranded negative-sense DNA genomes of approximately one to four kilobases. *Chicken Anemia Virus* (CAV) causes severe anemia, hemorrhaging, and depletion of lymphoid tissue through the destruction of bone marrow erythroblastoid cells. The disease affects mainly young chicks that are not protected by maternal antibodies. This immunity can be overcome however by co-infection with immunosuppressive diseases such as bursal disease virus, Marek's disease, and others. Porcine Circoviruses (PCV) genomes encode only two major open reading frames. Due to their highly limited coding capacity, circoviruses are supposed to rely principally on the host's machinery for synthesis of macromolecules. Two types of PCV are known, which differ with respect to their pathogenicity. PCV1 is not linked with a disease, while PCV2 is the etiological agent of Postweaning Multisystemic Wasting Syndrome (PMWS). PCV1 and PCV2 show a high degree of sequence homology and a similar genomic organization; nevertheless, the basis of the distinct pathogenicity has not yet been unravelled.

第十四章　双股 RNA 病毒

与动物病毒相关的双股 RNA 病毒主要有 4 个科，其中呼肠孤病毒科、双 RNA 病毒科和微双 RNA 病毒科的许多成员均可感染包括水生动物在内的多种动物，是重要的动物致病病毒；而单分病毒科的成员感染原虫和真菌，但是其暂定成员传染性肌坏死病毒，是感染对虾的致病病毒。

第一节　呼肠孤病毒科

呼肠孤病毒（*Reoviridae*）是分节段的双链 RNA 病毒。20 世纪 60 年代初，曾从人和动物的呼吸道或肠道中分离出这类病毒，当时对它的致病作用不清楚，如同孤儿。呼肠孤病毒的译名来源于“Reoviridae”中的“Reo”，分别代表为呼吸道(R)、肠道(E)、孤儿(O)，简称呼肠孤病毒。现在这一命名已失去其本来含义，因为后来发现有些病毒虽与它有共同的基本特点，但与呼吸道或肠道无关。

一、概述

本科病毒宿主范围广泛，可感染包括哺乳动物、禽类、爬行类、两栖类、鱼类、无脊椎动物以及植物等。2020 年 ICTV 新设呼肠孤病毒目（*Reovirales*），仅有呼肠孤病毒科一科，分为光滑呼肠孤病毒亚科（*Sedoreovirinae*）和刺突呼肠孤病毒亚科（*Spinareovirinae*），前者有 6 个属，后者有 9 个属，其中对动物致病的相关病毒见表 14–1。

表 14–1　呼肠孤病毒科中对动物致病的病毒（陆承平，2012）

亚科 / 属	病毒名称	主要感染的动物	所致疾病
光滑呼肠孤病毒亚科（*Sedoreovirinae*）			
环状病毒属（*Orbivirus*）	蓝舌病毒 1 ~ 26 型（*Bluetongue virus* 1–26）	绵羊、山羊、鹿	蓝舌病
	非洲马瘟病毒 1 ~ 9 型（*African horse sickness virus* 1–9）	马、驴、骡、斑马	非洲马瘟
	马脑炎病毒 1 ~ 7 型（*Equine encephalitis virus* 1–7）	马	流产、脑炎
	流行性出血症病毒 1 ~ 10 型（*Epidemic hemorrhagic disease virus* 1–10）	鹿、牛	流行性出血热、急性出血性疾病
	巴尼亚姆病毒 1 ~ 13 型（*Palyam virus* 1–13）	牛	流产、先天性异常
	秘鲁马病病毒（*Peruvian horse sickness virus*）	马	神经症状
轮状病毒属（*Rotavirus*）	轮状病毒 A ~ D，F ~ J（*Rotavirus* A–D，F–J）	几乎所有动物 通常有宿主特异性	肠炎
东南亚十二节段 RNA 病毒属（*Seadornavirus*）	版纳病毒（*Banna virus*）	人	神经症状
蟹十二节段病毒属（*Cardoreovirus*）	中华绒螯蟹呼肠孤病毒（*Eriocheir sinensis reovirus*）	甲壳类	不详

续表

亚科 / 属	病毒名称	主要感染的动物	所致疾病
刺突呼肠孤病毒亚科（*Spinareovirinae*）			
正呼肠孤病毒属（*Orthoreovirus*）	哺乳动物正呼肠孤病毒 1～4 型（*Mammalian orthoreoviruses* 1–4）	多种哺乳动物	小鼠“油毛综合征”等
	禽正呼肠孤病毒（*Avian reovirus*）	鸡、火鸡、番鸭、鹅	关节炎、肾炎、肠炎、慢性呼吸道疾病、心肌炎
水生呼肠孤病毒属（*Aquareovirus*）	草鱼出血病毒（*Grass carp hemorrhagic virus*）	草鱼	草鱼出血病
科州蜱传热病毒属（*Coltivirus*）	科州蜱传热病毒（*Colorado tick fever virus*）	小型哺乳动物及人类	科州蜱传热
	埃亚契病毒（*Eyachvirus*）	小型哺乳动物及人类	脑炎等患者检出抗体

本科病毒呈球形，大小在 60～80 nm 之间，具有双层或三层衣壳，二十面体对称；基因组大小为正呼肠孤病属 23 kb，环状病毒属 18 kb、轮状病毒属 16～21 kb、科州蜱传热病毒属 27 kb、水生呼肠孤病毒属 15 kb、东南亚十二节段 RNA 病毒属 21 kb 及蟹十二节段病毒属 23 kb。呼肠孤病毒在细胞质中复制，有些呈晶格状排列；某些具有血凝型；由于核酸分节段，易于发生基因重配而产生种及血清型的变异。各呼肠孤病毒属的特性如下：

正呼肠孤病毒属的病毒宿主谱极为广泛，除人外，从小鼠、禽类、犬、猫、牛、猪、羊、猕猴、长尾猴、马、黑猩猩和蛇等动物以及昆虫体内均分离到呼肠孤病毒。聚丙烯酰胺凝胶电泳分析可见病毒基因组由 10 个节段的双链 RNA 组成，分为 3 个群：3 个大片段（L1～L3）、3 个中片段（M1～M3）及 4 个小片段（S1～S4）。除 S1 基因包含 2 个 ORF 外，其余每个片段只编码 1 种蛋白。

环状病毒属为虫媒病毒，通过吸血昆虫和其他节肢动物(蠓、蜱、蚊、白蛉等)传播给脊椎动物(包括人)，在节肢动物和脊椎动物宿主体内均可繁殖，引起人、家畜和野生动物等相关疾病。环状病毒属具有三层衣壳，每层衣壳均呈二十面体对称。外层衣壳由 VP2 和 VP5 两种蛋白组成，中层及内层衣壳分开。中层是主要的衣壳层，由环状排列的 VP7 分子组成，包裹 VP3 组成的内层及基因组 RNA 节段。核酸为 10 个 dsRNA 片段，均为单顺反子，可编码 7 种结构多肽（Vp1～Vp7）和 3 种非结构多肽（NS1～NS3），用 PAGE 可区分各个节段并显示一定的电泳图谱。

轮状病毒属因其衣壳呈车轮状而得名。轮状病毒外层衣壳由糖蛋白 VP7 和非糖基化 VP4 双体组成，中层衣壳由 VP6 组成，芯髓由 VP1、VP2、VP3 组成。基因组 11 个 RNA 节段编码 13 个蛋白质分子，其中 2 个来自翻译后加工。病毒 11 个节段 RNA 的 PAGE 迁移不同，各节段呈现不同分布，典型图谱为 4：2：3：2，其中第 10 与 11 节段之间的距离长短有差异，分别称长型或短型。电泳型与血清型并无相关性，可用于分子流行病学研究。

科州蜱传热病毒属、东南亚十二节段病毒属及蟹十二节段病毒属，三个病毒属成员较少，这些病毒基因组均为双链 RNA，有 12 个节段；病毒由核心和双层衣壳组成，呈二十面体对称，直径 80 nm，核衣壳直径为 56 nm。病毒颗粒带有宿主细胞膜及细胞质内丝状物，并有颗粒状包涵体。科州蜱热病毒多带有宿主细胞膜及细胞质内丝状物，并有颗粒状包涵体，蜱为传播媒介。东南亚十二节段病毒属无包涵体，传播媒介为蚊。蟹十二节段病毒属有包涵体，未发现传播媒介。

水生呼肠孤病毒属为感染水生生物的一类呼肠孤病毒。病毒颗粒为二十面体对称的球形颗粒，直径为 75 nm，具有双层衣壳，无囊膜；其基因组由 11 条 dsRNA 组成。该类病毒在 pH 3～11 范围内十分稳定，对氯仿和乙醚有抗性。水生呼肠孤病毒广泛寄生于不同种类的淡水或海水动物，如鱼类和甲壳动物。病毒主要通过呼吸道、肠道感染宿主，导致出血病及肝脏与胰腺疾病，在全球范围内对水产养殖业造成了严重威胁。

正呼肠孤病毒属和轮状病毒属对脂溶剂稳定，能抵抗较大范围内的 pH；环状病毒属与科州蜱传热病毒属经脂溶剂处理会丧失部分活性，仅在 pH 6 ~ 8 之间稳定。胰蛋白酶处理可增加正呼肠孤病毒属及轮状病毒属的感染性。环状病毒属在环境中存活力强，与蛋白质结合时高度稳定，在室温下保存 25 年的血液中还能分离出蓝舌病毒。

二、轮状病毒属

轮状病毒属（*Rotavirus*）病毒是各种幼龄动物病毒性腹泻的主要病原之一。最早于 1968 年由 Mebus 等在美国一农场犊牛腹泻病例中发现，此后在人、绵羊、猪、马、犬、猫、兔、鼠、猴及禽均有发现，全世界均有报道。

1. 形态结构

病毒粒子略呈圆形，具有双层衣壳。直径为 65 ~ 75 nm。中央为一个电子致密的六角形核心，直径 37 ~ 40 nm。周围绕有一个电子透明层。壳粒由内向外呈辐射状排列，构成内衣壳。外周为一层由光滑薄膜构成的外衣壳，厚约 20 nm。

轮状病毒 RNA 的 11 个节段，在聚丙烯酰胺凝胶电泳后，易于分开，形成特定的电泳带组合模式，即电泳图型模式，简称电泳型。这 11 条带分为 4 个区段。常见的动物和人的轮状病毒的 4 个区段中，各带的排列位置为 4 ∶ 2 ∶ 3 ∶ 2，统称 A 群（见图 14–1）。根据第 10 和第 11 节段之间距离的长短，又分长型和短型。后来又发现了一些新的轮状病毒，其电泳型与 A 群不同，称为 B 、C 、D 、E 和 F 群。A、B 和 C 群电泳图见图 14–2。

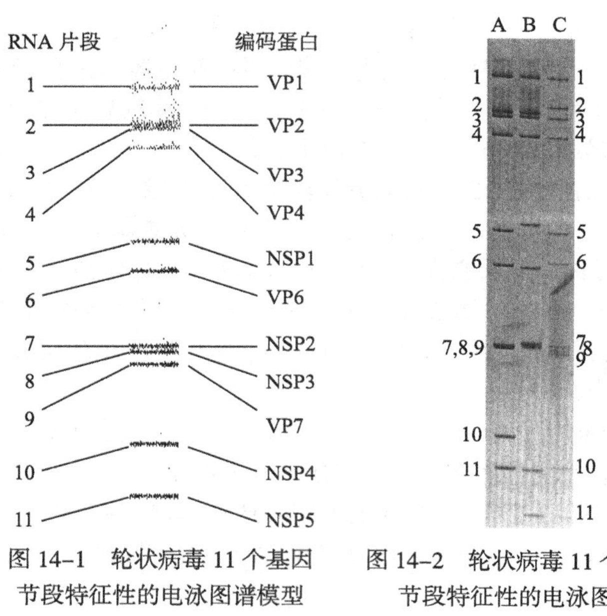

图 14–1　轮状病毒 11 个基因节段特征性的电泳图谱模型

图 14–2　轮状病毒 11 个基因节段特征性的电泳图谱

2. 抗原性

病毒粒子表面有 3 种抗原，即群特异性抗原、中和抗原及血凝素抗原。群特异性抗原与多种结构蛋白有关，主要是内壳蛋白 VP6；中和抗原主要是外壳糖蛋白 VP7；血凝素抗原是外壳蛋白 VP4，可被蛋白水解酶水解，但不是所有的轮状病毒都有血凝素抗原。

依据群特异性抗原的血清学交叉反应及感染的宿主范围，轮状病毒分为 9 种，即 A ~ J，缺少 E，绝大多数哺乳动物和禽类的轮状病毒属于 A 群，是畜禽致病的主要病原。A 群又称典型轮状病毒，其余各群称为非典型轮状病毒或副轮状病毒（*Pararotavirus*）。其中 B 群出现在人、猪、牛、绵羊和鼠，在我国发现的成人轮状病毒是重要代表；C 群主要见于猪，很少见于人；D、F、G 群与禽类有关；I 群分离自犬、猫；J 群源自蝙蝠，而有关 E 群少见，仅于 30 年前英国曾有报道，无基因组序列，因此未获 ICTV（2020）认可。根据中和抗原 VP7 的差异可将 A 群轮状病毒分为 14 个血清型，分别用阿拉伯数字 g1 ~ g11 标记；依据衣壳蛋白 VP4 的差异可将 A 群轮状病毒分为 8 个血清型，分别用 p1 ~ p8 标记。

3. 病毒培养

培养轮状病毒常用恒河猴胎肾传代细胞系（MA104），其他敏感细胞如原代非洲绿猴肾细胞（AGMK）、猴的原代肾细胞（CMK）以及非洲绿猴肾细胞系（CV1）。感染火鸡和鸡等禽类的轮状病毒初次分离可用雏鸡肾或鸡胚肝细胞的原代培养物。

除某些牛、猪的轮状病毒外，其他动物的轮状病毒在细胞培养物中增殖时，一般不产生或只产生轻微不稳定的细胞病变。

4. 病原性

幼畜最为易感，症状也较严重。成年家畜大多呈隐性感染。腹泻是本病的主要症状，严重者的排泄物可带有黏液和血液，部分病例因严重脱水和酸碱平衡失调而死亡。病毒感染主要局限于小肠，特别是其下 2/3 处，即空肠和回肠部。病毒对小肠上皮细胞有极强的偏嗜性，幼畜在感染数小时后小肠绒毛萎缩、柱状上皮细胞脱落，从而使肠道分泌和吸收机能失调。

5. 生态学

轮状病毒宿主范围甚广，已知的有人、小鼠、牛、牦牛、猪、绵羊、山羊、马、犬、猫、猴、羚羊、鹿、兔、鸡、火鸡、雉鸡、鸭、珍珠鸡、鹌鹑、鸽和情侣鹦鹉等。各种动物的轮状病毒都对各自的幼龄动物呈现明显的病原性。成年动物大多呈隐性感染经过。

6. 微生物学诊断

病畜在腹泻时随粪排出大量病毒，每克排泄物中有时含有病毒粒子高达 10^9 ~ 10^{10} 个。因此可用粪滤液接种敏感的组织培养细胞来分离病毒。如采取小肠后段的肠内容物作病毒分离，效果更好。进一步可通过电镜或免疫电镜观察病毒粒子，中和实验用于鉴别轮状病毒的种属特异性，以及 ELISA 检测等血清学实验和 RT–PCR 技术鉴定病毒。病毒核酸电泳法可用于直接检测轮状病毒感染，并同时能鉴定出病毒基因组的电泳型，是研究轮状病毒分类学和流行病学的最常见方法。

7. 免疫防治

感染动物可产生血液循环抗体及肠道分泌抗体，血清中的抗体水平和对感染的抵抗力并不相关。而在感染中起保护作用的是肠道黏膜的 SIgA 能中和轮状病毒。在大多情况下，肠道感染后的回忆应答时间短。母乳中的抗体滴度及持续时间因动物的种类及免疫状况而异。已有用于犊牛的冻干弱毒疫苗，或用于母畜免疫的灭活疫苗，均可产生较好的免疫保护效果。

三、环状病毒属

环状病毒属（*Orbivirus*）为典型的虫媒病毒，是一类无囊膜、表面呈环状的 RNA 病毒。根据血清学及基因的同源性，本属病毒划分有 14 个群，其中 5 个对家畜有致病性。血清群之间有低效价的交叉反应，但基因分型未发现交叉。本属成员对某些脊椎动物有较明显的致病性，主要的致病成员有蓝舌病病毒、非洲马瘟病毒、巴尼亚姆病毒及鹿的流行性出血病病毒等。本属代表种为蓝舌病病毒 1 型。

蓝舌病病毒（*Bluetongue virus*，BTV）是引起反刍动物蓝舌病的病原体。1905 年，Theiler 首次报道南非发生蓝舌病。近年来，该病已遍布全世界。

1. 形态结构

病毒呈圆形，由 3 层呈二十面体结构的衣壳蛋白包裹。核衣壳呈环状结构，直径为 53 ~ 60 nm。无囊膜，成熟的病毒粒子经常包围于一个外层囊膜样结构，这种囊膜样结构可被乙醚或吐温 –80 除去，但病毒活性不受影响。病毒粒子直径为 70 ~ 90 nm。

BTV 基因组含 10 个节段的双链 RNA，分别编码病毒 7 个结构多肽（VP1、VP2、VP3、VP4、VP5、VP6、VP7）和 4 个非结构蛋白多肽（NS1、NS2、NS3/NS3a、NS4）。其中，VP2 和 VP5 是病毒的外层衣壳；VP3 和 VP7 是病毒粒子的主要核心蛋白，核心衣壳分为两层，VP3 组成内层核衣壳，VP7 组成外层核衣壳；三个次要核心蛋白分别转录复合物VP1、VP4和VP6。

2. 抗原性

BTV的VP7是群特异抗原，在病毒装配中起重要作用，占衣壳蛋白组成的36%，可用补体结合实验、琼脂扩散实验或免疫荧光技术检测。VP2是型特异抗原，是中和位点及血凝素，可凝集绵羊及人O型红细胞。用中和实验目前已将BTV分为27个血清型，近年来还有28和29型的发现。不同地区存在不同的血清型，1～24型我国均有报道，以1型和16型为主要致病血清型；美国有10、11、13和17型；澳大利亚有1、20、21及23型；在瑞士及科威特分别发现的25、26、27型。蓝舌病病毒与地方流行性出血热病毒有抗原交叉反应。

3. 病毒培养

蓝舌病病毒容易在6日龄鸡胚卵黄囊或11日龄鸡胚静脉接种生长。在鸡胚接种病毒后，将培养温度降至33.6℃，在接种后4～8 d鸡胚死亡，胚体有明显出血。病毒在羊肾、牛肾及仓鼠肾原代细胞培养物中均可生长，在BHK-21及鸡胚原代细胞中增殖产生蚀斑和细胞病变。

4. 病原性

BTV引致蓝舌病，是绵羊的主要传染病之一。自然感染的潜伏期为3～7 d，特征为高热，精神沉郁、食欲丧失，口鼻黏膜高度充血，唇部水肿，继而发生坏疽性鼻炎，口腔黏膜溃疡，蹄部炎症及骨骼肌变形。病羊舌部可能发绀，因此称之为蓝舌病。该病毒可以经胎盘感染胎儿，引起流产、死胎或胎儿畸形。患羔还可腹泻，致死率高达95%。牛和山羊易感性较低。野生反刍动物中鹿较易感。

5. 生态学

BTV通过吸血昆虫（主要是库蠓）传播，库蠓是蓝舌病病毒的主要传染媒介。牛、羊（山羊、绵羊）、鹿及羚羊等野生反刍动物可能长期携带病毒，并在流行间歇期间扮演病毒宿主。本病毒多流行于温暖气候。一般在夏季和初秋为感染发病高潮期，潮湿雨季更易致病。

6. 微生物学诊断

依据典型临床症状和病理变化可作出初步诊断，对本病的确诊须依靠病毒分离和鉴定以及血清学试验。

分离病毒应取急性发热期病畜的全血，离心取红细胞，洗去血液中可能存在的抗体，然后用超声波裂解红细胞使病毒释放，再用它静脉接种11日龄鸡胚，或接种2 d以内的新鲜Vero细胞，分离的毒株做中和试验定型。国际通用的方法竞争ELISA检测群特异抗体，分型可用蓝舌病国际参考实验室推荐的RT-PCR技术。

7. 免疫防治

发生本病的地区，应扑杀病畜清除疫源，消灭昆虫媒介，必要时进行预防免疫。康复动物对同型病毒具有很强免疫力，且持续几年。接种疫苗是防治本病的有效方法，疫苗分单价和多价两种，可根据各地流行的病毒血清型选用相应的疫苗。BTV感染可产生体液免疫应答，对某型病毒产生的型特异抗体虽不能完全抵抗其他血清型毒株的感染，但可使暴发性流行减弱为温和性流行。高滴度的中和抗体至少可维持2年以上，通过母乳获得的被动免疫可维持2～6个月。

用于预防的疫苗有弱毒活疫苗和灭活疫苗等。因为蓝舌病病毒是一种抗原多变的虫媒病毒，多价弱毒疫苗的广泛使用，可能导致基因型重组和毒力变异增强，所以灭活疫苗列为首选。

○ 其他呼肠孤病毒属

其他呼肠孤病毒属相关知识见**数字资源**。

第二节 双RNA病毒科

一、概述

双RNA病毒科（*Birnaviridae*）的病毒形态与呼肠孤病毒相似，但病毒的基因组是由两个节段的双股

RNA 组成。在确定为双 RNA 病毒科和详细研究其形态学、理化特性之前，该科曾归于呼肠孤病毒科，亦曾作为分类地位未定的病毒。2020 年 ICTV 的分类报告将双 RNA 病毒科分为水生双 RNA 病毒属（代表种为传染性胰坏死病毒）、禽双 RNA 病毒属（代表种为传染性法氏囊病病毒）、昆虫双 RNA 病毒属（代表种为果蝇的 X 病毒）等 7 个属，其中对动物具有重要致病性的病原为传染性法氏囊病病毒。

本科病毒无囊膜，呈二十面体对称，直径约 60 nm。病毒基因组为线性双股、双节段 RNA，无感染性，大小分别为 A 节段约 3.3 kb，B 节段约 2.8 kb。病毒粒子有 4 种结构多肽和一种依赖 RNA 的 RNA 聚合酶，不含类脂。无特征性双层衣壳而区别于呼肠孤病毒。病毒在细胞质内复制，成熟的病毒粒子聚集在细胞质中，细胞裂解时释放出大约半数的子代病毒，另一半仍与细胞结合。采用 EDTA、胰酶或胰凝乳蛋白酶处理纯化的病毒，易丢失核心。病毒对乙醚、氯仿稳定，对酸、碱（pH 3 ~ 9）及热（56℃，30 min）相对稳定，在 20℃ pH 7.5 的环境中，能抵抗 1%SDS 达 30 min 而不丧失活力。本科病毒水平传播，还可能垂直传播，尚未发现任何生物传播媒介。双 RNA 病毒与呼肠孤病毒的特性比较见表 14–2。

表 14–2　双 RNA 病毒科与呼肠孤病毒科的特性比较

	双 RNA 病毒科	呼肠孤病毒科
核酸型	双股 RNA	双股 RNA
RNA 节段	2 ~ 4	10 ~ 12
总 RNA 大小 /kb	6 ~ 8	15 ~ 27
结构多肽种类	4	6 ~ 10
浮密度 /($g \times cm^{-3}$)	1.33	1.33 ~ 1.39
病毒粒子大小 /nm	60	60 ~ 80
病毒粒子衣壳	单层	双层
宿主范围	禽、鱼、甲壳动物、昆虫、软体动物	哺乳动物、禽、鱼、昆虫、植物

二、禽双 RNA 病毒属

以传染性法氏囊病病毒为代表进行介绍。

传染性法氏囊病病毒（*Infectious bursal disease virus*，IBDV）又名传染性囊病病毒。1957 年在美国特拉华州甘布罗（Gumboro）镇的肉鸡群中首次发现该病毒引致的法氏囊病，该病又称为甘布罗病。此外，由于感染 IBDV 的发病鸡群会出现严重的肾肿大，因此该病也被称为“禽肾病”。

1. 形态结构

该病毒具有单层衣壳，无囊膜，病毒粒子呈二十面体立体对称，直径为 55 ~ 65 nm。除完整病毒粒子外，还常见有空衣壳。传染性法氏囊病病毒形态结构见图 14–3。

2. 基因组结构及其功能

IBDV 基因组由 A、B 两个双链 RNA 节段组成，包括 5′ 端非编码区（NCR）、编码区和 3′ 端非编码区。A 片段全长约 3 261 bp，编码 VP2、VP4 和 VP3 蛋白；VP2 蛋白和 VP3 蛋白作为主要结构蛋白，分别构成病毒粒子的外层和内层，且含有多个 VP1 分子和基因组的 RNAs。B 片段长 2 827 bp，编码 VP1 蛋白，行使 RNA 聚合酶的功能，并具有鸟氨酸转移酶和甲基转移酶的活性，自我催化不需病毒或细胞因子参与。另外，VP1 与 VP3 相互作用对基因组 RNA 的包装有重要作用。

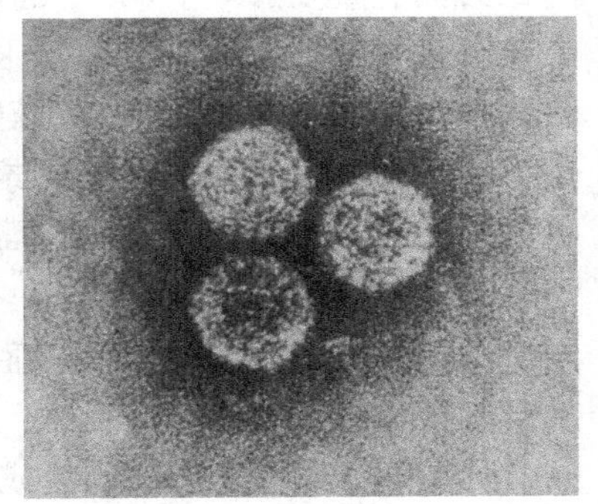

图 14–3　IBDV 的电镜图片，（引自 Saif et al.，2008）

3. 理化特性

病毒非常稳定，对乙醚和氯仿不敏感，高度抗酸（pH 2）；56℃ 5 h 或 60℃ 30 min 仍有活力；pH 12 或 70℃ 30 min 可灭活病毒；0.5％氯化铵作用 10 min 能杀死病毒；在 30℃持续 1 h，0.5% 的酚和 0.125% 的硫柳汞均不能造成 IBDV 失活。在鸡圈舍内可存活 4 个月以上，在饲料中可存活约 7 周。由于 IBDV 稳定且难以被灭活的特性，造成了该病毒可以长期存在于饲养环境中，以至于经过消毒和清洗的养殖场仍有可能使鸡群感染 IBDV。

4. 抗原性

已知 IBDV 有 2 个血清型，分别是血清 1 型和血清 2 型。其中血清 1 型具有致病性，主要来自致病毒株；血清 2 型分离自鸡或火鸡，不致病或只有很弱的致病力，可用病毒中和实验区别。两个血清型病毒抗原的相关性小于 10%，因此交叉保护力很低。VP2 具有型特异的抗原，VP2 的高变区发生变化是造成抗原漂移的主要原因。血清 1 型病毒变异株的出现导致疫苗株不能充分保护变异株的攻击。血清 I 型的分离毒株又可分为经典株（classic strain），变异株（variant strain）和超强毒株（very virulent strain）。经典毒株死亡率为 10% ~ 50%，无典型的临床症状。变异株的死亡率低，但发病症状明显。超强毒株的死亡率为 50% ~ 100%，并且伴有明显的临床症状。

5. 培养特性

鸡胚接种最常用于培养 IBDV。应选用无母源抗体的鸡胚进行病毒分离。可用 5 ~ 7 日龄鸡胚卵黄囊、9 ~ 11 日龄鸡胚绒毛尿囊膜或尿囊腔接种，通常绒毛尿囊膜接种途径最为敏感，鸡胚通常在感染后 4 ~ 6 d 死亡；在早期的病毒传代中，鸡胚（包括内脏）和尿囊膜中有大量病毒，一般每克组织含毒量可达 10^4 ~ 10^5 EID_{50}，而尿囊液中含量很低。当在鸡胚中连续多次传代以后，尿囊液中的含毒量增多，但病毒同时逐渐降低对鸡的毒力。

IBDV 的初次分离最好用鸡胚，适应后可用细胞培养。常用鸡胚成纤维细胞（CEF）增殖 IBDV，并产生细胞病变；也可在鸡胚法氏囊细胞、肾细胞中增殖，产生细胞病变和形成蚀斑。此外，IBDV 也可在火鸡和鸭胚细胞、兔肾细胞（RK-13）、猴肾细胞（Vero）和幼素领猴肾细胞（BGM-70）中生长。BGM 70 细胞的病变最为明显。BGM 70 细胞培养的中和滴度可与鸡胚成纤维细胞相比。

6. 病原性

本病毒的自然宿主为鸡和火鸡，其他禽类未见感染，鸡是唯一自然感染发病的动物。所有品系的鸡均可发病。3 ~ 6 周龄的鸡法氏囊发育最完全，最易感。年龄较大的鸡具有一定抵抗力，小于 3 周龄的雏鸡感染后会产生严重的免疫抑制。该病潜伏期短，人工感染后 2 ~ 3 d 出现临床症状。在易感鸡群中，初发的法氏囊病多呈急性型。通常于感染后第 3 d 开始死亡，并于 5 ~ 7 d 达最高峰，以后逐渐减少。本病突出表现为发病突然，发病率高，死亡集中发生于很短的几天时间内以及鸡群的康复较为迅速。

病鸡精神沉郁，羽毛逆立，下痢，震颤，共济失调。发病率可达 100%，死亡率为 5% ~ 15%，有时高达 20% 以上，并发或继发感染所致的死亡率更高。2 周龄以下的雏鸡发生感染时，大多呈亚临床感染。

IBDV 在感染鸡法氏囊内的前淋巴细胞中复制，破坏法氏囊内的 B 细胞，从而造成免疫抑制。基因组中的 A 片段对病毒的毒力和细胞的嗜性具有至关重要的作用，而基因组的 B 片段则参与病毒的复制。目前主要观点认为对 IBDV 毒力，细胞偏嗜性起主要作用的是 VP2 分子，但同时也认为 VP2 并不是对 IBDV 毒力作用的唯一分子。相关研究表明，VP1 分子不仅在参与病毒复制过程中起到关键作用，同时对 IBDV 的毒力具有重要影响。IBDV 的毒力标志是 VP2 高变区中的七肽区（SWSASGS），该区位于 VP2 内的第二个亲水区后的第 326 ~ 332 位。由于七肽区位于 β 折叠形成二级结构的表面，导致位于七肽区内的所有丝氨酸残基在同一侧暴露形成氢键，影响分子间或分子内相互作用力，既参与病毒的成熟加工或细胞粘着，也影响病毒的致病性。而在减毒株或无毒株中，由于更大空间体积的氨基酸残基取代了丝氨酸残基，阻碍氢键的形成，致使 IBDV 病毒的毒力降低。

7. 微生物学诊断

由于 IBD 具有明显的临床症状和病理变化，据此比较容易作出初步诊断，确诊需要进行病毒分离及免疫学鉴定和分子生物学检测。

分离病毒通常选择法氏囊或脾组织接种鸡胚及敏感细胞。利用琼脂扩散实验、荧光抗体技术、中和实验、ELISA 等血清学方法或 RT-PCR 技术以及 RNA 电泳法检测核酸等进行鉴定。

8. 免疫防治

由于IBDV在外界环境中较为稳定，采取消毒和隔离措施来控制本病不易达到目的。主要的防治方法是接种疫苗。种鸡群的免疫尤其重要，母源抗体能保护雏鸡免受早期感染而引起的免疫抑制。母源抗体通常保护雏鸡1～3周，用油佐剂疫苗加强免疫后，被动免疫力可以延长至4～5周。在有母源抗体存在的情况下，用活疫苗免疫鸡的最大问题是确定合适的免疫时间。这取决于母源抗体的水平、免疫途径和疫苗的毒力。

三、水生双RNA病毒属

以传染性胰坏死病毒为代表进行介绍。相关知识见**数字资源**。

○ 水生双RNA病毒属

复习思考题

1. 呼肠孤病毒科有哪些重要的属？各属成员的致病性有什么异同？
2. 分析轮状病毒的致病性、抗原性及如何进行微生物诊断。
3. 论述蓝舌病病毒的病原、致病特点及如何进行微生物诊断。
4. 从病毒结构特点解释双RNA病毒的毒力变异及在环境中的高度稳定性。
5. 传染性法氏囊病病毒的抗原组成结构如何？怎样进行鉴定？
6. 阐述传染性法氏囊病病毒的微生物学诊断方法。
7. 阐述传染性法氏囊病病毒的致病机理及如何防治。

开放式讨论题

1. 某犊牛养殖场发生1周龄以内的犊牛的腹泻，病犊体温正常或略升高，精神委顿，厌食和拒食。很快腹泻，粪便呈黄白色水样，有时混有黏液甚至血液。初步怀疑为轮状病毒感染，结合这起案例论述如何诊断腹泻是轮状病毒感染？

2. 某绵羊养殖场绵羊发病，病羊表现为体温升高到40.5～41.5℃，精神沉郁，厌食，流涎，口腔黏膜充血，呈深紫色，随后破溃糜烂，舌发绀呈蓝色。如何进行微生物诊断？

Summary

Reoviridae. These are non-enveloped, spherical virions composed of concentric rings of capsomeres giving characteristic appearances in the electron microscope. The genomes of these viruses consist of 10 to 12 segments of dsRNA, each generally encoding one protein. There are at least 6 groups rotaviruses (RV) established (A to F) which are antigenically distinct. RV within each group is strongly related by common group antigens which can form the basis of diagnostic methods. Group A RVs separated into serotypes based on neutralization antigens on two of the outer capsid proteins. Group A RV cause enzootic in domestic animals throughout the world. All animals become infected sooner or later and all have antibody. *Rotavirus* can cause acute, self-limiting, malabsorption diarrhea (calf/piglet scour), usually occurs in the neonatal period. The young excrete RV in feces, clinically or sub-clinically, as passive maternal antibody wanes in the gut (commonly in the second week of life in calves; before or after weaning in piglets). Adult cows and sows can act as reservoirs: excrete virus in feces at parturition and a source of RV for the young. Other groups are less known but common in their respective species.

Birnaviridae. *Infectious bursal disease virus* (IBDV) is a double stranded RNA virus that has a bi-segmented genome and belongs to the genus Avibirnavirus of family Birnaviridae. IBD is a highly contagious disease of young chickens, characterized by immunosuppression and mortality generally at 3 to 6 weeks of age. The disease was first discovered in Gumboro, Delaware in 1962. It is economically important to the poultry industry worldwide due to increased susceptibility to other diseases and negative interference with effective vaccination. In recent years, very virulent strains of IBDV (vvIBDV), causing severe mortality in chicken, have emerged in Europe, Latin America, South–East Asia, Africa and the Middle East.There are two distinct serotypes of the virus, but only serotype 1 viruses cause disease in poultry.

第十五章　单股负链不分节段RNA病毒

单股负链不分节段的RNA病毒在病毒分类上同属一个病毒目，即单分子负链病毒目(*Mononegavirales*)，包括副黏病毒科(*Paramyxoviridae*)、肺炎病毒科(*Pneumoviridae*)、弹状病毒科(*Rhabdoviridae*)、丝状病毒科(*Filoviridae*)及波纳病毒科(*Bornaviridae*)等11个病毒科。这些病毒具有相似的基因组结构、相同的基因次序、相似的基因表达及复制方式，都具有螺旋对称的核衣壳及RNA聚合酶，以出芽的方式成熟释放病毒粒子；具有囊膜及膜粒，基因组均由单分子负链RNA组成。

第一节　副黏病毒科

一、概述

本科分为4个亚科，包括正副黏病毒亚科(*Orthoparamyxovirinae*)、偏副黏病毒亚科(*Metaparamyxovirinae*)、腮腺炎病毒亚科(*Rubulavirinae*)和禽腮腺炎病毒亚科(*Avulavirinae*)。与动物疾病相关的副黏病毒科的主要成员见表15–1。

表15–1　与动物疾病相关的副黏病毒科的主要成员

病毒名称/曾用名	动物宿主	所致疾病
腮腺炎病毒亚科(*Rubulavirinae*)		
正腮腺炎病毒属(*Rubulavirus*)		
哺乳动物腮腺炎病毒5型/副流感病毒5型)(*Mammalian orthorubulavirus 5/parainfluenza virus 5*)	犬等	呼吸道疾病
猪腮腺炎病毒/LPMV病毒(*Procine orthorubulavirus / La–Piedad–Michoacan–Mexico virus*)	猪	脑炎、繁殖障碍、角膜炎
腮腺炎病毒(*Mumps orthorubulavirus / Mumps virus*)	人	腮腺炎
人副流感病毒2、4型/人副流感病毒2、4型(*Human parainfluenza virus 2,4/Human parainfluenza virus 2,4*)	人	呼吸道疾病
禽腮腺炎病毒亚科(*Avulavirinae*)		
正禽腮腺炎病毒属(*Orthoavulavirus*)		
禽腮腺炎病毒1型/新城疫病毒(*Avian orthoavulavirus 1*/Newcastle disease virus)	家禽及野禽	严重的全身性疾病，伴有中枢神经系统症状
正副黏病毒亚科(*Orthoparamyxovirinae*)		
呼吸道病毒属(*Respirovirus*)		
牛呼吸道病毒3型/牛副流感病毒3型(*Bovine respirovirus 3 / Bovine parainfluenza virus 3*)	牛、绵羊	呼吸道疾病
鼠呼吸道病毒/仙台病毒(*Murine respirovirus / Sendai virus*)	小鼠、大鼠、兔	实验小鼠、大鼠严重的呼吸道疾病
人呼吸道病毒1、3型/人副流感病毒1、3型(*Human respirovirus 1,3/Human parainfluenza virus 1,3*)	人	呼吸道疾病

续表

病毒名称 / 曾用名	动物宿主	所致疾病
亨尼病毒属(*Henipavirus*)		
亨德拉病毒(*Hendra virus*)	马、人	急性呼吸压抑综合征
尼帕病毒(*Nipah virus*)	猪、人	脑炎
麻疹病毒属(*Morbillivirus*)		
牛瘟病毒(*Rinderpest virus*)	牛、野生反刍兽	严重的全身性疾病
小反刍兽疫病毒(*Peste des petits ruminants virus*)	绵羊、山羊	与牛瘟相似的全身性疾病
犬麻疹病毒 / 犬瘟热病毒(*Canine morbillivirus/ Canine distemper virus*)	犬科、猫科等	严重的全身性疾病伴有中枢神经系统症状
海豹麻疹病毒 / 海豹瘟病毒(*Phocine morbillivirus / Phocine distemper virus*)	海豹及海狮	严重的全身性疾病伴有呼吸系统症状
鲸豚麻疹病毒(*Cetacean mobillivirus*)	海豚、鼠海豚、鲸	严重的全身性疾病伴有呼吸系统症状
麻疹病毒(*Meastle virus*)	人	麻疹

完整的病毒颗粒呈圆形,也常见一些多形性的粒子,可呈丝状(图 15-1a),经培养后病毒多趋向于球形(图 15-1b),直径 150 ~ 300 nm。

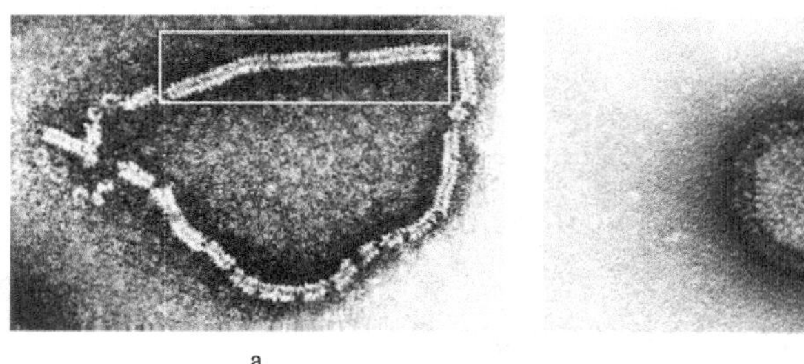

图 15-1 电镜下副黏病毒呈丝状(a)或球形(b)

病毒粒子中 RNA 占 0.5%,蛋白质占 70%,脂质 20% ~ 25%,糖占 6%。有囊膜及纤突,纤突长 8 ~ 20 nm。核衣壳螺旋对称。基因组为单分子负链 RNA。本科基因组大小为 15 ~ 16 kb,含有 6 ~ 10 个基因,被保守的非编码序列分开,如表 15-2 所示。

表 15-2 副黏病毒科各属基因结构

属名	基因组结构
正腮腺炎病毒属	3′-N-P/V-M-F-SH-HN-L-5′
正禽腮腺炎病毒属	3′-N-P/V-M-F-HN-L-5′
呼吸道病毒属	3′-N-P/C/V-M-F-HN-L-5′
亨尼病毒属	3′-N-P/C/V-M-F-G-L-5′
麻疹病毒属	3′-N-P/C/V-M-G-H-L-5′

病毒粒子的纤突具有两种蛋白:血凝素神经氨酸酶(HN)及融合蛋白(F)。HN 与 F 在病毒感染过程中发挥重要作用,HN 介导病毒的细胞吸附,其中和抗体可抑制病毒对受体的吸附。F 蛋白以无活性的 F0

前体形式存在，在细胞蛋白酶的作用下裂解成 F1 和 F2，暴露出末端的疏水区导致病毒与细胞融合。如果宿主细胞不含有 F 蛋白适合的蛋白酶，病毒就不具有感染性，F 蛋白是否具有蛋白酶识别的特异序列，决定了病毒的毒力。

除上述两种蛋白外还有核衣壳蛋白（NP）、辅助核衣壳蛋白、非糖基化囊膜蛋白及其他蛋白和非结构蛋白。

本科病毒在 HN 或是 H 和 N 蛋白参与下吸附于宿主细胞，由 F 蛋白介导融合后病毒核酸进入胞质，合成正股 mRNA，以此为模板合成大量病毒基因组再翻译出病毒的蛋白。在细胞质中装配后以出芽的形式释放出病毒粒子。

本科病毒主要发现于哺乳动物及禽类。对热及去垢剂敏感。普通消毒剂及脂溶剂均易将其杀灭。诊断主要靠病毒的分离与鉴定，不同的病毒采用易感细胞分离，再通过病原学、血清学或分子生物学方法进行检测。

二、新城疫病毒

新城疫病毒（*Newcastle disease virus*，NDV）学名为禽腮腺炎病毒 1 型（*Avian orthoavulavirus* 1），旧名禽副黏病毒 1 型（*Avian paramyxovirus* 1）或禽副流感病毒 1 型（*Avian parainfluenza virus* 1），也曾称为新城鸡瘟病毒或亚洲鸡瘟病毒。NDV 在 1926 年于爪哇首次发现，同年在英国新城（Newcastle）发现，因此得名。自从高密度的、封闭式养殖系统出现以来，新城疫已成为影响世界养禽业最重要的疫病之一，是 WOAH 规定通报的疫病。

1. 形态特征

成熟病毒粒子的直径为 120 ~ 300 nm，有囊膜的病毒粒子通常呈圆形，但常因囊膜破损而形态不规则，常见横断面约为 100 nm 的不同长度的细丝，呈现多形性。病毒粒子的内部为螺旋形核衣壳，直径约 17 ~ 18 nm，是由一个单股 RNA 及与其相连的蛋白质组成。囊膜为一个双层质膜，质膜内衬有一层基质（M）蛋白，质膜外层有糖蛋白纤突，长 8 ~ 12 nm，为血凝素神经氨酸酶（HN）和融合蛋白（F）。

2. 基因组结构及其编码蛋白

NDV 基因组为一条单股负链不分节段的 RNA，基因组由 15 186 个核苷酸组成，包含 6 个基因，由 3′ 到 5′ 的顺序依次为 NP–P–M–F–HN–L，分别编码核衣壳蛋白（NP），磷酸化的核衣壳相联蛋白（P），基质蛋白（M），血凝素神经氨酸酶（HN），融合蛋白（F），RNA 依赖的 RNA 聚合酶（L）。基因组的 3′ 端为 55 bp 长的引导序列（leader sequence），5′ 端为 114 bp 或 56 bp 长的尾随序列（trailer sequence）。NDV 各基因组都有相似的起始序列及终止序列，起始序列为 ACGGGTAGA（G）A，终止序列为 TTA（A）GA_{6-7}。NP–P 基因间隔区有 1 或 2 个核苷酸，P–M 和 M–F 基因间隔区有 1 个核苷酸，F–HN 和 HN–L 基因间隔区分别有 17 和 34 个核苷酸。

3. 理化学特性

NDV 对热敏感，55℃经 45 min 或阳光直射下经 30 min 即可灭活。4℃经几周，-20℃经几个月，-70℃经几年仍保持较高的感染力。对氯仿、乙醚、胰蛋白酶、盐酸（pH 5.0）敏感，0.1％甲醇溶液能完全灭活病毒。但 Na_2CO_3 和 NaOH 的消毒效果不稳定。病毒颗粒在蔗糖中的浮密度为 1.18 ~ 1.20 g/mL。

4. 抗原性

用血清学方法进行抗原性分型，所有的 NDV 分离株均表现为相同的抗原性，因此认为 NDV 只有一个血清型。但病毒中和实验、琼脂扩散实验和单克隆抗体检测发现，不同 NDV 毒株间存在微小的抗原性差异。

5. 病毒培养

NDV 易在 10 ~ 12 日龄鸡胚的绒毛尿囊膜或尿囊腔中生长，接种后 24 ~ 36 h 病毒滴度可达 10^{10} EID_{50}/mL。鹌鹑胚对病毒更敏感，但是病毒滴度不及鸡胚高。大多数毒株能增殖的敏感细胞包括兔、猪、犊牛和猴的肾细胞、鸡组织细胞和 Hela 细胞等，但最常用的还是鸡胚成纤维细胞、鸡胚肾和乳仓鼠肾细胞。细胞培养物中病毒感染后先出现的病变特征是合胞体的形成，之后会产生形状不规则、嗜酸性包涵体。但也有的细胞培养物可能出现慢性感染或长期保持隐性感染，不出现细胞病变。

6. 病原性

新城疫病毒对鸡、火鸡有较强的致病性。鸡感染以后典型的特征是严重的呼吸道炎症、腹泻症状、神经症状、气管环出血、腺胃黏膜出血、盲肠扁桃体出血。人感染本病毒后可发生一过性结膜炎。鸭和鹅等水禽大多为隐性感染，但近几年我国各地均有鹅群严重发病的报道。另外鸽、鹦鹉、鸵鸟、鹌鹑、山鸡、鸬鹚、鹧鸪和孔雀等也可感染致病。

NDV不同毒株的毒力差异较大，这取决于HN和F的裂解和活化。无毒株的HN和F为无活性的前体，而有毒力毒株在嗜性组织被蛋白酶切割和活化，进而扩散到机体的其他部位。根据1日龄雏鸡脑内接种的致病指数(ICPI)、42日龄鸡静脉接种的致病指数(IVPI)和最小致死量致死鸡胚的平均死亡时间(MDT)的差异，将NDV分为强毒型(velogenic)、中毒型(mesogenic)和弱毒型(lentogenic)。一般认为，MDT在68 h以上、ICPI≤0.25者为弱毒株；MDT在44～70 h之间、ICPI＝0.6～1.8为中毒株；MDT在44～70 h之间、ICPI＞2.0者为强毒株。通过对NDV F基因序列酶切分型可将其分为基因Ⅰ～Ⅸ 9个基因型，但目前没有充分论据证明这些基因型之前具有根本性的抗原性差异。

7. 病毒生态学

病毒首先在宿主的呼吸道及肠道黏膜上皮细胞中复制，所需时间大约为24 h，再借助血液扩散到脾及骨髓，进而感染肺、肠及中枢神经系统。传播方式主要是直接接触或间接摄入被病禽呼吸道分泌物或是粪便污染的垫料、饲料或饮水。因此活禽运输是本病大范围传播的一个主要因素。污染的运输工具和禽舍也是的重要传染源。

8. 微生物学诊断

病毒含量较高的组织是肺和脑组织，因肺部组织易污染，所以常用脑组织进行病毒分离。其他如呼吸道分泌物、脾脏、血液也可作为分离材料。处理的病料接种10～12日龄的鸡胚尿囊腔，置37～38℃培养5 d后收毒。一般强毒和中等毒力毒株常使鸡胚在36～96 h死亡。鸡胚全身充血，头和翅等处出血，尿囊液澄清，内含有大量病毒，呈现较高血凝性。弱毒株可能不致死鸡胚，但鸡胚尿囊液可凝集红细胞。也可用鸡胚成纤维细胞等进行病毒分离。阴性病料处理后应盲传三代再做进一步实验。

诊断可用血凝抑制(HI)实验、酶联免疫吸附(ELISA)实验、免疫扩散实验、鸡胚中和及蚀斑减数实验等血清学方法，其中HI实验最常用；也可用RT-PCR技术等分子生物学方法进行快速诊断，已被广泛应用。分离株的毒力测定如ICPI＞0.7，或F0酶切位点的氨基酸序列符合强毒株特点，必须向WOAH通报疫情。

9. 免疫防治

首先要加强饲养管理，严格按规程进行消毒、引种等，制订合理的免疫程序，免疫通常采用筛选天然弱毒株制备的活疫苗及弱毒苗或强毒株灭活苗。弱毒苗可采用饮水、气雾、滴眼或滴鼻等方式免疫。免疫后约1周可产生免疫保护，产蛋鸡应每4个月免疫1次。实际生产中，多以弱毒苗和灭活苗配合使用，免疫效果较好。

三、犬瘟热病毒

犬瘟热是由犬瘟热病毒(*Canine distempervirus*，CDV)引起的烈性传染病，临床上以双相热(两个阶段体温升高)、急性鼻卡他以及其后出现的支气管炎或肺炎、胃肠炎和神经症状为特征。一些病犬可发生急性胃肠炎、皮肤有湿疹样病变或水泡和脓泡、鼻和足垫发生过度角化等症状。

1. 形态特征

病毒粒子呈圆形或长丝状，直径100～300 nm。有囊膜，厚约5 nm，表面为长约1.3 nm糖蛋白纤突或血凝蛋白(H)和融合蛋白(F)。CDV与同属的麻疹病毒、牛瘟病毒之间有密切的抗原关系和共同特性，并在形态和超微结构上相同。

2. 基因组及其编码蛋白

基因组大小约16 kb，主要编码6种蛋白：核衣壳蛋白(N)、磷蛋白(P)、RNA聚合酶大蛋白(L)、基质蛋白(M)、血凝素蛋白(H)和融合蛋白(F),F 蛋白可裂解为 F_1 和 F_2。6 个非重叠基因组区的编码顺序为:3′-N-P-M-F-H-L-5′。衣壳主要组成成分是 N,少部分是 P 和 L。N 是保守性较强的抗原性蛋白,是麻疹病毒属中主要的交叉抗原。

3. 理化学特性

CDV 对热、干燥、紫外线和有机溶剂敏感,易被日光、酒精、乙醚、甲醛与煤酚皂溶液等杀死。-10℃可存活几个月,2~4℃可存活数周,室温数天。50~60℃ 1 h 即可灭活,pH 4.5 以下和 9.0 以上的酸碱环境也可使其迅速灭活,最适 pH 为 7.0。常用的化学消毒药为 3% 福尔马林和 5% 石碳酸溶液等。

4. 抗原性

不同来源的 CDV 各毒株虽然在细胞蚀斑和鸡胚痘斑形态及对乳鼠的神经毒力有明显不同,但是交叉中和实验表明,各分离株的抗原性差异很小,故目前认为 CDV 只有一个血清型。

5. 病毒培养

可在来源于犬、貂、猴、鸡和人的多种原代和传代细胞上生长,但初次培养较难。犬肾细胞培养可出现细胞颗粒状病变和空泡形成,也有巨细胞和合胞体的形成,并在细胞质内形成包涵体。实验感染可使雪貂、犬、鸡胚发病,其中以雪貂最为敏感,为公认的 CDV 实验动物。

6. 病原性

在自然条件下,CDV 可感染犬科和鼬科等多种动物,如狐、狼、貂、雪貂等。近年来,其宿主范围不断扩大,已延伸到猴和人。临床典型的症状是两次发热:第一次发热很少表现明显的临床症状,轻微呼吸道症状;第二次发热出现明显的症状,表现为呕吐、腹泻、呼吸道炎症、肺炎和神经症状。

7. 生态学

CDV 在易感动物中很容易传播,病毒存在于肝、脾、肺、肾、脑和淋巴结等多种器官与组织中,通过分泌物和呼出的空气向外排毒。病毒在带毒犬体内可持续较长时间,并可垂直传播。

8. 微生物学诊断

根据流行病学、临床症状,如发病数量、双相热、黏膜卡他、中枢神经症状及足垫角质化过度等可作出初步诊断,确诊需进行实验室检查。

对急性病例应取血,亚急性取含毒较多的内脏,慢性或出现神经症状可取脑组织处理后接种敏感细胞进行病原学诊断。CDV 分离率较低,尤其是强毒株。分离培养原代细胞有犬肺巨噬细胞、胚胎细胞,肾细胞、犊牛肾细胞和鸡胚成纤维细胞等,其中以肺巨噬细胞最为敏感,可形成葡萄串状的典型 CPE。传代细胞包括 Hela、CRFK、MDCK、Vero 等。对分离到病毒再进行核酸型、囊膜实验、电镜观察、在细胞中增殖的位置和包涵体检测等。血清学诊断可利用琼脂扩散沉淀实验、ELISA、中和实验、荧光抗体技术及其他免疫组化技术等。也可用 RT-PCR 等分子生物学技术进行快速诊断。

9. 免疫防治

CDV 呈世界分布,且可在不同种动物间交叉感染。所以本病防治有一定难度。疫苗接种是有效的预防措施。常规疫苗有犬瘟热灭活苗、麻疹病毒异源苗和犬瘟热弱毒疫苗。治疗可用高免血清或纯化的免疫球蛋白。

四、小反刍兽疫病毒

小反刍兽疫是由小反刍兽疫病毒(*Peste des petits ruminants virus*,PPRV)引起的小反刍兽的一种急性、烈性传染病,WOAH 将其列为规定的通报疾病。我国将其列为一类动物疫病。

1. 形态结构

病毒颗粒呈圆形或椭圆形,直径 130~390 nm,有囊膜,厚 8.5~14.5 nm。囊膜上的纤突有血凝素蛋白,没有神经氨酸酶。核衣壳螺旋对称,总长度约 1 000 nm。

2. 理化特性

PPRV 对外界环境敏感,对乙醇、甘油、乙醚等敏感,2% NaOH 处理 24 h 可将其灭活。但在 pH 5.8~11.0 之间,病毒稳定。PPRV 没有血凝性。

3. 病毒培养

PPRV可以在绵羊或山羊的胎肾、犊牛肾细胞、人羊膜和猴肾的原代或传代细胞上生长繁殖，也可以MDBK、MS、BHK-21、Vero等传代细胞上生长并产生细胞病变。接毒细胞融合形成多核细胞，核内有数个嗜酸性包涵体。

4. 病原性

PPRV主要感染山羊、绵羊等小反刍兽，猪和牛也可感染，其中山羊最易感。主要以直接接触的方式传播。患病动物的眼、鼻和口腔分泌物以及排泄的粪便等都是本病毒的传染源。多发生在雨季及干燥寒冷的季节，山羊发病率为100%，死亡率20%~90%，严重爆发时也可达100%。主要表现为高热、感觉迟钝，流泪及浆液性鼻炎，口腔黏膜溃烂，齿龈出血、便秘或腹泻，多导致死亡。病程稍长者，口腔、鼻孔、下颌等部位发生结节和脓疱等特征。

5. 微生物学诊断及防治

根据流行病学特点、临床症状和剖检特征，可进行初步诊断，但应注意与牛瘟、口蹄疫、蓝舌病等的鉴别诊断。病毒分离常采用原代羔羊肾细胞。血清学诊断方法常用琼脂扩散实验、免疫荧光抗体技术、病毒中和实验和ELISA等。WOAH的规定标准方法是C-ELISA和RT-PCR技术。

○ 其他副黏病毒

疫苗免疫是防治本病的有效方法。牛瘟弱毒苗可诱导机体产生对PPR的保护，PPRV的灭活疫苗免疫山羊后血清抗体可持续8个月。

其他副黏病毒相关知识见**数字资源**。

第二节　肺炎病毒科

肺病毒科（*Pneumoviridae*）以前是副黏病毒科的一个亚科，2016年单独立科，包括正肺病毒属（*Orthopneumovirus*）和偏肺病毒属（*Metapneumovirus*）两个属，前者感染哺乳动物，后者宿主除哺乳动物外，还包括禽类。有些病毒只感染人，如人呼吸道合胞体病毒和人偏肺病毒。正肺病毒属包括牛呼吸道合胞体病毒（*Bovine respiratory syncytial virus*，BRSV）、人呼吸道合胞体病毒（*Human respiratory syncytial virus*，HRSV）和小鼠肺炎病毒（*Murine pneumonia virus*，MPV）。病毒有囊膜，基因组为单股负链RNA。MPV在小鼠群中广泛传播，可能引起严重的肺损伤。

○ 肺炎病毒科

其他相关知识见**数字资源**。

第三节　弹状病毒科

一、概述

弹状病毒科（*Rhabdoviridae*）因其典型病毒粒子呈子弹状而得名，该科病毒基因组为单股负链RNA，有囊膜，核衣壳呈螺旋对称。弹状病毒科共有30个属，宿主包括脊椎动物、昆虫和植物，其中在兽医学上有重要意义的是狂犬病毒属（*Lyssavirus*）、水疱病毒属（*Vesiculovirus*）和暂时热病毒属（*Ephemerovirus*）、春病毒血症病毒属（*Sprivivirus*）及粒外弹状病毒属（*Novirhabdovirus*），见表15-3。

病毒粒子长100~430 nm，宽45~100 nm，有囊膜，纤突长5~10 nm，呈蜂窝状排列。基因组11~15 kb，编码5种蛋白，包括核蛋白（N）、磷蛋白（P）、基质蛋白（M）、糖蛋白（G）和RNA依赖的RNA聚合酶蛋白（L）。G蛋白与病毒的中和作用有关，并决定着病毒的血清型。基因组从3′到5′的排列顺序为：3′-前导序列-N-P（NS）-M-G-L-非编码区-5′。

除部分植物病毒外，弹状病毒多在细胞质中复制。在G蛋白的参与下病毒与细胞受体结合，通过膜融合进病毒进入细胞内部。入胞后核衣壳放出病毒基因组，作为复制和翻译的模板合成子代病毒的基因组和蛋白。其中 N、P 及 L 蛋白组成核衣壳，M 蛋白与病毒的释放有关。

表 15-3　重要的动物弹状病毒

病毒名称	地理分布
狂犬病毒属（*Lyssavirus*）	
狂犬病病毒（*Rabies lyssavirus*）	除南极外的所有地方
杜文哈根狂犬病病毒（*Duvenhage lyssavirus*）	南非
蒙哥拉狂犬病病毒（*Mokola lyssavirus*）	非洲中部
拉各斯蝙蝠狂犬病病毒（*Lagos bat lyssavirus*）	非洲中部及南部
欧洲蝙蝠狂犬病毒 1 型、2 型（*European bat lyssavirus* 1,2）	欧洲
澳大利亚蝙蝠狂犬病毒（*Australian bat lyssavirus*）	澳大利亚
水疱病毒属（*Vesiculovirus*）	
印第安纳水疱性口炎病毒（*Vesicular stomatitis Indiana virus*）	美洲
新泽西水疱性口炎病毒（*Vesicular stomatitis New Jersey virus*）	美洲
安拉高斯水疱性口炎病毒（*Vesicular stomatitis Alagoas virus*）	阿根廷、巴西
暂时热病毒属（*Ephemerovirus*）	
牛暂时热病毒（*Bovine ephemeral fever virus*）	亚洲、非洲、澳大利亚
春病毒血症病毒属（*Sprivivirus*）	
鲤春病毒血症病毒（*Carp sprivivirus*）	欧洲
白斑狗鱼春病毒血症病毒（*Pike sprivivirus*）	欧洲
粒外弹状病毒属（*Novirhabdovirus*）	
鲑粒外弹状病毒 / 传染性造血器官坏死病毒 （Salmonid *novirhabdovirus/Infectious hematopWOAHtic necrosis virus*）	欧洲、北美洲
鱼粒外弹状病毒 / 病毒性出血性败血症病毒 （Piscine *novirhabdovirus/Viral hemorrhagic septicemia virus*）	欧洲、北美洲

弹状病毒科成员对热一般不稳定，在 56℃或紫外线、X 射线作用下迅速灭活，对脂溶剂敏感。

二、狂犬病病毒

狂犬病病毒（*Rabies lyssavirus*）是引起人及动物急性致死性疾病狂犬病的病原体，该病表现为神经症状，有兴奋型及麻痹型两种。病毒在宿主体内潜伏期不等，最长可达几年，人类一旦发病死亡率几乎是100%。所有的恒温动物，如狗、猫、猪及野生食肉类的狼、狐、貉及松鼠、家鼠、蝙蝠和鸟类均可感染。目前，除日本、英国及新西兰等岛国外，世界各地均有发生。一般将在自然条件下感染的人或动物体内分离的毒株称为街毒或野毒，其特点是致病性较强。将街毒在兔脑内多次传代获得的弱毒株称为固定毒。

1. 形态特征

病毒颗粒呈子弹状，一端平坦或略凹状，另一端呈半圆形（图 15-2）。直径 75 ~ 80 nm，长度 170 ~ 180 nm。病毒有囊膜，表面棘状突起长 6 ~ 7 nm，系由糖蛋白（G）三聚体组成。G 蛋白覆盖除平端以外的整个病毒表面，是病毒的主要抗原蛋白，也是唯一的糖基化蛋白。囊膜内层是基质（M）蛋白，中央为紧密的螺旋

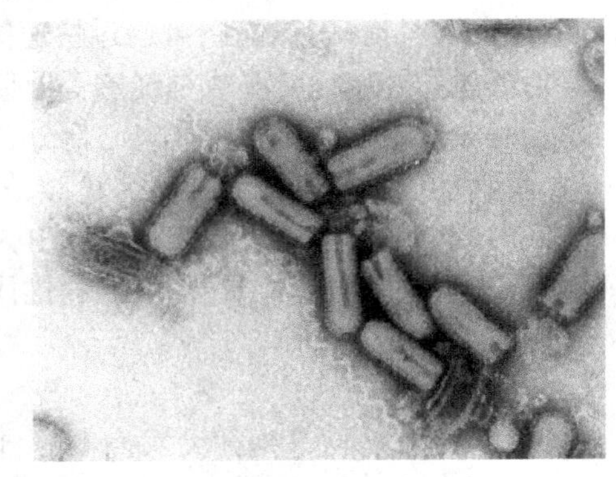

图 15-2　狂犬病病毒电镜图片

状核衣壳，直径约50 nm，由单链RNA基因组、N蛋白、L蛋白和P蛋白组成。典型病毒粒子对宿主的具有很强的致病性，毒力越强，免疫原性越好。而非典型病毒颗粒（缺陷病毒粒子）毒力较弱，免疫原性差，可干扰正常病毒粒子的复制，抑制典型粒子的形成，这种现象称“自滞现象”。

2. 基因组结构及其编码蛋白

狂犬病病毒的基因组为单股负链不分节段的RNA，全长11～15 kb。由基因组的3′端至5′端依次排列着N、P(NS)、M、G、L共5个结构基因，分别编码核蛋白(N)、磷蛋白(P)、基质蛋白(M)、糖蛋白(G)和大蛋白(L或RNA依赖的RNA聚合酶)。每个基因均由3′端非编码区、编码区和5′端非编码区三部分组成。在N基因前有50个核苷酸的先导序列，在L基因后有约70个核苷酸的非翻译区。G-L基因间的423核苷酸间隔序列是一个伪基因，在某些病毒可翻译成第6个mRNA，该基因极不稳定，是狂犬病病毒中变异最大的基因，在一定程度上反映着病毒的自然进化过程。

3. 理化学特性

不耐热，煮沸2 min或56℃经15～30 min可使病毒灭活。紫外线、蛋白酶、酸、胆盐、甲醛、乙醚、升汞和季胺类化合物以及自然光可迅速也降低病毒活性。冻干4℃条件下可保存数年。

4. 抗原性

狂犬病病毒的保护性抗原主要是糖蛋白G，街毒抗原性最好。在应用肽链图谱法鉴定发现，不同地区分离的街毒之间，存在抗原差异。根据病毒中和实验，将其分为四个血清型：血清Ⅰ型为狂犬病病毒、血清Ⅱ型为拉各斯蝙蝠狂犬病病毒、血清Ⅲ为蒙哥拉狂犬病病毒、血清Ⅳ为杜文哈根狂犬病病毒。血清Ⅰ型的疫苗对其他血清型基本没有保护作用。1993年Bourhy等根据N蛋白，将狂犬病病毒分为6个基因型，基因型Ⅰ～Ⅳ对应血清型的Ⅰ～Ⅳ，从德国和芬兰分离的欧洲蝙蝠狂犬病毒1型、2型分别为基因型的Ⅴ、Ⅵ、1997年6月在澳大利亚食果蝠分离的蝙蝠狂犬病病毒被定为基因Ⅶ型。7个基因型又分两个进化组，第一组包括1、4、5、6和7基因型，第二组包括2和3基因型，在同组内1种病毒的抗体可与其他病毒发生交叉反应，不同组之前没有交叉保护功能。近年不断有新的基因型被发现。

固定毒对原宿主的致病性有所下降，可作为疫苗株，应用单克隆抗体进行中和实验，发现固定毒和街毒之间在抗原组成上存在差异，这可能是疫苗保护作用不完全的原因。

5. 病毒培养

本病毒的培养可以用5～6日龄鸡胚绒毛尿囊膜、原代鸡胚成纤维细胞以及小鼠、仓鼠肾上皮细胞、BHK-21和Vero细胞等，在细胞质中可见到包涵体，包涵体内或附近有大量典型的病毒粒子及没有核心的中空粒子。BHK-21细胞对病毒极为敏感，产生明显的CPE，常用于血凝素抗原的制备、电子显微镜检查及疫苗的制备等。乳鼠脑内接种可获得高滴度的病毒，因此，常用于病毒的传代。

6. 病原性

狂犬病病毒几乎可感染所有的恒温动物，许多动物既是宿主也是传播媒介，犬和猫是该病毒向人类传播的主要媒介。被带毒或感染的动物咬伤是主要的传播途径，是否发病取决于咬伤的部位与程度以及带毒动物的种类，例如狐狸的每毫升唾液中可含10^6感染单位的病毒；也可对通过被感染的动物抓伤、带毒的分泌物污染空气，甚至通过角膜移植或偶然与蝙蝠接触而感染。

本病毒具有嗜神经性，可通过快速突触在体内转移。转移方向有两种：一是向心性传递，病毒从入侵部位，通过神经肌肉接头或神经感受器侵入外周神经，再沿脊髓到达中枢神经，导致脑脊髓炎；二是离心性扩散，病毒增殖后从中枢神经离心地分布至机体的组织内，特别是高度受神经支配的器官，如唾液腺。

发病动物主要表现为神经症状，人的临床特征是恐水、怕风、咽肌痉挛和进行性麻痹，流涎，对光、声敏感和瞳孔散大等，尤以恐水症状为突出，一旦发病，死亡率几乎是100%。本病的特征性病变是在感染神经元内出现嗜酸性包涵体，在海马回的锥体细胞以及小脑的Purkinje细胞内最易发现包涵体，即内基(Negri)小体。

7. 生态学

尽管野生动物等是狂犬病病毒的自然宿主，但最主要的发病动物犬是传播该病的主要媒介，其次是猫。蝙蝠在某些地区，如南美洲、少数欧洲、非洲地区是狂犬病的主要传播媒介。病毒主要侵染神经系统，如小脑、脑干、脊髓等，在外周器官中以唾液腺、舌部味蕾、嗅神经上皮等处含量最多。传播途径主要是皮肤、黏膜创伤感染，某些非创伤性感染途径如皮肤接触、消化道摄入、呼吸道吸入或溃疡面等也可能引起发病。

8. 微生物学诊断

依据是否有被病犬咬伤或抓伤史，以及出现典型症状如恐水、怕风、咽喉痉挛，或怕光、怕声、多汗、流涎和咬伤处出现麻木、感觉异常等即可作出临床诊断。实验室诊断在大多数国家仅限于获得认可的实验室及人员进行操作。

病原学诊断通常取脑或唾液腺等材料制成乳剂，给 5 ~ 7 d 龄乳鼠脑内接种。如 3 ~ 4 d 后乳鼠发病，即可取脑检查是否有包涵体及用于电镜观察。如没有发病可取脑后再如上传代，如果连续三代没有发病则为阴性。血清学检查方法包括病毒中和实验、血凝抑制实验、荧光抗体检查、ELISA 等方法，WHO 推荐以快速荧光灶抑制实验代替小鼠中和实验。采用 RT-PCR 技术检测组织中的病毒 RNA 也是常用的方法，比标准化的荧光抗体法敏感 100 ~ 1 000 倍。

9. 免疫防控

狂犬病是 WOAH 规定的通报疫病。应及时扑灭狂犬病患畜。注意监测带毒的野生动物。狂犬病的疫苗接种分为两类：一类是对犬、猫等动物的做的预防接种；另一类是对被动物咬伤后所做的紧急接种，即暴露后接种。常用的疫苗有活疫苗和灭活苗两类，毒株属血清Ⅰ型，其对主要经蝙蝠传播的 RV 保护性不好。

三、牛暂时热病毒

牛暂时热病毒（*Bovine ephemeral fever virus*，BEFV）又名牛流行热病毒或三日热病毒，是引起牛和水牛的急性传染病牛流行热的病原，其特征是突发高热、呼吸迫促、消化机能障碍、全身虚弱、僵硬和跛行。该病传播迅速，流行广泛，有一定的周期性。发病率可高达 100%，死亡率一般只有 1% ~ 2%，肉牛和高产奶牛可达 10% ~ 20%。其他相关知识见**数字资源**。

○ 牛暂时热病毒
○ 水疱性口炎病毒

四、水疱性口炎病毒

水疱性口炎（Vesicular stomatitis，VS）是由水疱性口炎病毒（*Vesicular stomatitis virus*，VSV）引起的多种哺乳动物的一种急性、高度接触性传染病，以节肢动物为媒介传播，可感染啮齿类动物及牛、猪、马等多种动物，也可感染人。VSV 有两个血清型：印第安纳型和新泽西型。其他相关知识见**数字资源**。

第四节　丝状病毒科

丝状病毒科（*Filoviridae*）有 4 个属，分别为马尔堡病毒属（*Marburgvirus*）、埃博拉病毒属（*Ebolavirus*）、滇丝病毒属（*Dianlovirus*）和库瓦病毒属（*Cuevavirus*）。马尔堡病毒属只包含一种病毒，即马尔堡病毒；埃博拉病毒属包含苏丹埃博拉病毒、扎伊尔埃博拉病毒、雷斯顿埃博拉病毒、科特迪瓦埃博拉病毒；滇丝病毒属代表种为勐腊病毒；库瓦病毒属包括库瓦病毒。库瓦病毒于 2010 年首次在西班牙的蝙蝠体内发现，勐腊病毒是我国于 2019 年分离的一种源自蝙蝠的新型丝状病毒，目前对勐腊病毒和库瓦病毒的研究还不全面。其中埃博拉病毒和马尔堡病毒是目前最为烈性的病原体之一，致病性强、致死率高，属于生物安全四级病原，只允许在少数特定的实验室从事研究和诊断。其他相关知识见**数字资源**。

○ 丝状病毒科

第五节 波纳病毒科

波纳病(Borna disease)是1895年在德国萨克森州波纳镇发现的一种马传染病,1925年确定其病原为病毒,1996年建立波纳病毒科(*Bonaviridae*)。波纳病毒可感染多种哺乳动物的中枢神经系统,是一种重要的人兽共患病原,禽类也易感。

波纳病毒科有3个属,哺乳动物1型正波那病毒(*Mammalian 1 orthobornavirus*)是正波那病毒属的代表种,引致波纳病。马的传染性脑脊髓炎,亦称马地方流行性脑脊髓炎,本病在德国曾周期性发生,之后在东欧、中东及北非相继发生,现已可能遍及全世界。

1. 病毒特性

波纳病毒呈球形,病毒粒子直径约90 nm,核心为50~60 nm;有包膜,表面有约7 nm的纤突。波纳病毒基因组为单分子负链RNA,约8.9 kb,含有6个开放阅读框,分别编码核蛋白N(p40)、磷蛋白P(p24)、基质蛋白M(gpl8)、糖蛋白G(p57)、非糖基化蛋白(p10)以及L-多聚酶。其中M和G蛋白可被糖基化修饰,P和L蛋白可被磷酸化修饰。P、N和p10蛋白可形成蛋白复合体,对病毒mRNA在核质穿梭过程中起重要作用。相对于N、P蛋白而言,只有为数很少的感染细胞表达G蛋白,而且G蛋白的表达仅仅局限于内质网和核衣壳中。

病毒能在Vero细胞、C6细胞和MDCK细胞上增殖,持续的细胞感染过程中没有细胞病变发生。活体培养最为常用的动物是兔和大鼠。病毒在细胞核内复制,产生核内包涵体。病毒对热、酸、脂溶剂和多种消毒剂敏感。在外界环境中,病毒能较长期地存活,水中可存活1个月,奶中可存活100天,腐败物中可存活3个月。

2. 抗原性及致病性

糖蛋白G具有病毒中和活性的抗原决定簇。而B细胞和病毒特异性抗体在波纳病毒感染的免疫发病机制中没有发挥重要作用,因为抗N或P的抗体缺乏保护能力。将感染波纳病毒的成年大鼠的免疫球蛋白过滤性转移到免疫缺陷受体,不会引起免疫病理,但能够限制病毒对神经组织的感染。

波纳病毒以水平传播为主,主要经消化道和呼吸道。易感动物通过接触病畜的唾液、鼻液、粪便、奶汁等感染,鼻腔是病毒进入机体的主要门户。此外,该病也可垂直传播。

在自然条件下不仅可以感染马、羊等家畜,还可以引起啮齿类动物感染,甚至是灵长类动物的感染。马和羊是波纳病毒主要的感染动物,潜伏期一般为3~4周,出现发热、厌食、便秘等体征,急性病例中主要表现吞咽困难、共济失调、运动障碍和瘫痪等神经症状,急性期持续1~3周。

3. 微生物学诊断及免疫防治

根据临床症状,可作出初步诊断,当马群和羊群出现神经系统受损的症状,应给予高度关注。采集患病动物脑组织匀浆后接种敏感细胞系如Vero细胞、C6细胞和MDCK细胞进行病毒分离培养。检测可进行间接免疫荧光、免疫印迹和酶联免疫吸附实验等。应用三联-ELISA法检测病毒抗原,此方法不仅可识别天然抗体,又可识别抗原,还可识别免疫复合物。也可用RT-PCR技术进行快速诊断。

针对本病的治疗,目前尚无商品化产品,但已有一些灭活、减毒或重组疫苗的研发。须采取综合防控,加强血清监测,当发生波纳病时,应第一时间扑杀感染动物,隔离可疑动物,及时处理感染动物的分泌物、污染的用具和场地。

复习思考题

1. 单股负链不分节段RNA病毒有哪些成员?简述其主要特性。
2. 简述新城疫病毒的微生物学诊断和免疫防治。
3. 简述犬瘟热病毒的临床症状和诊断方法。
4. 试述狂犬病病毒的致病特点和检测手段。

5. 描述波纳病毒科病毒的特性。

开放式讨论题

1. 新城疫发病率和死亡率高达100%,在我国危害严重,《国家中长期动物疫病防治规划(2012—2020年)》将其列为重点防范的一类动物疫病。新城疫疫苗对我国家禽新城疫的防控起着重要的推动作用。请查阅资料简述新城疫疫苗的研究进展。

2. 1976年在苏丹南部和刚果(金)的埃博拉河地区发现了埃博拉病毒,是一种能引起人类和其他灵长类动物发生埃博拉出血热的烈性传染病病毒,近几年埃博拉病毒的暴发给世界公共卫生安全造成重大威胁。请你根据所学知识制订埃博拉疫情防控方案,查阅资料讨论诊断方法。

Summary

Paramyxoviridae. *Paramyxoviridae* are responsible for some serious diseases e.g. Distemper, Rinderpest, Newcastle disease. Their control by vaccination/hygiene has been a veterinary success although they all remain endemic to parts of Africa and India. Respiratory syncytial virus cannot be well controlled by vaccination and it is the major cause of croup in babies and of respiratory diseases in calves. The genome RNA is negative sense, unsegmented and single stranded. Reassortment and antigenic shift cannot therefore occur. Major conserved immunodominant virus-specific antigens on F and HN mean vaccines protect against all isolates. *Newcastle disease virus* (NDV) is a world-wide disease of gallinaceous birds, e.g. chickens, guinea-fowl, turkeys, pheasants. NDV can also infect racing pigeons, psittacine birds and aquatic birds. Man, conjunctivitis, aerosol-vaccine operators should wear masks.

Rhabdoviridae. *Rhabdoviruses* infect a broad range of hosts throughout the animal and plant kingdom. Animal rhabdoviruses infect insects, fish, and mammals, including humans. They are enveloped and bullet-shaped RNA virions with short glycoprotein spikes. The prototypical and best studied rhabdovirus is vesicular stomatitis virus. Since it is easy to grow in the laboratory, it is a preferred model system to study the biology of Rhabdoviruses, and Mononegavirales in general. The mammalian disease Rabies is caused by Lyssavirus, of which several strains have been identified. Rabies are usually fatal. Two main forms are seen, one is furious, most common form in canidae, felidae and mustelidae: abnormal aggression, drool excessive saliva, attack without provocation. Territorial behaviour diminished resulting in disordered wandering. Incoordination, convulsions, coma and death follow within 3-10 days; the other is dumb or paralytic, most common in ruminants and horses but does also occur in dogs: paralysis of the lower jaw and drooling saliva, tremors and progressive paralysis then coma and death. In cattle there is ruminal tympany, tenesmus, sometimes diarrhoea. In dogs, a change in voice may be noted in howling or bellowing. Another type is hydrophobia, seen only in man.

第十六章　单股负链分节段 RNA 病毒

单股负链分节段的 RNA 病毒包括分节段病毒目（*Articulavirales*）和布尼亚病毒目（*Bunyavirales*）。虽然两个病毒目都是分节段的单股负链 RNA 病毒，但差异很大。分节段病毒目于 2018 年设立，有 2 个科，正黏病毒科（*Orthomyxoviridae*）在动物病毒中以流感病毒较为重要，核酸分 8 个节段，基因易发生重配，使病毒具有较高的变异率；罗非鱼病毒科于 2018 年建科，且只有罗湖病毒一个种。布尼亚病毒目于 2017 年设立，分 11 个科，包括泛布尼亚病毒科（*Peribunyaviridae*）、沙粒病毒科（*Arenaviridae*）和白纤病毒科（*Phenuiviridae*）等；泛布尼亚病毒科中赤羽病毒和施马伦贝格病毒是动物病毒中较为重要的病毒，核酸分 3 个节段；白纤病毒科的代表病毒为裂谷热病毒；淋巴细胞性脉络丛脑膜炎病毒是沙粒病毒科的代表，核酸由两条链组成。

第一节　正黏病毒科

一、概述

根据 ICTV 第八次报告，将正黏病毒科（*Orthomyxoviridae*）分为 7 个属，即甲型流感病毒属（*Influenzavirus A*）、乙型流感病毒属（*Influenzavirus B*）、丙型流感病毒属（*Influenzavirus C*）、丁型流感病毒属（*Influenzavirus D*）、鲑鱼传染性贫血病毒属（*Isavirus*）、索戈托病毒属（*Thogotovirus*）和夸兰扎病毒属（*Quaranjavirus*）。甲型流感病毒能感染禽类及多种哺乳动物，包括人、猪、犬、马、虎、狮子、猫等，乙型流感病毒仅感染人，丙型流感病毒感染人与猪，但极少引起严重疾病。索戈托病毒是以蜱为传播媒介的虫媒病毒，感染人类及家畜，在非、欧、亚洲发现。

甲、乙、丙三种流感病毒属主要依据病毒核衣壳蛋白（nucleocapsid protein，NP）和基质蛋白（matrix protein，M）的特征来分型。此外，甲型流感病毒又根据病毒粒子表面的血凝素（hemagglutinin，HA）和神经氨酸酶（neuraminidase，NA）抗原性的差异，进一步分为不同的亚型，迄今所发现的甲型流感病毒有 16 个 HA 亚型（H1 ~ H16）和 9 个 NA 亚型（N1 ~ N9）。不同的 HA 和 NA 之间组合可形成 100 多种亚型的甲型流感病毒。

世界卫生组织（WHO）1980 年规定的流感病毒命名规则为：型别 / 宿主名称 / 分离地区 / 编号 / 分离年份（HA、NA 亚型），若宿主是人则可省略。如 A/chicken/Guangxi/4989/2005（H5N1），即甲型流感病毒，宿主是鸡，从广西分离，编号为 4989，分离时间是 2005 年，为 H5N1 亚型。

1. 形态结构

流感病毒颗粒呈球形、椭圆形或丝状。在分离初多呈丝状结构，但经实验室培养传代后以球状结构占主体。球形病毒粒子直径 80 ~ 120 nm。平均 100 nm。甲、乙型流感病毒无形态学差异，丙型流感病毒表面膜蛋白的排列特殊，呈六面体。流感病毒具有囊膜。

2. 基因组特点

正黏病毒科病毒基因组为分节段的负链 RNA 病毒，有囊膜和纤突，囊膜来自宿主细胞膜，其表面镶嵌着三种膜蛋白，分别是 HA、NA 和 M2。HA 为棒状的血凝素蛋白，由同源三聚体组成；NA 为蘑菇状的神经氨酸酶蛋白，由同源四聚体组成；M2 是由基质蛋白的四聚体构成离子通道，插入囊膜与基质蛋白（M1）。丙型流感病毒只有 HEF 一种表面膜蛋白，具有结合受体、介导膜融合及受体破坏酶的功能。双层类脂质膜内为基质蛋白层（M）。病毒颗粒内部为螺旋型对称的核衣壳。核衣壳是由 NP 和 RNA 聚合酶复合体（PB2、PB1、PA）分别与病毒的 8 个 RNA 节段结合而成，直径约 10 nm。长度 50 ~ 60 nm。丙型流感病毒为 7 个节段，索戈托病毒为 6 个节段。

3. 病毒复制

与其他负链 RNA 病毒一样，流感病毒本身具有依赖 RNA 的 RNA 聚合酶功能，其 mRNA 是在宿主细胞内依赖本身的 RNA 多聚酶合成的。当病毒囊膜与宿主细胞膜融合后，病毒 RNA 进入核内，开始转录和复制。聚合酶蛋白 PB2 能识别并裂解帽子化和甲基化的宿主 mRNA，裂解在帽端(5′端)的 10～13 个核苷酸后的腺嘌呤(A)残基。加帽和甲基化的 mRNA 片段是流感病毒基因用于转录的引物，以此合成病毒 mRNA。mRNA 作为病毒蛋白合成的模板，翻译出病毒蛋白，然后转运至细胞核内。病毒 RNA 的复制不需要帽子化的 RNA 作为引物，复制由互补的 RNA(cRNA)，cRNA 又作为病毒 RNA 合成的模板。因为病毒基因组所有节段都包括相同的 5′端和 3′端，因此复制系统合成基因组各节段的效率相同。与其他 RNA 病毒不同之处是 RNA 的转录和复制均在宿主细胞核内进行。

每个 RNA 片段编码一至两个多肽，甲型流感病毒基因组的第 7(M)和第 8(NS)两个基因节段可分别合成两种以上的 mRNA，如 M 基因可合成 M1 mRNA 和 M2 mRNA，并在此基础上合成 M1 和 M2 两种蛋白质。乙型流感病毒基因编码与 A 型不同之处在于其 RNA 节段 6 编码 NA 和 NB 两种蛋白，而甲型流感病毒基因组第 6 节段仅编码 NA 一种蛋白。丙型流感病毒基因组的第 4 节段编码该病毒唯一的包膜糖蛋白。

4. 抗原变异特性

由于流感病毒的基因组是由 8 个 RNA 节段所组成，当宿主细胞同时被两种不同的流感病毒感染时，新生的病毒粒子可获得来自两个亲代病毒的基因节段，成为基因重组病毒。同型病毒的不同亚型毒株之间可以发生重组现象，但不同型病毒之间不能发生重组。基因重组是产生流感病毒抗原突变株的主要机制，并可能引起流感的大流行。另外，流感病毒 RNA 聚合酶缺少 DNA 聚合酶所具有的审阅功能，因此不能识别和修复病毒基因组复制过程中出现的错误，使子代病毒基因的复制不完全忠实于亲代病毒，结果也导致产生抗原突变株的概率增大。

5. 化学组成

据资料显示，流感病毒粒子的化学组成为：RNA 0.8%～1.1%，蛋白质 70%～75%，脂质 20%～24%，糖类 5%～8%。由于流感病毒的多形性，不同毒株的化学组成会有一些差异。

二、甲型流感病毒

1. 病毒形态

病毒粒子直径为 80～120 nm，平均约 100 nm。呈球形、杆状或长丝状。由鸡胚或细胞培养传代的病毒多为球形，从人或动物新分离出的病毒形态变异较大，有时可见丝状病毒，长可达数千纳米。病毒表面有一层由双层类脂质构成的囊膜，囊膜表面镶嵌着两种重要的纤突，并突出于囊膜表面，这两种纤突分别为血凝素(Hemagglutinin，HA)和神经氨酸酶(Neuraminidase，NA)。HA 形如棒状，是一种糖蛋白的同源三聚体，在病毒吸附过程中发挥作用。NA 呈蘑菇状，是一种糖蛋白的同源四聚体，参与病毒粒子的释放。另外，病毒囊膜表面还有一种由基质蛋白 M2 构成的离子通道，内与基质蛋白(M1)相连。双层类脂质膜内为基质蛋白层(M1)。病毒颗粒内部为螺旋型对称的核糖核蛋白复合体，直径约 10 nm。长度 50～60 nm，流感病毒形态结构见图 16–1。

2. 基因组结构及其编码的蛋白

甲型流感病毒属于单股负链、分节段的 RNA 病毒，其基因组由 8 个 RNA 节段组成(见图 16–1)。RNA 聚合酶复合体(PB2、PB1、PA)、NP 蛋白以及各个 RNA 节段结合在一起，组成了病毒的核心，称为核糖核蛋白复合体(ribonucleoprotein，RNP)。甲型流感病毒各个 RNA 节段 5′端的 13 个核苷酸和 3′端的 12 个核苷酸均高度保守，各亚型病毒间该保守区域的序列稍有差异。在每一节段靠近 5′端 15～21 核苷酸处有一保守区，其序列为 polyU，这一保守区在病毒 mRNA 合成时是产生 polyA 的信号。每个 RNA 节段的 3′端和 5′端分别有部分序列互补，因而 3′端和 5′端可以相互结合使病毒 RNA 环化形成锅柄样的结构，这对病毒 RNA 的复制具有重要意义。

甲型流感病毒基因组前 6 个节段分别含有一个开放阅读框，第 7 和第 8 个节段至少含有两个开放阅读框，所以甲型流感病毒至少编码 10 种蛋白质。各开放阅读框的大小以及编码蛋白的功能见表 16–1。

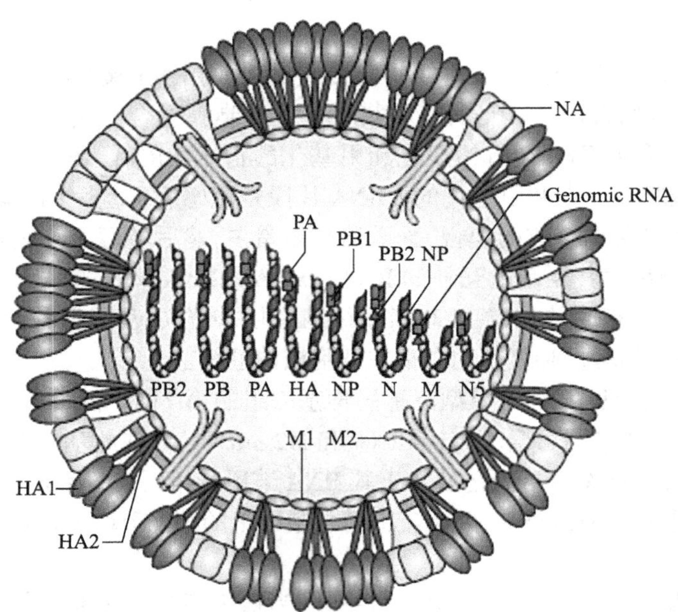

图 16-1　禽流感病毒粒子的模式图（引自 Hedestam，2008）

表 16-1　病毒基因及转录产物

RNA 节段	核苷酸长度 /bp	编码多肽	分子量	功能
1	2 341	PB2	85 700	识别并与宿主细胞 mRNA 帽子结合；与 PB1、PA 一起组成转录酶复合物
2	2 341	PB1	86 500	转录起始，转录酶复合物成员之一
3	2 233	PA	84 200	转录酶复合物成员之一，功能不详
4	1 778	HA	61 468	主要包膜糖蛋白，三聚体，与受体结合、胞膜融合有关，是主要抗原成分
5	1 565	NP	56 101	与 RNA 结合成核糖核蛋白复合体，RNA 转录成分
6	1 413	NA	50 087	胞膜糖蛋白，四聚体神经氨酸酶，表面抗原之一
7	1 027	M1	27 801	病毒颗粒主要成分，位于双层类脂膜下
		M2	11 010	胞膜蛋白，具有离子通道功能
8	890	NS1	26 815	非结构蛋白，参与调节 mRNA 合成
		NS2	14 216	非结构蛋白，功能不详

3. 抵抗力

甲型流感病毒与其他有囊膜病毒一样，对乙醚、氯仿、丙酮等有机溶剂敏感；对热也较敏感，56℃加热 30 min，60℃加热 10 min，65 ~ 70℃加热数分钟即丧失活性；病毒对低温的抵抗力较强，在有甘油保护的情况下，可保持活力一年以上，在 −70℃或冻干状态下可长期保持其感染性；直射阳光照射 40 ~ 48 h 可灭活病毒，紫外线直接照射可迅速破坏其感染力；某些蛋白酶对流感病毒的感染性也有很大的影响，用菠萝蛋白酶和胰凝乳蛋白酶处理病毒，可使其感染性和血凝活性全部丧失，而用胰蛋白酶处理，其感染性不仅不受影响，反而会增强其感染活性。这是因为前两种酶能破坏病毒粒子上的 HA，使病毒不能吸附宿主细胞，从而使其感染性和血凝性丧失，而胰蛋白酶能将 HA 降解为 HA1 和 HA2，这是病毒感染所必需的一个过程，因此其活性不受影响，对某些感染能力较低的病毒，经胰蛋白酶处理可提高其感染活性。

4. 抗原性

流感病毒有两类重要的抗原，它们分别为表面抗原和型特异性抗原。表面抗原主要指血凝素和神经氨酸酶，它们是病毒亚型分类的基本要素。型特异性抗原主要由核蛋白（NP）和基质蛋白（M）构成，它为各型流感病毒分类的要素。由于不同甲型流感病毒的血凝素（HA）和神经氨酸酶（NA）抗原性的不同，目前已发现有16种特异的HA和9种特异的NA，分别命名为H1～H16，N1～N9。在人的流感病毒，以前仅发现3个H抗原型（H1、H2、H3）和2个N抗原型（N1、N2），而16个HA亚型（H1～H16）和9个NA亚型（N1～N9）均可在禽类体内发现。各亚型病毒之间无交叉免疫反应。

5. 公共卫生安全

甲型流感病毒可感染各种动物，包括人、猪等哺乳动物和禽类。遗传学研究表明，人类流感大流行病毒都是通过种间传递的方式或者由动物流感病毒和当时的人流感病毒流行株杂交而来，其根源都是禽流感病毒。20世纪90年代意大利在猪体内发现了禽与人流感重组病毒，猪在人流感和禽流感之间充当了混合器的角色，并产生能感染人的新流感病毒。在1997年香港禽流感事件中，禽流感病毒首次突破种间障碍，不仅在猪体中重排，而且直接感染人，并且致人死亡。近几年泰国、越南、中国等国家暴发的禽流感已导致多人死亡。流行病学调查证据显示，禽流感直接感染人、虎、狮、猫等多种哺乳动物。由此可知，流感病毒对公共卫生安全是一个潜在的威胁。

（一）禽流感病毒

禽流感（avian influenza，AI）是由禽流感病毒（*Avian influenza virus*，AIV）引起的一种传染病，曾经被人们称为“真性鸡瘟”（fowl plague），是当今全球范围内严重危害养禽业的禽病之一。1901年科学家首次分离到禽流感病毒，但是直到20世纪70年代人们才开始注意到在水禽中广泛存在的禽流感病毒，禽是流感病毒的“基因库”，并对养禽业构成威胁。世界动物卫生组织（WOAH）把禽流感列为规定的通报疫病。

1. 主要生物学特性

(1) AIV血凝特性：AIV表面HA具有凝集多种动物红细胞的作用，并能被相应的抗血清所抑制。禽流感病毒对各种动物的凝集谱与新城疫病毒的凝集谱不完全相同，以此可鉴别这两种病毒，如禽流感病毒可凝集马、骡、驴、山羊、绵羊红细胞，而新城疫病毒对这些细胞不发生凝集作用。

(2) 抗原性及其变异：AIV表面抗原主要有HA抗原和NA抗原，内部抗原为NP和M。这些抗原均具有良好的免疫原性。AIV的内部抗原较为保守，表面抗原HA和NA变异频繁高，有时单独变异，有时同时变异，是禽流感病毒分亚型的主要依据。其变异有两种形式：抗原漂移（antigenic drift）和抗原转换（antigenic shift）。前者指编码NA和HA蛋白的基因发生点突变而导致HA或NA抗原性的微小变化。后者主要指编码HA或NA的病毒基因发生基因重组或交换而导致HA或NA抗原的完全改变，它致使病毒发生型的变异。由于甲型流感病毒各亚型之间抗体的交叉保护力差，所以当抗原转换导致新的亚型产生时，宿主对新亚型无免疫力，往往发生大流行。

(3) 毒力及其分子生物学基础：临床上禽类感染流感病毒从鸡群不表现临床症状到感染鸡群的100%死亡，流感病毒的毒力差异很大。在病毒感染过程中，HA必须经过蛋白酶切割变成HA1和HA2，HA对蛋白酶切割的敏感性直接影响到病毒的毒力。如果HA易于被切割，病毒就有较高的致病性，反之，则致病力就低。通过蛋白质生化及基因工程技术已经证明，HA切割位点的结构是影响切割性的主要原因。在切割位点插入碱性氨基酸序列，就容易切割，目前发现的甲型流感病毒亚型都可以分离出来，但高致病性的仅有H5和H7，这些高致病性毒株的HA序列与非致病性毒株有差别，尤其是切割位点附近，高致病性毒株HA1的羧基端含有较多的碱性氨基酸。

正是由于流感病毒的毒力相差较大，根据其致病性的不同分为高致病性禽流感病毒、低致病性禽流感病毒和无致病性禽流感病毒。世界动物卫生组织对高致病性禽流感病毒的划分标准有明确的规定：①用0.2 mL 1∶10稀释的无菌感染流感病毒的尿囊液，经静脉注射接种8只4～8周龄的易感鸡，在接种后10 d内能导致6只以上的鸡死亡，即判定为高致病性毒株；② 1～5只死亡的，但不是H5和H7亚型，则应将病毒接种于细胞培养物上，观察在胰蛋白酶缺乏时，是否引起细胞病变或蚀斑形成，如不能生长，则应考虑为非高致病性流感病毒；③对低致病性的所有H5和H7毒株和其他病毒，在缺乏胰蛋白酶的细胞上能够生长时，则应进行与HA有关的肽链氨基酸序列分析，如果分析结果和其他高致病性的流感病毒相似，则应考虑为高致病性流感病毒。

(4) 病毒培养：AIV可在鸡胚和细胞培养物上增殖。鸡胚增殖流感病毒是最常用的方法。因其操作简便，病毒对鸡胚比较敏感，病毒的繁殖滴度高，特别适用于病毒的初次分离。采用9～11日龄鸡胚，通过尿囊腔接种。病毒也可用鸡胚成纤维原代细胞培养。用于流感病毒增殖的敏感传代细胞主要有：MDCK细胞(幼犬肾细胞)，Vero细胞(非洲绿猴肾细胞)以及水貂肺上皮细胞(Mv1Lu细胞)、初生恒河猴肾细胞(pRhMK细胞)等。

研究发现，MDCK细胞比Vero细胞对流感病毒更加敏感，收获后MDCK细胞上的病毒滴度是Vero细胞上的1～2倍，这可能是由于MDCK细胞上的流感病毒受体多于Vero细胞，使更多的病毒吸附侵入。高致病性流感病毒接种MDCK细胞，在37℃培养48～72 h后可出现细胞病变，细胞表现为拉网状、圆缩、脱落等现象。

(5) 病原性：AIV的宿主广泛，鸡、火鸡、鸭、鹅、鹌鹑和雉鸡等家禽以及野鸟、水禽、海鸟等均可感染，其中以鸡和火鸡感染禽流感病毒后的危害最为严重。各种日龄的禽类均可感染。鸭是流感病毒分离最容易的宿主。近年来禽流感病毒感染人的病例也时有发生。

禽流感的临床症状可从无症状的隐性感染到100%的死亡率。一些无致病力的毒株感染野禽、水禽及家禽后，被感染禽无任何临床症状和病理变化，只有在检测抗体时才发现已受感染，但它们可能不断地排毒。由高致病力毒株感染鸡后则形成高致病力禽流感。其中鸡最敏感，临床症状多为急性经过。在发病后的5～7 d内死亡率几乎达100%。最急性的病例可在感染后24 h内死亡。有一定病程可表现以下特征：鸡冠和肉髯发绀；产蛋量明显下降；呼吸道炎症；头和面部水肿；腹泻和神经症状。这些症状并不是在一个群体里一次发病都能表现出来，但出现上述其中的几个特征可初步怀疑为本病。

鹅和鸭感染高致病力禽流感病毒后，主要表现为肿头，眼分泌物增多，分泌物呈血水样，下痢，产蛋率下降，孵化率下降，神经症状，头颈扭曲，啄食不准，后期眼角膜混浊。死亡率不等，幼龄鹅、鸭死亡率较成年鹅、鸭高。

(6) 生态学：20世纪90年代中期以前，流感病毒虽然一直存在于水禽体内，但很少有引起水禽发病的报道，通常认为，水禽是流感病毒的保存库，感染AIV的水禽在临诊上几乎都不表现疾病症状。禽流感病毒株随着时间的推移，对水禽的发病率和致死率越来越高，病毒毒力增强。近几年，我国爆发的禽流感常在水禽中引起高致死率。

水禽感染禽流感期间，主要从粪便中排毒，沿着粪便－水－口的途径传播。水禽的禽流感主要传播途径是水环境，禽流感病毒能在水体中长期保存，并随着水循环的扩散。会引起群体大规模疾病传播。在这种传播过程中，病毒要经过不断变异以更好的适应宿主，伴随着毒株毒力的不断增强，在水禽中引起大量发病。禽流感从水禽传给陆地家禽，其进化速度大大加快，变异适应后在陆地家禽类传播使病毒库中的基因不断丰富，增加基因重配和种间传播的机会。

2. 微生物学诊断

(1) 病毒分离：病毒分离是禽流感微生物诊断最经典的方法。一般在感染初期或发病急性期从死禽或活禽采病料样品。死禽可采集气管、肺脏、肝脏、肾脏、脾脏、泄殖腔等组织，活禽用灭菌棉拭子涂擦喉头、气管或泄殖腔，带有分泌物的棉拭子放入每毫升含有1 000 IU青霉素，2 000 IU链霉素，pH 7.2～7.6的Hanks液或25%～50%的甘油盐水。将上述病料经无菌处理后接种于9～11日龄的SPF鸡胚尿囊腔，0.2 mL/胚，每个样品接种4～5个胚，于37℃孵化箱内继续孵育。无菌收取24 h以后的死胚及96 h的活胚尿囊液，测定血凝价，若无血凝价或血凝价很低，则继续盲传2代，若仍阴性，则判定病毒分离阴性。当血凝滴度达1∶16以上时，则确定病毒分离为阳性，进而用鸡胚进行病毒中和实验，以新城疫、减蛋综合征等标准血清做对照，若该病毒不被新城疫和减蛋综合征血清抑制，可初步认定分离到的病毒为AIV。

(2) 血清学诊断：目前常用于禽流感检测的血清学方法主要由血凝(HA)和血凝抑制(HI)实验、琼脂扩散实验、ELISA、神经氨酸酶抑制实验、病毒中和实验。

HA主要用于AIV的鉴定，HI主要用已知单因子血清进行AIV的亚型鉴定，也可用来测定血清中的

HI 抗体滴度；琼脂扩散实验应用于 AIV 型的鉴定和流行病学的调查；由于 AIV 有共同的核衣壳和基质抗原，可用被感染鸡胚的尿囊液或尿囊膜研磨匀浆，反复冻融后取上清液作抗原，与已知禽流感抗血清作琼脂扩散实验，如为阳性，则进一步证实被分离病毒为 AIV。可分别用已知的抗 H1 ~ H16 亚型血凝素的抗血清以及抗 N1 ~ N9 亚型神经氨酸酶抗血清与已知病毒做微量抑制实验，以确定被分离病毒的 HA 与 NA 的亚型。

(3) 电镜观察：以鸡胚尿囊液制备负染样本进行电镜观察，可见直径为 80 ~ 120 nm，病毒具有囊膜，在囊膜表面有许多放射状排列的纤突，病毒粒子中心有一直径为 40 ~ 60 nm 的电子密度高的锥状核心，也可用免疫电镜进行鉴定。

(4) 分子生物学诊断方法：RT-PCR 分子诊断技术具有高度的敏感性和特异性，并可大大缩短对禽流感病毒的检出时间，克服了传统的禽流感诊断技术中病毒分离鉴定实验周期长的缺点。通过设计合成 AIV 核蛋白（NP）基因特异引物，建立了可以直接从临床病料的感染组织中检测所有亚型禽流感病毒的 RT-PCR 诊断技术，可大幅缩短流感病毒检测的时间。

另外，近年来，免疫胶体金试纸条技术也用于禽流感病毒的检测工作。胶体金免疫层析试纸条检测 AIV 抗体，特异性强，灵敏度高，检测结果可用肉眼直接判断，整个实验时间仅需 15 min 左右，不需要任何特殊仪器设备，可代替现有的血清学方法，适用于免疫鸡群免疫效果的快速检测、非免疫鸡群的流行病学调查、市场禽产品检疫、口岸检疫等方面。

3. 免疫防治

疫苗免疫是防止高致病性禽流感暴发的有效措施。由于分子生物学技术的飞速发展和基因重组技术的日渐成熟以及疫苗载体研究的深入，目前已研制出的 AI 疫苗有油乳剂灭活苗、基因工程亚单位疫苗，病毒活载体疫苗等。

(1) 全病毒灭活苗：是用甲醛灭活鸡胚增殖 AIV 的尿囊液辅以佐剂制成的油乳剂疫苗，是我国预防禽流感的常用疫苗。其优点是安全性好，抗原成分齐全，免疫原性强，不会出现毒力返强和变异的危险；缺点是不同亚型间不能产生交叉保护，免疫保护期短，需反复接种。但研究表明 AIV 在一个地区流行有优势毒株，一般只有 1 个血清亚型病毒流行，极少有 2 个或 2 个以上毒株同时感染，用单一亚型疫苗有利于其他亚型病毒的监测，免疫效果较好。

(2) 新型疫苗：亚单位疫苗是提取 AIV 具有免疫原性的 HA 蛋白，辅以佐剂而成。已有科研人员用杆状病毒表达系统生产 H5、H7 的重组 HA 佐剂疫苗，另外利用流感病毒反向基因操作技术，研制出了表达禽流感病毒 HA 抗原的禽痘重组活病毒载体疫苗。

（二）猪流感病毒

猪流感病毒（*Swine influenza virus*，SIV）是主要危害世界养猪业的传染病病原，是集约化养猪场普遍存在且难以根除的猪呼吸疾病。研究发现猪是禽流感和人流感的"混合器"，因此对猪流感的研究也有着重要的公共卫生意义。

1. 病毒血清型

猪流感流行的血清型主要是 H1N1 和 H3N2，另外 H5N1、H9N2 和 H7N7 等也曾有从猪体内分离到。

2. 病毒培养

一般实验条件下病毒的增殖培养，可选择 9 ~ 10 日龄鸡胚接种。同时猪流感病毒也可选用犬肾传代细胞（MDCK）、鸡胚成纤维细胞（BHK）、胎牛肾细胞、胎猪肾细胞、人二倍体细胞和常氏结膜细胞，最常用的是 MDCK。

3. 微生物学诊断

可采集活体病例鼻黏膜拭子样品分离病毒，将病料接种 9 ~ 11 日龄 SPF 鸡胚或非免疫鸡胚，置于 33 ~ 35℃孵化，弃除 24 h 内死亡的鸡胚，于 48 ~ 72 h 收集鸡尿囊液作 HI 实验。ELISA、中和实验、琼脂扩散实验、间接免疫荧光技术以及 RT-PCR 等实验也可用于本病的诊断。

4. 免疫防治

尽可能减少引起猪流感发生的外部因素，消除引发本病的诱因，如畜舍湿冷、拥挤、卫生不良等。实行全进全出的管理。对于可疑病猪应及时隔离；外调和引进猪只要严格检疫，并隔离观察30 d，健康无病时方可合群饲养，以免带入病原。

采用疫苗免疫是预防猪流感的最有效的方法。

（三）马流感病毒

马流感病毒（*Equine influenza virus*，EIV）是马属动物发生流感的病原。是一种急性暴发式流行的传染病，以发烧、结膜潮红、咳嗽、流浆液性鼻液－脓性鼻漏、母马流产等为主要症状。病理学变化为急性支气管炎、细支气管炎、间质性肺炎与继发性支气管肺炎。由于赛马等竞技项目的开展，马流感越来越受到世界范围内的关注。

1. 血清型

目前为止，EIV只发现H3N8和H7N7两种亚型，从20世纪90年代开始，世界各地发现的EIV分离株均为H3N8亚型，虽然不同分离株之间存在抗原漂移现象，但病毒各段基因的同源性均在90%以上。

2. 病毒培养

马流感病毒可在鸡胚中繁殖，也可在鸡胚成纤维细胞、仓鼠肾细胞、猴肾细胞、MDCK、牛肾细胞和仓鼠肺传代细胞增殖培养。

3. 微生物学诊断与免疫防治

主要用血凝抑制实验和酶联免疫吸附实验等。应用马流感双价（马甲1型和马甲2型）苗。第1年接种2次，间隔3个月，以后每年接种1次。发生疫情时，严格封锁，直至最后病例康复4周后解除封锁，同时防止健康马与病马接触。

其他流感病毒相关知识见**数字资源**。

○ 其他流感病毒

第二节　泛布尼亚病毒科

泛布尼亚病毒科（*Peribunyaviridae*）是最大的RNA病毒科。所有成员均属于虫媒病毒，蚊、蜱、白蛉和一些节肢动物为传播媒介。气溶胶也是一些病毒的主要传播方式。每种病毒一般只有特定的地理分布，适应一定的生态学环境。大多数病毒不感染家畜和人类，少数可引起重要疾病，其中兽医学有重要意义的病毒有赤羽病毒（*Akabane virus*）、施马伦贝格病毒（*Schmallenberg virus*）、加州脑炎病毒（*California encephalitis virus*）等。其他相关知识见**数字资源**。

○ 泛布尼亚病毒科

第三节　沙粒病毒科

沙粒病毒科（*Arenaviridae*）是最小的RNA病毒科之一，名为砂粒是因为在电镜下观察这类病毒粒子时，发现其含有若干个电子密度高的砂样粒子。本科病毒有4个病毒属，哺乳动物沙粒病毒属（*Mammarenavirus*）成员较多，已确认的有35个种，根据遗传学及血清学特性可分为2个亚群，即淋巴细胞性脉络丛脑膜炎病毒－拉沙病毒群（LCMV-LASV complex）和塔卡里伯病毒群（tacaribe complex），前者又称为旧大陆沙粒病毒群，有6种病毒，后者又称新大陆沙粒病毒群，有9种病毒。其他相关知识见**数字资源**。

○ 沙粒病毒科

第四节　白纤病毒科

白纤病毒科（*Phenuiviridae*）的名称来源于白蛉病毒属（*Phlebovirus*）和纤细病毒属（*Tenuivirus*）二者的词首。病毒感染宿主范围较广，包括人类、哺乳动物、节肢动物和植物等，包括19个病毒属，重要病原有白蛉热病毒和裂谷热病毒，其中前者仅对人有致病性。其他相关知识见**数字资源**。

○ 白纤病毒科

第五节　内罗病毒科

内罗病毒科(*Nairoviridae*)有 3 个属,其中正内罗病毒属有 15 个种,分布广泛,在非洲、亚洲、大洋洲、欧洲和美洲均有报道。病毒具有传染性强、致死率高的特点,能够引起多种严重的人类和动物传染病,病毒大多数通过蜱传播,少数经蚊传播。其中内罗毕病毒能引起绵羊的一种急性传染病,克罗米亚－刚果出血热病毒能引起人的出血热。近年来登革热疫情形势十分严峻。其他相关知识见**数字资源**。

○ 内罗病毒科

第六节　汉坦病毒科

汉坦病毒科(*Hantaviridae*)包括 4 个亚科,7 个属,其中正汉坦病毒属(*Orthohantavirus*)具有公共卫生意义。该属目前有 36 个种,本病毒属为非虫媒病毒,而且能在感染的啮齿动物长期或终生带毒。在东半球发现的某些成员引起人的肾综合征出血热,而在西半球的病毒引起人汉坦病毒肺综合征。汉坦病毒为非虫媒病毒,通过啮齿动物的粪便、尿和唾液传播。其他相关知识见**数字资源**。

○ 汉坦病毒科

复习思考题

1. 流感病毒应该如何检测与控制?
2. 流感病毒的结构有何特点?分类指标是什么?
3. 流感病毒该如何进行免疫防治?
4. 阐述禽流感病毒的致病机理。
5. 流感病毒有哪些培养方法?

开放式讨论题

结合病毒变异的基因重组方式,论述猪流感病毒的重要公共卫生学意义。

Summary

Orthomyxoviridae. The *Orthomyxoviridae* (orthos, Greek for "straight"; myxo, Greek for "mucus") are a family of RNA viruses that includes five genera: *Influenzavirus A*, *Influenzavirus B*, *Influenzavirus C*, *Isavirus* and *Thogotovirus*. The first three genera contain viruses that cause influenza in vertebrates, including birds (see also avian influenza), humans, and other mammals. *Isaviruses* infect salmon, *thogotoviruses* infect vertebrates and invertebrates, such as mosquitoes and sea lice. The three genera of Influenza virus, which are identified by antigenic differences in their nucleoprotein and matrix protein infect vertebrates as follows: *Influenzavirus A* cause of all flu pandemics and infect humans, other mammals (but not dogs or cows) and birds; *Influenzavirus B* infect humans and seals; *Influenzavirus* C infect humans and pigs.

Influenza A viruses are further classified, based on the viral surface proteins hemagglutinin (HA or H) and neuraminidase (NA or N). Sixteen H subtypes (or serotypes) and nine N subtypes of influenza A virus have been identified. Further variation exists; thus, specific influenza strain isolates are identified by a standard nomenclature specifying virus type, geographical location where first isolated, sequential number of isolation, year of isolation, and HA and NA subtype.

The influenza A virus particle or virion is 80–120 nm in diameter and usually roughly spherical, although filamentous forms can occur. Unusually for a virus, the influenza A genome is not a single piece of nucleic acid; instead, it contains eight pieces of segmented negative–sense RNA (13.5 kilobases total), which encode 11 proteins (HA, NA, NP, M1, M2, NS1, NEP, PA, PB1, PB1–F2, PB2). Flu viruses can remain infectious for about one week at human body temperature, over 30 days at 0℃ (32℉), and indefinitely at very low temperatures (such as lakes in northeast Siberia). They can be inactivated easily by disinfectants and detergents. Typically, influenza is transmitted from infected mammals through the air by coughs or sneezes, creating aerosols containing the virus, and from infected birds through their droppings. Influenza can also be transmitted by saliva, nasal secretions, feces and blood. Infections occur through contact with these bodily fluids or with contaminated surfaces.

Peribunyaviridae. *Peribunyaviridae* is a family of negative–stranded RNA viruses. Though generally found in arthropods or rodents, certain viruses in this family occasionally infect humans. *Peribunyaviridae* have tripartite genomes consisting of a large (L), medium (M), and small (S) RNA segment. These RNA segments are single–stranded, and exist in a helical formation within the virion. *Bunyaviridae* are vector–borne viruses. With the exception of Hantaviruses, transmission occurs via an arthropod vector (mosquitos, tick, or sandfly). Hantaviruses are transmitted through contact with deer or mice feces. Incidence of infection is closely linked to vector activity, for example, mosquito–borne viruses are more common in the summer. *Bunyavirus* morphology is somewhat similar to that of the Paramyxoviridae family; *Bunyaviridae* form enveloped, spherical virions with diameters of 90–100 nm. These viruses contain no matrix proteins. Human infections with certain *Bunyaviridae*, such as *Crimean–Congo* hemorrhagic fever virus, are associated with high levels of morbidity and mortality, consequently handling of these viruses must occur with a Biosafety level 4 laboratory.

Arenaviridae. Arenavirus is the only genus of *Arenaviridae*. The type species is *Lymphocytic choriomeningitis virus* (LCMV); it also includes the species responsible for Lassa fever.LCM is a rodent–borne viral infectious disease that presents as aseptic meningitis, encephalitis or meningoencephalitis. LCMV is an enveloped virus with a helical nucleocapsid containing an RNA genome consisting of two single–stranded RNA circles. The L strand is negative–sense RNA and encodes the polymerase while the S strand is ambisense and encodes the nucleo–protein and glycoproteins. LCMV is naturally spread by the common house mouse, Mus musculus. Once infected, these mice can become chronically infected by maintaining virus in their blood and/or persistently shedding virus in their urine. Chronically infected female mice usually transmit infection to their offspring, which in turn become chronically infected. About five percent of mice, hamsters and rodents are thought to carry the disease. Pet rodents can contract the virus after exposure to infected mice. The virus normally has little effect on healthy people but can be deadly for people whose immune system has been weakened.

第十七章　单股正链不分节段 RNA 病毒

单股正链不分节段 RNA 病毒包括套式病毒目(*Nidovirales*)、微 RNA 病毒目(*Picornavirales*)、黄病毒目(*Amarillovirales*)、马特利病毒目(*Martellivirales*)及星状病毒目(*Stellavirales*)等。

第一节　套式病毒目

套式病毒目(*Nidovirales*)主要包括冠状病毒科(*Coronavirdae*)、动脉炎病毒科(*Arterivirdae*)及杆套病毒科(*Ronivirdae*),它们之间虽然形态差异较大、遗传关系较远,但均有套式系列的转录方式,即基因表达通过一系列 3′ 端相同的亚基因组 mRNA 完成(图 17–1),这些亚基因组是通过不连续性转录机制转录得到的。

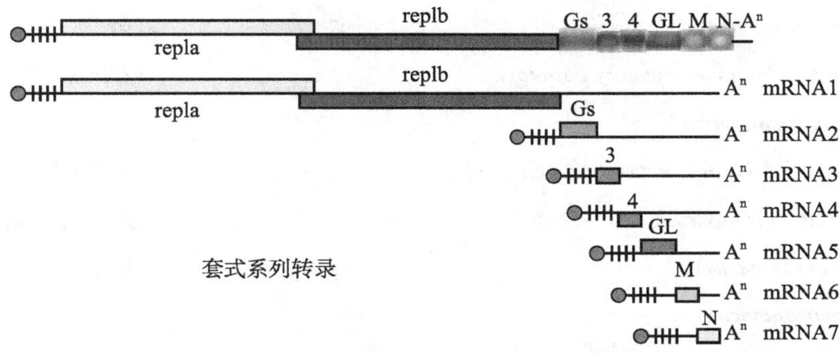

图 17–1　套式系列基因组及亚基因组示意图(马动脉炎病毒)(据 Murphy et al.,1999)

一、冠状病毒科

(一) 概述

冠状病毒科分为正冠状病毒亚科(*Orthocoronavirinae*)和勒托病毒亚科(*Letovirinae*)。勒托病毒亚科仅有一属一种,即甲型勒托病毒属(*Alphaletovirus*)的姬蛙勒托病毒 1 型(*Microhyla alphaletovirus 1*),主要感染饰纹姬蛙(*Microhyla fissipes*),致病性不详。正冠状病毒亚科分为 4 个属:甲型冠状病毒属(*Alphacoronavirus*)、乙型冠状病毒属(*Betacoronavirus*)、丙型冠状病毒属(*Gammacoronavirus*)及丁型冠状病毒属(*Deltacoronavirus*)。冠状病毒可侵染多种脊椎动物,在细胞质中增殖,通过带毒动物传播,分布具有世界性。在医学和兽医学中一些重要的冠状病毒见表 17–1。

表 17–1　医学和兽医学中一些重要的冠状病毒及其所致疾病

病毒名称	所致疾病
甲型冠状病毒属(*Alphacoronavirus*)	
人冠状病毒 229E(*Human coronavirus 229E*)	普通感冒
人冠状病毒 NL63(*Human coronavirus NL63*)	普通感冒
猪传染性胃肠炎病毒(*Porcine transmissible gastroenteritis virus*)	胃肠炎
猪流行性腹泻病毒(*Porcine epidemic diarrhea virus*)	胃肠炎
猫冠状病毒(*Feline coronavirus*)	腹膜炎、肺炎、脑膜脑炎、全眼球炎消瘦综合征或幼猫腹泻

续表

病毒名称	所致疾病
犬冠状病毒(*Canine coronavirus*)	肠炎
乙型冠状病毒属(*Betacoronavirus*)	
人冠状病毒 HKU1(*Human coronavirus HKU1*)	普通感冒
人冠状病毒 OC43(*Human coronavirus OC43*)	普通感冒
严重急性呼吸综合征冠状病毒(*Severe acute respiratory syndrome coronavirus*)	人类严重呼吸道疾病
中东呼吸系统综合征冠状病毒(*Middle East respiratory syndrome coronavirus*)	人类严重呼吸道疾病
牛冠状病毒(*Bovine coronavirus*)	胃肠炎
马冠状病毒(*Equline coronavirus*)	普通感冒
猪血凝性脑脊髓炎病毒(*Porcine hemagglutinating encephalomyelitis virus*)	呕吐、消瘦、脑脊髓炎
小鼠肝炎病毒(*Mouse hepatitisvirus*)	肝炎、肠炎、脑脊髓炎
大鼠冠状病毒(*Rat coronavirus*)	唾液腺炎等
犬呼吸道型冠状病毒(*Canine respiratory coronavirus*)	呼吸道疾病
丙型冠状病毒属(*Gammacoronavirus*)	
禽传染性支气管炎病毒(*Avian infectious bronchitis virus*)	支气管炎、肾炎等
火鸡冠状病毒(*Turkey coronavirus*)	肠炎(蓝冠病)
鸭冠状病毒(*Duck coronavirus*)	腹泻
丁型冠状病毒属(*Deltacoronavirus*)	
猪丁型冠状病毒(*Porcine deltacoronavirus*,PDCoV)	仔猪腹泻

完整的冠状病毒粒子由囊膜和核衣壳组成,常呈球形、肾形、棒状或多形性,直径 120 ~ 140 nm。由于囊膜表面纤突规则地排列成皇冠状而得名。冠状病毒由多种蛋白组成,由 S 蛋白构成的纤突具有附着细胞、细胞融合、红细胞凝聚的作用,有些病毒纤突还有血凝素酯酶。核衣壳呈螺旋对称,大小为 9 ~ 13 nm。

病毒粒子分子量为 4×10^8,在氯化铯中浮密度为 1.23 ~ 1.24 g/cm^3,在蔗糖中浮密度为 1.15 ~ 1.19 g/cm^3。沉降系数为 300 ~ 500 S。体外培养条件下,一些病毒对 pH 有一定的耐受性,在有 Mg^{2+} 存在时相对稳定,对热、脂溶剂、非离子去污剂、甲醇和氧化剂敏感。

基因组为不分节段单分子正股 RNA,全长 25 ~ 33 kb,是已知 RNA 病毒中基因组最大的。5′ 端有甲基化的帽子结构,3′ 端有多聚 A 的尾。基因组具有感染性。

抗原决定簇由囊膜、纤突和相应的主要结构糖蛋白组成,主要的病毒粒子蛋白有 S 蛋白和 HE 蛋白、补体结合实验(M 蛋白)检测。

(二) 禽传染性支气管炎病毒

禽传染性支气管炎(avian infectious bronchitis,IB)是由禽传染性支气管炎病毒(*Avian infectious bronchitis virus*,IBV)引起一种急性、高度接触传染性呼吸道疾病。IB 首发于 1930 年美国的北达科他州,1931 年 Schalk 和 Hawn 首次报道,1937 年 Beaudette 和 Hudson 首次在鸡胚内传代获得成功,并发现 IBV 可致鸡胚死亡,而且致死率随连续传代而逐渐增强。WOAH 将其列为通报疫病。我国 1972 年在广东首次证实存在 IBV。由于 IB 病型复杂,IBV 易发生变异、血清型众多,容易发生免疫失败,目前仍是危害世界和我国养禽业的重要疫病之一。

1. 形态特征

IBV 属于冠状病毒科 γ 冠状病毒属,是禽冠状病毒的一种。IBV 形态多样,但通常略呈球形,直径 80 ~ 120 nm,包含核衣壳和囊膜。病毒的囊膜由脂质双分子层组成,外侧有花冠状纤突(图 17-2),纤突蛋白(spike,S)由几乎相同大小的两个多肽组成,即 N 端的 S1 和 C 端的 S2,大部分在膜外,只有 C 端一小段疏水区埋入囊膜内。内部核衣壳呈螺旋对称,由核酸和碱性磷酸化的核衣壳蛋白(N 蛋白)组成。

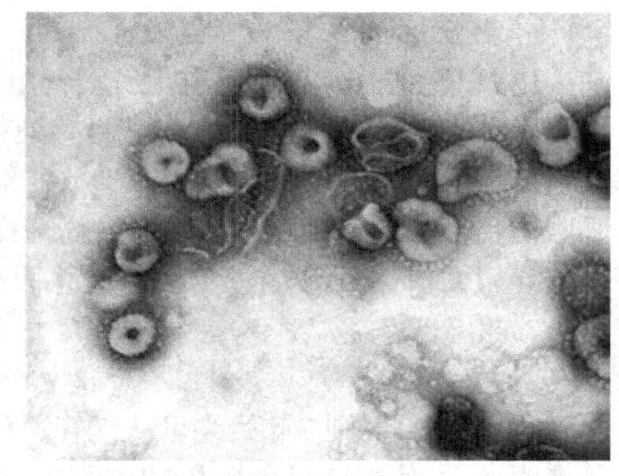

图 17-2　电镜下 IBV 的形态

2. 基因组结构特点

IBV 基因组为单股、正链、不分节段 RNA,与同属的火鸡冠状病毒基因序列亲缘关系较近。基因组大小约为 27.6 kb,不同毒株的长度可能略有差别。其中 5′ 端 2/3 的基因组编码具有活性的复制酶,包括依赖 RNA 的 RNA 聚合酶(RdRp)、螺旋酶和蛋白酶;3′ 端 1/3 的基因组编码结构蛋白。编码的结构蛋白主要有纤突蛋白(S)、小囊膜蛋白(E)、膜蛋白(M)和核衣壳蛋白(N)。S 蛋白构成了 IBV 囊膜表面的纤突,S 蛋白合成后被裂解为 S1 和 S2 两个亚单位,通过二硫键相连。S1 蛋白是纤突的主要构成成分,在纤突的膜外域,负责与细胞受体结合,被认为与血清型和致病性相关,S1 基因的高突变性也是造成 IBV 毒株多样性的重要原因;S2 主要部分嵌入病毒囊膜中,发挥锚定功能,介导 IBV 和细胞膜融合。N 蛋白作为核酸结合蛋白,在病毒基因组的复制过程中起着重要的作用,参与病毒基因组的包装和成熟等调节过程。M 蛋白与 N 蛋白的相互作用使其结合在囊膜表面来促进病毒出芽,同时对 S 蛋白的定位也起到决定性作用。E 蛋白与 M 蛋白协同参与 IBV 的组装和出芽。

3. 理化特性

IBV 对外界环境抵抗力不强,多数毒株在 56℃ 15 min、45℃ 90 min 即被灭活。在鸡胚尿囊液中加入 20% 马血清或 1 mol/L 的 $MgCl_2$ 可提高病毒对热的稳定性。耐酸不耐碱,在 pH 6.0 ~ 6.5 条件下培养比在 pH 7.0 ~ 8.0 条件下稳定,在细胞培养时以 pH 6.5 ~ 7.5 为宜。病毒对乙醚、酒精、氯仿、胆盐和其他脂溶剂敏感,但 20% 的乙醚只能降低病毒的滴度而不能使其完全灭活。IBV 低温保存时稳定,冻干或加 50% 的甘油盐水都是保存病毒的良好方法。

4. 抗原性

IBV 血清型是通过病毒中和实验确定的,目前全世界已经发现并命名的 IBV 血清型达数十种,一些新的血清型还在不断出现,不同血清型毒株之间通常缺乏良好的交叉保护。由于 IBV 的抗原性差异主要由病毒编码的纤突蛋白中的 S1 蛋白区段所决定,S1 蛋白在诱导 IBV 保护性免疫反应中起主要作用,因此采用全长 *S1* 基因序列进行分型研究,目前已经得到广泛应用。随着 *S1* 基因序列差异增大,毒株间的交叉保护程度减弱。QX 型和 TW1 毒株是我国目前流行的两种优势基因型。

5. 病毒培养

IBV 能在鸡胚、鸡胚气管和多种鸡胚细胞上生长,但初次分离最好用鸡胚。IBV 在 9 ~ 11 日龄的鸡胚中生长良好,用自然毒初次接种,多数鸡胚存活,但随传代次数的增加,对鸡胚的毒力增强,到第 10 代时可引起 80% 的鸡胚死亡。鸡胚接种病毒后的主要病变特征是鸡胚发育受阻、不生长,出现卷曲胚,明显比同日龄未接毒的鸡胚小(图 17-3)。

此外,IBV 还能在 10 ~ 18 日龄的鸡胚肾细胞、肺细胞、肝细胞、成纤维细胞培养物上增殖,以鸡胚肾(chick embryo kidney,CEK)细胞和鸡肾(chicken kidney,CK)细胞最敏感。IBV 在 CEK 或 CK 上增殖时,在 14 ~ 16 h 培养液中病毒滴度达到最高值,但病毒滴度比鸡胚中低 10 ~ 100 倍。IBV 也可在 Vero、BHK-21 上生长,不能在 Hela 细胞上增殖,经多次传代后出现细胞空斑病变,大小因毒株不同而有差异。

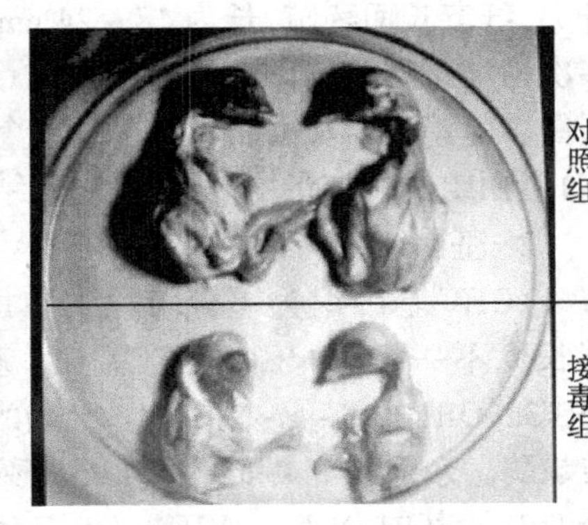

图 17-3　9 ~ 11 日龄鸡胚接种 IBV 的病变特征

6. 致病性

IBV可在哈德腺、呼吸道、肠道、肾脏、输卵管和公鸡的睾丸等多种组织器官中复制。一般来说不论IBV分离株来自何种组织，它们都易感染鸡的呼吸道并在气管产生特征性病变，一些IBV野毒株还会引起严重的呼吸道疾病并伴有死亡。少数的毒株（如澳大利亚T株）主要引起肾脏病变，但极少引起感染鸡的呼吸道炎性反应。IBV对母鸡的生殖道具有较强的致病性。易感产蛋鸡中，不同IBV毒株引起的致病效应差异很大，有的只引起蛋壳色素变化而产蛋量不下降，有的则可引起产蛋量下降10%～50%。

7. 生态学

本病一年四季均可发生，冬天最为严重。病毒可在宿主呼吸道、消化道、肾等多种组织内增殖。人工接种后从第24 h到7 d始终可从气管、肾、法氏囊中分离出病毒，但主要通过呼吸道排毒，传播速度很快，传播距离远，使整栋鸡舍鸡群同时发病。病毒也可存在于感染鸡的精液和蛋内，引起垂直传播。

8. 微生物学诊断

根据流行病学、临床症状和病理变化特征可初步确诊，最终确诊需进行实验室诊断。

病毒分离鉴定：IBV采样的组织包括气管、泄殖腔、肾脏、腺胃、盲肠扁桃体和输卵管等。用鸡胚分离IBV，病毒在鸡胚连续传代后特征性的发育受阻，胚体明显卷缩和变小对本病具有诊断意义。此外，还可以用气管环培养。利用18～20日龄的鸡胚，取1 mm厚气管环做旋转培养，37℃培养24 h，在倒置显微镜下可见气管环纤毛运动活泼，感染IBV后1～4 d可见纤毛运动停止，继而上皮细胞脱落，此法可用作IBV分离、毒价滴定，若结合病毒中和实验则还可做血清分型。进一步鉴定可用RT-PCR等分子生物学技术和血清学检测方法，如琼脂扩散实验（AGP）、免疫荧光实验（IFA）、血凝抑制实验（HI）和ELISA技术等。

9. 免疫防治

目前关于IB的防控主要还是依赖于疫苗免疫接种，弱毒疫苗主要用于肉鸡的免疫以及种鸡和蛋鸡的首免，灭活油乳剂疫苗则主要在种鸡及蛋鸡开产前使用。当前我国批准使用的活疫苗主要有两种血清型：①Mass型，常用毒株包括H120、H52、Ma5、W93等；②tl/CH/LDT3/03型，其代表毒株为LDT3-A株。灭活疫苗均是以Mass型的M41毒株作为生产用种毒。虽然IBV不同血清型/基因型毒株之间的交叉保护性较低，生产中又不可能及时研制获得针对所有流行毒株血清型的疫苗，但研究发现通过现有疫苗毒株组合进行联合免疫可对其他血清型的毒株提供更加广谱的交叉免疫保护。

（三）猪传染性胃肠炎病毒

猪传染性胃肠炎（transmissible gastroenteritis of swine，TGE）是由猪传染性胃肠炎病毒（*Transmissible gastroenteritis virus*，TGEV）感染引起猪的一种以呕吐、水样腹泻为主要特征的高度接触性传染病，属于WOAH规定的通报疫病。

1. 形态特征

TGEV是一种多形态的有囊膜病毒，病毒粒子呈圆形、椭圆形或不规则形态，直径为60～160 nm。囊膜由双层脂质组成；在脂质双层中穿插有3种糖蛋白（M、S、SM）。纤突（S）糖蛋白为囊膜上覆盖的花瓣状纤突，纤突长而稀疏，长为18～24 nm，以极小的柄连接在囊膜表面，末端呈球状，直径10 nm左右；M蛋白多次横穿脂质双层，是构成内部核心结构和囊膜的成分；SM蛋白也镶嵌于囊膜中，数量远少于其他膜相关蛋白。电镜负染观察病毒粒子有一个没有特征的核心，内部具有一个呈串珠样的丝状物是RNA和核衣壳（N）蛋白组成的核蛋白芯髓，呈螺旋结构，直径为9～16 nm。

2. 基因组结构特点

TGEV基因组为不分节段的单股正链RNA，全长约为28.5 kb。包含有5′端甲基化的帽子结构，3′端长度不一的Poly（A）尾巴结构。基因组有9个开放阅读框（ORF），结构顺序为5′-ORF1a-ORF1b-S-ORF3a-ORF3b-E-M-N-7-3′。5′端的基因1包含ORF1a和ORF1b两个ORFs，分别编码病毒的复制酶和转录酶。余下的3′端的约8.4 bp序列中含6个基因，除基因3有两个ORFs（ORF3a，ORF3b）外，皆只有一个ORF。其中ORF2、ORF4、ORF5和ORF6分别编码病毒的纤突（S）蛋白、小膜（sM）蛋白、膜内（M）蛋白和核衣壳（N）蛋白，另外3个ORF编码病毒的非结构蛋白。

3. 理化特性

病毒粒子在蔗糖中的浮密度为 1.16 ~ 1.208 g/cm^3，在氯化铯中的浮密度为 1.20 ~ 1.23 g/cm^3。病毒在冻存条件下非常稳定，-80℃ 1 年滴度不发生明显下降。不耐热，加热 65℃经 10 min 或 56℃经 45 min 全部失活。病毒在可见光、紫外线照射下迅速灭活，对乙醚、氯仿和去氧胆酸钠敏感，对胆汁有抵抗力，耐酸，在经乳酸发酵的肉制品里病毒仍能存活。

4. 抗原性

TGEV 只有一个血清型，各毒株之间有密切的抗原关系，但也存在广泛的抗原异质性。TGEV 与其他一些冠状病毒之间也存在着抗原相关性。通过序列分析，TGEV 与猪呼吸道冠状病毒（PRCV）全部核苷酸和氨基酸序列具有 96% 的同源性，表明 PRCV 是由 TGEV 突变而来，并能诱导机体产生交叉保护。与犬冠状病毒（CCV）、猫传染性腹膜炎病毒（FIPV）、猫肠道冠状病毒（FECV）之间也存在抗原相关性。

5. 病毒培养

TGEV 可在本动物或细胞系上繁殖，其中较敏感的细胞有猪甲状腺细胞、唾液细胞、猪睾丸（ST）细胞以及胎猪和猪肾细胞。其中，猪睾丸细胞、猪肾细胞株 IBRS-2 和 PK-15 是实验室常用的细胞系。在初代培养时，适应细胞较为困难，CPE 可能是短暂或轻微的，有时仅能观察到几个点，容易被忽略。当病毒适应传代细胞后，出现明显的细胞变圆、变亮，细胞融合，聚集呈小丘状，继而脱落等病变，但某些毒株盲传多代也不出现病变。病毒增殖并成熟于细胞质中，通过内质网出芽，从感染细胞排出后常见其排列于宿主细胞膜上。

6. 病原性

TGEV 的自然宿主主要是猪，不同年龄和品种的猪均易感染。TGE 的潜伏期较短，最快于感染后 24 h 内发病。成年猪和仔猪感染后表现症状不同，仔猪呕吐、水样腹泻，粪便呈黄绿色或白色，夹有凝乳块，病猪的水、电解质大量流失，进而导致脱水、消瘦，死亡率高达 100%；成年猪感染后，几乎不死亡，通常只出现食欲不振，耐过后少数呈发育不良。

7. 生态学

TGEV 存在于猪的各器官、体液和排泄物中，但主要存在于猪的空肠和十二指肠，其次为回肠。人工感染猪接种后 104 d 能从肠及肺内检出病毒，康复猪粪便排毒可达 8 周。对 2 周龄的仔猪具有高度的致死率，死亡率可达 100%，5 周龄以上仔猪死亡率较低，成年猪几乎没有死亡，但常造成生产性能下降，饲料报酬率降低，经济损失较大。TGEV 可通过直接接触传播，也可由病猪排出的粪尿、乳汁等污染饲养环境，健康猪经消化道和呼吸道接触到被污染的饲料、粪便、呕吐物等而感染病毒。

8. 微生物学诊断

可根据流行病学、临床症状、病理变化对本病作出初步诊断，确诊尚需进一步进行实验室诊断。

(1) 病原学诊断：取 TGE 病猪的空肠或回肠黏膜、肠内容物以及腹泻粪样，离心后取上清液过滤，接种于易感细胞（如 PK-15、IBRS-2、ST），传至出现较稳定的 CPE 后，即可用于检测。

(2) 血清学诊断：猪感染 TGEV 后 7 ~ 8 d 即可在血清中检测出抗体，且至少可持续 18 个月。TGEV 血清学诊断方法最常用的是中和实验、免疫荧光抗体技术和 ELISA 实验。

(3) 分子生物学诊断：反转录聚合酶链式反应（RT-PCR）和荧光定量（RT-PCR）可对 TGEV 进行快速检测。

9. 免疫防治

不从疫区或病猪场引进猪只，对从正常猪场引进猪须进行隔离观察。当猪群发病时，应立即隔离病猪，并对猪舍、环境、用具和运输工具等进行消毒。对病猪进行对症治疗，加强护理，停止哺乳或喂料。我国已有猪传染性胃肠炎与猪流行性腹泻二联灭活苗和弱毒苗，大多数在妊娠母猪产前 20 ~ 40 d 接种，可以使母猪产生抗体对仔猪产生被动保护。

(四) 猪流行性腹泻病毒

猪流行性腹泻病毒（*Porcine epidemic diarrhea virus*，PEDV）是引起猪呕吐、腹泻和脱水为主要临床症状特征的猪肠道传染病的病原，临床症状与 TGE 类似。不同年龄和不同品种的猪均易感，但对哺乳仔猪的危害最为严重。

PEDV病毒粒子形态与TGEV无区别，在粪便样品中病毒粒子呈多形性，但多倾向于球形，直径95～190 nm，囊膜上有纤突，长为18～23 nm。基因组大小约为28 kb，具有典型冠状病毒的套式系统结构。

病毒的抵抗力不强，一般消毒剂都能将其杀死。对脂溶剂敏感，在有Mg^{2+}存在情况下对热稳定性下降。4℃ pH 5.0～9.0、37℃ pH 6.5～7.5之间稳定，在蔗糖中浮密度为1.18 g/mL。

病毒的培养多用Vero细胞，经免疫荧光、免疫电镜实验、交叉中和实验等证明，PEDV与本科的其他病毒之间抗原性上不同，无交叉抗原。

由于PED与TGE在流行病学、临床症状和剖检变化上非常相似，因此临床上很难确诊，需进行实验室诊断才能对本病毒确诊。目前常用的实验室诊断方法有免疫电镜法、免疫荧光法、血清中和实验、ELISA法和RT-PCR等方法。

（五）犬冠状病毒

犬冠状病毒病是由犬冠状病毒（*Canine coronavirus*，CCV）感染引起犬的一种以胃肠炎为主要症状的高度接触性传染病，世界各地均有感染的报道。

CCV具有多形性，但多呈圆形，直径80～200 nm。病毒有囊膜，呈典型的冠状病毒形态。基因组为不分节段单股正链RNA，具有感染性，多顺反子，5′端有帽子结构，3′端有poly（A）尾。基因组为27～31 kb，编码结构蛋白主要有S、sM、M和N。

CCV对热敏感，对乙醚、氯仿、去氧胆酸盐等脂溶剂敏感，易被福尔马林、紫外线等灭活，对酸和胰酶有较强的抵抗力。在pH 3.0、20～22℃条件下不能被灭活，这可能是该病毒经胃后仍具有感染性的原因。目前尚未发现CCV具有血凝性。

病毒可以在犬源和猫源的多种原代细胞和传代细胞上增殖并产生多核巨细胞。

CCV可侵染犬、貉、狐和狼等动物，且宿主有不断扩大的趋势，许多野生动物如大熊猫、虎、狮等也有感染并发病的报道。不同年龄、性别、品种的犬均可感染，但幼犬的发病率和死亡率较高。

CCV通常引起温和的、自限性肠道疾病，患犬以突然出现呕吐和有恶臭的腹泻为特征。多数感染后无症状，但幼犬反应严重，可引起严重肠炎、肠黏膜上皮细胞病变。CCV可单独致病，也可与犬细小病毒、腺病毒等病原混合感染，当CCV同犬细小病毒2型混合感染时，出现严重的出血性肠炎。

CCV感染多发生于冬季，并经常成窝或在引进感染犬时爆发。病犬和带毒犬是本病的主要传染源。经呼吸道、消化道随口涎、鼻液、粪便等排毒，污染饮料、饮水、笼具和周围环境，直接或间接的传给易感动物。CCV在粪便中可存活6～9 d，在水中也可保持数日的传染性，因此一旦发病很难控制。

由于CCV感染的流行特点、临床症状以及病理剖检缺乏特征性变化，加之经常与犬瘟热病毒、犬细小病毒、犬传染性肝炎病毒等混合感染及细菌性继发感染而使其诊断较困难，确诊需进行实验室诊断。诊断方法主要有电镜观察、病毒分离、荧光抗体技术、ELISA、中和实验及RT-PCR等方法。
CCV感染以预防为主，目前有灭活苗应用。

（六）其他冠状病毒

相关知识见**数字资源**。

○ 其他冠状病毒

二、动脉炎病毒科

（一）概述

2020年的ICTV分类报告将动脉炎病毒科依据基因结构和大小、遗传演化和宿主范围分为6个亚科13个属，属的名字以希腊字母命名，分别为α动脉炎病毒属（*Alphaarterivirus*）、β动脉炎病毒属（*Betaarterivirus*）、γ动脉炎病毒属（*Gammaarterivirus*）、δ动脉炎病毒属（*Deltaarterivirus*）和ε动脉炎病毒属（*Epsilonarterivirus*）等。兽医学有重要意义的病毒包括马动脉炎病毒（*Equine arteritis virus*，EAV）、猪繁殖与呼吸综合征病毒（*Porcine reproductive and respiratory syndrome virus*，PRRSV）、鼠乳酸脱氢酶升高病毒（*Lactate dehydrogenase- elevating virus*，LDV）和猴出血热病毒（*Simian hemorrhagic fever virus*，SHFV）等。

动脉炎病毒具有独特的侵染特异性，大部分感染相应的哺乳动物单核巨噬细胞，但感染宿主的结果不同，有持续无症状的带毒状态，也有流产、致命的依赖性脊髓灰质炎或致死性出血热相关的急性疾病。病毒间无相关抗原性，无血清交叉反应。目前兽医学相对重要的动脉炎病毒主要为 EAV 和 PRRSV。

EAV 引起马病毒性动脉炎，该病是一种以脉管炎诱发水肿、出血和孕马流产为特点的传染性疾病。1957 年，EAV 在美国俄亥俄州 Bucyrus 市流产马胎儿肺中首次分离并命名，后将其称为动脉炎病毒原型株（Bucyrus 株）。

EAV 和 PRRSV 都是单股、正链、有囊膜的 RNA 病毒，两者的基因组结构和复制方式相似。以 PRRSV 为例进行介绍。

（二）猪繁殖与呼吸综合征病毒

猪繁殖与呼吸综合征（*porcine reproductive* and *respiratory syndrome*，PRRS）是世界公认的对养猪业具有重要经济影响的病毒性传染病之一，在临床上该病以母猪严重的繁殖障碍和各生长阶段猪的呼吸道疾病为特征。1987 年，该病首先发生于美国北卡罗来纳州，随后于 1990 年在德国被发现，并迅速在北美、欧洲各地传播与流行。PRRS 的病原为猪繁殖与呼吸综合征病毒（*Porcine reproductive and respiratory syndrome virus*，PRRSV），先后于 1991 年在荷兰及 1992 年在美国分离并鉴定。我国于 20 世纪 90 年代中期发现 PRRS 疫情，并确认病原。2006 年，我国出现高致病性 PRRSV 并广泛流行，引发以急性、高热（＞ 42℃）、高发病率（100%）和高死亡率（30% ~ 100%）为特征的临床疫情，给我国养猪业造成了难以估量的经济损失。PRRS 是 WOAH 规定通报的疫病。

1. 形态特征

PRRSV 属于动脉炎病毒科 β 动脉炎病毒属。病毒粒子呈球形、大小为 60 ~ 65 nm，是有囊膜的单股正链 RNA 病毒。核衣壳呈二十面体对称结构，直径 25 ~ 35 nm。在蔗糖和氯化铯中的浮密度分别为 1.14 g/cm³ 和 1.19 g/cm³。病毒的形态结构见图 17-4。

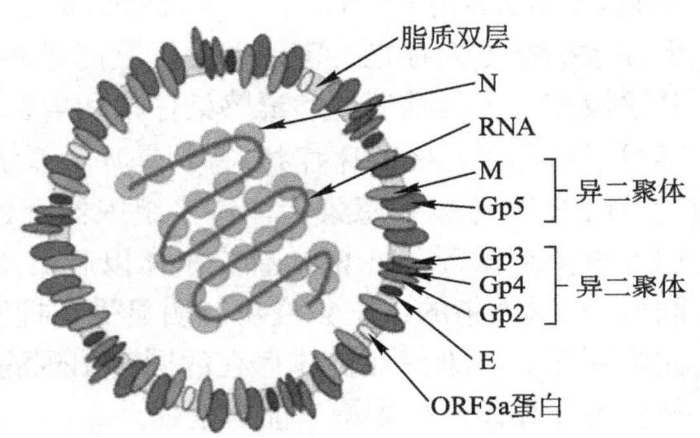

图 17-4 PRRSV 结构示意图

2. 基因组结构特点

PRRSV 分为 2 个基因型，即基因 1 型（欧洲型）和基因 2 型（北美洲型），前者以在荷兰分离到的 Lelystad virus（LV）为代表毒株，后者以在美国分离到的 VR-2332 为代表毒株。2016 年 ICTV 将基因 1 型 PRRSV 和基因 2 型 PRRSV 定为 2 个种，分别称为 PRRSV 1 和 PRRSV 2。最新的病毒学分类将原来的 PRRSV1（基因 1 型）和 PRRSV2（基因 2 型）划为欧洲猪 β 动脉炎病毒亚属（*Eurpobartevirus*）和美洲猪 β 动脉炎病毒亚属（*Ampobartevirus*）。PRRSV 的基因组全长约 15 kb，并具有 5′ 端帽子结构和 3′ 端 poly(A)尾，包含已知的 12 个开放阅读框：ORF1a、ORF1a-TF、ORF1a-N、ORF1b、ORF2(2a 和 2b)、ORF3、ORF4、ORF5、ORF5a、ORF6 和 ORF7，还有 5′ 端和 3′ 端的非编码区（UTR），PRRSV 的基因组结构见图 17-5。ORF 1a 和 ORF1b 是病毒复制相关基因，占据基因组的四分之三，编码 2 个复制多聚蛋白（polyprotein）pp1a 和 pp1ab，pp1a 和 pp1ab 被切割成至少 16 个病毒非结构蛋白（NSP），与病毒复制、基因组转录和翻译等相关。ORF2-7 编码病毒的结构蛋白 GP2a、E（2b）、GP3、GP4、GP5、GP5a、M 和 N 蛋白。

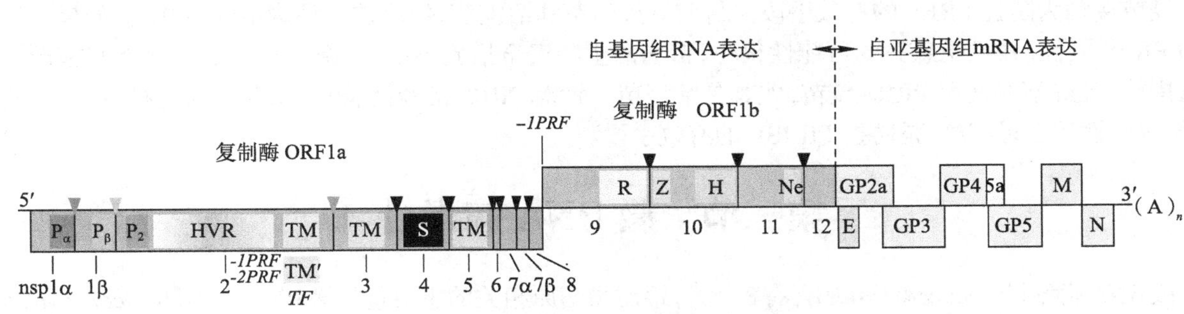

图 17-5 PRRSV 的基因组结构图

3. 理化特性

PRRSV 在 pH 小于 6.5 或大于 7.5 时会丧失大部分活性，在高温和干燥条件下容易失活；56℃ 40 min 或 37℃ 48 h 可使病毒粒子丧失感染活性，置于 -20 ~ -80℃低温条件下可长期存活；对乙醚和氯仿等有机溶剂敏感。

4. 抗原性

作为一种正链 RNA 病毒，PRRSV 具有广泛的变异与毒株多样性，根据 ORF5 和 ORF7 基因的核苷酸序列分析将 PRRSV 1 分为 3 个亚型：泛欧洲亚型 1、东欧亚型 2 和东欧亚型 3；PRRSV 2 分为至少 9 种不同的基因亚型或谱系。两种毒株全基因组同源性较低。虽然美洲 PRRSV 毒株和欧洲 PRRSV 毒株的出现时间相近，但是其抗原性存在差异。我国主要流行美洲型。

5. 病毒培养

PRRSV 可在巨噬细胞、单核细胞、猪睾丸细胞以及源于 MA-104 的几个亚细胞系（Marc-145、CL2621、CRL1171）中增殖。PRRSV1 在 PAM 上的分离成功率较高，而 PRRSV2 对 PAM 细胞以外的细胞系的嗜性因毒株不同而有所差异，不同毒株对细胞嗜性不同，会影响病毒在细胞上的增殖特性，从而影响病毒滴度。

6. 病原性

感染猪表现为厌食、发热、双耳发绀、流涕等。母猪在怀孕 110 d 左右流产，可见早产、死产或产木乃伊胎。产出的仔猪十分虚弱，呼吸困难，出生 1 周内半数死亡。欧洲型和美洲型引起的临床症状十分相似，但在致病性方面存在一定的差异。欧洲早期暴发的 PRRS 带有明显的猪群差异，临床症状多见于母猪群，几乎没有关于因欧洲型病毒感染仔猪和生长猪而引起呼吸系统疾病的报道。与此相反，美洲型 PRRSV 感染可以引起明显的临床症状，特别是呼吸系统疾病。

PRRSV 可以在感染猪体许多组织器官（如脾脏、淋巴结和肺脏等）中长期存活而造成持续性感染，并向外界持续排毒。PRRSV 感染机体以后虽然能够短时间内诱导产生高水平的特异性抗体，但随着感染时间延长，感染猪的细胞免疫功能明显受到抑制，以上抑制作用在 PRRSV 感染初期对猪体免疫功能的抑制尤为明显。感染猪在抗体存在的同时出现病毒血症。低水平的中和抗体可诱发抗体依赖性增强作用，即抗体可介导体内病毒增殖能力增强。

7. 生态学

猪是唯一感染本病并出现症状的自然宿主。PRRS 一年四季均可发病，不同品种、年龄、性别的猪均可感染，主要侵害繁殖母猪和仔猪。病毒可通过多种途径感染猪，且具有高度的感染性。群内水平传播是由于排毒、污染所致，病毒可通过病猪口腔、鼻腔、眼、腹腔和生殖道等传播。带毒母猪通过胎盘、带毒公猪通过精液在猪群内垂直传播给胚胎以及新生仔猪。引入外来带毒猪也能造成本病的传播和流行。此外，空气传播是 PRRS 的一个重要传播途径，特别是短距离内。

8. 微生物学诊断

PRRSV 诊断方法主要包括病原检测和血清学检测。病毒分离可采集发病猪肺脏、淋巴结及高热期的血液。在病毒分离的基础上，通过间接免疫荧光实验及 RT-PCR 进行病原的准确鉴定。血清学检测方法主要有 ELISA、血清病毒中和实验、免疫过氧化物酶单层细胞实验。

9. 免疫防治

疫苗接种为防控 PRRS 的有效手段。目前有灭活苗和活疫苗，但保护率都达不到 100%。如果猪群表现为 PRRS 阴性，并且受感染的可能性很小，猪场的生物安全措施很好，对新引进的后备猪能实施严格的隔离措施，最好不要使用 PRRS 疫苗，尤其是活疫苗。针对 PRRS 的流行特点，切断传播途径，加大检测力度，培育阴性后备母猪群，是防控 PRRSV 的有效手段。

第二节　微 RNA 病毒目

微 RNA 病毒目（*Picornavirales*）含有 8 个科，跟动物病原相关的主要包括微 RNA 病毒科（*Picornaviridae*）和嵌杯病毒科（*Caliciviridae*）。

一、微 RNA 病毒科

(一) 概述

微 RNA 病毒科(*Picornaviridae*)是一个极为繁杂的病毒科,宿主范围广泛,包括哺乳动物、禽类、爬行类、两栖动物和鱼类。2020 年 ICTV 的第 10 次分类报告中,微 RNA 病毒科被分为 63 个属,至少 147 个病毒种。多数病毒感染特定的宿主,少数例外,如口蹄疫病毒和脑心肌炎病毒。兽医学有重要意义的病毒见表 17–2。

表 17–2　兽医学有重要意义的微 RNA 病毒和其宿主及致病特征

病毒名称 / 曾用名	动物宿主	所致疾病
肠病毒属(*Enterovirus*)		
肠道病毒乙型 / 猪水泡病病毒 (*Enterovirus B / Swine vesicular disease virus*)	猪	猪水泡病
肠道病毒庚型 / 猪肠道病毒乙型 (*Enterovirus G / Porcine enterovirus B*)	猪	脑炎、繁殖障碍、角膜炎
心病毒属(*Cardiovirus*)		
心病毒甲型 / 脑心肌炎病毒 (*Cardiovirus A / Encephalomyocarditis virus*)	猪、象、其他与啮齿动物接触的哺乳动物	猪及象发生脑心肌炎,其他动物较少发病
心病毒乙型 / 鼠脑心肌炎病毒 (*Cardiovirus B/Theiler's murine encephalomyocarditis virus*)	小鼠	鼠脊髓灰质炎
口蹄疫病毒属(*Aphthovirus*)		
口蹄疫病毒(*Foot-and-mouth disease virus*)	牛、绵羊、山羊、猪、野生反刍动物	口蹄疫
马鼻炎 A 型病毒(*Equine rhinitis A virus*)	马	呼吸道症状及全身疾病
马鼻炎 B 病毒属(*Erbovirus*)		
马鼻炎 B 型病毒甲型 / 马鼻炎 B 型病毒 (*Erbovirus A/Equine rhinitis B virus*)	马	鼻炎
捷申病毒属(*Teschovirus*)		
捷申病毒甲型 / 猪捷申病毒 (*Teschovirus A/Porcine teschovirus*)	猪	脑脊髓灰质炎
塞内卡病毒属(*Senecavirus*)		
塞内卡病毒甲型 / 塞内卡谷病毒 (*Senecavirus A/Seneca Valley virus*)	猪	水泡病
嵴病毒属(*Kobuvirus*)		
爱知病毒丙型 / 猪脊病毒 1 型 (*Aichivirus C/Porcine kobuvirus 1*)	猪	仔猪腹泻
震颤病毒属(*Tremovirus*)		
震颤病毒甲型 / 禽脑脊髓炎病毒 (*Tremovirus A/ Avian encephalomyelitis virus*)	禽类	脑脊髓炎
禽肝炎病毒属(*Avihepatovirus*)		
禽肝炎病毒甲型 / 鸭甲型肝炎病毒 (*Avihepatovirus A/Duck hepatitis A virus*)	雏鸭	急性肝炎
萨佩罗病毒属(*Sapelovirus*)		
萨佩罗病毒甲型 / 猪萨佩罗病毒 (*Sapelovirus A/Porcine Sapelovirus*)	猪	腹泻、心包炎、繁殖障碍

病毒形态为圆形的裸露核衣壳，无囊膜，无纤突，衣壳由60个亚单位组成，每个亚单位为一个五聚体。由五聚体形成的新生病毒粒子没有感染性，称为前病毒粒子。前病毒粒子必须经过成熟切割，使其中的VP0生成VP1和VP2，才能转变成有侵袭力的病毒粒子。微RNA病毒科脊髓灰质炎病毒粒子的模型如图17-6所示。病毒的复制部位在细胞质，常可见晶格样排列的大量病毒颗粒。病毒对乙醚、氯仿和胆盐等有机溶剂具有极大的抵抗力。肠道病毒还有明显的耐酸和抵抗蛋白水解酶的特性，但鼻病毒和口蹄疫病毒对酸敏感。微RNA病毒科内各个属之间没有血清学关系。

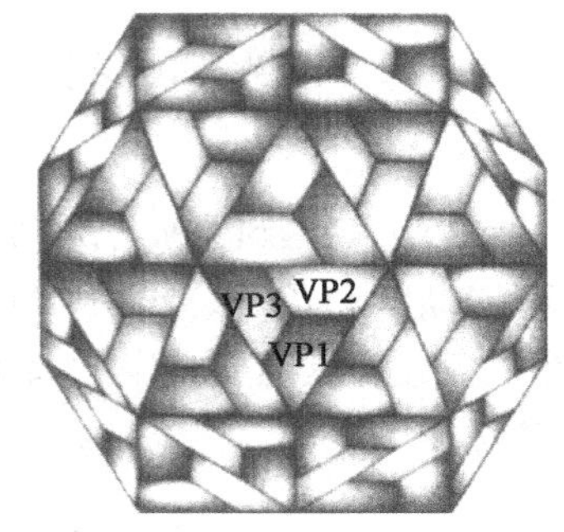

图17-6 脊髓灰质炎病毒粒子的模型

病毒核酸为单分子正链RNA，分子量为$2.4\times10^6\sim2.7\times10^6$，长度为6.7～10.1 kb。基因组5′端连接一个小分子蛋白VPg，3′端带有一个poly(A)尾。基因组两端还各有一段保守的非编码区(UTR)。病毒基因组仅含一个大的ORF，复制时病毒RNA可直接作为mRNA使用，编码一个多聚蛋白；多聚蛋白在翻译过程中随即被切割，因此在被感染细胞中很难检测到完整的多聚蛋白存在。多聚蛋白由病毒编码的3种蛋白酶负责切割，终产物有11或12个蛋白质，包括4种衣壳蛋白以及至少7种非结构蛋白(见图17-7)。

衣壳亚单位由4种衣壳蛋白VP1、VP2、VP3和VP4组成。VP1、VP2和VP3位于病毒粒子的表面，VP4位于衣壳内侧，紧贴于VP1、VP2、VP3复合体。多数微RNA病毒的衣壳表面粗糙不平，病毒表面突然下凹，形成一个围绕五重对称轴的峡谷(沟槽)是受体结合部位，细胞表面受体插入此谷，与谷底氨基酸发生接触。某些抗病毒化合物可以进入此谷，造成局部构型变化，使病毒峡谷底部完全失去同细胞受体结合的能力，病毒不能脱壳，从而抑制病毒复制。

(二) 口蹄疫病毒

口蹄疫病毒(*Foot and mouth disease virus*，FMDV)引起的口蹄疫(foot and mouth disease，FMD)，为WOAH通报疫病，是全球最重要的动物健康问题之一。

1. 病毒形态特征

口蹄疫病毒是已知最小的动物RNA病毒。病毒粒子直径20～25 nm，呈圆形或六角形，为二十面体

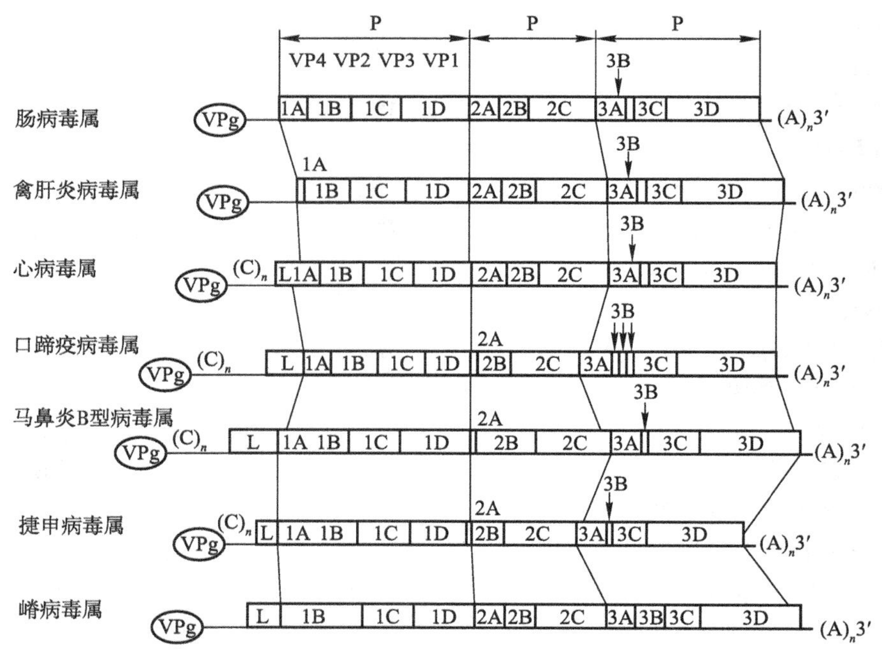

图17-7 微RNA病毒科某些属的基因组结构示意图(改自张忠信，2006)

图左侧为基因组5′端，与连接蛋白VPg(也作为3B基因产物)相连，

接着是5′非翻译区(5′-NTR)，$(C)_n$代表poly(C)，$(A)_n$代表poly(A)

对称，无囊膜。取病毒感染细胞培养物作超薄切片，进行电子显微镜检查，常可见到细胞质内呈晶格状排列的病毒粒子。

2. 基因组结构特点

FMDV 的核酸为单股正链 RNA，全长约 8 500 bp，具有感染性，占全病毒质量分数的 31.8%，决定病毒的感染性和遗传性。病毒基因组由 5′-UTR、多聚蛋白编码区和 3′-UTR 及 Poly(A)尾组成，并在其 5′ 端连有一个 VPg(图 17-7)。VPg 为 3B 基因的产物，3B 基因由 3 个重复的紧密相关的基因组成，编码 VPg1(3B1)、VPg2(3B2) 和 VPg3(3B3)。只有在 3 个 VPg 基因都编码的情况下，VPg 才完整，才会形成具有感染性的病毒粒子。FMDV 编码一个大的多聚蛋白，随后被病毒蛋白酶切割为 4 个结构蛋白(VP1、VP2、VP3 和 VP4)和 8 个非结构蛋白(L、2A、2B、2C、3A、3B、3C 及 3D)。3D 为 RNA 依赖的 RNA 聚合酶，又称病毒相关成分抗原(VIA 抗原)，催化病毒 RNA 的合成。

3. 理化特性

口蹄疫病毒在 4℃比较稳定，于 -50 ~ -70℃可以保存几年之久。病毒在 37℃ 48 h 内失活。各毒株对热的稳定性不一致。1 mol/L 氯化镁对热灭活有促进作用。70℃加热 15 s 可使乳及乳制品中的口蹄疫病毒灭活，乳变酸时病毒迅速失活。直射日光迅速使病毒灭活，但在饲草、被毛等污染物品中，病毒却可存活几周之久。在厩舍墙壁和地面的干燥分泌物中，病毒至少可以存活 1 ~ 2 个月。

病毒于酸性环境中迅速被灭活。乳酸、次氯酸和福尔马林可有效灭活病毒。野外条件下常用质量分数为 2% 氢氧化钠或质量分数为 4% 碳酸钠作为消毒剂。动物死亡后因尸僵迅速产酸，故肌肉中的病毒很快失活，但腺体、淋巴结和骨髓中的病毒可存活达数周之久。

4. 抗原性

口蹄疫病毒有 7 个血清型，即 A、O、C、SAT1(南非 1 型)、SAT2(南非 2 型)、SAT3(南非 3 型)和 Asia1(亚洲 1 型)，每个血清型都包含若干亚型，亚型之间仅有部分交叉免疫性。在 7 个血清型的病毒 RNA 之间，O、A、C、Asia 1 型的 RNA 序列同源性为 60% ~ 70%，SAT1、SAT2、SAT3 型的 RNA 序列同源性也是 60% ~ 70%，但是两群间的 RNA 碱基序列同源性则是 25% ~ 40%。A 型与 O 型内的同源性为 80%左右。欧洲型(O、A、C)和亚洲型(Asia 1)与非洲型(SAT1、SAT2、SAT3)之间存在着显著的差异。口蹄疫病毒的 7 个血清型在全世界并不是均匀分布，其中 O 型分布最广，几乎分布在世界各大洲。欧洲国家主要流行 O 型、A 型和 C 型；亚洲国家流行 O 型、A 型、C 型和亚洲 I 型；非洲国家流行 O 型、A 型、C 型、SAT1、SAT2、SAT3；拉丁美洲国家流行 O 型、A 型和 C 型。口蹄疫病毒不同型之间几乎没有交叉免疫性，感染了某一型口蹄疫的动物仍可感染另一型口蹄疫病毒而发病。

动物接种病毒空衣壳或者经灭活的完整病毒粒子，可以产生补体结合抗体、沉淀抗体和中和抗体，但衣壳蛋白亚单位仅能产生补体结合抗体和沉淀性抗体，几乎不刺激产生中和抗体。因此，完整病毒和空衣壳可诱导较强的免疫反应，而衣壳蛋白亚单位对动物几乎不具保护力。

5. 病毒培养

口蹄疫病毒可在牛舌上皮细胞、牛甲状腺细胞以及猪和羊胎肾细胞、豚鼠胎儿细胞、胎兔肺细胞、仓鼠肾细胞等细胞内增殖，并常引起细胞病变。其在猪肾细胞中产生的细胞病变常较牛肾细胞更为明显，以细胞圆缩及核致密化为特征。犊牛甲状腺细胞培养物对口蹄疫病毒极为敏感，并能产生较高滴度的病毒，尤其适合从感染组织中分离病毒。仓鼠肾和猪肾细胞等细胞系亦被广泛用于口蹄疫病毒的增殖，例如 BHK-21 细胞。

6. 病原性

口蹄疫病毒各型在致病性上没有多大差异，引起的症状基本相同，主要引起口腔黏膜、蹄部及乳房的皮肤形成水泡和烂斑，在病畜的水泡皮和水泡液中含毒量最高。病毒侵入机体后首先在侵入部位的上皮细胞内增殖，引起浆液性渗出而形成原发性水泡。1 ~ 3 d 后进入血液形成病毒血症，造成机体体温升高并表现出全身症状。病毒随着血液分布到口腔黏膜、蹄部、乳房皮肤的组织内继续增殖，引起局部组织内的淋巴管炎，造成局部淋巴淤滞、淋巴栓，若淋巴液渗出淋巴管外则形成继发性水泡。水泡不断发展、融合甚至破溃，此时患畜体温恢复正常，血液中病毒量减少乃至消失，但逐渐从乳、粪、泪、涎水中排毒。此后病畜进入恢复期，多数病例好转。有些幼龄动物常因病毒危害心脏导致急性心肌炎、心肌变性、坏死而死亡。病毒可在动物的咽、食道部上皮内持续存在很长时间，感染数周至数年后仍可从咽、食道部的分泌物中分离到病毒。

人类也能感染，多发生与患畜密切接触者或实验室工作人员，可经消化道或通过破损皮肤感染。患者症状轻微，通常只有短期的自限性发热；也有严重者体温升高，咽喉疼痛，口腔、咽喉和唇舌黏膜以及手掌、足掌和趾间皮肤等处出现水疱，周围皮肤发红。

7. 生态学

口蹄疫在自然条件下仅感染偶蹄兽，牛最易感，猪次之，羊为隐性带毒。野生偶蹄兽也能感染和发病，猫、狗等可以人工感染。病畜是口蹄疫的主要传染源，潜伏期就能排毒。水疱皮、水疱液、乳汁、唾液、尿液及粪便含毒量最多，病毒毒力也最强，易于传染。猪不能长期带毒，牛、羊及野生偶蹄动物可隐性带毒。

病毒通过直接接触传播。污染的畜产品、饲料、草场、饮水和水源、交通工具、饲养工具都可传播本病，空气也是重要的传播媒介。口蹄疫传播迅速，且可跳跃式传播。该病流行有明显的季节性，一般冬春易发生大流行。

8. 微生物学诊断

根据临床症状、流行病学，可对口蹄疫进行初步诊断。由于口蹄疫病毒、水疱性口炎病毒、猪水疱疹病毒、猪水疱病病毒和塞内卡谷病毒等对动物宿主的易感性不同（表 17–3），但引起的临床症状极为相似，所以应采用敏感的检测方法加以确诊，且口蹄疫的诊断只能在指定的实验室进行。在确定为口蹄疫病毒之后，再作型和亚型的鉴定。目前常用的检测方法包括以下几种：

表 17–3　动物对致水泡性疫病病原的易感性

病毒名称	牛	羊	猪	马
口蹄疫病毒	+	+	+	–
猪水泡病病毒	–	–	+	–
猪水疱疹病毒	–	–	+	–
水泡性口炎病毒	+	–	+	+
塞内卡谷病毒	–	–	+	–

注：+ 易感；– 有抵抗力（引自陆承平和刘永杰，2021）。

（1）动物接种

乳鼠、豚鼠、仓鼠、乳兔、鸡胚可用于口蹄疫病毒的分离。豚鼠常用于实验感染，接种于预先划破跖部的皮肤，或做皮内注射，第 2 d 即可在感染部位见到小水泡，水泡在 2 d 内被吸收，但在豚鼠口腔内发生继发性水泡，豚鼠消瘦，并有部分死亡。

（2）血清学实验

病毒中和实验是最经典和最具权威性的口蹄疫检测方法，国际检疫条款规定用此法判定进出境动物是否感染或携带 FMDV。WOAH 推荐使用的 ELISA 方法，能检测出 FMDV 的范围是 5 ~ 30 ng/mL。

（3）分子生物学诊断

RT–PCR 技术不仅可用于检测组织中存在的病毒，还可以用于序列分析，并可以鉴定出病毒的血清型，其特异性和灵敏度均比血清学方法高。核酸序列分析方法在口蹄疫的诊断中主要用于疫源追踪、遗传学系统树分析以及型、亚型和毒株的分析。实时定量 RT–PCR 方法在实践中的应用也越来越多。

9. 免疫防治

按照《国际动物卫生法典》要求，口蹄疫的控制一般分为非免疫无口蹄疫国家（地区）、免疫无口蹄疫国家（地区）、口蹄疫感染国家（地区）。在免疫无口蹄疫国家（地区）和口蹄疫感染国家（地区）可以通过接种疫苗进行预防，所用疫苗应符合 WOAH 的标准。接种疫苗前先测定发生口蹄疫的型，然后再进行接种。

口蹄疫的预防接种可用灭活苗。弱毒苗的致弱程度常随动物种类而不同，例如对牛没有毒力或毒力很低的疫苗株，可能对猪仍有致病力。另外，弱毒苗使用后可能出现毒力返强。因此，许多欧洲国家以及北美、澳大利亚、新西兰等没有口蹄疫疫情的国家均已明文规定禁止使用弱毒活疫苗。我国也禁止使用弱毒活疫苗。

其他微 RNA 病毒相关知识见**数字资源**。

○ 其他微 RNA 病毒
○ 杯状病毒科

二、杯状病毒科

相关知识见**数字资源**。

第三节 其他单股正链 RNA 病毒

本节涉及的其他单股正链 RNA 病毒还包括黄病毒科（*Flaviviridae*）、披膜病毒科（*Togaviridae*）及星状病毒科（*Astroviridae*）。披膜病毒科在 2005 年的 ICTV 第 8 次报告中，分为 2 个属，即甲病毒属（*Alphavirus*）和风疹病毒属（*Rubivirus*）；2019 年风疹病毒属被划出，新立为马顿病毒科（*Matonaviridae*），目前披膜病毒科只有甲病毒属一个属，为 2020 年 ICTV 新设立的马特利病毒目（*Martellivirales*）成员之一，该目是为纪念研究长线病毒科（*Closteroviridae*）的先驱意大利学者 Giovanni Paolo Martelli 而命名。在 ICTV 第 8 次分类报告中，将星状病毒科设立为哺乳动物星状病毒属（*Mamastrovirus*）和禽星状病毒属（*Avastrovirus*）2 个属。有关披膜病毒科和星状病毒科的相关知识见**数字资源**。现以黄病毒科为例进行介绍。

○ 披膜病毒科
○ 星状病毒科

一、概述

黄病毒科（*Flaviviridae*）隶属于黄病毒目（*Amarillovirales*），也是该目下的唯一科，Amarillo 来自西班牙语，意为“黄色”。早在 1900 年发现的人类黄热病是由黄热病病毒所致，黄病毒科由此得名。该科包括 4 个属，即黄病毒属（*Flavivirus*）、瘟病毒属（*Pestivirus*）、丙型肝炎病毒属（*Hepacivirus*）以及持续性 G 病毒属（*Pegivirus*）。黄病毒科的主要成员及其致病性见表 17–4。

本科病毒病毒粒子呈球状，直径 40 ~ 60 nm，具有类脂囊膜和不明显的纤突。核衣壳为二十面体对称。病毒的基因组为单股正链 RNA，长为 9 ~ 13 kb，具有传染性，RNA 的 5′ 端具有帽子结构，3′ 端无 poly（A）尾。基因组仅有一个长的开放阅读框架，编码一个能加工成所有病毒编码蛋白的多聚蛋白。5′ 端序列编码结构蛋白，3′ 端序列编码非结构蛋白。

该科各属成员在血清学上彼此有交叉反应，但与不同属成员之间没有交叉反应。

表 17–4 黄病毒科主要成员及其致病性

病毒名称 / 曾用名	宿主	所致疾病	地理分布
黄病毒属（*Flavivirus*）			
日本脑炎病毒（*Japanese encephalitis virus*）	猪、马、人、禽	脑炎、流产	亚洲
墨累谷脑炎病毒（*Murray Valley encephalitis virus*）	人、（禽）	脑炎	澳大利亚、新几内亚
圣路易斯脑炎病毒（*St. Louis encephalitis virus*）	人、（禽）	脑炎	美洲
威斯布仑病毒（*Wesselsborn virus*）	绵羊	全身性感染、流产	非洲
登革热病毒 1、2、3、4 型（*Dengue 1，2，3，4 virus*）	人、（猴）	出血热	热带地区

续表

病毒名称 / 曾用名	宿主	所致疾病	地理分布
黄热病病毒 (*Yellow fever virus*)	人(人、猴)	肝炎、出血热	热带、非洲、美洲
西尼罗病毒 (*West Nile virus*)	马、人、禽	发热	地中海地区、亚洲 非洲、美国
跳跃病病毒 (*Louping ill virus*)	羊、牛、马、人	脑炎	欧洲
坦布苏病毒 (*Tembusu virus*)	鸭、鹅	卵巢炎	中国等
瘟病毒属(*Pestivirus*)			
瘟病毒甲型 / 牛病毒性腹泻病毒 1 型 (*Pestivirus A/Bovine viral diarrhea virus 1*)	牛(羊、猪)	全身性持续性感染，黏膜病	全世界
瘟病毒乙型 / 牛病毒性腹泻病毒 2 型 (*Pestivirus B/Bovine viral diarrhea virus 2*)	牛(羊、猪)	黏膜病，成年牛血小板减少及出血综合征	全世界
瘟病毒丙型 / 猪瘟病毒 (*Pestivirus C/Classical swine fever virus*)	猪	全身性疾病、先天性疾病	全世界，某些国家已经消灭
瘟病毒丁型 / 边区病病毒 (*Pestivirus D/Border disease virus*)	绵羊	大多为不明显的先天性疾病	全世界

二、黄病毒属

黄病毒属(*Flavivirus*)成员达 50 种以上，大多数已知成员由节肢动物传播，许多是重要的人兽共患病原，如日本脑炎病毒(*Japanese encephalitis virus*)和西尼罗河病毒(*West Nile virus*)；哺乳动物和鸟类是常见的主要宿主，感染后或无症状，或出现严重或致命的出血热及神经症状。黄热病病毒是其代表种，可引起人类的黄热病，但不引起动物发病。鸭坦布苏病毒(*Tembusu virus*)是中国 2010 年发现的水禽重要致病病毒，蛋鸭、种鸭及鹅均可感染，以出血性卵巢炎和产蛋率急剧下降为主要特征。

本属病毒具有囊膜，病毒粒子呈球形，直径 40 ~ 60 nm，基因组为单股正链 RNA，大小为 11 ~ 12 kb，含有一个长开放阅读框架，5′ 端有帽子结构，3′ 端无 poly(A)尾。提纯的 RNA 大多具有感染性。

黄病毒大多能够凝集鹅、鸽和新生雏鸡的红细胞，但其血凝素易于破坏，而且血凝反应要求比较严格的 pH 范围。可利用血凝抑制实验初步鉴定黄病毒间的抗原关系，进一步鉴定需用中和实验和补体结合实验。现以日本脑炎病毒(*Japanese encephalitis virus*，JEV)为例进行介绍。

日本脑炎病毒又称为乙型脑炎病毒，以蚊为传播媒介，可引起中枢神经系统急性感染的人兽共患传染病。该病毒于 1924 年首次在日本分离，后又从马、猪、牛、山羊等动物体内均分离到该病原。

1. 形态特征

JEV 是黄病毒科中最小的病毒之一，病毒粒子呈球形，直径为 30 ~ 40 nm。核衣壳二十面体对称，有囊膜，囊膜上有糖蛋白(E)纤突，即病毒血凝素，具有血凝和溶血活性，能凝集鸡、鸽和新生雏鸡的红细胞。用蛋白酶处理后，纤突丢失，血凝活性也消失。

2. 基因组结构特点

病毒基因组为单股正链 RNA，长度约为 11 kb，基因组排序为：5′–C–pr M/M–E–NSl–NS2a–NS2b–NS3–NS4a–NS4b–NS5–3′，5′ 端非编码区(5′UTR)和 3′ 端非编码区(3′UTR)在开放阅读框的两侧。整个基因组 ORF 编码 3 个结构蛋白(C、M、E)和 7 个非结构蛋白(NS1、NS2a、NS2b、NS3、NS4a、NS4b、NS5)。

3. 理化特性

JEV对外界环境中的抵抗力不强。56℃ 30 min或100℃ 2 min即可使其灭活。-20℃病毒可存活数月，-70℃可保存数年。对胆汁、去氧胆酸盐、乙醚和氯仿敏感，但被灭活后，抗原性并不丧失。丙酮处理似乎只能破坏病毒的表面结构，不能彻底破坏其感染性。常用消毒药如碘酊、来苏尔、甲醛等可迅速灭活病毒。

4. 抗原性

乙型脑炎病毒的各个毒株，虽然在毒力和血凝特性上常具有比较明显的差别，但并没有明显的抗原性差异。另外，乙型脑炎病毒在抗原性上与墨累谷脑炎病毒（*Murray Valley encephaliti s virus*，MVEV）、西尼罗病毒（*West Nile virus*，WNV）和圣路易脑炎病毒（*St. Louis encephalitis virus*，SLEV）比较接近。用血凝抑制实验可将这4种病毒在黄病毒中分成一个亚群。乙型脑炎病毒引起的免疫力，也对西尼罗病毒等呈现一定程度的中和作用以及保护作用。

JEV抗原性稳定，仅一个血清型，主要依据中和实验、补体结合实验和血凝抑制实验的结果进行分群。E蛋白能够诱导中和抗体的产生，在保护性免疫中起关键作用。

5. 病毒培养

本病毒可在多种原代或传代细胞上增殖，包括蚊细胞、鸡胚成纤维细胞、鼠胚的肌和肾细胞、牛胚肾细胞、猪肾细胞、人胚的肺和肾细胞、人羊膜细胞、仓鼠肾细胞以及BHK-21、PK-15、HeLa、Vero等继代细胞和传代细胞。但通常只在仓鼠肾原代细胞、猪肾和羊胎肾细胞上恒定地引起明显的CPE，并可在琼脂覆盖下的鸡胚成纤维单层内产生清晰的蚀斑。

病毒还可在7～9日龄的鸡胚卵黄囊内接种，病毒效价在接种后48 h左右达到高峰，以胚体内的病毒含量最高。

6. 病原性

流行性乙型脑炎是一种自然疫源性疾病。以蚊为媒介，具有季节性。马、驴、骡、猪、牛、绵羊、山羊、骆驼、犬、猫、鸡、鸭以及许多野生动物和鸟类均有感染性，并出现病毒血症。但绝大多数属于不显性感染。除人、马和猪外，一般不出现临床症状。病毒感染动物后在血液内存留时间相对较短，长期存在于动物的中枢神经、脑脊液及病变的睾丸内。

马自然感染后，潜伏期为1～2周，体温升高至39.5℃～41℃，病马精神沉郁，食欲不振，大多数在感染后1～3 d恢复正常。若病毒侵入中枢神经系统，则可引起精神沉郁或狂暴症。沉郁型病马反应迟钝，呈睡眠状态，站立不稳，走路摇晃；狂暴型则狂暴不安、乱走乱撞，作圆圈运动，最后卧地不起，病程1～2 d。

怀孕母猪感染后可表现为流产、产弱胎、死胎及大小不等的木乃伊胎等繁殖障碍，公猪可能出现睾丸炎及睾丸肿胀。

实验动物中以小鼠，特别是乳鼠最为敏感。仓鼠在脑内感染时也极敏感。豚鼠、大鼠和家兔不敏感，但豚鼠在人工感染后出现2～4 d的病毒血症。

7. 生态学

乙型脑炎病毒的传染源主要是猪，其次为家鼠、猴、马、牛、羊、兔、田鼠、仓鼠、鸡、鸭以及其他鸟类等，国内很多地区的猪、马、牛等动物的血清抗体阳性率达90%以上。猪均易感，不分性别和品种，发病时间多与性成熟期相一致。

猪感染后出现病毒血症的时间较长，病毒在血液中含量较高，在乙型脑炎病毒的传播循环中起贮存和增殖作用。蚊虫是乙型脑炎病毒的主要传播媒介，已知库蚊、按蚊、曼蚊、阿蚊、伊蚊等5属蚊种均能作为乙型脑炎病毒传播媒介。

8. 微生物学诊断

根据乙型脑炎明显的季节性和地区性及其临床特征，例如高热和狂暴或沉郁等神经症状，流行期中不难作出诊断。但确诊，必须进行病毒分离和血清学实验等特异性诊断。

在动物发热初期，可采血液，或动物死后，采取脑组织。脑内、皮下同时接种法或在脑内和腹腔同时接种乳鼠，乳鼠发病时，采脑做进一步传代接种细胞或利用血清学方法如ELISA、血凝抑制实验或中和实验以及 RT-PCR 技术等分子生物学诊断方法进行鉴定。

9. 免疫防治

感染乙型脑炎病毒痊愈后的动物可产生坚强持久的免疫力，一般不会再被本病毒感染。乙型脑炎病毒的抗原变异不显著，这为该病的特异性预防提供了良好的基础。目前用于预防乙型脑炎的疫苗两种，即用细胞培养的弱毒疫苗和灭活疫苗。动物用乙型脑炎疫苗以弱毒疫苗为主，人用乙型脑炎疫苗以灭活疫苗为主。

三、瘟病毒属

瘟病毒属（*Pestivirus*）包括猪瘟病毒（*Classical swine fever virus*，CSFV）、牛病毒性腹泻病毒（*Bovine viral diarrhea virus*，BVDV）以及边区病病毒（*Border disease virus*，BDV）等，多为接触传播或先天性感染，病毒不能在无脊椎动物体内增殖。

病毒粒子呈圆形，直径为 40～60 nm，有脂蛋白的囊膜，基因组为单分子的单股 RNA，具有传染性。核衣壳二十面体对称。本属成员之间在血清学上呈现交叉反应，但与黄病毒科其他属的病毒成员没有交叉关系。

（一）牛病毒性腹泻病毒

牛病毒性腹泻病毒引起的急性疾病称为牛病毒性腹泻，引起的慢性持续性感染称为黏膜病。根据致病性、抗原性及基因序列的差异，2000 年 Heinz 等提出将 BVDV 分为两个种，即 BVDV1 和 BVDV2，二者均可引起病毒性腹泻和黏膜病，但 BVDV2 毒力更强，可引起成年牛急性发病，导致严重的血小板减少及出血综合征，与猪瘟病毒的致病性相似。但 BVDV1 与猪瘟病毒有交叉性抗原，还可感染猪，BVDV2 则无交叉抗原。

1. 形态结构和理化特性

病毒粒子略呈圆形，直径 40～60 nm，具有脂蛋白囊膜，表面光滑，偶见明显纤突。病毒粒子在蔗糖密度梯度中的浮密度是 1.13～1.14 g/cm^3。病毒粒子的沉降系数是 80～90 S。病毒对乙醚、氯仿等脂溶剂以及 pH 3.0 敏感。26℃或 27℃下作用 24 h 可使大部分病毒丧失感染力，在 56℃下很快灭活，$MgCl_2$ 不起保护作用。病毒在低温下稳定，真空冻干的病毒在 −60℃～−70℃温度下可保存多年。病毒的增殖不被 5- 碘脱氧尿核苷和 5- 氟脱氧尿核苷所抑制。

大多认为 BVDV 没有血凝性，但也发现某些毒株能凝集恒河猴、猪、绵羊和雏鸡红细胞。

2. 病毒培养

BVDV 的组织培养宿主范围相当广，在胎牛肾、脾、睾丸、气管细胞以及成纤维细胞中均可增殖，某些毒株可在不同的组织培养系统中产生细胞病变，但多数毒株不产生细胞病变。实验室内常用牛肾继代细胞株（MDBK 细胞）增殖病毒。

3. 病原性

BVDV 在自然条件下可以感染牛，2～24 月龄的牛最易感；在实验条件下可感染绵羊、山羊及猪，但并不引起发病。实验动物可感染家兔，但不感染鸡胚、豚鼠、狗、猫或小鼠。

BVDV 可引起两种不同临床表现型的疾病，即病毒性腹泻和黏膜病。病毒性腹泻具有高度传染性，症状和病变较轻，发病率高而死亡率低。而黏膜病在野外条件下的传染性不高，患病犊牛经常呈现明显的临床症状，病变严重，并常死亡。

BVDV 感染后的特征病变表现为，从口部直至肠道整个消化道出现糜烂性或溃疡性病灶，肠系膜淋巴结出血坏死。

4. 微生物诊断

急性病例可采集病牛血液、尿、眼鼻分泌物（急性黏膜病具有持续的病毒血症，所以血液是最好的病毒分离材料），或死后剖检取脾、骨髓、肠系膜淋巴结等组织；经无菌处理后，接种牛肾和胎牛肺原代细胞或继代细胞以及犊牛睾丸细胞等，观察细胞病变。某些毒株在合适条件下产生细胞病变，但不同毒株产生的细胞病变不尽相同，某些毒株在连续传代以后才出现细胞病变。分离株如果引起细胞病变，则应进一步用抗 BVDV 的免疫血清进行中和实验、琼脂扩散实验、免疫荧光实验等加以鉴定。由于无致细胞病变作用的 BVDV 毒株常能干扰另一株有致细胞病变作用的毒株产生细胞病变,因此可以应用蚀斑减数实验证明这类毒株的存在。

5. 免疫防治

牛病毒性腹泻为 WOAH 规定通报的疫病。除持续感染的牛外,绵羊、山羊、猪以及鹿等野生反刍动物也可成为病毒传染源。主要控制措施是检出并淘汰持续感染的牛,净化牛群。目前已经有细胞培养灭活苗和弱毒疫苗应用。弱毒疫苗主要应用美国 Oregon C24V 毒株在牛肾细胞中培养生产,动物接种后可产生较长时间的免疫力,主要用于 6 ~ 8 月龄犊牛的接种,因为母源性抗体可以保护犊牛达 9 个月之久;但由于 BVDV 可以引起流产和畸形,因此怀孕母牛禁用弱毒苗。

(二) 猪瘟病毒

猪瘟病毒是引起猪瘟的病原。为了和"非洲猪瘟"相区别,欧洲各国将其称为"古典猪瘟"。猪瘟是 WOAH 规定通报的疫病。

1. 形态结构

病毒粒子略呈圆形,直径为 40 ~ 50 nm,核衣壳二十面体对称,内部核心直径约 30 nm,具有脂蛋白囊膜,囊膜上有纤突。病毒在蔗糖密度梯度中的浮密度为 1.15 ~ 1.16 g/cm^3。

2. 基因组结构特点

CSFV 的基因组为单股正链 RNA,全长 12.3 kb,包含一个大的开放阅读框和两侧的 5′ 和 3′ 非编码区。该开放阅读框可编码一个含有 3 898 个氨基酸残基的多聚蛋白,经宿主细胞蛋白酶裂解可形成 4 种结构蛋白(C、E0、E1 和 E2)和 8 种非结构蛋白(Npro、p7、NS2、NS3、NS4A、NS4B、NS5A 和 NS5B)。C 蛋白是病毒的核衣壳蛋白,E0 蛋白是病毒的囊膜糖蛋白,也称 Erns。E1、E2 蛋白都是 CSFV 的囊膜糖蛋白。通常 E0 蛋白在病毒体上以同源二聚体和与 E2 蛋白形成的异源二聚体两种形式存在。E2 蛋白是 CSFV 的主要保护性抗原。

3. 理化特性

CSFV 对外界环境的抵抗力比较强,在脱纤血中于 4℃能存活 72 ~ 480 d,37℃可存活 7 ~ 14 d。猪肉和猪肉制品中的病毒几个月后仍具传染性。在空气中干燥时,病毒很快灭活;但冻干的病毒制剂,在室温甚至 37℃能存活几年。病毒比较耐热,50℃能存活 3 d,56℃需经 60 min 才能使其灭活。病毒在 pH5 ~ 10 稳定,但不耐受 pH3。对乙醚、氯仿和去氧胆酸盐敏感,对胰蛋白酶中度敏感。二甲基亚砜(DMSO)对病毒囊膜中的脂质和脂蛋白有稳定作用。10% DMSO 液中的猪瘟病毒对反复冻融有耐受性。病毒不能凝集动物的红细胞。1% 的次氯酸钠、2% 的氢氧化钠在室温下 30 min 可将病毒杀灭。

4. 抗原性

CSFV 只有一种血清型。可分为 3 种基因型,每个基因型具有 3 至 4 种亚基因型。基因型的分布显示出独特的地理格局,基因 3 型似乎仅发生在亚洲。在全球范围内,过去几十年来最流行的基因型是基因 2 型。CSFV 和 BVDV 具有共同的可溶性抗原。CSFV 的糖蛋白在血清学上与 BVDV 病毒有交叉反应,而且二者也有交叉保护作用。

5. 病毒培养

CSFV 能在猪源细胞如骨髓、睾丸、肺、脾、肾细胞、白细胞和传代 PK15、ST 细胞等以及其他一些哺乳动物细胞内增殖,但均不产生 CPE,故通常应用免疫学的方法监测病毒的增殖情况。

6. 病原性

不同品种和年龄的猪,对猪瘟病毒均易感,幼龄猪最为敏感。疾病表现为急性、亚急性和慢性,发病率和死亡率都很高,急性型的死亡率高达 90% 以上。自然感染的潜伏期为 3 ~ 8 d。最初症状是精神沉郁、食欲丧失,体温升高,达 41 ~ 42℃。病猪高温常持续至死亡前才降至正常体温以下。急性型病猪可能不表现任何症状而突然死亡。慢性病例则常拖延至 1 个月以上,若怀孕母猪感染慢性型猪瘟病毒,则可导致死胎、流产、木乃伊胎或死产。所产仔猪不死亡者产生免疫耐受。表现为个体矮小、颤抖,并终生排毒,多数在数月内死亡。

人工实验接种，猪瘟病毒可使犊牛、绵羊、山羊和鹿发生无症状感染。家兔在感染后出现暂时性发热。

7. 生态学

CSFV 可通过直接或间接接触而传播。病猪的尿、鼻和眼分泌物中的病毒常具有极高的感染性。病毒可随病猪的分泌物、排泄物以及被其污染的饲料、饮水、畜舍和垫料等侵入动物机体。

外表健康的隐性带毒猪被引入易感猪群后，常引起猪瘟的爆发。CSFV 可经胎盘感染胎儿，引起死胎，或产出弱仔，由弱仔排毒造成疾病的散播。昆虫如厩蝇、家蝇和埃及黑斑蚊也可传播 CSFV。

8. 微生物学诊断

(1) 病毒分离与鉴定：病料可取高热期发病猪的血液或病死猪的扁桃体、脾脏和淋巴结等；慢性猪瘟还可采集流产胎儿或死产猪的脏器。无菌处理后，接种动物或细胞进行病毒分离。采用荧光抗体技术、免疫酶组化法或抗原捕获 ELISA 方法可快速检测组织中的病毒抗原。也可用 RT-PCR 等分子生物学方法快速检测感染组织中或细胞培养物中的 CSFV。

(2) 兔体反应实验：取健康易感兔，测定体温后接种待检病料，每天测量体温，7 d 后再接种兔化猪瘟弱毒，并连续测温 3 d，如果兔子体温没有升高或升高不到 1℃，则证明病料中存在猪瘟病毒。而不接种病料，只接种兔化猪瘟弱毒的对照兔则体温上升，超过常温 1℃以上（或超过 40.5℃以上）。这是因为野毒株尚未适应兔体，不引起热反应，但使家兔产生了免疫力，因此再接种兔化弱毒时，也不会发生热反应。

9. 免疫防治

一些发达国家消灭猪瘟采取的措施是，对检出的阳性猪进行全群扑杀。采用疫苗接种也是对猪瘟控制的有效手段。已经广泛应用的疫苗是猪瘟弱毒疫苗。我国使用的兔化弱毒 C 株是公认的最为安全有效的疫苗株，动物接种后免疫力可维持 1 年。怀孕母猪接种后，病毒虽可穿越胎盘屏障感染胎儿，但对胎儿无害，不会引起流产，亦不产生慢性猪瘟。但猪群中若已经有慢性猪瘟存在，则常会导致疫苗接种失败。另外防治猪瘟还需要适当的诊断技术对猪群进行监测，尽可能消除持续感染猪不断排毒的危险性。从而达到控制本病的目的。

复习思考题

1. 套式病毒目病毒的核酸转录方式有什么特点？该目中的主要成员有哪些？分别引起什么类型的疾病？
2. 简述口蹄疫病毒的分类地位及其危害性。如何鉴别口蹄疫病毒的抗体是野毒感染还是疫苗接种所致？
3. 如何对活猪进行猪瘟的微生物学诊断？
4. 简述牛病毒性腹泻病毒的致病性特征及分离鉴定过程。

开放式讨论题

1. 如何在病原学特性上鉴别猪瘟病毒与非洲猪瘟病毒？
2. 引起猪腹泻的冠状病毒有哪些？如何在实验室进行鉴别诊断？

Summary

Coronaviridae. *Coronavirus* are large, roughly spherical, enveloped particles (80–160 nm in diameter) with helical nucleocapsids and large, widely-spaced, spikes 20 nm long. The genome is (+) sense, single-stranded RNA. Unusual replication in that nested sets of mRNA are produced. This is thought to lead to a high frequencies of recombination and mutation which is relevant to viral pathogenesis and immunity. They are relatively fragile but can persist either in the animal or in the environment for a while. Coronaviruses are transmitted by faecal-oral route or by aerosols of respiratory secretions.

Coronaviruses cause a range of diseases in farm animals and domesticated pets, some of which can be serious and are a threat to the farming industry. Economically significant coronaviruses of farm animals include porcine coronavirus (*Porcine epidemic diarrhea virus*, PEDV) and bovine *coronavirus*, which both result in diarrhea in young animals. *Feline coronavirus*: 2 forms, Feline enteric coronavirus is a pathogen of minor clinical significance, but spontaneous mutation of this virus can result in feline infectious peritonitis (FIP), a disease associated with high mortality. There are two types of *canine coronavirus* (CCoV), one that causes mild gastrointestinal disease and one that has been found to cause respiratory disease. *Mouse hepatitis virus* (MHV) is a coronavirus that causes an epidemic murine illness with high mortality, especially among colonies of laboratory mice. Prior to the discovery of SARS-CoV, MHV had been the best-studied coronavirus both in vivo and in vitro as well as at the molecular level. Some strains of MHV cause progressive demyelinating encephalitis in mice which has been used as a murine model for multiple sclerosis. Significant research efforts have been focused on elucidating the viral pathogenesis of these animal coronaviruses, especially by virologists interested in veterinary and zoonotic diseases.

Flaviviridae. The *Flaviviridae* are primarily spread through arthropod vectors (mainly ticks and mosquitoes). The family gets its name from Yellow Fever virus, a type virus of *Flaviviridae*; flavus means yellow in Latin.(Yellow fever in turn was named because of its propensity to cause jaundice in victims.).*Flaviviridae* have monopartite, linear, single-stranded RNA genomes. Japanese encephalitis is a disease caused by the mosquito-borne Japanese encephalitis virus. Domestic pigs and wild birds are reservoirs of the virus; transmission to humans may cause severe symptoms. This disease is most prevalent in Southeast Asia and the Far East.

Bovine viral diarrhea *virus* (BVDV) is closely related to the *classical swine fever virus* (CSFV) and the *Border disease virus* of sheep(BDV). All three viruses can induce cross-reacting antibodies to each other but there is evidence for a closer antigenic relationship between BVDV and BDV. Cross infection between cattle and sheep has been recorded. BVDV exists in two different forms (biotypes) in the field; either non-cytopathogenic (BVDVnc) or cytopathogenic (BVDVc) virus. They are distinguished by their cytopathogenic effect when grown in cell culture. The two biotypes have different roles in the complex pathogenesis of BVDV infections. Although the name may suggest that BVDVc isolates are more pathogenic, it is the BVDVnc viruses that are more important as a cause of disease. BVDVnc can cross the placenta and establish a persistent infection (PI) in the foetus which is lifelong.

Togaviridae. The genome is linear, single-stranded, positive sense RNA. The 5′-terminus carries a methylated nucleotide cap and the 3′-terminus has a polyadenylated tail, therefore resembling cellular mRNA. The virus is an enveloped spherical particles, and the capsid within is icosahedral. The American equine encephalitis viruses belong to Alphavirus genus. Equidae and man are end hosts; mosquitoes are vectors; reservoir hosts are birds, small rodents, or the leopard frog. There are 3 serotypes respectively from Eastern USA, Western USA and Venezuela(termed EEE, WEE and VEE). They were part of the old arbovirus(Arthropod borne) family. Mammalian infection is from an infected mosquito bite, virus being in the saliva. More rarely, aerosol infection occurs between mammals.

Picornaviridae. Picornaviruses are non-enveloped, positive-stranded RNA viruses with an icosahedral capsid. The genome RNA is unusual because it has a protein on the 5′ end that is used as a primer for transcription by RNA polymerase. The name is derived from pico meaning small, and RNA referring to the ribonucleic acid genome, so "picornavirus" literally means small RNA virus.Picornaviruses are separated into nine distinct genera and include many important pathogens of humans and animals. Aphthoviruses infect vertebrates, and include the causative agent of foot-and-mouth disease. *Foot-and-mouth disease virus* (FMDV) is the prototypic member of the Aphthovirus genus. There are seven FMDV serotypes: A, O, C, SAT 1, SAT 2, SAT 3 and Asia 1 belonging to the species FMDV, and one non-FMDV serotype, equine rhinitis A virus (ERAV) belonging to the species Equine rhinitis A virus. Hosts include Cloven–hoofed animals, i.e. cattle, sheep, goats, pigs, deer, elephants, and many other wild ruminants such as buffalo, impala and kudu in Africa (Not horses). Guinea pigs which develop vesicles are the experimental host for vaccine studies and antiserum production. Suckling mice die with myocarditis after experimental injection.

Caliciviridae. The name *calicivirus* is derived from the Latin word calyx meaning cup or goblet. This name is appropriate as many strains have visible cup–shaped depressions. The caliciviruses have been found in a number of organisms such as humans, cattle, pigs, chickens, reptiles, dolphins and amphibians. The caliciviruses have a simple construction and are not enveloped. Caliciviruses are not very well studied because they do not grow in culture and there is no suitable animal model. The viral genome has been sequenced. *Rabbit haemorrhagic disease virus* (RHDV), is also known as rabbit calicivirus (RCV). RHDV is an important pathogen that causes a highly contagious disease in wild and domestic rabbits. The virus infects only rabbits, and has been used in some countries to control rabbit populations.

Feline calicivirus (FCV) can be isolated from about 50 percent of cats with upper respiratory infection. FCV has a high elasticity of its genome which makes it more adaptable to environmental pressures. This not only makes the development of vaccines more difficult, but allows for the development of more virulent strains. In persistently infected cats, it has been shown that the gene for the major structural protein of the viral capsid evolves through immune–mediated positive selection and allows the virus to escape detection by the immune system.

Astroviridae. *Astrovirus* was first discovered in 1975 following an outbreak of diarrhoea in humans. Human astroviruses have been shown in numerous studies to be an important cause of gastroenteritis in young children worldwide. In addition to humans, astroviruses have now been isolated from numerous mammalian animal and avian species such as ducks, chickens, and turkey poults. *Astrovirus* has a non–segmented, single stranded, positive sense RNA genome within a non–enveloped icosahedral capsid. Astroviruses have a star like appearance with 5 or 6 points and their name is derived from the Greek word “astron” meaning star.

第十八章　具有反转录过程的病毒

脊椎动物的反转录病毒包括含 RNA 基因组的反转录病毒科(*Retroviridae*)和含 DNA 基因组的嗜肝 DNA 病毒科(*Hepadnaviridae*)的病毒，二者分别归类于反转录病毒目(*Ortervirales*)和布隆伯病毒目(*Blubervirales*)。

第一节　反转录病毒科

一、概述

反转录病毒科又名逆转录病毒科，分为 7 个属，分别为甲型反转录病毒属(*Alpharetrovirus*,代表种为禽白血病病毒)、乙型反转录病毒属(*Betaretrovirus*,代表种为小鼠乳腺瘤病毒)、丙型反转录病毒属(*Gammaretrovirus*,代表种为鼠白血病病毒)、丁型反转录病毒属(*Deltaretrovirus*,代表种为牛白血病病毒)、戊型反转录病毒属(*Epsilonretrovirus*,代表种为大眼梭鲈皮肤肉瘤病毒)、慢病毒属(*Lentivirus*,代表种为人免疫缺陷病毒 1 型与 2 型及马传染性贫血病毒)和泡沫病毒属(*Spumavirus*,代表种为猴泡沫病毒)。在 ICTV 第 8 次分类报告中将前 6 个属归为正反转录病毒亚科(*Orthoretrovirinae*),泡沫病毒属归为泡沫病毒亚科(*Spumaretrovirinae*)。

二、主要特性

反转录病毒粒子呈球形，有囊膜，直径 80～100 nm，囊膜表面的糖蛋白突起直径约 8 nm。核衣壳为二十面体对称，呈球状或棒状，由螺旋状的 RNA 和蛋白质构成，包含反转录酶。反转录病毒的基本结构见图 18–1。

反转录病毒的基因组为二倍体，由两个线状的单股正链 RNA 组成，每个单体长约 7～11 kb，具有 3′端 poly(A)尾及 5′端帽子结构，单体的 5′端通过氢键相连。禽白血病病毒基因组结构见图 18–2。病毒粒子中的 RNA 不具有感染性。每个 RNA 单体都与一个特异的 tRNA 相连，该 tRNA 来源于宿主细胞，其 3′端一段 18 bp 的碱基序列与病毒 RNA 近 5′端的一段序列碱基配对，这一区域称为引物结合位点，成为病毒 RNA 反转录过程中生成 DNA 的引物。病毒粒子中还发现其他一些来源于宿主的 RNA 和小 DNA 片

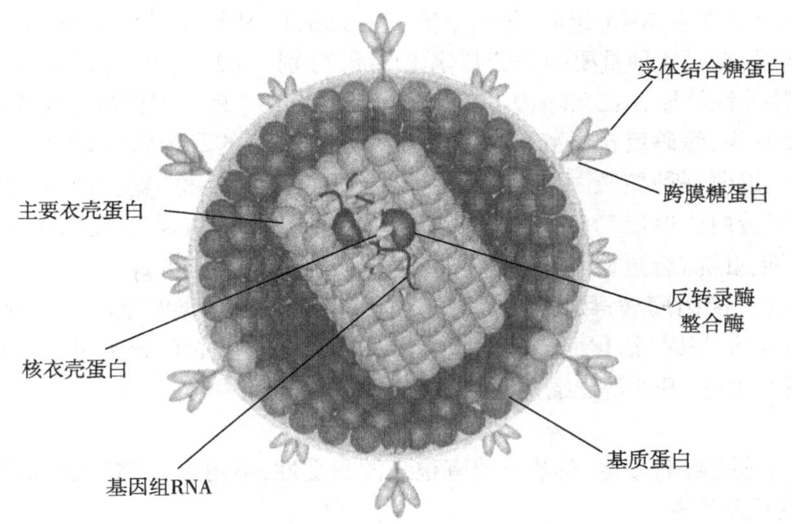

图 18–1　反转录病毒形态结构示意图(引自张忠信，2006)

段，系病毒成熟过程中随机包装进入的。

病毒 *env* 基因编码两个囊膜糖蛋白，蛋白部分由两条肽链组成，较小的链贯穿病毒的囊膜，称为穿膜蛋白（TM），较大的链通过二硫键及氢键与 TM 相连，暴露于囊膜之外，称为表面蛋白（SU），这两种蛋白决定病毒感染的宿主范围，并能诱导机体产生免疫应答；*gag* 基因编码 3～6 个内部的非糖基化结构蛋白，包括基质蛋白（MA）、衣壳蛋白（CA）和核衣壳蛋白（NC）；*pro* 基因编码蛋白酶，*pol* 基因编码反转录酶和整合酶。在一些病毒中还存在脱氧尿苷三磷酸酶（dUTPase），其功能未知。病毒的反转录酶同时作为 RNA 依赖的 DNA 聚合酶、DNA 依赖的 DNA 聚合酶、整合酶及 RNA 酶，由一个分子的不同部位执行不同酶的功能。

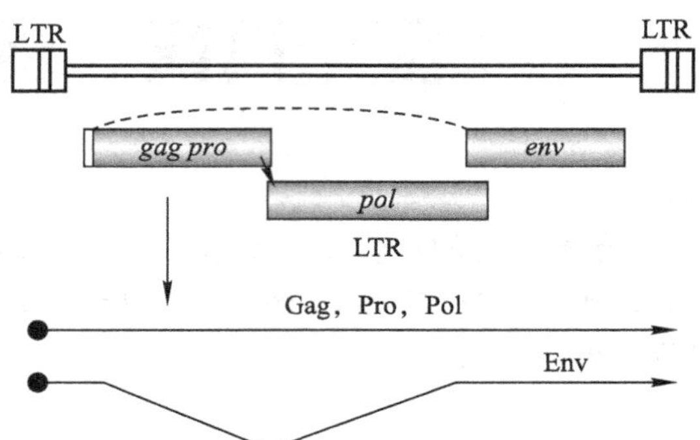

图 18–2　禽白血病病毒基因组结构示意图
（引自张忠信，2006）
LTR 为末端重复序列，箭头下方为 mRNA 和基因产物

病毒复制开始以 tRNA 的 3′ 端为引物，用反转录酶将病毒 RNA 反转录成负链 cDNA 转录本，起始的短序列转移，通过 RNA 的双倍体末端序列的作用，从基因组的 3′ 端进一步合成 cDNA。通过整合酶的作用，反转录病毒的 DNA 整合到宿主基因组 DNA 中形成前病毒（provirus）。整合的原病毒利用细胞 RNA 聚合酶 II 转录成病毒粒子 RNA，再进行翻译。核衣壳的装配在细胞质膜进行，或作为细胞质内颗粒装配，病毒粒子通过出芽释放。

反转录病毒与多种疾病相关，如恶性的白血病、肉瘤及其他中胚层肿瘤、乳腺癌、肝癌和肾癌、免疫缺陷病、自身免疫性疾病等。反转录病毒可通过血液、唾液、性接触等多种途径进行水平传播，也可通过胚胎感染、哺乳及分娩途径进行垂直传播。内源性反转录病毒能通过原病毒遗传。

脂溶剂、去垢剂、56℃ 30 min 均能灭活反转录病毒，但病毒对紫外线及 X 射线的抵抗力较强，可能与其具有二倍体 RNA 有关。

三、禽白血病病毒

禽白血病病毒（*Avian leukosis virus*，ALV）可引起多种肿瘤性疾病，主要表现淋巴细胞白血病，肝、脾和其他内脏器官常含有肿瘤细胞。

1. 形态结构

病毒粒子呈球形，在干燥条件下易扭曲成精子状、弦月状或其他形状，而其内部核衣壳不易扭曲。病毒有囊膜，外有特征性的球状纤突，病毒粒子直径 80～120 nm，平均 90 nm。

2. 基因组结构

ALV 的基因组由 2 条正链 RNA 组成，每个单体长 7.2 kb，从 5′ 到 3′ 端依次为 *gag*–*pol*–*env* 基因。*gag* 基因又名核芯蛋白基因，编码 4 种重要的非糖基化蛋白质，分别为 p27、p19、p12 和 p15。p27 为一种核衣壳蛋白，是主要的群特异性抗原；p12 和 p19 与 RNA 包装有关，p15 是一种在蛋白前体中起作用的蛋白酶。*pol* 基因，又名多聚酶基因，编码反转录酶，含有依赖 RNA 和 DNA 的聚合酶和 DNA/RNA 特异性杂交核糖核酸酶的活性，另外还编码一种核酸内切酶。*env* 基因主要编码病毒囊膜糖蛋白，包括膜表面糖蛋白亚单位 SU（gp85）及跨膜糖蛋白亚单位 TM（gp37）。gp85 与侵染细胞受体结合，决定禽反转录病毒的亚群特异性；gp37 介导病毒与细胞的融合过程。球形的 gp85 直接与跨囊膜的杆状 gp37 结合，附着于囊膜上。ALV 是慢性转化病毒，不含有像肉瘤病毒那样的肉瘤基因（*src* 基因）或病毒癌基因（*v*–*onc* 基因），它需依赖于正常细胞的癌基因（*c*–*onc* 基因）活化而转化细胞。ALV 前病毒在宿主 *C*–*myc* 基因位点内整合后，在病毒 LTR 启动子序列下进行表达，开始淋巴瘤的形成过程。

3. 抵抗力

病毒对乙醚、氯仿等脂溶剂敏感，对紫外线有很强的耐受性，不耐热，56℃ 30 min 即可失活，长期保存需 –60℃，且不能耐受反复冻融。

4. 抗原性

病毒具有共同的群特异性抗原 p27。根据囊膜糖蛋白表位，将禽白血病病毒分为 A、B、C、D、E、J 等 6 个亚群。同一亚群的病毒能够相互干扰，并具有不同程度的交叉中和能力。不同亚群间没有交互中和能力。病毒的囊膜糖蛋白具有型特异性抗原表位，能诱导产生中和抗体。

5. 病毒培养

大多数禽白血病病毒在鸡胚上可增殖，在绒毛尿囊膜上产生增生性痘斑。病毒可在鸡胚细胞培养物上增殖，一般不产生细胞病变。

6. 病原性

ALV 可经粪便、唾液、皮肤碎屑水平传播，病毒可在输卵管膨大部大量复制，蛋清中含有病毒，所以 ALV 也可经垂直传播。检测出泄殖腔和蛋清含有病原的母鸡可确定为病毒携带者。该病是导致成年鸡死亡的重要原因，同时也导致感染鸡产蛋量下降。ALV 首先攻击的靶器官是法氏囊，法氏囊的淋巴细胞是发生肿瘤转化的靶细胞。先天性感染的雏鸡对病毒产生免疫耐受，体内含有高水平的病毒而缺乏特异性抗体。

病鸡的症状和病理变化与感染的毒株类型有关。A、B、C、D 和 J 亚群是外源性病毒，有较强的致病性。A 及 B 亚群主要对蛋鸡易感，主要感染早期淋巴细胞（B 细胞），常引起蛋鸡的淋巴瘤；C、D 亚群致病力低。J 亚群早期引起骨髓细胞瘤，目前在世界许多国家蔓延。E 亚群为内源性病毒，通常把前病毒 DNA 插入宿主基因内成为宿主固定基因结构的一部分，受细胞的调节控制。一般的鸡都携带 E 亚群基因序列，当完整的内源性病毒基因组存在时，细胞可能自发地或经某种化学物质作用，产生 E 亚群的白血病病毒。某些 E 亚群毒株对鸡也有一定的致病性。

7. 微生物学诊断

根据病史、症状及内脏器官的肿瘤可作出初步诊断，但应与马立克病相区别。琼脂扩散实验可检测禽羽髓中的白血病病毒，但存在一定的假阳性。ELISA 也是检测病毒的常用方法。病毒的分离鉴定可取血浆、血清与外周血液淋巴细胞等标本，也可从粪便、新产蛋的蛋清以及胚体中分离病毒。分离的病毒可通过间接免疫荧光进行鉴定。PCR 方法可对 ALV 进行确诊。

针对目前危害严重的 J 群 ALV 引起的禽骨髓性白血病，病毒中和实验和 ELISA 可检测血清中的抗体。

8. 免疫防治

ALV 灭活后其免疫原性也会受到破坏，而培育无致病力的弱毒苗仍未取得重要进展，迄今为止尚无有效的疫苗可用。

最切实可行的控制本病的方法是阻断病毒从亲代到子代的垂直传播。以清群为主，通过血清学检测，不断淘汰阳性感染鸡，使鸡群逐步得到净化。同时，选择健康来源的种蛋，并加强孵化及养殖环节的消毒，逐步建立净化群。

四、牛白血病病毒

牛白血病病毒（*Bovine leukemia virus*，BLV）引发牛的慢性肿瘤性疾病—牛白血病。其特征为淋巴样细胞恶性增生、进行性恶病质和发病后的高死亡率。目前本病几乎遍及全世界各养牛国家，我国也有发生，且有逐渐扩大蔓延的趋势，已成为牛的重要传染病之一。

1. 形态结构

病毒粒子呈球形，有时呈棒状，直径 80 ~ 120 nm，外包双层囊膜，膜上有 11 nm 长的纤突，芯髓直径约 60 ~ 90 nm。核衣壳呈二十面体对称，内为螺旋状结构的类核体，核内携带反转录酶。病毒以出芽增殖的方式在细胞表面释放。

2. 基因组结构

为单股正链线状 RNA，由两个完全相同的单体组成二聚体，在 5′ 端由氢键倒置连接起来，每一单体的分子量约为 3×10^6。基因组除含有 *gag-pro-pol-env* 基因外，还含有 *tax* 和 *rex* 两个辅助基因。BLV 没有肉瘤基因(*src*)或肿瘤基因(*onc*)。前病毒 DNA 基因组全长约为 8.7 kb，复制过程中以脯氨酸 tRNA 为引物。

芯髓内的非糖基化蛋白主要有 p10、p12、p15、p19、p24 和 p80；囊膜上的糖基化蛋白主要有 gp35、gp45、gp51、gp55、gp60 和 gp69 等。

3. 抵抗力

对外界环境的抵抗力较低。对温度较敏感，56℃ 30 min 大部分被灭活，60℃以上迅速失去感染力，巴氏消毒法可杀灭牛奶中的病毒。紫外线照射、反复冻融以及低浓度的甲醛等对病毒均有较强的灭活作用。

4. 抗原性

BLV 结构蛋白中以 gp51 和 p24 的免疫原性较强，能刺激产生高滴度的抗体，抗 gp51 抗体不但具有沉淀、补体结合反应等抗体活性，还具有中和活性。抗 p24 抗体只有沉淀抗体活性，不具有中和活性。

5. 病毒培养

易在牛源或羊源的原代细胞上增殖，也可在来源于人、猴、犬和蝙蝠细胞上增殖。持续感染 BLV 的胎羊肾细胞系（FLK-BLV）和蝙蝠肺细胞系（Bat-BLV）用来大量生产 BLV。本病毒可使培养细胞发生融合，形成合胞体。

6. 病原性

BLV 为外源性病毒。病毒感染宿主细胞时，首先通过囊膜与细胞膜上的受体结合，然后病毒进入细胞，病毒核酸与细胞染色体整合，再转录产生 BLV。病毒感染的潜伏期很长，感染后数月才出现血清学变化，长达数年才形成肿瘤。大部分感染牛表现长期持续性的淋巴细胞增生。只有少数感染牛会出现明显的临床症状。病牛进行性消瘦，体表淋巴结显著肿大，最后衰竭而死。

7. 生态学

在自然条件下，BLV 只感染牛。人工接种能使绵羊和山羊发病。不同品种的牛均易感，但奶牛发病率更高。各种年龄的牛都可发病，尤以 4 岁以上的成年牛易感。

BLV 既可垂直传播又能水平传播。胚胎移植可传播本病，病毒可经胎盘感染胎儿，但来自感染母牛的新生犊牛感染率小于 10%。重复使用相同的手套进行直肠检查以及重复使用相同的注射器、针头、去角器、打耳号机、去势工具、采血针头、静脉穿刺针头、输血设备和鼻环等可能导致水平传播。精液和乳汁也可带毒，昆虫媒介可传播本病。

8. 微生物学诊断

血清学诊断是检测本病常用的方法。琼脂扩散实验、免疫荧光抗体技术、补体结合实验、ELISA、中和实验等方法都可检测本病。国际贸易指定的检测方法是琼脂扩散实验或 ELISA，用于检测血清中抗 gp51 和 p24 的抗体，gp51 的抗体出现较早，而且稳定。

9. 免疫防治

对感染牛群应每隔 2 ~ 3 个月进行血清学检查，淘汰阳性病牛，直至建立无病牛群。对牛群可试用灭活疫苗进行预防，可产生高效价的抗体，但抗体维持时间很短。目前还没有活疫苗研制成功的报道。

五、马传染性贫血病毒

马传染性贫血病毒（*Equine infectious anemia virus*，EIAV）引发一种持续感染、反复发作、以病马出现严重贫血为特征的马属动物传染病。

1. 形态结构

EIAV 粒子呈球形，直径为 90 ~ 120 nm，病毒粒子有囊膜，厚约 9 nm，囊膜外有 10 nm 长的纤突。病毒囊膜下面包裹一个 40 ~ 60 nm 电子密度的锥形核心。EIAV 的结构见图 18-3。

2. 基因组结构

EIAV 为正链 RNA 病毒，病毒基因组约 8.0 kb，由 2 条相同的线状 RNA 组成，两条链通过氢键形成二聚体。病毒 RNA 的主要基因有 *gag*、*pol* 和 *env*，此外还有几个小开放阅读框架（ORF S1、S2、S3），其中 *gag* 和 *pol* 基因部分重叠。病毒 RNA 在反转录过程中形成了前病毒基因组两端的长末端重复序列（LTR），包括 U3、R、U5 共 3 个区，其排列顺序为 5′-U3-R-U5-3′。EIAV 感染宿主细胞后，在自身编码的反转录酶的作用下合成病毒 DNA，并进一步形成双链前病毒 DNA，前病毒 DNA 可以整合到宿主细胞基因组中。

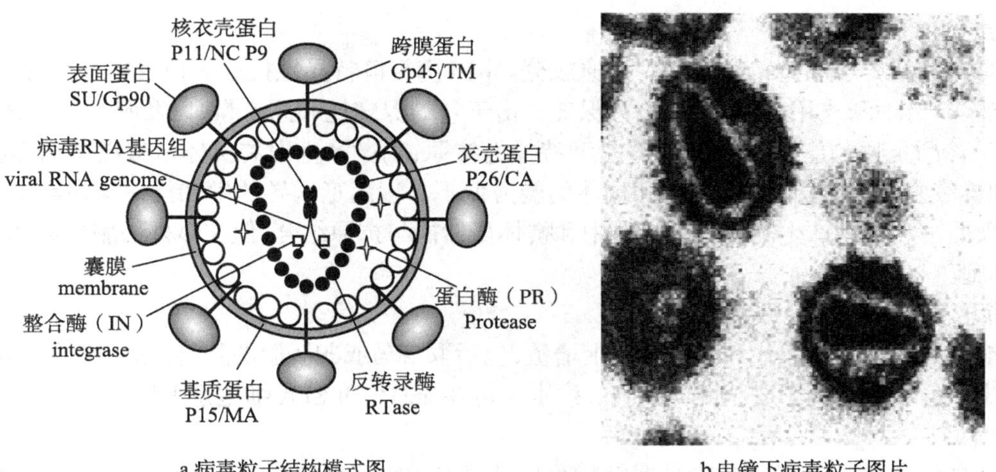

a.病毒粒子结构模式图　　b.电镜下病毒粒子图片

图 18-3　马传染性贫血病毒形态（引自王晓钧，2003）

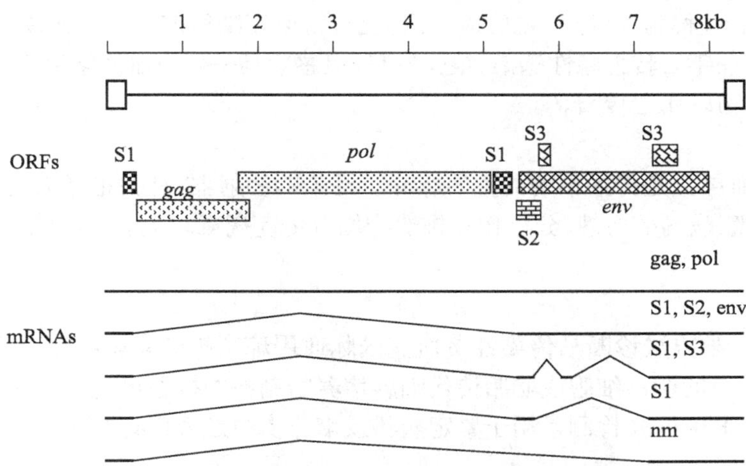

图 18-4　EIAV 前病毒基因组结构及转录产物示意图（引自王晓钧，2003）

EIAV 前病毒基因组结构见图 18-4。

gag 基因主要编码病毒的结构蛋白。反转录病毒 Gag 蛋白是先以一条大的前体蛋白形式从全长 mRNA 部分翻译出来，Gag 前体为蛋白分子量约 55ku 的 Pr55，然后由病毒编码的蛋白酶裂解产生 4 种主要的结构蛋白，分别为基质蛋白 MA（p15）、衣壳蛋白 CA（p26）、核衣壳蛋白 NC（p11）及核心蛋白 p9。衣壳蛋白 CA 是重要的免疫原性蛋白之一。p26 在病毒早期感染与脱衣壳过程中可以稳定未整合的前病毒 DNA，在感染晚期对病毒的装配和出芽发挥重要作用。

pol 编码病毒的酶类，包括蛋白酶（PR）、逆转录酶（RT）、脱氧尿苷三磷酸酶（dUTPase）及整合酶（IN）。*pol* 与 *gag* 分别位于两个 ORF 上，且部分重叠。mRNA 首先翻译成 Gag-Pol 融合蛋白，然后经蛋白水解酶裂解产生 Gag 和 Pol 前体蛋白。Pol 前体蛋白的裂解产物为 EIAV 提供了复制所需的各种酶类。

env 基因编码 gp90 和 gp45 糖蛋白。gp90 是高度糖基化的蛋白，构成病毒纤突的柄，是诱导产生中和抗体的主要抗原。gp45 构成病毒纤突的茎，一端与柄相连，另一端镶嵌在病毒囊膜的脂质双层之中。gp45 的 C 端与免疫马血清的反应弱而不稳定。

3. 抵抗力

病毒对外界的抵抗力较强，对紫外线的抵抗力明显高于一般病毒。EIAV 在低温条件下稳定，对乙醚敏感。病毒在 pH 5 ~ 9 条件下稳定，而在 pH3 以下和 pH11 以上 1 h 即被灭活。病毒可凝集鸡、蛙、豚鼠和人 O 型红细胞。

4. 抗原性

EIAV 具有群特异性和型特异性两种抗原成分。p26 携带群特异性抗原表位，针对 p26 抗原的群特异性抗体可能不具有中和作用，但抗原性十分保守。由于它的保守性和高产量，以及感染马持续产生抗 p26 抗体，所以是诊断抗原的主要成分。gp90 是型特异性抗原，刺激产生中和抗体。虽然慢病毒在宿主体内持续感染和连续复制，但其诱导产生中和抗体的能力低下。慢病毒诱导的中和抗体与病毒中和表位的亲和力很低，因此中和作用产生的过程缓慢。中和抗体虽然能与抗原结合，但在体外细胞培养物中不能阻止病毒感染细胞。

5. 病毒培养

EIAV 能在马属动物的原代和继代细胞上增殖，包括取自马或驴胚胎的脾、肾、肺、胸腺、淋巴和皮肤等细胞，其中应用最多的是胎驴皮肤继代细胞。病毒还可在 cf2Th 和 EFA 细胞系上增殖。

6. 病原性

EIAV 在自然条件下仅可以感染马属动物（马、骡、驴），以马最易感，任何品种、年龄、性别的马都可感染，驴和骡对病毒的感受性比马弱，人工感染下一般呈慢性经过。人工感染的潜伏期一般为 10～30 d。EIAV 引起的马传贫具有典型的疾病进程，首先在感染病毒的 15 d 左右，病马发生高热稽留，出现高水平的病毒血症，血小板减少，称为急性期，之后体温恢复正常，但在随后的一年内出现不定期反复发热，这一阶段称为慢性感染期，一年后转为隐性感染，很少发热，但感染马一生中血清学反应检测一直为阳性，且疾病呈进行性，大多数动物以死亡转归。

7. 生态学

蚊、蝇、库蠓等吸血昆虫是传播本病的重要媒介。污染的注射器、针头也是人为传播本病的一个重要环节。病毒可通过胎盘，病马的血液、分泌物和排泄物均可传递病毒。无症状的隐性带毒马也是危险的传染源。

8. 微生物学诊断

目前广泛采用血清学方法诊断马传染性贫血。国际通用琼脂扩散实验检测血清中的抗体，用 p26 做诊断抗原。以 EIAV 感染的驴白细胞或驴胎传代细胞培养物制备的抗原可进行间接 ELISA 或补体结合反应检测血清中的抗体。RT-PCR 检测常用于鉴定病料或培养物中是否含有 EIAV。

9. 免疫防治

人工感染或自然发病而耐过的马多数能耐受人工攻毒而不发病。我国成功研制的马传染性贫血驴白细胞弱毒疫苗，免疫马可产生良好的免疫力，有效控制了本病在我国的流行。

○ 梅迪 / 维斯纳病毒

六、梅迪 / 维斯纳病毒

相关知识见**数字资源**。

第二节　嗜肝 DNA 病毒科

嗜肝 DNA 病毒科包括正嗜肝 DNA 病毒属（*Orthohepadnavirus*）和禽嗜肝 DNA 病毒属（*Avihepadnavirus*），主要包括人乙型肝炎病毒（*Hepatitis B virus*，HBV）、土拨鼠肝炎病毒、地松鼠肝炎病毒和鸭乙型肝炎病毒（*Duck hepatitis B virus*，DHBV）等。HBV 是正嗜肝 DNA 病毒属的代表种，与人类关系密切，我国乙型肝炎病毒携带者的人数占总人口的 1/10，主要通过血制品、带病毒父母或性传播，人感染后经常发展成为慢性活动性肝炎、慢性迁延性肝炎或无症状携带者，严重的患者可出现肝硬化或发生原发性肝细胞癌。

○ 嗜肝 DNA 病毒科

DHBV 感染鸭大多呈隐性或亚临床经过，临床症状较少，很少出现急性肝炎症状，但可发展为肝癌。DHBV 是筛选和评价抗 HBV 药物的重要动物模型，可以用来进行抗乙肝病毒药物的筛选。其他相关知识见**数字资源**。

复习思考题

1. 反转录病毒科有哪些成员？简述反转录病毒复制特性。
2. 简述禽白血病病毒的病原学特性和诊断方法。
3. 马传染性贫血病如何传播？试述马传染性贫血病毒的基因结构及致病特点。

开放式讨论题

1. 某种蛋鸡场9月龄种鸡群，产蛋率和种蛋孵化率偏低，部分鸡消瘦，腹部膨大；剖检见肝、肾、法氏囊、性腺、脾等处有肿块，组织病理学检查见肿块主要由大小一致的淋巴细胞组成。根据所学知识判断该种蛋鸡场最可能发生的疾病，如何对该疾病进行防控和净化？

2. 某马场新引进3匹马，在隔离观察期间间断性发烧，一个月内2~3次，并观察到舌下、鼻有瘀点，黏膜、浆膜出血，淋巴结、肝、脾充血肿大，红细胞数量显著下降，脉搏无规律。根据临床症状做出初步诊断，试述如何对该病进行防控。

Summary

Retroviridae. Retroviruses are enveloped viruses.A retrovirus is an RNA virus that is replicated in a host cell via the reverse transcriptase to produce DNA from its RNA genome. The DNA is then incorporated into the host's genome as a provirus by an integrase. The virus thereafter replicates as part of the host cell's DNA. The provirus DNA is inserted at random into the host genome. Because of this, it can be inserted into oncogenes. In this way some retroviruses can convert normal cells into cancer cells. Some provirus remains latent in the cell for a long period of time before it is activated by the change in cell environment.

Avian Sarcoma Leukosis Virus (ASLV) is an endogenous retrovirus that infects and can lead to cancer in chickens; experimentally it can infect other species of birds and mammals. *Bovine leukemia virus* (BLV) is a bovine virus closely related to HTLV-I, a human tumour virus. *Feline immunodeficiency virus* (FIV) is a lentivirus that affects domesticated housecats worldwide and is the causative agent of feline AIDS. FIV was first discovered in 1986 in a colony of cats that had a high prevalence of opportunistic infections and degenerative conditions, and has since been identified as an endemic disease in domestic cat populations worldwide.

Hepadnaviridae. Hepadnaviruses can cause liver infections in humans and animals. *Hepatitis B virus*(HBV), is a species of the genus *orthohepadnavirus*. This virus is characterized by the causing the disease Hepatitis B, however it can also lead to cirrhosis and hepatocellular carcinoma. *Duck Hepatitis B virus* (DHBV), is part of the *Avihepadnavirus* genus, and is the causal agent of duck hepatitis B. DHBV envelope is made up from host cell lipid, with viral surface antigens (DHBs-Ag). The icosahedral nucleocapsid within, is composed of the virus core antigen (DHBc-Ag) and surrounds the DNA genome and viral polymerase. The viral genome is a circular double stranded DNA molecule. The DHBV has provided a basis for the use of vaccines and prophylactic treatments for individuals at high risk of human HBV. The virus has also provided as a useful animal model in the absence of one from the HBV.

第十九章 朊病毒

朊病毒(virino)又称蛋白质侵染因子(proteinaceous infectious particle,prion),是多种动物和人传染性海绵状脑病(transmissible spongiform encephalopathy,TSE)的病原。1982 年美国科学家 Stanley B. Prusiner 于感染羊瘙痒症(痒疫)的羊脑样品中纯化出感染因子发现朊病毒,并于 1997 年获诺贝尔生理学或医学奖。1986 年在英国发现的"疯牛病(牛海绵状脑病)"对养牛业危害严重,并危及人类健康,其病原也是朊病毒。朊病毒是一类具有感染性和自我复制能力的无免疫性疏水蛋白质,没有核酸,因此有建议将它译为"朊粒"或"朊蛋白"。

一、生物学特性

朊病毒是所谓的构象病原,即细胞正常蛋白质经变构后获得致病性。PrP 是朊蛋白(prion protein)的缩写,PrP^c(cellular prion protein)是正常细胞的一种糖蛋白,也称为细胞型(正常型)朊病毒蛋白,分子量为 $33 \times 10^3 \sim 35 \times 10^3$,又称 PrP 33 ~ 35,主要为 α 螺旋;而 PrP^{Sc}(scrapie prion protein)为致病型(痒疫型)朊病毒蛋白,有多个 β 折叠存在,溶解度低,且对蛋白酶表现抗性。PrP^c 和 PrP^{Sc} 的一级序列完全一致,但二者具有完全不同的结构特征和生物化学性质。在结构上,PrP^c 中 α 螺旋高达 42%,β 折叠约 3%;而 PrP^{Sc} 中 α 螺旋约 30%,β 折叠 45%(图 19–1)。在生化性质上,PrP^c 在水溶液中主要以可溶的单体形式存在,能被蛋白酶 K 消化,不具有致病性和传染性;而 PrP^{Sc} 不溶于水,形成高度不溶性的聚集体,具有致病性和传染性,对蛋白水解消化表现出更高的抗性。在蛋白酶 K 对 PrP^{Sc} 进行消化后,产生了 27 ~ 30 ku 大小的片段,仍保留有致病性。

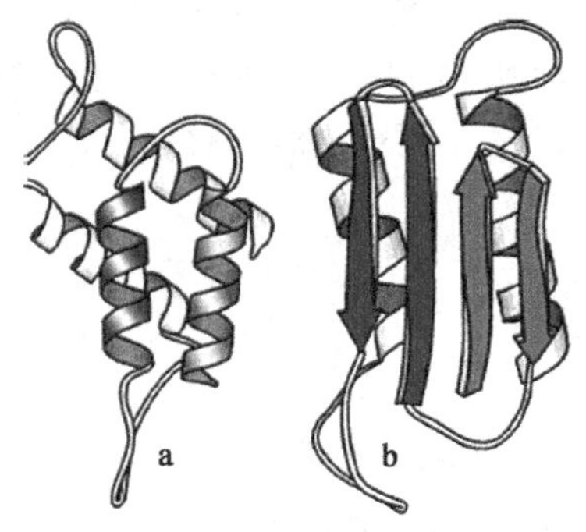

图 19–1 PrP 的分子构象模式图
a. 正常型 PrP^C,α 螺旋 42%,β 折叠约 3%;b. 致病型 PrP^{Sc},α 螺旋约 30%,β 折叠 45%

朊病毒负染后在电镜下可见到聚集而成的棒状体,直径 25 nm,长 100 ~ 200 nm。杆状颗粒不单独存在,呈丛状排列,每丛大小和形状不一,多时可含 100 个(图 19–2)。痒疫感染羊脑中的 PrP^{Sc} 聚集成电镜下可见的大分子纤维样结构,可以检查出痒病相关纤维(scrapie assoiated fibrils,SAF),且在温和性去污剂溶液中对蛋白酶 K 具有抵抗力。但将 SAF 溶于十二烷基硫酸钠等强去污剂中,则将分解成为 27 ~ 30 ku 的多肽,且可被蛋白酶 K 降解消化。SAF 发现于自然感染和人工感染痒疫的绵羊脑组织内,而且也见于克 – 雅氏病、格 – 史氏病和库鲁病患者以及牛海绵状脑病的脑组织内。SAF 宽 4 ~ 6 nm,长 50 ~ 500 nm(图 19–3)。因其具有特异性,故可作为痒疫类疾病的病理学诊断指标。

朊病毒对物理因素,如紫外线照射、电离辐射、超声波以及 80 ~ 100℃高温均有相当的耐受能力,134 ~ 138℃高压蒸汽 30 min 可使大部分病原灭活,360℃干热条件下可存活 1 h,焚烧是最可靠的杀灭方法。对化学试剂与生化试剂,如甲醛、羟胺、核酸酶类等表现出较强抗性;在 pH 2.1 ~ 10.5 范围内稳定;表

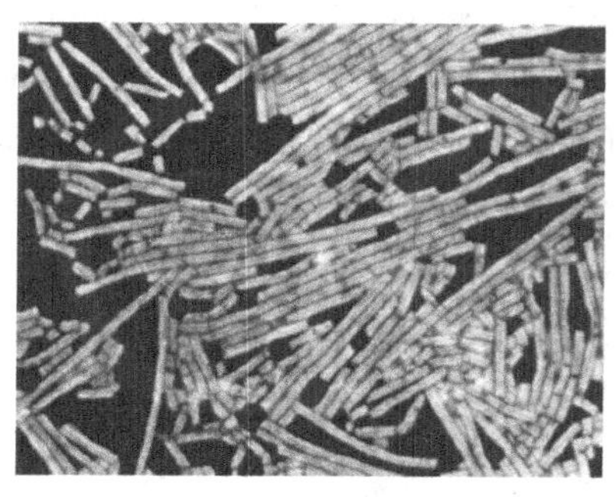

图 19–2 电镜下朊病毒呈现的聚集型棒状体

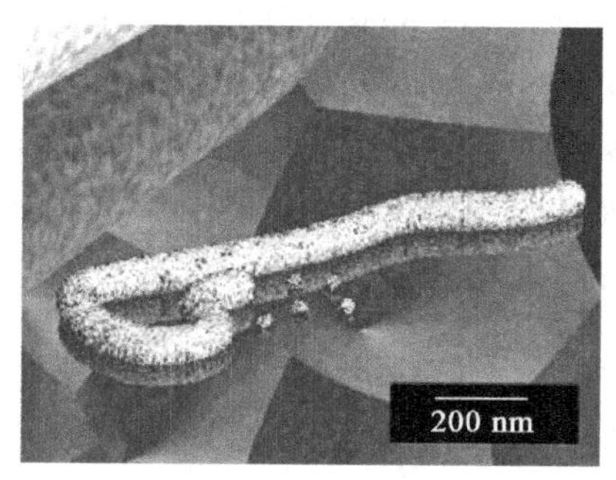

图 19–3 电镜下的痒疫相关纤维结构

面消毒或设备消毒用含 2% 有效氯的次氯酸钠及 2 mol/L 的氢氧化钠，在 20℃则需过夜；但在干燥和有机物保护之下或经福尔马林固定的组织中的病原，不能被上述消毒剂灭活。动物组织中的病原，经过油脂提炼后仍有部分存活。病原在土壤中可存活 3 年。

二、复制

编码朊病毒基因存在于正常细胞的染色体上，已知人类的 PrP 基因位于第 20 号染色体上，小鼠的位于第 2 号染色体。编码 PrP^c 和 PrP^{Sc} 的遗传信息在细胞核的染色体基因中是相同的，只是在多肽链形成后，还要经过一系列的修饰过程，一种可能是这些修饰过程中出现错误，导致正常的蛋白质空间结构变异为异常的结构。第二种可能是这一修饰过程没有出现错误，而是在正常的蛋白质形成后，由于外界因素导致了正常蛋白质的变异，使之成为所谓的“朊病毒”。由于朊病毒是一种只含有蛋白质而不含核酸的分子生物，并且只能在寄生宿主细胞内生存。因此，合成朊病毒所需的信息，有可能是存在于寄主细胞之中的，而朊病毒的作用，仅在于激活寄主细胞中朊病毒编码的基因，使得朊病毒得以复制繁殖。

正常情况下，细胞型朊蛋白 PrP^c 附着在细胞膜的表面，一旦发生构象改变形成错误折叠的构象并进入细胞内部后，会损坏中枢神经系统从而导致朊病毒病的发生。PrP^{Sc} 具有致病性和传染性，根据唯蛋白(protein-only)假说，朊病毒病发生的核心事件是 PrP^{Sc} 的自我复制，并诱导 PrP^c 进一步发生构象转变形成 PrP^{Sc}。当有朊病毒侵入人体或动物体时，它会诱导细胞型的 PrP^c 蛋白质成为致病型的 PrP^{sc}，PrP^{sc} 的功能就是诱导正常蛋白转换成朊病毒，所以没有遗传形式，有类似于分子伴侣的功能。

基于唯蛋白学说，提出了朊病毒复制的两种可能机制：第一种是模板诱导假说(templated-directed refolding)。该假说的前提条件是 PrP^c 与 PrP^{Sc} 之间存在相互作用，并且二者之间的相互作用能够降低 PrP^c 向 PrP^{Sc} 发生构象转变的自由能垒。因此，该构象转变过程为动力学控制过程，其中的关键步骤是形成 PrP^{sc}-PrP^c 异源二聚体，进而变为 PrP^{sc} 分子。新产生的 PrP^{sc} 可催化愈来愈多的 PrP^c 分子变为 PrP^{sc}，在神经元等靶细胞内的大量 PrP^{sc} 聚合，形成 SAF，变为可见的空斑。第二种机制是成核说(seeded nucleation)。这种假说认为细胞型 PrP^c 与 PrP^{Sc} 在体内是同时存在的，二者的构象变化是可逆的过程。正常情况下，平衡倾向于 PrP^c，有且仅当 PrP^{Sc} 形成聚集体后 PrP^{Sc} 才能稳定存在。因此，聚集体的形成是该模型中构象转变的关键步骤和限速步骤。聚集体一旦形成便可作为“晶种”，促使构象变化朝着 PrP^{Sc} 的方向进行，因此该模型认为构象转变是热力学控制的过程。

三、致病性

朊病毒能造成慢病毒性感染而不表现出免疫原性，巨噬细胞能降低甚至灭活朊病毒的感染性，使用免疫学技术不能检测出有特异性抗体存在，不诱发干扰素的产生，也不受干扰素作用。动物源及人源朊病毒经接种均可传染其他动物，如仓鼠、大鼠、雪貂、貂、绵羊、山羊、猪、牛、猴及黑猩猩，并可再现各种毒株的差异，只是潜伏期可能比原先的天然宿主短或延长。但有的经盲传也不发病。

朊病毒能引起羊瘙病(scrapie)、牛海绵状脑病(又称疯牛病)(bovine spongiform encephalopathy，BSE)、传染性水貂脑病(transmissible mink encephalopathy，TME)、黑尾鹿和麋鹿等的慢性消耗病(chronic wasting disease，CWD)、猫海绵状脑病(feline spongiform encephalopathy，FSE)以及人的库鲁(kuru)病、克－雅氏病(Creutzfeldt-Jakob Disease，CJD)等(表 19-1)。这些疾病具有一些共同的特性：潜伏期长，一般为几个月、几年甚至十几年以上；机体感染后不发热，不出现炎症症状，也不发生特异性免疫应答反应；临床上出现进行性共济失调、震颤、痴呆和行为障碍等神经症状；病程缓慢进行，但均以死亡告终；病理剖检变化以脑灰质的海绵样变为特征。

(一) 痒疫

痒疫(scrapie)是绵羊和山羊中枢神经系统的一种慢性进行性疾病，又称痒病或瘙痒症。18 世纪中叶发生于英格兰，随后传播至欧洲许多国家。20 世纪 30～40 年代报道于北美，蔓延至世界许多地区。我国于 1983 年从英国进口的羊群中发现疑似病例，组织学检查符合痒疫特征。

表 19-1 朊病毒引起的疾病及特性

朊病毒引起的疾病	证实年份	自然宿主	实验宿主	潜伏期
痒疫	1936	绵羊、山羊	小鼠、大鼠、松鼠	1~5年
牛海绵状脑病	1990	牛	山羊、绵羊、小鼠、猪	6个月~5年
水貂传染性脑病	1965	水貂	绵羊、山羊、猴	8~18个月
鹿慢性消耗病	1979	黑尾鹿、麋鹿	猩猩、猴、雪貂	18~30个月
猫海绵状脑病	1990	猫	小鼠	6个月~1年
克-雅氏病	1966	人	猴、山羊、猩猩	6个月~20年
新型克-雅氏病	1994	人	猴	数月~数十年
库鲁病	1965	人	猩猩、猴	1~12年
格-史氏综合征	1981	人	猩猩、猴	18个月
致死性家族性失眠症	1986	人	猩猩、猴	数年~数十年

1. 病原特性

由于痒疫因子易于人工感染小鼠和仓鼠，可在小鼠神经细胞瘤细胞系内增殖和传代，因此关于朊病毒特性和本质的研究，大多来自痒疫因子。痒疫因子对理化因素具有异常的抵抗力，其对紫外线照射的抵抗力比常规病毒高40~200倍，比马铃薯纺锤形块茎病类病毒高10倍；其对离子照射的抵抗力，亦明显高于常规病毒；化学灭活剂3.7%甲醛溶液处理4 h，不能使其完全灭活；核酸酶对其无灭活作用。1 mol/L氢氧化钠、0.5%次氯酸钠或1%十二烷基硫酸钠加2-巯基乙醇可使其灭活。蛋白酶K是蛋白质中很少有能抵抗的蛋白酶，但是应用温和性去污剂由感染脑组织中抽提纯化的痒疫因子却对其具有极高的抵抗力。

2. 致病机理

淋巴网状内皮系统可能在痒疫的发病机理中起着重要作用。以感染羊脑组织接种小鼠，最早可在脾、外周淋巴结、胸腺、肠管和唾液腺中检测到痒疫因子，脑和脊髓是最后感染的器官。在经一定阶段的潜伏期后，感染因子集中存在于中枢神经系统。脾脏是痒疫因子复制的最初部位，切除脾可以延长潜伏期，但不能阻止痒疫的发生，说明其他脏器，如内脏淋巴结等也可作为痒疫因子增殖的原发部位。在脾中增殖后，痒疫因子沿内脏自主神经轴索内途径到达中枢神经系统，最初限于胸部脊髓，随后向头侧和尾侧方向扩展。也不排除血源性散布的可能性，因在痒疫和克-雅氏病实验感染的小鼠和仓鼠体内，均在血液和血清中发现感染因子。实验感染山羊体内感染因子的分布与小鼠相似，但时间较长。经口途径发生的自然感染，始发部位可能是咽淋巴组织，随后再向淋巴网状组织扩散，或者最初感染发生在远端小肠和近端结肠，随后再向脾和内脏淋巴组织扩散。痒疫等朊病毒感染导致神经原纤维束、淀粉样原纤维、痒疫相关原纤维和淀粉样斑等的形成。这些病理产物在化学和免疫学上与神经元中的一种10 nm神经丝相关。由于朊病毒干扰这种神经丝的产生，导致神经丝在核周体内堆积以及神经元溶解，或者启动不正常神经丝的产生，导致淀粉样原纤维和淀粉样斑形成。

痒疫潜伏期长达1~5年。多数病例出现瘙痒症状，病羊体温正常，且照常采食，但日渐消瘦；运动失调，后肢更为明显，病羊不能跳跃，常反复跌倒，最后完全不能站立和走动。病期为几周至几个月，几乎100%死亡。尸体肉眼病变不明显，病理组织学上的突出变化是中枢神经系统的海绵样变性，大量神经元发生空泡化，特别是在纹状体、间脑、脑干和小脑皮层最为明显。神经元细胞质内含有许多空泡，形成所谓的“泡沫细胞”。

痒疫具有比较明显的家族史倾向，某些品种的绵羊如英国Suffolk品种，比另一些品种的绵羊易感。病羊全身组织中均含有病原体，经脑内、皮下、腹腔和肌肉内接种途径，也易使小鼠、大鼠、仓鼠以及水貂和猴等实验动物感染，一般经4~8个月的潜伏期后发病，出现类似于自然病例的中枢神经系统症状，病情逐渐加重，并最终死亡。病绵羊与易感山羊接触，可将痒疫传给山羊，出现痒疫症状，人工感染的小鼠与健康鼠接触,也可使后者感染发病。感染母羊可垂直传播给胎儿。

3. 诊断

由于痒疫等朊病毒感染不诱发动物机体产生免疫反应,故在临床发病以前,很难检出感染动物。但是潜伏感染和临床前期的感染动物却是扩散疫病的重要传染源,因此,为了减少动物之间的传播,必须建立有效的诊断方法,以期尽早发现和淘汰感染动物。

进行诊断的主要根据是临床症状、羊群的发病史再结合脑组织的病理学变化等。确诊需用 PrP 抗体对脑组织做免疫组化染色,或用脑组织抽提液或脑脊液做免疫印迹实验鉴定。须注意的是被检标本必须应用蛋白酶 K 处理,以免出现因健康动物细胞膜成分中正常存在的 PrP 类似物,导致假阳性反应。

4. 预防和控制

痒疫是 WOAH 规定通报的疫病。迄今尚无预防朊病毒感染的疫苗。一般采取彻底销毁发病动物以及与发病动物有接触史的动物,控制进一步流行。加强海关检疫,严禁从疫情发生国家或地区引进种畜。

(二) 牛海绵状脑病

牛海绵状脑病(bovine spongiform encephalopathy, BSE)又称疯牛病(mad cow disease),最早于 1985 年南英格兰的牛群中发现,至 1995 年 5 月,英国饲养的约 15 万头牛感染或可能感染了本病。本病主要通过被污染的饲料经口传染,现已发现于欧洲多国,加拿大、阿曼和苏丹等也从英国进口的牛中发现了本病。

1. 致病性

易感动物为牛科动物,包括家牛、非洲林羚、大羚羊以及瞪羚、白羚、金牛羚、弯月角羚和美欧野牛等。易感性与品种、性别、遗传等因素无关。家猫、虎、豹、狮等猫科动物也易感。

一般认为病牛约在出生后的前 6 个月间被感染,但也不能排除垂直感染的可能性。本病的流行没有明显的季节性。病变以中枢神经系统灰质部形成海绵状空泡。脑干灰质两侧呈对称性病变,神经纤维网有中等数量的不连续的卵形和球形空洞,神经细胞肿胀成气球状,细胞质变窄,还有明显的神经细胞变性及坏死。迄今尚无牛和牛或羊和牛之间传播的确切证据。应用病牛脑接种小鼠,可以使其感染发病。

BSE 具有较长的潜伏期,平均达 4 ~ 6 年。其症状不尽相同,多数病牛中枢神经系统出现变化,行为反常,烦躁不安,对声音和触摸尤其是对头部触摸过度敏感,步态不稳,经常乱踢以至摔倒、抽搐。后期出现强直性痉挛,体重下降,极度消瘦,以致死亡。

2. 实验室诊断

一般是进行病畜死后的组织病理学检查,取整个大脑以及脑干或延脑,经 10% 福尔马林盐水固定后送检。可用生物学方法进行病原检查,即用感染牛或其他动物的脑组织通过非胃肠道途径接种小鼠,是目前检测感染性的唯一方法。但因潜伏期至少在 300 d 以上,而使该方法无实际诊断意义。脑组织病理学检查以病牛脑干核的神经元空泡化和海绵状变化的出现为检查依据。也可用免疫组织化学法检查脑组织的特异性 PrP 的蓄积,或用免疫转印技术检测新鲜或冷冻脑组织(未经固定)抽提物中特异性 PrP 异构体。

3. 预防和控制

牛海绵状脑病是 WOAH 规定通报的疫病。该病目前还没有有效的治疗办法,只有防范和控制该病的传播。一旦发现可疑病牛,立即隔离并报告当地动物防疫监督机构,力争尽早确诊。确诊后扑杀并销毁所有病牛和可疑病牛,甚至整个牛群,并根据流行病学调查结果进一步采取措施。对杀灭该病病原比较有效的消毒剂可用 1 ~ 2 mol/L 的氢氧化钠 1 h 或 0.5% 以上的次氯酸钠作用 2 h。

牛海绵状脑病的发生流行与两个要素有关:一是本国存在大量绵羊且有痒病流行或从国外进口了被传染性海绵状脑病污染的动物产品;二是用反刍动物肉骨粉喂牛。应采取以下措施,减少传播。

(1) 根据 WOAH《陆生动物卫生法典》的建议,建立 BSE 的持续监测和强制报告制度。

(2) 禁止用反刍动物源性饲料饲喂反刍动物。

(3) 禁止从 BSE 发病或高风险国家及地区进口活牛、牛胚胎和精液、脂肪、MBM(肉骨粉)或含 MBM 的饲料、牛肉、牛内脏及有关制品。

(三) 水貂传染性脑病

水貂传染性脑病(transmissible mink encephalopathy,TME)又名水貂脑病,是人工饲养水貂罕见的神经退行性疾病。该病由暴露在畜群中的类似于痒病病原引起,是成年貂的一种类似痒病的疾病。仓鼠感染传染性水貂脑病后可导致两种不同的临床症状,即亢奋和昏睡。

潜伏期 8 ~ 18 个月。病貂在临床上首先表现为兴奋过度、高度易惊,尾巴弯曲于背上,继而奋力啃咬,运动失调,最后嗜睡和昏迷而死。病貂脑组织内含毒量极高,脑内、肌肉接种或经口喂服都可使敏感貂感染发病,也可实验感染绵羊、山羊、仓鼠和猴等动物。

引起 TME 暴发的传染来源至今不明。TME 是否是源于痒病至今尚无定论。然而,当病原是 TSE 病牛尸体时,则很容易从口腔感染。Robinson 等用自然感染的 BSE 病料感染水貂,研究结果表明,脑内接种 BSE 病原和 BSE 组织,12 个月出现神经症状,经口饲喂后 15 个月出现神经症状。

(四) 鹿慢性消耗病

鹿慢性消耗病(chronic wasting disease,CWD)是鹿类动物的传染性海绵状脑病。1978 年,美国 Colorado 的黑尾鹿群中发现一种慢性消耗性疾病。其临床症状和神经系统的病理变化,与羊的痒疫极为相似。1982 年,又在附近的麝鹿中发现同样疾病。

临床主要表现为慢性型消耗,体重逐渐下降,行为异常,最后致死。该病主要感染北美地区的黑尾鹿、白尾鹿和美洲马鹿,一些野生和家养的反刍动物如牛、绵羊和山羊与染病鹿直接或间接接触也可被感染。目前还不能确定 CWD 与人和其他动物的 TSE 类疾病的关系。其起源、发病机理、传播机制和途径尚不清楚。尽管还没有证据证明 CWD 可传染给人类,但对人类有潜在威胁。

复习思考题

1. 什么是朊病毒? 朊病毒可以引起哪些疫病?
2. 简述牛海绵状脑病的主要特点。

开放式讨论题

试论述朊病毒所引起的羊痒病及疯牛病的危害及在国外流行状况,我国阻止该病进入国门应该采取哪些措施?

Summary

A prion is an infectious agent that is composed primarily of protein. The word prion is a compound word derived from the initial and final letters of the words proteinaceous and infection. To date, all such agents that have been discovered propagate by transmitting a mis-folded protein state; the protein itself does not self-replicate and the process is dependent on the presence of the polypeptide in the host organism. The mis-folded form of the prion protein has been implicated in a number of diseases in a variety of mammals, including bovine spongiform encephalopathy (BSE, also known as "mad cow disease") in cattle and Creutzfeldt-Jakob disease (CJD) in humans. All known prion diseases affect the structure of the brain or other neural tissue, and all are currently untreatable and are always fatal. In general usage, prion refers to the theoretical unit of infection. In scientific notation, PrPC refers to the endogenous form of prion protein (PrP), which is found in a multitude of tissues, while PrPSc refers to the misfolded form of PrP, that is responsible for the formation of amyloid plaques and neurodegeneration.

Hosts for Scrapie include sheep, goats mink (mink encephalopathy), mice and marmosets can experimental infected. Host for BSE include Cattle, zoo ruminants eg antelope (Kudu) Cats, zoo felines eg puma. Sheep is experimentally infected, the search is on BSE in sheep and other food animals. Mice can be experimentally infected. Creutzfeldt Jacob Disease (CJD) infected man; mice are the experimental host.

01